中南大学"双一流"学科发展史

中南大学
土木工程学科发展史
(1903—2020)

何旭辉　蒋琦玮◎主　编

郭　峰◎执行主编

中南大学出版社
www.csupress.com.cn
·长沙·

谨以此

向中国共产党百年华诞

献礼！

中南大学
土木工程学科发展史
(1903—2020)

编 委 会

编 者 的 话

　　中南大学土木工程学科，溯源至 1903 年成立的湖南省垣实业学堂（1908 年改名为湖南高等实业学堂）的路科，几经历史的演进，于 1953 年成立了中南土木建筑学院，包括铁道建筑、桥梁与隧道两个专业。至今历时一百多年，经过几代人的艰苦奋斗，辛勤耕耘，中南大学土木工程学科、交通运输工程学科均已建设发展成为一级学科国家重点学科，跻身全国同类学科前列，取得了辉煌成就。

　　2016 年，学校着力加强"双一流"高校建设，土木工程一流学科建设从规划方案到具体实施稳步推进。为加快土木工程"一流学科"建设，回顾总结土木工程学科发展历史，学院遂成立学科发展史编委会，对《中南大学土木工程学科发展史（1953—2013）》（简称 2013 版）进行修编。修编原则和主要内容包括：

　　1）编制原则基本与 2013 版保持一致。

　　2）增加内容包括：土木工程学科的起缘；国际化办学与国际合作交流；高层次人才；校友工作；2013 年至今的学科建设成就，学科标志性成果。

　　3）学科标志性成果仅列国家科技奖成果。

　　4）依据学科发展的现状对团队、人员、机构等进行了修改。取消了现职在岗正教授的简介，改用二维码的方式编入附录，仅保留对 2020 年 12 月前退休或调出的正教授的简介。

　　5）因论文都可以通过网络直接查询，此版不再罗列。

　　在编写过程中，得到了学校有关领导、部门老教师以及校友的热情指导和积极支持。在此，我们一并致以崇高的敬意和衷心的感谢！

　　此次学科发展史编撰，在 2013 版的基础上丰富完善，但限于历史资料档案不够健全，专业和人员变动频繁，难免存在疏漏和差错，恳请广大教职工和校友谅解并批评指正，以利于今后进一步完善。祝愿中南大学土木工程学科在"双一流"建设中建设成效显著，祝愿土木工程学院学科建设再创辉煌！

编者

2020 年 12 月

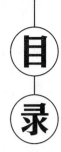

目 录

第1节　科教兴邦，路科起源(1903年1月—1953年5月)

中南大学土木工程学科起源于1903年成立的湖南省垣实业学堂(1908年改名为湖南高等实业学堂)的路科。

实业学堂由近代实业家、湘潭人梁焕奎(1868—1931)创设。1896年，梁焕奎任湖南矿务局文案，受维新思潮影响甚深，致力于开发矿业。

1903年，梁焕奎从日本归国参加"经济特科"殿试后，被任命为金陵火药局提调。因湖南巡抚赵尔巽奏请，他留任湖南矿务局提调。梁焕奎向赵尔巽建议创办实业学堂，培养专门人才。同年10月，梁焕奎创办了"省垣实业学堂"。梁焕奎任学堂监督，以长沙贡院为校址。1908年，学校改名为"湖南高等实业学堂"。

学堂初设矿业、铁道建筑2科，即矿科和路科。第一年招幼童四五十人，3年制，授英文，为矿科学生；第二年招学生1个班，授法文，为路科学生；第三年招收1个班，并迁校小西门金线巷。除了国文、历史课之外，其余课程课本用英、法文原版，并规划将来办本科。教师均系留洋归国的大学生，另聘请英、美、日籍教师近10人。1904年，赵尔巽调京师任户部尚书，梁焕奎离开学堂赴南京任职。当时学部评论："中国自北洋大学堂而外，工科学堂未有如湖南高等实业学堂之完善者。"之后湖南高等实业学堂数度迁址及更名，科系增多，增办本科，规模扩大，于1917年迁到岳麓山下今湖南大学的校址。

1926年在前述基础上正式成立省立湖南大学，共设矿(矿冶)、路(土木)、机械、应化、窑业、电机、数理7科，由湖南工业专门学校(湖南高等学堂、湖南高等实业学堂合并而成)、湖南法政专门学校、湖南公立商业专门学校、甲种农业学校等组成，学科门类得到扩张。1929年，土木工程系分设路工、结构、建筑、水利四组。1937年改为国立湖南大学。省立时期设5科：理科、工科、法科、商科、农科；国立时期设4院：文学院(含法学)、理学院、工学院、商学院，办学规模再一次得到扩大。1949年，更名为湖南大学，又并入了国立师范学院、省立克强学院、省立音乐专科学校、私立民国大学，设有文艺学院、教育学院、社会科学院、财经学院、自然科学研究院、工程学院和农学院。1950—1951 年，从湖南大学分出了师范学院、农业学院等，学校就只有单纯的理工科了。新中国成立后，党中央非常重视高等教育和人才培养，并提出高等教育要学习苏联经验。高等教育部（简称高教部）按照"以培养工业建设人才和师资为重点，发展专门学院和专科学校，整顿和加强综合大学，形成高等工科专业比较齐全的体系"的方针，于 1952 年开始对全国高校进行院系调整。湖南大学奉命撤销，改为工科专门学校。

第 2 节　中南土建，学科孕育（1953 年 6 月—1960 年 9 月）

1952 年，全国院系调整时，根据高教部院系调整意见，在《中南区高校调整方案》中，湖南大学撤销，由武汉大学、湖南大学、南昌大学、广西大学的土木工程系与建筑系，华南工学院的铁路、桥梁专业和云南大学、四川大学的铁道建筑系合并，在其原址筹建中南土木建筑学院（简称中南土建）。

1953 年 5 月中旬，中南行政委员会高等教育局发布了中南土木建筑学院筹备委员名单，由柳士英、魏东明、余炽昌、谢世澂、王修寀、戴鸣钟、刘旋天、殷之澜、桂铭敬、李吟秋、王朝伟、沈友铭、洪文璧、张显华组成筹备委员会，柳士英任主任委员，魏东明、余炽昌任副主任委员，开展建院的筹备工作。

5 月底，在长沙召开首次筹备委员会全体会议，讨论了建院工作。当时根据武汉大学、湖南大学等 7 校原有系科，加以适当调整，分设铁道建筑、桥梁与隧道、汽车干路与城市道路、营造建筑 4 个系，分管 7 个专业以及专修科，并根据当时各专业应开课程和教师的专业情况，成立了 17 个教研组，还决定成立技术基础课教研组，按其学科隶属关系分别由各系领导，教务处统一领导。

隶属铁道建筑系领导的有：铁道教研组（后改为铁道建筑教研组）、铁道设计教研组、测量教研组、电机教研组、铁道路线构造及业务教研组。

隶属桥梁与隧道系领导的有：桥梁教研组、力学教研组（1954 年分为理论力学与材料力学两个教研组）、结构教研组（后改为结构理论教研组）、机械教研组。

隶属汽车干路与城市道路系领导的有：道路教研组、工程材料教研组（后改为建筑材料教研组）、土壤力学教研组（后改为工程地质及地基基础教研组）、水力学及给水排水教研组。

隶属营造建筑系领导的有：房屋建筑教研组（后改为建筑学教研组）、钢筋混凝土教研组（后改为建筑结构教研组）、工程画教研组、施工教研组（后改为建筑施工教研组）。

6 月，由湖南大学、武汉大学、南昌大学、广西大学、四川大学、云南大学、华南工学院 7 所高等院校的土木工程系、铁道建筑（管理）系（专业）和相关专业合并正式组建中南土木建筑学院。合并后的中南土木建筑学院成为中南地区最强的土木类高等学校，是全国院系调整后一所新型的高等工业大学。当时设有铁道建筑、桥梁与隧道、工业与民用建筑（简称工民建）、公路与城市道路 4 个本科专业（四年制），工业与民用建筑、铁道选线设计、桥梁结构 3 个专修科及桥梁、隧道 2 个专门化专业（2 年制，即桥梁与隧道本科专业从第三年起划分为桥梁、隧道两个专业方向）。

9 月下旬，相关专业的老师从川、滇、鄂、赣、粤、桂六省集中到长沙岳麓山下的湖南大学原址。10 月 10 日新生报到。10 月 16 日中南土木建筑学院在大礼堂举行成立大会暨开学典礼。10 月 28 日老生开课，10 月 30 日新生开课。

1953 年成立中南土木建筑学院时，湖南大学等 7 所高校并入中南土木建筑学院的人员情况如下：

（1）湖南大学土木工程系师生员工全部调入中南土木建筑学院，调入的教员名单：

教授：刘旋天（工业与民用建筑）、李廉锟（工业与民用建筑）、肖光炯（工业与民用建筑）、柳士英（工业与民用建筑）、周行（工业与民用建筑）、盛启廷（铁道建筑）、石任球（物理）、汤荣。

副教授：蔺傅新（工业与民用建筑）、文志新（工业与民用建筑）、刘德基（铁道建筑）、莫总荣（汽车干路与城市道路）、陈毓焯（汽车干路与城市道路）、刘伯善（高等数学）、彭肇藩（高等数学）。

讲师：刘垂琪（高等数学）、郑君翘（物理）、邱毅（化学）、雷理（工业与民用建筑）、彭秉樸（普通物理）、方龙翔（化学）、熊大瑜（俄文）、单先俊（体育）、方季平（体育）、魏永辉（工业与民用建筑）。

另有王承礼、华祖焜、余珏文、杨承愬、荣崇禄等 40 余人一并调入。

（2）武汉大学土木工程系等 4 系的教师 80 余人、学生 700 余人分别调往中南土木建筑学院等院校工作和学习。调入中南土木建筑学院的教员名单：

教授：余炽昌（工业与民用建筑）、沈友铭（汽车干路与城市道路）、丁人鲲（汽车干路与城市道路）、缪思钊（工业与民用建筑）、石琢（基础课）、左开泉（工业与民用建筑）、王寿康（工业与民用建筑）。

讲师：王仁权（汽车干路与城市道路）。

助教：周光龙、刘骥、王桐封、成文山、贺彩旭、张绍麟、赵汉涛、袁祖荫、王春庭、王友如、陈行之、周泽西、向化球、杨茀康。

（3）广西大学工学院土木工程系铁路、公路、工业与民用建筑专业及铁路勘测专修科教师 22 人、学生 65 人调入中南土木建筑学院。调入的教员名单：

教授：谢世澂（院长，工业与民用建筑）、王朝伟（系主任，汽车干路与城市道路）、覃宽（铁道建筑）、黄权（铁道建筑）、陈炎文（汽车干路与城市道路）、吕瀚璿（工业与民用建筑）、李森林（高等数学）。

副教授：张显华（铁道建筑）、耿毓秀（铁道建筑）。

讲师：吴家梁（汽车干路与城市道路）。

助教：黎邦隆、李建超、张为朗、吕汉森、蒋成孝、苏思昊、韦祉、高武元、伍远生、杨江满、成贵昭、张志华。

（4）南昌大学土木工程系全体师生员工一并调入中南土木建筑学院。调入的教员名单：

魏东明（秘书长）、戴鸣钟（总务长）。

教授：王修寀（工业与民用建筑）、殷之澜（铁道建筑）、黄学诗（工业与民用建筑）、章远通（基础课）、樊哲晟（工业与民用建筑）、李绍德（铁道建筑）、王学业（俄文）、付琰如（俄文）。

副教授：万良逸（桥梁与隧道）、王浩（工业与民用建筑）、程昌国（汽车干路及城市道路）、邓康南（体育）。

讲师：吴镇东（汽车干路及城市道路）、王世纪（工业与民用建筑）、杨人伟（基础课）、贝效良（基础课）、熊祝华（基础课）、董涤新（工业与民用建筑）。

助教：熊友椿（汽车干路及城市道路）、曾庆元（基础课）、熊剑（汽车干路及城市道路）、韦怀义（铁道建筑选线设计）、萧寅生（铁道建筑选线设计）、周吉蕃（铁道建筑选线设计）、陈在康（工业与民用建筑）、蒋中原。

（5）云南大学铁道管理系并入中南土木建筑学院，调入的教员名单：

教授：李吟秋、黄永刚。

讲师：丘士春、徐铭枢、吴融清。

助教：汪子瞻、周瑶。

（6）四川大学工学院土木水利系一分为二，设土木、水利二系，其中土木工程系的铁路建筑专业教师4人、学生56人调往中南土木建筑学院。调入的教员名单：

教授：洪文璧。

助教：杨叔孔、张育三、张立华。

（7）华南工学院调入中南土木建筑学院的教员情况：

1953年，中南行政委员会高等教育局发文任命原华南工学院土木工程系主任桂铭敬教授任中南土木建筑学院筹备委员会委员，并调原华南工学院副教授赵方民、邝国能、毛儒、刘浩熙、李国生、黎浩濂、梁选远到中南土木建筑学院任教。

由于种种原因，华南工学院的铁道建筑系（包括工业与民用建筑和建筑学）仍留原校，仅铁路、桥梁方面少数师生调入中南土木建筑学院。1953年调至中南土木建筑学院任教的教师均于1959年正式调入长沙铁道学院。

另有重庆大学刘达仁教授调入中南土木建筑学院。

建院初期，中南土木建筑学院师生员工共1861人，其中教师180人，包括教授39人，副教授 17 人，讲师 26 人，助教 98 人；职员 122 人；工人 177 人；学生 1382 人。

在教学制度方面，学习苏联先进经验，分设专业培养专门人才。1953 年 11 月 5 日，中央人民政府高等教育部下达《关于建筑类各专业设系命名问题的意见》，学院于 12 月 12 日正式确定并命名各系及专业，共设营造建筑系、汽车干路与城市道路系、铁道建筑系、桥梁与隧道系 4 个系，设置工业与民用建筑、公路与城市道路、铁道建筑、桥梁与隧道 4 个本科专业(4 年制)及工业与民用建筑、铁道选线设计、桥梁结构 3 个专修科。

当时属于铁路建设方面的系是铁道建筑系和桥梁与隧道系。铁道建筑系由桂铭敬任系主任，李吟秋任系副主任，设铁道建筑本科专业和铁道建筑专修科；桥梁与隧道系由王朝伟任系主任，设桥梁与隧道本科专业(从第三年起分为桥梁、隧道两个专门化专业方向)和桥梁结构专修科。两系有教授 15 人，副教授 3 人，讲师 1 人，助教 14 人，共有学生 950 人。

1956 年，为响应国家"向科学进军"号召，学校扩大招生规模，铁道建筑专业招收 7 个班，桥梁与隧道专业招收 3 个班。同年，增设给排水工程专业。

为了增强学术氛围，铁道建筑系举行了几次小型学术报告会，如论文《土坡平面滑动的研究》提供了简化计算的方法。部分小型学术报告会邀请了本地业务部门的技术人员参加，密切了与生产单位的联系，反映良好。

同年 12 月，铁道建筑系招收铁道选线设计专业副博士研究生殷汝桓，导师为李吟秋教授。

1957 年元月，邀请了唐山铁道学院铁道选线专家雅可夫列夫、隧道及地下铁道设计与施工专家纳乌莫夫、桥梁建造专家包布列夫 3 位苏联专家来讲学，他们讲学的内容为：预应力梁式铁道桥跨设计、桥梁建筑施工组织设计、桥梁建筑中的装配式钢筋混凝土、铁道第二线设计和电气机车牵引问题。2 月，学院举行了首届科学讨论会，湖南省副省长程星龄、省委文教部部长徐天贵、建工部建筑科学院副院长蔡方荫等来宾 300 余人参加了会议，在会上宣读论文和研究报告 51 篇。其中部分论文已具有一定的理论水平或较高的经济价值，如《缓和曲线的研究》《保险道岔设计的研究》《预应力钢桥新方向的理论基础》《钢筋混凝土梁固有抗震的最低频率》等，都获得了到会来宾的重视。

1958 年初，在"真刀真枪搞毕业设计"的教育革命口号下，铁道建筑系 1954 级两个毕业班学生到南昌铁路局进行毕业设计。师生分为两队，一队由洪文璧、曾俊期、曹维志等带队，在江西东乡一带搞浙赣线的改线设计；另一队由詹振炎、黄权、蒋成孝、周才光带队，在浙赣甘里街车站(属浙江省)一带搞防洪抬道线路改造设计。师生搞外业勘测约两个月，5 月中旬回南昌后在南昌铁路局搞内业设计(包括概预算)，其间部分学生在老师带领下又参加了浙赣线"向塘至新余"之间的股道延长设计。6 月下旬完成全部设计任务。铁路选线设计教研室被评为开门办学先进集体。

1958 年 5 月，高教部会同城市建设部，将中南土木建筑学院交由湖南省领导。

1958 年 6 月 10 日，中南土木建筑学院改名为湖南工学院，以中南土木建筑学院原有专业和学科为基础，增设机电、化工类专业。设 7 个系，即土木工程系、铁道建筑系、桥梁与隧道系、铁道运输系和新增设的机械系、电机系和化工系，共 15 个专业。土木工程系设有工业与民用建筑、公路与城市道路、给排水、采暖通风 4 个专业。所有专业学制为 5 年，规模定为 6000~8000 人。

1958 年秋，在教育战线提出了"教育为无产阶级政治服务，教育与生产劳动相结合"的号召，在教室里上课的教学模式改变。在学习任务重和生活设施艰苦的条件下，铁道建筑系、桥梁与隧道系的师生不忘投身铁路建设。当时的娄(底)邵(阳)铁路即将开工建设，而原来的勘测设计达不到大批民工上阵大搞全民修路的要求。为此，施工单位委托中南土木建筑学院承担施工前的恢复定线测量、核算土石方工程数量、测放施工边桩等准备工作，铁道建筑系开展了大规模的开门办学工作。

娄邵铁路全长约 108 千米，参与工作的师生 300 余人，学生有 1955 级、1956 级和刚入学的 1958 级学生(即一、三、四年级的学生，从 1958 级开始，当时的学制全部改为 5 年)。在当时全国学习解放军的形势下，全体师生组成一个民兵营，下设 3 个连，每连 3 个排，另有一个营部直属排，共 10 个排，每排 30 余人，全线分为 10 段，每段 10 余千米，即为一个排的工作范围。原来的班级建制被打乱了，高低年级学生混编，以利于高年级学生带动低年级学生。这次的外业勘测工作大约历时两个半月，回校后部分高年级学生还参与了资料整理和计算工作，其余学生恢复了正常上课。

同年，铁道建筑系 1955 级近百名师生奔赴海南岛进行勘测设计，1956 级两百多名师生在湘黔铁路和铁道兵战士一起参加施工会战，桥梁与隧道系师生在京广复线参与建设，在黄沙街、黄秀桥等地参加修建铁路桥和路口铺、长沙、岳阳三个隧道。

1959 年，铁道建筑系师生完成了涟源钢铁厂专用线的勘测设计。此外，还有部分教师被派到铁路工务段或工程部门劳动锻炼，学习实践知识。这些开门办学经历，让我们的师生深受锻炼，同时体现了"实践能力强、有坚实的理论基础、吃苦耐劳、扎实肯干"的人才培养风格，受到社会广泛赞誉。

1958 年 10 月 13 日，中共湖南省委和湖南省人民政府指示，将湖南工学院恢复为湖南大学。1959 年 7 月 18 日，全校师生员工 4000 余人在大礼堂举行大会，中共湖南省委、湖南省人民政府主要负责人均出席了会议，正式宣布恢复湖南大学(即湖南工学院更名为湖南大学)，设数学、物理、化学、生物、土建、机械、机电、化工、铁道建筑、铁道运输、桥梁与隧道、汉语文学 12 个系。

1959 年，高教部、铁道部与湖南省商定，在长沙以湖南大学的铁道建筑、桥梁与隧道、铁道运输三个系和部分公共课教师为基础筹建长沙铁道学院。4 月 13 日中共湖南省委下文，指定湖南省工业交通办公室主任于明涛、省交通厅副厅长陈诚钜、湖南工学院副院长李文舫及杨国庆、徐天贵、黄滨、孔安明、王直哲 8 人组成筹建长沙铁道学院领导小组，下设筹备处，李文舫任主任，湖南工学院副总务长化炳山任副主任。当时，铁道部要求把长沙铁道学院建设成为"江南唯一、专业配套"的多科性院校，培养高水平人才，全面为铁路建设服务，并计划用一年半时间建成能容纳 2000 多教学和生活的房舍。筹建领导小组经过反复论证比较，将校址选定在长沙市南郊的烂泥冲，初定划地约 1500 亩[①]。学院初步规划为：近期学生规模为 6000 人；设 6 个系、13 个专业，新增机械、电气化、电信三个系；要求专业设置达到土、机、车、电、营配套，还设应用物理、工程力学两个理科专业；每年招生 600 至 1200 人；远期学生规模为 1 万人。院区总体规划和设计由湖南大学土木工程系承担，并于 1959 年 11 月破土动工。

1959 年 9 月，为充实即将成立的长沙铁道学院师资队伍，唐山铁道学院 1959 届(1955 级)铁道与桥隧两专业毕业生共 11 人分配到长沙铁道学院筹备处，他们是卢树圣、田嘉猷、金宗斌、贾瑞珍、王采玉、常宗芳、李爱蓉、陈月坡、邓美瑁、马保安、张根林。

第 3 节　艰苦创业，特色初显(1960 年 9 月—1966 年 5 月)

1960 年上半年，铁道部、湖南省相继调杨森、郭怀澎等十余名干部充实学院领导力量。同年，铁道部下达的"部教〔60〕字第 1947 号"文件，批准了建院的院址，正式命名长沙铁道学院，同意了学院的初步规划和 1960 年的招生计划。

1960 年 9 月 15 日，铁道部下文正式宣布成立长沙铁道学院。经中共湖南省委同意，由王敬忠、杨森、李文舫、郭怀澎、刘允明、周保仁、杨和荣等七位同志组成中共长沙铁道学院委员会，王敬忠为党委副书记，在王敬忠因病未到职期间，由杨森代理副书记工作。长沙铁道学院筹备处主任李文舫主持学院行政工作，并兼管教学；副院长郭怀澎分管基建和总务；副院长余炽昌分管科研。

长沙铁道学院直属铁道部领导。学院成立时，以湖南大学分来的铁道建筑系、桥梁与隧道系、铁道运输系为基础，增设了数理力学系及电信系，共 5 个系。设有铁道建筑、桥梁与隧道、铁道运输、工业与民用建筑、应用力学(现为工程力学)、通讯、遥控 7 个本科专业。除应用力学专业学制为 4 年外，其他专业学制均为 5 年。1960 年招收学生 560 人，其中本科专业 391 人(桥梁与隧道 77 人、铁道建筑 77 人、工业与民用建筑 46 人、应用力学 51 人、通讯 27 人、遥控 29 人、铁道运输 84 人)；另有大专师资班、干部班、工程师班，共 169 人。(工业与民用建筑专业因条件受限被撤销，所招收的学生被分流至其他专业，直到 1976 年才开始恢复专业，并招收工农兵学员，1978 年正式招收四年制本科专业。)当时，全校在校学生 1707 人，教职工 428 人，其中教师 221 人(另有从各专业学生中提前选

---

① 　1 亩 = 666.7 平方米。

拔培养的预备教师 147 人）。教师中有教授 14 人，副教授 6 人。

1960 年从湖南大学调入长沙铁道学院铁道建筑系、桥梁与隧道系的专业课教师名单：

（1）铁道建筑系。

①铁道建筑教研组：

教授：洪文璧。

副教授：张显华

讲师：汪子瞻。

助教：刘邦兴、李增龄、宋治伦、周镜松、周继祖、李嗣科。

②铁道设计教研组：

教授：刘达仁、李绍德。

副教授：黄权。

讲师：蒋成孝。

助教：黎浩廉、聂振淑、郑文雄、曾俊期、周才光、詹振炎、袁国铎、曹维志、殷汝桓、姚洪庠、苗苏。

③铁路线路构造及业务教研组：

教授：盛启庭。

副教授：赵方民。

讲师：王远清。

助教：廖智泉、吴宏元、高宗荣、顾琦。

④测量教研组。

助教：蔡俊、谢国瑲、郭之锟、林世煦、李仁、李秀蓉、肖修敢、杨福和、韦荣禧、蒋琳琳、苏思光、陈冠玉、张作荣、周霞波。

（2）桥梁与隧道系。

①隧道与地下铁道教研组：

教授：桂铭敬。

讲师：刘骥。

助教：毛儒、裘晓浦、邝国能、宋振熊、陶锡珩、韩玉华。

②桥梁教研组：

教授：王朝伟、谢世澂。

讲师：王承礼、徐铭枢、罗玉衡、苏思昊、谢绂忠。

助教：万明坤、华祖焜、姜昭恒、裘伯永、周鹏。

③建筑结构教研组：

教授：谢思澂。

　　讲师：曾庆元。

　　助教：熊振南。

　　(3)技术基础课、基础理论课调入的教师：

　　理论力学：黄建生(讲师)、张近仁(助教)。

　　材料力学：余钰文(助教)、荣崇禄(助教)、皮淡明(助教)、王唯福(助教)。

　　结构理论：李廉锟(教授)、张炘宇(讲师)、邓如鸽(助教)。

　　建筑材料：王浩(副教授)、张绍麟(助教)。

　　施工：耿毓秀(副教授)、曹曾祝(助教)、杨承恕(助教)、奚锡雄(助教)。

　　画法几何与工程制图：石琢(教授)、张一中(助教)、杨壁芳(助教)、谢植虞(助教)、甄守仁(助教)。

　　土力学和工程地质：熊剑(讲师)、陈映南(讲师)、杨庆彬(讲师)、陈昕源(助教)、宁实吾(助教)。

　　水力学：高武元(讲师)。

　　(4)其他人员：蒋承暑(铁道建筑系总支副书记)、穆益轩(桥梁与隧道系总支书记)、邵天仇(助教、资料员)、杭迺兆(测量教助员)、谢楚英(测量实验室仪器管理员)、高武珍(办事员)、张萍初(力学实验室教助员)、李德贵(工人)。

　　1959 年 11 月，长沙铁道学院破土动工时，校址南郊烂泥冲为荒山野坡，周围是菜农田地。当时正遇国家 3 年经济困难时期，建校基建资金及所需劳动力和建筑材料缺口巨大，而铁道部、湖南省要求 1960 年 9 月开学前要建成基本校舍和教学设施。面对时间紧迫、任务繁重的情况，师生员工坚持"艰苦奋斗、勤俭建校"的方针，发扬延安抗大精神，以高涨的热情投入建校劳动中。铁道建筑系、桥梁与隧道系、铁道运输系从湖南大学搬迁到新校址烂泥冲时，所有家具都是师生们用肩扛过来的，延绵数公里人工搬运的长龙景象壮观不已，成为当时市内的一道风景线。

　　开始建校时，平均每天参加建校劳动的师生 300 多人，是专业建设人员的 1.5 倍。没有红砖自己烧，没有汽车就用板车运、人工扛，哪里有困难，就组织动员学生突击完成，如教学大楼基础土方长时间挖不出来，铁道建筑系、桥梁与隧道系全体师生会同其他师生员工 1000 多人突击抢挖，苦战一天就基本完成任务，保证了教学楼按时动工修建。工地运输跟不上，学生就用角钢修建土铁路，使运输能力提高了 5 倍。基建材料到了车站，师生们用 200 辆木轮板车到火车北站运钢筋，到火车南站运水泥、红砖。当时，长沙街头天天可见师生们用板车排成"一字长蛇阵"和你追我赶的劳动竞赛场面。

　　到了 9 月份开学时，生活用房问题勉强解决，干部教师学生挤在一幢宿舍里，食堂是临时搭建的草棚，但教学用房仍困难很大。学校号召师生继续学习抗大精神，教学用房采用边修边用的办法：东段还在施工，西段就投入使用；三楼还在施工，一、二楼就已经在上课；楼上施工漏水下来，师生们就打伞坚持上课；没有课桌就用凳子代替，没有黑板就用门板涂黑漆代替；一下课，师生们就又投入到工地上参加劳动；冬天，老师讲课时因窗户没有玻璃，冷风吹得张不开嘴，就在窗户挂上油毛毡和草帘子，应对恶劣天气。

从 1959 年到 1965 年，在长沙铁道学院的基建工地上，哪里有困难，哪里就有铁打的"三铁"（即铁道建筑、桥梁与隧道、铁道运输三个系）师生。当时的基建，几乎一砖一木都经过了师生们的双手。从教学楼到宿舍、从食堂到浴室，以及校园里种下的每一棵树，都洒下了全体师生辛勤的汗水。长沙铁道学院就是在那样的年代里，在那样的环境条件下，由那样一群人以坚韧的意志和辛勤的汗水创建起来的。仅经过一年多艰苦奋战，到 1961 年 2 月，学校便基本竣工了 1 座教学楼（现中南大学铁道校区创业北楼）、3 栋学生宿舍、1 栋教工宿舍（当时还兼校、系办公室）、1 个学生食堂、1 个教工食堂。至 1966 年"文化大革命"前，学校共完成基建、设备累计投资 575.1 万元，建成了可供 675 名教职员工和 1555 名学生生活、学习与工作，总建筑面积为 5.7 万 m^2 的全新校舍。

1961 年 10 月，学校开始贯彻中央"调整、巩固、充实、提高"的八字方针和《高等学校暂行工作条例》（简称《高教 60 条》）。学校规模调整为 3000 人，保留了基础较好的 3 个系，即铁道建筑系、桥梁与隧道系和铁道运输系，撤销了电信系、铁道建筑系的师资班和桥梁与隧道系的工业与民用建筑班，本科由 7 个专业调整为 3 个专业。当年桥梁与隧道专业有学生 92 人，铁道建筑 169 人，铁道运输 103 人；附设的干部班由 3 个调整为 1 个。

1962 年 3 月 26 日，广东交通学院撤销，工程线路专业师生 116 人和车辆专业师生转入长沙铁道学院。8 月，长沙铁道学院借用湖南林业学校大礼堂为首届毕业生隆重举行毕业典礼，铁道建筑系 1956 级 223 人、桥梁与隧道系 1956 级 99 人参加了典礼。同年，铁道建筑、桥梁与隧道、工程力学 3 个学科开始招收研究生。

1962 年以后，招生人数逐年增加。9 月 8 日，湖南省教育厅核定长沙铁道学院发展规模为 2000 人，专业设置为铁道工程、桥梁与隧道、铁道运输、铁道车辆 4 个专业，学制均为 5 年。

1964 年 2 月，铁道建筑系改为铁道工程系。

1965 年，铁道工程、桥梁与隧道两系应届毕业生在老师的带领下，到成昆铁路参加大会战，为三线铁路建设做出了较大贡献。世界上最大跨度（54 m）一线天空腹式石拱桥、旧庄河一号预应力悬臂拼装梁等就是学校教师主持完成设计与施工的。铁道工程、隧道与桥梁 1963 级两系师生数百人参加了湖南澧县、安乡县农村社会主义教育运动。同年冬天，包括两系师生在内的全校 300 多名师生在岳麓山林场开荒植树，战大雪抗冰冻，奋战一个月圆满完成植树任务，在为绿化祖国做出贡献的同时从中得到了很好的锻炼。

1966 年 2 月 26 日，铁道工程系和桥梁与隧道系合署办公，两系党总支合并，成立临时党总支。

第4节 风雨征程，矢志不渝(1966年5月—1976年10月)

1966年6月"文化大革命"开始后，学校教学、科研及其他工作都受到严重冲击和影响，正常的师生关系被破坏，教学秩序被打乱，学校被迫全部停课，停止招收新生(含普教生、研究生、函授生)达5年(1966—1969级、1971级)。

1966年，长沙铁道学院师生怀着对毛泽东主席的深厚感情，倡议修建长韶(长沙—韶山)铁路，经国务院批准，在湖南省政府的支持下，桥梁与隧道系、铁道工程系和铁道运输系等近200名师生参加勘测设计与施工。经过一年多实战，1967年12月26日，长韶(长沙—韶山)铁路建成通车。1961—1965级桥梁与隧道系、铁道工程系学生还先后参与了坪石到梅田专用线设计和施工。

1970年，长沙铁道学院由铁道部领导划归湖南省领导，10月，根据湖南省革命委员会(简称湖南省革委)指示制订《长沙铁道学院1971—1975年发展规划》，并对教学各行政管理体制做了相应调整，将铁道工程系和桥梁与隧道系合并成铁道工程系，同时铁道工程、桥梁与隧道专业合并为铁道工程专业，学制3年，从广州铁路局、第四工程局招收铁道工程专业工农兵试点班学员33名。

1972年，学校恢复招生。铁道工程系面向全国招收工农兵学员120名，学制3年。6月，长沙铁道学院党委根据湖南省革委文件精神，在铁道工程1970级试点班基础上出台《关于1972级各专业教学计划的几项规定》，安排1972级学生自1972年5月2日至12月3日补上文化课，要求达到高中文化水平。

1972年，铁道部大桥工程局组织钢桥振动专题研究组，以成昆线192 m简支钢桁梁桥模型为对象，研究钢桥空间自由振动及静力偏载位移内力分布。曾庆元与同济大学著名桥梁工程专家李国豪教授一道应邀参加理论分析。通过研究，曾庆元建立了一种全新的理论分析方法，发表了《简支下承桁梁偏载变位、内力及自由振动计算方法》和《504桥模型偏载变位、内力及自由振动计算》两篇长篇论文，该成果成为解析法桁梁空间分析的范例，开创了学校桥梁工程学科车桥振动研究方向。

同年，受铁道部第四勘测设计院的邀请，詹振炎主持了"小流域暴雨洪水之研究"项目。此前，一般的桥梁和涵洞绝大多数没有水文观测资料，雨洪流量估算一般均按恒定流理论，由同时汇流面积乘以径流系数得洪峰流量。此法的假定不尽合理，计算结果多数偏离实际较大。詹振炎首先提出了基于非恒定流理论，建立坡面流和河槽流两组微分方程，联立求解这两组方程，考虑雨洪演进过程的调蓄作用，由降雨过程推算洪水过程，再由洪水过程得到暴雨最大流量。他所倡议的方法理论严密、概念清晰，可根据实测洪水演进过程验证计算参数。这种方法经无量纲化处理后，由计算机事先解算出洪水演进过程，应用起来十分方便，妥善地解决了小流域桥涵水文计算问题。该方法至今仍在桥涵勘测设计中广泛采用，并被纳入高等学校教材。

另外，铁道工程系詹振炎、汤曙禧、姚宏庠等老师还纷纷开展了"铁路平纵面研究""小流域暴雨地面径流研究""夹直线的长度""铁路平纵面断面的调查""复线改建调查报告"等科学研究，詹振炎还先后为师生作了"小桥涵水文现状""小径流计算"，周才光作了"航测在铁路中应用"，汤曙曦老师作了"铁路平纵面设计的研究"的学术(科普)报告。

1973 年，铁道工程专业招收 6 个班 180 名工农兵学员。

1971—1973 年，学校组织学生到现场参加生产劳动，实行厂校挂钩，开门办学。铁道工程等专业师生一起在工厂、车站、工地进行一个月以上现场教学，达 16 次之多。师生还参加了铁路新线建设、旧线改造新技术应用等生产科研项目数十项。

1974 年，铁道工程专业招生 5 个班，其中铁道工程专业 3、4 班组成教改实践队，作为全校教改试点，由易南华任队长，李充康兼任实践队党支部书记。

1974 年，受铁道部委托，招收 30 多名学员学习基础课和专业课，每门课程必须考试合格才能结业毕业。

1975 年，加强教学实践环节，将铁道工程 1973 级 6 个班分成 3 个实践队，分别赴河南洛阳参加陇海铁路铁门至石佛段的改线勘测设计、赴河南林县参加安阳钢铁厂铁路专线的勘测设计、赴湖南麻阳参加煤矿铁路专线的勘测设计。

1976 年 7 月，遵照湖南省委指示，铁道工程系 1000 多名师生，于 7 月到岳阳地区参加夏收夏种"双抢"劳动，历时 20 多天。

"文革"期间，毕业生不能按时毕业和分配工作：1961 级推迟至 1967 年、1962 级推迟到 1968 年、1964 级推迟至 1970 年毕业。

第 5 节　沐浴春风，稳步推进(1976 年 10 月—2000 年 4 月)

1976 年 10 月，粉碎"四人帮"以后，长沙铁道学院在"拨乱反正"的基础上，逐步落实各项政策，进行了大量的恢复、建设、改革和发展工作，迅速走上了以提高教育、教学质量为中心，积极开展科学研究的正轨。学校对铁道工程专业 1976 级、工业与民用建筑专业 1976 级的教学计划做了修改，工农兵学员入校后，先补习高中课程 8 个月，然后再上大学课程 3 年，学制仍为 3 年。

1977 年，恢复全国统一高考制度。学校恢复招收普通高等教育本科生，学制为 4 年。铁道工程本科专业 1977 级招收两个班共 85 名学生。

1978 年，招收铁道工程本科专业 3 个班共 93 名学生，招收工业与民用建筑四年制本科专业 1 个班 31 名学生。恢复招收研究生，土木工程学科招收了文雨松、李政华、李培元、宋仁、姜前 5 名研究生，另从哈尔滨力学所转入刘启凤 1 人。

1978 年，土木工程学科有 5 项成果获全国科学大会奖(见表 1.1)，有 10 项成果分别获铁道部科学大会奖和湖南省科学大会奖。

表 1.1　1978 年全国科学大会奖获奖项目名单

序号	项目名称	完成人
1	成昆铁路旧庄河一号桥预应力悬臂拼装梁	姜昭恒等
2	成昆铁路跨度 54 m 空腹式铁路石拱桥	王承礼等
3	锚固桩试验	熊剑等
4	喷锚支护在铁路隧道中受力特性的试验研究	邝国能等
5	小流域暴雨洪水之研究	詹振炎

1979 年，学校强调把工作重点转移到教学和科研上来。最后一届工农兵大学生铁道工程 1976 级和工业与民用建筑 1976 级于 1980 年 8 月毕业。同年，曾庆元招收研究生田志奇。

1981 年，"桥梁与隧道工程""岩土工程"获得全国首批硕士学位授予权。

1982 年，铁道工程系詹振炎的"小流域暴雨洪水之研究"获全国自然科学奖四等奖。

1983 年，"铁道工程"获得全国第二批硕士学位授予权。为适应形势需要，成立了铁道工程系勘察设计队，对外承担勘察设计任务。

1984 年，应铁道部大桥工程局等单位的要求，接受委托培养桥梁专业四年制本科生。9 月 20 日，铁道工程系更名为土木工程系。11 月 21 日，铁道工程系勘察设计队经调整后成立长沙铁道学院土木工程勘察设计所，仍隶属土木工程系领导。

1985 年，增设铁道工程、建筑管理工程专科专业。

1986 年 7 月，经国务院学位委员会批准，获得"桥梁隧道与结构工程"学科博士学位授予权，曾庆元为该学科的博士生导师。

1987 年 1 月，土木工程系铁道工程专业被批准为铁道部重点专业。10 月 16 日，国家教育委员会(简称国家教委)(〔87〕教高二字 021 号)批准长沙铁道学院土木工程系增设建筑管理工程本科专业。

1988 年 9 月，建筑管理工程本科专业正式开始招生。

1989 年，桥梁工程本科专业正式恢复招生。

至此，土木工程系有专业课和技术基础教研室 16 个：桥梁结构、隧道、轨道、选线、测量、工程制图、建筑材料、工程地质、土力学及基础工程、环境工程、建筑学、建筑结构、建筑施工、建筑管理工程教研室和岩土工程、工程设计优化研究室；有建筑材料、土力学、测量、结构、管理 5 个实验室和 1 个图书资料室(藏有专业书籍 5526 册，专业刊物 1456 册、专业资料往来 14936 件)；有"桥梁隧道与结构工程"博士学位授予权，硕士学位授予权已覆盖各学科；有教职工 187 人，其中教师 136 人，教授占 7%，副教授占 24%，讲师占 39%，助教占 30%；有在读研究生 43 名，本科生、专科生 1079 人。

1990 年 1 月，国家教委、国家科学技术委员会（简称国家科委）给王朝伟、曾庆元、李廉锟、谢世澄、赵方民、徐铭枢、桂铭敬、王承礼、郑君翘颁发"长期从事教育与科技工作，且有较大贡献的老教授"荣誉证书。詹振炎获得"全国高等学校先进科技工作者"称号。陈映南等完成的"原位测试机理研究"获国家科技进步奖三等奖。华祖焜的"加筋土结构基本性状的研究"、曾庆元的"斜拉桥极限承载力分析"项目获国家自然科学基金委员会资助。

1991 年 9 月，桥梁与隧道工程、岩土工程和铁道工程学科获得在职人员硕士学位授予权。

1992 年 7 月，结构工程学科获硕士学位授予权。

1993 年 11 月，长沙铁道学院建设监理公司、长沙铁道学院土木工程勘察设计研究院及部分教职工从土木工程系分离出去，各自单独组成建制单位，隶属长沙铁道学院校产实体。

1994 年 3 月，工业与民用建筑专业和建筑管理工程专业及相关教研室、师生从土木工程系分出，成立建筑工程系，由欧阳炎任系主任，邓荣飞任党总支书记。同年，建筑工程系工业与民用建筑专业改称建筑工程专业，土木工程系建筑管理工程专业改称管理工程专业，自 1995 年开始招生。

1995 年，按照国家新的专业目录要求，土木工程系铁道工程、桥梁工程两个专业合并更名为交通土建工程专业；建筑工程系增设建筑学专业（本科 5 年制），并招收本科 1 个班。同年，交通土建工程专业被批准为湖南省第一批重点建设专业。建筑材料学科获得硕士学位授予权。

1996 年 7 月，铁道部批准（国家教委备案）的铁路高校 8 位博导中，有长沙铁道学院桥梁与隧道工程学科陈政清、王永和、任伟新、詹振炎 4 位教授。管理工程专业又改为建筑管理工程专业。

1997 年 2 月，土木工程系铁道工程和岩土工程通过湖南省教委学位点合格评估。3 月 9 日，长沙铁道学院院党委决定：土木工程系和建筑工程系合并组建土木建筑学院，由欧阳炎任院长，罗才洪任党总支书记。4 月，建筑工程被批准为湖南省第二批重点建设专业。6 月，全国高等院校建筑工程专业教育评估委员会正式批准建筑工程专业评估通过。同年，长沙铁道学院全面实施按大类招生，土建类和机械类专业试点班、全校性因材施教班共三项教改方案启动。

1998 年 5 月，陈政清任土木建筑学院院长。

1998 年 9 月，实行按大类培养，土木类各本科专业合并统称土木工程专业（分桥梁工程、建筑工程、道路与铁道工程、隧道及地下结构工程方向），另还有工程管理（建筑管理工程专业更名为工程管理）、建筑学 2 个本科专业。同年，道路与铁道工程学科获得博士学位授予权,管理科学与工程、防灾减灾及防护工程学科获得硕士学位授予权。

1999 年,经全国工程硕士教育指导委员会评审和国务院学位办审定,长沙铁道学院被批准为新的工程硕士指导培养单位,是铁道部第三所、湖南省第四所获工程硕士专业学位授予权的单位。6 月,铁道部批准(国家教委备案)的 11 位博导中,有桥梁与隧道工程学科的叶梅新和道路与铁道工程学科的陈秀方、周士琼、张起森 4 位。

1999 年 7 月,刘宝琛院士调入长沙铁道学院土木建筑学院工作。

1999 年 11 月,曾庆元教授当选中国工程院院士。

2000 年 1 月,长沙铁道学院学位委员会批准(铁道部备案)余志武为博士生导师。

第 6 节　乘势而上,发展壮大(2000 年 5 月—2013 年 9 月)

2000 年 4 月 29 日,长沙铁道学院与中南工业大学、湖南医科大学合并组建中南大学。

同年,土木建筑学院增设工程力学专业,自 2001 年开始招生。开始在建筑与土木工程领域招收工程硕士研究生;获得土木工程一级学科博士学位授予权和交通运输工程一级学科博士学位授予权(土木建筑学院与交通运输工程学院共建)。

2002 年 1 月,桥梁与隧道工程、道路与铁道工程被批准为国家级重点学科。12 月,岩土工程被批准为湖南省重点学科。同年,所申报的"'211 工程'铁道工程安全科学与技术"建设项目论证获得通过;完成了"985 工程"道路与铁道工程国家重点学科项目建设。

5 月 23 日,原长沙铁道学院机电工程学院建筑环境与设备工程系、数理力学系基础力学教研室与原中南工业大学资源环境与建筑工程学院土木工程研究所及力学中心并入土木建筑学院,正式成立中南大学土木建筑学院。由刘宝琛院士任院长,陈政清、杨建军、郭少华、方理刚、徐志胜、陈焕新任副院长;罗才洪任党总支书记,黄健陵任党总支副书记。同时,原中南工业大学土木工程、城市规划专业和原长沙铁道学院建筑环境与设备工程 3 个本科专业并入土木建筑学院。

原中南工业大学土木工程学科发展历程简述如下:

1982 年,受湖南省建委、长沙市建委①委托,中南工业大学开始举办"工民建专业"岗位证书培训班,并于 1984 年被省、市建委认定为土建专业的岗位证书培训点。1984 年,中南工业大学开始招办工业与民用建筑专业成教班。1988 年,中南工业大学建立湖南省建委、长沙市建委认定的"建筑材料与构件检测中心"。1990 年,谢祚济、刘又文开始筹建建筑工程系。1993 年正式成立中南工业大学建筑工程系,开办城市规划本科专业。1994 年正式招收建筑工程专业专科生。1995 年年初,调中南工业大学基建处处长陈扬仪任建筑工程系主任。8 月 6 日,资源环境与建筑工程学院成立,中南工业大学建筑工程系并入

---

① 湖南省建委指湖南省基本建设委员会,长沙市建委指长沙市基本建设委员会。

资源环境与建筑工程学院，改名为土木工程研究所。同年正式招收建筑工程专业本科生。1996年年初，从西安建筑科技大学调郭少华任土木工程研究所副所长，从衡阳工学院调黄赛超任土木工程研究所所长。1998年8月，长沙工业高等专科学校并入中南工业大学，原长沙工业高等专科学校建设工程系整体并入资源环境与建筑工程学院，原土建工程、公路与城市道路、工程测量3个专科专业，随之一起并入，周建普任资源环境与建筑工程学院副院长，曾旭日任党委副书记。1999年上半年陈扬仪退休，调整郭少华为副院长。

1992年，长沙工业高等专科学校以矿山系主任唐新孝、副主任周建普为首对原矿山类矿山地质、采矿工程、矿山测量3个专业进行调整与改造，矿山地质专业调整为工程地质专业，采矿工程调整为采矿与公路工程，矿山测量调整为工程测量与城市规划专业，在工程地质基础上改造形成的建筑基础工程专业于1993年正式招生。1995年，周建普任系主任，矿山系更名为建设工程系，同年，公路与城市道路工程专业正式招生，建筑基础工程专业进一步改造形成的土建工程专业于1996年正式招生。自1996年开始，土建工程、公路与城市道路工程两个专业实行"1.5+1.5"模式，即前1.5年课程一致，后1.5年分专业开课，每年每个专业招2个班80人左右。至此，矿山类专业完全改造成为工程类专业。同时派遣大量教师到湖南大学土木工程系研究生班学习，聘请湖南大学土木工程系有经验的教师授课、指导毕业设计，培训指导转行的教师迅速进入角色，专业实验打包到湖南大学土木工程系。1998年8月，长沙工业高等专科学校并入中南工业大学。这些专业划归资源环境与建筑工程学院，合并以后，土建工程专业停止招生，公路与城市道路工程专业1999年继续招生2个班80人，2000年停止招生。原专科各专业招生规模，成建制全部转入本科招生，土木工程专业每年招生由原来的2个班约60人，升至6个班约180人。1999级开始，土木工程专业分为建筑工程、道路与桥梁工程2个专业方向，实行"3+1"模式。

至此，土木建筑学院有教职工280余人，本科学生4000余人、研究生近1000人，构成如下：

（1）专业设置：土木工程、工程管理、建筑学、城市规划、工程力学、建筑环境与设备工程共6个专业。

（2）系室设置：桥梁工程、隧道工程、道路与铁道工程、建筑工程、岩土工程、工程管理、力学、建筑与城市规划、建筑环境与设备工程系共9个系，以及工程制图、工程测量、建筑材料3个教研室。

（3）研究机构：桥梁工程、隧道工程、道路与铁道工程、城市轨道交通、建筑工程、工程管理、城市设计、制冷与空调、防灾科学与安全技术共9个研究所，岩土及地下工程和结构与市政工程2个研究中心。

（4）实验室：土木工程中心实验室、微机实验室、火灾实验室和力学实验教学中心等10多个实验室，其中土木工程中心实验室是湖南省建筑企业一级实验室。

（5）学科：桥梁与隧道工程、道路与铁道工程2个国家级重点学科和岩土工程省级重点学科，拥有土木工程一级学科博士学位授予权，是全国 13 所具有一级学科博士授予权的土木类院系之一。

（6）硕士、博士点：桥梁与隧道工程、道路与铁道工程、岩土工程、结构工程、市政工程、供热供燃气通风及空调工程、防灾减灾工程及防护工程 7 个博士点，材料学、管理科学与工程、固体力学、制冷及低温工程等 11 个硕士点，并拥有建筑与土木工程领域工程硕士学位授予权。

2003 年，新增工程力学博士点和消防工程、城市轨道交通工程 2 个自主设置博士点。新增消防工程、城市轨道交通工程、建筑设计及其理论、城市规划设计（含风景园林规划与设计）、建筑技术科学 5 个二级学科硕士点。新增土木工程、交通运输工程（与交通运输学院共建）2 个一级博士后科研流动站，涵盖土木建筑学院桥梁与隧道工程、岩土工程、结构工程、供热供燃气通风及空调工程、防灾减灾工程及防护工程、消防工程、土木工程规划与管理、土木工程材料 8 个二级学科。

2004 年，增设消防工程本科专业，招收第一届本科生。5 月，土木工程专业通过建设部专业教育评估。10 月，杨小礼的博士论文《线性与非线性破坏准则下岩土极限分析方法及其应用》获评湖南省优秀博士论文，指导老师为刘宝琛院士。次年 10 月，该论文获评全国百篇优秀博士论文。10 月进行了部分系所机构调整，组建道路工程系。

2005 年 9 月，建筑环境与设备工程专业划归能源科学与工程学院。建筑学一级学科硕士点申报成功，包含建筑设计及其理论、城市规划设计、建筑技术科学、建筑历史与理论 4 个二级学科。

2005 年 11 月，1962 年毕业于长沙铁道学院桥梁与隧道专业的孙永福当选为中国工程院院士。

2006 年，结构工程被批准为湖南省重点学科。土木工程专业成立特色教育本科班"以升班"。5 月，工程管理专业通过建设部专业评估委员会教育评估。11 月，任伟新当选2006 年度长江学者特聘教授。

2007 年，桥梁与隧道工程、道路与铁道工程 2 个国家重点学科通过国家评估，岩土工程学科被批准为国家重点学科；岩土工程学科为"十一五"湖南省重点学科，防灾减灾工程及防护工程为中南大学校级重点学科。

8 月，土木工程学科、交通运输工程学科（与交通运输工程学院共建）被批准为一级学科国家重点学科。

9 月，中南大学首次与澳大利亚蒙纳士大学开展联合培养，成立"2+2"学制的土木工程专业"中澳班"。

11 月，"高速铁路建造技术国家工程实验室"落户土木建筑学院。

12 月，土木工程专业被教育部确定为首批第一类特色专业。

2008 年 6 月，土木工程教学团队被评为省级教学团队，建筑学专业通过建设部专业评估同时批准授予建筑学专业学士学位,土木工程实验教学中心被评为湖南省高校实践教学中心。

11月,教育部学位中心发布2005—2007年学科评估结果:土木工程一级学科排列在全国第9名。

2009年6月,土木工程专业通过建设部专业教育评估(复评)。6月,城市规划专业通过建设部专业评估委员会教育评估。

2010年9月26日,建筑与城市规划系与艺术学院合并组建中南大学建筑与艺术学院,建筑学和城市规划专业划归建筑与艺术学院。10月,成功申报工程管理硕士全日制专业学位硕士点。

10月19日,中南大学土木建筑学院更名为中南大学土木工程学院。11月,获批"重载铁路结构工程教育部重点实验室"。

2011年6月,工程管理专业通过建设部专业教育评估(复评)。

2012年8月,土木工程实验教学中心被评为"十二五"国家级实验教学示范中心。岩土工程、结构工程顺利通过湖南省教育厅组织的"十一五"省级重点学科验收。同年,赵衍刚教授领衔的"高速铁路工程结构服役安全"团队入选教育部创新团队发展计划。教育部学位与研究生教育发展中心发布2009—2012年学科评估结果:土木工程一级学科排名第7。12月,学院发起成立湖南省工程管理学会。

2013年2月,高速铁路建造技术国家工程实验室通过国家发展和改革委员会主持、铁道部组织的验收。4月,高速铁路工程结构服役安全教育部创新团队发展计划通过教育部科技司组织的专家论证。5月,换届产生土木工程学院第三届教授委员会,进一步确立了教授治院的办学理念。同月,第10次高速铁路建造技术国家工程实验室理事会召开,确定了实验室进入运行初期的管理实施办法。9月,进行部分系所机构调整:工程与力学研究所和力学系合并组建新的力学系,其人员由现工程与力学研究所、力学系全体人员组成。新组建的力学系保留工程与力学研究所,负责对其进行建设和管理。土木工程计算中心及人员并入铁道工程系。

为庆祝原长沙铁道学院成立60周年,土木工程学院组织编写了《中南大学土木工程学院学科发展史(1953—2013)》,由中南大学出版社于2013年10月出版。

第7节 砥砺前行,铸就一流(2013年10月—2020年12月)

2013年10月,土木工程学院举办了成立60周年庆祝活动。11月,全国土木工程学科发展论坛在学院召开,全国31所高校土木工程学院(系)领军人齐聚学院,共同研讨中国土木工程学科发展。余志武主持的"新型自密实混凝土设计与制备技术及应用"成果获国家技术发明奖二等奖。何旭辉参加的"长大跨桥梁结构状态评估关键技术与应用"成果获国家科技进步奖二等奖。盛岱超获得 973 计划主持课题 1 项：山区支线机场高填方变形和稳定控制关键基础问题研究——不良级配土石混合料及特殊土的本构关系，资助经费 500万元。余志武教授主持的"土木工程专业特色人才多元化培养模式研究与实践"获省级教学成果三等奖。与中铁五局联合申报的高速铁路建造技术研究生培养创新基地获批湖南省研究生培养创新基地。

2014 年 1 月，盛岱超受聘担任世界上发行量最大、历史最久的三大知名 SCI 岩土工程学术期刊之一 *Canadian Geotechnical Engineering*（《加拿大岩土工程学报》）主编，是三大岩土工程期刊创刊 200 年来的第一位华人主编。3 月，学院被评为中南大学 2013—2014 学年本科教学状态评估优秀单位。5 月，学院班子换届，蒋琦玮任土木工程学院党委书记，谢友均续任院长，张家生、盛兴旺、李耀庄、何旭辉续任副院长，蒋丽忠、王卫东新任副院长。6 月住房和城乡建设部（简称住建部）高等教育土木工程专业教育评估委员会发文通知土木工程专业通过住建部高等教育复评估（土木〔2014〕第 14 号）。9 月，中南大学与澳大利亚蒙纳士大学合作举办的土木工程专业本科教育项目获教育部批准，拟于 2015 年开展中澳土木工程专业联合培养，计划招生 3 个班共 90 人，开启学院中外联合办学大门。10月，向教育部提交《中南大学新增铁道工程专业申请报告》，拟在 2015 年开始恢复铁道工程专业单独招生。同月，国际工程力学高层次论坛在学院举行。12 月，消防工程系建系十周年发展回顾与展望交流会在铁道校区建工楼三楼会议室举行。由学校主持，蒋丽忠教授参加（排名第二）的"重载铁路桥梁和路基检测、评估与强化技术"成果获湖南省科技进步奖一等奖。李军获 2014 年度"茅以升铁路教育专项奖"。学院党委换届，委员会由王卫东、李耀庄、杨鹰、何旭辉、钟春莲、盛兴旺、蒋丽忠、蒋琦玮、谢友均组成（以姓氏笔画为序），蒋琦玮任书记，杨鹰任副书记。

2014 年，学院在国际交流方面开展了大量工作，邀请美国、澳大利亚、新西兰等国内外知名院士、教授来学院举行学术报告 30 余次。自此，来学院访问交流的国内外知名的各学科专业专家人数逐年增加，同时到国（境）外做访问学者的老师人数也逐年增加，扩大了学院学科和学术的国内国际影响。

2015 年 2 月，高速铁路建造技术国家工程实验室与梅溪湖投资（长沙）有限公司签订合作协议。3 月，学院被评为中南大学 2014—2015 学年本科教学状态评估优秀单位。5月，铁道建筑专业 1955 级 2 班校友聚会暨师生座谈会在铁道校区举行。6 月，美国伊利诺伊大学厄巴纳—香槟分校（UIUC）土木与环境工程系国际事务部主任、终身教授 Erol Tutumluer 教授来学院访问，被聘为客座教授，洽谈了本科"3+1"、本硕连读"3+1+1"联合培养项目以及青年教师进修、科研合作等相关事宜。同月，为切实推动实施国家"高铁外交"和"一带一路"倡议，进一步落实并加强国际型、创新型工程人才培养，学校与中国中铁股份有限公司从 2015 年开始双方合作开办中国中铁"国际工程班"（简称中澳班），开启了国际工程人才"订单式"培养新模式。9月，中澳班开始招生，首批招生2个班共60人。同时，铁道工程本科专业恢复单独招生。2015年度国际工程力学高层次论坛举行，这是第二次在中南大学举办。10月，获批湖南省土木工程虚拟仿真实验教学中心。11月，根据学院建设规划和系所调整方案，调整实验室建制，将道路实验室地质实验分室并入岩土实验室。12月，由中南大学主办的国家重点基础研究发展计划（973计划）"城市轨道交通地下结构性能演化与感控基础理论"项目研讨会在长沙隆重召开。学院工会被授予"国家级模范小家"称号。

2016年1月，土木工程国家级虚拟仿真实验教学中心（中南大学）获教育部批准（教高厅函〔2016〕6号）。5月，工程管理专业通过住建部工程管理专业教育复评估。6月3日，中国工程院院士、著名桥梁学家曾庆元教授因病医治无效，在长沙逝世，享年91岁，党和国家领导人表示哀悼和慰问。11日，"铁道工程和交通岩土工程国际研讨会"在学院举行。同年，在学院召开的还有第十五届海峡两岸隧道与地下工程学术与技术研讨会暨中国土木工程学会隧道及地下工程分会建设管理与青年工作专业委员会2016年会、中国工程建设标准化协会混凝土结构专业委员会标准《混凝土结构耐久性室内环境模拟试验方法》研讨会、中德高速铁路桥梁发展与挑战研讨会（China-Germany Forum on Development and Challenge of High-speed Railway Bridge）、中国高速铁路工程结构动力学高层论坛等。9月，新增省部级重点实验室"湖南省装配式建筑工程技术研究中心"。11月，完成第四次全国高校一级学科评估工作，土木工程学科评估结果为A⁻；获批轨道交通安全关键技术国际合作联合实验室（教育部实验室，与交通运输学院合建）。12月，重载铁路工程结构教育部重点实验室建设项目通过验收；完成土木工程一级学科授权点合格评估的自评工作，顺利通过国内同行专家评审，评议结果为优秀；土木工程博士、硕士学位授权点合格评估同行专家评审会在学院举行。彭立敏参加的"跨江跨海大断面暗挖隧道修建关键技术与应用"获国家科技进步奖二等奖。赵炼恒主持的"路基边坡滑塌沉陷快速评估与处治关键技术"获湖南省科技进步奖一等奖。

2017年5月，学院召开"双一流"（世界一流大学和一流学科）研讨会，吹响了打好"土木工程一流学科建设"攻坚战的号角。"铸就土木工程一流学科"成为学院建设的主要任务和努力目标。6月21日，中国工程院院士、著名岩土专家刘宝琛教授因病逝世，党和国家领导人表示哀悼和慰问。9月21日，教育部官网正式公布"双一流"建设高校及建设学科名单，中南大学入选"双一流"建设36所一流大学建设高校（A类）榜单，按学校的部署，土木工程学科为"一流学科"的建设学科。10月，乔世范任土木工程学院副院长。11月，与宁波市交通建设工程试验检测中心有限公司共建的研究生培养创新基地被批为湖南省"交通工程技术研究生培养创新基地"。12月，土木工程国家级实验教学示范中心（中南大学）教学指导委员会会议在学院召开；完成建筑与土木工程领域专业学位授权点合格评估的自评工作，顺利通过国内同行专家评审，评议结果优秀；主办高速铁路国际研讨会；全国第四轮学科评估结果公布，土木工程学科入围 A⁻ 学科。徐志胜参与的"高速铁路狮子洋水下隧道工程成套技术"获国家科技进步奖二等奖。

2018 年 5 月，顺利通过教育部本科教学工作审核评估。蒋丽忠教授当选"长江学者奖励计划"特聘教授。6 月，土木工程专业获批中南大学 2018 年专业综合改革试点项目。7 月，泰国清迈大学工学院院长 Nat Vorayos 一行到访中南大学，双方签署了合作办学备忘录，并组建联合工作小组，着力推进"1+2"联合硕士培养项目，切实增强科研合作。10 月，学院申报的"中南大学-岳阳城市投资集团有限公司湖南省研究生培养创新基地"获批湖南省研究生培养创新基地。2018 年科技创新人才推进计划公布结果，何旭辉入选"中青年科技创新领军人才"，蒋丽忠入选"重点领域创新团队"。12 月，余志武主持的"多动力作用下高速铁路轨道/桥梁结构随机动力学研究及应用"获中国铁道学会科技进步奖特等奖。

2019 年 1 月，学院行政班子换届，由何旭辉任院长，王卫东、乔世范、邹金锋、易亮、朱志辉、张升任副院长。校党委对学院党委班子进行调整：蒋琦玮续任党委书记，杨鹰续任副书记，邹金锋、朱志辉任党委委员。2 月，何旭辉、蒋丽忠入选第四批国家"万人计划"名单。5 月 22 日，学院党委换届，选举产生的新一届委员会由王卫东、朱志辉、乔世范、纪晓飞、杨鹰、何旭辉、邹金锋、钟春莲、蒋琦玮(按姓氏笔画为序)9 位同志组成，蒋琦玮任书记，杨鹰任副书记。5 月 6 日，根据国务院学位委员会通知要求，学院将建筑与土木工程领域硕士专业学位调整为土木水利专业学位，自 2020 年开始招生，并按新专业类别进行招生培养和学位授予。

2019 年，何旭辉获批国家自然科学基金杰出青年科学基金项目，元强获批国家自然科学基金优秀青年科学基金项目；余玉洁获中国铁道学会铁路青年人才托举工程项目；余志武主持的"高速列车-轨道-桥梁系统随机动力模拟技术及应用"获国家自然发明奖二等奖，何旭辉主持的"强风作用下高速铁路桥上行车安全保障关键技术及应用"获国家科技进步奖二等奖，谢友均参与的"高速铁路高性能混凝土成套技术与工程应用"获得国家科技进步奖二等奖。

2020 年上半年，因全球爆发新型冠状病毒肺炎，为了做好疫情防控工作，师生均在家办公或上课，所有授课、考试、研究生复试等工作均在线上完成。教职工于 5 月 12 日正式到校上班；确因科研急需，研究生按博士、硕士分批申请，经导师和学院批准后上报学校审批通过后方可到校；研究生毕业生、本科毕业生分批到校办理离校手续；非毕业班学生均未到校。2020 年，虽受新型冠状病毒肺炎疫情影响，学院日常教学和研究生复试等工作受到冲击，但学院在党建、人才培养、课程建设、科学研究、师资队伍建设、平台建设等各方面取得了一系列可喜的成绩：

1 月，土木工程专业和工程管理专业入选国家一流本科专业，消防工程、铁道工程入选省级一流本科专业建设点名单；学生天佑国际党支部入选全国党建样板党支部；土木工程学院老中青前后三位院长余志武、谢友均、何旭辉同时获得国家科学技术奖，并在人民大会堂领奖，此为史无前例的大事。3月，博士生陈琛获 2020 年美国土木工程学会岩土工程分会竞赛一等奖。5月，学院获评 2019 年度学生思想政治工作先进单位。7月，蒋琦玮主持的"坚持立德树人，创建土木工程专业课程思政育人体系"、罗建阳主持的"'以学生为中心，能力培养为目标'土木学科教育课程课堂教学改革研究与实践"获湖南省教改立项。8月，杨鹰获评湖南省高校辅导员年度人物；罗建阳主持的"工程力学"、杜金龙主持的"材料力学"课程思政教学改革与实践获湖南省课程思政建设研究项目立项。9月，学院部门工会被评为 2019 年度校级先进部门工会；"现代轨道交通建造与运维科普教育基地"认定为"全国铁路科普教育基地"。10月，土木工程专业通过住房和城乡建设部高等教育评估(认证)专家组现场认证；黄健陵主持的"面向智能建造的工程管理专业改造升级探索与实践"获国家级新工科研究与实践项目立项；何旭辉获 2020 年湖南省"最美科技工作者"称号；陈嘉祺获 2020 年湖南省普通高校教师课堂教学竞赛工科组一等奖并获得湖南省普通高校教学能手荣誉称号。11月，土木工程创新创业教育中心获湖南省创新创业教育中心立项，中南大学-中国中铁校企合作创新创业教育基地获湖南省校企合作创新创业教育基地立项；蒋丽忠团队获评湖南省首届"优秀研究生导师团队"；施成华负责的"地下铁道"、刘静负责的"材料力学"课程获首批国家级线上一流课程，王薇负责的"隧道工程"获得首批国家级线上线下混合式一流课程；余志武获评湖南省先进工作者；盛岱超当选澳大利亚工程院院士。12月，何旭辉获"第十五届詹天佑铁道科学技术奖——成就奖"、邹云峰获此奖项青年奖；敬海泉获第十届茅以升铁道科学技术奖；阳军生团队作为科研攻关主要参与成员的工程项目——"成贵高铁玉京山隧道跨越巨型溶厅暗河工程(Tunnel Crossing Giant Karst Cave)"荣获 2020 年度 ITA(国际隧道与地下空间协会)"攻坚克难"奖，摘得国际隧道行业最高殊荣。张学民、王薇参与科研攻关的"深圳车公庙综合交通枢纽工程""川藏铁路拉林段桑珠岭隧道89.3℃超高地温处理"两项工程项目分别入围本年度 ITA"地下空间创新贡献奖"和"攻坚克难"奖提名；中南大学-中国中铁大学生校外实践教育基地入选 2020 年中国高等教育博览会"校企合作，双百计划"；轨道交通工程结构防灾减灾实验室被认定为湖南省重点实验室。

全年新增国家自然科学基金主持项目 34 项(其中青年科学基金 10 项、面上项目 22 项，优秀青年科学基金 2 项)，获资助经费 1765 万元。王树英、国巍获优秀青年科学基金项目。余志武主持的"中南大学铁路轨道-桥梁结构服役安全创新团队"获得湖南省科学技术创新团队奖。张升主持的"机场综合交通枢纽填方体变形控制关键技术"获得湖南省技术发明奖一等奖。

近年来，学院围绕建设"土木工程一流学科"目标，在师资队伍、学科平台、国际办学、标志性成果建设等方面，加大建设力度，取得了明显的成绩。在全国土木工程一级学科评估中，前四轮的学科排名分别为第 11、第 9、第 7 和 A⁻。土木工程学科所在工程学科 ESI 首次进入了 1‰ 学科，土木学科的四大排名指标明显上升。软科世界一流学科排名中，土木工程 2018 年排名为 101～150 名，2019 年排名为 76～100 名。

至 2020 年 12 月，学院的学科发展现状为：

(1)师资队伍。

现有教职工 311 人，其中教授 91 人，副教授 112 人。中国工程院院士 1 人，中组部万人计划领军人才 2 人，长江学者 4 人，国家自然科学基金杰出青年科学基金项目(简称国家杰青)获得者 1 人，国家自然科学基金优秀青年科学基金项目(简称国家优青)获得者 6 人，科技部创新人才推进计划 2 人，教育部新世纪人才支持计划 9 人，湖南省科技领军人才 3 人，湖南省杰出青年科学基金项目获得者 5 人，湖南省百人计划 2 人，湖湘高层次人才聚集工程创新人才 2 人，湖南省普通高校学科带头人 6 人。湖南省创新团队、教育部创新团队、湖南省高校创新团队各 1 个。

(2)学科与专业。

"双一流"建设学科 2 个：土木工程、交通运输工程(共建)。

一级学科国家重点学科 2 个：土木工程、交通运输工程(共建)。

二级学科国家重点学科 3 个：桥梁与隧道工程、道路与铁道工程、岩土工程。

一级学科博士后流动站 2 个：土木工程、交通运输工程(共建)。

一级学科博士授予点 3 个：土木工程、交通运输工程(共建)、力学(共建)。

二级学科博士授予点 11 个：桥梁与隧道工程、道路与铁道工程、岩土工程、结构工程、市政工程、防灾减灾工程及防护工程、消防工程、土木工程规划与管理、土木工程材料、城市轨道交通工程、工程力学(共建)。

学术型硕士学位授予点 14 个：桥梁与隧道工程、道路与铁道工程、岩土工程、结构工程、市政工程、防灾减灾工程及防护工程、消防工程、土木工程规划与管理、土木工程材料、城市轨道交通工程、工程力学(共建)、固体力学、材料学(共建)、管理科学与工程(共建)。

专业型硕士学位授予点 2 个：土木水利、工程管理。

本科专业 5 个：土木工程、工程管理、工程力学、消防工程、铁道工程。

二级学科 10 个：铁道工程、桥梁工程、隧道工程、岩土工程、结构工程、道路工程、土木工程材料、工程管理、消防工程、工程力学。

(3)人才培养。

1953 年至 2020 年 12 月，本科招生 25239 名，毕业 21389 名；专科招生 1239 名，毕业 1235 名；全日制硕士招生 5741 名，毕业 4544 名；博士招生 1127 名，毕业 608 名(未含制冷专业）；高校教师在职攻读硕士学位研究生招生 52 名，毕业 52 名；在职工程硕士研究生招生 1092 名［建筑与土木工程领域 861 名，项目管理领域 231 名］，毕业 685 名（建筑与土木工程领域 581 名，项目管理领域 104 名）。各类各专业历年招生、毕业人数见第 4 章第 1 节。

目前在校本科学生 3158 人（2020 级土木安全类暂未分流），其中留学生 58 人。在校研究生总数 2085 人：博士 413 人（其中留学生 21 人），硕士 1672 人（其中留学生 112 人）。

2017 年开始招收非全日制硕士研究生（双证），现共招生 326 名，毕业 79 名。

（4）科研成果。

据不完全统计，1958 年以来，出版教材或专著 326 部；1978 年以来，共获得省部级及以上科技成果奖 343 项；1991 年以来，共承担省部级及以上纵向科研项目 1067 项，获专利 1091 项。

（5）教学平台。

国家级 4 个：土木工程国家级实验教学示范中心（中南大学）、土木工程国家级虚拟仿真实验教学中心（中南大学）、中南大学-广铁集团国家级实践教育中心、中南大学-湖南建工集团国家级实践教育中心。

省部级平台 5 个：力学实验教学中心省级基础课教学基地、广铁集团娄底地质实习湖南省优秀基地、现代轨道交通建造与运维全国铁路科普教育基地、中南大学-中国中铁五局校企合作创新教育基地、中南大学土木工程创新创业教育中心。

（6）科研创新平台。

国家级平台 1 个：高速铁路建造技术国家工程实验室。

省部级平台 6 个：重载铁路工程结构教育部重点实验室、湖南省先进建筑材料与结构工程技术研究中心、土木工程安全科学湖南省高校重点实验室、湖南省装配式建筑工程技术研究中心、轨道交通安全关键技术国际合作联合实验室、轨道交通工程结构防灾减灾湖南省重点实验室。

（7）土木工程学院机构设置。

设有桥梁工程、隧道工程、铁道工程、建筑工程、岩土工程、工程管理、力学、消防工程、道路工程 9 个系，土木工程材料研究所和高速铁路建造技术国家工程实验室共 11 个教学科研单位，设有综合办、业务办、学生工作办（简称学办）3 个机关办公室。

学院专业历史沿革、学科与专业设置、组织机构、教学科研平台大致情况可见图 1.1～图 1.4。

在图 1.1 中，专业后面未备注的均为本科；铁道工程专业 1985—2000 年办有本专科；建筑管理工程专业 1985—1987 年办专科，自 1988 年起转为本科，专科停办；各工程单位委培的专业未列出。

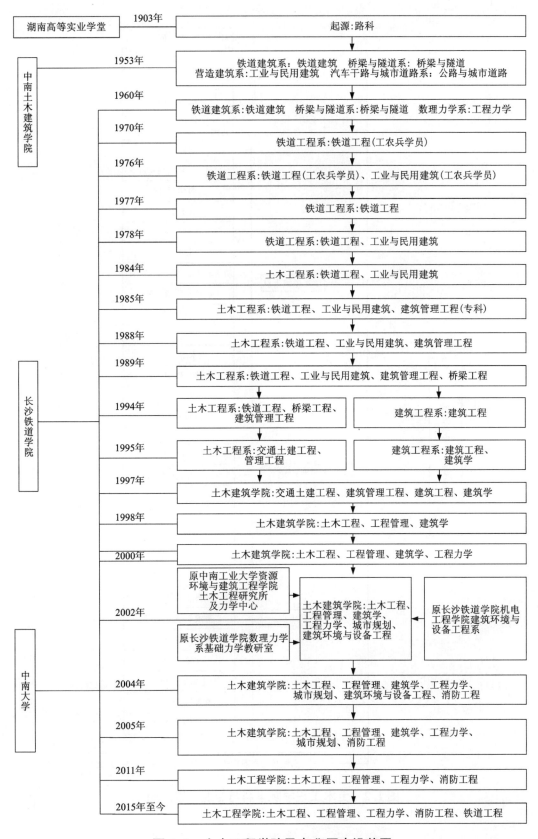

图 1.1 土木工程学院及专业历史沿革图

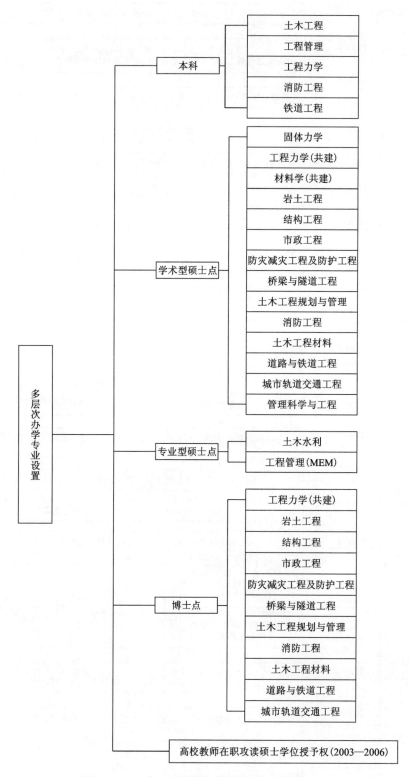

图 1.2　土木工程学院学科与专业设置总图

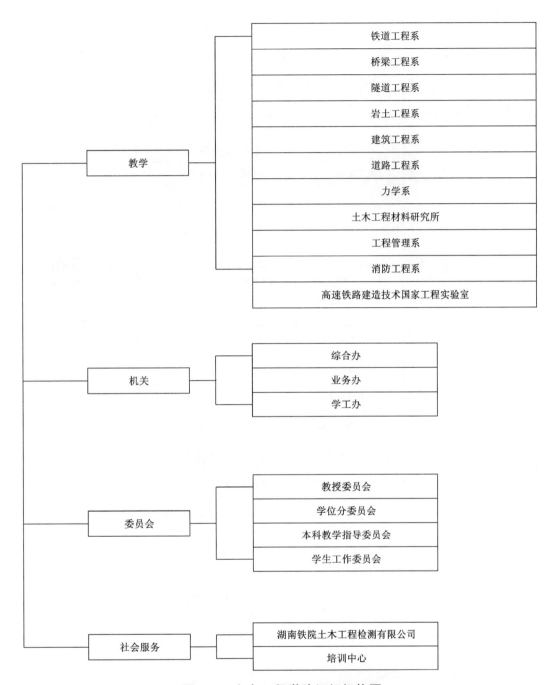

图 1.3　土木工程学院组织机构图

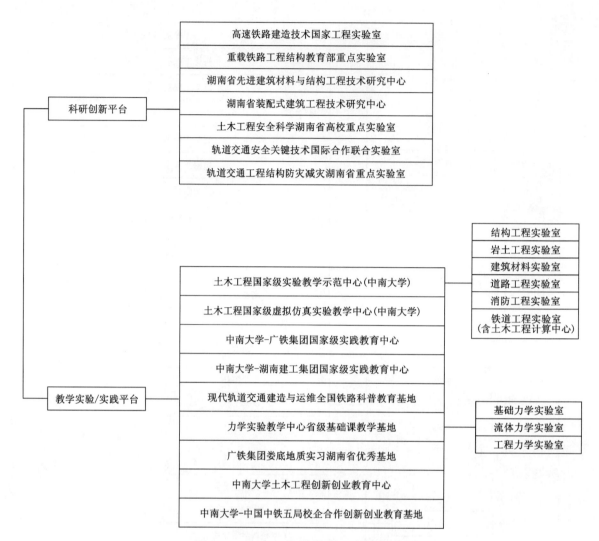

图1.4 土木工程学院科研教学平台

第
②
章

学科与专业

　　土木工程各系所按学科发展历程、师资队伍、人才培养、科学研究四个方面建设学科，其发展历程可划分为中南土木建筑学院时期(1953年6月—1960年9月)、长沙铁道学院时期(1960年9月—2000年4月)、中南大学时期(2000年4月至今)三个时期概述。力学系、工程管理系、消防工程系组建时间较短，按照实际成立时间概述。师资队伍包含队伍概况、历任系(室)负责人、学科教授简介(其中2019年9月1日前退休和调出的教授简历保留，其他在职的教授简历在本书最后的附录中可通过扫描二维码获得)。人才培养包含本科生教育、研究生教育、教学成果。科学研究包含主要研究方向、科研项目(主持的国家级项目全列，主持的省部级科研项目列出数不超过系所人数)、科研获奖(仅指省部级以上科研奖励，含一级学会奖励)、已授权的发明专利、代表性论文(列出数不超过系所人数的2倍)、代表性成果六方面概述。

第1节　铁道工程

一、学科发展历程

　　铁道工程学科最早可追溯到1903年湖南省高等实业学堂的路科，历时50年变迁，1953年院系调整，成立中南土木建筑学院。

(一)中南土木建筑学院时期(1953年6月—1960年9月)

　　1953年中南土木建筑学院成立时就设有铁道建筑系，设置有铁道建筑本科专业，铁道建筑专修科、铁道勘测专修科和铁道选线设计专修科。下设铁道建筑、铁道设计、测量、电机、铁道线路构造及业务共5个教研组。

　　1956年，赵方民发表论文《铁路高次缓和曲线》，首次提出了七次方程式的缓和曲线新线形。该线形完全满足缓和曲线应当具备的5项力学条件，是对传统三次方程式缓和曲线的根本改进，丰富了缓和曲线的理论和计算方法，这项成果是缓和曲线的重大创新，被称为"赵氏缓和曲线"，其内容编入了苏联和我国高等院校的有关教材。

1956 年 9 月，高教部响应国务院全体会议第 32 次会议通过的《关于工资改革的决定》，调整知识分子政策，制订教授工资评级标准，其中学术水平、资历、才能等作为重要的衡量指标。中南土木建筑学院只有 2 个二级教授——桂铭敬和李吟秋，全部出自铁道工程学科。同年 12 月，铁道建筑系招收铁道选线与设计专业副博士研究生殷汝桓，李吟秋任导师，这是中南土木建筑学院第一个研究生。

1958 年到 20 世纪 70 年代，在"教育为无产阶级政治服务，教育与生产劳动相结合"的教育方针指导下，全专业师生开展了很多社会生产实践活动。

1959 年，联合广州铁路局开展了铁路新型轨下基础(无砟轨道结构的雏形)的研究及现场试验。

(二)长沙铁道学院时期(1960 年 9 月—2000 年 4 月)

1964 年，联合广州铁路局开展了铁路新型轨下基础(无砟道床)综合试验。

1970 年，铁道工程系和桥梁与隧道系合并成立铁道工程系，将铁道工程、铁道桥梁与隧道专业合并为铁道工程专业，学制 3 年，开始招收工农兵学员 33 名。

1975 年，开展了铁路轨下基础弹性设计参数的试验研究。

1977 年 4 月 16 日至 20 日，铁道部统一无缝线路稳定性计算公式会议在长沙举行。铁道部科技委主持了本次会议。会议一致同意由长沙铁道学院主持、铁道部科学研究院等单位参加的起草小组提出的《统一焊接长钢轨轨道(无缝线路)稳定性计算公式的建议》。其后，1978 年由铁道部发文在全路试行。此后，该公式广泛应用于国内无缝线路的设计、科研和教学。

1983 年，联合广州铁路局进行了无缝线路稳定性研究的现场试验。"铁道工程"获得全国第二批硕士学位授予权。同年，开展铁道部课题"铁路线路纵断面优化设计研究"。

1984 年 11 月 10 日，段承慈、吴宏元参加的"桥上无缝线路设计及无缝线路防止胀轨道"科研项目，通过铁道部科技局、工务局主持的鉴定。同年，在京广线捞刀河桥进行了桥上无缝线路设计理论和设计参数的试验研究。

1985 年，提出了我国 I 级干线轨道不平顺功率谱密度的解析表达式。同年，长沙铁道学院协同铁道部科学研究院等单位合作研究的"无缝线路新技术的研究与推广应用"获得国家科技进步奖一等奖，长沙铁道学院所建议的无缝线路稳定性计算公式(被铁道部定为全路的统一计算公式)是获奖成果的核心内容之一。

1986 年 11 月，詹振炎等研究的"铁路线路用计算机辅助设计的应用研究""铁路纵断面的优化设计"通过部级鉴定。12 月，陈秀方承担的"铁道建筑可靠性设计原理的研究"通过部级评审。

1987 年 1 月，铁道工程专业被批准为校级和铁道部重点专业。同年，詹振炎主持的"梯度投影法铁路线路纵断面优化设计"通过了铁道部组织的专家组鉴定，并于 1994 年获铁道部工程设计计算机优秀软件一等奖。

1988 年 1 月 27 日，《人民铁道报》公布了 1987 年铁道部科技进步奖项目，詹振炎的科研成果"梯度投影法铁路线路纵断面优化设计"获二等奖。11 月 30 日，中华全国铁路总工会授予詹振炎"火车头奖章"。同年，周才光参编的《铁路选线设计》获国家教委优秀教材奖。

1991 年 9 月，经国务院学位委员会批准，铁道工程学科获得在职人员硕士学位授予权。同年，詹振炎主持申报的科研项目"铁路选线的智能辅助设计"获得国家自然科学基金资助，这是铁道工程学科首次主持国家自然科学基金项目。

1992 年 4 月 3 日，陈秀方承担的"港口铁路车辆荷载概率模型及统计参数"项目在中国工程建设标准化协会水运工程委员会荷载分委员会上通过技术鉴定，对港口铁路、冰、堆货等荷载的取值标准、概率模型、统计参数等进行了探讨，为荷载规范向可靠度设计方向转轨提供了有价值的资料。8 月，詹振炎主持，与铁道部第二勘察设计院（简称铁二院）、第三勘察设计院（简称铁三院）共同开发的"人机交互铁路线路平纵断面整体设计系统"在北京通过了铁道部组织的专家组鉴定。同年，选线教研室和轨道教研室合并为线路教研室。

1993 年 6 月 14 日，詹振炎等主持的"铁路线路计算机辅助设计软件系统"和"人机交互铁路线路平纵面整体优化设计系统"，分别获得全国第三届工程设计计算机优秀软件一等奖和二等奖。7 月 1 日，詹振炎、常新生等主持的"新建单线铁路施工设计纵断面优化 CAD 系统""微机数模地形图成图系统"项目，在北京通过铁道部科技司主持的技术鉴定。10 月 12 日，詹振炎等主持研究的"人机交互铁路线路平纵断面整体优化设计系统"荣获铁道部科技进步奖二等奖。

1995 年 4 月 26 日，詹振炎荣获第二届詹天佑科技奖。5 月 2 日，詹振炎主持，常新生、张怡等参加的两个课题"人机交互铁路线路平纵面整体优化设计系统""新建单线铁路施工设计纵断面优化 CAD 系统"获铁道部建设司优秀软件一等奖。10 月 10 日，常新生、张怡、詹振炎等完成的"新建单双线铁路线路机助设计系统"通过铁道部鉴定。该成果 2000 年获建设部第六届全国工程设计计算机优秀软件金奖。10 月 22 日，陈秀方主持申报的科研项目"连续焊接长钢轨轨道稳定性可靠度分析"获得国家自然科学基金资助。该项目取得了如下成果：提出了无缝线路原始弯曲的极值概率分析方法；基于广泛的现场调查数据提出了无缝线路原始弯曲的取值；提出了改进的无缝线路稳定性计算公式。这些成果被纳入原《铁路轨道设计规范》（TB10082—2005）以及《铁路无缝线路设计规范》（TB10015—2012）等九部铁路行业规范，广泛应用于工程设计。

1996 年 9 月，詹振炎主持的 4 个项目列入铁道部工程建设"九五"科技发展规划。陈秀方参加的"减轻重载列车轮轨磨耗技术"课题进行了成果鉴定，并获得铁道部科技进步奖二等奖。长沙铁道学院参加的"八五"国家科技攻关项目"高速铁路线桥隧设计参数选择的研究"通过了铁道部组织的专家组评审，其中詹振炎和唐进锋完成第四子项目"高速铁路无缝线路横向稳定性的研究"。

1996年，詹振炎课题组由于在铁路计算机选线领域做出的卓越贡献，被评为铁道部"科技进步先进集体"。

1997年2月，铁道工程通过湖南省教委学位点合格评估。同年，参编的《铁路选线设计》获国家教学成果二等奖。

1998年，道路与铁道工程学科获得了博士学位授予权。同年，周小林参加的科研项目"新龙门隧道爆破和伊河大桥运营振动对龙门石窟影响试验研究"获中铁工程总公司一等奖。

1999年4月27日，詹振炎、蒲浩、宋占峰、蒋红斐、张怡与四川省交通厅公路规划勘察设计研究院共同研究的科研项目"公路数字地形图机助设计系统"，由湖南省教委主持、湖南省科委组织鉴定通过，该项目成果获得2001年四川省科技进步奖二等奖。5月12日，蒋红斐、张怡等完成的铁道部科研项目"新建单、双线铁路线路技术设计CAD系统"，通过铁道部科技司委托铁道部建设司主持的鉴定。该项成果获得2000年度全国工程勘察设计优秀计算机软件金奖。

（三）中南大学时期（2000年4月至今）

2000年9月20日，道路与铁道工程学科列入湖南省教育厅重点学科。同年，由詹振炎主持的科研项目"铁路线路三维可视化设计系统"通过了铁道部组织的专家组鉴定。另外，参编的《铁道工程》获教育部优秀教材一等奖。

2001年1月5日，在长沙由铁道部科技教育司组织的科学技术成果鉴定会对詹振炎主持的科研项目"铁路选线三维可视化系统"进行鉴定。

2002年1月，道路与铁道工程学科被批准为国家级重点学科。10月13日，在长沙由湖南省交通厅组织的科学技术成果鉴定会对蒲浩主持的科研项目"高速公路地面数字模型与航测遥感技术研究"进行鉴定。同年，线路教研室改名为道路与铁道工程系。

2003年，完成了国家重点学科"道路与铁道工程学科"的中期检查；新增博士点和硕士点"城市轨道交通工程"。

2004年12月26日，由湖南省科技厅会同铁道部建设司在长沙主持召开了蒲浩主持的科研项目"铁路新线实时三维可视化CAD系统"成果鉴定会。该项目获得了2005年湖南省科技进步奖二等奖。同年，道路与铁道工程系更名为铁道工程系。

2005年1月，教育部学位与研究生教育发展中心发布2002—2004年学科评估结果：学校交通运输工程一级学科排名第7。

2007 年，道路与铁道工程国家重点学科通过进一步评估。同年，交通运输工程学科被批准为一级国家重点学科。同年，由贵州省交通规划勘察设计院主持，王卫东(第三)参加的"西部地区公路地质灾害监测预报技术研究"经交通部组织验收鉴定，2009 年获中国公路学会科技成果一等奖。

2009 年 1 月，教育部学位与研究生教育发展中心发布 2006—2008 年学科评估结果，学校交通运输工程一级学科排名第 7。

2011 年 11 月 19 日，湖南省科学技术厅在长沙组织召开由蒲浩主持，中南大学、中铁第一勘察设计院(简称铁一院)、中铁二院工程集团和中铁第四勘察设计院(简称铁四院)共同完成的"铁路数字选线关键技术研究与应用"项目科技成果鉴定会。该成果获得了 2012 年湖南省科技进步奖二等奖。

2012 年 3 月 18 日，湖北省科学技术厅在武汉组织召开由蒲浩主持，中交第二公路勘察设计院、中南大学共同完成的科研项目"高速公路建设管理 WebGIS 与 Web3D 集成式可视化信息平台"成果鉴定会。该成果获得了 2012 年中国公路学会科学技术奖二等奖。

2013 年 1 月，教育部学位与研究生教育发展中心发布 2009—2012 年学科评估结果：学校交通运输工程一级学科排名第 5。同年，娄平主持申请的科研项目"高速铁路无缝线路状态演变机理及规律研究"获批国家自然科学基金委员会—铁道部高速铁路基础研究联合基金重点项目，这是铁道工程学科首次主持的国家自然科学基金重点项目。7 月，贵州省交通规划勘察设计院主持，中南大学(王卫东)、武汉岩土所参加的交通部课题"滇黔玄武岩地区公路地质灾害综合处治技术研究"通过交通部科技司组织鉴定。该成果分别获2014 年中国公路学会科学技术奖二等奖和 2015 年贵州省科技成果奖三等奖。

2015 年 9 月，中南大学在全国率先恢复"铁道工程"本科专业招生，每年 3 个班，约90 人。

2017 年 12 月，王卫东主持申请的科研项目"基于机器视觉的高速铁路基础设施服役状态智能监测理论及方法研究"获批国家自然科学基金委员会—中国铁路总公司高速铁路基础研究联合基金重点项目。

2018 年，娄平被评为"湖南省普通高校教师党支部书记'双带头人'标兵"，获批中南大学"双带头人"教师党支部书记工作室。

2019 年，中南大学"铁道工程"成为首批湖南省一流本科专业建设点。邱实、徐磊分别被聘为中南大学特聘教授、副教授。

2019 年，王卫东作为第一完成人申报的成果"以工程能力为核心的土木工程专业综合改革"获中南大学教学成果一等奖、湖南省教学成果一等奖。

2019 年，蒲浩、李伟分别作为第 4、8 参与人完成申报的成果"山区铁路减灾选线理论、方法与技术"获中国交通运输协会科技进步奖特等奖。

二、师资队伍

（一）队伍概况

1. 概况

1953 年至今，现在的铁道工程系历经铁路选线教研组、铁路线路构造及业务教研组、线路教研室、轨道教研室、道路与铁道工程系、铁道工程系等名称变迁，作为建校主要专业之一，60 多年来从未间断。1953 年建校之初，一批著名的铁道工程专家、教授从国内各高校和工程单位汇集中南土木建筑学院创建铁道工程专业，是全院师资力量最雄厚的专业之一。先后在铁道系工作过的教师约 80 人（包括现职教师），其中，早期著名教授有桂铭敬、李吟秋、赵方民、刘达仁、李绍德等，后有曾俊期、段承慈、胡津亚、詹振炎、陈秀方等。以上各位教授成就详见"学科教授简介"。

目前，铁道工程系在职教师 19 人，名单详见第 6 章第 1 节，教师构成情况见表 2.1.1。

表 2.1.1　在职教师基本情况表

项目	合计	职称				年龄			学历		
		教授	副教授	讲师	助教	55 岁以上	35～55 岁	35 岁以下	博士	硕士	学士
人数	19	8	10	1	0	0	14	5	17	2	0
比例/%	100	42	53	5	0	0	74	26	89	11	0

2. 各种荣誉与人才计划

詹振炎，全国铁路劳动模范称号，1989 年。

赵方民、桂铭敬，"长期从事教育与科技工作，且有较大贡献的老教授"荣誉称号（国家教委、国家科委），1990 年。

詹振炎，全国高等学校先进科技工作者称号，1990 年。

詹振炎，全国五一劳动奖章，1991 年。

赵方民、桂铭敬，全国高校先进科技工作者称号（国家教委、国家科委），1992 年。

詹振炎，铁道部全国铁路优秀知识分子称号，1992 年。

常新生，铁道部优秀教师称号，1992 年。

常新生，铁道部 1994 年度有突出贡献的中青年专家称号，1994 年。

常新生，铁道部先进工作者称号，1995 年。

詹振炎、常新生，铁道部"八五"科技工作先进个人称号，1995 年。

常新生，第三届詹天佑人才奖，1997 年。

詹振炎，铁道部火车头奖章，1997 年。

蒲浩，湖南省普通高校青年骨干教师培养对象，2001 年。

蒲浩，湖南省"121 人才工程"第三层次人选，2005 年。

娄平，湖南省普通高校青年骨干教师培养对象，2006 年。

向俊，教育部新世纪人才培养计划和湖南省普通高校青年骨干教师培养对象，2007 年。

蒲浩，茅以升铁路教育科研专项奖，2007 年。

蒲浩，詹天佑青年奖，2008 年。

吴小萍，茅以升铁路教育教学专项奖，2008 年。

蒲浩，湖南省第七届青年科技奖，2009 年。

娄平、王卫东，茅以升铁路教育科研专项奖，2010 年。

闫斌，论文《高速铁路斜拉桥上无缝线路纵向力研究》入选"中国精品科技期刊顶尖学术论文"，2014 年。

闫斌，茅以升教育科研专项奖，2016 年。

闫斌，中国铁道学会 2018 年度学术活动一等优秀论文奖，2019 年。

闫斌，论文《考虑加载历史的高速铁路梁轨相互作用分析》入选"中国精品科技期刊顶尖学术论文"，2019 年。

3.出国(境)进修与访问

出国(境)进修与访问情况具体见表 2.1.2。

表 2.1.2　教师进修与访问

姓名	时间	地点	身份
詹振炎	1984—1985 年	加拿大多伦多大学	访问学者
詹振炎	1991 年 9 月—1992 年 2 月	美国俄克拉荷马大学	访问学者
吴小萍	2006—2007 年	英国伦敦大学	访问学者
王卫东	2007 年 10 月—2008 年 10 月	美国弗吉尼亚理工大学	访问学者
娄平	2008 年 4 月—2009 年 4 月	香港大学	博士后
吴小萍	2009—2010 年	英国伯明翰大学	访问学者
邱实	2010 年 8 月—2011 年 12 月 2012 年 1 月—2013 年 12 月	美国阿肯色大学 美国俄克拉荷马州立大学	博士
娄平	2010 年 10 月—2010 年 12 月	香港大学	访问学者
陈伟	2011 年 10 月—2015 年 10 月	德国弗莱贝格工业大学	博士
蒲浩	2013 年 7 月—2014 年 7 月	美国马里兰大学	访问学者

续表2.1.2

姓名	时间	地点	身份
徐庆元	2013 年 6 月—2014 年 6 月	英国诺丁汉大学	访问学者
邱实	2014 年 1 月—2014 年 6 月	美国德克萨斯大学奥斯汀分校	博士后、访问学者
曾志平	2014 年 2 月—2015 年 2 月	日本神奈川大学	访问学者
缪鹍	2014 年 7 月—2015 年 7 月	美国马里兰大学	访问学者
汪优	2014 年 9 月—2015 年 9 月	澳大利亚西澳大学	访问学者
吴小萍	2016—2017 年	荷兰代尔夫特理工大学	访问学者
陈宪麦	2017 年 1 月—2017 年 12 月	荷兰代尔夫特理工大学	访问学者

（二）历届系所（室）负责人

历届系所（室）负责人具体见表 2.1.3。

表 2.1.3　历届系所（室）负责人

时间	机构名称	主任	副主任	备注
建校初—20 世纪 70 年代中期	铁路选线教研组	刘达仁		中南土木建筑学院铁道建筑系、长沙铁道学院铁道工程系
20 世纪 70 年代中期—1979 年	铁路选线教研组	李秀容		长沙铁道学院铁道工程系
1979 —1992 年	选线测设教研组	曹维志	黎浩廉	长沙铁道学院铁道工程系
1992—1993 年	选线测设教研组	解传银	黎浩廉	长沙铁道学院铁道工程系
建校初—20 世纪 80 年代初	铁路线路构造及业务教研组	赵方民		中南土木建筑学院铁道建筑系、长沙铁道学院铁道工程系
20 世纪 80 年代初—20 世纪 80 年代中期	铁路线路构造及业务教研组、轨道教研室	段承慈	王远清	长沙铁道学院土木工程系
20 世纪 80 年代中期—1993 年	轨道教研室	吴宏元	王远清	长沙铁道学院土木工程系、土木建筑学院

续表2.1.3

时间	机构名称	主任	副主任	备注
1993—1999 年	线路教研室	陈秀方	蒋红斐	长沙铁道学院土木建筑学院
1999—2002 年	线路教研室	唐进锋	蒋红斐	长沙铁道学院土木建筑学院、中南大学土木建筑学院
2002—2004 年	道路与铁道工程系	陈秀方	唐进锋、蒋红斐	中南大学土木建筑学院
2004—2006 年	铁道工程系	王星华	蒲浩、王卫东、吴小萍	中南大学土木建筑学院
2006—2007 年	铁道工程系	蒲浩	王卫东、吴小萍、向俊	中南大学土木建筑学院
2007—2014 年	铁道工程系	蒲浩	吴小萍、向俊、娄平	中南大学土木建筑学院、土木工程学院
2014—2019 年	铁道工程系	蒲浩	娄平、曾志平	中南大学土木工程学院
2019 年至今	铁道工程系	娄平	闫斌、李伟	中南大学土木工程学院

(三)学科教授简介

桂铭敬教授：男，生于 1899 年 4 月 28 日，汉族，广东省南海县人，1956 年由国家高教部评定为二级教授。1921 年毕业于上海交通大学土木工程系，1922 年在美国康奈尔大学获硕士学位。1953—1962 年任中南土木建筑学院、长沙铁道学院铁道建筑系主任，1962—1970 年任长沙铁道学院桥梁与隧道系主任。曾当选为广州市第一届人民代表，湖南省第一、二、三届人民代表和第三届全国人民代表大会代表。桂教授先后担任过粤汉铁路株(洲)韶(关)段工程局正工程师兼设计课课长、湘桂铁路工程局副总工程师，宝天、天兰铁路工程局副局长兼总工程师、湘桂黔铁路局副局长等重要职务，为我国的铁路测绘及建筑事业做出卓越的贡献。桂教授先后在广东大学、岭南大学、中山大学、华南工学院、中南土木建筑学院、长沙铁道学院任教，为祖国培养了大批铁道建设人才。主编《粤汉铁路株韶段建筑标准图》《湛江建港计划》等。为表彰桂教授一生所做的卓越贡献，1990 年，国家教委、国家科委 1990 年颁发"长期从事教育与科技工作，且有较大贡献的老教授"荣誉证书，1992 年，国家教委、国家科委授予"全国高等院校先进科技工作者"称号。桂教授于1973 年 11 月 15 日离休，1992 年 4 月 5 日在广州因病逝世，终年 93 岁。

李吟秋教授：男，生于 1900 年 12 月 12 日，汉族，河北省迁安县人，1956 年由国家高教部评定为二级教授，中国农工民主党成员。1922 年毕业于清华学校高等科(清华大学前身)，随后公派留美，先后毕业于伊利诺伊大学铁道工程专业、康奈尔大学水利工程专业，在普渡大学研究院攻读桥梁建筑及结构学，分别获得学士、硕士学位，并在纽约桥梁公司和房屋公司工作，后赴欧洲考察。1928年归国，先后在东北、天津等地从事铁路、海港、市政建设，历任总工程师、天津工务局局长、华北水利委员会委员等职，负责设计、施工至今仍屹立的天津大红桥（见第2章第2节）等工程，并兼职北洋大学、工商学院两校教授。抗战爆发后，他拒绝日寇利诱，于1938年春，只身逃离天津，辗转到大后方昆明，为抗战时期急需的云南交通事业竭尽所能。参与中印公路的部分工程，曾任云南石佛铁路筹备处处长，主持完成该线600公里勘测设计工作。1942—1949年任滇越铁路昆明铁路局副总工程师。1943年开始，历任云南大学教授、铁道系主任、工学院院长。1953年以后，历任中南土木建筑学院和长沙铁道学院的铁道运输系主任、铁道建筑系副主任与主任、院务委员会委员，《中国桥梁建设史》编委会顾问等职。1956年经国务院首批批准，成为中南土木建筑学院第一位带副博士的教授。李教授博学多才，通晓英、德、法、俄四国文字，长期从事铁路和市政部门的技术工作和高等教育管理工作，对铁路选线设计，特别是窄轨铁路有专门研究，出版专著《市政工程》《凿井工程》《窄轨铁路的选线和设计》等。与王学业老师合译俄文版《公路学》。编写教材《铁道建筑》《铁路选线设计》和《铁路设计及改建》等。李教授于1983年3月逝世，终年83岁。

赵方民教授：男，1909年11月生，汉族，湖南长沙人，铁路工务工程专家，资深教授。1934年毕业于武汉大学工学院土木工程系。任第三、五届全国人民代表大会代表，湖南省第五届人民代表大会代表，第五届湖南省政协委员，铁道部首届学位评定委员会委员，铁道科学研究院第五届学术委员会名誉委员。先后在南京卫生署、湖南省民政厅、叙昆铁路工程局、昆（明）沾（益）铁路、滇越铁路河口工程段任土木工程师，为西南铁路早期建设和抗日战争时期唯一的国际铁路通道——滇越铁路的建设和畅通做出了重要贡献。1947—1952年，历任中山大学副教授、华南工学院副教授兼教研组主任。1953年后历任中南土木建筑学院、湖南大学、长沙铁道学院副教授、测量教研室主任、线路构造教研室主任。1963年晋升为教授。1964年经高教部批准为研究生导师。20世纪50年代，自学俄语，主持翻译希洛夫编著的《测量学》，1956年出版。1956年论文《铁路高次缓和曲线》，首次提出了七次方程式的缓和曲线新线形，该线形完全满足缓和曲线应当具备的5项力学条件，是对传统三次方程式缓和曲线的根本改进，丰富了缓和曲线的理论和计算方法，是对铁路缓和曲线的重大创新，被称为"赵氏缓和曲线"，受到苏联沙湖年兹教授的高度评价，1961年纳入其主编的苏联教材《铁道线路》。1987年在他从事土木工程工作50周年之际，谷牧副总理给他寄来了"耕耘半世纪，硕果遍中华"的贺词和珍贵的纪念品。1987年离休，1996年4月16日病逝，终年87岁。

曾俊期教授：男，1932年10月生，汉族，四川成都市人。1955年毕业于中南土木建筑学院铁道建筑专业，1955—1957年在唐山铁道学院苏联专家举办的研究生班学习。历任长沙铁道学院铁道工程系主任、副院长、院长和中国铁道学会理事、湖南省铁道学会理事长。长期从事教育与研究工作。先后参加编写了《铁路设计》《铁路工程设计手册》等著作。撰写研究论文 20 余篇，曾获国家教委教学成果优秀奖及湖南省教学成果一等奖。在 1984—1993 年担任长沙铁道学院院长期间，勤于思考、勇于创新、善于管理。强调办学质量、效益、环境是学校管理者的永恒主题，取得了显著成效。人事部授予他有突出贡献的专家称号，享受政府特殊津贴，还被授予全国优秀教师、全国铁路优秀知识分子称号。其传记被收入 1988 年英国剑桥的《国际名人辞典》和美国的《国际优秀领导人名录》。

詹振炎教授：男，生于 1933 年，汉族，湖北黄石人。1957 年毕业于唐山铁道学院，研究生。道路与铁道工程专业博士生导师。1957 年到中南土木建筑学院铁道建筑系工作。1981 年晋升为副教授，1986 年晋升为教授。1982—1992 年任长沙铁道学院土木工程系主任。其间，以访问学者身份于 1984—1985 年在加拿大多伦多大学进修，1991 年 9 月至 1992 年 2 月在美国俄克拉荷马大学进修。曾担任中国铁道学会铁道工程分会第三、四、五届委员，第五届《铁道学报》编辑委员会委员，第二届湖南省土建学会常务理事，铁道部航测与遥感科技情报中心顾问。40 多年立足于铁路工程建设主战场，辛勤耕耘，创立和发展铁路线路设计的新理论和新方法，是我国将铁路选线设计和信息技术相结合的倡导者和奠基人之一，把毕生精力奉献给了新中国的铁路建设和教育事业，满怀爱心，精心育人，如今桃李满天下。詹教授先后获全国科学大会奖，国家自然科学奖，部、省级科技进步奖，詹天佑科技奖，茅以升铁道科技奖等多项奖项；1989 年被授予"全国铁路劳动模范"称号；1991 年获"全国五一劳动奖章"。

陈秀方教授：男，1939 年 8 月生，汉族，江西兴国县人，博士生导师。1961 年毕业于长沙铁道学院铁道建筑专业五年制本科。提出港口铁路荷载更新随机过程模型，具有国内领先水平，填补国内港口铁路荷载概率模型的空白。提出基于结构可靠度理论的铁路桥梁列车荷载设计基本准则，以及铁路桥梁列车荷载随机过程模型，经 5 个部委 28 名专家教授评审，达到国际先进水平，成果纳入国家标准《铁路工程结构可靠度设计统一标准》（GB50216—94），是制订铁路桥梁、隧道以及线路工程可靠性设计专业规范的共同准则。针对高速铁路广泛采用的 60 kg/m 轨道结构，提出了铁路无缝线路稳定性计算公式及其设计参数，成果纳入《铁路轨道设计规范》（TB10082—2005）以及《铁路无缝线路设计规范》（TB10015—2012）等九部铁路行业规范。提出"拟九次方铁路缓和曲线"，在高速铁路上具有良好的应用前景。提出铁路无缝道岔结构体系分析广义变分原理，解决了高速铁路无缝道岔组合设计的技术难点。曾获铁道部科技进步奖二等奖、中国铁道学会科技进步奖二等奖。曾为铁道部秦沈客运专线科技攻关专家组成员、中国铁道学会轨道结构专业委员会委员，铁道部第四届教学指导委员会委员、中国工程标准化协会综合标准委员会委员、享受政府特殊津贴。

段承慈教授：男，1937 年 11 月生，汉族，江西省宁冈县人。1960 年毕业于湖南大学铁道建筑专业五年制本科，分配到长沙铁道学院铁道工程系任教。历任教研室秘书、副主任、主任，铁道工程系务委员会委员、系党总支委员、系专业委员会主任、系工会主席，长沙铁道学院总务处处长、教务处处长、教务处党总支书记、学术委员会副主任、院职称改革领导小组副组长兼职改办主任、职称评审委员会副主任、学位委员会副主任、副院长等。曾主讲"线路构造与线路业务"、"铁路轨道"、"铁道工程"、"Railway, Bridge and Tunnel"（专业英语）、"桥上无缝线路"（研究生）等课程。发表论文5篇，主编教育部教改项目论文1册，主编湖南省高校实验室优秀论文集（4年4册）。指导硕士研究生两名。1985年，作为"无缝线路新技术及推广应用"的主要完成人，获国家科技进步奖一等奖。曾获湖南省高校教学成果一等奖、铁道部中青年科技专家称号，享受国务院特殊津贴。曾任湖南省铁道学会学术委员会主任、工程委员会主任、全国高校实验室工作委员会理事和湖南省高校实验室工作委员会理事长。

常新生教授：男，1957年7月生，汉族，河南新乡市人。1981年12月毕业于长沙铁道学院铁道工程专业，1986年获铁道工程专业硕士学位。为本科生和研究生讲授"铁路选线设计""最优化原理"等7门课程，指导硕士研究生2名。长期从事铁路选线智能辅助设计研究并取得丰硕成果。先后承担了12项国家自然科学基金及铁道部科研项目，作为主要骨干成员完成的"人机交互铁路线路平纵面整体优化设计系统"等项目，先后获得第三届全国工程设计计算机优秀软件二等奖、铁道部工程设计优秀软件一等奖及多次铁道部科技进步奖，软件已被铁路设计部门广泛应用于铁路线路设计，促进了铁路线路设计手段的现代化，获得了巨大的经济效益和社会效益。先后获得铁道部火车头奖章、先进工作者、科技进步先进个人和有突出贡献的中青年专家等荣誉称号。曾任中国铁道学会铁道工程学会线路委员会委员。1997年调离长沙铁道学院。

在岗教授：娄平、薄浩、王卫东、吴小萍、向俊、徐庆元、曾志平、邱实。简介可扫描附录在职教师名录中的二维码获取。

三、人才培养

（一）本科生培养

1. 概况

1953年至今，铁道工程专业作为建校主要专业之一，为国家土木工程行业，尤其是铁路、公路等交通领域培养了大批优秀人才。本专业共有63届本科毕业生，约6600人，15届专科生，约1000人。毕业生总人数约占土木工程学院毕业学生总数的1/3。2015年中南大学成为全国首个恢复"铁道工程"本科专业招生的高校，2019年铁道工程专业成为湖南省首批一流本科专业建设点。

60多年来，铁道工程专业学制一般为4年制，1955年曾经改为5年制。此外，"文化大革命"时期，受大环境影响，很多学生未能按期限毕业。

历年招生、毕业人数详见第 4 章。

2. 本科生课程

目前，铁道工程系教师承担的主要课程为"铁路选线设计""轨道工程""铁道工程""高速与重载铁路""铁道工程实验""土木工程施工技术""工程结构可靠度""铁道工程概论""交通工程""道路工程""交通运输工程""城市轨道交通"等。其中："铁路选线设计""轨道工程"是铁道工程专业方向核心主干课程；"铁道工程"是桥梁、隧道、道路、建筑结构工程专业方向的选修课；其余课程为土木工程、铁道工程等专业的必修或选修课程。

3. 骨干课程目的、任务和基本要求

"铁路选线设计"是铁道工程专业方向的专业必修课程，目的在于学习铁路选线勘测与设计基本理论与方法，熟悉铁路线路计算机辅助设计的基本内容，培养学生从事铁路、公路线路勘测设计工作的基本技能，掌握铁路线路计算机辅助设计的一般方法。课程内容包括：铁路勘测设计基本建设程序，选线设计的基本任务，铁路运能，铁路主要技术标准的选定，牵引计算，线路平面定线设计、纵断面设计的基本方法，铁路线路 CAD 的基本内容及实践方法，线路方案技术经济比较，中间站设计的基本概念以及铁路既有线加强与改建的一般方法。

"轨道工程"是铁道工程专业方向的专业必修课程，目的在于掌握轨道力学计算，道岔几何尺寸计算，无缝线路强度和稳定性检算，轨道施工、检测和维修方法，全面获得有关轨道结构及工务工程的基本理论知识、分析计算以及解决实际工程问题的能力。课程内容包括：铁路轨道的基本理论和基本知识，铁路轨道的设计方法、施工工艺、养护维修方法，铁路轨道的发展方向和研究领域。

4. 教学理念：弘扬践行，传承创新

60 多年来，铁道工程专业始终秉承"弘扬践行，传承创新"的教学理念。

（1）弘扬践行。建校之初的学科创建人桂铭敬、李吟秋、赵方民、刘达仁、李绍德等和学校发展时期的学科拓展人曾俊期、段承慈、胡津亚、詹振炎、陈秀方等老教授都于中华人民共和国成立前后毕业于国内外名校，都曾在国内外铁路、公路、市政行业从事大量工程实践工作（详见教授简介）。铁道工程专业从建校时就形成了理论紧密联系实践的教学传统，在课程理论教学过程中大力弘扬工程实践，不仅在课堂教学过程中大量引入工程实践案例，而且积极带领学生参加铁路工程勘察设计。线路专业是铁路设计的"龙头专业"，因此，建校以来历次全院的生产实践活动，选线教研组和线路构造教研组都是带领学生进行实践教学活动的主力军。1958 年"开门办学"，曾俊期、詹振炎等教师亲自带领学生参加浙赣线改线设计与防洪抬道设计，选线教研组被评为"开门办学"先进集体。此后，教研组教师带领学生先后参加了娄邵线、海南环岛铁路、湘黔线、涟源钢铁厂专用线、成昆铁路、韶山铁路（向韶至韶山）、陇海线（铁门至石佛段）、安阳钢铁厂铁路专用线、湖南麻阳煤矿铁路专用线等铁路的勘察设计工作。这些实践活动极大提升了本科生的教学质量，很多优秀校友多年后回忆,大量的工程实践提升了他们的工程技能,为以后工作打下了扎实基础。

也正是由于参加了多条铁路干线的勘察设计,并在实践过程中积累了丰富的工程设计经验,完成了设计人员储备,因此在1984年成立长沙铁道学院土木工程勘察设计所时,选线教研组师资是设计所的中坚力量。

(2)传承创新。在扎实的理论基础上,铁道工程学科教师结合科学发展,不断将最新技术融入专业和教学,促进学科发展和教学质量提升。1956年赵方民提出的"赵氏缓和曲线"促进了现代高铁技术的发展。1974年詹振炎在全院进行计算机语言讲座,预言"以后不懂计算机就不能算是合格的教师",并身体力行,将计算机技术融入铁路、公路线路设计和优化设计,开创了铁路、公路计算机辅助设计和优化设计新领域,为线路设计指明了最新发展方向。线路教研室将计算机辅助设计纳入本科教学,在1995年本科毕业设计中开设"铁路线路计算机辅助设计"题目。该方向课题研究比铁道部1995—1996年提出"铁路勘测设计一体化、智能化"课题研究早了20年,课程教学和毕业设计内容比铁道部要求"2000年,铁路设计院要甩掉图板,全面推行计算机辅助设计"早了5年。由于在该领域起步早,现在80%的铁路设计院都应用铁道工程系开发的辅助设计软件。目前,铁道工程系又将成果拓展至基于GooleEarth和GIS环境进行的环境仿真三维虚拟设计。段承慈、胡津亚和铁道部科学研究院等单位共同提出的铁路无缝线路稳定性计算统一公式推广到全路设计应用。陈秀方等针对高速铁路广泛采用的60 kg/m轨道结构,提出了铁路无缝线路稳定性计算公式及其设计参数,成果纳入原《铁路轨道设计规范》(TB10082—2005)以及《铁路无缝线路设计规范》(TB10015—2012)等九部铁路行业规范,广泛应用于工程设计,极大促进了铁路无缝线路的理论和实践的发展。陈秀方的"铁道工程结构可靠度设计统一标准"荷载专题作为铁路工程结构设计规范共同遵守的标准。以上成果,都被纳入《铁路选线设计》《轨道工程》和《铁道工程》中,促进了教学内容的及时更新和教学水平的稳步提升。

(二)研究生培养

1.概况

1956年经国务院首批批准,李吟秋成为中南土木建筑学院第一位带副博士的教授,同年,铁路选线设计方向的殷汝桓成为李吟秋教授的第一个研究生,也是中南土木建筑学院第一位硕士研究生。1984年1月13日,铁道工程获得全国第二批硕士学位授予权。1991年,铁道工程获得在职人员硕士学位授予权。1998年,道路与铁道工程学科获得了博士学位授予权。2003年,完成了国家重点学科"道路与铁道工程"的中期检查;新增博士点"城市轨道交通工程";新增硕士点"城市轨道交通工程"。

60多年来,铁道工程学科共培养32届硕士研究生,约400人,17届博士研究生,约120人。历年研究生情况详见第4章。

2.研究生课程与研究方向

目前由铁道工程系开设的硕士、博士研究生课程有：轨道力学、优化理论、道路与铁道工程 CAD、结构可靠度理论、铁路规划与设计、交通与环境研究进展、城市轨道交通规划与设计、结构动力可靠性等。

研究方向详见本节"科学研究"部分。

(三) 教学成果

1.教材建设

从 1953 年至今，铁道工程学科出版的代表性教材见表 2.1.4。

表 2.1.4　代表性教材

序号	教材名称	出版社/编印单位	出版/编印年份	作者	备注
1	测量学(上、下册)	高等教育出版社	1956	赵方民等(译)	
2	铁路无缝线路	人民铁道出版社	1962	高宗荣(译)	
3	铁路勘测设计	长沙铁道学院	1971	长沙铁道学院选线测设教研室	
4	铁路选线设计	中国铁道出版社	1987	周才光(参编)	国家教委优秀教材奖
5	铁路选线设计	中国铁道出版社	1997	周才光(参编)	国家教委教学成果二等奖
6	铁道工程	中国铁道出版社	2000	詹振炎、陈秀方、周小林(参编)	国家教委教学成果二等奖
7	工学	中国人事出版社	2000	吴小萍(参编)	
8	道路与铁道工程计算机辅助设计	机械工业出版社	2004	王卫东、蒋红斐(主编)	
9	道路规划与设计原理	中南大学出版社	2004	詹振炎	
10	轨道工程	中国建筑工业出版社	2005	陈秀方(主编)	国家级规划教材
11	道路路线 CAD 原理与方法	吉林科技出版社	2005	蒲浩(主编)	
12	铁路规划与设计	中国铁道出版社	2010	吴小萍(主编)	国家级规划教材
13	铁道概论	中南大学出版社	2016	汪优(主编)	
14	轨道工程(第二版)	中国建筑工业出版社	2017	陈秀方、娄平(主编)	国家级规划教材

2. 教改项目

铁道工程学科获省部级及以上教改项目见表 2.1.5。

表 2.1.5 教改项目(省部级及以上)

序号	负责人	项目名称	起讫年份
1	吴小萍	铁路规划与设计	2007—2011
2	吴小萍	中英土木交通研究生课程设置与人才培养模式比较与借鉴研究	2008—2009
3	吴小萍	中英土木工程创新人才培养模式比较研究	2010—2011
4	王卫东	土木工程专业"卓越工程师教育培养计划"	2010—2016
5	王卫东	中南大学-湖南省建工集团国家工程实践教学中心	2012—2016
6	王卫东	土木工程专业课程体系优化研究	2013—2014
7	王卫东	土木工程专业国家一流本科专业	2019
8	娄平	铁道工程专业湖南省一流本科专业	2019
9	王卫东	"新工课"视角下中美课程体系比较及学生自主学习教育模式改革研究与实践	2019—2021
10	王卫东	湖南省研究生优秀教学团队——铁道工程教学团队	2019—2021

3. 教学获奖和荣誉

铁道工程学科获省部级及以上教学奖励见表 2.1.6。

表 2.1.6 教学获奖和荣誉(省部级及以上)

序号	获奖人员	项目名称	获奖级别	获奖年份
1	吴小萍、王卫东、缪鹍、詹振炎、陈秀方	铁(道)路规划与设计教学体系的研究与实践	湖南省高等教育教学成果三等奖	2006
2	王卫东(3)	土木工程专业特色人才多元化培养模式研究与实践	湖南省教学成果三等奖	2013
3	王卫东(2)	对接国家科研平台,提升学生创新能力——大学生创新实验平台建设与实践	湖南省教育技术成果二等奖	2015
4	徐磊(导师:陈宪麦)	轨道不平顺的时-频分析及其作用下铁路列车振动响应的联合分析	湖南省优秀硕士学位论文	2016

续表2.1.6

序号	获奖人员	项目名称	获奖级别	获奖年份
5	王卫东(1)	以工程能力为核心的土木工程专业综合改革	湖南省教学成果一等奖	2019
6	王卫东	中南大学-中国中铁大学生校企实践教育基地	中国高等教育学会"校企合作 双百计划"典型案例	2020

四、科学研究

(一)主要研究方向

1. 铁(道)路选线设计及规划的理论与方法

本方向研究的主要内容和取得的代表性成果有:

1)创立图形增量求导方法,奠定了铁路线路优化设计的基础

采用独创的图形增量求导方法,解决了线路设计这一多变量多约束数学规划问题的求导难题,开发了"铁路线路纵断面优化设计系统"和"铁路线路平纵断面整体优化设计系统",分别获 1987 年和 1993 年铁道部科技进步奖二等奖,并获 1993 年建设部全国优秀工程设计计算机软件一等奖和二等奖。

2)数字选线关键技术研究与应用

构建了面向全阶段、全类型、全时态的铁路数字选线技术体系,研发了常规线路选线设计步骤与方法,建立了适用于计算机选线的数字化设计新方法,开发了铁路数字选线系列软件产品,已在国内 80%以上的铁路勘察设计单位推广使用,成为国内目前铁路行业推广应用最广、产品最齐全的数字选线设计软件系统。获软件著作权 28 项,经湖南省科技厅专家会议鉴定为"整体达到国际先进水平,其中铁路线路信息建模理论与方法居国际领先水平",获得 2005 年及 2012 年湖南省科技进步奖二等奖。

3)复杂环境铁路智能选线理论与方法

首创了复杂艰险环境下的铁路线站协同智能优化方法,实现了目前最多目标与约束组合下的线路智能优化,在国内外核心期刊上发表论文 30 余篇,其中 5 篇发表在土木、交通运输、建造技术领域影响因子均排名第 1 的 Top 期刊 *CACAIE*(IF 8.55)上。研发了目前世界范围内唯一可应用于川藏铁路极端复杂环境的智能选线系统。美国 ASCE 会士、ITE 会士、智能选线领域国际权威专家 Paul Schonfeld 教授评价为"the best in the world on railway alignment"。研究成果获 2019 年中国交通运输协会科技进步奖特等奖。

4）提出了道路（含铁路）工程三维可视化设计的新方法

历经离线被动式可视化到实时交互式可视化，并最终实现了网络三维交互式可视化，在铁路和公路的远程可视化协同设计、建设与运营管理领域获得了成功应用，经湖北省科技厅专家会议鉴定为"整体达到国际先进水平，其中网络交互式可视化的高速公路建设管理信息模型居国际领先水平"，获得2012年中国公路学会科学技术奖二等奖。

2. 铁路工程结构设计理论及应用

本方向研究的主要内容和取得的代表性成果有：

1）无缝线路稳定性的研究

1978年提出了"无缝线路稳定性计算统一公式"，广泛应用于国内无缝线路的设计、科研和教学，作为"无缝线路新技术的研究与推广应用"的基础理论部分，1985年获国家科技进步奖一等奖。1996年提出了修改的无缝线路稳定性计算公式及60 kg/m钢轨原始弯曲设计参数，纳入《铁路轨道设计规范》等九部铁路行业设计规范。1995年采用一种基于动力分析的无缝线路稳定性分析的新理论，提出了高速铁路无缝线路设计计算参数取值的新方法。开展了高速铁路无缝线路状态演变机理及规律研究，明确了影响无缝线路质量状态演变的主要因素；揭示了复杂条件下无缝线路状态的演变机理；获取了复杂条件下无缝线路质量状态演变规律。

2）铁路工程结构可靠度理论的研究

1994年提出了"铁路桥梁列车荷载的更新随机过程模型"及"铁路桥梁荷载组合的点跨越法"，完成了国家计委项目"铁路工程结构可靠度设计统一标准"荷载专题的研究，成果纳入国家标准《铁道工程结构可靠度设计统一标准》的荷载设计条文。

3）铁路缓和曲线理论的研究

1957年提出了七次方铁路缓和曲线，在国内外形成重要影响，纳入苏联和我国铁道线路教材。1997年结合高速铁路的发展，提出了"拟九次方缓和曲线"，较国外高速铁路通常采用的"半波正弦形"缓和曲线，具有更优越的技术性能，可缩短缓和曲线长度，节省工程投资。

4）桥上无缝线路设计理论及应用研究

研究了高速铁路特大桥梁上无缝线路与桥梁的相互作用理论，提出了桥梁与轨道相互作用分析的广义变分法。确定了在温度效应作用下，特大铁路桥梁上无缝线路温度力的传递规律，为制订速铁路桥梁设计规范和无缝线路结构设计规范提供依据。建立了考虑加载历史的预应力混凝土斜拉桥、钢桁斜拉桥、钢桁拱桥、连续梁拱组合桥等大跨度桥梁与多线轨道一体化非线性分析模型，探讨温度、活载和地震作用下桥梁-轨道系统工作机理及规律。

3. 轨道不平顺功率谱及列车-轨道（道岔、桥梁）系统动力学理论研究

1985年，提出了我国I级干线轨道不平顺功率谱密度的解析表达式。近年来对我国铁路提速干线、高速铁路轨道不平顺进行了研究，获得了相应轨道不平顺功率谱表达式的有关常数。

历经十余年，针对不同轨道(道岔)结构类型，视列车与轨道(道岔、桥梁)结构为一个系统，基于弹性系统动力学总势能不变值原理和有限元法，建立了列车与轨道(道岔、桥梁)结构时变系统振动矩阵方程，开发了列车与轨道(道岔、桥梁)结构相互作用动力学分析软件，研究了列车与轨道(道岔、桥梁)结构相互作用机理，分析了列车不同运行速度、轨道关键设计参数对车轨(桥)系统动力响应影响的规律，发展了列车—轨道(道岔、桥梁)系统动力学理论。承担了国家及省部级项目数十项，发表了相关学术论文 200 余篇。

4. 交通环境与交通安全理论与方法

1) 交通地质灾害危险性区划、监测与预测

结合信息技术和 GIS 技术，研究区域公路地质灾害危险性区划、地质灾害时空预测预报理论，设计并实现了区域公路地质灾害管理与空间决策支持系统。主要研究成果：①研究区域公路地质灾害空间危险性区划评价指标体系、评价模型和方法，创建了基于梯形模糊数的主观权重模型和基于熵值的客观权重模型，丰富了地质灾害空间危险性评价方法体系。②研究地质灾害发生与降水过程关系，运用雨量模型进行雨量危险性预测，并将区域地质灾害危险性区划与降雨参数等因素叠加，建立了研究区域地质灾害气象预警判据，生成区域地质-气象联合预警图。③对已有的滑坡预测理论、判据和方法进行归纳分析，引入准确性矩阵，建立了滑坡位移联合预测模型，解决了多模型预测结果取舍和模型可靠性评判问题。对滑坡变形阶段识别，提出了基于可拓学的综合评判模型。④建立了专用的数据标准，构建了区域公路地质灾害数据模型：区划数据模型和地质灾害项目数据模型。结合企业级的 Geodatabase 地理数据模型，构建了基于 Geodatabase 区域公路地质灾害中心数据库。⑤建立了基于 WebGIS 的贵州省公路地质灾害监测、分析、评价、预报和预警系统，以区域-公路-灾害点为主线，从面、线、点全方位实现地质灾害基本信息、监测信息、气象信息、预警预报信息的一体化网络远程发布。2007 年，成果经交通部组织验收鉴定，2009 年获中国公路学会科技成果奖一等奖。后续研究，2014 年获中国公路学会科技成果奖二等奖，2015 年获贵州省科技进步奖三等奖。

2) 线路地质灾害时空危险性评估理论与方法研究

为地质选线和路网适宜性评估提供直观、定量的路段地质灾害危险程度评价基础理论和评价工具，提高了地质选线效率与质量。成果应用于贵州省铁路路网地质灾害评估。

3) 铁路建造与运维 BIM 技术

基于线域的 BIM 技术及应用：基于 BIM 和 WebGIS，构建了铁路、公路等线域工程项目信息管理模型，开发了可视化工程信息网络管理平台，实现了工程质量信息快速采集、可视管理、集中控制和高度共享。实现了基于工点的 BIM 铁路工程造价和总工期的模拟仿真。

4）交通环境可持续发展

该方向主要研究道路与铁路交通环境规划、交通规划与设计及交通工程建设相关的环境规划、环境管理、环境质量监督与保护、环境评估及交通环境可持续发展等问题，主要包括交通污染形成机制、交通污染的危害分析、交通安全系统分析、交通环境评价指标体系、交通环境评价方法研究、交通污染防治方法等。

5. 列车脱轨分析理论与应用研究

提出了列车脱轨能量随机分析理论与方法；撰写了国际上第一部关于脱轨的专著《列车脱轨分析理论与应用》（曾庆元、向俊、周智辉、娄平）；发表相关学术论文 100 多篇；获得发明专利 2 项和实用新型专利 1 项；"列车脱轨分析理论与应用研究"成果获 2006 年度湖南省科技进步奖一等奖；《列车脱轨分析理论与应用》于 2007 年获首届中国出版政府奖（图书奖提名奖）。

（二）科研项目

1992 年至今，铁道工程学科承担的代表性国家级科研项目见表 2.1.7。

表 2.1.7　国家级科研项目表

序号	项目（课题）名称	项目来源	起讫时间	负责人
1	铁路选线的智能辅助设计（59178351）	国家自然科学基金面上项目	1992 年 1 月—1994 年 12 月	詹振炎
2	连续焊接长钢轨道稳定性可靠度分析（59578029）	国家自然科学基金面上项目	1996 年 1 月—1998 年 12 月	陈秀方
3	铁路绿色选线的理论体系及决策支持技术的研究（50578160）	国家自然科学基金面上项目	2006 年 1 月—2008 年 12 月	吴小萍
4	无砟轨道高速列车走行安全性分析理论研究（50678176）	国家自然科学基金面上项目	2007 年 1 月—2009 年 12 月	向俊
5	道路三维数据场网络可视化理论与方法研究（50708117）	国家自然科学基金青年科学基金项目	2008 年 1 月—2010 年 12 月	蒲浩
6	铁路绿色选线环境影响损失分析的理论余方法研究（50878214）	国家自然科学基金面上项目	2009 年 1 月—2011 年 12 月	吴小萍
7	路基上双块式无砟轨道道床板疲劳可靠度研究（50908236）	国家自然科学基金青年科学基金项目	2010 年 1 月—2012 年 12 月	曾志平
8	我国铁路轨道不平顺功率谱密度函数结构及其应用的研究（51008315）	国家自然科学基金青年科学基金项目	2011 年 1 月—2013 年 12 月	陈宪麦

续表2.1.7

序号	项目(课题)名称	项目来源	起讫时间	负责人
9	无砟轨道高速列车运行安全性和舒适性的动力可靠度研究(51078360)	国家自然科学基金面上项目	2011 年 1 月—2013 年 12 月	娄平
10	基于 GIS 的高速铁路绿色选线噪声预测理论与方法研究(51078361)	国家自然科学基金面上项目	2011 年 1 月—2013 年 12 月	吴小萍
11	复杂荷载下桥上纵连板式无砟轨道疲劳破坏理论研究(51178469)	国家自然科学基金面上项目	2012 年 1 月—2015 年 12 月	徐庆元
12	重载铁路货物列车脱轨机理与控制研究(U126113)	国家自然科学基金委员会-神华集团有限公司联合基金培育项目	2013 年 1 月—2015 年 12 月	向俊
13	循环动载下软土地区高速铁路桥梁桩基承载机理及承载力研究(51308552)	国家自然科学基金青年科学基金项目	2014 年 1 月—2016 年 12 月	汪优
14	线路-结构物-环境耦合约束下的铁路点线协同优化理论与方法(51378512)	国家自然科学基金面上项目	2014 年 1 月—2017 年 12 月	蒲浩
15	高速列车与环境耦合作用下双块式无砟轨道结构体系经时综合性能研究(51378513)	国家自然科学基金面上项目	2014 年 1 月—2017 年 12 月	曾志平
16	高速铁路无缝线路状态演变机理及规律研究(U1334203)	国家自然科学基金委员会-铁道部高速铁路基础研究联合基金重点支持项目	2014 年 1 月—2017 年 12 月	娄平
17	铁路选线地质灾害时空危险性评估理论与方法研究(51478483)	国家自然科学基金面上项目	2015 年 1 月—2018 年 12 月	王卫东
18	融入偏好的公路多目标三维导向线生成模型及算法研究(51478480)	国家自然科学基金面上项目	2015 年 1 月—2018 年 12 月	缪鹂
19	高速铁路轨道结构服役状态空时特性和精细化管理的研究(51478482)	国家自然科学基金面上项目	2015 年 1 月—2018 年 12 月	陈宪麦
20	高速铁路桥上 II 型轨道板砂浆层间离缝机理及影响研究(51578552)	国家自然科学基金面上项目	2016 年 1 月—2019 年 12 月	娄平
21	基于 GIS 的高速铁路绿色选线声屏障动力学及景观设计研究(51578553)	国家自然科学基金面上项目	2016 年 1 月—2019 年 12 月	吴小萍
22	基于震后轨道残余变形的桥梁-纵连板式无砟轨道系统性能评估研究(51608542)	国家自然科学基金青年科学基金项目	2017 年 1 月—2019 年 12 月	闫斌

续表2.1.7

序号	项目（课题）名称	项目来源	起讫时间	负责人
23	复杂环境下土建基础设施性能劣化机理及评估技术（2017YFB1201204-013）	国家重点研发计划项目子课题	2017 年 2 月—2020 年 12 月	闫斌
24	混凝土断裂过程区及裂缝亚临界扩展的时变演化机理（51608537）	国家自然科学基金青年科学基金项目	2017 年 1 月—2019 年 12 月	陈伟
25	基于 BIM 的轨道交通工程成本建模、测算与决策方法（2017YFB1201102）	国家重点研发计划项目子课题	2017 年 7 月—2020.06	李伟
26	时空耦合动态特征下铁路站场 BIM 超图语义本体建模与一致性推理方法（51608543）	国家自然科学基金青年科学基金项目	2017 年 1 月—2019 年 12 月	李伟
27	基于机器视觉的高速铁路基础设施服役状态智能监测理论及方法研究（U1734208）	国家自然科学基金委员会－中国铁路总公司高速铁路基础研究联合基金重点支持项目	2018 年 1 月—2021 年 12 月	王卫东
28	往复荷载下考虑桩土界面损伤特性的桩基累积沉降变形研究（51778633）	国家自然科学基金面上项目	2018 年 1 月—2021 年 12 月	汪优
29	多维动态耦合特征下铁路主要技术标准深度学习优选（51778640）	国家自然科学基金面上项目	2018 年 1 月—2021 年 12 月	蒲浩
30	气动荷载作用下高速铁路声屏障结构优化设计理论与方法研究（51878672）	国家自然科学基金面上项目	2019 年 1 月—2022 年 12 月	吴小萍
31	服役期间路基上 CRTS Ⅲ型板式无砟轨道复合板多尺度损伤演变理论研究（51978673）	国家自然科学基金面上项目	2020 年 1 月—2023 年 12 月	徐庆元
32	铁路轨道结构几何变形随机演化、预测和控制理论研究（52008404）	国家自然科学基金青年科学基金项目	2021 年 1 月—2023 年 12 月	徐磊
33	复杂环境铁路线路－大临工程耦合网络演进机理及协同优化（52078497）	国家自然科学基金面上项目	2021 年 1 月—2024 年 12 月	蒲浩
34	川藏铁路无缝线路服役状态基础理论及保障技术（52078501）	国家自然科学基金面上项目	2021 年 1 月—2024 年 12 月	娄平

（三）科研获奖

1985 年至今，铁道工程学科获省部级及以上科研成果奖励见表 2.1.8。

表 2.1.8　科研成果奖励表(省部级及以上)

序号	成果名称	获奖年份	奖励名称	等级	完成人
1	无缝线路新技术的研究与推广应用	1985	国家科技进步奖	一等奖	段承慈(参加)、胡津亚(参加)
2	梯度投影法铁路线路纵断面优化设计	1987	铁道部科技进步奖	二等奖	詹振炎
3	重载铁路几种基本技术条件	1989	铁道部科技进步奖	三等奖	顾琦、曾阳生
4	铁路线路计算机辅助设计软件系统	1993	全国第三届工程设计计算机优秀软件奖	一等奖	詹振炎
5	人机交互铁路线路平纵面整体优化设计系统	1993	全国第三届工程设计计算机优秀软件奖	二等奖	詹振炎
6	人机交互铁路线路平纵面整体优化设计系统	1993	铁道部科技进步奖	二等奖	詹振炎
7	梯度投影法铁路线路纵断面优化设计	1994	铁道部工程设计计算机优秀软件奖	一等奖	詹振炎
8	人机交互铁路线路平纵面整体优化设计	1995	铁道部建设司优秀软件奖	一等奖	詹振炎、常新生、张怡
9	新建单线铁路施工设计纵断面优化 CAD 系统	1995	铁道部建设司优秀软件奖	一等奖	詹振炎、常新生、张怡
10	减轻重载列车轮轨磨耗技术	1996	铁道部科技进步奖	二等奖	陈秀方(参加)、周小林(参加)
11	新龙门隧道爆破和伊河大桥运营振动对龙门石窟影响试验研究	1998	中铁工程总公司奖	一等奖	周小林(参加)
12	新建单双线铁路线路机助设计系统	2000	建设部第六届全国工程设计计算机优秀软件奖	金奖	常新生、张怡、詹振炎
13	新建单、双线铁路线路技术设计 CAD 系统	2000	全国工程勘察设计优秀计算机软件奖	金奖	蒋红斐、张怡
14	公路数字地形图机助设计系统	2001	四川省科技进步奖	二等奖	蒲浩(4)
15	高速公路地面数字模型与航测遥感技术研究	2003	湖南省科技进步奖	三等奖	蒲浩(2)

续表2.1.8

序号	成果名称	获奖年份	奖励名称	等级	完成人
16	铁路新线实时三维可视化CAD系统	2005	湖南省科技进步奖	二等奖	蒲浩(1)
17	铁路建设项目社会经济环境影响评价方法的研究	2005	中国铁道学会科学技术奖	三等奖	吴小萍(1)
18	列车脱轨分析理论与应用研究	2006	湖南省科技进步奖	一等奖	曾庆元、向俊、周智辉、娄平、李东平、李德建、赫丹、文颖、左一舟、杨军祥、杨桦、左玉云
19	青藏铁路格望段无缝线路试验段关键技术的研究	2008	中国铁道学会科技奖	二等奖	陈秀方(2)、张向民(6)、曾志平(10)
20	西部地区公路地质灾害监测预报技术研究	2009	中国公路学会科技成果奖	一等奖	王卫东(3)
21	胶济客运专线跨区间无缝线路道床质量状态参数试验研究	2009	山东省科技进步奖	二等奖	张向民(4)
22	常德至吉首高速公路沿线文化遗产及自然环境保护综合技术研究	2009	中国公路学会科学技术奖	三等奖	吴小萍(3)
23	客运专线双块式无砟轨道制造、施工成套设备及工艺研究	2011	中国施工企业管理协会科学技术奖创新成果奖	一等奖	曾志平(4)
24	湖南西部地区高速公路沿线文化遗产及自然环境保护综合技术	2010	湖南省科技进步奖	三等奖	吴小萍(6)
25	铁路数字选线关键技术研究	2012	湖南省科技进步奖	二等奖	蒲浩(1)、缪鹍(3)
26	高速公路建设管理WebGIS与Web3D集成式可视化信息平台	2012	中国公路学会科学技术奖	二等奖	蒲浩(1)、李伟(3)
27	滇黔玄武岩地区公路地质灾害综合处治技术研究	2014	中国公路学会科学技术奖	二等奖	王卫东(2)
28	滇黔玄武岩地区公路地质灾害综合处治技术研究	2015	贵州省科技进步奖	三等奖	王卫东(2)

续表2.1.8

序号	成果名称	获奖年份	奖励名称	等级	完成人
29	青藏铁路无缝线路设计、铺设及运营维护技术研究	2015	中国铁道学会科学技术奖	二等奖	张向民(2)、曾志平(6)、陈宪麦(7)、徐庆元(8)
30	城市轨道交通环境振动的随机振源及传播规律	2016	黑龙江省科学技术奖	二等奖	陈宪麦(3)
31	长株潭城市群公路网运营效能与安全性评估研究	2016	中国公路学会科学技术奖	二等奖	汪优(4)
32	多动力作用下高速铁路轨道-桥梁结构随机动力学研究及应用	2017	中国铁道学会科学技术奖	特等奖	曾志平(8)
33	山区铁路减灾选线理论方法与技术	2019	中国交通运输协会	特等奖	蒲浩(4)、李伟(8)
34	深厚软土、软岩地区桩土共同作用设计理论及工程应用	2019	中国铁道学会科学技术奖	三等奖	汪优(1)、王星华(6)
35	高速铁路无砟轨道-桥梁体系经时性能计算理论和可靠性评定	2020	中国铁道学会科学技术奖	一等奖	曾志平(8)、徐磊(13)
36	新建有砟轨道铁路铺轨施工工艺优化研究及应用	2020	中国铁道学会科学技术奖	二等奖	曾志平(1)、王卫东(3)、陈伟(11)、陈宪麦(12)、闫斌(13)、徐磊(16)

(四) 代表性专著

铁道工程学科出版的代表性专著见表2.1.9。

表 2.1.9 代表性专著

序号	专著名称	出版社	出版年份	作者	备注
1	道路规划与设计原理	中南大学出版社	2004	詹振炎	
2	可持续发展战略指导下的轨道交通规划与评价	中国铁道出版社	2004	吴小萍	
3	列车脱轨分析理论与应用	中南大学出版社	2006	曾庆元、向俊、周智辉、娄平	2007 年获首届中国出版政府奖(图书奖提名奖)

续表2.1.9

序号	专著名称	出版社	出版年份	作者	备注
4	基于WebGIS的区域公路地质灾害管理与空间决策支持系统	科学出版社	2014	王卫东	
5	铁路数字选线设计理论与方法	科学出版社	2016	蒲浩	
6	BIM在土木工程中的技术研究与应用	中南大学出版社	2017	汪优	
7	复杂条件下长大直径桥梁桩基计算理论与试验研究	中国铁道出版社	2018	王星华、汪优、王建	
8	列车–轨道–基础结构动力相互作用研究	中国铁道出版社	2020	徐磊	

(五)代表性成果简介

1.列车脱轨分析理论与应用研究

见第2章第2节桥梁工程代表性成果简介。

2.铁路数字选线关键技术研究与应用

奖项类别：湖南省科技进步二等奖，2012年。

本校获奖人员：蒲浩(1)、缪鹍(3)、李伟(6)。

获奖单位：中南大学(1)。

成果简介：①提出了以数字地理、空间线位、铁道构造及关联约束等信息为核心的线路信息模型(AIM)理论，构建了基于AIM的铁路线路数字化设计体系；②建立了边界约束线形模型、参照线形模型和复合参照线形模型，解决了新建单双线铁路、既有线增改建及枢纽选线的全类型线形设计问题；③提出了铁路关联约束选线设计方法，实现了线路方案群关联组合设计、线路平纵横联动设计及图形与数据联动设计；④建立了基于最优化原理的既有线智能重构方法和既有线增改建设计的"II线模式法"，系统地解决了既有线各类增改建工程的线路设计问题；⑤首创了基于数字地球的铁路三维空间选线设计方法；⑥提出了大规模铁(公)路三维场景的组织管理、整体建模和视相关简化理论与方法，并建立了网络模型，实现了大规模铁(公)路场景网络交互式可视化；⑦开发了铁路数字选线系列软件产品，已在国内80%以上铁路勘察设计单位推广使用，辅助完成了国家"十一五"以来近80%的铁路选线设计，成为国内目前铁路行业推广应用最广、产品最齐全的数字选线设计软件系统。

本项目丰富和完善了我国数字化选线理论与方法，填补了国内外在既有线改建与增建二线设计、基于数字地球的三维空间选线及铁路线路网络三维交互式可视化等领域的研究空白，大大提升了我国数字选线技术的研究水平，推动了铁路行业的技术进步，为保障国家"十五""十一五"期间重大铁路工程建设做出了重要贡献。

第 2 节 桥梁工程

一、学科发展历程

(一)中南土木建筑学院时期(1953 年 6 月—1960 年 9 月)

1953 年中南土木建筑学院成立时，设桥梁与隧道系，王朝伟任系主任，设铁道桥梁与隧道本科专业(下设桥梁和隧道两个专门化)与桥梁结构专修科。1955 年本科学制由 4 年制改为 5 年制，另设桥梁结构 2 年制专修科。

桥梁与隧道系下设桥梁教研组，1953—1957 年，王朝伟兼任桥梁教研组组长，王承礼任助理组长，1957—1960 年，王承礼任组长。当时教研组的教师主要由各个合并院校调入以及学生毕业分配过来。其中，王朝伟、谢世澄、苏思昊从广西大学调入，王承礼、罗玉衡从湖南大学调入，徐铭枢从云南大学调入，万明坤、姚玲森 1953 年从同济大学毕业分配过来，华祖焜 1953 年从湖南大学毕业后来校，姜昭恒、周鹏 1955 年从中南土木建筑学院毕业后留校，谢绂忠山东大学毕业后 1954 年公派留苏、1958 年获副博士学位回国到桥梁教研组工作，裴伯永 1953 年留苏、1958 年回国到桥梁教研组工作。上述从各个院校调来的桥梁工程专业老师构成了桥梁工程学科初创期的师资力量，学校是当时中南地区桥梁学科师资最强的高校。

1958 年 5 月，桥梁与隧道系师生 200 多人赴岳阳参加修建京广复线黄沙街附近两座桥梁和路口铺隧道的施工任务，直到 1959 年暑假前，师生才先后返校。

(二)长沙铁道学院时期(1960 年 9 月—2000 年 4 月)

1960 年 9 月 15 日，根据铁道部铁教学刘〔60〕字第 2345 号文件，湖南大学的铁道建筑、桥梁与隧道、铁道运输三个系分出，正式成立长沙铁道学院，直属铁道部领导。成立长沙铁道学院时，设桥梁与隧道系及铁道桥梁与隧道本科专业，铁道桥梁与隧道本科专业从四年级起分为铁道桥梁专门化、铁道隧道专门化。

当时中南土木建筑学院桥梁教研组全部教师(除姚玲森留在湖南大学)划入长沙铁道学院，构成了长沙铁道学院桥梁学科的基础力量。在 1960—1966 年期间，有卢树圣、林丕文、王俭槐、张龙祥、罗彦宣等年轻老师毕业补充到桥梁教研组。其间，王承礼继续担任教研组组长。

1959—1965 年，长沙铁道学院建校初期，桥梁学科全体师生与其他师生员工一道，为校园建设洒下了辛勤的汗水，详见第 1 章第 3 节。

1962 年，桥梁与隧道结构开始招收研究生，徐铭枢招收了桥梁专业第一批硕士研究生罗彦宣、杨承恩。

当时的桥梁与隧道系领导班子（谢绂忠等）重点抓师资、实验设备和图书资料建设，为学科发展奠定了很好的基础。

1960—1966 年，科研和教学工作的主要特点是师生深入铁路现场，实行教学、科研、生产劳动三结合。通过结合铁路建设和生产实际的技术革新、科学研究、现场教学和"真刀真枪"的毕业设计，取得了一批科技成果，直接为社会主义建设做出了贡献：如 1965—1966 年师生参加成昆铁路等"三线建设"大会战，在教师主持、指导下完成的"跨度 54 m 一线天空腹式铁路石拱桥"设计、"旧庄河一号桥预应力悬臂拼装梁"设计与施工及简支预应力串联梁的现场试验与架设，其成果在路内外有一定影响，受到同行专家好评。其中，"跨度 54 m 一线天空腹式铁路石拱桥"设计及"旧庄河一号桥预应力悬臂拼装梁"两项成果获得了 1978 年全国科学大会奖。1966 年，桥梁与隧道系、铁道工程系和铁道运输系等近 200 名师生参加长韶勘测设计与施工，并建成我国铁路上第一座双曲拱桥（红太阳桥）。

1966 年 2 月，铁道工程系与桥梁与隧道工程系两系合署办公。1970 年，铁道工程系与桥梁与隧道工程系合并为铁道工程系，铁道工程专业与铁道桥梁与隧道本科专业合并为铁道工程专业。其间，桥梁教研组与钢结构、混凝土结构教研组以及水力学教研组合并为桥梁结构水力学教研组（简称桥结水教研组，后改为桥梁教研室），王承礼继续担任教研组组长。

从 1966 年开始，"文化大革命"运动席卷全国，教研组部分教师受到不公正的批判。1968—1969 年 5 月，一些师生下放到湘西农村接受贫下中农"再教育"。由于受"文化大革命"影响，1961 级学生推迟一年到 1967 年 8 月毕业；1962 级、1963 级、1964 级学生同样分别推迟一年毕业，1965 级按时毕业。从 1970 年开始到 1976 年"文革"结束，铁道工程专业只招收了三年制工农兵学员班，本科一直停止招生。其中 1970 年铁道工程专业招收了一个 33 人的试点班，1971 年暂停招生，1972 年招收四个班共 120 人，1973 年招收六个班共 180 人，1974 年招收五个班共 150 人，1975 年招收 120 人，1976 年招收 167 人。

在开门办学思想的指导下，1975 年，桥梁与隧道学科师生到河南铁门参加陇海铁路铁门至石佛段改建工程，完成了一座双线曲线桥的勘测设计任务。此外，还完成了河南林县铁矿专用线特大桥梁的勘测设计任务（铁道工程 1975 级）以及南京栖霞山专用线的桥涵勘测设计。

1976 年，长沙铁道学院组织教育革命实践队到九江长江大桥开门办学。

尽管"文革"期间的教学科研工作受到严重影响，桥梁教研组老师除了完成教学任务，还利用开门办学社会实践的机会开展了大量科研工作。例如，1972 年铁道部大桥工程局桥梁研究院组织钢桥振动研究组，曾庆元参加了振动研究组，并提出了桁梁桥畸变及考虑畸变桁梁桥空间振动位移和自由振动的计算方法，分析了桁梁静载位移及自由振动，撰写了研究报告《简支下承桁梁桥在偏载作用下的变位、内力及自由振动计算》及《504 桥模型（33.33 cm 桁宽）偏载变位、内力及自由振动计算》，该成果纳入了成昆铁路技术总结。1976 年，曾庆元在九江长江大桥带队实践期间，提出一种箱形梁计算的板梁框架法，帮助铁道部大桥工程局完成了 40 m 预应力混凝土箱梁偏载计算，得出了该箱梁在自重下"三条腿"时的最大扭曲拉应力和最大竖向位移。其计算结果与 1977 年该梁原型试验值非常接近，解决了实际工程问题。

1972—1974 年，受铁道部第四勘测设计院的邀请，詹振炎主持了"小流域暴雨洪水之研究"项目。此前，一般的桥梁和涵洞绝大多数没有水文观测资料，雨洪流量估算一般均按恒定流理论，由同时汇流面积乘以径流系数得洪峰流量。此法的假定不尽合理，计算结果多数偏离实际较大。詹振炎首先提出了基于非恒定流理论，建立坡面流和河槽流两组微分方程，联立求解这两组方程，考虑雨洪演进过程的调蓄作用，由降雨过程推算洪水过程，再由洪水过程得到暴雨最大流量。他所倡议的方法理论严密、概念清晰，可根据实测洪水演进过程验证计算参数。这种方法经无量纲化处理后，由计算机事先解算出洪水演进过程，应用起来十分方便，妥善地解决了小流域桥涵水文计算问题。该方法至今仍在桥涵勘测设计中广泛采用，并被纳入高等学校教材。该成果获得了 1978 年全国科学大会奖。

经过粉碎"四人帮"以后的拨乱反正，中国进入改革开放的新时期。学校的教育事业得到了充分的发展，桥梁工程学科的教学、科研和社会服务工作等各方面都进入了一个快速发展的时期。

1977—1988 年，由于铁道工程专业与桥梁与隧道本科专业合并为铁道工程专业，桥梁本科专业未招生，其中，1984 年在铁道工程专业中为铁道部大桥工程局及铁道部第二工程局开办了桥梁本科班，也是"文革"后的首届"桥班"。1989—1994 年，设桥梁工程本科专业，每年招收 1~2 个班。1995 年后按大类招生，其中 1995—1996 年设交通土建工程本科专业（铁道工程、桥梁工程以及工民建等专业统一为交通土建工程专业）、1997 年至今为土木工程专业，下设桥梁专业方向。

1978 年恢复硕士研究生招生，同年徐铭枢招收硕士研究生文雨松、李培元，1979 年曾庆元招收硕士研究生田志奇。1981 年获得桥梁与隧道工程（当时称为"桥梁隧道与结构工程"）硕士学位授予权。1986 年获得桥梁隧道与结构工程博士学位授予权，曾庆元 1986 年9 月被国务院学位委员会批准为长沙铁道学院该博士点博士生指导教师。1987 年学科被评为铁道部重点学科，同年曾庆元招收该学科第一名博士生杨平。1992 年，朱汉华成为该学科第一个毕业的博士生。2000 年获得土木工程一级学科博士学位授予权；同年被评为湖南省重点学科。

其间，部分讲授结构设计原理和水力学的老师从教研组分出，桥梁结构水力学教研组改为桥梁教研室。同时，桥梁教研室的教师队伍得到了不断的充实，先后有周乐农、刘夏平、王艺民、杨平、杨毅、朱汉华、杨文武、骆宁安、胡阿金、徐满堂、陈淮、陈政清、颜全胜、张麒、王荣辉、贺国京、任伟新、盛兴旺、戴公连、乔建东、胡狄、郭向荣、唐冕、郭文华、李德建、于向东、杨孟刚、方淑君等毕业留校或从外校毕业到桥梁教研室工作。这一时期，教师的学历层次得到大大提升，大部分青年教师都获得了博士学位，博士化比例显著提高，学历层次的提升为学科发展奠定了扎实的人才基础。同时，也有部分老师调到其他单位发展，他们都成长为我国桥梁学科的中坚力量，也为兄弟院校学科发展培养了大量人才。其间，曾庆元、姜昭恒、卢树圣、王俭槐、文雨松先后担任教研室主任。

1999 年，曾庆元当选为中国工程院院士，成为长沙铁道学院培养的首位院士，这也是桥梁教研室在师资队伍建设方面取得的最大成绩。

1977—2000 年，桥梁学科的科研工作取得了巨大的进步，主要表现为：形成了几个特色鲜明的研究方向，取得了大量显著性的研究成果，获得了一批国家及省部级科技奖励。1982 年，与铁道部第四勘测设计院合作、詹振炎主持的"小流域暴雨洪水之研究"项目获全国科学大会奖和国家自然科学四等奖。曾庆元带领朱汉华、郭向荣、郭文华等开拓了列车-桥梁系统振动研究方向，建立了具有原创性的列车-桥梁时变系统能量随机分析理论，车桥振动成果应用到全国大部分新建桥梁的列车走行安全性分析中，制定的铁路钢桥横向刚度限值列入桥梁设计规范，1998 年获得了铁道部科技进步奖二等奖，1999 年获国家科技进步奖三等奖。徐铭枢、卢树圣、姜昭恒等主持铁道部按可靠度设计的规范改革，取得了突破性研究成果，通过铁道部鉴定，其中跨度 16 米先张法部分预应力混凝土梁研究获铁道部二等奖。曾庆元带领戴公连、盛兴旺等开拓了桥梁结构极限承载力研究方向，提出了桥梁结构局部与整体相关屈曲极限承载力分析理论，解决了岳阳洞庭湖三塔斜拉桥等10 多座桥梁结构的极限承载力分析问题。陈政清带领于向东、何旭辉、杨孟刚等开拓了桥梁抗风抗震研究方向，提出了预测桥梁颤振临界风速的多模态参与单参数自动搜索法。相关成果获得了 2003 年国家科技进步奖二等奖和多项湖南省科技进步奖一等奖。以裴伯永为首的桥梁结构优化方向承担了铁道部"空间桩基自动化设计""桥梁 CAD"的重点课题，软件成果在多家设计院推广应用。王俭槐等完成的铁路钢桥结构系数研究、文雨松完成的铁路桥梁恒载统计分析及标准等大量研究成果通过了铁道部鉴定，相关成果纳入了铁路桥梁设计规范。

(三) 中南大学时期(2000 年 4 月至今)

2000 年 4 月合并组建中南大学后，在学校学科建设大发展的背景下，桥梁工程学科进入稳步发展阶段。

2002 年 1 月，桥梁与隧道工程专业被批准为国家重点学科，成为当时全国三个桥梁与隧道工程国家重点学科之一。2003 年，土木工程一级学科获批博士后科研流动站。2007年，桥梁与隧道工程学科通过国家重点学科评估，土木工程被批准为一级学科国家重点学科。

在此期间，教师队伍结构继续改善。周智辉、何旭辉、宋旭明、黄天立、侯秀丽、杨剑、文颖、魏标、李玲瑶、欧阳震宇、邹云峰、刘文硕、吴腾、敬海泉、严磊、蔡陈之、魏晓军、周浩、史俊、李超、李欢等年轻老师加入到桥梁工程系。2004 年，桥梁教研室改为桥梁工程系。同年，任伟新被聘为湖南省"芙蓉学者计划"中南大学桥梁与隧道工程岗位特聘教授，入选教育部"新世纪优秀人才支持计划"。2006 年，任伟新被聘为教育部"长江学者计划"中南大学桥梁与隧道工程岗位特聘教授。2012 年，何旭辉入选教育部"新世纪优秀人才支持计划"。2013 年，欧阳震宇被聘为中南大学升华学者特聘教授；2013 年，何旭辉获得国家优秀青年科学基金资助。2019 年，何旭辉获得国家杰出青年科学基金资助；2019 年，何旭辉入选"万人计划"科技创新领军人才。2009 年，车线桥时变系统振动控制研究获批土木工程学院创新团队，团队带头人为曾庆元；桥梁健康监测与极限承载力获批土木工程学院创新团队，团队带头人为任伟新、戴公连。"高速列车-桥梁（线路）振动分析与应用"创新团队于 2010 年入选湖南省第二批"湖南省高校科技创新团队"（湘教通〔2010〕53 号），团队带头人为任伟新，核心成员有郭文华、郭向荣、向俊、黄方林、蒋丽忠，团队成员包括戴公连、杨小礼、谢友均、杨孟刚、何旭辉和周智辉等。其间，乔建东、戴公连、杨孟刚先后担任桥梁教研室/桥梁系主任。

本阶段本科专业以土木工程专业招生，下设桥梁工程方向，针对该方向本科生，桥梁工程系开设的主要桥梁课程有混凝土桥、钢桥、桥涵水文、桥梁建造、桥梁 CAD、桥梁振动、桥梁文化与创新等；针对非桥梁方向本科生，桥梁工程系开设桥梁工程课程。另外，还承担了混凝土结构设计原理与钢结构设计原理等专业基础课。桥梁工程系的本科课堂教学、毕业设计和各类实习等教学环节都取得了显著的进步，近年来共获得校级教学质量优秀奖、校级优秀毕业设计 30 余人次。在学校与学院青年教师讲课比赛中，本学科老师取得了良好的成绩。

研究生招生规模为博士生每年 10 人左右，硕士研究生每年 50~70 人，研究方向进一步拓展。

在科研和社会服务方面，桥梁工程系继续保持良好的势头，在科研成果上取得了骄人的成绩：

曾庆元院士带领团队继续开拓新的研究领域，在列车脱轨分析方面，提出了列车-轨道—桥梁系统稳定性分析理论，从而突破了列车脱轨分析的百年难题，出版了世界上首部关于列车脱轨的专著，该成果获得了 2006 年湖南省科技进步奖一等奖。

文雨松完成的既有铁路桥涵过洪能力评估与水害整治系统，在全国所有铁路桥涵抗洪以及部分公路桥梁抗洪设计中发挥了重要作用。

车桥振动团队为大部分新建铁路桥梁提供了技术支撑。

在高速铁路建设浪潮中，桥梁系师生参与了几乎所有的高速铁路(包括芜湖长江大桥、武汉天心洲长江大桥等著名桥梁)建设项目，承担其科学研究、施工监控、联调联试、健康监测等任务。

戴公连主持设计了当时国内跨度最大的自锚式悬索桥(长沙市三叉矶大桥)。

二、师资队伍

(一)队伍概况

1. 概况

桥梁工程学科成立之初，从 7 所高校云集了一批精英组成了初创团队，历经 60 多年发展和师资的几代变更，已发展成为国家级重点学科。先后在桥梁工程系工作过的教师有 80 多人(包括现职教师)，其中，曾在桥梁工程系工作过的知名教授有余炽昌、李吟秋、谢世澂、王朝伟、徐铭枢、王承礼、曾庆元、谢绂忠、万明坤、裴伯永、卢树圣、华祖焜、詹振炎、陈政清、文雨松、任伟新、贺国京等。以上各位教授成就详见本节之后的"学科教授简介"。

目前，桥梁工程系在职教师 30 人，名单详见第 6 章第 2 节，教师构成情况见表 2.2.1。其中，国家"万人计划"领军人才 1 人(何旭辉)，国家杰出青年科学基金项目获得者 1 人(何旭辉)，国家优秀青年科学基金获得者 1 人(何旭辉)，教育部新世纪优秀人才 2 人(郭文华、何旭辉)。

表 2.2.1 在职教师基本情况表

项目	合计	职称			年龄			学历		
		教授	副教授	讲师	55 岁以上	35~55 岁	35 岁以下	博士	硕士	学士
人数	30	11	15	4	1	18	11	28	2	0
比例/%	100	36.7	50.0	13.3	3.3	60.0	36.7	93.3	6.7	0

桥梁工程系一贯重视青年教师的培养工作，为青年教师指定指导教师，如万明坤指导王俭槐、王俭槐指导骆宁安、谢世澂指导林丕文、卢树圣指导申同生、盛兴旺指导严磊等，指导老师帮助青年老师制订成长提高计划，熟悉教学要求、过程。青年教师试讲通过后才能上讲台。桥梁工程系鼓励支持青年教师到外校或现场进修提高，如 20 世纪 50 年代，曾庆元到清华大学读研究生，谢绂忠、裴伯永公派留苏；60 年代，林丕文、卢树圣、田嘉猷等到同济大学进修，王俭槐到唐山铁道学院进修，林丕文到株洲桥梁厂学习预应力施工工艺；70 年代，姜昭恒参加长沙湘江一桥建设；90 年代初，盛兴旺与徐满堂参加长沙湘江二

桥建设等，青年教师在工程实践中得到了锻炼与提高。老教师带领青年教师开展科研、生产、现场调查研究与实践。青年教师积极参与社会实践，对青年教师的思想锻炼和业务提高发挥了重要作用。

2. 团队建设情况

（1）湖南省创新团队，高速列车—桥梁（线路）振动分析与应用，团队带头人：任伟新，2010 年。

（2）土木工程学院创新团队，车线桥时变系统振动控制研究，团队带头人：曾庆元，2009 年。

（3）土木工程学院创新团队，桥梁健康监测与极限承载力，团队带头人：任伟新、戴公连，2009 年。

（4）土木工程学院创新团队，桥梁静力试验团队，团队负责人：戴公连，2014 年。

（5）土木工程学院创新团队，桥梁抗风试验团队，团队负责人：何旭辉，2014 年。

3. 各种荣誉与人才计划

（1）省级及以上集体荣誉：

湖南省教委授予桥梁教研室"湖南省高校优秀教研室"，1990 年。

湖南省教委授予桥梁教研室"省级优秀教研室"，1996 年。

湖南省教委授予桥梁教研室"湖南省高校科技工作先进集体"，1999 年。

湖南省教委授予教工桥梁党支部"省级先进党支部"，1995 年。

湖南省教委授予教工桥梁党支部"省级先进党支部"，1999 年。

（2）个人荣誉与人才计划：

王俭槐，湖南省直机关优秀党务工作者，1988 年。

曾庆元，铁道部优秀教师，1989 年。

文雨松，湖南省优秀教师，1989 年。

田嘉猷，全国优秀教师，1989 年。

曾庆元，全国优秀教师，1990 年。

王朝伟、曾庆元、徐铭枢、王承礼、谢世澂，"长期从事教育与科技工作且有较大贡献的老教授"称号（国家教委、国家科委），1990 年。

曾庆元，湖南省高校先进工作者，1991 年。

曾庆元，"全国铁路优秀知识分子"称号，1992 年。

曾庆元、徐铭枢、王承礼、王朝伟、谢世澂，"全国高等学校先进科技工作者"称号（国家教委、国家科委），1992 年。

裘伯永，湖南省优秀教师，1993 年。

林丕文，南昆铁路建设立功奖章（铁道部），1997 年。

陈政清，湖南省师德先进个人，1997 年。

曾庆元，第六届詹天佑铁道科学技术奖——成就奖，1998 年。

曾庆元，当选为中国工程院院士，1999 年。

陈政清，铁道部有突出贡献的中青年科技专家，2000 年。

郭向荣，第五届詹天佑铁道科学技术奖——青年奖，2001 年。

郭文华，优秀青年教师资助计划（教育部），2003 年。

戴公连，第六届詹天佑铁道科学技术奖——青年奖，2003 年。

任伟新，首批新世纪百千万人才工程国家级人选（人事部、科技部、教育部、财政部、国家发展和改革委员会、国家自然科学基金委员会、中国科学技术协会七部委），2004 年。

任伟新，新世纪优秀人才支持计划（教育部），2004 年。

任伟新，湖南省"芙蓉学者计划"中南大学桥梁与隧道工程岗位特聘教授，2004 年。

郭文华，茅以升科研专项奖，2004 年。

曾庆元，第七届詹天佑铁道科学技术奖——大奖，2005 年。

任伟新，湖南省"芙蓉学者计划"特聘教授，2005 年。

任伟新，教育部"长江学者计划"中南大学桥梁与隧道工程岗位特聘教授，2006 年。

周智辉，"湖南省普通高校青年教学能手"称号，2010 年。

何旭辉，教育部新世纪优秀人才支持计划，2012 年。

何旭辉，茅以升科研专项奖，2012 年。

杨孟刚，茅以升科研专项奖，2013 年。

何旭辉，茅以升科学技术奖——铁道科学技术奖，2018 年。

何旭辉，第十四届詹天佑铁道科学技术奖——贡献奖，2018 年。

何旭辉，国家杰出青年科学基金，2019 年。

何旭辉，国家万人计划科技创新领军人才，2019 年。

敬海泉，茅以升科学技术奖——铁道科学技术奖，2020 年。

邹云峰，第十五届詹天佑铁道科学技术奖——青年奖，2020 年。

何旭辉，第十五届詹天佑铁道科学技术奖——成就奖，2020 年。

4. 出国（境）进修与访问

为提高师资队伍水平，先后派出教师出国（境）进修或访问，具体见表 2.2.2。

表 2.2.2　教师进修与访问

姓名	时间	地点	身份
裘伯永	1953—1958 年	苏联莫斯科汽车公路学院	读学位
谢绂忠	1954—1958 年	苏联列宁格勒铁道学院	读学位
万明坤	1985—1986 年	德意志联邦共和国	高级访问学者

续表2.2.2

姓名	时间	地点	身份
陈政清	1991 年 10 月—1992 年 11 月	英国格拉斯科大学	研修桥梁工程
	2002 年 9 月—2003 年 3 月	美国伊利诺伊大学	高级访问学者
周乐农	1994 年 8 月—1995 年 4 月	美国肯塔基大学	进修
文雨松	1994 年 9 月—1995 年 3 月	英国诺丁汉大学	高级访问学者
胡狄	1997 年 5 月—1998 年 5 月	尼日利亚	工作
郭向荣	1998 年 3 月	日本	考察
任伟新	1996 年 10 月—1997 年 3 月	日本国立名古屋工业大学	访问教授
	1999 年 2 月—2000 年 2 月	比利时鲁汶大学	访问教授
	2000 年 2 月—2002 年 1 月	美国肯塔基大学	访问教授
	2005 年 9 月—2006 年 8 月	澳大利亚西澳大学	访问教授
郭文华	1999 年 8 月—2002 年 7 月	香港理工大学	博士
	2002 年 7 月—2003 年 6 月	香港理工大学	副研究员
欧阳震宇	2003 年 9 月—2007 年 8 月	美国马凯特大学	攻读博士学位
吴腾	2008 年 8 月—2013 年 12 月	美国圣母大学	攻读硕士、博士学位
何旭辉	2009 年 5 月—2010 年 8 月	美国宾州州立大学	访问学者
魏晓军	2011 年 10 月—2015 年 7 月	英国利物浦大学	攻读博士学位
黄天立	2012 年 2 月—2013 年 2 月	英国格林威治大学	访问学者
敬海泉	2012 年 7 月—2016 年 7 月	香港理工大学	攻读博士学位
杨孟刚	2012 年 9 月—2013 年 9 月	美国路易斯安那州州立大学	访问学者
周智辉	2013 年 10 月—2014 年 10 月	美国肯塔基大学	访问学者
宋旭明	2014 年 7 月—2015 年 7 月	美国堪萨斯州立大学	访问学者
杨剑	2014 年 8 月—2015 年 8 月	美国路易斯安那州州立大学	访问学者
文颖	2014 年 9 月—2015 年 9 月	美国南加州大学	访问学者
周浩	2014 年 10 月—2019 年 5 月	澳大利亚昆士兰大学	攻读博士学位
严磊	2015 年 2 月—2016 年 2 月	新西兰奥克兰大学	联合培养, 攻读博士学位
李超	2015 年 1 月—2019 年 8 月	澳大利亚科廷大学	攻读博士学位
蔡陈之	2015 年 7 月—2018 年 8 月	香港理工大学	攻读博士学位
李欢	2018 年 1 月—2020 年 1 月	美国圣母大学	联合培养, 攻读博士学位
杨熠琳	2018 年 9 月—2019 年 9 月	日本东京大学	访问博士生

(二)历届系所(室)负责人

历届系所(室)负责人具体见表 2.2.3。

表 2.2.3　历届系所（室）负责人

时间	机构名称	主任	副主任	备注
1953—1957 年	桥梁教研组	王朝伟	王承礼	中南土木建筑学院桥梁与隧道系
1957—1960 年	桥梁教研组	王承礼	曾庆元	中南土木建筑学院桥梁与隧道系
1960—1970 年	桥梁教研组	王承礼	曾庆元	长沙铁道学院桥梁与隧道系
1970—1978 年	桥结水教研组 桥梁教研室	王承礼	曾庆元	长沙铁道学院铁道工程系，桥梁与钢结构、混凝土结构以及水力学教研组合并为桥结水教研组，后桥结水教研组改为桥梁教研室
1978—1985 年	桥梁教研室	曾庆元	姜昭恒	长沙铁道学院铁道工程系、土木工程系
1985—1988 年	桥梁教研室	姜昭恒	卢树圣	长沙铁道学院土木工程系
1988—1992 年	桥梁教研室	卢树圣	王俭槐	长沙铁道学院土木工程系、土木建筑学院
1992—1996 年	桥梁教研室	王俭槐	盛兴旺	长沙铁道学院土木建筑学院
1996—2000 年	桥梁教研室	文雨松	盛兴旺、戴公连	长沙铁道学院土木建筑学院
2000—2004 年	桥梁教研室	乔建东	于向东	中南大学土木建筑学院
2004—2012 年	桥梁工程系	戴公连	郭文华、于向东	中南大学土木建筑学院
2012—2014 年	桥梁工程系	戴公连	郭文华、于向东	中南大学土木工程学院
2014—2017 年	桥梁工程系	戴公连	郭文华、杨孟刚	中南大学土木工程学院
2017—2019 年	桥梁工程系	杨孟刚	郭文华、魏标	中南大学土木工程学院
2019 年至今	桥梁工程系	杨孟刚	魏标、邹云峰	中南大学土木工程学院

（三）学科教授简介

余炽昌教授（1899—1977）：男，浙江绍兴人。1923 年毕业于国立唐山交通大学土木工程系，获工学学士学位。在校期间，参加过五四运动、"二七"大罢工、五卅运动等。大学毕业后，在北宁铁路工务段任实习工程师。1925 年赴美国留学，1926 年获美国康奈尔大学工程硕士学位。在美国桥梁公司工作一年后，在美国费城麦克兰钢铁建筑公司任设计师。1928 年回国后，历任东北大学、北洋工学院、武汉大学教授。1937 年任山东大学教授兼土木工程系主任。1938 年 7 月受教育部之聘，任国立编译馆特约编译，年底回武汉大学，先后任教授、训导长、教务长、校务委员、工学院院长等职。1950 年，被任命为武汉市人民监察委员会监察委员。1951 年当选为武汉市人大代表，同年 5 月参加中国民主建国会。1953 年被聘为铁道部武汉长江大桥技术顾问委员会委员。1953 年全国院系调整，调长沙先后担任中南土木建筑学院筹备委员会副主任委员、湖南工学院副院长、湖南大学副校长、长沙铁道学院副院长等职务。1954 年当选为第一届湖南省人大代表。1955 年后历任第一届湖南省政协委员，第二、三届湖南省政协常委，中国民主建国会长沙市委常务委员，湖南省科学普及协会常委等职。专长于桥梁工程木结构，学术造诣较深，曾讲授过"结构设计""钢结构""木结构""工程契约及规范"等课程。精通英文，懂俄、法语，翻译了不少文献和资料。出版了《双曲拱桥应力研究》《工程契约及规范》《电焊法》等著作。

李吟秋教授(1900—1983)：见第 2 章第 1 节。

谢世澂教授(1911—1997)：男，湖南醴陵人，1927 年加入共青团，1934 年毕业于交通大学唐山工学院，1938 年毕业于美国密执安大学研究生院。曾任广西大学工学院院长、土木工程系主任、中南土木建筑学院筹委会委员、中南土木建筑学院教务长，先后任民盟第四、五届全国代表大会代表、民盟湖南省委第四、六、七届委员会委员、第一、二届湖南省人民代表大会代表、湖南省政协第四、五届常务委员等职务。谢世澂教授早期参加过革命宣传、地下革命和武装斗争，1949 年 7 月冒着生命危险冲破国民党的重重阻挠和严密封锁，携眷离开台北，绕道香港偷渡台湾海峡和渤海口，投奔东北解放区。他忠诚党的教育事业，从教 38 年，精通英语，学习过德语、俄语、泰语等。翻译出版论文数十篇，出版《棚车》和《机械力学》等七种中译英科技资料的教材，出版了《随机振动引论》和《钢筋混凝土结构的裂缝问题》两部专著、发表论文十余篇。获国家教委国家科委授予的"长期从事教育和科技工作且有较大贡献的老教授"和"全国高等学校先进科技工作者"称号。

王朝伟教授(1914—1996)：男，江苏镇江人，农工民主党党员，中共党员。1939 年毕业于上海交通大学，先后在交通大学唐山工学院、广西大学、中南土木建筑学院、长沙铁道学院任教。曾任中南土木建筑学院桥梁与隧道系主任，中国人民政治协商会议湖南省第一、二、三届委员和第四、五届常委，湖南省力学学会常务理事兼结构力学计算力学专业委员会主任。从教数十年，讲授投影几何、材料力学、结构力学、弹性力学有限元法、钢结构、钢桥、道路工程等 20 多门基础课、技术基础课和专业课，指导硕士研究生 3 名，主编《物理非线性和材料非线性的加权残数法》《有限元法(上、下册)》《高等结构力学丛书(十五卷)》等教材或专著，撰写《中国大百科全书》的"有限元结构力学条目"，其中《物理非线性和材料非线性的加权残数法》获湖南省教委科技进步奖。先后被评为长沙铁道学院优秀共产党员、湖南省政协"政协委员为社会主义两个文明建设服务先进个人"，获国家教委授予的"长期从事教育与科技工作且有较大贡献的老教授"及"全国高等学校先进科技工作者"称号，享受政府特殊津贴。

徐铭枢教授(1920—2014)：男，浙江省宁波人。1942 年毕业于上海交通大学土木工程专业，历任教于上海交通大学、云南大学、中南土木建筑学院、湖南大学和长沙铁道学院。曾任长沙铁道学院桥梁研究室主任、学报总编辑、学术委员会及学位评定委员会委员，中国铁道学会桥梁专业委员会委员，中国混凝土及预应力混凝土学会理事，湖南省土木建筑学会预应力混凝土技术咨询开发部名誉副理事长，湖南省政协第四、五、六届委员。在教学岗位辛勤耕耘了 40 余年，培养桥梁工程硕士研究生 10 余名；主编全国铁路高等学校统一教材《铁路桥梁》、译作出版俄文桥梁专业书籍两种；主持多项铁道部重要研究课题，其中"部分预应力混凝土梁动载疲劳试验研究"及"混凝土桥梁按可靠度理论设计研究"，其成果达到了国际水平，获铁道部科技进步奖二等奖。获国家教委、湖南省教委及铁道部颁发的"从事高教科研工作 40 年"荣誉证书；获国家教委、国家科委授予的"长期从事教育与科技工作且有较大贡献的老教授"及"全国高等学校先进科技工作者"称号；获湖南省政协授予的"为湖南经济振兴与社会进步争贡献活动作出重要贡献"的省政协先进个人称号；获全国侨联授予的"为八五计划十年规划做贡献"先进个人称号；作为南昆铁路四座特大桥专家组成员，获得南昆铁路建设先进集体和个人立功表彰证书。多次被评为长沙铁道学院优秀教师。享受政府特殊津贴。

王承礼教授（1921—2001）：男，湖南人，1947 年毕业于湖南大学土木工程专业。长期担任长沙铁道学院桥梁教研室主任、《中国高等教育专家名典》特约顾问。长期从事桥梁修造及教学工作，是有影响的桥梁专家。先后参加过湘桂铁路桥梁修复、广州海珠桥修复、汉水铁路桥施工和汉水公路桥施工设计。1966 年率师生赴成昆铁路实习，承担 54 米跨度空腹石拱桥的设计。该项目荣获全国科学大会奖、湖南省科学大会奖和国家科技进步奖特等奖。开设"桥梁建造与修复"等课程、主编《桥梁建造与修复》《桥梁》《铁路桥梁（上册）》《铁路桥梁》等全国铁路高校统一教材，参加成昆技术总结第四册《桥梁》的编写，参与编撰《中国铁路桥梁史》并担任编委。获国家教委、国家科委授予的"长期从事教育与科技工作且有较大贡献的老教授"和"全国高校先进科技工作者"称号。事迹选入《中国高等教育专家名典》。

曾庆元教授（1925—2016）：见第 5 章第 1 节院士简介。

谢绂忠教授（1926—1995）：男，山东福山人。1953 年山东大学土木工程系研究生毕业后留校任教。1954 年被委派赴苏联列宁格勒铁道学院留学，获副博士学位。1958 年回国，分配到中南土木建筑学院桥梁组任教，讲授铁路桥梁地基基础课。治学严谨，在桥梁基础设计理论方面造诣较深。掌握俄、英、日多种文字，曾给青年教师讲授日文，并翻译外文文献多篇，主持翻译《新澳法指南》一书，供隧道工程局生产应用。1960—1979 年期间，先后任桥梁与隧道系、铁道工程系副主任，历时近 20 年，主持系教学、科研、行政工作，为桥梁与隧道学科建设做了大量卓有成效的工作，包括选派青年教师进修等师资建设、设备添置等实验室建设、图书资料和教具配置等，为随后的良好学风建立打下了良好的基础。因工作需要，后调学校图书馆任馆长，并获"研究馆员"职称。

万明坤教授：男，1933 年 1 月生，汉族，上海市人，中共党员，1988 年 8 月—1993 年 7 月任北方交通大学校长。1953 年 8 月毕业于上海同济大学结构系。毕业后先后在中南土木建筑学院、湖南大学、长沙铁道学院从事教学工作，曾任长沙铁道学院教务处长，1984 年任长沙铁道学院副院长，还先后任中国铁道学会副理事长、《铁道学报》编委会主任、北京市高级职称评审委员会委员兼土建组组长、欧美同学会副会长、中德友协理事、茅以升科技教育基金常务理事、《中国大百科全书》编委。多年来从事结构设计、钢桥、钢筋混凝土桥等教学和研究工作，参加过三峡水利枢纽施工栈桥设计、全焊钢桥设计、钢桥空间计算、桥梁设计规范改革等科研项目,一些成果被列入《桥梁设计规范》。编著出版《铁路钢桁梁桥计算》,主编出版《桥梁漫笔》《旅德追忆:廿世纪几代中国留德学者回忆录》等书。1988 年任北方交通大学校长,坚定不移地执行教学、科研两个中心的办学方针,重视硬、软件建设。在铁道部的大力支持下,对学校的校舍与设备进行了大规模的建设,在铁路高校中率先进行校内管理体制的改革。他对"211 工程"的申报与建设抓得早、抓得紧,为学校成为首批进入 21 世纪全国重点建设一百所高校的"211 工程"打下了基础。

华祖焜教授:见第 2 章第 4 节。

詹振炎教授:见第 2 章第 1 节。

裘伯永教授:男,1934 年生,浙江慈溪人,中共党员。1958 年毕业于莫斯科汽车公路学院桥梁专业。同年回国,在中南土木建筑学院任教,1960 年,在长沙铁道学院任教,1987 年晋升为教授。曾任中国土木工程学会混凝土及预应力混凝土学会理事。40 年来为大学生和研究生开设多门技术基础课和专业课。培养研究生 10 名,指导多名青年教师。作为负责人之一,带领毕业班学生参加设计的成昆铁路一线天 54 米跨度铁路石拱桥,于 1978 年和 1985 年分别获国家科学大会奖、国家科技进步奖特等奖。主持完成多个部级科研项目,大部分已在生产中应用并取得较大的社会与经济效益。《空间桩基优化设计与计算机绘图》获铁道部第四设计院科技进步奖一等奖。20 世纪 80 年代以来先后在学报或期刊上发表学术论文 20 余篇。多次参加铁路高校统编教材《桥梁》的编写和主审。参加"桥梁设计规范"的编写。负责设计多座桥梁,其中全国最大跨度的成昆铁路一线天 54 米石拱桥和郴州下湄河 50 米双曲拱铁路桥被列入《中国铁路桥梁史》。在教学、科研这块沃土上辛勤耕耘 40 余年,曾多次被学校评为优秀共产党员、优秀教师,并被评为湖南省优秀共产党员和优秀教师。享受政府特殊津贴。

卢树圣教授:男,1936 年生,河南信阳人,中共党员。1959 年唐山铁道学院桥梁与隧道专业本科毕业。中国土木工程学会混凝土和预应力混凝土学会理事,全国高校预应力混凝土技术发展与推广委员会委员,铁道部高等院校土建类专业教学指导委员会副主任委员,湖南省土建学会预应力技术咨询开发部副理事长,中南大学本科教学质量考评专家组副组长。曾三次参加《铁路桥涵设计规范》修订工作,主持完成的"钢筋混凝土圆(环)形偏压构件裂缝的试验研究"获铁道部重大科技成果奖;"混凝土铁路桥梁基于可靠度设计理论的研究"通过部级鉴定,成果属国内领先,具有国际水平。在预应力混凝土桥梁结构设计理论、部分预应力混凝土技术应用及混凝土结构行为研究方面有一定的造诣。其中"16 米跨度先张部分预应力混凝土梁研制"获铁道部科技进步奖二等奖。参与"芜湖长江大桥桥面结合梁性能的试验研究"及南昆铁路"喜旧溪河大桥试验研究"。主编《现代预应力混凝土理论与应用》和参加《结构设计原理》《桥梁工程》的编写,其中铁路高校统编教材《结构设计原理》获铁道部优秀教材三等奖。主持"土建类专业人才培养方案及教学内容体系的研究与实践"教改项目获省级三等奖。在国内发表论文、译文 30 余篇。指导硕士研究生 3 名。

陈政清教授：见第 5 章第 1 节院士简介。

文雨松教授：男，1950 年生，湖南省桃江县人，博士生导师。1981 年毕业于长沙铁道学院桥梁工程专业并获工学硕士学位。1992 年曾在英国诺丁汉大学学习。任中国铁道学会桥梁委员会常委、中国防灾协会铁道分会委员、铁道学会水工委员会委员。获湖南省优秀教师称号。主讲"桥梁工程""桥渡设计""桥梁疲劳""计算机算法语言"等多门课程。指导多届博士生、硕士生。曾经在铁道部第二设计院从事桥梁设计工作。曾主持铁道部科研项目及与铁路有关的研究项目"铁路桥梁可靠度研究""25 吨轴重作用下 1951 年前建造的混凝土梁疲劳寿命评估研究"，获疲劳检测仪的发明专利。主持研制"既有铁路桥梁抗洪能力评估与水害整治专家系统"，此软件正在被中国所有铁路工务单位使用，并于 2005 年获铁道部科技进步奖二等奖。其主导方法"一种基于流量影响线的中小桥山洪预警方法"获发明专利。主持研制"公路工程水文设计检算系统"，软件正在被广东、山东、内蒙古等的公路设计部门使用，获广东省交通部门的一等奖。出版专著《铁路桥涵可视化水文检定》、教材《桥涵水文》。在《铁道学报》等刊物发表论文约 70 篇。

任伟新教授：见第 5 章第 2 节高层次人才简介。

贺国京教授：男，1964 年 5 月生，湖南岳阳人，博士、博士生导师。1984 年毕业于兰州大学，获学士学位；1986 年毕业于华中科技大学，获硕士学位；1993 年毕业于西南交通大学，获博士学位。1987—1990 年，在中南勘测设计研究院工作，主要从事水工结构和边坡的设计、分析与计算工作，1989 年被评聘为工程师。1993—2004 年，在长沙铁道学院、中南大学土木建筑学院工作，历任土木工程系副主任、土木建筑学院副院长。主要从事桥梁工程的教学与研究，1995 年被聘为副教授，2000 年被聘为教授、博士生导师，2002 年被确定为湖南省桥梁与隧道工程学科带头人，并获得省教育厅资助。2000 年应邀在香港理工大学做访问学者，合作研究汀九大桥的抗震与控制。2004 年至今，在中南林业科技大学工作，历任土木建筑与力学学院、土木工程与力学学院院长、桥梁工程研究所所长。主要从事桥梁工程的教学与研究。自 2005 年以来，多次在欧洲、瑞典留学和访问，进行桥梁耐久性检测、评估与加固合作研究，2007 年被聘为瑞典 Lulea 大学兼职教授。

在岗教授：戴公连、盛兴旺、李德建、郭向荣、郭文华、何旭辉、杨孟刚、黄天立、魏标、吴腾、魏晓军。简介可扫描附录在职教师名录中的二维码获取。

三、人才培养

(一)本科生培养

1. 概况

本科专业发展历程如下：

1953—1969 年，铁道桥梁与隧道专业(下分铁道桥梁专业)；

1970—1988 年，铁道桥梁与隧道专业与铁道工程专业合并为铁道工程专业；

1989—1994 年，恢复桥梁工程专业；

1995—1997 年，铁道工程专业、桥梁工程专业、工民建专业合并为交通土建工程专业（下设桥梁工程专业方向）；

1997 年至今，交通土建工程专业与建筑工程专业合并为土木工程专业（下设桥梁工程方向）。

2. 本科生课程

桥梁工程系长期以来承担的主要课程有：混凝土结构设计原理、钢结构设计原理、桥梁工程、混凝土桥、钢桥、桥涵水文、桥梁建造、桥梁文化与创新、桥梁概念设计、桥梁振动、现代预应力技术等。

3. 培养目标与培养模式

1952 年，全国高校开始学习苏联教育经验，实行教育改革。1953 年，高教部召开全国高等工业学校行政工作会议，做出"稳步进行教学改革，提高教学质量"的决议，并指出"高等教育的改革方针，是学习苏联先进经验与中国实际相结合"。中南土木建筑学院成立后即强调要系统地学习苏联教育经验，积极而又慎重地推进教学改革，从培养目标、专业设置、教学计划、教学大纲、教材、教学方法、考试制度和实践教学环节等方面都以苏联高校为样板进行改革。

本科人才培养目标与学校定位和国家发展的大背景密切相关，2000 年合校以前，长沙铁道学院为省部属一般院校，主要培养应用型人才，要实践能力强，培养模式中的开门办学是重要的途径。通过开门办学不仅培养了实践能力，而且培养了学生踏实肯干、吃苦耐劳的品德与作风。

1958—1976 年，近 20 年中，桥梁与隧道系师生多次深入现场开门办学（见本章第 1 节）。这些实践活动以及 20 世纪 60 年代初期的建校劳动等，奠定了学科"实践能力强、有坚实的理论基础、吃苦耐劳、扎实肯干"的人才培养风格，受到了社会的广泛赞誉。

20 世纪 80 年代，土木专业注重研究与实践，增加工程经济与工程管理类课程，培养既懂土木工程技术，又懂一定经济与管理的复合型人才，并设置了工程管理专业。

2000 年合校以后，学校为教育部直属 211、985 重点高校，人才的培养目标与一般院校有所区别。强调具有一定的研究能力和创新能力，强调个性发展，相应地在培养模式方面，逐步实现"学历要求+精英培养"，因材施教，培养了一批拔尖人才和领军人才。

（二）研究生培养

1. 概况

1962 年，桥梁与隧道结构专业开始招收研究生，徐铭枢招收了桥梁第一批硕士研究生罗彦宣和杨绳恩。

1978 年恢复硕士研究生招生，1981 年获得硕士学位授予权；1978 年徐铭枢教授招收硕士研究生文雨松、李培元，1979 年曾庆元招收硕士研究生田志奇，以上 3 名学生于 1981 年获得硕士学位，为本学科在 1978 年恢复硕士研究生招生后首批硕士学位获得者。

1987 年，曾庆元招收第一个博士生杨平。朱汉华 1992 年毕业，第一个获得博士学位。

2000 年，开始招收建筑与土木工程领域的工程硕士研究生。

目前，招收规模为博士生每年 10 名左右，硕士生 50~70 名。

2. 优秀研究生

陈锐林，获得湖南省优秀博士论文，导师：曾庆元，2011 年。

杨孟刚，获得湖南省优秀硕士论文，导师：陈政清，2001 年。

胡楠，获得湖南省优秀硕士论文，导师：戴公连，2010 年。

闫斌，获得"湖南省优秀毕业博士生"称号，导师：戴公连，2013 年。

刘文硕，获得"湖南省优秀毕业博士生"称号，导师：戴公连，2015 年。

(三)教学成果

1. 教材建设

从 1953 年至今，桥梁学科出版的代表性教材情况见表 2.2.4。

表 2.2.4　代表性教材

序号	教材名称	出版社/编印单位	出版/编印年份	作者
1	桥梁	人民铁道出版社	1962	长沙铁道学院桥梁教研组
2	桥梁建造与修复	人民铁道出版社	1965	王承礼
3	薄壁杆件分析理论与稳定性(讲义)	长沙铁道学院	1976	曾庆元
4	铁路桥梁(上册)	中国铁道出版社	1980 1987(第二版)	王承礼、徐铭枢姜昭恒、裴伯永
5	结构稳定理论(讲义)	长沙铁道学院	1980	曾庆元
6	结构设计原理	中国铁道出版社	1980	曾庆元、卢树圣、林丕文
7	高等结构力学丛书	人民交通出版社	1987	王朝伟
8	大百科全书有限元法	大百科全书出版社	1987	王朝伟
9	结构动力学(讲义)	长沙铁道学院	1987	曾庆元
10	铁路钢桁梁桥计算	中国铁道出版社	1988	万明坤、王俭槐
11	铁路桥梁	中国铁道出版社	1990	王承礼、徐铭枢

续表2.2.3

序号	教材名称	出版社/编印单位	出版/编印年份	作者
12	现代预应力混凝土理论与应用	中国铁道出版社	2000	卢树圣
13	桥梁工程	中国铁道出版社	2001	裴伯永、盛兴旺、乔建东、文雨松
14	土木工程专业英语	中国铁道出版社	2001	郭向荣、陈政清
15	桥涵水文	中国铁道出版社	2005 2015(第二版)	文雨松
16	预应力混凝土结构设计基本原理	中国铁道出版社	2009 2019(第二版)	胡狄
17	桥梁文化与创新	中南大学出版社	2014	戴公连、于向东
18	土木工程结构分析程序设计原理与应用	中南大学出版社	2014	李德建
19	结构动力学讲义	人民交通出版社	2015	曾庆元、周智辉、文颖
20	结构动力学讲义(第二版)	人民交通出版社股份有限公司	2017	周智辉、文颖、曾庆元
21	桥梁工程(第二版)	中国铁道出版社有限公司	2020	盛兴旺、乔建东、杨孟刚等

2. 教改项目

桥梁学科获省部级及以上教改项目见表2.2.5。

表 2.2.5　教改项目(省部级及以上)

序号	负责人	项目名称	起讫年份
1	文雨松、张麒	钢筋混凝土桥梁函授 CAI	1996—2000
2	卢树圣	土建类专业人才培养方案及教学内容体系的研究与实践	1996—2000
3	方淑君	基于"知识传授·能力培养·人格塑造"三位一体的工科研究生创新素质培养实践研究	2008—2010
4	盛兴旺、文颖	湖南省研究生优秀教材《结构稳定理论》	2019—2021
5	何旭辉、敬海泉、蔡陈之、魏晓军等	湖南省普通高等学校课程思政建设研究项目:传承中国古桥与古建筑文化,推进土木工程课程思政建设	2020—2022
6	何旭辉	湖南省十大育人示范案例:融入中国古桥古建筑文化的土木工程课程思政建设	2020—2022

3. 教学获奖和荣誉

桥梁学科省部级及以上教学获奖和荣誉见表 2.2.6。

表 2.2.6　教学获奖和荣誉（省部级及以上）

序号	获奖人员	项目名称	获奖级别	获奖年份
1	林丕文	自学考试先进工作者	湖南省教委	1989
2	林丕文（主持）	改革系级教学管理，提高毕业生人才市场的竞争力	湖南省优秀教学成果三等奖	1989
3	卢树圣（主持）	土建类专业人才培养方案及教学内容体系改革的研究与实践	铁道部阶段性成果一等奖	1998
4	林丕文（参加）	普通高校一般院校努力创办一流教育的研究与实践	国家教学成果二等奖、湖南省教学成果一等奖	2001

四、科学研究

（一）主要研究方向

1. 列车-桥梁振动研究

提出了弹性系统动力学总势能不变值原理与形成系统矩阵的"对号入座"法则，建立了车桥系统空间振动矩阵方程；论证了构架实测蛇行波可以作为车桥系统横向振动激振源，解决了车桥系统横向振动的激振源问题；提出了车桥系统振动能量随机分析方法，基于实测构架蛇行波的能量特征模拟出人工构架蛇行波，分析了车桥系统一定保证概率的最大响应，解决了车桥振动的随机分析问题；通过突破以上三大难点，创立了列车-桥梁时变系统振动能量随机分析理论。基于该理论，提出了铁路桥梁横向刚度限值的分析方法，计算了九江长江大桥拱桁体系钢梁桥等五座桥梁的横向刚度，与桥建成后的测试效果一致。算出了提速货车作用下，上承钢板梁桥的最大横向振动响应（振幅、摇摆力、轮压减载率等）与实测最大值接近。对数种跨度上承钢板梁桥的多种加固方案与列车系统的空间振动进行了大量计算。为我国大部分新建铁路桥梁的设计、提速、重载状态下既有线桥梁的加固等提供依据，取得较大的经济效益和社会效益。成果被铁道部科技司组织的专家鉴定为原始创新成果，达到国际领先水平。发表了相关学术论文一百余篇，出版了专著《列车桥梁时变系统振动分析理论与应用》。成果获得了 1998 年铁道部科技进步奖二等奖以及 1999 年国家科技进步奖三等奖。

2. 列车脱轨研究

首次揭示了列车脱轨机理是列车-轨道-桥梁时变系统横向振动丧失稳定。提出了弹性系统运动稳定性的总势能判别准则与平稳运动稳定性分析的位移变分法。基于运动稳定性的基本原理与列车-轨道(桥梁)时变系统能量随机分析理论,提出了列车轨道-桥梁系统横向振动稳定性分析的能量增量准则以及系统横向振动失稳临界车速与容许极限车速分析方法,从而形成了一套列车脱轨分析理论。运用该理论,验算了 21 例列车是否脱轨的结果,均与实际结果相符合。计算出了高速列车-板式无砟轨道系统横向振动失稳临界车速与容许极限车速,论证了我国高速铁路具有很高的列车运行安全度。分析了沪通桥主跨 1092 m 斜拉桥等大量桥上列车走行安全性问题,为我国提速桥梁与高速铁路桥梁设计与建造提供了坚实的理论依据。提出了铁路桥梁横向振幅行车安全限值分析方法,计算出常见跨度预应力混凝土简支梁桥横向振幅行车安全限值,取得了巨大的经济与社会效益。铁道部科技司组织的专家组鉴定该成果的结论为"研究成果为原始创新,达到了国际领先水平,具有很高的实用价值和广阔的应用前景"。发表了相关学术论文近百篇,出版了世界上首部关于列车脱轨的专著《列车脱轨分析理论与应用》,成果获得了 2005 年湖南省科技进步奖一等奖。

3. 桥梁极限承载力研究

在曾庆元院士的带领下,中南大学桥梁工程系已形成特色鲜明、国内知名的"大跨度桥梁稳定极限承载力分析"。研究方向:第一阶段(1956—1978 年),提出了厂房钢结构变截面柱、斜拉桥主梁和塔柱的自由长度计算方法,解决了复杂结构稳定分析计算量大及耗时长的问题,便于结构设计。第二阶段(1979—1990),桥梁侧倾稳定分析的有限单元法,提出了桥梁空间耦合变形势能计算方法,创造性地提出"桁梁-闭口薄壁箱梁"等效换算原理,建立了桁梁桥侧倾稳定计算理论,解决了由李国豪院士创立的桁梁桥扭转、稳定理论两个基本假定(其一是假定桁梁截面双轴对称;其二是假定畸变变形对称且均匀)的合理性问题。第三阶段(1991 年至今),桥梁结构局部与整体相关屈曲极限承载力分析,由于传统稳定设计规范都是基于构件而不是基于结构整体,将高估结构极限承载力,结构稳定分析应考虑构件之间弹性约束,只有对结构作极限荷载分析,才能获得正确设计。曾院士带领博士生在 4 项国家自然科学基金和多项部级项目的资助下,先后提出了桥梁空间耦合变形分析的梁段单元方法和梁段单元节点内力塑性系数法等,应用领域拓展到各类桥型上,解决了数十座国内知名大桥局部与整体相关屈曲极限承载力的计算问题。

4. 桥梁抗风研究

本学科桥梁抗风研究始于 1991 年由陈政清教授提出的预测桥梁颤振临界风速的多模态参与单参数自动搜索法,此后陈政清教授在多项国家自然科学基金的资助下,依托岳阳洞庭湖大桥的抗风设计,取得了多个抗风研究成果,其中具有重要影响的成果主要有以下三项:桥梁颤振三维分析的多模态单参数搜索法;颤振导数的强迫振动识别方法与试验装置;斜拉桥拉索风雨振的观测与磁流变阻尼器减振技术。

此后,何旭辉在国家自然科学基金的资助下,建立了洞庭湖大桥风雨振非平稳风速模型,提出了斜拉索风雨振多尺度分析方法。

2008 年,国家发改委评审通过并正式立项,在中南大学铁道校区建设高速铁路建造技术国家工程实验室,其中包含高速铁路风洞试验系统(详见 3.1 节)。该风洞系统为全钢结构回流式低速风洞,可开展各种类型的桥梁结构风洞试验。

依托已建成的高速铁路风洞试验系统,具有稳定的抗风研究团队(何旭辉、郭文华、邹云峰、敬海泉、严磊等),开展了高速铁路风车桥耦合振动和风洞试验等相关研究。出版了专著《强风作用下高铁桥上行车安全分析理论与应用》,成果获得了 2017 年湖南省科技进步奖一等奖、2018 年铁道学会科技一等奖以及 2019 年国家科技进步奖二等奖。

5. 桥涵水文研究

桥涵水文研究一直是本学科的一个重要研究方向。2000 年以前,这个方向的主要研究者有詹振炎教授等。研究组同铁道部第四设计院一起取得了适应于华东、华南地区小径流流量的计算方法——铁四院法。

霸河桥事故后,铁道部需要在短时期内对所有桥涵做出抗洪能力评估,并做出相应加固。因此,铁道部向中南大学下达了研制"既有铁路桥梁抗洪能力评估与水害整治专家系统"的项目。以文雨松教授为主持人的研究小组联合各铁路局的桥梁技术人员,开展了这项研究。项目于 2005 年获铁道部鉴定后,推广到了全国(除中国台湾以外)所有铁路,取得了铁路桥梁水害事故越来越少的可喜成效。

(二)科研项目

1988—2019 年,桥梁学科承担的国家级代表性科研项目见表 2.2.7。

表 2.2.7　国家级科研项目表

序号	项目(课题)名称	项目来源	起讫时间	负责人
1	铁路列车桥梁时变系统的激振源及其随机振动分析方法	国家自然科学基金面上项目	1988—1989 年	曾庆元
2	钢桥极限承载力分析	国家自然科学基金面上项目	1990—1992 年	曾庆元
3	斜拉桥极限承载力分析	国家自然科学基金面上项目	1991—1993 年	曾庆元
4	大跨度斜拉桥局部与整体相关屈曲极限承载力分析	国家自然科学基金面上项目	1995—1997 年	曾庆元
5	结构动态分析的理论研究与新方法研究	国家自然科学基金面上项目	1996 年 1 月—1998 年 12 月	贺国京

续表2.2.7

序号	项目(课题)名称	项目来源	起讫时间	负责人
6	桥梁结构地震力隔离理论的试验研究	国家自然科学基金面上项目	1996 年 1 月—1998 年 12 月	王荣辉
7	大跨度桥梁气动导数识别方法及检验标准的研究(59895410)	国家自然科学基金面上项目	1999 年 1 月—2001 年 12 月	陈政清
8	直线货物列车脱轨分析理论研究(50078006)	国家自然科学基金面上项目	2001 年 1 月—2003 年 12 月	曾庆元
9	斜拉索风雨振现场观测与半主动控制研究(50178013)	国家自然科学基金面上项目	2002 年 1 月—2004 年 12 月	陈政清
10	强风对汽车通过大跨度斜拉桥时安全性、舒适性影响研究(50208019)	国家自然科学基金面上项目	2003 年 1 月—2005 年 12 月	郭文华
11	基于时频分析的非平稳地震动模拟及桥梁地震反应分析研究(50708113)	国家自然科学基金青年科学基金项目	2008 年 1 月—2010 年 12 月	黄天立
12	基于多尺度理论的桥梁风振敏感构件损伤演化分析(50808175)	国家自然科学基金青年科学基金项目	2009 年 1 月—2011 年 12 月	何旭辉
13	基于 MR 阻尼器的纵飘桥梁被动减振-半主动减振控制研究(50908231)	国家自然科学基金青年科学基金项目	2010 年 1 月—2012 年 12 月	杨孟刚
14	高速铁路桥梁列车安全舒适性控制理论研究(50908232)	国家自然科学基金青年科学基金项目	2010 年 1 月—2012 年 12 月	周智辉
15	强风作用下轻轨车-汽车-公轨两用桥时变系统的动力响应机理及行车安全性舒适性研究(51078356)	国家自然科学基金面上项目	2011 年 1 月—2013 年 12 月	郭文华
16	基于连续小波变换的桥梁时变与非线性工作参数识别方法研究(51078357)	国家自然科学基金面上项目	2011 年 1 月—2013 年 12 月	任伟新
17	强风环境下高速铁路车-桥系统气动特性及抗倾覆性能风洞试验研究(51178471)	国家自然科学基金面上项目	2012 年 1 月—2015 年 12 月	何旭辉
18	大跨度柔性桥梁稳定极限承载力简化分析理论研究(51108460)	国家自然科学基金青年科学基金项目	2012 年 1 月—2014 年 12 月	文颖
19	高速铁路大跨度桥梁与无缝线路相互作用机理及适应性(51378503)	国家自然科学基金面上项目	2014 年 1 月—2017 年 12 月	戴公连
20	强震作用下高速铁路桥梁碰撞机理、碰撞全过程及防碰控制研究(51378504)	国家自然科学基金面上项目	2014 年 1 月—2017 年 12 月	杨孟刚
21	基于推倒分析的连续梁桥地震位移需求的简化预计理论研究(51308549)	国家自然科学基金青年科学基金项目	2014 年 1 月—2016 年 12 月	魏标

续表2.2.7

序号	项目（课题）名称	项目来源	起讫时间	负责人
22	高速铁路风-车-桥耦合振动（51322808）	国家自然科学基金优秀青年科学基金项目	2014年1月—2018年12月	何旭辉
23	基于长期监测数据的桥梁结构症状可靠度分析理论及优化维护策略研究（51478472）	国家自然科学基金面上项目	2015年1月—2018年12月	黄天立
24	大跨度扁平钢箱梁精细化模拟的一维有限元方法研究（51478475）	国家自然科学基金面上项目	2015年1月—2018年12月	文颖
25	风雨作用下高速铁路车-轨-桥时变系统横向稳定性基础理论研究（U1534206）	国家自然科学基金高铁联合基金项目	2016年1月—2019年12月	何旭辉
26	突风下高速列车-桥梁系统气动特性及基于多体动力学的行车安全研究（51508580）	国家自然科学基金青年科学基金项目	2016年1月—2018年12月	邹云峰
27	复杂环境下轨道交通土建基础设施防灾及能力保持技术（2017YFB1201204）	国家重点研发计划项目（子课题）	2017年7月—2020年6月	何旭辉
28	基于计算机视觉测量及PIV技术的拉索风雨振机理研究（51708559）	国家自然科学基金青年科学基金项目	2018年1月—2020年12月	敬海泉
29	重载铁路桥梁-有砟轨道层间阻力时变模型与梁轨相互作用研究（51708560）	国家自然科学基金青年科学基金项目	2018年1月—2020年12月	刘文硕
30	地震下连续梁桥支座与侧向挡块摩擦行为的时空演变及耦合机理（51778635）	国家自然科学基金面上项目	2018年1月—2021年12月	魏标
31	考虑三维和振动效应的箱梁断面气动导纳识别方法研究（51808563）	国家自然科学基金青年科学基金项目	2019年1月—2021年12月	严磊
32	用于建筑通风管道噪声控制的亥姆霍兹共鸣器及其周期性阵列的声学特性与优化设计研究（51908554）	国家自然科学基金青年科学基金项目	2020年1月—2022年12月	蔡陈之
33	基于柔度法的大跨度悬索桥颤振主动控制理论与试验研究（51908559）	国家自然科学基金青年科学基金项目	2020年1月—2022年12月	魏晓军
34	基于碰撞时变行为的高速铁路桥梁抗震协同工作机理和优化策略研究（51978667）	国家自然科学基金面上项目	2020年1月—2023年12月	杨孟刚
35	桥梁抗风与行车安全（51925808）	国家自然科学基金杰出青年科学基金项目	2020年1月—2024年12月	何旭辉
36	高速铁路桥梁智能运维基础理论与关键技术（U1934209）	国家自然科学基金高铁联合项目	2020年1月—2023年12月	何旭辉

续表2.2.7

序号	项目(课题)名称	项目来源	起讫时间	负责人
37	高铁大跨度桥上 CRTS Ⅲ 型板式无砟轨道橡胶隔离层力学特性及计算方法研究(52078488)	国家自然科学基金面上项目	2020 年 1 月—2023 年 12 月	盛兴旺
38	考虑环境和重载耦合作用的预应力砼梁桥疲劳损伤机理分析及剩余寿命评估(52078489)	国家自然科学基金面上项目	2020 年 1 月—2023 年 12 月	郭文华
39	基于高精度时频分析的桥梁结构线性时变模态参数和非线性系统识别方法研究(52078486)	国家自然科学基金面上项目	2020 年 1 月—2023 年 12 月	黄天立
40	高寒高海拔深切峡谷桥址局地风场小尺度热力驱动机制及其对桥上行车安全的影响(52078504)	国家自然科学基金面上项目	2020 年 1 月—2023 年 12 月	邹云峰
41	大跨桥梁串列柔性索三维尾流驰振响应特征及机理研究(52078502)	国家自然科学基金面上项目	2020 年 1 月—2023 年 12 月	敬海泉
42	海洋环境下 CFRP 格栅-ECC 加固劣化钢筋混凝土梁的力学性能与设计理论研究(52008399)	国家自然科学基金青年科学基金项目	2020 年 1 月—2022 年 12 月	史俊
43	采用 FRP 预应力筋的 UHPC 预制节段拼装桥墩抗震性能研究(52008407)	国家自然科学基金青年科学基金项目	2020 年 1 月—2022 年 12 月	李超

(三)科研获奖

1978 年后获省部级及以上科研成果奖励见表 2.2.8。

表 2.2.8　科研成果奖励表(省部级及以上)

序号	成果名称	获奖年份	奖励名称	等级	完成人
1	成昆铁路旧庄河一号桥预应力悬臂拼装梁	1978	全国科学大会奖		姜昭恒等
2	成昆铁路跨度 54 米空腹式铁路石拱桥	1978	全国科学大会奖		王承礼等
3	小流域暴雨洪水之研究	1978	全国科学大会奖		詹振炎
4	成昆铁路旧庄河一号桥预应力悬臂拼装梁	1978	湖南省科学大会奖		姜昭恒等

续表2.2.8

序号	成果名称	获奖年份	奖励名称	等级	完成人
5	成昆铁路跨度 54 米空腹式铁路石拱桥	1978	湖南省科学大会奖		王承礼等
6	小流域暴雨径流分析与计算	1978	湖南省科学大会奖		詹振炎
7	小流域暴雨洪水之研究	1982	全国自然科学奖	四等奖	詹振炎
8	在复杂地质、险峻山区修建成昆铁路新技术	1985	国家科技进步奖	特等奖	王承礼等
9	跨度 16 米先张法部分预应力混凝土梁	1991	铁道部科技进步奖	二等奖	徐铭枢等
10	主跨 72 米部分预应力混凝土连续梁	1996	铁道部科技进步奖	二等奖	曾庆元等
11	单拱面预应力混凝土系杆拱桥空间受力研究	1997	广东省建委科技进步奖	一等奖	戴公连等
12	主跨 72 米部分预应力混凝土连续梁	1997	国家科技进步奖	三等奖	曾庆元等
13	列车-桥梁时变系统横向振动分析理论与应用	1998	铁道部科技进步奖	二等奖	曾庆元(1)、郭向荣(2)、郭文华(3)、王荣辉(4)、张麒(6)、颜全胜(14)
14	列车-桥梁时变系统横向振动分析理论与应用	1999	国家科技进步奖	三等奖	曾庆元(1)、郭向荣(2)、郭文华(3)、王荣辉(4)、张麒(6)、颜全胜(14)
15	大跨桥梁静动力非线性分析 NACS 程序及应用	1999	湖南省科技进步奖	一等奖	陈政清(1)、乔建东(2)、于向东(3)、唐冕(5)
16	岳阳洞庭湖大桥多塔斜拉桥新技术研究	2002	湖南省科技进步奖	一等奖	陈政清(5)
17	湘潭湘江三桥主孔斜拉桥关键技术研究	2002	湖南省科技进步奖	一等奖	戴公连(2)、李德建(5)、方淑君(8)
18	铁路大跨度预应力混凝土刚构-连续梁桥技术	2003	中国铁道学会科技奖	一等奖	郭文华(11)
19	多塔斜拉桥新技术研究	2003	国家科技进步奖	二等奖	陈政清(5)、乔建东(15)
20	铁路大跨度钢管混凝土拱桥新技术研究	2004	贵州省科技进步奖	一等奖	郭向荣(14)

续表2.2.8

序号	成果名称	获奖年份	奖励名称	等级	完成人
21	柔性工程结构非线性行为与控制的研究	2005	教育部自然科学奖	二等奖	杨孟刚(6)、何旭辉(8)
22	洛阜铁路改建工程既有桥梁承载能力评定及加固措施试验与研究	2005	河南省科技进步奖	三等奖	乔建东(2)、杨孟刚(5)、何旭辉(6)
23	既有铁路桥涵过洪能力评估与水害整治系统	2005	铁道部科技进步奖	二等奖	文雨松
24	铁路大跨度钢管混凝土拱桥新技术研究	2005	国家科技进步奖	二等奖	郭向荣(11)
25	斜拉桥拉索风雨振机理与振动控制技术研究	2006	湖南省科技进步奖	一等奖	何旭辉(5)、杨孟刚(6)、唐冕(8)
26	列车脱轨分析理论与应用研究	2006	湖南省科技进步奖	一等奖	曾庆元(1)、周智辉(3)、李德建(6)、文颖(8)
27	斜塔竖琴式斜拉桥的设计与施工	2007	湖南省科技进步奖	一等奖	戴公连(8)
28	大跨度自锚式悬索桥设计理论与关键技术研究	2007	湖南省科技进步奖	一等奖	杨孟刚(10)
29	柔性桥梁非线性设计和风致振动与控制的关键技术	2007	国家科技进步奖	二等奖	杨孟刚(8)、何旭辉(9)
30	结构非线性阻尼特性研究及其在复杂结构关键构件中的应用(单位未署名)	2008	中国高校科技进步奖	一等奖	黄天立(8)
31	青藏铁路拉萨河特大桥设计关键技术试验研究	2008	中国铁道学会科技奖	一等奖	郭向荣(19)
32	钢管混凝土拱桥设计、施工及养护关键技术研究	2008	湖南省科技进步奖	一等奖	杨孟刚(10)
33	斜拉-拱组合桥式结构体系新技术应用研究	2008	湖北省科技进步奖	二等奖	盛兴旺(7)
34	遂渝客货共线铁路200公里常规跨度简支T梁桥动力特性研究	2009	中国铁道学会科技奖	三等奖	郭向荣(3)、曾庆元(4)

续表2.2.8

序号	成果名称	获奖年份	奖励名称	等级	完成人
35	复杂地形地质条件下路基桥基修筑处治机理与关键技术	2009	中国公路学会科技奖	三等奖	李德建(5)
36	广东省公路工程水文设计检算系统	2009	中国公路学会科技奖	三等奖	文雨松(3)
37	新型配筋混凝土结构及FRP缆索支撑桥梁设计关键技术	2009	高等学校科学研究优秀成果奖——科技进步奖	二等奖	杨剑(2)
38	列车过桥动力相互作用理论、安全评估技术及工程应用	2009	国家科技进步奖	二等奖	郭向荣(7)
39	结构工作模态参数与损伤识别方法	2010	湖南省科技奖（自然类）	二等奖	任伟新(1)
40	武广高速铁路桥梁关键技术研究	2011	中国铁道学会科技奖	一等奖	郭向荣(16)
41	地下工程平衡稳定理论与应用	2011	浙江省科学技术奖	三等奖	周智辉(6)、文颖(7)
42	长大桥梁结构状态评估关键技术与应用	2013	国家科技进步奖	二等奖	何旭辉(7)
43	地下工程施工过程平衡稳定性分析理论的建立与安全控制技术	2014	浙江省科学技术奖	二等奖	周智辉(8)
44	高速铁路大跨度转体施工独塔斜拉桥设计施工技术研究	2016	中国铁道学会科技奖	二等奖	戴公连(7)
45	交通工程结构稳定平衡与变形协调控制方法及工程应用	2016	浙江省科学技术奖	二等奖	周智辉(5)
46	强风作用下桥上行车安全保障关键技术及工程应用	2017	湖南省科技进步奖	一等奖	何旭辉(1)、邹云峰(5)、郭文华(6)、郭向荣(8)
47	多动力作用下高速铁路轨道-桥梁结构随机动力学研究及应用	2017	中国铁道学会铁道科技奖	特等奖	何旭辉(4)、郭向荣(9)、魏标(10)、邹云峰(11)

续表2.2.8

序号	成果名称	获奖年份	奖励名称	等级	完成人
48	高速铁路车-桥系统抗风设计关键参数深化研究及应用	2018	中国铁道学会铁道科技奖	一等奖	何旭辉(1)、邹云峰(2)、敬海泉(3)、吴腾(4)、严磊(6)
49	铁路工程高强钢筋试验研究与应用	2018	中国铁道学会铁道科技奖	一等奖	盛兴旺(12)
50	强风作用下高速铁路桥上行车安全保障关键技术及应用	2019	国家科技进步奖	二等奖	何旭辉(1)、邹云峰(3)、郭文华(4)、敬海泉(8)、郭向荣(10)

(四) 代表性专著

从 1953 年至今, 桥梁学科出版专著情况见表2.2.9。

表 2.2.9　代表性专著

序号	专著名称	出版社	出版年份	作者
1	土木结构物计算例题	中国铁道出版社	1986	杨雅忱、林丕文(译)
2	钢压杆稳定极限承载力分析	中国铁路出版社	1994	任伟新、曾庆元
3	杆、板、壳结构计算理论及应用	中国铁道出版社	1999	王荣辉
4	列车桥梁时变系统振动分析理论与应用	中国铁路出版社	1999	曾庆元、郭向荣
5	桥梁结构空间分析设计方法与应用	人民交通出版社	2001	戴公连、李德建
6	铁路桥涵可视化水文鉴定	中南大学出版社	2003	文雨松(1)
7	桥梁节段预制拼装技术及其在城市轨道交通中的应用	华南理工大学出版社	2006	何旭辉(4)
8	小波分析及其在土木工程结构中的应用	中国铁道出版社	2006	任伟新(1)
9	列车脱轨分析理论与应用	中南大学出版社	2006	曾庆元(1)、周智辉(3)
10	结构分析经典方法与矩阵方法的统一	中国铁道出版社	2008	郭向荣等(译)
11	漫话桥梁	中国铁道出版社	2009	戴公连、宋旭明
12	土木工程受力安全问题的思考	人民交通出版社	2012	周智辉(2)
13	梁杆索结构几何非线性有限元法——理论、数值实现与应用	人民交通出版社	2013	陈政清、杨孟刚

续表2.2.9

序号	专著名称	出版社	出版年份	作者
14	土木工程结构变形协调与受力安全	人民交通出版社	2014	周智辉(2)、文颖(4)
15	土木工程结构分析程序设计原理与应用	中南大学出版社	2014	李德建
16	Nonlinear Bluff-Body Aerodynamics: Analysis, Modeling and Applications	LAP LAMBERT Academic Publishing	2014	吴腾(1)
17	混凝土结构徐变效应理论	科学出版社	2015	胡狄
18	Bluff Body Aerodynamics and Aeroelasticity: Nonstationary, Non-Gaussian and Nonlinear Features	Springer International Publishing	2016	吴腾(2)
19	混凝土结构智能化施工技术	人民交通出版社	2017	杨剑(1)
20	Deformation Compatibility Control for Engineering Structures Methods and Applications(英文版)	Speringer 和上海交通大学出版社联合出版	2017	周智辉(4)
21	强风作用下高铁桥上行车安全分析理论与应用	中南大学出版社	2018	何旭辉、邹云峰

(五)代表性成果简介

1. 成昆铁路旧庄河一号桥预应力悬臂拼装梁

见第 3 章第 5 节。

2. 列车–桥梁时变系统横向振动分析理论与应用

见第 3 章第 5 节。

3. 多塔斜拉桥新技术研究

见第 3 章第 5 节。

4. 铁路大跨度钢管混凝土拱桥新技术研究

见第 3 章第 5 节。

5. 柔性桥梁非线性设计和风致振动与控制的关键技术

见第 3 章第 5 节。

6. 列车过桥动力相互作用理论、安全评估技术及工程应用

见第 3 章第 5 节。

7. 长大跨桥梁结构状态评估关键技术与应用

见第 3 章第 5 节。

8. 强风作用下高速铁路桥上行车安全保障关键技术及应用。

见第 3 章第 5 节。

9. 列车脱轨分析理论与应用研究

奖项类别：湖南省科技进步奖一等奖，2006 年。

本校获奖人员：曾庆元、向俊、周智辉、娄平、李东平、李德建、赫丹、文颖、左一舟、杨军祥、杨桦、左玉云。

获奖单位：中南大学(1)。

成果简介：率先揭示了列车脱轨机理是列车—轨道(桥梁)时变系统(简称此系统)横向振动丧失稳定。基于弹性系统运动稳定性的总势能判别原理与列车—轨道(桥梁)时变系统能量随机分析理论，建立了列车脱轨的能量增量判别准则，形成了一套列车脱轨能量随机分析理论。首次计算列车脱轨全过程，实现了列车脱轨计算机仿真分析。验算了 21 例列车是否脱轨的结果，均与实际结果相符合。运用该理论，分析了大量桥上列车走行安全性问题，为我国提速桥梁与高速铁路桥梁设计与建造提供了坚实的理论依据。成果通过了铁道部科技司组织的专家鉴定，鉴定结论："本理论研究成果为原始创新，达到了国际领先水平，具有很高的实用价值和广阔的应用前景，为制订预防列车脱轨措施及预防列车脱轨标准提供了理论依据，可供线、桥设计和规范修订参考。"

10. 强风作用下桥上行车安全保障关键技术及工程应用

奖励类别：湖南省科技进步奖一等奖，2017 年。

本校获奖人员：何旭辉(1)、邹云峰(5)、郭文华(6)、朱志辉(7)、郭向荣(8)、李玲瑶(10)、王汉封(11)、史康(12)。

获奖单位：中南大学(1)、高速铁路建造技术国家工程实验室(5)。

成果简介：相比平地路基，桥梁结构离地高、柔度大，强风环境下风与车辆、桥梁三者耦合动力作用非常复杂，导致桥上行车安全问题比地面更为突出。为此，本项目针对强风作用下桥上行车安全的关键科学和技术问题，在国家自然科学基金和重大工程科技攻关项目等科研项目的持续资助下开展系统深入研究，取得的主要创新性成果如下：研发了移动车辆-桥梁系统气动耦合特性识别关键技术；建立了强风作用下车-桥系统耦合振动精细化分析模型与安全评估理论；创建了保障强风作用下桥上行车安全的综合气动优化技术。

共获授权发明专利 11 项、实用新型专利 21 项、软件著作权 9 项，发表 SCI 论文 29 篇、EI 论文 65 篇、专著 1 部。主要成果已应用于武汉天兴洲、重庆菜园坝大桥等 40 余座受强风影响的东南沿海及西部山区铁路、公路及城轨重大桥梁。研究成果有力推动了我国大跨桥梁动力设计的技术进步，保障了强风作用下车-桥系统的运营安全，评估专家一致认为："研究总体成果达到国际先进水平，其中移动车-桥风洞实验系统和百叶窗新型风屏障结构居国际领先水平。"

11. 高速铁路车-桥系统抗风设计关键参数深化研究及应用

奖励类别：中国铁道学会铁道科技一等奖，2018 年。

本校获奖人员：何旭辉(1)、邹云峰(2)、敬海泉(3)、吴腾(4)、严磊(6)、王汉封

（11）、史康（13）、秦红禧（14）、李欢（15）、邹思敏（16）、黄永明（17）、彭益华（18）、蔡畅（19）、周旭（20）。

获奖单位：中南大学（1）、高速铁路建造技术国家工程实验室（8）。

成果简介：随着我国高速铁路的快速发展，桥梁占比高，风环境复杂多变，桥梁与列车之间的气动干扰显著，且高速列车对线路平顺性要求极高，高速铁路车-桥系统的抗风设计较公路桥梁提出了更高的要求，而国内外均无高速铁路车-桥系统抗风设计规范。为此，本项目针对高速铁路车-桥系统抗风设计的关键科学和技术问题，在中国铁路总公司科技计划等科研项目的持续资助下开展系统深入研究，取得的主要创新性成果如下：突破了极端风的物理/数值模拟难题，建立了极端风场工程模型；揭示了高速铁路非良态风-车-桥系统耦合机理，提出了车-桥系统抗风精细化设计关键参数；创新了高速铁路车-桥系统抗风方法，研发了新型防风装置。

本项目共获授权发明专利6项、实用新型专利8项、软件著作权3项，发表论文42篇（其中SCI/EI收录22篇）。主要研究成果已应用于10余座高速铁路铁路桥梁建设，有力推动了我国高速铁路桥梁抗风设计的技术进步，为抗风设计规范的制订奠定了基础，取得了良好的经济与社会效益。中国铁路总公司科技计划重点项目（2015G002-C）验收评价为A级。

12. 其他代表性成果

1924年天津发大洪水，冲垮护岸和桥台，致使大红桥钢架全部沉入水中。大红桥倒塌近十年后，1933年又开始筹建新桥。新桥修建由学校李吟秋老师主持，工程技术人员吸取了旧大红桥倒塌的教训，加固了护岸，同时加大孔径，使桥长增加20 m。这一设计方案遭到当时建桥工程委员、海河工程局总工程师法国人哈代尔的反对。然而该桥自1937年建成至今运营状况良好。

1965年，铁道建筑、铁道桥梁与隧道两个专业毕业生在老师的带领下全部到成昆铁路参加"三线建设"大会战，在教师（王承礼、姜昭恒、裴伯永等）主持、指导下完成了"跨度54m一线天空腹式铁路石拱桥"以及"旧庄河一号桥预应力悬臂拼装梁"设计。

2002—2006年中南大学戴公连教授领导的桥梁团队设计了长沙市二环线三汊矶湘江大桥主桥，桥梁全长1577 m，跨径组合为：8×65+（70+132+328+132+70＝732）+5×65（m）。该桥是当年已建成的世界上最大跨度的双塔自锚式悬索桥。首次采用了五跨连续梁体系，有效克服了主缆的上拔力及梁端转角；首次采用了全焊钢锚箱进行主缆锚固，结构构造新颖，无须在锚固区加高梁高，桥型结构对称美观；主梁采用顶推施工法，顶推长度为732 m的圆弧竖曲线，吊杆安装采用零应力安装法，创造了一个星期时间全部吊杆安装就位的建设速度。桥梁设计获得了湖南省优秀设计一等奖、全国优秀设计三等奖；施工获得了鲁班奖。

(六)学术交流

1953 年至 2011 年，应桥梁工程系邀请，国内外学者所做的重要学术报告见表 2.2.10。2011 年以后，随着国际和国内学校之间的交流逐渐增加，国际国内学术交流逐渐常态化。表 2.2.11 仅列举了桥梁工程系作为主要承办方召开的国内和国际学术会议。

表 2.2.10　重要学术报告

序号	报告人	报告内容	报告时间
1	铁道部苏联专家鲁达向	给铁道建筑系、桥梁与隧道系两系二年级学生及全体教师作了有关桥梁施工和架设的报告	1954 年 3 月
2	苏联专家萨多维奇和巴巴诺夫	来校讲学，和教师座谈课程设计与毕业设计	1955 年 2 月
3	苏联桥梁专家包布列夫、隧道及地下铁道专家纳乌莫夫、铁道选线设计专家雅可夫列夫等 8 人	来院作专题报告数十次，并直接示范和指导教学。讲学题目为"预应力梁式铁道桥跨设计""桥梁建筑施工组织设计""桥梁建筑中的装配式钢筋混凝土"等	1957 年
4	中国铁道科学院院长程庆国院士	高速铁路与铁路现代化	1994 年 9 月 24 日
5	中国工程院院士、中国科学院科学工程计算所研究员崔俊芝院士	工程软件的现状与未来	1995 年 11 月 30 日
6	中国工程院院士、国际著名结构力学专家、台湾云林科技大学校长杨永斌院士	Rigid Mechanics and Applications to Nonlinear Structural Analysis	2010 年 5 月 23 日
7	中国工程院院士、国际著名桥梁建筑工程大师邓文中院士	21 世纪的工程师	2011 年 4 月 27 日
8	国家交通运输部专家委员会主任、交通部原总工程师凤懋润教授	中国桥梁建设和技术挑战	2011 年 6 月 12 日
9	国际风工程协会（IAWE）主席、日本东京理工大学教授田村幸雄	Full-scale and Model-scale Studies in Wind Engineering	2011 年 9 月 8 日
10	香港特别行政区发展局总助理秘书长、前路政署昂船洲大桥总工程师许志豪博士	昂船洲大桥的抗风研究	2011 年 10 月 31 日

表 2.2.11　重要学术会议

序号	会议主题	会议时间	备注
1	The Second International Conference on Structural Condition Assessment, Monitoring and Improvement	2007 年 11 月 19 日—21 日	承办
2	第二届"桥梁与隧道工程"国家重点学科建设研讨会	2009 年 12 月 29 日—30 日	承办
3	中德高速铁路桥梁发展与挑战研讨会	2016 年 11 月 7 日—11 日	主办
4	第十八届全国结构风工程学术会议	2017 年 8 月 16 日—19 日	承办
5	"中南大学-达姆施塔特工业大学"工程结构研讨会	2018 年 9 月 25 日	主办
6	中美日桥梁工程国际研讨会	2018 年 12 月 22 日	主办
7	高速铁路桥梁国际研讨会	2019 年 10 月 17 日	主办

第 3 节　隧道工程

一、学科发展历程

(一) 中南土木建筑学院时期(1953 年 6 月—1960 年 9 月)

隧道与地下工程作为一个独立的学科在我国得以形成和发展是在 1949 年以后。1949 年以前，虽然有不少大学开设了土木工程专业，但那时的土木工程系一般只设结构组、铁路道路组和水利组，不仅没有专门的隧道组，连隧道课也没有，甚至其他专业课中涉及隧道方面的内容都很少。1949 年后，为了学习苏联高教体制和满足国内经济发展的需要，教育部从 1951 年上半年开始有步骤地充实和调整原有高等学校的院系。1953 年，政务院和教育部决定由武汉大学、湖南大学、南昌大学、广西大学的土建专业和四川大学、云南大学、华南工学院的铁道专业合并组建中南土木建筑学院。中南土木建筑学院在铁路方面开设了铁路建筑系、桥梁与隧道工程系，是当时全国设有桥梁与隧道专业的三个高校之一，隧道与地下工程学科(简称隧道学科)就此掀开了发展的历程。

自 1953 年中南土木建筑学院成立至 1960 年长沙铁道学院成立之间的 8 年时间，是隧道与地下工程学科的萌芽和创业阶段。中南土木建筑学院成立之初，虽然设置了桥梁与隧道工程系，实际仍以铁路桥梁为主，专业课中只有一门隧道课，而且隧道课因工科有三届学生提前毕业，多数专业课未学即离校，直到铁道建筑 1955 届毕业班、桥梁与隧道 1956 届毕业班才由桂铭敬、洪文璧两位教授自编内部讲义，第一次开讲隧道课。而隧道与地下铁道教研组(简称隧道教研组)的正式成立，则是 1958 年 6 月邝国能、毛儒、刘骥和裴晓浦

4 人从唐山铁道学院进修返校以后。

隧道教研组成立之前的 5 年时间，是隧道学科发展的艰难起步阶段。1949 年后，由于铁路建设中要修建大量隧道，隧道专业人才十分匮乏，这引起了铁道部、教育部和学院的高度重视。学院党政于 1955 年商议认为有必要、有条件、也有责任创办隧道及地下铁道专业，决定筹办隧道教研组，并从 1955 年开始将桥梁与隧道专业分为"桥梁"和"隧道及地下铁道"两个专业方向，桥梁两个班，隧道一个班，前两年半合班上公共课，后两年半分开上各自的专业课及实习、设计等。铁道部则于 1956 年请 4 位苏联专家在唐山铁道学院讲学 1~2 年，其中就有隧道及地下铁道专家纳乌莫夫教授，专门为隧道及地下铁道专业开设研究生班和教师进修班，为新办专业培养教师队伍。为了筹办隧道教研组，学院决定以桂铭敬、洪文璧（隧道教研组成立后仍在铁道建筑教研组，不在隧道教研组 8 人之中）两位教授为专任隧道课教师，不再承担铁道建筑系的其他课。从结构力学教研组调出邝国能、从铁路施工教研组调出毛儒于 1955 年下期到唐山铁道学院进修隧道专业。从结构力学教研组调回韩玉华任桂、洪两教授的助教。在 1956 年唐山铁道学院请来苏联专家纳乌莫夫后，决定延长邝、毛二人在唐山铁道学院的进修时间，并增加刘骥和裘晓浦前去跟苏联专家学习隧道工程，至 1958 年 6 月返校。选派教师前往唐山铁道学院跟随苏联专家学习，充分体现了学院党政对隧道学科的重视。学院共选派 8 名教师前去唐山铁道学院学习，其中隧道专业占 4 人，这也是当年外校派到唐山铁道学院进修人数最多的一校。学院将刘骥从繁重的党政工作中抽出，也充分说明了学院对筹建隧道教研组的重视。1958 年 6 月，四名教师从唐山铁道学院进修返校，学院随即宣布隧道与地下铁道教研组正式成立，刘骥任教研组主任。教研组共有教师 8 人。1959 年 9 月卢树圣由唐山铁道学院桥隧系地下铁道专业毕业，到长沙铁道学院筹备处报到，即分配到隧道教研组任教（1959—1962 年）。

隧道教研组正式成立后，教研组在两位老教授和主任的带领下，团结奋斗，开始了隧道学科的全面建设，至 1960 年长沙铁道学院成立之时，已在教学、教材、生产和科研等方面取得了显著成果。

教研组集中力量开展了教学工作，在隧道班级开设山岭隧道、地下铁道和水底隧道三门课及实习实践，同时还为桥梁、铁道两个专业开设隧道课。在教学安排上，两位老教授仍负责桥梁、铁道两个专业三个班的隧道课；唐山铁道学院进修回来的 4 人全上隧道专业的三门大课，并负责实践环节的指导；其他教师则分别负责担任各课的辅导，随班听课。教研组特别重视课程设计和毕业设计等实践环节。1958 年暑假，邝国能、毛儒、刘骥、裘晓浦和宋振熊老师带领学生到川黔线凉风垭隧道进行为期 3 个月的专业生产实习。此隧道是当时正在修建的最长的一座隧道，有 6000 多米长，设有平行导坑和斜井等辅助坑道，设备也较先进。老师跟班当施工技术员，学生跟工班当工人，结合生产进行现场教学。1960 年上学期隧道专业第一届学生做毕业设计时，一批师生去了北京铁道部专业设计院（由宋振熊和卢树圣教师带队）和天津第三设计院，在工程师的指导下，进行真刀真枪的盾构及北京地下铁道的设计;一批师生在学院内进行自选题目或自拟题目的山岭隧道设计;少数师生进行专题研究,写论文。通过第一届学生的毕业设计,编写了毕业设计任务书和指导书,建立了口试答辩制度,为以后的教学奠定了良好的基础。

教研组的另一个急迫的工作是解决教材问题。在长沙铁道学院成立之前,桥梁与隧道(实际主要是桥梁)、铁道建筑两个专业的隧道课主要采用桂铭敬、洪文璧教授自编的内部讲义。而隧道专业的山岭隧道、地下铁道和水底隧道三门课有关高校均尚无条件自编教材,只能采用苏联专家的讲稿(由唐山铁道学院翻译成中文铅印内部发行,针对研究生)。将研究生教材选为大学生用,其差距如何处理,要在教学中逐步研究试行。1959 年,根据铁道部在长沙开会修订的铁道建筑专业的教学大纲,教研组组织全组教师分工负责,在原讲义的基础上,借鉴苏联专家关于山岭隧道的一些讲稿内容,新编成一本铁道建筑专业用的"隧道讲义"。

在抓好教学工作和教材建设的同时,隧道教研组还十分重视生产实践和科研工作。1958 年京广复线开工,学院积极响应号召支援铁路建设。刘骥和韩玉华老师带领 1955 级隧道班及 1956、1957 级学生和部分教师共 100 多人参加岳阳路口铺隧道和长沙隧道的建设。当时铁路局将该隧道的设计和施工全部委托给学院,材料和设备的采购、师生生活均由教研组自行组织。老师当工程师、技术员,学生当工人,历经两个月的艰苦奋斗,开挖进洞,后接教育部给各高校下达的文件于 1959 年春节前回校上课。教研组对学院旁边的京广复线长沙隧道的设计施工问题开展研究。1958 年刘骥及其他教师对隧道走向、进洞位置及路堑边坡问题进行了勘察,此后由邝国能主持,设计、施工和学院三方成立工作组,对设计施工出现的问题开展系统研究直至隧道建成。复线通车后,邝国能获得复线指挥部"筑路功臣"称号。参加国防部门大跨度、高净空洞室结构选型及内力分析研究。该课题由铁道部科学院主持,清华大学、唐山铁道学院、中南土木建筑学院等学校参加,隧道组由韩玉华负责参加实际工作。为了开展模拟试验,学院在困难的条件下投巨资在材料力学实验室二楼建立了一间光弹实验室。后因项目集中在铁道科学研究院进行,调整了力量,学院不再参加。光弹实验室仍作为学校的教学和科研场地继续发挥了作用。

长沙铁道学院成立之前的 8 年时间,老一代隧道教师的艰苦创业为隧道与地下工程学科的发展奠定了良好的基础。1960 年,第一届隧道班学生毕业,隧道教研组圆满完成了新专业第一届学生的培养工作,得到了学院党政的广泛认可。1960 年上半年,湖南大学召开1958 年以来进行的教育革命的总结、表彰和经验交流大会,隧道教研组被评为先进教研组,刘骥出席大会做了"学习苏联经验,创办新专业,贯彻教育方针努力提高教育质量"的发言。

(二)长沙铁道学院时期(1960 年 9 月—2000 年 4 月)

1960 年 9 月 15 日,根据铁道部铁教学刘〔60〕字第 2345 号文件,将湖南大学的铁道建筑、桥梁与隧道、铁道运输三个系分出，正式成立长沙铁道学院，直属铁道部领导。1960年长沙铁道学院成立至1966年文革开始这一时期，本应是隧道及地下工程学科的快速发展时期，然而，受诸多因素影响，隧道教研组人员流失，发展进入相当困难的一个时期。

长沙铁道学院成立后的几年时间里，由于工作和其他原因，隧道教研组的多位教师调离教研组，刘骥担任教务处副处长，1960年韩玉华担任隧道教研组主任。1961年谢连城老师由北京铁道学院调入，1961年9月，裴晓浦调新疆铁路局工作，1962年卢树圣调至建筑结构教研组，沈子钧调往北京。在这一时期，教师队伍人事变动较大，学生招生规模也有所压缩。桥梁与隧道专业自1955年改为五年制之后，在1955—1961年每年招生三个班，从1962年开始到1965年改为每年只招收两个班，1966"文革"开始后停止招生。

在长沙铁道学院刚成立后的这几年时间里，教研组在上好隧道课的同时，投入大量精力对1959年编写的"隧道讲义"进行加工深化。邝国能针对桥梁专业无合适的隧道教材这一问题，根据新大纲，在新编讲义的基础上增加了圆形衬砌设计及计算、盾构施工等内容，于1962年在学院印刷厂铅印出版，后来被推荐为五年制桥梁专业、四年制桥梁与隧道专业教学用书。1962年，受教育局委托、桂铭敬教授负责的铁道建筑专业隧道教材高等学校教学用书由人民铁道出版社正式出版，一直沿用到20世纪80年代。

1966年"文化大革命"开始，学校的教学和其他工作都受到严重冲击，隧道与地下工程学科也不例外。学院自1965开始停止招收新生（包括本科生和研究生），毕业生推迟毕业分配（1961级推迟到1967年8月进行毕业分配，1962级推迟到1968年年初毕业分配，1963级推迟到1969年毕业，1964级推迟到1970年8月与1965级学生一同毕业分配）。1970年桥梁与隧道系并入铁道工程系，一直延续至1997年设立土木建筑学院（1984年改为土木工程系）。从1970年开始到1976年"文革"结束，铁道工程专业只招收三年制工农兵学员班，本科一直停止招生。其中1970年铁道工程专业招收了一个班33人，1971年暂停招生，1972年招收四个班120人，1973年招收六个班180人，1974年招收五个班150人，1975年招收120人，1976年招收167人。由于停止招生、学校停课等原因，隧道学科的教学工作受到严重影响。在1970年以前，隧道教研组主要负责在校四届老生的隧道课，1970年以后只能教铁道工程三年制工农兵学员班。师资方面，桂铭敬教授于1973年11月退休，毛儒于1977年移居中国香港，隧道教研组仅邝国能、韩玉华、宋振熊、陶锡珩、谢连城和祝正海6名在职教师（刘骥主要在学校负责党政工作）。

尽管"文革"期间的教学科研工作受到严重影响，隧道教研组在完成四届老生的隧道课和工农兵学员班的教学之外，在科研和生产实践方面仍开展了大量工作。1975—1977年，邝国能主持，韩玉华、陶锡珩、祝正海、谢连城等参与的"喷射混凝土加固隧道裂损衬砌模型试验"项目，其研究成果由昆明局在碧鸡关隧道试用，后来在成昆等铁路推广应用，为整治隧道病害做出了重大贡献，先后获得了全国科学大会、铁道部及湖南省科学大会奖。此外还围绕铁路工程技术规范改革参与了多项隧道技术调研，包括福州隧道的调查报告、广州南段隧道的调查报告和岩石分类等，在铁道部具有很大影响。

经过粉碎"四人帮"以后的"拨乱反正"，中国经济社会发展进入改革开放的新时期。学校的教育事业得到了充分的发展，隧道与地下工程学科的教学、科研和社会服务工作等方面都进入了一个良性发展的时期，取得了长足的进步。隧道教研组按照长沙铁道学院总体要求，有效地开展教学和科研工作。1981 年桥梁与隧道工程获得全国第一批硕士学位授予权，1986 年桥梁与隧道工程学科获得博士学位授予权，1995 年包括隧道学科在内的交通土建专业成为湖南省第一批重点建设学科。

随着隧道学科教学、科研工作步入正轨，教研组先后留下优秀毕业生刘小兵、彭立敏，充实了教师队伍，改善了教师结构。但是 1989 年邝国能英年早逝，使得隧道学科发展一度受到影响。尽管 20 世纪 90 年代隧道教研组(室)规模不大，但在韩玉华、宋振熊、谢连城、彭立敏、刘小兵、周铁牛、王薇、杜思村、谢学斌、杨小礼等老师的共同努力下，克服重重困难，积极进行教学改革，参与科研和工程实践工作，仍然取得了显著成绩。

具有代表性的工作包括参与了大瑶山铁路隧道、秦岭隧道等国家重大工程的科研工作，如 1986 年韩玉华取得"铁路隧道复合衬砌和施工监测与信息化设计"部级鉴定研究成果；宋振熊等完成铁道部"电化特长单线隧道运营通风必要性和综合配套技术的研究""秦岭特长隧道修建技术——隧道施工的通风方案及设备配套技术研究"等科技项目，彭立敏、刘小兵等的研究成果"隧道衬砌结构火灾损伤评定和修复加固措施"于 1998 年通过铁道部科技司鉴定。其中 1988 年韩玉华参加的"大瑶山长大铁路隧道修建新技术"获铁道部科技进步奖特等奖；彭立敏等完成的"软岩浅埋隧道地表砂浆预加固效果研究"获得 1993 年铁道部科技进步奖四等奖；宋振熊等人完成的"双线铁路隧道洞口集中式运营射流通风技术"获得了 1998 年铁道部科技进步奖二等奖。

在此期间，教研室还委托宋振熊联络市内中青年教师和系里的部分老教授，翻译了总计约 10 万字的英、俄、德、日四种文字的隧道文献资料，刊载在原《隧道译丛》杂志上，重点介绍了"新奥法""格构梁"(后改为"格栅钢拱架")、"管棚"等国际新技术。还参与1949 年后各时期的铁路隧道设计或施工规范的修订工作和讨论。韩玉华和宋振熊还参与了《中国大百科全书——土木工程卷》中部分隧道工程条目的编写。参与国内隧道工程设计与施工难题的技术攻关，如"铁路盾构隧道设计"(宋振熊、卢树圣、曲全江和 10 名学生)、"北京地铁工程"(韩玉华、谢连城、毛儒)、"狗磨湾浅埋、大跨、偏压隧道施工技术"的攻关，"按概率概念修订隧道设计规范的基础理论研究"(宋振熊)，其成果已纳入现行规范中。

此外，教研室于 1990—1992 年承担了湖南省资江氮肥厂铁路专用线碴洋隧道病害综合整治工程的设计与配合施工项目；1993—1995 年主持完成了总长 3.9 km 的湖南长沙永安至浏阳高等级公路蕉溪岭隧道群(1 号隧道长 2382 m，2 号隧道长 1125 m，3 号隧道长393 m)的工程设计与配合施工项目。该隧道群的建成，改写了湖南省无公路隧道的历史。

(三) 中南大学时期(2000 年 4 月至今)

2000 年，长沙铁道学院和中南工业大学、湖南医科大学合并组建中南大学，隧道与地下工程学科进入一个快速发展时期，2004 年隧道教研室改为隧道工程系(简称隧道系)。2002 年 1 月，桥梁与隧道工程专业被批准为国家重点学科，2007 年土木工程被批准为一级学科国家重点学科。

合校以后，原中南工业大学张运良、邱业建并入隧道工程系，同时加大了人才培养和引进的力度，施成华、阳军生、傅鹤林、杨秀竹、周中、张学民、余俊、伍毅敏、彭文轩、杨峰、黄娟、王树英、雷明锋、傅金阳、邓东平、贾朝军、龚琛杰等老师先后加入隧道工程系。杨小礼于 2005 年获全国百篇优秀博士学位论文奖，并于 2006 年获得教育部"新世纪优秀人才支持计划"，阳军生于 2008 年获教育部"新世纪优秀人才支持计划"。

师资队伍的增强，使得教学和学生培养工作得到了显著的提升。合校以后的本科阶段仍以土木工程专业招生，入学以后先统一上基础课，在第 6 或第 7 学期分专业授课，其中隧道工程方向每届均有 3~4 个班共 100~120 名学生。尽管培养模式与合校前没有显著变化，但开设课程和教学质量都大大提高。在这期间，隧道工程方向已经开设隧道工程、地下铁道、地下建筑与规划和岩石力学等方面的专业课，而且逐步出版了全套自编教材。除了承担本专业方向的各门专业课之外，隧道工程系还承担了铁道工程、道路工程、桥梁工程、工程管理、工程力学等其他专业方向，以及天佑班、中澳班和土木工程高级人才试验班等特色班级的隧道工程、土木工程安全技术等课程。"隧道工程"于 2008 年和 2013 年分别被评为国家级精品课程和国家级精品资源共享课。隧道工程系的本科课堂教学、毕业设计和各类实习等教学环节都取得了长足的进步，共有近 20 人次获得校级教学质量优秀奖、校级优秀毕业设计。在学校和学院青年教师讲课比赛中，周中、雷明锋等老师先后获得了中南大学"三十佳"教案、讲课和课件奖励。此外，2019 年"地下铁道"和"隧道工程"获批为湖南省精品在线开放课程。2020 年"地下铁道"获批为首批国家级线上一流课程，"隧道工程"获批为首批国家级线上线下混合式一流课程。

除了做好教学工作外，隧道工程系的教师还特别注重科研工作，尤其是在国家和省部级纵向课题方面取得了骄人的成绩。近 10 年来隧道工程系主持"973 计划"课题 3 项、国家支撑计划子题 1 项、煤炭联合基金 1 项、高铁联合基金 1 项、国家自然科学基金项目 30 余项，参与高铁联合基金 2 项。同时隧道工程系教师还积极承担了科技部、铁道部和其他省部级项目 100 多项；积极参与了乌鞘岭隧道、宜万铁路、青藏铁路、广深港狮子洋隧道、武广高铁、长沙地铁、长沙城际铁路，以及大量的铁路和公路隧道项目的技术攻关或社会服务工作，为国家交通基础设施建设和区域土木工程发展做出了应有的贡献。依托大量的纵向科研和横向技术服务工作，隧道与地下工程学科取得了丰硕的成果。近 10 年来，共出版专著、教材 20 余部，获授权发明专利近 60 项、软件著作权 20 余项，年均发表论文

200 余篇，其中 SCI、EI 检索论文 100 余篇，获省部级以上各级科研奖励 50 余项，其中彭立敏参与的"跨江越海大断面暗挖隧道修建关键技术与应用"研究成果获国家科技进步奖二等奖。

2000 年以后，隧道与地下工程学科还加强了国内外学术交流工作，邀请国内外知名学者来学校讲学、交流，多次参加国际和国内隧道学术会议。2009 年承担了桥梁与隧道工程全国重点学科交流会、中国土木工程学会隧道及地下工程分会理事会会议；2010 年承办了中国土木工程学会第十四届年会暨隧道及地下工程分会第十六届年会；2015 年积极推进成立了土木工程学会隧道与地下工程分会隧道建设管理与青年工作委员会，并挂靠在本系，从 2015 年开始，已成功举办 5 届年会（论坛）；2016 年 8 月承办了第十五届海峡两岸隧道与地下工程学术与技术研讨会。通过这些学术交流，增进了与国内外同仁的相互了解，扩大了中南大学隧道与地下工程学科的影响。

岁月流转，春华秋实！经过几代老师的薪火相传和智慧积累，中南大学隧道与地下工程学科在发展中不断调整，在调整中不断壮大，依托学校一流的教学平台和先进的实验室，已经形成了隧道围岩稳定性分析、隧道结构性能演化机制、隧道结构耐久性与可靠度理论、隧道施工技术、隧道与地下工程动力响应、隧道病害治理与防灾减灾等多个具有鲜明特色的研究方向。未来将继续本着"求实、创新、团结、进取"的精神，创造出更加辉煌、灿烂的明天。

二、师资队伍

（一）队伍概况

1. 概况

1953—2019 年，现在的隧道工程系历经桥梁与隧道工程系、隧道与地下铁道教研组、隧道教研组、隧道教研室、隧道工程系等名称变迁，作为建校时的主要专业之一，60 多年来从未间断。1953 年建校之初，由桂铭敬、洪文璧两位教授筹办隧道教研组；1958 年正式成立隧道与地下铁道教研组，成员包括刘骥、桂铭敬、邝国能、毛儒、韩玉华、宋振熊、裴晓浦、陶锡珩 8 人；20 世纪 60 年代谢连城，70 年代刘小兵，80 年代彭立敏，90 年代周铁牛、王薇、杜思村、谢学斌、杨小礼等先后加入教研组（室），其间有多位老师退休或调出，教研组（室）人数维持在 6~8 人。2000 年合校以后，隧道工程系得到了发展壮大，施成华、张运良、邱业建、阳军生、傅鹤林、杨秀竹、周中、张学民、余俊、伍毅敏、彭文轩、杨峰、黄娟、王树英、雷明锋、傅金阳、邓东平、贾朝军、龚琛杰等老师先后加入隧道工程系，教师学历层次及年龄结构均得到了优化。

隧道工程学科现有教师 19 人，其中：教授 7 人，副教授 10 人，讲师 2 人；获得博士学位者 18 人，占学科团队人数的 95%；具有外校学历的 13 人，其中 2 人具有国外博士学位，另有

9 人曾在国外进行过一年以上的学术访问与进修。2 人入选教育部"新世纪优秀人才支持计划"和中南大学"升华学者计划"特聘教授(杨小礼,阳军生),1 人获全国优秀博士论文奖(杨小礼,2005 年),1 人获中南大学教学名师称号(彭立敏,2009 年),1 人获得国家优秀青年科学基金(王树英,2020)。在职教师年富力强,整体结构合理(见表 2.3.1)。现任教师和历任教师名录参见第 6 章第 3 节。

表 2.3.1　在职教师基本情况表

项目	合计	职称			年龄			学历		
		教授	副教授	讲师	55 岁以上	35~55 岁	35 岁以下	博士	硕士	学士
人数	19	7	10	2	2	14	3	18	0	1
比例/%	100	36.8	52.6	10.5	10.5	73.7	15.8	94.7	0	5.3

2.各种荣誉及人才计划

邝国能,铁道部先进工作者及湖南省先进教育工作者称号,1978 年。

杨小礼,教育部"新世纪优秀人才支持计划",2005 年。

杨小礼,中南大学"升华学者计划"特聘教授,2006 年。

杨小礼,湖南省普通高校青年骨干教师培养对象,2007 年。

彭立敏,铁路教育科研专项奖,2008 年

阳军生,教育部"新世纪优秀人才支持计划",2008 年。

杨小礼,湖南省杰出青年科学基金,2009 年。

彭立敏,中南大学教学名师称号,2009 年。

周中,中南大学第五届"三十佳"教学竞赛"十佳教案"奖,2009 年。

阳军生,中南大学"升华学者计划"特聘教授,2010 年。

王树英,湖南省普通高校青年骨干教师培养对象,2015 年。

王薇,茅以升铁路教育教学专项奖,2017 年。

雷明锋,中南大学第九届"三十佳"教学竞赛"十佳讲课"奖,2018 年。

王树英,国家优秀青年科学基金,2020 年。

施成华,西南铝优秀教师奖,2020 年。

雷明锋,中南大学第十届"三十佳"教学竞赛"十佳课件"奖,2020 年。

3.出国(境)进修与访问

为提高师资队伍水平,先后派出多名教师出国(境)进修与访问,具体如表 2.3.2。

表 2.3.2　教师进修与访问

姓名	时间	地点	身份
傅鹤林	2000 年 10 月—2001 年 12 月	德国克劳斯塔尔工业大学	访问学者
阳军生	2001 年 9 月—2002 年 10 月	美国宾州州立大学	访问学者
杨小礼	2002—2004 年	香港理工大学	高级访问研究
王树英	2008 年 1 月—2011 年 5 月	美国密苏里科技大学	攻读博士学位
傅金阳	2010 年 9 月—2014 年 10 月	德国弗莱贝格工业大学	攻读博士学位
	2013 年 5 月—2013 年 8 月	奥地利 ILF 工程咨询公司	研究助理
施成华	2014 年 1 月—2015 年 1 月	澳大利亚蒙纳士大学	访问学者
阳军生	2014 年 8 月—2014 年 9 月	德国弗莱贝格工业大学	高级访问学者
余俊	2014 年 9 月—2015 年 9 月	美国宾州州立大学	访问学者
贾朝军	2014 年 9 月—2016 年 9 月	加拿大多伦多大学	联合培养攻读学位
龚琛杰	2016 年 2 月—2018 年 2 月	美国加州大学伯克利分校	联合培养攻读学位

（二）历届系所（室）负责人

历届系所（室）负责人具体见表 2.3.3。

表 2.3.3　历届系所（室）负责人

时间	机构名称	主任	副主任	备注
1958—1960 年	隧道与地下铁道教研组	刘骥		
1960—1974 年	隧道教研组	韩玉华		
1974—1989 年	隧道教研室	邝国能	宋振熊	
1989—1994 年	隧道教研室	宋振熊	彭立敏	
1994—2004 年	隧道教研室	彭立敏	刘小兵	
2004—2006 年	隧道工程系	刘小兵	阳军生	
2006—2014 年	隧道工程系	阳军生	傅鹤林、王薇	
2014—2019 年	隧道工程系	傅鹤林	王薇、张学民	
2019 年至今	隧道工程系	施成华	张学民、伍毅敏、雷明锋、王树英	

(三)学科教授简介

桂铭敬教授：见第 2 章第 1 节。

邝国能教授：男，1932 年生，广东台山人。青少年时期在香港、澳门就读，中华人民共和国成立后到广州岭南大学学习，1953 年毕业于华南工学院并进入中南土木建筑学院桥梁与隧道系任教。1954 年至 1958 年在唐山铁道学院进修，师从苏联专家。1974 年至 1989 年任隧道教研组主任。其间曾于 1980 年至 1982 年被选派赴加拿大多伦多大学进修和学术访问并出席第 22 届美国岩石力学会议和隧道工程快速掘进会议。邝国能教授从教 36 年，先后为本科生、研究生讲授 8 门课程，指导研究生 7 名，教学成绩显著，多次被评为学院优秀教师，并于 1978 年出席了铁道部先进工作者代表大会及湖南省先进教育工作者代表大会。1963 年参加京广铁路复线长沙隧道工程的研究，获工程指挥部授予的"筑路功臣"称号。先后主持铁道部科研课题多项，其中"喷射混凝土加固隧道裂损衬砌模型试验"的成果在成昆等铁路推广应用，为整治隧道病害做出了重大贡献。该成果获全国科学大会、铁道部及湖南省科学大会奖。所写论文《三维有限元计算机程序》得到铁道专业设计院、铁三院和铁四院的应用。所撰写出版的《工程实用边界单元法》是当时国内相关领域内少有的学术专著。邝国能教授于 1989 年 2 月不幸病逝，终年 57 岁。他的学术造诣和热爱祖国的师德品行深受师生和国内同行的好评和尊敬，鉴于他的高尚品德和突出的学术贡献，当年被铁道部追授"优秀教师"称号。

毛儒教授：男，1930 年生，浙江奉化人。1953 年华南工学院土木工程系毕业后进入中南土木建筑学院桥梁与隧道系，从事隧道和地下铁道方面的教学和研究工作，1955 年在唐山铁道学院师从高渠清教授和苏联专家纳乌莫夫教授学习隧道和地下铁道工程，是隧道教研组的创办者之一。在隧道教研组工作期间，除担任教学、科研工作之外，曾参与了北京第一条地铁的设计工作。1976 年移居中国香港后，曾在香港地下铁道公司等多家知名企业任职，担任过中土(香港)有限公司首任顾问、港澳科伦集团执行董事、中港国际工程咨询有限公司总经理、茂盛集团(中国基础设施)总工程师等职。1985 年受聘为长沙铁道学院客座教授，1987 年受聘为上海铁道学院客座教授，2008 年受聘为中南大学客座教授。主要从事隧道和土木工程风险管理方面的研究，在香港、广州、深圳、北京、上海等地的地铁和其他大型市政工程中做了大量工作，作为专家、顾问参与了铁路隧道风险评估指南、地铁与轻轨运营管理规范的制订工作，发表了大量风险管理方面的文章，是国际隧道协会会员，香港工程师学会资深会员。

刘小兵教授：男，1950 年生，湖南长沙人，曾任隧道工程系主任，湖南省岩石力学与工程学会理事。1977 年 8 月毕业于长沙铁道学院铁道工程系。从事高校教育 30 多年，有着丰富的教育工作经验，教学效果突出，深受学生的欢迎，曾被学生推选为中南大学首届"最喜爱的老师"。在长期的工作中，作为主要承担者，参与了多项省部级科研项目的研究，参与了省内外多座隧道的设计与现场配合施工，经常受邀参加各种隧道的施工、设计与事故处理咨询，发表学术论文数十篇，在隧道专业领域有着较为深厚的造诣。合作主编《地下铁道》与《隧道工程》两本专业教材。讲授过的课程有隧道工程、地下铁道、地下建筑规划与设计、土木工程学、计算机算法语言、地下空间的开发与利用等，指导毕业硕士研究生3人。

彭立敏教授：男，1956年生，湖南澧县人。教授，博导。历任隧道工程系副主任、主任，土木工程学院副院长等职务。长期从事隧道与地下工程领域的教学与科研工作。主持国家"973计划"课题等各级科研项目50余项；获国家科技进步奖二等奖1项，省部级及以上科技成果奖10余项。发表学术论文200余篇，获授权发明专利10多项、软件著作权6项，出版专著8部、主编教材4本。2008年获茅以升铁路科技专项奖。获省级以上教学成果奖4项，2009年获中南大学教学名师称号。先后任中国土木工程学会隧道分会副理事长、湖南省公路学会副理事长；担任《铁道科学与工程》执行副主编，兼任《现代隧道技术》《隧道建设》《灾害学》等全国性专业学术期刊编委。

在岗教授：傅鹤林、阳军生、杨小礼、施成华、王树英、张学民、雷明锋。简介可扫描附录在职教师名录中的二维码获取。

三、人才培养

（一）本科生培养

1. 概况

隧道工程是长沙铁道学院最早设立的本科专业之一，1953年中南土木建筑学院成立，开设有桥梁与隧道专业，此时并没有将隧道与桥梁专业分开设置。

1955—1960年，归属桥梁与隧道专业，每年招生五年制本科3个班，其中隧道专业方向1个班，前两年半合班上课，后两年半按专业分开上课。

1961—1965年，归属桥梁与隧道专业，每年招生五年制本科2个班，其中隧道专业方向1个班。

1966—1969年，全国停止招生。

1970—1976年，铁道建筑、桥梁、隧道并入铁道工程专业，招三年制工农兵学员班。

1977—1994年，铁道建筑、桥梁（1989年分出）、隧道并入铁道工程专业，恢复四年制本科招生。

1995—1996年，归属交通土建专业，招收四年制本科。

1997至今，归属土木工程专业，招收四年制本科。前三年为统一的培养方案，第四年分方向，其中隧道工程方向每届有3~4个班（90~120名学生）。2000年合校以后的本科阶段仍以土木工程专业招生，其中2012年的培养方案修订为2.5年后分方向，在第6或第

7 学期分专业方向授课。自 1997 年设置隧道工程专业方向以来,已培养该专业方向毕业生 2000 余人。

2. 本科生课程

目前隧道方向的主干课程包括隧道工程、地下铁道、岩体力学、地下建筑规划与设计、爆破工程等。

(二) 研究生培养

1. 概况

1956 年教育部决定在全国恢复研究生招生并采取审批导师制,桂铭敬教授被批准为第一批研究生导师。1962 年桂铭敬教授招收第一名隧道专业研究生吴维。

1966—1977 年停止招生。

1978 年恢复硕士研究生招生,桥梁隧道与结构专业于 1981 年获得第一批硕士学位授予权,1986 年获得博士学位授予权。

1978 年至 1999 年,隧道工程学科先后有邝国能、韩玉华、彭立敏三位教师被批准为硕士生导师,刘宝琛院士为桥梁与隧道工程学科博士生导师。

2000 年中南大学成立,同年开始招收建筑与土木工程领域的工程硕士研究生。

目前隧道工程系有博士生导师 8 人,硕士生导师 18 人,每年招收博士生 6～10 名,硕士生 35～50 名。历年研究生招生情况见第 4 章第 2 节。

2. 优秀研究生

安永林,获中南大学优秀博士论文,2009 年毕业;导师:彭立敏。

雷明锋,获湖南省优秀博士论文,2013 年毕业;导师:彭立敏。

刘运思,获中南大学优秀博士论文,2014 年毕业;导师:傅鹤林。

张箭,获中南大学优秀博士论文,2016 年毕业;导师:阳军生。

许敬叔,获湖南省优秀博士论文,2018 年毕业;导师:杨小礼。

黄林冲,获湖南省优秀硕士论文,2006 年毕业;导师:彭立敏。

雷明锋,获湖南省优秀硕士论文,2008 年毕业;导师:彭立敏。

王金明,获湖南省优秀硕士论文,2011 年毕业;导师:杨小礼。

康立鹏,获湖南省优秀硕士论文,2014 年毕业;导师:施成华。

袁维,获湖南省优秀硕士论文,2014 年毕业;导师:傅鹤林。

覃长兵,获湖南省优秀硕士论文,2016 年毕业;导师:杨小礼。

杨豪,获湖南省优秀硕士论文,2016 年毕业,导师:周中。

郑响凑,获湖南省优秀硕士论文,2017 年毕业;导师:杨峰。

林大涌,获中南大学优秀硕士论文,2018 年毕业;导师:雷明锋。

姚聪,获中南大学优秀硕士论文,2018 年毕业;导师:杨小礼。

(三)教学成果

1. 教材建设

自成立以来,隧道工程系(室)编写的代表性教材情况见表 2.3.4。

表 2.3.4　代表性教材

序号	教材名称	出版社/编印单位	出版/编印年份	作者
1	山岭隧道(讲义)	湖南大学	1959	隧道与地下铁道教研组
2	隧道(讲义)	长沙铁道学院	1961	长沙铁道学院隧道与地下铁道教研组
3	铁路隧道	中国铁道出版社	1980	谢连城、韩玉华(参编)
4	交通隧道工程	中南大学出版社	2003	彭立敏、刘小兵
5	高等土力学	机械工业出版社	2005	杨小礼(参编)
6	地下铁道	中国铁道出版社	2006	彭立敏、刘小兵
7	岩体力学	机械工业出版社	2008	阳生权、阳军生
8	隧道工程	中南大学出版社	2009	彭立敏、刘小兵
9	地下建筑规划与设计	中南大学出版社	2012	彭立敏、王薇、余俊
10	岩土工程数值分析	机械工业出版社	2012	傅鹤林(参编)
11	基础工程	中南大学出版社	2012	傅鹤林(参编)
12	隧道工程(第二版)	武汉大学出版社	2014	彭立敏、王薇、张运良
13	土木安全工程概论	中南大学出版社	2015	王薇
14	地下铁道(第二版)	中南大学出版社	2016	彭立敏、施成华
15	隧道工程(第三版)	中南大学出版社	2017	彭立敏、施成华
16	地下铁道	人民交通出版社	2017	傅鹤林
17	Tunnel Engineering	中南大学出版社	2020	彭立敏、施成华、王树英
18	Fundamentals of Rock Mechanics and Underground Applications	中南大学出版社	2020	贾朝军、徐卫亚、施成华
19	Rock Mechanics and Engineering	中南大学出版社	2020	傅鹤林、陈伟

2. 教改项目

隧道工程系(室)承担各级教改教研课题 30 余项,其中省部级及以上课题 6 项(见

表 2.3.5)，发表教研论文 30 多篇。

表 2.3.5　教改项目(省部级及以上)

序号	负责人	项目名称	起屹年份
1	彭立敏(参加)	理工科本科学生实践与创新能力培养模式的探索与实践的研究	2006—2010 年
2	彭立敏(参加)	理工科应用型人才实践动手能力培养的研究与实践	2006—2008 年
3	彭立敏(主持)	土建类创新型本科专业人才培养模式的研究与实践	2007—2009 年
4	彭立敏(主持)	土建类本科专业实验教学模式改革式的研究与实践	2008—2011 年
5	王薇(主持)	研究生培养质量评价指标体系及内化机制的实践研究	2015—2017 年
6	王薇(主持)	开放式课堂教学与高校教育生态适应性建设研究	2017—2019 年

3.教学获奖和荣誉

隧道工程系(室)获省、校级以上教学成果等奖励 14 项，其中省级教学成果奖 7 项(见表 2.3.6)。

表 2.3.6　教学获奖和荣誉(省部级及以上)

序号	获奖人员	项目名称	获奖级别	获奖年份
1	张运良(3)	主动适应社会主义市场经济,努力探索专业改造新路子	湖南省二等奖	1997
2	刘小兵(4)	土建类专业人才培养方案及教学内容体系的研究与实践	湖南省三等奖	2001
3	彭立敏(1)	隧道工程	国家精品课程	2008
4	彭立敏(2)	适应国际化要求,提升工科人才工程素质的拓展性培养	湖南省教育厅二等奖	2009
5	彭立敏(3)	土建类创新型本科专业人才培养体系的研究与实践	湖南省教育厅二等奖	2009
6	彭立敏(3)	理工科本科学生实践与创新能力培养模式的探索与实践	湖南省教育厅一等奖	2010
7	彭立敏(2)	土木工程专业特色人才培养模式研究与实践	湖南省教育厅三等奖	2013
8	彭立敏(1)	《隧道工程》优秀教材奖	中南地区一等奖	2011

续表2.3.6

序号	获奖人员	项目名称	获奖级别	获奖年份
9	彭立敏(1)	隧道工程	国家精品资源共享课程	2012
10	施成华、彭立敏、雷明锋、余俊、杨秀竹	地下铁道	国家级线上一流课程	2020
11	王薇、彭立敏、王树英、伍毅敏、周中	隧道工程	国家级线上线下混合式一流课程	2020

四、科学研究

(一)主要研究方向

1.隧道工程动力分析理论与方法

本研究方向主要针对隧道结构动力分析理论和隧道空气动力效应两个方面。

在隧道结构动力分析方面，主要针对软弱、易液化等地层条件下隧道结构的长期运营安全性，对列车长期荷载及地震荷载作用下隧道结构及其周边环境的动力响应问题进行研究，以揭示铁路隧道底部结构、基岩以及管片衬砌结构(管片接头)的累积疲劳损伤机理；完善高速列车长期振动荷载作用下隧道结构动力分析理论；提出高速铁路隧道底部结构基于长期变形的设计方法。

在隧道空气动力研究方面，主要针对高速铁路隧道及地铁区间隧道列车运行空气动力效应引起的环境影响及乘车环境舒适性问题进行研究，分析高速铁路隧道列车运行微气压波和压缩波的变化规律，确定高速铁路隧道空气动力学效应的影响因素及影响程度；研究地铁车厢内空气品质与列车运行空气动力效应及环控系统的相关性，提出改善地铁乘车环境的具体改造措施。

2.多场耦合环境下隧道及岩土工程安全性的基础研究

本研究方向主要针对多场耦合复杂地质条件下隧道及重大岩土工程的安全性。

在隧道工程研究方面，主要针对岩溶、富水、高水压、高地应力、穿越河底等复杂地质条件，研究高速铁路浅埋大跨隧道、岩溶隧道等在多场耦合作用下围岩-结构静动力相互作用机理，分析不同施工方法下隧道结构及围岩的稳定性，提出隧道结构的优化设计方法，形成一种能适应复杂多变的地质环境的大断面隧道快速施工工法。

在岩土工程研究方面，主要针对渗流场、温度场、应力场等多场耦合条件下重大岩土工程的安全问题，建立非饱和土石混合体温度-渗流-应力耦合弹塑性力学模型，以揭示土石混合体滑坡演化机制，预测大型岩土工程开挖损伤区的多场耦合过程的长期演化性能，推导基于潜在滑动面剪应力分布的边坡稳定性计算公式，确定渗流场与应力场耦合作用对岩质顺层边坡稳定性影响的基本规律。

3. 隧道施工风险管理与灾害防治技术研究

本研究方向主要针对隧道施工风险管理、隧道施工环境影响、隧道火灾防治技术。

在隧道施工风险管理方面，针对目前隧道风险分析与管理的研究难以满足工程应用的现状，建立隧道施工风险因素的识别方法和风险分析模型，根据风险分析所得到的各个风险"基本事件"本身的特征和其对工程施工的影响程度，确定相应的风险处理方法，建立面向施工单位的能指导各种复杂地层条件下现场工程施工的风险管理体系。

在隧道施工环境影响预测与控制方面，针对我国目前正在大规模兴建的城市地铁隧道工程，特别是长沙地铁工程，以最大限度降低隧道施工对邻近建筑物及管线设施的影响为研究目标，研究软硬不均、复杂地质条件下地层变形随隧道施工的时间—空间发展规律，提出控制地层变形的工程措施，建立隧道施工环境影响综合评价体系。

在隧道火灾防治技术方面，针对城市地铁以及其他长大公路隧道，研究隧道火灾灾害机理，模拟火灾条件下隧道人员疏散过程；研究火灾分区控制的理论、合理的分区长度以及具体的火灾分区控制方法，研究火灾下隧道结构及承载力损伤，同时将隧道火灾引入混凝土细观模型计算中，研究隧道衬砌混凝土在火灾过程中的力学行为，以完善我国城市地铁和长大公路隧道的灾害救援技术。

4. 极限分析非线性理论在隧道工程中的应用

极限分析非线性理论包括非线性上限定理和非线性下限定理。本研究方向基于极限分析非线性理论，建立隧道塌方时的非线性能量耗散方程。通过虚功计算，将隧道支护压力看作目标函数，采用变分方法优化目标函数，确定隧道塌方时的最小能量耗散，求出塌方体积。其研究成果是解决隧道塌方难题、指导隧道支护设计的有效方法之一。

目前，现行隧道设计规范是建立在线性破坏准则的基础上，很多应用于隧道工程中的设计计算软件也是根据线性破坏准则编写的。当围岩破坏服从非线性破坏准则时，此时抗剪强度指标大小未知，如何进行安全设计是设计人员面临的难题。根据极限分析非线性理论，建立线性与非线性强度参数的转化模型，获取了等效的线性强度参数。该等效参数为非线性破坏准则下隧道工程的安全设计提供了理论基础。

5. 隧道及地下工程结构病害智能检测及长期安全性分析

本研究方向主要针对影响隧道工程长期服役安全的各类病害问题进行研究。

随着我国大量隧道及地下工程基础设施持续投入运营，由于环境变化、长期荷载、材料劣化等各种复杂因素影响，地下结构常出现各种病害，严重时会危及运营安全。这是地下结构普遍存在的问题，也是隧道及地下工程工作者即将长期面临的难题。因此，研究形成地下结构的健康检测及安全性评价成套技术，结合人工智能和机器视觉实现地下结构特征高精度快速识别与检测，克服当前隧道及地下结构病害检测效率低下、精度不足、成本高昂、覆盖不全等难题，形成隧道及地下结构病害的快速采集检测的装备与系统，通过数字分析与模型试验探究隧道及地下结构病害产生机理并评估其长期安全状态，建立隧道及地下结构病害智能检测及长期安全性分析系统与方法。

（二）科研项目

2004—2020 年，学科承担的国家级代表性科研项目见表 2.3.7。

表 2.3.7　国家级科研项目

序号	项目(课题)名称	项目来源	起讫时间	负责人
1	城市隧道施工与邻近结构物相互作用的研究(50308029)	国家自然科学基金青年科学基金项目	2004 年 1 月—2006 年 12 月	阳军生
2	失稳过程中能量渐进耗散机理研究(50405020)	国家自然科学基金面上项目	2005 年 1 月—2007 年 12 月	杨小礼
3	高速铁路板式轨道-隧道结构体系动力累积效应及变形机理研究(50778178)	国家自然科学基金面上项目	2008 年 1 月—2010 年 12 月	彭立敏
4	基于能量渐进耗散的流固耦合作用下土石混合体滑坡演化机制(50878213)	国家自然科学基金面上项目	2009 年 1 月—2011 年 12 月	傅鹤林
5	富水裂隙岩体动力损伤-流失耦合理论及其应用基础研究(50808176)	国家自然科学基金青年科学基金项目	2009 年 1 月—2011 年 12 月	施成华
6	复杂应力状态下隧道围岩各向异性变形与屈服性状研究(50808178)	国家自然科学基金青年科学基金项目	2009 年 1 月—2011 年 12 月	张学民
7	基于散体介质理论的土石混合体边坡降雨诱滑演化机制研究(50809234)	国家自然科学基金青年科学基金项目	2009 年 1 月—2011 年 12 月	周　中
8	寒区隧道衬背双源供热防冻的智能温控模型及其应用研究(51008308)	国家自然科学基金青年科学基金项目	2011 年 1 月—2013 年 12 月	伍毅敏
9	基于上限有限元法浅埋隧道围岩破坏模式与失稳机理研究(51008309)	国家自然科学基金青年科学基金项目	2011 年 1 月—2013 年 12 月	杨　峰
10	强地震下考虑不同流固耦合状态的可液化土中群桩基础抗震机理与试验研究(51008011)	国家自然科学基金青年科学基金项目	2011 年 1 月—2013 年 12 月	余　俊
11	地下结构性能与环境耦合作用机制(2011CB013802)	国家重点研发计划项目(973)课题	2011 年 11 月—2016 年 8 月	彭立敏

续表2.3.7

序号	项目(课题)名称	项目来源	起讫时间	负责人
12	基于损伤理论的大断面隧道结构地震响应机理研究(51108461)	国家自然科学基金青年科学基金项目	2012 年 1 月—2014 年 12 月	黄　娟
13	地铁隧道岩溶地基稳定性极限分析方法研究(51108162)	国家自然科学基金青年科学基金项目	2012 年 1 月—2014 年 12 月 2	杨秀竹
14	复杂状态时下限应力场分布机理的理论与实验研究(51178468)	国家自然科学基金面上项目	2012 年 1 月—2015 年 12 月	杨小礼
15	重载铁路隧道底部结构服役性能演化机制与设计方法研究(51278494)	国家自然科学基金面上项目	2013 年 1 月—2016 年 12 月	施成华
16	循环动载对低塑性粉土剪切行为的影响(51208516)	国家自然科学基金青年科学基金项目	2013 年 1 月—2015 年 12 月	王树英
17	深长隧道突水突泥重大灾害致灾机理及预测预警与控制理论(2013CB036004)	国家重点研发计划项目(973)课题	2013 年 11 月—2018 年 8 月	杨小礼
18	30t 及以上轴重条件铁路基础设施动力学特征及适应性(U1361204)	国家自然科学基金煤炭联合基金	2014 年 1 月—2017 年 12 月	彭立敏
19	振陷灾变时红粘土路基的能量耗散研究(51378510)	国家自然科学基金面上项目	2014 年 1 月—2017 年 12 月	杨小礼
20	动静组合加载下深部隧道围岩各向异性动力特性及灾变机理研究(51378505)	国家自然科学基金面上项目	2014 年 1 月—2017 年 12 月	张学民
21	纵向穿越区域性可液化场地震期与震后盾构隧道力学行为(2015T80887)	中国博士后基金特别资助项目	2015 年 1 月—2016 年 12 月	王树英
22	基于多频次短周期冻融循环的寒区隧道防冻理论与应用(51478473)	国家自然科学基金面上项目	2015 年 1 月—2018 年 12 月	伍毅敏
23	施工扰动条件下既有盾构隧道经时服役性能评价方法研究(2016T90764)	中国博士后基金委特别资助项目	2016 年 1 月—2017 年 12 月	雷明锋
24	循环冻融石炭系板岩横观各向多源损伤演化机制及抑制(51578550)	国家自然科学基金面上项目	2016 年 1 月—2019 年 12 月	傅鹤林
25	动载与氯盐耦合作用下盾构隧道结构性能演化机制研究(51508575)	国家自然科学基金青年科学基金项目	2016 年 1 月—2018 年 12 月	雷明锋
26	隧道施工影响下建筑变形的数字图像相关法全景测量研究(2017T100610)	中国博士后基金委特别资助项目	2017 年 1 月—2018 年 12 月	傅金阳
27	盾构隧道施工影响下框架建筑物变形损伤机制及非概率可靠性研究(51608539)	国家自然科学基金青年科学基金项目	2017 年 1 月—2019 年 12 月	傅金阳

续表2.3.7

序号	项目(课题)名称	项目来源	起讫时间	负责人
28	极限平衡理论下土质边坡非线性失稳灾变机理分析与滑动面位移计算（51608541）	国家自然科学基金青年科学基金项目	2017年1月—2019年12月	邓东平
29	工后差异变形下地铁盾构隧道列车振动响应及服役性能研究（51778636）	国家自然科学基金面上项目	2018年1月—2021年12月	施成华
30	电化学-热学-力学耦合作用下盾构粘性渣土改良机理及液化控制方法（51678637）	国家自然科学基金面上项目	2018年1月—2021年12月	王树英
31	XXX地下空间快速联通技术研究	国家重点研发计划项目	2018年6月—2021年6月	傅鹤林
32	盾构掘进模式影响下地层位移与掘进参数演变规律及智能控制方法（51878669）	国家自然科学基金面上项目	2019年1月—2022年12月	阳军生
33	顶管隧道施工管-泥浆-土耦合作用机制及环境扰动效应研究（51878670）	国家自然科学基金面上项目	2019年1月—2022年12月	彭立敏
34	寒区高铁隧道基底千枚岩冻-动联合损伤机制与性状恢复（51978668）	国家自然科学基金面上项目	2020年1月—2023年12月	傅鹤林
35	考虑损伤效应的隧道预制混凝土衬砌氯盐渗透侵蚀机制研究（51978669）	国家自然科学基金面上项目	2020年1月—2023年12月	雷明锋
36	隧道爆破冲击波作用下钢化玻璃疲劳损伤性状与阻波方法研究（51978671）	国家自然科学基金面上项目	2020年1月—2023年12月	张学民
37	温度-应力耦合作用下盾构隧道接缝密封性能演化机理（51908557）	国家自然科学基金青年科学基金项目	2020年1月—2022年12月	龚琛杰
38	缓倾斜状软弱围岩高速铁路隧道底部变形机理及防控技术研究（U1934211）	国家自然科学基金高铁联合基金	2020年1月—2023年12月	阳军生
39	低塑性土与盾构隧道（52022112）	国家自然科学基金优秀青年科学基金项目	2021年1月—2024年12月	王树英
40	寒区隧道页岩卸荷损伤机理及模型研究（52008403）	国家自然科学基金青年科学基金项目	2021年1月—2023年12月	贾朝军
41	动水与动载环境砂卵石地层盾构掘进诱发地面塌陷的宏细观机理及防控方法（52078496）	国家自然科学基金面上项目	2021年1月—2024年12月	傅金阳

(三) 科研获奖

1978 年以后,学科所获得的科研奖励见表 2.3.8。

表 2.3.8　科研成果奖励表 (省部级及以上)

序号	成果名称	获奖年份	奖励名称	等级	完成人
1	喷锚支护在铁路隧道中受力特性的试验研究	1978	全国科学大会奖、湖南省科学大会奖		邝国能等
2	用喷射混凝土加固铁路隧道衬砌模型试验	1978	铁道部科学大会奖		邝国能等
3	大瑶山长大铁路隧道修建新技术	1989	铁道部科技进步奖	特等奖	张俊高、韩玉华等
4	软岩浅埋隧道地表砂浆锚杆预加固效果研究	1993	铁道部科技进步奖	四等奖	彭立敏、韩玉华
5	双线铁路隧道洞口集中式运营射流通风技术	1998	铁道部科技进步奖	二等奖	宋振熊、田嘉猷
6	贵州多雨地区铁路路基与隧道铺底病害整治综合技术研究	2005	贵州省科技进步奖	三等奖	施成华(2)、彭立敏(6)
7	水平层状围岩高速公路隧道结构力学行为分析与施工控制技术研究	2007	湖南省科技进步奖	三等奖	阳军生(2)
8	管棚作用机理分析及其在既有公路下连拱隧道施工中的应用研究	2007	中国公路学会科技进步奖	三等奖	阳军生(1)
9	秦岭终南山特长公路隧道施工技术研究	2008	湖南省科技进步奖	二等奖	阳军生(3)、彭立敏(5)、杨峰(8)
10	乌鞘岭隧道修建技术	2008	中国铁道学会科学技术奖	特等奖	无个人排名
11	西部地区公路地质灾害监测预报技术研究	2009	中国公路学会科技奖	一等奖	傅鹤林(5)
12	高速公路崩塌滑坡地质灾害预测与控制技术	2010	湖南省科技进步奖	二等奖	傅鹤林(1)、伍毅敏(6)
13	浅埋隧道围岩稳定与施工动态控制技术研究	2010	湖南省科技进步奖	三等奖	阳军生(7)

续表2.3.8

序号	成果名称	获奖年份	奖励名称	等级	完成人
14	高速铁路浅埋暗挖大断面城市隧道关键技术	2011	安徽省科技进步奖	一等奖	阳军生(3)、彭立敏(7)
15	宜万铁路复杂山区岩溶隧道设计关键技术	2011	中国铁道学会科技奖	一等奖	彭立敏(18)
16	公路隧道火灾独立排烟道排烟关键技术研究	2011	中国公路学会科技进步奖	一等奖	王薇
17	单拱四车道公路隧道设计优化与施工技术研究	2012	湖南省科技进步奖	二等奖	杨小礼(3)
18	浅埋暗挖水下软岩双洞隧道修建关键技术	2012	湖南省科技进步奖	三等奖	傅鹤林(1)
19	公路隧道排烟道顶隔板结构抗火关键技术	2012	中国消防协会科学技术创新奖	二等奖	王薇
20	公路隧道消防工程关键技术	2013	浙江省科学技术奖	二等奖	王薇
21	城市特长水底隧道防火关键技术研究	2013	公安部消防局科学技术奖	三等奖	王薇
22	浅埋跨海越江隧道暗挖法设计与风险控制技术	2013	河南省科技进步奖	一等奖	彭立敏(6)、施成华(10)
23	郑州地铁中心商业区车站及盾构区间隧道施工技术	2013	河南省科技进步奖	三等奖	傅鹤林(2)
24	复杂条件下连拱隧道新型洞口结构型式及进洞施工安全控制技术	2013	湖南省科技进步奖	三等奖	张学民(2)、阳军生(3)、杨峰(9)
25	岩土极限分析非线性理论	2014	湖南省自然科学奖	二等奖	杨小礼(1)、李亮(2)
26	水下超浅埋大断面立交隧道修建技术研究	2014	湖南省科技进步奖	二等奖	彭立敏(1)、施成华(2)、雷明锋(3)
27	高速公路隧道低碳建设技术研究与工程示范	2014	湖南省科技进步奖	三等奖	阳军生(2)、杨峰(5)
28	西南地区滇中红层软弱围岩隧道变形控制技术	2014	中国铁道学会科学技术奖	二等奖	施成华(3)

续表2.3.8

序号	成果名称	获奖年份	奖励名称	等级	完成人
29	特复杂条件下特长隧道安全施工关键技术及应用	2014	中国铁道学会科学技术奖	二等奖	傅鹤林(1)、伍毅敏(7)
30	38 桥隧相连工程多源损伤与控制技术研究	2014	中国公路学会科学技术奖	三等奖	傅鹤林(5)
31	节理化板岩地层高速公路隧道光面爆破施工关键技术研究与应用	2014	中国公路学会科学技术奖	三等奖	张学民(3)
32	资源节约型、环境友好型高速公路建设关键技术及工程示范应用	2014	中国公路学会科学技术奖	一等奖	阳军生(15)
33	双向八车道浅埋偏压小净距隧道关键技术	2014	湖南省科技奖	三等奖	无个人排名
34	跨江越海大断面暗挖隧道修建关键技术与应用	2015	国务院科技进步奖	二等奖	彭立敏(7)
35	浅覆大直径湘江南湖路盾构隧道建设关键技术研究	2015	湖南省科技进步奖	三等奖	阳军生(2)
36	人防隧道改扩建地铁隧道施工技术	2015	河南省科技进步奖	三等奖	傅鹤林(4)
37	韶赣高速公路关键技术研究	2015	广东省科技进步奖	三等奖	傅鹤林(5)
38	桥隧相连多源损伤与控制技术研究	2015	中国公路学会科技进步奖	三等奖	傅鹤林(5)
39	地基承载力的非线性能量耗散计算理论	2015	福建省自然科学奖	三等奖	杨小礼(1)
40	富水软弱地层浅埋深挖大断面城市隧道安全施工关键技术	2015	福建省科技进步奖	三等奖	杨小礼(3)
41	复杂与极端环境中隧道工程多类型水害机理与防治技术	2016	湖南省科技进步奖	二等奖	伍毅敏(1)、傅鹤林(2)
42	浅覆不均匀地层大直径盾构水下隧道关键技术及应用	2016	天津市技术发明奖	二等奖	阳军生(2)、王树英(6)、张学民(7)、施成华(10)

续表2.3.8

序号	成果名称	获奖年份	奖励名称	等级	完成人
43	寒区山岭隧道防水防冻经时失效机制与病害防治技术	2016	山西省科技进步奖	三等奖	伍毅敏(2)、傅鹤林(5)
44	抛物线型空心超高铁路桥墩关键技术研究	2016	中国铁道学会科技进步奖	二等奖	杨小礼(1)
45	复合地层与城区环境下超大型扩建综合交通枢纽工程施工关键技术研究与应用	2016	中国施工企业管理协会科技创新成果奖	一等奖	张学民(2)、阳军生(6)
46	高海拔寒区软弱围岩隧道快速施工技术	2016	中国施工企业管理协会科技创新成果奖	二等奖	施成华(2)
47	建筑密集区富水砂卵地层地铁车站施工关键技术	2016	中国施工企业管理协会科技创新成果奖	一等奖	雷明锋(2)、彭立敏(6)
48	坡积体中浅埋偏压特长隧道施工关键技术	2016	中国施工企业管理协会科技创新成果奖	二等奖	傅鹤林(2)
49	复杂环境条件下地铁车站及区间建设关键技术	2016	湖南省科技进步奖	二等奖	无个人排名
50	路基边坡滑塌沉陷快速评估与处治关键技术	2016	湖南省科技进步奖	一等奖	邓东平(6)
51	流速高位差过江沉管隧道关键技术及应用	2017	河北省科技进步奖	二等奖	傅鹤林(7)
52	长株潭湘江隧道大直径盾构施工关键技术	2017	中国铁道学会科技进步奖	二等奖	傅鹤林(1)、伍毅敏(5)
53	建筑密集区富水砂卵地层地铁车站施工关键技术	2017	湖南省科技进步奖	三等奖	邱业建(5)
54	复杂地层城市地铁土压平衡盾构渣土改良与掘进安全控制技术	2017	湖南省科技进步奖	二等奖	王树英(3)、张学民(4)、阳军生(8)
55	敞口式盾构研制与施工关键技术研究	2017	北京市科技进步奖	二等奖	王树英(4)
56	隧道爆破振动与冲击波破坏效应安全技术研究	2018	中国爆破行业协会科技进步奖	一等奖	张学民(2)、阳军生(12)

续表2.3.8

序号	成果名称	获奖年份	奖励名称	等级	完成人
57	复杂条件下双向六车道沉管隧道施工关键技术	2018	河南省科技进步奖	二等奖	傅鹤林(3)
58	复杂地层盾构隧道变形控制与施工关键技术及工程应用	2018	中国交通运输协会科技进步奖	一等奖	王树英(2)、杨峰(5)、阳军生(6)
59	城区富水砂卵地层大断面隧道综合修建技术	2018	中国交通运输协会科学技术奖	二等奖	施成华(1)、雷明锋(3)
60	填土围岩"明改暗"矿山法湘江隧道浅埋暗挖关键技术	2018	中国交通运输协会科学技术奖	二等奖	傅鹤林(1)
61	贵州喀斯特山区绿色公路隧道建设关键技术研究	2018	中国交通运输协会科技进步奖	一等奖	张学民(7)
62	富水环境城市地下工程施工安全动态控制技术与应用	2018	广东省科技进步奖	二等奖	雷明锋(2)、施成华(3)、彭立敏(10)
63	地下工程平衡稳定理论与关键技术及工程应用	2018	浙江省科技进步奖	三等奖	施成华(4)
64	轨道交通引起的环境振动分析理论及控制技术	2018	教育部进步奖	二等奖	杨小礼(14)
65	城区富水砂层城际铁路四线大断面隧道综合修建技术	2019	山西省科技进步奖	二等奖	施成华(2)
66	易失稳地层大跨隧道围岩破坏机制与防控关键技术	2019	湖南省科技进步奖	二等奖	施成华(6)
67	大直径土压平衡盾构穿越湘江及地表复杂建(构)筑物施工关键技术	2019	河南省科技进步奖	二等奖	傅鹤林(3)
68	无缝对接既有线暨富水卵石层地铁车站安全施工关键技术	2019	中国施工企业管理协会科技进步奖	一等奖	傅鹤林(2)
69	复杂越江隧道盾构施工关键技术的开发与应用	2019	中国公路建设协会科技进步奖	一等奖	傅鹤林(2)

续表2.3.8

序号	成果名称	获奖年份	奖励名称	等级	完成人
70	城市敏感环境下盾构隧道施工地层响应分析理论及灾变防控技术	2019	教育部科技进步奖	二等奖	王树英(1)、傅金阳(3)、杨峰(4)、阳军生(9)
71	穿越湘江复杂岩溶地层泥水盾构隧道关键建造技术	2019	湖南省科技进步奖	二等奖	傅鹤林(1)
72	内河大流速高位差沉管隧道关键技术	2019	广东省科技进步奖	二等奖	傅鹤林(7)
73	长沙典型岩土体变形特征及地铁基坑变形监测预警值研究	2019	中国交通运输协会科技进步奖	二等奖	傅鹤林(1)
74	复杂地层条件江底公路隧道泥水平衡盾构法施工关键技术研究	2019	中国公路学会科技进步奖	二等奖	傅鹤林(3)
75	城市复杂地层中大直径过江盾构关键技术研究及应用	2019	中国交通运输协会科技进步奖	一等奖	傅鹤林(3)
76	复杂地质盾构隧道建造关键技术、安全控制及工程应用	2019	江西省科技进步奖	二等奖	杨峰(5)、傅金阳(7)
77	滨海沿江城市隧道建造关键技术与应用	2019	浙江省科技进步奖	二等奖	傅金阳(4)、张学民(7)
78	浅埋软土隧道管棚-土体-支护结构协同分析方法及施工控制技术	2020	湖南省科技进步奖	二等奖	施成华(1)、杨伟超(2)、雷明锋(5)
79	地质构造发育网状岩溶隧道灾变预测与岩溶处治技术	2020	中国交通运输协会科技进步奖	三等奖	傅鹤林(3)
80	环境敏感区软硬不均地层隧道建造关键技术及应用	2020	中国铁道学会科学技术奖	一等奖	阳军生(7)、傅金阳(11)、张学民(14)

(四)代表性专著

本学科出版的学术专著见表 2.3.9。

表 2.3.9　代表性专著

序号	专著名称	出版社	出版年份	作者
1	工程实用边界单元法	中国铁道出版社	1989	邝国能、熊振南、宋振熊
2	城市隧道施工引起的地表移动和变形	中国铁道出版社	2002	阳军生、刘宝琛
3	公路连拱隧道工程技术	人民交通出版社	2005	姚振凯、黄运平、彭立敏
4	隧道衬砌荷载的计算理论及岩溶处治技术	中南大学出版社	2005	傅鹤林、韩汝才
5	公路工程地基处理手册	人民交通出版社	2005	黄生文、阳军生、柳厚祥等
6	岩土工程数值分析	机械工业出版社	2006	傅鹤林
7	岩土工程数值分析新方法	机械工业出版社	2006	傅鹤林、彭思甜、韩汝才、何贤锋
8	岩石隧道全断面掘进机施工技术	安徽科学技术出版社	2008	吴波、阳军生
9	大跨隧道施工力学行为及衬砌裂缝产生机理	科学出版社	2009	傅鹤林、郭磊、欧阳刚杰
10	梅关隧道工程施工技术	科学出版社	2009	傅鹤林、李凯、彭学军
11	近接建筑物条件下隧道施工安全与风险管理理论与实践	科学出版社	2010	彭立敏、安永林、施成华
12	浅埋隧道施工地层变形时空统一预测理论与应用	科学出版社	2010	施成华、彭立敏、雷明锋
13	隧道安全施工技术手册	人民交通出版社	2010	傅鹤林、赵朝阳、刘小兵
14	公路滑坡崩塌地质灾害预测与控制技术	人民交通出版社	2010	佘小年、傅鹤林、罗强
15	地铁安全施工技术手册	人民交通出版社	2012	傅鹤林、董辉、邓宗伟

续表2.3.9

序号	专著名称	出版社	出版年份	作者
16	公路隧道火灾性能化安全疏散设计与防火安全评估研究	西南交通大学出版社	2012	杨高尚、彭立敏
17	基于灾害分区防控理论的地铁火灾烟气控制研究.成都	西南交通大学出版社	2012	赵明桥、彭立敏
18	隧道施工监控量测与超前地质预报	人民交通出版社	2012	吴从师、阳军生
19	浅埋偏压隧道极限分析与施工技术	人民交通出版社	2013	王立川、彭立敏、周伟东
20	铁路立体交叉隧道影响分区与施工技术	人民交通出版社	2014	谭立新、彭立敏、李玉峰等
21	隧道围岩稳定性极限分析上限有限元法与运用	科学出版社	2015	杨峰、阳军生等
22	复杂条件下城市轨道交通隧道设计与施工技术	人民交通出版社	2015	雷明锋等
23	钻爆发修建水下隧道的创新与实践	中国铁道出版社	2015	傅鹤林等
24	大流速高位差过江沉管隧道关键技术	科学出版社	2016	傅鹤林等
25	高速铁路隧道底部结构动力特性	科学出版社	2016	彭立敏、黄娟
26	Cyclic and Postcyclic Shear Behavior of Low-plasticity Silt	Springer & Science Press	2018	王树英

(五)代表性成果简介

1.喷锚支护在铁路隧道中受力特性与喷射混凝土加固隧道裂损衬砌研究

见第3章第4节。

2.大瑶山长大铁路隧道修建新技术

奖项类别:铁道部科技进步奖特等奖,1989年。

本校获奖人员:韩玉华。

获奖单位:中南大学(8)。

成果简介:该成果全面应用新奥法信息设计和施工监测的新程序,其关键技术主要有:

(1)五米深孔光面爆破技术:解决了深孔掏槽技术难题,攻克了管道效应技术、非电起爆技术、爆破振动监控量测技术、周边预裂光爆技术、多品种炸药综合应用技术、合理爆破参数技术等。

（2）监控量测技术：将数据处理方法和信息反馈的判断准则的建立技术应用于施工中。指导设计施工的程序。

（3）初始应力场及二次应力场的量测技术：浅层地震反射波超前探测技术、超前巧米声波探测光谱显微构造分析技术、结合洞内素描、赤平极射投影技术。地质预报准确率达50%左右，达到国际先进水平。

（4）初期支护和二次模筑衬砌之间铺设聚氯乙烯塑料防水层的复合衬砌，在国内是首次应用。

（5）大型机械化快速配套施工技术：使开挖月进尺最高 263 m，平均月进尺 187 m，混凝土模筑衬砌施工最高达每月 300 m 进尺，是国际先进水平。

（6）通过 9 号断层恶化地层破碎带而采用的周边浅孔预注浆堵水，加固地层技术，使注浆工时平均 5 m/h，占开挖时间的 20%。

（7）三公里独头无轨运输施工通风成功，减少了一条 2.7 km 平行导坑的工程造价，此项技术为国内首创。

3.西部公路地质灾害监测预报技术研究

奖项类别：中国公路学会科技进步奖一等奖，2009 年。

本校获奖人员：傅鹤林（5）。

获奖单位：中南大学（2）。

成果简介：本成果瞄准高速公路在降雨、人为活动诱发下产生的崩塌、滑坡灾害的成灾活动规律，监测预报和控制中急需解决的关键科学技术问题。

（1）首次提出了高速公路地质灾害危险性分区和危险性分段两个层次法，实现了定性和定量的有机结合。

（2）设计并完成了边坡崩塌室内模型试验，揭示了边坡崩塌的主要影响因素。首次开展了板岩水理试验，得到了板岩崩解和软化性能的变化规律，板岩越干燥，崩解效应越明显，大旱后突降雨，会导致板岩强烈崩解，很容易诱发滑坡。

（3）基于开挖和人工降雨诱发残坡积层滑坡的大型原位试验，得到了降雨型滑坡和开挖型滑坡的滑面形态、力学参数和临滑速度，研究了砾石含量、孔隙比和颗粒形状三个因素在不同水平下对土残坡积层渗透系数的影响；确定了三种因素对残坡积层渗透系数的影响顺序及各因素的显著性水平。

（4）引入崩塌声发射监测技术，提出了公路崩塌"临界大事件频次预测"和"突变理论预测"的方法，并开发了公路崩塌滑坡地质灾害自动监测系统，实现了监测数据的自动采集、远程无线传输。

（5）构建了区域公路地质灾害数据模型——区划数据模型和地质灾害项目数据模型，

实现地质灾害基本信息、监测信息、气象信息、预警预报信息的一体化网络远程发布。成果应用于衡炎高速公路九个标段,产生了显著的经济社会效益。

4. 城区复杂地层高速铁路大断面隧道施工技术研究

获奖类别:安徽省科学技术奖一等奖,2011 年。

本校获奖人员:阳军生(3)、彭立敏(7)。

获奖单位:中南大学(2)。

成果简介:该成果紧密结合武广高速铁路隧道工程进行科技攻关,与中铁四局一道,研发了高速铁路大断面隧道斜井转正洞施工工法,创新和丰富了辅助坑道施工技术;在市区浅埋富水岩溶地层,采用洞外 H 形注浆帷幕加固技术为主、洞内堵排结合和大管棚超前技术为辅的施工技术,有效地控制了地面沉降,确保了施工过程中周围环境结构物(公路、立交桥、管线等)的安全;提出了复杂地质与环境条件下隧道施工安全风险的评估方法和控制对策,研发了隧道施工安全风险管理软件系统,有效地降低了施工过程中紧邻高速公路、立交桥、管线和岩溶、淤泥地层施工的安全风险,对施工起到很好的指导作用,保证了穿越城区复杂地层和复杂环境条件下武广高速铁路金沙洲隧道建设的顺利完成。

5. 浅埋跨海越江隧道暗挖法设计施工与风险控制技术

见第 3 章第 4 节。

(六)学术交流

隧道工程系十分重视学术交流工作,每年参加国内学术交流 100 余人次,参加国际学术交流 10 余人次,为隧道及地下工程分会隧道建设管理与青年工作论坛的挂靠单位,多次承办或协办行业协会的理事会或学术交流会,具体见表 2.3.10。

表 2.3.10   重要学术会议

序号	会议主题	会议时间	备注
1	中国土木工程学会第十四届年会暨隧道及地下工程分会第十六届年会	2010 年 11 月	承办
2	隧道建设管理与青年工作者专业委员会首届年会	2015 年 10 月	承办
3	第十五届海峡两岸隧道与地下工程学术研讨会暨隧道建设管理与青年工作专业委员会第二届年会	2016 年 8 月	承办
4	隧道建设管理与青年工作第三届年会	2017 年 10 月	承办
5	隧道建设管理与青年工作第四届论坛	2018 年 10 月	承办
6	隧道建设管理与青年工作第五届论坛	2019 年 10 月	承办

续表2.3.10

序号	会议主题	会议时间	备注
7	中国岩石力学与工程学会水下盾构隧道工程技术分会成立大会暨中国盾构隧道智能建造高峰论坛	2019 年 8 月	协办
8	International Conference on Construction Technology in Tunnelling and Underground in 2020	2020 年 1 月	协办

第4节　岩土工程

一、学科发展历程

(一)中南土木建筑学院时期(1953 年 6 月—1960 年 9 月)

中南大学岩土工程学科源自中南土木建筑学院所设立的土力学地基基础和工程地质等课程。1953 年中南土木建筑学院成立时,设有营造建筑系(含工业与民用建筑本、专科专业),土力学教研室隶属营造建筑系,由系副主任殷之澜兼任教研室主任。教研室按课程分为土力学和地质两个教学小组和一个土力学实验室,承担着全校相关专业的土力学、地基基础和工程地质课的课堂教学和实验、实习活动。

1960 年长沙铁道学院成立时,以熊剑为主任的土力学教研室划归桥梁与隧道系,除了所含的土力学实验室外,还增设了地质实验室(标本室)。

在此期间,土力学教研室人员来自国内几个高校,其中,殷之澜(原南昌大学土木工程系主任、教授)来自南昌大学,周光龙来自武汉大学,熊剑来自南昌大学,陈映南湖南大学留校,朱之基来自同济大学,宁实吾于 1956 年北京地质学院毕业来校,陈昕源于 1957 年东北地质学院毕业来校,李靖森于 1958 年毕业留校。

(二)长沙铁道学院时期(1960 年 9 月—2000 年 4 月)

1961—1964 年期间,长沙铁道学院的系所及专业进行了较大调整,岩土工程学科的教师队伍有所变动和加强,其中:1954 年毕业于唐山铁道学院的李家钰于 1960 年调入;1959 年毕业于莫斯科大学的李毓瑞来校进入本教研室;1960 年张式深和金宗斌由唐山铁道学院调入本教研室;董学科、张俊高均于 1960 年从成都地质学院毕业来校;杨绍姁于 1960 年调入土力学实验室,曾阳生于 1961 年本校毕业后留校。

1960—1966 年,科研和教学工作的主要特点是师生深入铁路现场,实行教学、科研、生产劳动三结合。通过结合铁路建设和生产实际的技术革新、科学研究、现场教学和"真刀真枪"的毕业设计，取得了一批科技成果，直接为社会主义建设做出了贡献。1965年本学科的毕业班部分学生，以隧道工地的施工组织作为毕业设计内容，解决了木模台架和石砟的综合利用机具设计问题，其成果被现场采用。该学科的毕业生到成昆铁路参加"三线建设"大会战，取得一定的成果，在路内外有一定的影响，受到同行专家好评。在生活和工作条件都十分困难的情况下，不少教师仍积极承担科研项目，开展科研工作。其中"无缝线路稳定性计算""喷射混凝土加固隧道裂损衬砌"等项目的研究成果，对我国铁路建设和科技发展做出了重要贡献。

1964年初，学校首次制订了《1964—1968年发展规划》，铁道桥梁与隧道本科专业学制为5年。除本科教育外，1960—1965年，土力学教研室的教师招收了桥梁与隧道结构、铁路线路构造和结构力学3个学科专业的研究生9名。岩土工程学科逐渐成型。

1970年，"土力学教研室"更名为"土力学与基础工程教研室"（简称土基室），线路教研室中"路基"部分划出，并入土基室，当时的土基室承担"土力学与基础工程""地质路基"两门课程的教学任务和管理土力学、地质两个实验室。熊剑为教研室主任兼"土力学与基础工程"课程教学组长，顾琦为"地质路基"课程教学组长。

在此期间，虽然教学工作条件非常艰苦，但土基室的教职工数量进一步增加，教师队伍进一步得到加强，结构更趋合理。1955年同济大学毕业的顾琦和1960年本校毕业留校的夏增明同时从线路教研室调入土基室，任满堂1967年毕业留校，王永和1969年毕业留校，1957年毕业于长春地质学院的杨雅忱于1971年从铁四院调入土基室，1953年本校毕业留校的华祖焜也于1972年3月由桥梁室调入，罗国武1975年从铁道兵部队调入，王立阳1976年和黄铮1977年毕业留校先后进入土基室。

1970年的一个"试点班"及1972、1973、1974、1975、1976年六届共招收铁道工程专业学员750余名，各类进修班学员120余名。本学科根据他们由工厂、企业、农村和部队选送来学习的实际情况和国家建设的需要，因材施教，以工程实践和应用为主要特点，以培养应用型人才为目标。因此，除了课堂教学外，实验、实习等实践环节成为培养计划的重要组成部分。这一阶段的各类"实践队"应运而生，师生们在许多铁路、桥梁工地参加勘测设计或施工劳动，边干边学，学生走向社会后，大多成为各单位中、基层的管理或技术骨干。

1976年后，随着国家政治形势的改变，岩土工程学科也迎来了前所未有的良好发展条件和势头，于1978年招收首届硕士研究生姜前、刘启凤（从在读的哈尔滨工业大学力学所转入）。该专业于1981年获得我国首批硕士学位授予权，熊剑成为"文革"后土基室的首位硕士生指导教师。1981年"土基室"更名为"岩土工程教研室"。

1978年增设的工业与民用建筑专业正式招收本科生后，"土力学与基础工程"课程又分出一个"工业与民用建筑"课程教学小组，由张式深负责。

在此期间，本学科的教师队伍进一步增强，新进人员学历学位不断提升。本学科首届硕士研究生姜前、刘启凤1981年毕业后留校，成为岩土工程教研室第一批拥有硕士学位的年轻教师；先后有王萍兰、张佩知、蒋崇伦、谭菊香、张国祥、李顺海、向楚柱、张向京、傅鹤林、张家生和方理刚调入岩土工程教研室；李亮、刘杰平、徐林荣、李宁军、陈维家、魏丽敏、肖武权、何群、张旭芝、李政莲、傅旭东、金亮星、倪宏革、阮波毕业留校或分配来校；冷伍明于 1994 年西南交通大学博士毕业后被引进来校，成为首个拥有博士学位的年轻教师；王星华老师作为第一个博士后于 1997 年从西南交通大学铁、公、水流动站出站来校；在教师队伍不断引进充实的同时，也陆续有杨绍姁、姜前、何玉珮、刘启凤、刘杰平、李宁军、陈维家、傅旭东、周文波、倪宏革先后调离学校。

刘宝琛院士于 1999 年正式加盟岩土工程学科，本学科的教学、研究力量得到极大提升。

1986、1998 年"桥梁与隧道工程"及"道路与铁道工程"学科分别获博士学位授予权，岩土工程作为这两个铁道部重点学科的重要支撑，陆续开始招收岩土工程方向的博士研究生。1997 年王永和教授招收了本方向的第一个博士生何群。

在此发展阶段，由刘宝琛院士主导，成立了"岩土与地下工程研究中心"。岩土工程学科逐渐走向成熟。

(三) 中南大学时期(2000 年 4 月至今)

2000 年 4 月三校合并组建中南大学时，原中南工业大学相关专业并入，岩土工程学科得到了进一步壮大和发展。

2004 年更名为"岩土工程系"，"土力学实验室"更名为"岩土工程实验室(含工程地质标本室)"。

2000 年岩土工程学科获得博士学位授予权，2002 年"岩土工程"专业被批准为"十五"期间湖南省重点建设学科；2006 年"岩土工程"专业被批准为"十一五"期间湖南省重点建设学科；2007 年"岩土工程"专业被批准为国家重点学科，同时土木工程学科也成为一级学科国家重点学科。

在此期间，教师队伍继续得到加强。周建普、张新春等 5 人从原中南工业大学并入，先后有周生跃、彭意、雷金山、杨果林、乔世范、王旭、陈晓斌、赵春彦、郑国勇、杨广林、聂如松、张升、林宇亮、杨奇、肖源杰、腾继东、叶新宇、谢济仁、苏晶晶、童晨曦、张雪毕业来校或调入。2012 年，岩土工程系引进盛岱超教授，岩土方向国际影响力显著提升。2015—2017 年，岩土工程系乔世范及陈晓斌先后被中组部派遣援疆，对口援建新疆建设兵团兴新职业技术学院，均被授予"中组部第八批中央和国家机关、中央企业优秀援疆干部人才"称号。2016 年岩土工程系引进了来自美国伊利诺伊州大学香槟分校的 Erol Tutumluer，他获得了教育部"长江学者客座教授"荣誉。2017 年岩土工程系张升获得国家自然科学基金优秀青年科学基金资助，成为岩土系第一个获得优秀青年科学基金资助的教师。

2018 年岩土工程系开始举办系列有影响力的大型国际学术会议，有规模招收国际留学硕士与博士研究生，学科建设开始向国际舞台迈进。

二、师资队伍

(一) 队伍概况

1. 概况

从 1953 年起，现在的岩土工程系由原长沙铁道学院土力学教研室、工程地质教研室、土力学实验室、工程地质实验室以及原中南工业大学地基基础教研室等合并组成。经过 60 多年的建设与发展，师资队伍逐步壮大，人才队伍建设日益完善。先后在岩土工程系工作过的教师约有 100 人，其中著名教授有刘宝琛、陈映南、张式深、华祖焜、王永和、盛岱超及 Erol Tutumluer 等，成就详见"学科教授简介"。

目前，岩土工程系有教学科研人员 30 名，其中包含正教授 10 名、副教授 9 名、讲师与工程师 11 名。师资队伍中有教育部"长江学者客座教授" 1 名，湖南省杰青 1 名，国家优青 1 名。教授分别是张家生、冷伍明、杨果林、魏丽敏、张国祥、乔世范、张升、陈晓斌、盛岱超、Erol Tutumluer。岩土工程系教师名册见第 6 章第 4 节，在职教师构成情况见表 2.4.1。

表 2.4.1 在职教师基本情况表

项目	合计	职称			年龄			学历		
		教授	副教授	讲师	55 岁以上	35~55 岁	35 岁以下	博士	硕士	学士
人数	30	10	9	11	10	17	3	25	3	2
比例/%	100	33.3	30.0	36.7	33.3	56.7	10.0	83.4	10.0	6.3

2. 团队建设情况

(1) 土木工程学院创新团队，高速铁路路基工程，团队带头人：冷伍明，2012 年。

(2) 土木工程学院创新团队，重载铁路路基工程，团队带头人：张家生，2015 年。

(3) 土木工程学院创新团队，轨道交通路基工程，团队带头人：张 升，2019 年。

3. 各种荣誉及人才计划

刘宝琛，中国工程院院士。

盛岱超，澳大利亚工程院院士。

Ero Tutumluer，教育部长江学者。

张家生，湖南省杰出青年。

方立刚，国务院特殊津贴专家。

王星华，国务院特殊津贴专家。

张升，国家优青。

滕继东，湖南省"湖湘青年英才"。

乔世范，中组部第八批中央和国家机关、中央企业优秀援疆干部人才。

陈晓斌，中组部第八批中央和国家机关、中央企业优秀援疆干部人才。

4. 出国(境)进修与访问

本学科教师出国(境)进修与访问情况见表 2.4.2。

表 2.4.2　教师进修与访问

姓名	时间	地点	身份
刘宝琛	1957 年 3 月—1962 年 11 月	波兰科学院岩石力学研究所	留学，获博士学位
华祖焜	1984 年 9 月—1986 年 9 月	美国加利福尼亚大学	访问学者
Erol Tutumluer	1989 年 9 月—1993 年 9 月	美国乔治亚理工学院	留学，获博士学位
盛岱超	1991 年 4 月—1994 年 4 月	瑞典吕勒奥理工大学	留学，获博士学位
王永和	1992 年 9 月—1993 年 9 月	美国宾州州立大学	访问学者
张国祥	2004 年 10 月—2005 年 11 月	瑞典皇家工学院	访问学者
王星华	2005 年 10 月—2006 年 11 月	美国宾州州立大学	访问学者
乔世范	2007 年 4 月—2007 年 4 月	香港理工大学	访问学者
张升	2007 年 10 月—2010 年 10 月	日本名古屋工业大学	留学，获博士学位
肖源杰	2009 年 3 月—2015 年 5 月	美国伊利诺伊大学香槟分校	留学，获博士学位
滕继东	2010 年 9 月—2013 年 9 月	日本九州大学	留学，获博士学位
乔世范	2011 年 10 月—2012 年 10 月	英国南安普顿大学	访问学者
金亮星	2013 年 8 月—2014 年 8 月	美国田纳西大学	访问学者
陈晓斌	2014 年 4 月—2015 年 5 月	美国伊利诺伊大学香槟分校	访问学者
聂如松	2014 年 11 月—2015 年 11 月	美国宾州州立大学	访问学者
叶新宇	2015 年 9 月—2018 年 9 月	澳大利亚纽卡斯尔大学	留学，获博士学位
张雪	2015 年 9 月—2019 年 9 月	美国利物浦大学	留学，获博士学位
谢济仁	2016 年 9 月—2019 年 9 月	日本东京大学	留学，获博士学位
童晨曦	2016 年 9 月—2020 年 9 月	澳大利亚悉尼科技大学	留学，获博士学位
林宇亮	2018 年 10 月—2019 年 9 月	加拿大不列颠哥伦比亚大学	访问学者
杨奇	2018 年 12 月—2019 年 12 月	澳大利亚纽卡斯尔大学	访问学者
陈晓斌	2020 年 1 月—2020 年 9 月	美国宾州州立大学	访问学者

(二)历届系所(室)负责人

本学科历届系所(室)负责人情况见表2.4.3。

表 2.4.3 历届岩土工程系(教研室)主要负责人

时间	机构名称	主任	副主任	备注
1953—1959 年	土力学教研室	殷之澜	周光龙(秘书)	
1960—1980 年	土力学与基础工程教研室	熊 剑		1970 年更名
1981—1984 年	岩土工程教研室	熊 剑		1981 年更名
1984—1992 年	岩土工程教研室	华祖焜	夏增明	
1992—1993 年	岩土工程教研室	王永和	李 亮	
1993—1994 年	岩土工程教研室	李 亮	曾阳生	
1994—1995 年	岩土工程教研室	曾阳生	魏丽敏	
1995—1996 年	岩土工程教研室	魏丽敏	陆海平	
1996—1997 年	岩土工程教研室	魏丽敏	冷伍明	
1997—2005 年	岩土工程系	冷伍明	傅鹤林 徐林荣(系党支部书记)	2004 年更名
2005—2008 年	岩土工程系	冷伍明	徐林荣、肖武权 徐林荣(系党支部书记)	
2009—2010 年	岩土工程系	冷伍明	杨果林、肖武权	
2011—2014 年	岩土工程系	冷伍明	杨果林、乔世范	
2014—2019 年	岩土工程系	冷伍明	金亮星、张升	
2019 年至今	岩土工程系	陈晓斌	阮波、滕继东 赵春彦(系党支部书记)	

(三)学科教授简介

陈映南教授: 男,1926 年生,湖南衡山人,1952 年毕业于湖南大学土木工程系并留校工作。1987 年晋升为教授。在近 40 年的工作中,除完成本科及研究生的教学任务外,还主持或参加了大量的科研工作。主要成就有:参加"地基土几种原位测试技术研究",获1989 年铁道部科技进步奖一等奖;1989—1992 年主持国家自然科学基金项目"勘探新技术——几种原位测试技术机理研究",主持"成层土原位测试技术机理与应用研究",于1993 年通过湖南省建设委员会组织的鉴定;参加"原位测试机理研究",1990 年获国家科技进步奖三等奖;主持的"成层土原位测试技术机理与应用研究"获 1994 年湖南省科技进步奖二等奖(省教委一等奖)。1991 年被湖南省教委授予"湖南省高校先进科技工作者"称号；1992 年被授予"湖南省优秀科技工作者"称号。1994 年因病在长沙去世，终年 68 岁。

张式深教授：男，生于 1926 年 12 月，河北石家庄人。1952 年毕业于唐山铁道学院结构系，并留校担任桥梁与隧道系助教、讲师（1956 年始任）。1960 年调至长沙铁道学院工程系任教，分别于 1980 年、1988 年被评为副教授、教授。在近 40 年的从教工作中，除完成本科及研究生的教学任务外，还主编了《铁路桥梁》（中下部结构部分）、*The Language of Building in English*，协编了《土力学地基基础》等教材；主译了《土压力和挡土墙》（W. C. Huntingtun 主编）、协译了《基础工程手册》（Winterkorn H. F. 著）、《土与基础相互作用的弹性分析》（Selvadurai A. P. S. 著）等专著。发表了抗滑桩内力分析、土坡上地基极限荷载的虚功率解法、考虑土体的非线性力学特性确定地基的容许承载力等学术论文。1989 年 6 月退休，2010 年 3 月 8 日因病在北京去世，终年 84 岁。

华祖焜教授：男，生于 1931 年，湖南省临澧县人。1950 年考入湖南大学土木工程系，1953 年提前毕业并留校任中南土木建筑学院结构力学教研室助教。1955 年前往武汉长江大桥工程现场担任技术员，参加中苏技术合作研究项目——管柱基础岩石地基的极限承载力，1957 年返校担任桥梁教研室助教，1959 年末承担长沙铁道学院筹建处基建技术负责工作。1972 年调整到土基室。1984—1986 年，在美国加利福利亚大学担任访问副教授，参加美、华合作的项目——加筋土结构的离心模拟研究。1988 年晋升为教授，1994 年调入土木工程中心实验室，2000 年 4 月退休。享受政府特殊津贴。担任过土基室主任、土木工程中心实验室主任、长沙铁道学院学术委员会委员、铁道部高等教育教学指导委员会委员、中国土力学及基础工程学会理事、中国土工合成材料工程学会理事、铁道部《地质路基》编委和顾问、国际土力学及基础工程学会委员。主持的"加筋土结构研究""加筋土地基研究"先后获得湖南省科技进步奖二等奖、湖南省教委科技进步奖一等奖。多次出席国际学术会议并发表论文，其中《作用于锚定板结构上的侧压力》于 1996 年刊于《美国土木工程学报》。编写《湖南省加筋土结构设计与施工暂行规程》，主审《土力学》《岩土工程数值分析新方法》等教材。

刘宝琛教授：见第 5 章第 1 节院士简介。

王永和教授：男，1945 年生，安徽合肥人。1969 年毕业于长沙铁道学院桥梁与隧道专业，1978—1980 年在硕士研究生班学习岩土工程专业，1984—1986 年在德意志联邦共和国铁路技术咨询公司（DEC）派驻巴格达专家组任顾问工程师，1992—1993 年在美国 Pennsylvania State University 等高校学习研究。曾任长沙铁道学院副院长，中南大学铁道校区党工委书记，全国高等土木工程学科专业指导委员会第二、三届委员，中国交通教育研究会高教分会第四、五届常务理事，湖南省高教协会第四届常务理事，铁道部继续教育中南基地主任，长沙市天心区第二届人大代表，中南大学铁道科学技术研究院副院长，《铁道科学与工程学报》《湖南工业大学学报》《现代大学教育》等刊物编委等。1992 年后指导硕士生 12 人。1995 年晋升为教授、博导，1996 年后指导博士生 19 人，博士后 5 人。长期从事岩土工程、道路与铁道工程、桥梁工程方面的教学、研究以及教育管理。主持或参加国家、省部级等研究课题 40 余项，在桩基础、新型支挡结构和高速铁路路基处理等方面做了大量研究工作，先后获得部、省级科技进步奖一、二、三等奖共 9 项。1997、2002 年先后获国家优秀教学成果二等奖和湖南省优秀教学成果一、二、三等奖各一项，主持的"土力学与基础工程"于 2006 年获评为湖南省精品课程，指导肖宏彬的学位论文于 2006 年被评为湖南省优秀博士学位论文。先后在国内外学术刊物上发表论文 180 余篇（其中约 100 篇被 SCI、EI、ISTP 等检索），主编（审）著作或教材 7 部，参编 4 部。1991 年获"长沙市高校中青年教师奖励金"。1994 年以来先后荣获"铁道部优秀教师""铁道部有突出贡献的中青年专家"等称号和"茅以升科技教育基金会教育教学专项奖"。多次获得省、学校优秀共产党员和优秀研究生导师等称号。1994 年起享受国务院特殊津贴。2011 年 4 月退休。

王星华教授：男，1957 年生，1981 年底毕业于中南工业大学，分别于 1985、1995 年在中南工业大学获硕士、博士学位，1997 年从西南交通大学铁、公、水博士后流动站出站，1998 年聘为教授。中南大学土木工程学院教授、博导。同时兼任中国岩石力学与工程学会教育委员会委员，中国铁道学会铁道工程分会委员，湖南省岩石力学与工程学会理事，《铁道科学与工程学报》《西部探矿工程》编委，《岩土工程学报》《岩土力学》等专业学术刊物的技术审稿人，国家自然科学基金评审专家，科技部 863 项目评审专家，教育部博士点基金评审专家，美国滨州州立大学访问教授，鲁东大学兼职教授，福建工程学院客座教授。个人发表论文 231 篇，其中被三大检索收录 80 余篇，出版专著 4 本，教材 2 本，获国家级奖励 2 项，省部级奖励 10 余项，国家级教学成果奖 1 项，省部级教学成果奖 1 项，获国家发明专利 3 项、实用新型专利 1 项，主编工法 2 项。主持过国家 863 项目、国家自然科学基金项目等国家级项目 3 项，省部级项目 20 余项，其他项目 20 余项。指导研究生 52 人，其中 1 人为非洲留学生，毕业 42 人；指导博士 29 人，毕业 18 人；指导博士后 3 人，出站 2 人；指导高校优秀青年教师国内访问学者 1 人。2019 年 9 月退休。

方理刚教授：男，1959 年 6 月生于浙江新昌，研究生学历，工学硕士学位，中南大学土木工程学院教授。担任中国岩石力学与工程学会地下工程学会常务理事，《岩石力学与工程学报》第六届编委，《铁道科学与工程学报》第一届副主编，享受政府特殊津贴。先后 9 次获得省部级科技进步奖，发明专利 1 项。曾任长沙矿冶研究院采矿与岩土工程研究所所长和中南大学土木建筑学院副院长等职务。主持的重要科研项目有：（1）973 国家重点基础研究发展计划（973 计划）项目"重大工程灾变滑坡演化与控制的基础研究"课题 1——"重大工程灾变滑坡区地质过程及孕灾模式"（负责人）；（2）贵州省重大科技专项"厦蓉线水都高速公路浅变质岩路堑边坡稳定性评价体系及辅助分析与设计系统研究"（负责人）；（3）贵州省交通厅课题"贵州煤系地层路基软化及稳定性研究"（负责人）。主要研究领域：岩土路基与边坡稳定性、岩土材料本构关系及地基基础模型、基础水下探测与土木结构稳定性分析等。2019 年 9 月退休。

盛岱超教授：见第 5 章第 1 节院士简介。

Erol Tutumluer 教授：男，1969 年 12 月生，教授，博导，1989 年获土耳其 Bogazici University 学士学位，1991 年获美国 Duke University 硕士学位，1993 年获美国 Georgia Institute of Technology 硕士学位，1995 年获 Georgia Institute of Technology 博士学位。Tutumluer 博士现为美国伊利诺伊大学香槟分校（University of Illinois at Urbana-Champaign）土木与环境工程系终身教授，兼任国际事务部主任。Tutumluer 是交通岩土工程领域国际著名的专家学者，长期在重载和高速铁路、机场道面和公路等领域开展研究。Tutumluer 现为国际土力学和岩土工程协会（ISSMGE）交通岩土分委员会（TC202）主席，美国科学院交通研究委员会（TRB）分委员会（AFP000）主席，历任美国土木工程师协会（ASCE）岩土工程分会（Geo-Institute）道路工程委员会主席和其他多个国际专业协会的理事；同时，他也是 *Transportation Geotechnics* 期刊主编、*Journal of Computing in Civil Engineering* 期刊副主编和其他多个专业学术期刊的编委；先后主办了 BCRRA2009、ISEV2018 和 ICTG2020 等国际权威学术会议并担任主席。自 2015 年开始，Erol Tutumluer 先后任中南大学"引智计划"特聘学者、"长江学者"讲座教授。2020 年获得湖南省人民政府颁发的"湖南省国际科学技术合作奖"。

在岗教授：盛岱超、Erol Tutumluer、张家生、冷伍明、杨果林、魏丽敏、张国祥、乔世范、张升、陈晓斌、林宇亮。简介可扫描附录在职教师名录中的二维码获取。

三、人才培养

岩土工程系教职工给博士、硕士研究生和本科生开设的主要课程有：土木工程导论（岩土工程）、土力学、基础工程、工程地质学、路基与支挡结构、地基加固与处理、岩土工程学、高等土力学、土动力学、高等基础工程学、岩土工程进展等。指导桥梁墩台基础工程、路基工程、边坡与支挡结构、地下工程、地基处理、基坑工程、不良土改良、滑坡治理和地下水防治等专业领域的本科毕业设计（论文）和硕士与博士研究生。2006 年"土力学与基础工程"获得湖南省精品课程称号，2007 年工程地质实习基地获得湖南省优秀实习基地称号。

（一）本科生培养

岩土工程系开设了"土木工程导论""土力学""基础工程""工程地质""路基与支挡结构""地基加固与处理""岩土工程学"等本科生核心专业课程。每年完成近 50 人本科毕业设计，培育具有扎实的岩土工程技术基础理论和专业知识、较强的外语和土力学计算能力，有一定的分析解决工程实际问题能力及工程设计能力，有初步的科学研究、科技开发能力和管理能力的多元化特色人才。通过教学、实践和探索，培养了一大批从事规划、设计、施工、管理和研究工作的高级工程技术人才。在人才培养环节中，岩土工程实验室提供了坚实支撑。

（二）研究生培养

1.概况

岩土工程于1978年开始招收岩土工程专业硕士研究生。1981年岩土工程学科获得我国首批硕士学位授予权，2000年获得博士学位授予权。2018年岩土工程系开始有规模招收国际留学硕士与博士研究生。

随着师资力量的不断加强，招收规模也在不断壮大，目前岩土工程学科博士生导师11名，硕士生导师17名。现每年招收硕士研究生30余名，博士生近10名。

本学科在研究生培养方面取得了较好成绩，曾获得国家优秀博士学位论文1篇、湖南省优秀博士学位论文2篇、中南大学优秀博士学位论文4篇、湖南省和中南大学优秀硕士论文5篇。

2.研究生课程与研究方向

目前由岩土工程系开设的硕士、博士研究生课程有：临界状态土力学与非饱和土、交通岩土工程、岩土工程进展专题、高等基础工程、高等土力学、土动力学、岩土工程测试新技术、高等工程地质、岩土工程信息化（BIM）及仿真技术、边坡与支挡结构等。

研究方向详见本节"科学研究"部分。

（三）教学成果

1.教材建设

1977年以后，岩土工程学科出版的代表性教材见表2.4.4。

表2.4.4　代表性教材

序号	教材名称	出版社/编印单位	出版/编印年份	作者
1	地质路基（讲义）	长沙铁道学院	1977	教研室（主编）
2	土力学和基础工程（上、下册）	中国铁道出版社	1980	张式深（主审）
3	铁路桥梁（上、下册）	中国铁道出版社	1980	张式深（参编）
4	工民建专业英语（讲义）	长沙铁道学院	1986	张式深（主编）
5	土力学	中国铁道出版社	1990	华祖焜（主审）
6	路基工程	中国铁道出版社	1992	顾琦、夏增明等（参编）
7	工程地质	中国铁道出版社	1995	李家钰（主审）
8	基础工程	西南交通大学出版社	1995	刘启凤（参编）

续表2.4.4

序号	教材名称	出版社/编印单位	出版/编印年份	作者
9	继续教育科目指南丛书	中国人事出版社	2000	王永和（参编）
10	岩石力学与工程	中国科学出版社	2002	王星华（参编）
11	地基处理与加固	中南大学出版社	2002	王星华（主编）
12	基础工程	中南大学出版社	2005	李亮、魏丽敏（主编）
13	桥梁施工	中国建筑工业出版社	2005	王永和（主审）
14	爆破工程	中国建筑工业出版社	2005	傅鹤林（主审）
15	高等工程地质	机械工业出版社	2005	徐林荣（副主编）
16	地基处理与加固	中南大学出版社	2005	徐林荣（参编）
17	岩体力学	机械工业出版社	2008	张家生（主审）
18	土力学实验	中南大学出版社	2009	阮波、张向京（主编）
19	土力学	中国铁道出版社	2011	冷伍明（参编）
20	土木工程导论	中南大学出版社	2013	冷伍明（参编）
21	土力学与基础工程	北京理工大学出版社	2016	林宇亮（主编）
22	湖南省地质灾害防治手册读本	湖南地图出版社	2017	徐林荣（副主编）

岩土工程学科参编建筑法规见表2.4.5。

表 2.4.5　建筑法规出版情况表

序号	法规名称	出版社	出版年份	作者
1	湖南省加筋土支挡结构设计/施工规程 DBJ43/T001—93	国防科技大学出版社	1994	王永和、华祖焜、胡国兴、刘启凤、孙渝文、蒋崇伦、李宁军、魏丽敏等主、参编
2	长沙市挡土墙及基坑支护工程设计、施工与验收规程 DB43/009—1999	湖南科学技术出版社	2000	冷伍明、张国祥、王永和、何群、魏丽敏等主、参编
3	长沙市地基基础设计与施工规定 DB43/010—1999	湖南科学技术出版社	2000	魏丽敏、熊剑、冷伍明、何群等主、参编
4	土木合成材料——加筋土结构应用技术指南	人民交通出版社	2017	徐林荣参编

续表2.4.5

序号	法规名称	出版社	出版年份	作者
5	模板工程安全自动监测及时规程 T/CECS 542—2018	中国建筑工业出版社	2018	陈晓斌等参编
6	铁路工程地质原位测试规程 TB10018—2018	中国铁道出版社	2018	徐林荣参编

2. 教改项目

岩土工程学科承担的教改项目见表2.4.6。

表 2.4.6　教改项目(省部级及以上)

序号	负责人	项目名称	起汔年份	备注
1	王永和	铁路高等教育评估研究与实践	1996—1999	主持
2	王永和	一般工科院校培养的人才素质要求与人才培养模式的研究与改革实践	1996—1999	参与
3	王永和	铁路高等教育工程本科教育(一般院校)人才培养模式与素质要求的研究与改革实践	1998—1999	主持
4	王星华	改革现有管理模式，加强研究生创新素质培养的研究	2000	主持
5	王永和	普通高校成人教育创新教育模式的研究与实践	2000—2004	主持
6	王永和	中国入世后高等教育国际合作发展模式的研究与实践	2002—2005	主持
7	何群、魏丽敏、王永和、冷伍明、方理刚	"土力学与基础工程"精品课程建设	2006	主持
8	徐林荣、肖武权、乔世范、张家生	"中南大学娄底工务段省级优秀工程地质实习基地"建设	2006—2007	主持
9	金亮星	国内外岩土工程核心课程教学方法的比较研究与实践	2016—2018	主持
10	陈晓斌	面向"一带一路"的铁路工程国际化教育与研究	2017—2019	参加
11	陈晓斌	铁道工程专业国际化人才培养模式的研究与实践	2019—2020	参加
12	陈晓斌	高校留学生专业课程全英文教学模式研究	2019—2020	参加

3. 教学获奖和荣誉

岩土工程学科教学研究成果获奖见表 2.4.7。

表 2.4.7　教学获奖和荣誉 (省部级及以上)

序号	获奖人员	项目名称	获奖级别	获奖年份
1	王永和等	新形势下成人高等教育教学管理的探索与实践	湖南省优秀教学成果三等奖	1997
2	王永和	将教改成果固化到教学计划和人才培养中的探索与实践	湖南省高校教学管理专业委员会优秀论文一等奖	1999
3	王永和	将教改成果固化到教学计划和人才培养中的探索与实践	中国高等教育研究会优秀论文二等奖	2001
4	王永和等 5 人	普通高校一般院校创办一流教育的研究与实践	湖南省优秀教学成果一等奖	2001
5	王永和等	高等教育工程本科 (一般院校) 人才培养模式与素质要求的研究与改革实践	湖南省优秀教学成果二等奖	2001
6	雷金山	因材施教，培养工程应用研究与开发型优秀人才	湖南省高等教育优秀教学成果三等奖	2001
7	王永和等 5 人	普通高校一般院校创办一流教育的研究与实践	国家优秀教学成果二等奖	2002
8	王永和、魏丽敏、何群	对本科教学随机性水平评价工作的认识与实践	全国铁路教育系统优秀论文一等奖	2003
9	王星华等	《岩石力学与工程》教材	国家教学成果二等奖	2005
10	魏丽敏、何群、王永和	基础工程课程设计的改革探索	全国铁路优秀教育论文二等奖	2005
11	王永和、魏丽敏、何群、冷伍明、方理刚	土力学与基础工程	湖南省精品课程	2006
12	徐林荣、肖武权、乔世范、张家生	中南大学娄底工务段省级优秀工程地质实习基地	湖南省优秀实习基地	2007
13	张家生	土建类创新型本科专业人才培养体系的研究与实践	湖南省教学成果二等奖	2009

（四）人才培养实验条件建设

20世纪50年代初成立土力学教研室的同时，土力学实验室组建，后不久又增设了地质实验室，承担着全校相关专业的土力学和工程地质教学实验工作。2000年，土力学实验室更名为"岩土工程实验室"。近十年，岩土工程实验室依托学校三个国家级重点学科（岩土工程、道路与铁道工程、桥梁与隧道工程），以及"高速铁路建造技术国家工程实验室""重载铁路工程结构教育部重点实验室""轨道交通安全教育部重点实验室"和"土木工程安全科学湖南省高校重点实验室"，在这些国家和省部级重点实验室和学校985、211工程立项建设中，岩土工程试验设备和条件得到了前所未有的加强，为本学科的科研实验和人才培养提供了坚实支撑。

除了拥有齐全的常规岩土力学实验设备外，还购置和研制了一些大型实验装置，在人才培养方面发挥了不可或缺的重要作用，主要包括：

LG100D液塑限联合测定仪15台套、GJ-2低压固结仪16台套、SDJ-1A电动直剪仪16台套和TSZ-1三轴剪力仪7台套：主要用于本科生和研究生的教学和研究性实验。

DDS-70微机控制动三轴试验系统：主要用于细粒土的动强度试验、动弹模和阻尼比试验、疲劳试验及砂土液化试验。

GDS全自动三轴及非饱和土试验系统：主要用于细颗粒土的标准三轴试验、非饱和土强度试验、渗透试验和应力路径试验。

SZ304型粗粒土三轴剪切试验系统：主要用于粗颗粒土的三轴试验、蠕变试验、加筋土强度试验。

TAW-800大型直接剪切试验系统：主要用于粗粒土直剪试验、土与结构物的剪切试验和加筋土力学参数试验。

TAW-3000电液伺服岩石三轴试验系统：主要用于岩石的单轴抗压强度试验、弹性模量和泊松比试验、三轴抗剪强度试验及蠕变试验。

TAJ-2000大型动静三轴试验系统：主要用于粗粒土动强度试验、粗粒土动弹模和阻尼比试验、蠕变试验及加筋土动力特性试验。

TGJ-500微机控制电液式粗粒土工固结试验系统：主要用于粗粒土的压缩试验、固结试验和蠕变试验。

轨道-路基足尺动力模型试验系统：可模拟不同轴重、不同速度和多个列车轮对同时作用下有砟和无砟铁路路基动力试验，模型比例可达1∶1。

深基础与上部共同作用大型模型试验槽：模型槽宽5 m、长6 m、深12 m（扩展深度24 m），可安置大比例深基础与上部结构共同作用试验模型。

4联振动台实验系统：由四个可移动间距的4 m×4 m振动台组成，每个振动台为6自由度，可以承担路基、边坡和地基基础等地震模拟试验。

岩土工程实验室是土木工程国家示范实验室的重要组成部分,实验室现有专职和兼职实验人员 5 名,其中副教授 1 人,讲师 2 人,工程师 2 人。现有实验用房面积 662 m²,设备总值 300 多万元。

岩土工程实验室是学院岩土工程国家级重点学科的依托实验室。每年承担土木工程、工程管理、工程力学专业 20 多个班 700 多名本科生和 80 多名研究生的实验教学,每年完成实验教学工作量约 3000 学时。开设了土力学实验、岩石力学实验、工程地质实验、高等土力学实验、土工合成材料实验、防水材料实验。土力学实验项目包括土的密度实验、含水率实验、液塑限实验、固结实验、直剪实验和三轴压缩实验、动三轴实验等;岩石力学实验包括密度实验、含水率实验、吸水率实验、单轴抗压强度实验、单轴压缩变形及劈裂强度实验等;工程地质实验包括岩矿辨识实验、岩浆岩、沉积岩、变质岩认识实验、地质构造、岩层产状要素、岩层走向、地质构造认识试验等;高等土力学实验主要是邓肯-张模型实验;土工合成材料实验包括土工格栅的拉伸实验、土工布拉伸实验、CBR 顶破强力实验、刺破强力实验及撕破强力实验等;防水材料实验包括防水材料拉伸性能实验、密度实验、硬度实验、老化实验等。

实验室主要的仪器设备:液塑限联合测定仪、直剪仪、固结仪、高压直剪仪、高压固结仪、应变控制式全自动三轴仪、应力应变控制式全自动三轴仪、土动三轴实验系统、非饱和土实验系统、岩石切割机、岩石磨平机、岩石钻石机、压力实验机、维卡测定仪、老化箱、电子万能实验机、土工合成材料垂直渗透仪、土工合成材料水平渗透仪、土工膜抗渗仪等。

四、科学研究

(一) 主要研究方向

经过 50 多年的建设与发展,岩土工程学科在国内具有一定的优势,在刘宝琛院士带领下,部分研究领域在国内还享有较高的声誉,特别是随机介质理论在岩土及地下工程中的应用,解决了建筑物下、河下及铁路下各种开挖工程的安全问题,在国内外岩土工程界有着较高的声誉。本学科点已经形成了路基工程静动力特性及变形控制研究、软弱土加固与地下水防治技术、边坡工程与加固技术、地基基础动力特性和沉降控制技术及特殊路基与新型支挡结构工程等稳定具有明显特色和优势的研究方向。

1. 高速和重载铁路路基工程静动力性能与关键技术

本方向结合国家 863、自然科学基金和省部级重要项目,依托国家高速和重载铁路建设和提速重大需求,对铁路路基模型试验技术、填料静动力性能、路基结构动力学计算理论、过渡段设置方法、沉降控制技术、路基状态评估和加固技术持续开展了研究,创建了车-轨-路-地结构系统时空耦合模型,提出了轨下结构层的耦合计算方法和基于过渡段刚度匹配的计算优化方法，自主研发了路基变形监测评估系统，完善和发展了重载列车运行条件下铁路路基静动力性能试验、快速检测和强化分析理论和设计方法，为高速和重载铁路建设提供重要技术支撑。

2. 重大交通路基与边坡工程病害机理与快速处治技术

本方向先后主持并完成了国家"七五""八五"攻关课题和973项目。深入研究了岩石边坡的破坏机制及判据、边坡的加固机理及技术、边坡稳定性分析新方法等重要问题，开展铁路和公路路基及边坡工程病害孕育机理、成灾机制、评估预警和加固技术的持续性研究，提出了岩土极限分析非线性分析方法，建立了利用塑性区滑移线划分单元的运动单元法理论和数值分析技术，开发了多种新型加筋土结构、预应力路基新结构和排水钉等，研究成果在铁路、公路、水利、矿山等多项复杂边坡工程中得到成功应用。

3. 软弱土加固与地下水防治技术

本方向重点对饱和沙土的动力学特性、高原多年冻土的保护方法、岩溶地层的处理方法、高原地区季节性冻土的保护方法、加速淤泥质土固结的方法以及山岭隧道和海底隧道的防治水技术进行研究，研究各种基础（特别是桩基础）在这些软弱土地基中与土的相互关系及其变形控制的措施，为国家相关的重点工程建设提供技术支撑。

4. 地基基础动力特性和沉降控制技术

快速和重大交通工程对桥梁地基基础提出了不少新的或更加严格的要求，本方向针对我国交通建设中特别是高速铁路桥梁上部结构与基础相互作用的关键技术问题，重点对高速列车荷载作用下桥墩—桩基—地基体系动力响应性状、高速铁路墩台基础沉降控制技术和设计理论、复杂条件下土工结构探测和评价技术等问题开展了系统深入的研究工作，为快速和重大交通工程地基基础工程设计、运行安全评估提供了理论基础和技术支撑。

5. 非饱和土力学热力学基础与行为

瞄准寒旱区高速铁路非饱和路基填料，研究非饱和土填料中水气迁移与相变过程，揭示非饱和土填料的冻胀—融沉机制，进而探讨非饱和路基服役性能演化规律，形成非饱和土的成套理论，建立描述非饱和冻土土水热力关系数值计算方法和平台。

6. 轨道交通岩土工程智慧建养关键技术

开展智慧交通岩土工程前瞻性、基础性和应用性研究，完成散体材料（铁路道砟、级配碎石、粗颗粒土和地基土等）性能演化基础性研究，基于BIM协同及时实现散体材料（铁路道砟、级配碎石、粗颗粒土和地基土等）服役状态智能感知、评估及灾变控制，特别是在智能道砟、粗颗粒岩土工程材料、信息化施工技术方面形成计算、监控和预警一体化的轨道交通岩土工程智慧建养关键技术，研发智能岩土工程信息管理系统，并在实际工程中推广应用。

7. 特殊土路基与支挡结构动力稳定性研究与服役性能

结合武广高铁红黏土路基、云桂高铁膨胀土路基、京沈高速铁路膨胀岩路基、潭邵高速公路红砂岩路基、安邵高速公路煤矸石路基、武广高速及岳宁大道软岩等特殊土路基的动力稳定性研究成果，形成特殊土路基的长期动力稳定性评价、变形控制、设计方法及新材料研发等成套研究成果；结合格宾挡墙、绿色格宾挡墙、土工格栅加筋土挡墙、桩锚支护结构、桩基托梁+重力式挡墙、重力挡墙+锚杆格构梁、桩板墙+锚杆格构梁、多级边坡格构锚杆支护等支挡结构在静、动荷载下的试验研究和理论分析，形成柔性和刚性、单一和组合、单级和多级等不同形式、不同性质支挡结构的动力稳定性、变形控制、设计方法及结构优化等凸显性研究成果。提出地震土压力非线性分布的完备理论解，获得适用于任意土性、任意墙背倾角、任意填土面墙角的地震土压力非线性分布通用公式，开发了地震土压力计算软件。

8. 复杂环境下高速/重载铁路桥梁桩基承载变形特性及分析方法

完成广深准高速铁路、温福铁路、秦沈客运专线与多条高速铁路(如京沪、武广、沪宁、杭甬)桥梁桩基和朔黄重载铁路桥梁桩基现场试验、承载与变形特性研究，以及环境变化(堆载、开挖、河道疏浚、新建建筑、地下水位下降等)对临近桥梁桩基工作性能影响的研究。揭示复杂环境变化作用下高速/重载铁路桥梁桩基承载与变形机理，形成复杂环境变化作用下高速/重载铁路桥梁桩基分析理论、计算方法及其桥梁桩基服役性能分析与评价方法(含软件)，制订桥墩桩基病害整治措施优选策略。

9. 移动交通荷载作用下散体路基材料服役性能关键基础理论

持续深化与美国伊利诺伊大学和英国利兹大学的合作，研发可真实模拟移动交通荷载重复作用下散体路基(粗粒土填料、级配碎石和道砟)层内复杂应力状态(包含主应力旋转效应在内的复杂应力路径)的大、中、小型静-动三轴和真三轴试验系统，针对不同类型和级配的散体路基材料，开展不同荷载和环境因素条件下的室内单元体、模型槽和全尺寸加速加载试验，揭示散体路基材料的模量、强度和变形累积特性与材料属性参数之间的内在关联，建立考虑应力依赖性、横观各项异性、水-力-热耦合效应的散体路基材料弹塑性本构关系和预测模型，揭示散体材料颗粒破碎机制及其与力学性能演变的内在规律并提出相应的预测模型，研究成果可推广应用于国内外典型的铁路、公路和机场道面实体工程之中并加以验证，形成散体路基材料合理利用及优选、全寿命周期力学设计法、动力稳定性评价、长期变形控制、"绿色"(可持续)路基材料就地取材关键技术等成套高显示度研究成果。

10. 高阶完备协调有限元插值函数构造理论及有限元软件系统

提出用一种混合整体坐标和等参坐标的方法构造出各种有限元问题的高阶完备又协调有限元插值函数，使得有限元插值函数的计算精度到达最高。基于线性变换坐标与等参坐标混合坐标法，而不是基于单一坐标系统构造求解物理量的插值函数，可使有限元分析软件的计算精度大幅度提高，提高结构设计的安全可靠性，优化结构设计，更能适应各种曲面(曲线)边界，从而为工程、航空和航天等建设带来巨大的经济效益。

（二）科研项目

1989 年以来，学科承担的国家级科研项目见表 2.4.8。

表 2.4.8 国家级科研项目表

序号	项目(课题)名称	项目来源	起讫时间	负责人
1	勘探新技术——几种原位测试技术机理研究	国家自然科学基金面上项目	1989—1992 年	陈映南、姜前
2	加筋土结构基本性状研究	国家自然科学基金面上项目	1991—1993 年	华祖焜、王永和
3	振动注浆技术机理的应用研究（59979001）	国家自然科学基金面上项目	1999—2002 年	王星华
4	振动注浆技术机理的应用研究（59979001）	国家自然科学基金面上项目	1999—2002 年	王星华、王永和
5	基于模糊控制理论的筋土界面参数测试方法与计算模型合理选择研究（50578159）	国家自然科学基金面上项目	2005—2008 年	徐林荣
6	地下工程承压地下水的控制与防治技术研究（2007AA11Z134）	863 计划项目	2007—2010 年	王星华
7	高速交通荷载作用下桥墩-桩基-地基体系动力响应性状研究（50678175）	国家自然科学基金面上项目	2007—2009 年	冷伍明
8	高速铁路无碴轨道高密集度过渡段路基的动力特性与变形控制研究（50678177）	国家自然科学基金面上项目	2007—2009 年	王永和
9	客运专线无碴轨道红粘土地基变形特性与动力稳定性研究（50778180）	国家自然科学基金面上项目	2008—2010 年	杨果林
10	时空统一随机介质变形破坏判据及其在环境岩土工程中的应用基础研究（50708116）	国家自然科学基金青年科学基金项目	2008—2010 年	乔世范
11	重载铁路桥梁和路基检测与强化技术研究（2009AA11Z10）——路基检测与强化技术试验	863 计划专题	2009—2011 年	冷伍明
12	重载铁路桥梁和路基检测与强化技术（2009AA11Z10）——路基状态评估系统研究	863 计划专题	2009—2011 年	乔世范
13	碎石土路堤填料蠕变核函数基础理论研究（50908233）	国家自然科学基金青年科学基金项目	2009—2012 年	陈晓斌

续表2.4.8

序号	项目(课题)名称	项目来源	起讫时间	负责人
14	高速铁路无砟轨道桩-筏复合地基固结特性与沉降控制机理研究(51078358)	国家自然科学基金面上项目	2011—2013 年	徐林荣
15	重大工程灾变滑坡区地质过程及孕灾模式(2011CB710601)	973 计划课题	2011—2015 年	方理刚
16	高速铁路墩台群桩基础负摩阻力及沉降特性研究(51108464)	国家自然科学基金青年科学基金项目	2012—2014 年	聂如松
17	高速铁路路基长期动力稳定性评价方法研究(51278499)	国家自然科学基金面上项目	2012—2015 年	杨果林
18	高速铁路软土地基沉降变形规律与控制方法研究(U1134207)	国家自然科学基金高铁联合基金	2012—2015 年	徐林荣
19	高速铁路桥梁桩基工后沉降机理与预估方法研究(51208518)	国家自然科学基金青年科学基金项目	2013—2015 年	杨奇
20	基于大变形理论的岩土材料热-力本构特性的研究(51208519)	国家自然科学基金青年科学基金项目	2013—2015 年	张升
21	泥石流危害桥隧工程成灾链特征与工程易损度动态评价方法研究(41272376)	国家自然科学基金面上项目	2013—2016 年	徐林荣
22	挡墙粘性土地震土压力非线性分布分析方法研究(51308551)	国家自然科学基金青年科学基金项目	2014—2016 年	林宇亮
23	高速列车荷载作用下路堤填料(粗粒土)疲劳损伤-蠕变变形耦合分析(51378514)	国家自然科学基金面上项目	2014—2017 年	张家生
24	山区支线机场高填方变形和稳定控制关键基础问题研究——不良级配土石混合料及特殊土的本构关系(2014CB047001)	973 计划课题	2014—2018 年	盛岱超
25	高频循环移动荷载作用下高速铁路非饱和路基填料受力变形特性及预测模型研究(51508577)	国家自然科学基金青年科学基金项目	2015—2017 年	肖源杰
26	斜打水泥土桩加固土质路堤的作用机理和稳定性评价研究(51408613)	国家自然科学基金面上项目	2015—2017 年	赵春彦
27	高速铁路路膨胀土路堑新型基床结构研究(51478484)	国家自然科学基金面上项目	2015—2018 年	杨果林
28	基于孔隙尺度的非饱和土蒸发机理研究(51508578)	国家自然科学基金青年科学基金项目	2016—2019 年	滕继东

续表2.4.8

序号	项目（课题）名称	项目来源	起讫时间	负责人
29	高速铁路桥梁桩基工后沉降机理与预估方法研究（51208518）	国家自然科学基金面上项目	2016—2019年	杨奇
30	南方多雨地区重载铁路路基瞬态饱和区动孔压演化基础研究（51678575）	国家自然科学基金面上项目	2016—2020年	陈晓斌
31	基于智能颗粒传感和CT扫描的快速重载铁路有砟道床动力响应微细观机理分析研究（51878673）	国家自然科学基金面上项目	2017—2019年	肖源杰
32	复杂环境下轨道交通土建基础设施防灾及能力保持技术（2017YFB1201204）	国家重点研发计划项目子课题	2017—2019年	徐林荣
33	非饱和土与土的本构关系	国家自然科学基金优秀青年科学基金项目	2017—2020年	张升
34	高边坡复合支挡结构抗震设计方法与试验研究（51678571）	国家自然科学基金面上项目	2017—2020年	林宇亮
35	预应力加固强化铁路路基的机理与设计理论研究（51678572）	国家自然科学基金面上项目	2017—2020年	冷伍明
36	堆载作用下深厚软土塑流与高铁桥梁桩基相互作用机理及计算方法研究（51878671）	国家自然科学基金面上项目	2017—2020年	魏丽敏
37	强震区宽缓与窄陡沟道型泥石流动力学特征（2018YFC1505403）	国家重点研发计划项目课题	2018—2021年	徐林荣
38	重载铁路膨胀土路堑基床结构长期动力稳定性研究（51778641）	国家自然科学基金面上项目	2018—2021年	杨果林
39	湿度变化及动荷载作用下风化红砂岩颗粒崩解演化的细观尺度基础研究（51978674）	国家自然科学基金面上项目	2019—2022年	陈晓斌
40	多级边坡格构式锚杆支护结构的抗震分析理论与设计方法（51878667）	国家自然科学基金面上项目	2019—2022年	林宇亮
41	重载铁路道床-路基接触层水动力特征与颗粒迁移机理研究（51878666）	国家自然科学基金面上项目	2019—2022年	聂如松
42	寒区高速铁路非饱和土路基水气迁移冻融机理及服役性能演化规律研究（U1834206）	国家自然科学基金高铁联合基金	2019—2022年	盛岱超

续表2.4.8

序号	项目(课题)名称	项目来源	起讫时间	负责人
43	非饱和冻土气态水迁移与相变机理研究	国家自然科学基金面上项目	2019—2022 年	滕继东
44	新型预应力路基结构的动力性能与分析方法研究(51978672)	国家自然科学基金面上项目	2019—2022 年	冷伍明
45	新型多节泡压密注浆土钉的抗拔机理及计算方法研究(52008401)	国家自然科学基金青年科学基金项目	2020—2022 年	叶新宇
46	高、低应力下粗粒土的破碎演化规律及统一本构模型研究(52008402)	国家自然科学基金青年科学基金项目	2020—2022 年	童晨曦

(三)科研获奖

1978 年以来本学科教师主要科研奖励见表 2.4.9。

表 2.4.9　科研成果奖励表(省部级及以上)

序号	成果名称	获奖年份	奖励名称	等级	完成人
1	建筑物下及河下采煤地表移动规律及建筑物保护加固研究	1977	冶金部科学大会奖		刘宝琛等
2	锚固桩试验	1978	全国科学大会奖		熊剑、华祖焜、王永和(参加)
3	建筑物下及河下采煤地表移动规律及建筑物保护加固研究	1978	湖南省科学大会奖		刘宝琛等
4	锚定式支挡建筑物——锚固桩	1978	湖南省科学大会奖		熊剑、华祖焜、王永和(主持)
5	旱桥锚定板桥台设计原则	1986	铁道部科技成果奖	四等奖	华祖焜等
6	大瑶山长大铁路隧道修建新技术	1989	铁道部科技进步奖	特等奖	张俊高等(参加)
7	地基土几种原位测试技术研究	1989	铁道部科技进步奖	一等奖	陈映南、夏增明、楚华栋等(参加)
8	重载铁路基本技术条件	1989	铁道部科技进步奖	三等奖	顾琦、曾阳生等(参加)
9	地基土几种原位测试技术研究	1990	国家科技进步奖	三等奖	陈映南、夏增明、楚华栋等(参加)

续表2.4.9

序号	成果名称	获奖年份	奖励名称	等级	完成人
10	本溪水泥厂在采煤区地表建设大型架空索道研究	1992	辽宁省科技进步奖	一等奖	刘宝琛等
11	加筋土结构研究	1993	湖南省科技进步奖	二等奖	华祖焜、王永和等（主持）
12	成层土原位测试技术机理与应用研究	1994	湖南省科技进步奖	二等奖	陈映南等（主持）
13	块石砂浆胶结充填技术研究	1994	中国有色总公司科技进步奖	一等奖	傅鹤林（参加）
14	地下水防治技术——江西铜业公司城门山铜硫矿湖泥注浆技术研究	1994	中国有色金属工业总公司科技进步奖	三等奖	王星华
15	加筋土地基研究	1995	湖南省教委科技进步奖	一等奖	华祖焜、魏丽敏、王永和等（主持）
16	西藏罗布莎铬铁矿露天边坡稳定性研究	1995	西藏自治区科技进步奖	二等奖	刘宝琛等
17	铁路支挡建筑交互式辅助设计系统	1998	山东省优秀成果	三等奖	张国祥
18	高陡边坡工程与计算机管理技术研究	2000	国家科技进步奖	三等奖	张家生
19	粘土固化浆液在地下工程中的应用	2001	湖南省科技进步奖	三等奖	王星华
20	浅基础极限承载力及稳定性的可靠性设计研究	2003	湖南省科技进步奖	三等奖	冷伍明、何群
21	湖南省优秀博士后	2004	湖南省人事厅		王星华
22	铁路岩溶路基水平帷幕注浆加固试验研究	2004	湖南省科技进步奖	三等奖	王星华
23	粘土固化浆液固化剂	2004	中国有色金属工业科学技术进步奖	三等奖	王星华
24	南京地铁软流塑地层浅埋暗挖隧道和大跨度浅埋暗挖隧道群穿越旧建筑物施工技术	2004	江苏省科技进步奖	二等奖	王星华

续表2.4.9

序号	成果名称	获奖年份	奖励名称	等级	完成人
25	潭邵高速公路膨胀土改良技术研究	2004	湖南省科技进步奖	三等奖	杨果林、王永和等
26	公路路基基底承载力研究	2005	中国公路学会科学技术奖	三等奖	冷伍明、魏丽敏
27	加筋土结构分析理论及工程应用新技术研究	2006	湖南省科技进步奖	三等奖	杨果林、王永和等（主持）
28	湖南省膨胀土地区公路路基处治技术研究	2006	中国公路学会科学技术奖	一等奖	杨果林、王永和等（参加）
29	膨胀土地区公路路基与构造物地基处治技术研究	2006	湖南省科技进步奖	三等奖	杨果林、王永和等（参加）
30	膨胀土处治理论与工程应用新技术研究	2006	湖南省科学技术进步奖	三等奖	杨果林
31	水平层状围岩高速公路隧道结构力学行为分析与施工控制技术研究	2007	湖南省科技进步奖	三等奖	方理刚
32	青藏铁路多年冻土工程技术	2007	中国铁道学会铁路重大科技成果奖	特等奖	王星华
33	青藏铁路多年冻土隧道关键技术	2007	中国铁道学会铁路重大科技成果奖	二等奖	王星华
34	山区高速公路高陡边坡稳固及生态再造综合技术研究	2008	湖南省科技进步奖	三等奖	雷金山
35	山区公路路基轻型支护技术研究	2008	湖南省科技进步奖	三等奖	冷伍明
36	广西金属矿产资源综合利用与矿业可持续发展	2008	广西省第十次社会科学优秀成果奖	二等奖	王星华
37	公路边坡失稳分析及处治技术研究	2009	中国公路学会科技进步奖	一等奖	杨果林
38	加筋土路基力学行为与设计方法的研究	2009	中国公路学会科学技术奖	二等奖	徐林荣（参加）
39	金属矿山环境与灾害信息提取技术及预警系统	2010	中国有色金属工业协会科学技术奖	二等奖	王星华
40	特殊土地层的地下水处治技术研究	2010	湖南省科技进步奖	二等奖	王星华

续表2.4.9

序号	成果名称	获奖年份	奖励名称	等级	完成人
41	大新县大新铅锌矿地质环境调查及污染规律研究	2010	中国有色金属工业协会科学技术奖	三等奖	王星华
42	南方山区高速公路路基修筑支撑技术研究及应用	2011	湖南省科技进步奖	一等奖	冷伍明
43	武广高速铁路无砟轨道路基关键技术研究	2011	中国铁道学会科学技术奖	二等奖	王永和等（参加）
44	沿海铁路地基处理技术研究	2011	中国铁道建筑总公司科学技术奖	二等奖	徐林荣（参加）
45	地基处理新技术应用研究	2012	中国铁道建筑总公司科学技术奖	二等奖	徐林荣（参加）
46	活动断裂区高速公路修筑关键技术研究与应用示范	2012	中国公路学会科学技术奖	二等奖	徐林荣（参加）
47	京沪高速铁路地基处理与路基填筑关键技术	2012	中国铁道学会科学技术奖	一等奖	徐林荣（参加）
48	高速铁路过渡段路基关键技术研究与应用	2012	湖南省科技进步奖	一等奖	王永和、何群、杨果林、冷伍明、魏丽敏（主持）
49	城市地下空间结构耐久性评估及剩余寿命预测技术研究	2012	广东省科技进步奖	二等奖	陈晓斌（参加）
50	高速公路路基长期沉降及其对路面结构的影响	2013	湖南省科技进步奖	三等奖	王旺、陈晓斌、张家生（参加）
51	高速公路新型加筋土结构技术研究与示范工程	2013	湖南省科技进步奖	二等奖	杨果林
52	柔性生态挡墙在高速公路中的应用专题研究	2013	浙江省科技进步奖	三等奖	杨果林
53	重载铁路桥梁和路基检测、评估与强化技术	2014	湖南省科技进步奖	一等奖	冷伍明、乔世范（参加）
54	国际计算土力学协会	2014	国际学术奖		盛岱超
55	钻爆法海底隧道设计理论与关键技术	2014	天津市科技进步奖	二等奖	王星华（参加）
56	寒区客运专线路基及涵洞防冻胀技术研究	2014	中国铁道建筑总公司科学技术奖	一等奖	王星华（参加）

续表2.4.9

序号	成果名称	获奖年份	奖励名称	等级	完成人
57	沪宁城际铁路施工安全与沉降监测技术研究	2014	中国铁道学会科学技术奖	一等奖	徐林荣（参加）
58	澳大利亚岩土工程学会	2015	国际学术奖		盛岱超
59	高纬度严寒地区高速铁路修建关键技术	2015	中国铁道建筑总公司科学技术奖	一等奖	王星华（参加）
60	隧道工程有压地下水控制与防治成套关键技术及应用	2015	湖南省科技进步奖	二等奖	王星华（参加）
61	高速铁路路基工程关键技术及应用	2017	中国铁道学会科学技术奖	特等奖	徐林荣（参加）
62	复杂地层城市地铁土压平衡盾构渣土改良与掘进安全控制技术	2017	湖南省科技进步奖	二等奖	乔世范（参加）
63	煤矸石路基绿色建造关键技术及工程应用	2017	湖南省科技进步奖	二等奖	杨果林
64	超长大跨海底隧道建造关键技术与应用	2017	山东省科技进步奖	三等奖	王星华（参加）
65	膨胀土地区高速铁路路基关键技术研究	2018	中国铁路工程总公司科学技术奖	特等奖	杨果林（参加）
66	贵州喀斯特山区绿色公路建设关键技术研究	2018	贵州省公路学会科学技术奖	特等奖	乔世范（参加）
67	詹天佑青年科技奖	2018	詹天佑青年科技奖		张升
68	复杂环境条件下高铁大倾斜裸岩深水桥墩施工关键技术研究	2018	福建省科技进步奖	三等奖	聂如松（参加）
69	铁路路基边坡水害水钉法治理技术研究	2019	中国铁道学会铁道科技奖	三等奖	聂如松
70	高速铁路无砟轨道-基床表层冒浆机理与整治技术	2020	中国交通运输协会科技进步奖	一等奖	陈晓斌（参加）
71	机场综合交通枢纽填方体变形控制关键技术	2020	湖南省技术发明奖	一等奖	张升、滕继东、盛岱超（主持）

（四）代表性专著

1997 年以来，出版学术专著 32 部（表 2.4.10）。

表 2.4.10　代表性专著

序号	著作名称	出版社	出版年份	作者
1	一般工科院校人才培养模式探索——目标：KAQ	中南工业大学出版社	1997	谷士文、段承慈、王永和
2	粘土固化浆液在地下工程中的应用	中国铁道出版社	1998	王星华
3	基础工程可靠度分析与设计理论	中南大学出版社	2000	冷伍明
4	继续教育科目指南丛书	中国人事出版社	2000	王永和
5	潜在滑移面理论及其在边坡分析中的应用	中南大学出版社	2000	张国祥、刘宝琛
6	现代加筋土挡土结构	煤炭工业出版社	2002	杨果林、肖宏彬
7	钢纤维高强与超高强混凝土	科学出版社	2002	林小松、杨果林
8	随机介质理论在矿业工程中的应用	湖南科学技术出版社	2004	刘宝琛、张家生、廖国华
9	21世纪高等教育改革与发展	武汉理工大学出版社	2005	王永和
10	加筋土分析理论与工程应用新技术	中国铁道出版社	2007	杨果林、彭立、黄向京
11	高原多年冻土隧道工程研究	中国铁道出版社	2007	王星华、江亦元、汤国璋、滕冲、金守华
12	振动注浆原理及其理论基础	中国铁道出版社	2007	王星华、周海林、杨秀竹、王建
13	加筋土分析理论与工程应用新技术	中国铁道出版社	2007	杨果林、彭立、黄向京
14	膨胀土处治新技术与工程实践	人民交通出版社	2008	杨果林、刘义虎、黄向京
15	膨胀土路基的气候性灾害	人民交通出版社	2009	丁加明、丁力行
16	高速铁路无砟轨道红粘土地基沉降控制与动力稳定性	中国铁道出版社	2010	杨果林、刘晓红
17	地下工程承压地下水的控制与防治技术研究	中国铁道出版社	2012	王星华、涂鹏、周书明、龙援青、汪建刚
18	城市地下混凝土结构耐久性研究及技术应用	中国建筑工业出版社	2012	唐孟雄、陈晓斌
19	公路膨胀土加筋设计与施工新技术	中国建筑工业出版社	2012	李献民、王永和
20	柔性生态型加筋土结构及示范工程	科学出版社	2013	杨果林、沈坚、陈建荣、杨啸
21	重载铁路路基状态评估与检测技术	科学出版社	2014	冷伍明
22	重载铁路路基状态评估指南	中国铁道出版社	2015	冷伍明、乔世范
23	铁路路基工程结构抗震	科学出版社	2015	杨果林、林宇亮、杨啸

续表2.4.10

序号	著作名称	出版社	出版年份	作者
24	铁路路基与支挡结构工程抗震	科学出版社	2015	杨果林、林宇亮、杨啸
25	土力学与基础工程	北京理工大学出版社	2016	李丽民、蒋建清、林宇亮
26	膨胀土高边坡支挡结构设计方法与加固技术	科学出版社	2017	杨果林、胡敏、申权、滕珂
27	高速公路加筋煤矸石路基工程应用新技术	科学出版社	2017	彭立、杜勇立、杨果林、黄满红
28	地震作用下挡墙土压力非线性分布的计算理论与方法	科学出版社	2017	林宇亮
29	红层软岩工程特性及边坡锚固新技术研究	中南大学出版社	2017	雷金山、彭柏兴、肖武权
30	高速铁路膨胀土路基服役性能演变规律及其长期动力稳定性	科学出版社	2018	杨果林、胡敏、邱明明、王亮亮
31	复杂施工环境下运营路基服役性能评估与安全对策	中国水利水电出版社	2019	徐林荣（第二作者）
32	Advances in Environmental Vibration and Transportation Geodynamics：Proceedings of ISEV 2018	Springer Nature	2020	Tutumluer, E.、Xiaobin Chen、Yuanjie Xiao

(五)代表性成果简介

1.地基土几种原位测试技术研究

奖项类别：国家科技进步奖三等奖，1990年；铁道部科技进步奖一等奖，1989年。

本校获奖人员：陈映南(1)。

获奖单位：中南大学(1)。

成果简介：静力触探、旁压试验、动力触探等应用技术和原位测试机理，详见第3章第5节。

2.高速铁路过渡段路基关键技术研究与应用。

奖项类别：湖南省科技进步奖一等奖，2012年。

本校获奖人员：王永和(1)、何群(3)、范臻辉(4)、杨果林(6)、冷伍明(7)、魏丽敏(8)。

获奖单位：中南大学(1)。

成果简介：①发展了过渡段路基动力学计算理论：根据高速铁路过渡段路基层状结构

的受力特点，建立了有限元不同单元类型的约束方程，创建了高铁过渡段车-轨-路-地结构系统时空耦合模型，提出了高铁过渡段轨下结构层的耦合计算方法；②提出了高速铁路过渡段路基优化设计方法：提出了基于动力学特性的过渡段刚度匹配的计算优化方法，解决了过渡段的动力不平顺问题，填补了密集过渡段设计空白，成果已纳入《高速铁路设计规范（试行）》（TB10621—2009）。③解决了不良土用于高速铁路过渡段路基填筑的技术难题：提出了全风化花岗岩和软岩风化物路基填料适宜性的分类标准、改良方法和控制指标。④建立了过渡段路基动力测试体系和变形监测评估系统：自主研发了高速铁路无砟轨道过渡段路基变形监测评估系统（确立了变形监测原则，建立了变形评估指标体系，提出了变形预测方法，开发了路基变形监测评估系统）。

本项目成果在秦沈客运专线、武广高速铁路、海南东环铁路、武汉城市圈城际铁路、石武客运专线及湖南省内多条高速公路等项目中推广应用，取得了显著的直接经济效益，并有效地保证了高速铁路过渡段路基工程的建设质量。同时，该项目多项研究成果已纳入我国《高速铁路设计规范（试行）》（TB10621—2009）中，在全国推广运用。

3. 南方山区高速公路路基修筑支撑技术研究及应用

奖项类别：湖南省科技进步奖一等奖，2011年。

本校获奖人员：冷伍明（3）。

获奖单位：中南大学（2）。

成果简介：针对南方山区高速公路建设三大不利因素，围绕四大难题，采用多技术手段、多理论方法，取得了两大理论创新、三大支撑技术，并进行应用示范和推广。对比国内外研究成果，本项目的三项支撑技术先进性显著，主要有：①发展了南方山区高速公路路基设计理论：构建了南方山区公路建设场地地质力学环境评价方法；发展了路基、桥基稳定性分析与设计理论。②创新了山区高速公路路基稳定支撑技术：创新了四种路基轻型支护结构设计与处治技术，提出了土工合成材料增强路基设计与处治技术，开发了斜坡桥基处治技术。研究成果为南方山区高速公路路基、桥基提供了稳定性分析设计理论和成套的支撑技术体系，提升了南方山区高速公路建设科技水平。研究成果已被《公路路基设计规范》《公路路基施工技术规范》《公路土工合成材料应用技术规范》等国家行业标准采纳，推动了行业技术进步。为我国建设资源节约型、环境友好型公路发挥了科技引领作用。

4. 膨胀土地区高速铁路路基关键技术研究

奖项类别：四川省科技进步奖一等奖，2019年。

本校获奖人员：杨果林（2）。

获奖单位：中南大学（2）。

成果简介：项目组经过多年刻苦攻关，突破了三个方面的关键难题：①揭示了膨胀土地基胀缩作用引起的路基基床变形规律，建立了群桩抗隆起计算理论，构建了基于临界振动速度的膨胀土路基长期动力稳定评价方法,填补了膨胀土基床隆起变形设计计算及控制技术的空白;②完善了高速铁路膨胀土地基变形计算理论,提出了路基荷载条件下膨胀土地基变形修正系数,解决了膨胀土地基沉降计算精度差的难题,工后沉降的计算精度提高了50%~80%;③发明了膨胀土路堑基床水泥基防水抗裂材料,研发了装配式柔性渗排水盲沟、基床抗隆起长短微型桩等结构,建立了膨胀土地区高速铁路路基基床加固、地基处理、地下防排水、支挡与防护成套技术,实现了高速铁路膨胀土路基毫米级胀缩变形控制。研究成果在云桂、沪昆、柳南、成绵乐等10条高速铁路建设中得以应用。

5. 湖南国际科学技术合作奖

奖项类别:湖南省国际科学技术合作奖,2020年。

本校获奖人员:Erol Tutumluer(本系团队成员陈晓斌、肖源杰、乔世范)。

获奖单位:中南大学(1)。

成果简介:Tutumluer教授自2015年开始先后任中南大学"引智计划"特聘学者和"长江学者"讲座教授,积极参与高速铁路建造技术国家工程实验室和重载铁路工程结构教育部重点实验室的科研工作,并担任学术带头人,着力于人才培养。建立了多源复杂环境荷载条件下艰险线域路基及边坡灾害评估与处治设计基础理论。研发了行车无干扰的路基状态快速检测设备、基于"智能道砟"无线传输传感器网络系统、重载铁路道床力学响应云端监测系统、粗颗粒土路基连续压实技术与压实度检测设备、多源传感网络驱动的铁路路基和边坡动力响应与隐藏病害智能监测系统、智慧感知技术驱动的轨铁路路基工程服役状态感知和监控平台等。推进了科技创新及相关专业人才培养工作。

6. 机场综合交通枢纽填方体变形控制关键技术

奖项类别:湖南省技术发明一等奖,2020年。

本校获奖人员:张升(1)、滕继东(2)、梁思皓(3)、Sheng Daichao(6)。

获奖单位:中南大学(1)。

成果简介:项目针对我国大型机场交通枢纽工程后期变形、不均匀变形、扰动变形难控制等难题,在科技部973项目、国家自然科学基金等项目的资助下,形成了下穿工程影响机场填方变形的核心因素溯源、测试分析及控制全套关键技术,弥补了巨量现场填料级配定量评价、气态水防控的空白,攻克了工程下穿填方大尺寸模拟和原位测试的难题,实现了对受扰动填方变形全程控制的重大突破。本项目获授权国家发明专利19项、软件著作权3项,制定国家民航行业标准2本,发表影响因子2.0以上SCI论文21篇、《岩土工程学报》论文22篇,获国际奖项2项、国内行业奖项2项。研发成果受到英国皇家工程院院士E. Alonso教授、国际土壤建模协会主席H. Vereecken教授、国际土力学与岩土工程协会主席C. W. W. Ng教授、澳大利亚工程院院士B. Indraratna教授等正面评价。近十年以来,项目的核心技术发明在10余个国内机场综合交通枢纽工程中应用,有力推动了我国机场交通枢纽填方设计和施工技术进步,保障了机场的建设及运营安全。

7. 高速铁路无砟轨道−基床表层冒浆机理与整治技术

奖项类别：中国交通运输协会科技进步奖一等奖，2020 年。

本校获奖人员：陈晓斌(6)。

获奖单位：中南大学(4)。

成果简介：项目组通过理论分析、数值模拟、实尺模拟试验、现场试验等手段，对高速铁路无砟轨道−基床表层冒浆形成机理、等级评定与整治技术进行了系统研究，取得了以下创新性成果：①建立了基床级配碎石动态孔压、固液耦合细观力学计算模型，揭示了高速列车激励下饱和基床层瞬态高孔压形成机制与发展规律，明晰了基床层粗颗粒破碎演化规律，提出了基床层细颗粒增量预测模型，阐明了高速铁路无砟轨道−基床表层冒浆产生的宏细观机理与发展规律。②提出了基于高速铁路检测车时频分析和图像识别的基床表层冒浆快速识别方法，创新了基于检测车动态检测及原位动力学测试的基床表层冒浆等级评定技术，构建了高速铁路无砟轨道−基床表层冒浆病害等级评定技术标准。③研制了无砟轨道嵌缝材料、基床表层离缝填充材料及其配套设备与工艺，提出了整治效果无损快速评价方法，构建了高速铁路无砟轨道−基床表层冒浆整治成套技术。2014 年始采用该技术，已对我国华南、东南地区范围内的多条高铁线路(京沪、京广、沪宁、沪杭、宁杭、杭甬等)的无砟轨道嵌缝防水进行成功修复，修复至今无砟轨道嵌缝防水状态良好，有效防止了冒浆病害的发生。后续大规模的基床表层冒浆预防性整治可参照执行。

8. 高速铁路路基工程关键技术及应用

奖项类别：中国铁道学会科技进步奖特等奖，2017 年。

本校获奖人员：徐林荣(14)、刘维正(40)。

成果简介：(1)建立了控制累积效应的铁路路基基床结构设计和动态检定技术体系。首次提出了针对高速铁路路基基床微小应变特征的基床应力应变分析计算方法、控制基床累积应变阈值的确定方法和考虑道床侵蚀的基床表层承载能力设计检算方法，制定了基床动态检定标准，形成了高速铁路路基基床结构设计和动态检定技术体系。(2)创新了铁路路基填料分类分组及压实质量控制技术体系。提出了基于颗粒形状、细粒含量、颗粒级配、液塑限指标的铁路路基填料逐级分类分组体系，制定了铁路路基填料颗粒级配类型划分标准，形成了高速铁路路基填料及压实质量控制技术体系。(3)构建了高速铁路路基桩−网(筏)结构沉降控制理论方法与技术体系。提出了桩顶与垫层相互作用的桩−网结构加筋垫层失效模式、判定准则及设计计算方法，构建了路基−垫层(筏板)−刚性桩复合地基联合作用的桩−网(筏)复合地基沉降计算方法和桩间土抛物线型地基反力模型与固结度简易计算方法，形成了高速铁路路基桩承结构沉降控制技术体系与设计方法。(4)建立了高精度的高速铁路路基变形观测、分析和评估技术体系，制定了路基病害分类方法及维护技术标准。提出了高速铁路沉降变形观测及预测分析的技术条件、控制标准和评估方法，制定了高速铁路路基病害类型分类方法及路基维护技术标准，为保障高速铁路路基长期稳定提供了重要的技术依据。

(六)学术交流

1987 年至今,本学科主办、承办、协办的重要学术会议见表 2.4.11。

表 2.4.11　重要学术会议

序号	会议主题	会议时间	备注
1	湖南省铁道学会工程委员会第一届学术年会	1987 年 4 月	承办
2	湖南省土建学会学术年会	1990 年 2 月	承办
3	湖南省土建学会岩土工程学术交流会	1990 年 11 月	承办
4	GEO-CHANGSHA—Focusing on New Developments in Soil & Rock Engineering · Engineering Geology & Environmental Geotechnigue	2007 年 11 月	主办
5	第 7 次全国岩石力学与工程试验及测试技术学术交流会	2009 年 8 月	承办
6	第一届全国"岩土工程"国家重点学科建设研讨会,18 所高校的学科带头人参会交流	2009 年 11 月	承办
7	IACGE 2013—Challenges and Recent Advances in Geotechnical and Seismic Research and Practices	2013 年 10 月	协办
8	第一届轨道交通岩土工程高峰论坛	2016 年 11 月	主办
9	第一届全国交通岩土工程学术论坛	2017 年 10 月	主办
10	第八届环境振动与交通土动力学国际研讨会	2018 年 10 月	主办
11	第二届交通岩土工程国际青年论坛	2018 年 10 月	主办

第 5 节　结构工程

一、学科发展历程

中南大学"结构工程学科"前身是长沙铁道学院工业与民用建筑专业。1978 年,长沙铁道学院开始招收工业与民用建筑专业四年制本科生,1994 年工业与民用建筑专业更名为建筑工程专业,1997 年更名为土木工程专业。目前,结构工程学科是湖南省重点学科,隶属于中南大学土木工程一级学科国家重点学科。1994 年获得结构工程专业硕士学位授予权,2000 年获得结构工程专业博士学位授予权,2003 年设立博士后科研流动站。经过几十年的发展,学科已逐渐成长为教学科研力量雄厚、国内一流的结构工程专业人才培养基地和科学研究中心。

结构工程学科的发展历程大体可分为创建（1953 年 6 月—1960 年 9 月）、发展（1960 年 9 月—2000 年 4 月）、提升（2000 年 4 月至今）三个阶段。

（一）中南土木建筑学院时期（1953 年 6 月—1960 年 9 月）

1953 年中南土木建筑学院成立时就设有铁道建筑系，设置有铁道建筑本科专业，铁道建筑专修科、铁道勘测专修科和铁道选线设计专修科。下设铁道建筑、铁道设计、测量、电机、铁道路线构造及业务共 5 个教研组。

（二）长沙铁道学院时期（1960 年 9 月—2000 年 4 月）

早在 1960 年长沙铁道学院成立之初，工业与民用建筑专业曾经招收全日制本科生，后因专业调整，学生分散到其他专业。1976 年，工业与民用建筑专业开始招生（工农兵学员）。1978 年工业与民用建筑专业开始招收全日制本科生，学制四年。1980 年开始招收工民建夜大生。1982 年开始招收工民建函授生。1985 年，长沙铁道学院成为湖南省高等教育自学考试工业与民用建筑专业的主考院校。1986 年，工业与民用建筑专业欧阳炎与中国建筑科学研究院等合作研究的"建筑工程设计软件包"，通过部级鉴定，成果获全国计算机应用展一等奖和建设部科技成果二等奖。1993 年，开设建筑企业项目经理培训班；同年，欧阳炎获铁道部有突出贡献中青年专家称号。

1994 年工业与民用建筑专业从土木工程系分出，并成立建筑工程系，工业与民用建筑专业更名为建筑工程专业；同年"结构工程"获硕士学位授予权。1996 年，开设建筑企业经理培训班。1997 年 4 月 3 日，建筑工程专业被确定为湖南省第二批重点专业；同年 6 月 14 日，全国高等院校建筑工程专业教育评估委员会正式批准建筑工程专业评估通过；同年，土木工程系和建筑工程系两个系合并成立土木建筑学院，交通土建专业和建筑工程专业合并为土木工程专业。1997 年余志武获国务院特殊津贴专家称号，1999 年，余志武获铁道部有突出贡献中青年专家称号；同年，"建筑与土木工程"获工程硕士学位授予权。

（三）中南大学时期（2000 年 4 月至今）

2000 年中南工业大学、长沙铁道学院、湖南医科大学合并组建中南大学，原长沙铁道学院结构工程学科点与原中南工业大学结构工程学科点两部分合并组成建筑工程系。同年，"结构工程"获博士学位授予权。2003 年中南大学包括结构工程在内的土木工程博士后科研流动站获准设立。2000 年，周朝阳获铁道部有突出贡献中青年专家称号，2003 年余志武获第六届詹天佑铁道科学技术奖——人才奖。2004 年，建筑工程系余志武等人与清华大学合作申报的"钢–混凝土组合结构关键技术的研究及应用"获国家科技进步奖二等奖。2005 年余志武入选湖南省首届 121 人才第一层次人选；2006 年，结构工程学科获批为湖南省重点学科，蒋丽忠入选教育部"新世纪优秀人才支持计划"。2007 年建筑工程系、材料所与湖南省建筑工程集团总公司、湖南天铭建材有限公司联合申报的"湖南省先进建筑材料与结构工程技术研究中心"获得批准；同年，余志武入选湖南省首批科技领军人才，蒋丽忠获湖南省杰出青年科学基金资助。2009 年余志武主持的 863 项目"重载铁路桥梁和路基检测与强化技术研究"获批，科研合同经费 2350 万元，同年，余志武申请的"高速铁路客站'房桥合一'混合结构体系研究"获得国家自然科学基金重点项目计划资助，这是中南大学土木工程学院首次主持国家自然科学基金重点项目。2009 年，"混凝土结构与砌体结构设计"获国家级精品课程立项建设。

2011 年，余志武主持的国家科技支撑计划课题"钢—混凝土组合结构桥梁关键技术研究"获批，科研合同经费 552 万元。2011 年，结构工程学科引进了赵衍刚教授；同年，赵衍刚申请的国家自然科学基金高速铁路基础研究联合基金重点支持项目"基于全寿命可靠度的高速铁路工程结构设计理论与方法研究"获批，余志武主持的住建部教改项目"区域内高校土木工程专业实践教学一体化改革与实践"以及省级教改项目"区域内高校土木工程专业实践教学资源共享模式研究与实践"正式启动；同年，蒋丽忠入选湖南省第二批科技领军人才，丁发兴入选教育部"新世纪优秀人才支持计划"；同年，蒋丽忠主持"钢-混凝土组合结构抗震及稳定性的研究与应用"项目获得湖南省科技进步奖一等奖，余志武参与的"混凝土桥梁服役性能与剩余寿命评估方法及应用"项目获得国家科技进步奖二等奖，排名第三。2012 年，以赵衍刚、余志武为带头人的"高速铁路工程结构服役安全"创新研究团队成功入选教育部"创新团队发展计划"；同年，结构工程学科引进了柏宇教授。

2013 年，余志武主持"新型自密实混凝土设计与制备技术及应用"项目获得国家技术发明二等奖。2014 年，卢朝辉获得国家自然科学优秀青年科学基金资助。2018 年，蒋丽忠入选长江学者特聘教授，中南大学获批以结构工程学科为依托的"湖南装配式建筑工程技术研究中心"和"湖南省装配式建筑研发型产业基地"等两个平台，罗小勇、丁发兴获得装配式绿色建造国家重点研发计划课题各 1 项。2019 年，蒋丽忠入选国家"万人计划"科技创新领军人才，并获批科技部重点领域创新团队。丁发兴获批中南大学创新驱动团队，向平入选湖南省引进海外高层次人才百人计划和湖南省湖湘高层次人才聚集工程创新人才等 2 项，丁发兴获得湖南省杰出青年科学基金项目，卢朝辉获得国家自然科学基金重点国际合作项目 1 项，周期石获得国家重点研发计划课题 1 项。

二、师资队伍

(一)队伍概况

1. 概况

在 1960 年长沙铁道学院成立之初，熊振南、杨承愆等筹办工业与民用建筑专业。1976 年正式招生后，熊振南、杨承愆、朱明达、詹肖兰、叶椿华等老师承担了工业与民用建筑专业课程教学工作。1978 年工业与民用建筑专业四年制全日制本科生开始招收。至 1993 年，杨祖钰、黄仕华、袁锦根、赖必勇、欧阳炎、邓荣飞、魏伟、余志武、杨建军、周朝阳、何刚等先后调入，工业与民用建筑专业专任教师队伍已壮大到 12 人，不但承担本专业课程教学工作，还积极开展社会服务，承担了建筑企业项目经理培训班的培训教学任务。

1994—1999 年，结构工程学科有罗小勇、陆铁坚、刘澍、周凌宇、贺学军、蒋丽忠 6 位专业教师调入，至 1999 年，结构工程专业专任教师队伍已壮大到 18 人，不但承担本科专业课程教学工作，还培养结构工程硕士，承担结构工程硕士专业教学任务。

2000—2013 年，结构工程学科共有 20 多位专任教师调入，分别为阎奇武、郭凤琪、刘小洁、丁发兴、王海波、蔡勇、匡亚川、龚永智、朱志辉、黄冬梅、国巍、周期石、卢朝辉、赵衍刚、叶柏龙、龙建光、马驰峰、王小红、喻泽红、王汉封、李长青、卫军、刘晓春、戴伟、胡文、王晓光、陈友兰、林松、邹建。3 人调出，师资队伍发展迅速，博士学位获得者比例大幅提升，有专任教师 35 名，形成了一支以中青年教师骨干为主的教学科研团队。2001 年结构工程学科开始招收培养博士研究生。

2014 年至今，结构工程学科共有 9 名(向平、周旺保、刘鹏、王丽萍、余玉洁、王琨、毛建锋、江力强、何畅)专任教师调入，1 人(赵衍刚)调出，1 人(王晓光)退休。具有海外学习研究经历的教师比例进一步提升，并优化了教师队伍年龄层级结构，现有专任教师 43 名。

结构工程学科在职教师情况见表 2.5.1。

表 2.5.1 在职教师基本情况表

项目	合计	职称				年龄			学历		
		教授	副教授	讲师	助教	55 岁以上	35–55 岁	35 岁以下	博士	硕士	学士
人数	43	15	23	4	1	7	30	6	35	5	3
比例/%	100	34.9	53.5	9.3	2.3	16.3	69.8	14.0	81.4	11.6	7.0

2. 各种荣誉与人才计划

欧阳炎，铁道部有突出贡献中青年专家称号，1993 年。

余志武，铁道部有突出贡献中青年专家称号，1999 年。

周朝阳，铁道部有突出贡献中青年专家称号，2000 年。

蒋丽忠，教育部"新世纪优秀人才支持计划"，2006 年。

余志武，湖南省首批科技领军人才，2007 年。

蒋丽忠，湖南省第二批科技领军人才，2011 年。

丁发兴，教育部"新世纪优秀人才支持计划"，2011 年。

赵衍刚为带头人的"高速铁路工程结构服役安全"创新研究团队，入选教育部"创新团队发展计划",2012 年。

卢朝辉,获得国家自然科学优秀青年科学基金资助,2014 年。

国巍,湖南省普通高校青年骨干教师,2014 年。

蒋丽忠,长江学者特聘教授,国家"万人计划"科技创新领军人才重点领域高速铁路桥梁服役安全创新团队带头人,朱志辉、国巍为团队成员,2018 年。

向平,湖南省引进海外高层次人才百人计划,2018 年。

蒋丽忠,国家"万人计划"科技创新领军人才,2019 年。

丁发兴,获得湖南省杰出青年科学基金人才项目,2019 年。

国巍,获得国家自然科学基金优秀青年科学基金资助,2020 年。

3. 出国(境)进修与访问

本学科出(国)境进修与访问情况如表 2.5.2。

表 2.5.2 教师进修与访问

姓名	时间	地点	身份
赵衍刚	1991 年 9 月—1992 年 9 月	日本清水建设株式会社	客座研究员
卫军	1992—1998 年	德国慕尼黑联邦国防军大学	工学博士学位
赵衍刚	1993 年 4 月—1996 年 3 月	日本名古屋工业大学	博士学位
周朝阳	1995—1996 年	英国曼彻斯特大学	访问学者
赵衍刚	1996 年 4 月—2009 年 3 月	日本名古屋工业大学	助理教授、副教授
赵衍刚	2001 年 9 月—2002 年 3 月	美国加州大学欧文分校	访问研究员
卢朝辉	2004 年 4 月—2005 年 3 月	日本名古屋工业大学	研究生
周朝阳	2005—2006 年	美国佛罗里达州立大学	高级访问学者
卢朝辉	2005 年 4 月—2007 年 3 月	日本名古屋工业大学	获博士学位
卢朝辉	2007 年 4 月—2007 年 11 月	日本名古屋工业大学	非长勤讲师
卢朝辉	2007 年 11 月—2009 年 11 月	日本学术振兴会	外国人特别研究员
蒋丽忠	2008 年 11 月—2009 年 7 月	美国宾州州立大学	高级访问学者
赵衍刚	2009 年 4 月—2011 年 10 月	日本神奈川大学	教授
周凌宇	2009 年 9 月—2010 年 8 月	美国肯塔基大学	访问学者
阎奇武	2010 年 2 月—2011 年 2 月	美国肯塔基大学	访问学者
周期石	2010 年 12 月—2011 年 12 月	美国肯塔基大学	访问学者
朱志辉	2010 年 12 月—2011 年 12 月	美国肯塔基大学	访问学者
蒋丽忠	2012 年 3 月—2012 年 10 月	美国宾州州立大学	高级研究学者

续表2.5.2

姓名	时间	地点	身份
刘小洁	2012 年 7 月—2013 年 7 月	美国宾州州立大学	访问学者
蔡 勇	2012 年 9 月—2013 年 9 月	美国莱斯大学	访问学者
王海波	2012 年 11 月—2013 年 11 月	美国肯塔基大学	访问学者
国 巍	2016 年 3 月—2016 年 12 月	加拿大英属哥伦比亚大学	访问学者
龚永智	2016 年 10 月—2017 年 11 月	美国肯塔基大学	访问学者
国 巍	2016 年 12 月—2017 年 12 月	美国加州大学伯克利分校	访问学者
毛建锋	2017 年 10 月—2018 年 10 月	美国伊利诺伊大学香槟分校	访问学者
王莉萍	2018 年 7 月—2018 年 8 月	澳大利亚莫纳什大学	中澳国际班教学培训

（二）历届系所（室）负责人

历届系所（室）负责人见表 2.5.3。

表 2.5.3　历届系所（室）负责人

时间	机构名称	主任	副主任	备注
1978—1981 年	建筑结构教研室	朱明达		
1981—1985 年	建筑结构教研室	杨承愻		
1985—1989 年	建筑结构教研室	詹肖兰		
1991—1994 年	建筑结构教研室	熊振南		
1991—1994 年	建筑结构教研室	欧阳炎		
1994—1995 年	建筑结构教研室	周朝阳		
1995—2000 年	建筑结构教研室	杨建军		
2000—2002 年	建筑工程系	陆铁坚		
2002—2005 年	建筑工程系	周朝阳		
2005—2011 年	建筑工程系	蒋丽忠	罗小勇、陆铁坚	
2011—2013 年	建筑工程系	蒋丽忠	罗小勇、陆铁坚、丁发兴	
2013—2016 年	建筑工程系	罗小勇	丁发兴、龚永智、卢朝辉	
2016—2019 年	建筑工程系	罗小勇	丁发兴、龚永智、卢朝辉	
2019 年至今	建筑工程系	罗小勇	丁发兴、龚永智、匡亚川、向平	

(三)学科教授简介

杨承恕教授：男，1929 年 12 月出生于湖南省湘潭县，汉族，1953 年毕业于湖南大学土木工程系，1988 年 7 月晋升为教授，并于 1993 年 10 月起享受国务院政府津贴。曾任建筑施工教研室主任。2000 年 4 月退休。现任中国房地产学会空心楼盖研究会顾问，湖南省土木建筑学会施工专业学术委员会顾问。业绩已载入《中国专家大辞典》(第九卷)、《建筑实用大词典》和《中国专学人名辞典》。长期以来，从事建筑结构、施工技术与工程管理的教学、科研与生产实践工作。先后在国内学术刊物上发表论文 20 余篇，出版专著 2 本，主编教材 2 本、参编 4 本。特别是退休后十多年，主编"绿色施工新技术与工程管理系列"丛书 13 本。主持与参加建设部和湖南省建设厅研究的科研项目有 10 余项，其中"建筑工程招投标报价系统研究与应用"于 2001 年获湖南省科学技术进步二等奖。参加研究的"拱撑式建筑用门式钢管脚手架"获湖南省科学技术进步奖三等奖。参加的"国家级工法管理及评审信息系统"通过国家建设部组织专家评审验收。参编《混凝土空心楼盖结构技术规程》(CECS175—2004)和《钢-混凝土空心楼盖结构技术规程》(建标〔2013〕6 号)。

欧阳炎教授：男，1938 年出生，汉族，铁道部有突出贡献中青年科技专家与国务院特殊津贴获得者。1964 年毕业于长沙铁道学院铁道建筑系；1964—1982 年就职于第三铁路设计院，曾参与京原线、邯长线、沈阳枢纽、本溪枢纽、南同蒲改造等工程项目的勘察、设计工作，1972—1978 年期间在中国建筑科学院结构研究所从事合作研究；1980—1988 年担任国家"六五"重点科技攻关项目"建筑工程设计软件包(BDP)"总联调技术负责人；1991 年任长沙铁道学院建筑结构教研室室主任、建筑工程系系主任；1994—1998 年担任长沙铁道学院土木建筑学院第一任院长；2001 年退休。1978 年晋升工程师；1987 年晋升副教授；1992 年晋升铁道工程和结构工程教授；1980 年获国家建筑工程总局优秀科研成果三等奖；1986 年获全国计算机应用一等奖；1987 年获建设部科技进步奖二等奖；1989 年获长沙铁道学院优秀教学成果二等奖；1991 年获国务院特殊津贴；1992 年获铁道部有突出贡献中青年科技专家称号；1996 年成为国家一级注册结构工程师。

余志武教授：见第 5 章第 2 节高层次人才简介。

卫军教授：男，1958 年生，工学博士，二级教授。长期致力于土木工程中混凝土材料性能、混凝土及预应力混凝土结构性能研究等方面的科学研究和教学工作，先后主持与承担国家级等研究项目 50 余项，获教育部首届青年骨干教师资助计划、教育部重点项目基金、国家"863"计划、国家自然科学基金(面上和重点)、铁道部重大专项、交通部西部科技计划等一系列国家级基金的资助。获得软件著作权 3 项，获发明专利授权 3 项。出版学术著作 2 部、主编本科生教材 1 部。

在岗教授：周朝阳、叶柏龙、蒋丽忠、罗小勇、丁发兴、喻泽红、周凌宇、王汉封、朱志辉、黄东梅、向平、余玉洁、国巍、周期石。简介可扫描附录在职教师名录中的二维码获取。

三、人才培养

（一）本科生培养

1. 概况

1976—1977 年，结构工程学科共培养学生约 60 人。1978—1993 年，结构工程学科共培养 12 届本科生 780 人，夜大生 454 人，函授生 403 人。1993 年，举办了第一期 240 人的企业项目经理培训班。1994—1999 年，6 年，结构工程学科共培养 6 届本科生 420 人，夜大生 382 人，函授生 324 人，结构工程硕士 14 人，进修生 2 人。2000—2019 年，结构工程学科共培养 20 届建筑工程方向本科生 2040 余人。

2. 本科生课程

结构工程学科承担的本科生主要课程有混凝土结构设计原理、钢结构设计原理、地震工程基础、建筑结构、土木工程概论、结构可靠度理论、建筑新技术、混凝土结构与砌体结构设计、房屋钢结构、高层建筑结构设计、工程结构抗震设计、特种结构、建筑结构选型、房屋工程、结构试验、建筑施工技术、结构加固与改造技术，同时还承担建筑工程方向的课程设计、实习和毕业设计指导工作。

3. 骨干课程目的、任务和基本要求

参见历年教学大纲。

4. 教学理念

本学科人才培养目标与学校定位和国家发展的大背景密切相关，2000 年合校以前，长沙铁道学院为省部属一般院校，主要培养应用型人才，要实践能力强，培养模式中的开门办学是重要的途径。通过开门办学不仅提高了学生的实践能力，而且培养了学生踏实肯干、吃苦耐劳的品德与作风。

20 世纪 80 年代，土木专业注重研究与实践，增加了工程经济与工程管理类课程，培养既懂土木工程技术，又懂一定经济与管理的符合型人才，并促进了工程管理专业的设置。

2000 年合校以后，学校为教育部直属 211、985 重点高校，人才的培养目标与一般院校有所区别。强调具有一定的研究能力和创新能力，强调个性发展，相应地在培养模式方面，学科逐步实现"学历要求+精英培养"，因材施教，培养了一批拔尖人才和领军人才。

（二）研究生培养

1. 概况

1994 年工业与民用建筑专业从土木工程系分出，成立建筑工程系，工业与民用建筑专业更名为建筑工程专业，同年"结构工程"获硕士学位授予权。1997 年 4 月 3 日，建筑工程

专业被确定为湖南省第二批重点专业；同年 6 月 14 日，全国高等院校建筑工程专业教育评估委员会正式批准建筑工程专业评估通过；同年，土木工程系和建筑工程系两个系合并成立土木建筑学院，交通土建专业和建筑工程专业合并为土木工程专业。2000 年中南工业大学、长沙铁道学院、湖南医科大学合并组建中南大学，原长沙铁道学院结构工程学科点与原中南工业大学结构工程学科点两部分合并组成建筑工程系。同年，"结构工程"获博士学位授予权。2003 年中南大学包括结构工程在内的土木工程博士后科研流动站获准设立。

2. 研究生课程

结构工程承担的研究生主要课程有：

硕士研究生：高等混凝土结构理论、高等钢结构理论、组合结构理论、预应力结构理论、结构非线性分析、结构可靠度理论、结构损伤评估与加固改造技术、结构分析软件、新型结构等课程。

博士研究生：高等结构分析理论、高等结构设计理论。

3. 优秀研究生

2000—2020 年间，结构工程学科共培养结构工程硕士 835 人，结构工程博士 107 人，其中获得湖南省省优秀博士论文 3 篇，湖南省优秀硕士论文 5 篇(表 2.5.4)。

表 2.5.4 优秀硕士、博士论文一览表

序号	学生姓名	导师姓名	论文题目	学科专业	获奖名称
1	周凌宇	余志武	钢-混凝土组合箱梁受力性能及空间非线性分析	桥梁与隧道工程	2002 年湖南省优秀博士论文
2	毛建锋	余志武	基于概率密度演化理论的列车-轨道-桥梁系统随机振动分析与应用	土木工程	2017 年湖南省优秀博士论文
3	郭凤琪	余志武	预应力钢-混凝土组合梁负弯矩区抗裂度及裂缝宽度研究	结构工程	2010 年湖南省优秀硕士论文
4	周旺保	蒋丽忠	四肢钢管混凝土格构柱极限承载力试验研究与理论分析	结构工程	2012 年湖南省优秀硕士论文
5	应小勇	丁发兴	圆钢管高强轻骨料混凝土结构受力性能研究	结构工程	2019 年湖南省优秀硕士论文

续表2.5.4

序号	学生姓名	导师姓名	论文题目	学科专业	获奖名称
6	龚威	朱志辉	列车-轨道-桥梁耦合系统高效动力分析方法研究	桥梁与隧道工程	2019年湖南省优秀硕士论文
7	朱江	丁发兴	桩-土相互作用下钢-混凝土组合刚构桥抗震耗能研究	结构工程	2020年湖南省优秀硕士论文
8	尹国安	丁发兴	柱端带拉筋多层钢-混凝土组合框架结构体系抗震耗能与损伤定量评估研究	结构工程	2020年湖南省优秀博士论文

(三)教学成果

1.教研成果

2009年，"混凝土结构与砌体结构设计"获国家级精品课程建设，2012年通过验收。

2011年，余志武教授主持的住建部教改项目"区域内高校土木工程专业实践教学一体化改革与实践"以及省级教改项目"区域内高校土木工程专业实践教学资源共享模式研究与实践"正式启动。

2013年，"混凝土结构与砌体结构设计"获国家级资源共享网络课程，2015年通过验收。

2015年，"对接国家科研平台，提升学生创新能力——大学生创新实验平台建设与实践"获得湖南省教育技术成果奖二等奖(李耀庄、王卫东、王晓光、王汉封、国巍)。

2.教材建设

结构工程学科共出版教材20部，具体情况见表2.5.5。

表2.5.5　代表性教材

序号	教材名称	出版社/编印单位	出版/编印年份	作者
1	结构力学	高等教育出版社	1983	欧阳炎(参编)
2	高层建筑结构分析	人民交通出版社	1990	李君如、詹肖兰、欧阳炎
3	建筑结构常见疑难设计(续篇)	湖南大学出版社	1990	莫沛锵、邹仲康、余志武

续表2.5.5

序号	教材名称	出版社/编印单位	出版/编印年份	作者
4	结构力学(第3、5版)	高等教育出版社	1994	陆铁坚(参编)
5	建筑结构抗震设计	湖南科学技术出版社	1995	邓荣飞、袁锦根
6	混凝土结构设计基本原理(第一、二、三、四版)	中国铁道出版社	1997	袁锦根、余志武
7	混凝土结构与砌体结构设计(第一、二、三、四版)	中国铁道出版社	1998	余志武、袁锦根
8	钢结构	中国铁道出版社	1998	杨建军(参编)
9	高层建筑结构设计	中国铁道出版社	1999	杨建军、陆铁坚(参编)
10	建筑施工与管理	湖南科学技术出版社	2001	杨承恕、李光中
11	建筑结构 CAD-PKPM 软件应用	中国建筑工业出版社	2004	王小红
12	砌体结构	华南理工大学出版社	2004	卫军
13	现代建筑施工与项目管理	吉林科学技术出版社	2007	杨承恕、方东升
14	绿色建筑施工项目管理	吉林科学技术出版社	2010	杨承恕、陈浩
15	土木工程导论	中南大学出版社	2013	余志武、周朝阳
16	混凝土结构习题集与硕士生入学考题指导	高等教育出版社	2015	阎奇武、黄远
17	混凝土结构基本原理	湖南大学出版社	2015	阎奇武、刘哲锋、黄太华
18	建筑混凝土结构设计	武汉大学出版社	2015	余志武、罗小勇、匡亚川
19	高层建筑结构设计	湖南大学出版社	2016	王海波
20	混凝土结构基本原理	武汉大学出版社	2017	徐礼华、周朝阳

3. 教改项目

本学科承担的教改项目见表 2.5.6。

表 2.5.6　教改项目(省部级及以上)

序号	项目名称	起讫年份	负责人
1	理工科应用型人才实践动手能力培养的研究与实践	2006—2008	余志武
2	"混凝土结构与砌体结构设计"国家精品课程建设	2009—2012	余志武、罗小勇

续表2.5.6

序号	项目名称	起讫年份	负责人
3	区域内高校土木工程专业实践教学一体化改革与实践	2011—2012	余志武
4	区域内高校土木工程专业实践教学资源共享模式研究与实践	2011—2012	余志武
5	"混凝土结构与砌体结构设计"国家级资源共享网络课程建设	2013—2015	罗小勇

4. 教学获奖和荣誉

本学科教学获奖和荣誉见表2.5.7。

表 2.5.7　教学获奖和荣誉（省部级及以上）

序号	获奖人员	项目名称	奖励级别	获奖年份	备注
1	余志武	土建类创新型本科专业人才培养体系的研究与实践	湖南省教育厅二等奖	2009	主持
2	周朝阳	适应国际化要求，提升工科人才工程素质的拓展性培养	湖南省教育厅二等奖	2009	参加
3	王晓光、王汉封、国巍	对接国家科研平台，提升学生创新能力——大学生创新实验平台建设与实践	湖南省教育厅二等奖	2015	参加

四、科学研究

（一）主要研究方向

结构工程学科经过几十年的发展与调整，逐步凝练了具有明显特色的如下 5 个研究方向：

1. 新型组合结构体系设计理论与应用

该研究方向从 1995 年开始一直致力于钢-混凝土组合结构的研究与应用，建立了钢-混凝土组合梁施工阶段和使用阶段的界面滑移计算理论和考虑滑移效应影响的变形分析理论（滑移-挠度耦合法），研发了多种钢-混凝土组合结构新体系：大跨度预应力钢-混凝土叠合板连续组合梁、异形钢-混凝土连续组合梁、预制装配可拆式预应力钢桁-混凝土叠合板组合梁、钢-混凝土空间组合结构等。成功地应用于岳阳琵琶王立交桥、三峡永久船闸临时施工桥、长沙锦绣华天大厦、钦州歌舞剧院等国内数十个桥梁工程和建筑工程中，取得了显著的技术经济效益和社会效益。获得国家科技进步奖二等奖 1 项，湖南省科技进步奖一等奖 3 项，教育部科技进步奖二等奖 1 项。

2. 现代预应力结构设计理论与应用

该研究方向从 1990 年开始一直致力于现代预应力结构的研究，对多种形式的无粘结预应力混凝土结构进行大量的研究，提出了无粘结预应力的抗震设计方法和构造措施，系统地提出了预应力钢-混凝土组合梁的设计方法，对预应力混凝土结构在火灾下的受力性能进行系统的试验研究和理论分析，探讨了预应力混凝土结构在火灾作用下的力学行为，提出了高温下和高温后预应力结构的实用设计计算方法，对预应力碳纤维加固技术和预应力钢丝网-聚合砂浆加固技术进行了系统的研究，提出了预应力碳纤维加固技术和预应力钢丝网-聚合砂浆加固技术的设计理论。获得国家科技进步奖二等奖 1 项，湖南省科技进步奖一等奖 1 项、二等奖 1 项，建设科技部科技进步奖一等奖 1 项，教育部科技进步奖二等奖 1 项。

3. 混凝土结构基本理论、可靠性评估与加固技术

该研究方向从 20 世纪 80 年代就开始致力于混凝土结构设计理论的研究，近十几年来又将研究领域逐渐拓广到工程结构的可靠性评估与加固改造技术、结构监测与控制等。先后提出了钢筋混凝土板及基础冲切承载力计算模式及合理设计方法将无粘结预应力筋应力与节点位移列矢一并求解的无粘结预应力混凝土结构非线性有限元分析方法以及高效确定截面呈规律性反复变化的非经典构件抗弯刚度的通用方法等，解决了平行管式空心双向板和蜂窝钢梁的抗弯刚度准确求值与合理表达等问题。实用技术方面，先后发明了抗冲切扁钢 U 形箍、双钩筋、柔性片材免胶拉结器、FRP 片材非粘加固法以及后张预应力 FRP 加固法等，先后开发了新型抗冲切配筋技术、混凝土倒 T 型叠合板楼盖技术、现浇混凝土空心楼盖技术、自密实高性能混凝土成套技术、带组合连梁混合筒体技术以及 FRP 高效快速加固工程结构成套技术等。研究成果应用于武广客专长沙站、长沙市"两馆一厅"等重点工程，取得了显著的社会、经济综合效益。获得国家科技进步奖二等奖 1 项，湖南省科技发明奖一等奖 1 项、二等奖 1 项。

4. 工程结构抗震分析与设计理论

该研究方向近二十年来对工程结构的抗震设计理论进行了较为深入的研究，提出了钢-混凝土组合梁、组合梁与混凝土剪力墙连接的组合(弱)节点的滞回恢复力模型和骨架曲线模型，建立了钢管混凝土格构柱、组合梁与钢筋混凝土柱节点在低周反复荷载作用下延性系数的经验计算公式，提出了精细拟动力试验方法及钢管混凝土组合筒体结构拟动力试验方法，进行了混凝土框筒高层结构、钢管混凝土组合筒体结构和钢框架-混凝土筒高层混合结构等结构体系的拟动力试验，开展了高速铁路桥梁抗震性能及其关键技术研究，揭示了地震作用下高速列车-无砟轨道-桥梁-墩-桩土动力系统空间耦合振动机理，构建了地震作用下高速列车-桥梁动力学分析理论框架，提出了高速铁路桥梁基于位移和损伤的抗震设计方法，确定了不同地震烈度、墩高、场地条件下高速列车行车限值的要求，为我国地震作用下高速铁路桥梁抗震设计与列车安全行车限值的制定提供了理论依据。获得

湖南省科技进步奖一等奖 1 项、二等奖 1 项。

5. 工程结构的耐久性设计理论

面对大批在役工程结构已临近设计使用年限、日益加剧的环境污染对工程结构所造成的严重影响以及大量跨世纪工程对结构设计使用寿命苛求的局面，本研究方向从 20 世纪 90 年代即致力于混凝土和预应力混凝土结构耐久性的研究，并依据耐久性研究的特点，形成了涵盖结构工程、桥梁工程、工程材料和工程力学等领域的学科交叉研究团队。长期以来，本研究团队从混凝土结构的劣化机理、耐久性设计理论与工程应用、混凝土耐久性评估与寿命预测以及结构的实用防护措施研发等方面，对环境对混凝土结构的作用、侵蚀介质的传输机理、混凝土中钢筋的锈蚀规律、混凝土和预应力混凝土结构构件的性能退化、耐久性极限状态、耐久性设计理论和方法、结构耐久性评估与寿命预测、混凝土和预应力混凝土结构的耐久性检测/监测技术及仪器设备研发以及结构耐久性问题的计算机仿真等问题进行系列研究。曾先后参与了杭州湾跨海大桥、武广客运专线、京沪高速铁路等多项国家重大工程的耐久性问题咨询与研究。获得国家科技进步奖二等奖 1 项。

6. 装配式建筑结构新体系与绿色建造技术

湖南省装配式建筑工程技术研究中心依托中南大学和高速铁路建造技术国家工程实验室，与湖南省建筑设计院有限公司、中国水利水电第八工程局有限公司、金海集团三家企业联合申报并于 2017 年 8 月获批筹建。2019 年 12 月组织成立了中心管理委员会和技术指导委员会，规划了中心的研究方向。

中心主要研究方向：①地域建筑文化与装配式建筑标准化；②新型装配式混凝土结构房屋建筑体系研发，含装配整体式混凝土剪力墙结构房屋体系、子结构装配式混凝土框架结构房屋体系、全干法齿缝连接低多层混凝土墙板建筑体系、装配整体式钢-混凝土组合结构房屋体系、装配式竹木结构乡镇住宅结构体系；③装配式房屋建筑关键产品研发，如新型周边叠合楼板、建筑-结构-保温隔热墙体；④装配式市政桥涵结构体系；⑤装配整体式地下管廊结构体系；⑥装配式建筑智能建造与高效施工技术。

中心积极对接国家和湖南省绿色建造的重大需求，一年多来已主持了 2 项国家十三五绿色建造重点研究计划的相关课题、3 项国家自然科学基金项目和数十项技术合作，与中国建筑集团、中国铁建、中国电力建设集团、湖南省建筑设计院、中民筑友、湖南长信建设集团等企业组成了合作联盟。研究成果申报了 30 余项专利，已出版装配式建筑专项技术标准 2 本，正在编写的技术标准 5 本。中心积极推动成果转化，已建成 2 条装配式混凝土构件示范生产线和工程示范项目 3 个，预计 5 年内推广中心研发产品的项目示范将达到 500 万 m^2，产值 150 亿元。

（二）科研项目

历年来，结构工程学科主持国家级科研项目见表 2.5.8。

表 2.5.8　国家级科研项目

序号	项目(课题)名称	项目来源	起讫时间	负责人
1	建筑工程设计软件包研究	国家"六五"攻关项目	1981—1985 年	欧阳炎
2	三山岛金矿断裂构造网络和导水性及建模研究	国家"八五"攻关课题	1992—1993 年	叶柏龙
3	预应力钢-混凝土组合梁受力性能与设计方法研究	国家自然科学基金面上项目	1998—2000 年	余志武
4	褶皱形成过程中的不变量和计算机建模研究	国家自然科学基金面上项目	1999—2000 年	叶柏龙
5	火灾作用下预应力混凝土结构基本性能与设计方法研究	国家自然科学基金面上项目	2001—2003 年	余志武
6	自密实高性能混凝土结构受力性能与设计方法研究	国家自然科学基金面上项目	2003—2005 年	余志武
7	钢-混凝土组合梁抗震性能研究(50208018)	国家自然科学基金青年科学基金项目	2004—2006 年	蒋丽忠
8	无粘结预应力混凝土结构的疲劳与耐久性研究(50873999)	国家自然科学基金青年科学基金项目	2004—2006 年	罗小勇
9	多维随机地震作用下高层钢-混凝土混合结构抗震性能及动力可靠度分析	国家自然科学基金面上项目	2005—2007 年	陆铁坚
10	新型钢-混凝土组合结构体系研究	国家自然科学基金重点项目	2005—2008 年	余志武
11	带组合连梁混合筒体抗震性能与设计研究	国家自然科学基金面上项目	2006—2008 年	阎奇武
12	高温下钢管高性能混凝土结构受力性能与设计方法研究	国家自然科学基金面上项目	2006—2008 年	余志武
13	柔性多体系统耦合时变动力学研究(10572153)	国家自然科学基金面上项目	2006—2008 年	蒋丽忠
14	高层和超高层钢-混凝土组合结构体系研究	湖南省杰出青年科学基金项目	2006—2008 年	蒋丽忠
15	钢筋混凝土桥梁剩余寿命评估方法的研究	交通部西部办	2007—2009 年	余志武
16	非粘锚碳纤维布加固混凝土连续梁的抗剪性能及设计方法研究	国家自然科学基金面上项目	2008—2010 年	周朝阳
17	巨型钢-混凝土组合框架结构的稳定性研究(50778177)	国家自然科学基金面上项目	2008—2010 年	蒋丽忠

续表2.5.8

序号	项目(课题)名称	项目来源	起讫时间	负责人
18	钢-混凝土组合桁架空间受力和抗震性能研究	国家自然科学基金青年科学基金项目	2008—2010 年	周凌宇
19	多相随机介质与随机地震场下超大群桩基础响应机理及行为模拟	国家自然科学基金青年科学基金项目	2008—2010 年	吴鹏
20	多维随机地震作用下底部大空间配筋砌块砌体剪力墙结构非线性动力响应及可靠度分析	国家自然科学基金面上项目	2008—2010 年	蔡勇
21	高速铁路工程结构动力学及关键技术研究（2008G-17）	铁道部重大攻关项目	2008—2010 年	余志武
22	以辨析表观破损潜在信息为辅助手段的在役混凝土结构状态分析与评估	国家自然科学基金面上项目	2009—2011 年	卫军
23	钢-混凝土组合桥梁耐久性研究	国家自然科学基金面上项目	2009—2011 年	余志武
24	重载铁路桥梁和路基检测与强化技术研究（2009AA11Z101）	科技部"863"重大计划	2009—2011 年	余志武
25	高速列车荷载作用下桥墩-桩-软土地基体系动力相互作用理论及试验研究（50808177）	国家自然科学基金青年科学基金项目	2009—2011 年	朱志辉
26	基于整体性能的钢管混凝面框架结构抗火分析与设计方法（50808180）	国家自然科学基金青年科学基金项目	2009—2011 年	丁发兴
27	高层钢结构框支交错桁架结构体系研究	国家自然科学基金面上项目	2009—2011 年	周期石
28	高速铁路桥梁抗震试验及关键技术研究	铁道部重点攻关项目	2009—2011 年	蒋丽忠
29	PowerNMCS 网络监测与控制一体化安全管理系统	国家创新基金项目	2009—2011 年	叶柏龙
30	带偏心支撑钢管混凝土框架-核心筒混合结构体系抗震性能研究（50908230）	国家自然科学基金青年科学基金项目	2010—2012 年	王海波
31	高速铁路客站"房桥合一"混合结构体系研究（50938008）	国家自然科学基金重点项目	2010—2013 年	余志武
32	高层与超高层巨型组合结构体系抗震性能研究（51078355）	国家自然科学基金面上项目	2011—2013 年	蒋丽忠
33	受腐蚀钢筋混凝土结构的时变抗震可靠度研究（51008313）	国家自然科学基金青年科学基金项目	2011—2013 年	卢朝辉

续表2.5.8

序号	项目(课题)名称	项目来源	起讫时间	负责人
34	运用零质量射流控制超高层建筑风荷载的实验研究	国家自然科学基金青年科学基金项目	2011—2013 年	王汉封
35	混凝土结构的损伤自监测与自修复关键问题研究(51008314)	国家自然科学基金青年科学基金项目	2011—2013 年	匡亚川
36	基于谱理论的混凝土结构环境作用研究(51008312)	国家自然科学基金青年科学基金项目	2011—2013 年	刘晓春
37	基于数值分析的多因素作用下重载铁路桥梁结构性能演化过程的研究	国家自然科学基金联合基金	2012—2014 年	卫军
38	钢筋混凝土结构抗震耐久性研究(51178470)	国家自然科学基金面上项目	2012—2014 年	罗小勇
39	强地震及余震下高速铁路客站系统失效机理与风险评估研究(51108459)	国家自然科学基金青年科学基金项目	2012—2014 年	国巍
40	考虑时间效应和动力效应共同作用的高速铁路组合桥梁长期性能研究(51108459)	国家自然科学基金青年科学基金项目	2012—2014 年	刘小洁
41	钢-混凝土组合结构桥梁关键技术研究(2011BAJ09B02)	国家科技支撑计划	2012—2015 年	余志武
42	基于全寿命可靠度的高速铁路工程结构设计理论与方法(U1134209)	国家自然科学基金高铁联合基金重点支持项目	2012—2015 年	赵衍刚
43	高速铁路工程结构服役安全(IRT1296)	教育部"创新团队发展计划"	2013—2015 年	赵衍刚
44	轴重 30 吨以上煤炭运输重载铁路关键技术与核心装备研制——大轴重重载运输条件下朔黄铁路桥涵评估与强化研究(2013BAG20B00)	国家科技支撑项目计划项目	2013—2015 年	余志武
45	"站桥合一"大跨度客站-列车耦合系统随机振动研究(51378511)	国家自然科学基金面上项目	2013—2015 年	朱志辉
46	超高层建筑非定常非线性气动力模型及风致非线性振动和分岔研究	国家自然科学基金青年科学基金项目	2013—2015 年	黄冬梅
47	高速铁路大跨度预应力混凝土连续梁桥多维多次地震致灾机理研究(2013G002-A-1)	中国铁路总公司重大课题	2013—2015 年	蒋丽忠
48	高速铁路大跨度预应力混凝土连续梁桥地震失效风险评估研究(2013G002-A-2)	中国铁路总公司重大课题	2013—2015 年	丁发兴

续表2.5.8

序号	项目（课题）名称	项目来源	起讫时间	负责人
49	高速铁路大跨度预应力混凝土连续梁桥基于性能的抗震设计方法研究（2013G002-A-3）	中国铁路总公司重大课题	2013—2015年	罗小勇
50	列车荷载与环境耦合作用下重载铁路桥梁疲劳数值模拟与可靠度研究（51278496）	国家自然科学基金面上项目	2013—2016年	余志武
51	超高层建筑风荷载与尾流的双稳态特性及其主动控制实验研究	国家自然科学基金面上项目	2013—2017年	王汉封
52	求解高速铁路桥梁结构系统地震反应的并行自适应算法研究（51308555）	国家自然科学基金青年科学基金项目	2014—2016年	李常青
53	恶劣环境影响下FRP加固锈蚀混凝土梁受力性能研究（51308550）	国家自然科学基金青年科学基金项目	2014—2016年	龚永智
54	重载列车荷载与环境因素耦合作用下重载铁路桥梁疲劳损伤演化机理研究	国家自然科学基金面上项目	2014—2017年	宋力
55	强震作用下高层与超高层巨型组合结构的倒塌失效机理及控制研究（51378502）	国家自然科学基金面上项目	2014—2017年	蒋丽忠
56	预应力U形碳纤维带加固持载混凝土梁的抗剪机理及计算模式	国家自然科学基金项目	2014—2017年	周朝阳
57	自然与人工模拟环境中环境-荷载耦合作用下混凝土结构氯盐侵蚀相似性研究	国家自然科学基金青年科学基金项目	2015—2017年	刘鹏
58	工程结构可靠度（51422814）	国家自然科学基金优秀青年科学基金项目	2015—2017年	卢朝辉
59	大轴重列车荷载作用下桥梁摩擦桩基力学响应与变形机理研究（51478478）	国家自然科学基金面上项目	2015—2018年	郭风琪
60	高速铁路无砟轨道-桥梁结构体系经时行为研究（U1434204）	国家自然科学基金高铁联合基金重点项目	2015—2018年	余志武
61	考虑CA砂浆层随机损伤的CRTS Ⅱ板式无砟轨道-连续箱梁桥结构受力性能演化研究（51578546）	国家自然科学基金面上项目	2015—2019年	周凌宇
62	高速铁路CRTS Ⅲ型板式无砟轨道结构体系疲劳性能试验研究（SY2016G001）	中国铁路总公司科技开发计划重点项目	2016—2017年	余志武

续表2.5.8

序号	项目(课题)名称	项目来源	起讫时间	负责人
63	新建成兰铁路高烈度地区桥梁减隔震技术研究	中国铁路总公司重大课题	2016—2017 年	蒋丽忠
64	基于概率密度演化理论的高速列车-桥梁耦合系统随机振动分析研究(51578549)	国家自然科学基金面上项目	2016—2019 年	余志武
65	重载铁路大跨度斜拉桥正交异性钢桥面板疲劳损伤机理及分析方法研究(51678576)	国家自然科学基金面上项目	2016—2019 年	朱志辉
66	局部火灾下多层钢-混凝土组合空间框架结构抗火性能与设计方法(51578548)	国家自然科学基金面上项目	2016—2019 年	丁发兴
67	基于性能的装配式混凝土建筑施工全过程公差控制理论(2016YFC0701705-1)	十三五科技重点研究计划子课题	2016 年 7 月—2019 年 12 月	罗小勇
68	极端环境条件下高速动车组通过大跨桥梁风险辨识及防控技术研究(2017YFB1201204)	国家重点研发计划项目	2017 年	朱志辉
69	开孔冷弯薄壁型钢弯剪构件的屈曲破坏机理及设计方法研究(51608538)	国家自然科学基金面上项目	2017—2019 年	王莉萍
70	高层及大跨组合结构建筑抗震性能及设计方法研究 2017YFC0703404	国家重点研发计划课题	2017 年 7 月—2020 年 6 月	丁发兴
71	地震作用下横向斜坡-桩柱基础-上部结构体系的动力特性和抗震设计方法(51678575)	国家自然科学基金青年科学基金项目	2017—2020 年	喻泽红
72	原竹结构体系研究及工程示范(2017YFC0703504)	"十三五"国家重点研发计划重点专项课题	2017—2020 年	周期石
73	湖南省装配式建筑工程技术研究中心(2017TP2001)	湖南省科技创新平台项目	2018—2020 年	罗小勇
74	多动力源作用下高速列车-轨道-桥梁系统随机振动分析与行车安全准则(51708558)	国家自然科学基金青年科学基金项目	2018—2020 年	毛建锋
75	高速铁路轨道-桥梁系统基于行车安全风险的抗震设计方法研究(51778630)	国家自然科学基金面上项目	2018—2021 年	蒋丽忠
76	列车荷载与温度耦合作用下高速铁路桥上CRTSⅢ型板式无砟轨道结构疲劳损伤行为研究	国家自然科学基金面上项目	2018—2021 年	宋力
77	干湿交替环境下混凝土硫酸盐侵蚀机理与耐久性评估	国家自然科学基金面上项目	2018—2021 年	刘鹏

续表2.5.8

序号	项目（课题）名称	项目来源	起讫时间	负责人
78	高速铁路桥梁-轨道系统大震破坏机制与功能可恢复设计方法研究（51878674）	国家自然科学基金面上项目	2019—2022 年	国巍
79	荷载与侵蚀环境耦合作用下钢-混凝土组合梁桥剪力连接件腐蚀疲劳损伤机理与寿命预测（51878663）	国家自然科学基金面上项目	2019—2022 年	匡亚川
80	纤维带绕结自锁机理及其混锚加固混凝土受弯构件性能提升研究	国家自然科学基金项目	2019—2022 年	周朝阳
81	高速铁路无砟轨道-桥梁结构体系全寿命服役可靠性研究（51820105014）	国家自然科学基金重点国际合作研究项目	2019—2023 年	卢朝辉
82	高铁轨道-桥梁体系智能养维关键技术研究（2020-专项-02）	中国中铁股份有限公司科技研究开发计划课题重大专项	2020—2022 年	余志武
83	高速铁路Ⅲ型板式无砟轨道-桥梁结构体系服役性能智能评定与预测理论研究（U1934217）	国家自然科学基金高铁联合基金重点支持项目	2020—2023 年	余志武
84	摩擦耗能减震交错桁架钢框架结构抗震性能与设计方法	国家自然科学基金面上项目	2020—2023 年	周期石
85	跨断层近场地震下高速铁路桥梁结构安全理论研究（U1934207）	国家自然科学基金联合基金项目	2020—2023 年	蒋丽忠
86	新型叠合板钢-混凝土组合框架结构抗震性能及其设计方法的研究（51978662）	国家自然科学基金面上项目	2020—2023 年	龚永智
87	地震作用下高速铁路桥上行车安全性的无网格计算及可靠性评价（11972379）	国家自然科学基金面上项目	2020—2023 年	向平
88	高速铁路工程结构抗震减震（52022113）	国家自然科学基金优秀青年科学基金项目	2021—2023 年	国巍
89	自攻螺钉连接碳纤维增韧的多层冷成型钢复合剪力墙结构抗震性能及设计方法（52008398）	国家自然科学基金青年科学基金项目	2021—2023 年	江力强
90	变电站电气回路中的设备的地震响应与差异化抗震设防标准研究（52008406）	国家自然科学基金青年科学基金项目	2021—2023 年	何畅
91	地震作用下高速铁路轨道-桥梁系统损伤机理及控制研究（52078487）	国家自然科学基金面上项目	2021—2024 年	周旺保

续表2.5.8

序号	项目(课题)名称	项目来源	起讫时间	负责人
92	柔性风屏障及其对大跨度桥梁风致振动的自适应控制	国家自然科学基金面上项目	2021—2024 年	王汉封
93	高速磁浮列车-轨道-桥梁系统随机振动分析与行车安全评估(52078485)	国家自然科学基金面上项目	2021—2024 年	毛建锋

(三) 科研获奖

历年来, 结构工程学科科研获奖见表 2.5.9。

表 2.5.9　科研成果奖励表(省部级及以上)

序号	成果名称	获奖年份	奖励名称	等级	完成人
1	平面杆系结构分析	1978	国家建设委员会	三等奖	欧阳炎
2	建筑工程设计软件包	1986	建设部科技成果奖	二等奖	欧阳炎
3	三山岛金矿防水工程研究	1994	国家黄金局科技进步奖	二等奖	叶柏龙(2)
4	河南洛宁嵩坪沟-铁炉坪地区地质测量及银金多金属矿床成矿预测与建模研究	1994	中国有色总公司科技进步奖	二等奖	叶柏龙(2)
5	无粘结预应力混凝土框架结构的抗震性能研究	1996	湖南省科学技术进步奖	二等奖	余志武(1)、罗小勇(3)、周朝阳(4)、朱明达(7)
6	青海东部阿尼玛青卿山-鄂拉山地区海相火山岩铜矿成矿条件及预测建模研究	1996	中国有色总公司科技进步奖	三等奖	叶柏龙(2)
7	预应力混凝土结构设计基本问题的研究	1998	国家科学技术进步奖	二等奖	余志武(5)
8	异形钢-混凝土叠合板连续组合梁的应用与研究	2002	湖南省科技进步奖	一等奖	余志武、周凌宇、蒋丽忠、罗小勇、魏伟、谢礼群、曹建安
9	预应力钢-混凝土组合梁受力性能与设计方法研究	2003	湖南省科技进步奖	一等奖	余志武、蒋丽忠、周凌宇、罗小勇、郭凤琪、欧阳炎

续表2.5.9

序号	成果名称	获奖年份	奖励名称	等级	完成人
10	钢-混凝土组合结构关键技术的研究及应用	2004	国家科技进步奖	二等奖	余志武、蒋丽忠、周凌宇、罗小勇、郭风琪
11	自密实高性能混凝土技术的研究与应用	2007	湖南省科技进步奖	一等奖	余志武、蒋丽忠、刘小洁、丁发兴
12	加劲肋管技术集成及其在现浇砼加劲肋楼盖中的应用	2009	湖南省技术发明奖	二等奖	周朝阳(6)
13	GBF 蜂巢芯集成技术及其在现浇混凝土双向空腹密肋楼盖中的应用	2010	湖南省技术发明奖	一等奖	蒋丽忠(4)
14	混凝土桥梁服役性能与剩余寿命评估方法及应用	2011	国家科技进步奖	二等奖	余志武(3)、蒋丽忠(9)
15	钢-混凝土组合结构抗震及稳定性的研究与应用	2011	湖南省科技进步奖	一等奖	蒋丽忠、丁发兴、余志武、龚永智、王海波、周旺保、刘小洁、蔡勇
16	拱撑式建筑用门式钢管脚手架	2011	湖南省科技进步奖	三等奖	杨建军(2)、杨承惄(4)、阎奇武(7)
17	新型自密实混凝土设计与制备技术及应用	2013	国家技术发明奖	二等奖	余志武(1)
18	重载铁路桥梁和路基检测、评估与强化技术	2014	湖南省科技进步奖	一等奖	蒋丽忠(2)、卫军(7)
19	大跨度铁路钢-混凝土组合桁架结构关键技术试验研究	2014	铁道科技奖	二等奖	周凌宇(6)、王海波(10)
20	大跨度铁路钢-混凝土组合桁架结构关键技术试验研究	2014	陕西省科技进步奖	二等奖	周凌宇(6)、王海波(7)
21	巨型网格结构体系性能及相关计算分析理论与方法研究	2015	湖南省自然科学奖	二等奖	周期石(4)
22	共站分场高铁枢组站房分期施工关键技术	2016	湖南省科技进步奖	三等奖	周朝阳(3)、朱志辉(6)
23	香根草生态加固与环境恢复新技术研究与应用	2016	云南省科技进步奖	三等奖	罗小勇(1)

续表2.5.9

序号	成果名称	获奖年份	奖励名称	等级	完成人
24	地下多点地震动生成理论和方法、软件研发及工程应用	2017	天津市科技进步奖	二等奖	国巍(2)
25	多动力作用下高速铁路轨道-桥梁结构随机动力学研究及应用	2017	中国铁路协会科技进步奖	特等奖	余志武(1)、蒋丽忠(3)、毛建锋(12)、国巍(16)、朱志辉(20)、宋力(21)、刘晓春(22)
26	强风作用下桥上行车安全保障关键技术及工程应用	2017	湖南省科技进步奖	一等奖	朱志辉(7)、王汉封(11)
27	预制装配式住宅建筑设计及施工技术研究	2018	中国施工企业管理协会科学技术进步奖	二等奖	国巍(2)
28	钢-混凝土组(混)合结构关键技术创新与实践	2018	广东省科技进步奖	二等奖	周旺保(3)
29	城市桥梁结构加固技术规程	2018	全国市政行业科学技术奖社会公益类	二等奖	周朝阳(3)
30	高速列车-轨道-桥梁系统随机动力模拟技术及应用	2019	国家技术发明奖	二等奖	余志武、蒋丽忠、朱志辉、国巍
31	结构智能监测与修复的基础问题研究	2019	教育部自然科学奖	二等奖	匡亚川(4)
32	地震作用下高速铁路轨道-桥梁系统安全防控关键技术及应用	2019	湖南省科技进步奖	一等奖	蒋丽忠(1)、毛建锋(3)、国巍(7)、朱志辉(8)、周旺保(10)、李常青(11)
33	高层钢-混凝土混合结构的理论、技术与工程应用	2019	国家科学技术进步奖	一等奖	周期石(10)
34	高速铁路无砟轨道-桥梁体系经时性能计算理论和可靠性评定	2020	中国铁道学会科学技术奖	一等奖	余志武(1)、卢朝辉(2)、刘鹏(4)、宋力(5)、刘晓春(10)、周凌宇(11)、毛建锋(17)等

续表2.5.9

序号	成果名称	获奖年份	奖励名称	等级	完成人
35	中南大学轨道-桥梁结构服役安全创新团队	2020	湖南省创新团队奖	团队奖	余志武（1）、元强（3）、蒋丽忠（4）、朱志辉（6）、宋力（8）、国巍（10）、刘鹏（14）、毛建锋（15）等
36	驻长高校知识产权在长转化优秀创新团队奖励	2020	长沙市政府	团队奖	余志武等

（四）代表性专著

出版专著 17 部，主编参编技术规程规范 20 余部，见表 2.5.10、2.5.11。

表 2.5.10　代表性专著

序号	专著名称	出版社	出版年份	作者
1	微型计算机图形学	中南工业大学出版社	1996	邓顺华、叶柏龙
2	C/C++实用教程	中南工业大学出版社	1996	邓顺华、叶柏龙
3	FORTRAN(V5.2)程序设计	中南工业大学出版社	1996	叶柏龙、邓顺华
4	建筑工程质量检验与质量控制	湖南科学技术出版社	1998	王济川、贺学军
5	建筑工程质量事故实例鉴定与处理	湖南科学技术出版社	1999	王济川、贺学军
6	城镇职工基本医疗保险信息化实用大全	湖南人民出版社	2001	丁春庭、尹铿、邓乐、叶柏龙
7	现代建筑科技与工程	国防科技大学出版社	2003	杨承惁、李光中
8	自密实混凝土设计与施工指南	中国建筑工业出版社	2004	余志武
9	现代建筑科技与工程实践	国防科技大学出版社	2005	杨承惁、李光中
10	工程结构弹塑性地震反应	中国铁道出版社	2005	贺国京、阎奇武、袁锦根、编著
11	建筑科技与项目管理	国防科技大学出版社	2006	杨承惁、李光中

续表2.5.10

序号	专著名称	出版社	出版年份	作者
12	作大范围运动柔性结构的耦合动力学	科学出版社	2007	蒋丽忠
13	管理八论	中国商务出版社	2010	叶柏龙、郑昭
14	绿色施工技术与管理	国防科技大学出版社	2011	杨承惁、陈浩
15	装配式建筑公差控制理论与工程应用	中国建筑工业出版社	2020	罗小勇、刘鹏
16	高层建筑筒体结构模型试验及理论分析	科学出版社	2020	王海波(2)
17	混凝土结构耐久性时间相似理论及其工程应用	科学出版社	2020	余志武、刘鹏

表 2.5.11　参编规程规范情况表

序号	规程规范名称	出版社	出版年份	作者
1	长沙市挡土墙及基坑支护工程设计、施工与验收规程	湖南科学技术出版社	2000	余志武等
2	长沙市地基基础设计与施工规定	湖南科学技术出版社	2000	余志武等
3	城市桥梁养护技术规范	中国建筑工业出版社	2004	罗小勇参编
4	现浇混凝土空心楼盖结构技术规程（CECS175：2004）	中国计划出版社	2005	杨建军、杨承惁编著
5	现浇混凝土空心楼盖结构技术规程（CECS175：2004）	中国计划出版社	2005	杨建军、杨承惁参编
6	建筑施工门式钢管脚手架安全技术规范（JGJ128—2010）	中国建筑工业出版社	2010	杨建军、王海波参编
7	自密实混凝土应用技术规程	中国建筑工业出版社	2012	余志武参编
8	交错桁架钢框架结构技术规程	中国计划出版社	2012	周期石参编
9	湖南省工程建设地方标准建筑：工承插键槽式钢管支架安全技术规程（DBJ 43/T 313—2015）	中国建筑工业出版社出版	2015	杨建军参编
10	城市桥梁结构加固技术规程	中国建筑工业出版社	2015	安关峰、杨斌、周朝阳等

续表2.5.11

序号	规程规范名称	出版社	出版年份	作者
11	湖南省工程建设地方标准：装配式斜支撑节点钢框架结构技术规程（DBJ 43/T 311—2015）	湖南科学技术出版社	2015	刘晓春参编
12	城市桥梁结构加固技术指南	中国建筑工业出版社	2016	安关峰、杨斌、单成林、周朝阳等
13	中华人民共和国能源行业标准：地下厂房岩壁吊车梁设计规范（B/T 35079—2016）	中国电力出版社	2016	刘晓春参编
14	住房城乡建设部行业标准：城市桥梁结构加固技术规程（CJJ/T 239—2016）	中国建筑工业出版社	2016	周朝阳参编
15	中华人民共和国黑色冶金行业标准：纤维增强复合材料加固修复钢结构技术规程（YB/T 4558—2016）	中国建筑工业出版社	2017	周朝阳参编
16	国家标准：纤维增强复合材料工程应用技术标准	中国计划出版社	2020	周朝阳参编
17	国家标准：纤维增强复合材料工程应用技术标准	中国计划出版社	2020	周朝阳参编
18	湖南省地方技术规程：单元式预制装配混凝土框架结构体系（DBJ43/T 365—2020）	中国建筑工业出版社	2020	余志武、龚永智编著
19	湖南省地方技术规程：带暗框架的装配式混凝土剪力墙结构体系（DBJ43/T 363—2020）	中国建筑工业出版社	2020	余志武、刘鹏编著
20	湖南省地方技术规程：周边叠合变阶预制混凝土楼板技术（DBJ43/T 364—2020）	中国建筑工业出版社	2020	余志武、丁发兴编著
21	中国工程建设标准化协会标准，混凝土结构耐久性室内模拟环境试验方法标准（T/CECS762—2020）	中国建筑工业出版社	2020	余志武、刘鹏编著

(五) 代表性成果简介

1. 异形钢-混凝土叠合板连续组合梁的应用与研究

奖项类别：湖南省科技进步奖一等奖，2002 年。

本校获奖人员：余志武、欧阳政伟、周凌宇、聂建国、蒋丽忠、罗小勇、钟新谷、魏伟、谢礼群、王立刚、曹建安、罗万象。

获奖单位：中南大学(1)。

成果简介：首次提出了异形钢-混凝土叠合板连续组合梁结构体系，开展了一系列理论分析、试验研究和工程应用等创新性研究工作，建立了异形钢-混凝土连续组合梁空间分析理论，提出了不同设计阶段异形钢-混凝土叠合板连续组合梁的设计计算模型、设计方法和构造措施，并通过有限元仿真、模型实验和成桥试验检验了理论分析和设计方法的可靠性。由于本项目研究成果在结构体系、设计理论和设计方法等方面获得了创新与突破，进一步完善了复杂结构体系的分析手段，大大改善了复杂结构体系的受力性能，有效地解决了异形结构区的裂缝和变形控制疑难，实现了异形结构的大跨、轻质、低造价和高性能。本项目研究成果在国内多个城市推广应用，建成了国内第一座位于城市中心区五交路口的异形钢-混凝土叠合板连续组合梁桥(岳阳市琵琶王立交桥)，取得了直接经济效益近千万元。

2. 钢-混凝土组合结构关键技术的研究及应用

见第 3 章第 5 节。

3. 自密实高性能混凝土技术的研究与应用

奖项类别：湖南省科技进步奖一等奖，2007 年。

本校获奖人员：余志武、谢友均、蒋丽忠、尹健、罗小勇、刘小洁、龙广成、杨元霞、丁发兴、刘运华、刘赞群、陈火炎、陈卫东。

获奖单位：中南大学(1)。

成果简介：基于自密实混凝土制备、检验和设计理论和方法的创新，进行了系统的发明。发明了完整的自密实混凝土材料组成设计方法及制备与应用技术体系，突破了自密实混凝土低成本化和高性能化的关键技术，实现了混凝土传统振捣密实施工方式的革新，创新了高效、低碳建设施工技术，适应了现代建设技术发展的要求；发明了自密实混凝土拌合物"自密实性"的试验测试评价方法，建立了自密实混凝土工程质量控制与评价指标体系，解决了国内外同类试验方法所存在的现场适用性与有效性差的技术难题，确保了自密实混凝土的优良品质，为实现自密实混凝土施工常态化提供了技术支撑；发明了钢-自密实混凝土组合结构加固、聚苯乙烯塑料板-自密实混凝土组合结构节能保温体系和石灰石粉自密实混凝土等多项应用新技术，达到了结构加固后受力性能优异、结构体系自保温节能率达 80%和废物利用节省水泥 15%的效果，本项目申请发明专利 25 项，授权 19 项，编制了中国土木工程学会标准《自密实混凝土设计与施工指南》(CCES02—2004),研发了"自密实混凝土扩大截面加固施工工法"国家工法(YJGF208—2006)。

4. 混凝土桥梁服役性能与剩余寿命评估方法及应用

见第3章第5节。

5. 钢-混凝土组合结构抗震及稳定性的研究与应用

奖项类别:湖南省科技进步奖一等奖,2011年。

本校获奖人员:蒋丽忠、丁发兴、余志武、陈浩、龚永智、王海波、周旺保、黄刚、戚菁菁、谭青、刘小洁、蔡勇。

获奖单位:中南大学(1)。

成果简介:提出了组合梁的抗震设计参数,完善了简支组合梁抗震计算与设计方法,发展了连续组合梁抗震计算与设计方法;建立了钢管混凝土格构柱偏压及轴压稳定承载力和局部稳定性理论分析方法,提出了合理适用的钢管混凝土格构柱稳定承载力的半经验半理论计算公式及其设计方法;建立了工字形钢组合梁、Π形组合梁和组合箱梁稳定性计算方法,提出了组合梁负弯矩区稳定设计的修正方法,建立了组合梁不设横向加劲肋时钢梁腹板的高厚比限值和加劲肋布置间距的计算方法;提出了单肢钢管混凝土组合柱承载力与变形实用计算公式及组合截面实用计算方法,建立了组合框架结构地震作用下弹塑性时程分析方法和基于位移与能量的组合框架抗震分析方法,并编制了相应的分析计算软件,提出了合理的组合框架的抗震设计参数范围;考虑二阶效应及半刚性连接性能对组合框架内力、位移的影响,提出了组合框架的简化塑性稳定设计方法。研究成果在建筑工程和桥梁工程中具有广阔的推广应用前景,在全国十多个城市的二十多个实际工程中得到了推广应用,取得直接经济效益1.7亿元。

6. 高速列车-轨道-桥梁系统随机动力模拟技术及应用

见第3章第5节。

7. 多动力作用下新型高速铁路客站结构体系动力学研究及应用

奖项类别:中国铁道学会科学技术特等奖,2017年

本校获奖人员:余志武(1)、国巍(2)、朱志辉(4)、周期石(8)、娄平(9)。

获奖单位:中南大学(1)。

成果简介:高速铁路客站是高铁线路的重要功能枢纽,目前我国已建成覆盖25个省、自治区、直辖市的95个地市级的高铁客站800余座。高铁客站兼具房屋和桥梁结构特征,设计时需要综合考虑建筑和桥梁规范。同时,新型高速铁路客站结构承受列车、人群、地震和风荷载等多动力作用,目前缺少在多动力共同作用下的高效计算理论,没有成套的具有自主知识产权的技术体系,这严重阻碍了我国高铁技术走出去的国际化发展战略。

针对上述问题项目组展开科研攻关,自2009年起,在铁道部科技攻关课题、国家基金重点项目等多项课题的支持下,经过8年深入研究,依托北京南站、天津西站、上海虹桥

站、沈阳南站等 10 余座高铁客站的建造，理论结合应用，取得了一系列标志性创新成果，解决了新型高速铁路客站结构体系的车振传播机制、地震安全防控、人结相互作用和屋盖风致效应等技术难题，首次提出了高速列车、地震、人群和风荷载多动力作用下高速铁路客站结构体系动力设计方法与设计建议。研究成果显著提升了我国在高铁客站设计和建造方面的技术水平。项目成果通过了专家评审，一致认定为"该项目成果创新性突出，总体达到国际领先水平"。

8. 多动力作用下高速铁路轨道-桥梁结构随机动力学研究及应用

奖项类别：中国铁道学会科学技术进步奖特等奖，2017 年。

本校获奖人员：余志武(1)、蒋丽忠(3)、何旭辉(4)、曾志平(8)、郭向荣(9)、魏标(10)、邹云峰(11)、毛建锋(12)、国巍(16)、熊伟(17)、朱志辉(20)、宋力(21)、刘晓春(22)、李常青(23)、陈昭平(35)。

获奖单位：中南大学(1)。

成果简介：该项目创新性成果主要有：①创立了基于概率密度演化理论的多动力作用下轨道-桥梁系统随机振动分析方法，提出了该系统基于可靠度的随机动力响应特征指标和安全评价方法，突破了列车-轨道-桥梁复杂动力系统从确定性到随机动力分析的技术难题。②创建了多动力作用下高速铁路轨道-桥梁系统实验平台和成套实验技术，解决了复杂系统动力行为难以物理再现难题，为揭示多动力作用下高速铁路轨道-桥梁系统的动力特性提供了物理仿真平台。③创新了高速铁路轨道-桥梁系统抗震设防和防风设计理念，发展了抗震、抗风设计与评估方法，研发了抗震防风及减灾技术，提出了列车作用下高速铁路轨道-桥梁系统动力设计参数，突破了多动力作用下单一桥梁结构设防向车-轨-桥系统设防的难题。

9. 高层钢-混凝土混合结构的理论、技术与工程应用

见第 3 章第 5 节。

10. 地震作用下高速铁路轨道-桥梁系统安全防控关键技术及应用

见第 3 章第 5 节。

(六) 学术交流

结构工程学科与国内外学术交流情况见表 2.5.12。

表 2.5.12 重要学术会议

序号	会议主题	会议时间	备注
1	钢-混凝土组合结构创新论坛	2003	主办
2	第 7 届钢-混凝土组合结构会议	2007	主办

续表2.5.11

序号	会议主题	会议时间	备注
3	第11届后张预应力混凝土全国学术会议	2007	主办
4	The 2th ICACS	2008	协办
5	The 10th ISSEYE	2008	协办
6	第8届混凝土结构理论与工程应用	2010	主办
7	第26届全国结构工程学术会议	2017	主办
8	第18届全国结构风工程学术会议暨第4届全国风工程研究生论坛	2017	主办

第6节　道路工程

一、学科发展历程

道路工程属于道路与铁道工程二级学科。道路与铁道工程学科2001年被评为国家重点学科，所属交通运输工程一级学科2007年被评为国家重点学科（土木工程学院与交通运输工程学院共建）。道路工程由原长沙铁道学院"道路与铁道工程"学科和原中南工业大学"道路与桥梁工程"专业组建而成。

原长沙铁道学院道路与铁道工程学科最早可追溯到1903年湖南省高等实业学堂的路科，历经五十年变迁，1953年10月院系调整，成立中南土木建筑学院，下设铁道建筑、桥梁与隧道、汽车干路与城市道路、营造建筑4个系。1960年9月成立长沙铁道学院，测量教研室随铁道建筑系、土力学教研室随桥梁与隧道系划归长沙铁道学院。

原中南工业大学"道路与桥梁工程"专业可溯源于原长沙工业高等专科学校建设工程系（原矿山系）。经过数年艰难的专业改造工作，逐步形成了与"道路与桥梁工程专业"相适应的教学体系和师资队伍。经教育部批准，"公路与城市道路专业"于1995年正式招收全日制专科生，原矿山系改为建设工程系。1998年8月长沙工业高等专科学校并入原中南工业大学后，归属资源环境与建筑工程学院土木工程研究所，该专业仍按原规模招收专科生至1999年，但专科生实行优秀学生3+2模式专升本。

（一）中南土木建筑学院时期（1953年6月—1960年9月）

中南土木建筑学院时期工程地质及地基基础教研组与测量教研组承担了道路与铁道工程学科相关的教学与研究工作。

1953 年，全国院系调整，中南土木建筑学院设铁道建筑系、桥梁与隧道系、汽车干路与城市道路系、营造建筑系。隶属于汽车干路与城市道路系的有道路教研组、工程材料教研组(后改为建筑材料教研组)、土壤力学教研组(后改为工程地质及地基基础教研组)、水力学及给水排水教研组。隶属于铁道建筑系的有铁道教研组(后改为铁道建筑教研组)、铁道设计教研组、测量教研组、电机教研组、铁道路线构造及业务教研组。

此时，测量教研组汇聚多个名校具有丰富教学和实践经验的教师，承担学院各系本专科的"工程测量"技术基础课程教学。土壤力学教研组按课程分为土力学和工程地质两个教学小组和一个土力学实验室，承担着全校相关专业的土力学、地基基础和工程地质课的课堂教学和实验、实习活动。

自 1958 年始，全国教育改革，为贯彻国家"教育与生产劳动相结合""开门办学"的方针，测量教研组将测量教学与生产结合，由学院组织、教师带队，带领学生奔赴全国各地完成铁路线路的初测和定测任务，教学质量得到极大的提高。开门办学的规模和成果在全国同类高校中，实属突出。

(二)长沙铁道学院时期(1960 年 9 月—2000 年 4 月)

长沙铁道学院时期测量教研组(室)、土力学与工程地质教研组(土力学教研室)承担了道路与铁道工程学科相关的教学与研究工作。中南工业大学"道路与桥梁工程"专业可溯源于原长沙工业高等专科学校建设工程系(原矿山系)。

1.测量教研组(室)发展

1960 年 9 月 15 日，长沙铁道学院正式成立，原中南土木建筑学院测量教研组的 13 位教师随迁至长沙市南郊烂泥冲，设立长沙铁道学院铁道建筑系测量教研组，教研组主任为蔡俊。土力学与工程地质作为技术基础课调入长沙铁道学院。

20 世纪 60 年代中期至 2000 年，主持过测量教研组(室)的主任有陈冠玉、蒋琳琳、李嗣科、林世煦、张作容、肖修敢、吴斌、吴祖海。

20 世纪 60 年代至 70 年代，开门办学期间，由测量教研组教师带领学生承担过水口山专用线、陇海线铁石段改线初定测，广西河唇柳钢专用线、岳阳—公田地方铁路初测，湘东铁路茶陵段定测和韶山铁路勘测等生产任务，有的与现场合作，有的独立完成，足迹遍及大半个中国。

同时期，长沙铁道学院测量教研组张作容参加由铁道部第二勘测设计院主持的第一部《铁路测量规范》的制定工作。

1964 年铁道建筑系更名为铁道工程系，铁道工程系下设测量教研组，教师 9 人，教研组主任为蔡俊，同年测量课程作为长沙铁道学院 13 门试点课之一，由测量教研组教师陈冠玉为主讲授经纬仪构造及水平角观测(6 节)和误差理论(32 节)，并试行郭兴福教学法。

1970 年，测量教研组与选线设计教研组合并，共同组建选线测设教研室。

1970年，长沙铁道学院针对铁道工程专业工农兵学员进行教学改革试点，编写教材《铁路勘测设计》，进行了测量学体系的大胆改革，将原来的"先平面测量后高程测量、先学习经纬仪的操作再学习水准仪的操作"的体系改革为"先高程测量后平面测量"。该项教学改革成果反映在由长沙铁道学院组织编印的内部使用教材《铁路勘测设计》（1971）和《铁路测量》（林世煦主编）（1976）中。

1978年，张作容著《典型图形固定系数法平差》，由测绘出版社出版。

1979年，长沙铁道学院张作容、林世煦、苏思光参编由铁道部组织编写的第一部路内专业测量教材《铁道工程测量学》。

1983年，铁道工程系选线测设教研室进行调整，成立工程测量教研室，教师9人，教研室主任为张作容。同年，工程测量教研组开始招生硕士研究生，标志着长沙铁道学院测量学科取得长足进步，在全国同类高校中较为突出。所招收的金向农和周懿于1986年如期毕业，并取得硕士学位，导师为张作容。

1984年，张作容与周霞波著《测边网和边角网力学方法平差》，由人民铁道出版社出版。

1987年，长沙铁道学院肖修敢参加铁道部路内高校《铁道工程测量学》（上册）修订版的审稿会议。

1987年，长沙铁道学院土木工程系工程测量教研室负责湖南省自学考试的测量实习及操作考核。

1992年，吴斌、苏思光、金向农、罗梦红参与完成了益娄线窄轨改标准轨的测量。

1992年，吴斌、罗梦红参与完成了广深高速公路太平互通勘测设计，吴斌任测量专业负责人。

1993年，铁道部路内部分高校依据铁道工程、桥梁、隧道专业教学指导委员会的决定，集体编写并出版《测量学》，兰州铁道学院曾昭武主编，长沙铁道学院苏思光主审，林世煦参编第六、十二和十三章，由中国铁道出版社出版。

1993—1995年，由工程测量教研室教师负责，土木工程系先后完成了猴子石大桥既有墩台检测及桥址河床断面测量、湘乡水泥厂专用线棋梓桥站扩建勘测、惠州博罗大桥连接线勘测、南郊公园挡墙变形观测和长沙市二环线新中路立交桥施工监测等工作。

1994年，长沙铁道学院土木工程系测量教研室承办了由湖南省测绘局主办的"全省测绘系统人员培训"工作。

20世纪90年代，苏思光、吴祖海先后任《铁路航测》编委。

1997年，吴斌分别在《长沙铁道学院学报》（1994年第一期）、《铁道标准设计》（1992年第五期）发表《极坐标法测设铁路曲线控制点闭合差限值和置镜区域》《光电测距仪极坐标法测设铁路曲线闭合差限值》，成果纳入铁道部第二勘测设计院主持的《铁路测量规范》（修订版）和1999年的《新建铁路工程测量规范》。

2. 土力学与工程地质教研组(土力学教研室)发展

1970 年,长沙铁道学院土力学教研室更名为土力学与基础工程教研室(下称土基室),线路教研室中路基部分划出并入土基教研室。当时的土基室包括有土力学与基础工程、地质路基两门课程和土力学、地质两个实验室。熊剑为教研室主任兼土力学与基础工程课程教学组长,顾琦为地质路基课程教学组长。

在此期间,1955 年同济大学毕业的顾琦和 1960 年本校毕业留校的夏增明同时从线路教研室调入到土基室,任满堂 1967 年毕业留校,王永和 1969 年毕业留校,1957 年毕业于长春地质学院的杨雅忱于 1971 年从铁道部第四勘测设计院调入土基室,1953 年本校毕业留校的华祖焜也于 1972 年 3 月由桥梁室调入,罗国武 1975 从铁道兵部队调入,王立阳 1976 年毕业和黄铮 1977 年毕业留校先后进入土基室。

1981 年,"土基室"更名为"岩土工程教研室"。

1982 年,李亮于长沙铁道学院毕业后留校进入岩土工程教研室工作。

1983 年,道路与铁道工程学科获硕士学位授予权。

1986 年,徐林荣于西南交通大学毕业后分配至长沙铁道学院岩土工程教研室工作。

1994 年,李亮任长沙铁道学院土木工程系副主任。

1996 年,张旭芝自中南工业大学毕业后、李政莲自长春地质学院毕业后,分配至岩土工程教研室工作。

1996 年,李亮任长沙铁道学院土木工程系副主任,主持工作。

1997 年,王星华作为第一个博士后从西南交通大学铁、公、水流动站出站来校进入岩土工程教研室工作。

1997 年 3 月 9 日,土木工程系和建筑工程系合并组建土木建筑学院,交通土建专业和建筑工程专业合并为土木工程,下设桥梁工程、建筑工程、道路与铁道工程、隧道及地下结构工程 4 个专业方向。

1997 年,李亮任长沙铁道学院土木建筑学院副院长。

1998 年,道路与铁道工程学科获国家博士学位授予权,陆续开始招收博士研究生。

1999 年,长沙交通学院博士生导师张起森教授在道路与铁道工程博士学位点招收了曾胜、周志刚两位路面工程方向的博士研究生。

1999 年,刘宝琛院士在道路与铁道工程博士学位点招收了杨小礼博士研究生。

3. 中南工业大学"道路与桥梁工程"专业发展

中南工业大学"道路与桥梁工程"专业可溯源于原长沙工业高等专科学校建设工程系(原矿山系)。原长沙工业高等专科学校矿山系在原传统特色专业采矿工程、矿山地质等专业基础上,经过数年艰难的专业改造工作,在学校的大力支持下,逐步形成了与"道路与桥梁工程专业"相适应的教学体系、师资队伍与教学实验设备。

1995 年,经教育部批准,"公路与城市道路专业"正式招收全日制专科生,每年 2 个班约80名学生，原矿山系改为建设工程系。时任系主任周建普、系总支书记曾旭日，时任专业基础课和专业课教师有唐新孝、周建普、周殿铭、张运良、李志成、曾习华、吴湘晖、蔡恒学、马驰峰、刘庆元、左庭英等。

1997年3月，数年来专业改造工作过程及成果的总结《主动适应社会主义市场经济，努力探索专业改造新路子》申报湖南省优秀教学成果奖获得成功，获湖南省优秀教学成果奖二等奖，获奖人员为周建普、李志成、张运良、蔡恒学、周殿铭。

1998年8月，长沙工业高等专科学校并入原中南工业大学后，归属资源环境与建筑工程学院土木工程研究所，该专业仍按原规模招收专科生至1999年，但专科生实行优秀学生3+2模式专升本。

（三）中南大学时期（2000年4月至今）

2000年长沙铁道学院、中南工业大学和湖南医科大学三校合并组建成立中南大学。2002年进行专业与院系调整，组建中南大学土木建筑学院，土木工程专业本科生设置道路工程专业方向，因当时道路工程系还未成立，教学由时任副院长的周建普负责。

2001年，道路与铁道工程学科被评为国家重点学科。

2003年，交通运输工程学科设立博士后流动站。

2004年10月组建道路工程系，抽调岩土工程系周建普、李志成、龙汉，土木工程材料研究所周殿铭和测量教研室吴祖海、李军、彭仪普、宋占峰、孙晓9位教师，首任系主任周殿铭，系副主任李军。

2004年，道路工程系招收建系后的第一批博士研究生。

2005年，李亮在学术上划归道路工程系，为道路与铁道工程学科带头人。

2005年，道路与铁道工程专业杨小礼博士获得全国优秀博士论文奖。

2005年，调入铁道工程系曾习华、吴湘晖、蒋建国，引进魏红卫博士、聂志红博士，从事路基及防护工程方向的教学与研究工作。同年路基路面实验室正式成立，周殿铭兼任实验室主任，李军兼任实验室副主任。

2005年，道路工程系招收第一批路面工程方向的硕士研究生。

2005年，道路工程系组织工程测量小组全体教师编写教材《土木工程测量》（主编宋占峰、李军；主审吴祖海），用于土木工程、交通运输、工程管理、工程力学等本科专业的测量教学。

2006年，原隶属于结构工程实验室的测量实验室划入路基路面实验室，测量实验室人员高春华、赵鸿杰、罗梦红、苏立转入道路工程系，同年苏立转出道路工程系。系主任为周建普，系副主任为周殿铭、李军、魏红卫，周殿铭兼任实验室主任。同年成立道路工程系教工党支部，彭仪普任支部书记，蒋建国、高春华任支部委员。

2006年，聂志红进入中南大学交通运输工程博士后流动站，并在中铁一局博士后工作站工作，从事武广客运专线路基土改良方法研究。

2007 年，交通运输工程一级学科被评为国家重点学科。

2007 年，引进刘小明，从事道路工程与路面材料方向的教学与研究工作。

2008 年 9 月，徐林荣(岩土工程系支部书记兼系副主任)调任道路工程系主任，周殿铭、李军、魏红卫任系副主任。同时张新春、李政莲、张旭芝、牛建东转入道路工程系。土木工程地质实验室由岩土实验室划入道路工程系路基路面实验室，徐林荣兼任路基路面实验室主任，周殿铭、李军兼任路基路面实验室副主任。刘小明任工会小组长。

2008 年，引进邹金锋，从事路基与防护工程方向的教学与研究工作。同年，李志成调出。

2008 年，李亮教授承担了道路工程系第一个路面方向的国家级纵向科研项目"高性能环保型纳米沥青复合材料研发"(国家 863 计划重点项目子题)。

2009 年，引进马昆林从事水泥混凝土材料方向的教学与研究工作，引进李海峰博士从事遥感影像测量方向的教学与研究工作。同年，龙汉调出。

2009 年，邹金锋进入中南大学土木工程博士后流动站，并在湖南省交通规划勘察设计院有限公司博士后工作站工作，从事隧道与地下结构工程方向的研究工作。

2010 年，邹金锋获得全国优秀博士论文提名奖。

2010 年，引进赵炼恒从事路基与防护工程方向的教学与研究工作，引进杨伟超博士从事道路工程教学及隧道与地下结构工程方向研究工作。

2010 年，赵炼恒进入中南大学土木工程博士后流动站工作，从事路基边坡稳定分析方面的研究工作。

2010 年，道路工程系承担了对北京铁城建设监理有限责任公司监理人员进行高速铁路无砟轨道铁路工程测量技术培训的工作。

2010 年，李亮、邹金锋、赵炼恒研究成果《山区复杂地段公路边坡关键技术及推广应用研究》获得湖南省科技进步奖一等奖。

2010 年，吴斌参与主持的"误差理论与测量平差基础"课程获评国家精品课。

2011 年，引进刘维正从事路基与防护工程方向的教学与研究工作，引进但汉成从事路面工程方向的教学与研究工作。

2011 年，马昆林获得湖南省优秀博士学位论文奖，蒋建国指导的马国存硕士获得湖南省优秀硕士论文奖。

2012 年，徐林荣任系主任，李军、魏红卫任系副主任，徐林荣兼任道路工程实验室主任，李军、蒋建国兼任道路工程实验室副主任。

2012 年，道路与铁道工程专业赵炼恒获得湖南省优秀博士论文奖，邓东平硕士获得湖南省优秀硕士论文奖。

2012 年，引进美国田纳西大学毕业的吴昊博士，从事路面工程方向的教学与研究工作。

2012 年，但汉成进入中南大学土木工程博士后流动站，并在贵州省交通规划勘察设计院股份有限公司博士后工作站工作，从事潮湿山区路面凝冰机理方面的研究。

2012 年，吴昊获得湖南省科技进步三等奖，中南大学为第二承担单位，获奖项目为"废弃混凝土资源化再生利用关键技术研究与应用"。

2013 年，李亮、但汉成、陈嘉祺获得海南省科技进步奖一等奖，研究成果为"海南省高温多雨地区沥青路面修建关键技术"。

2013 年，张旭芝调出至高速铁路建造技术国家工程实验室。

2014 年，徐林荣任系主任，李军、魏红卫、邹金锋任系副主任，李军兼任道路工程实验室主任，蒋建国任道路工程实验室副主任。刘维正任工会小组长。

2014 年，徐林荣调至高速铁路建造技术国家工程实验室任副主任，李政莲、牛建东调出至岩土工程系。

2015 年，邹金锋任系主任，李军、马昆林任系副主任，李军兼任道路工程实验室主任，蒋建国任道路工程实验室副主任。

2015 年，引进陈嘉祺从事路面工程方向的教学与研究工作，李海峰副教授调出。

2015 年，刘小明、马昆林主编教材《公路工程试验与检测》，用于道路工程专业本科教学。

2016 年，陈嘉祺公派到美国罗格斯大学从事沥青混合料非均质材料的虚拟建模技术的研究。

2016 年，引进日本九州大学韩征博士从事防灾减灾与道路勘测设计方向的教学与研究工作。

2016 年，赵炼恒、邹金锋、但汉成、聂志红、陈嘉祺、李亮等主持完成的研究成果"路基边坡滑塌沉陷快速评估与处治关键技术"获湖南省科技进步奖一等奖。

2016 年，孙晓获得湖南省科学技术进步奖二等奖，中南大学为第二承担单位，获奖项目为"公路建设土地资源保护与集约利用成套技术及工程示范"。

2017 年，马昆林任教工道路支部书记，孙晓、但汉成、邹金锋分别担任支部委员。

2017 年，引进杜银飞从事路面工程方向的教学与研究工作。

2018 年，引进法国约瑟夫傅里叶大学潘秋景从事路基与防护工程方向的教学与研究工作，引进美国田纳西大学宋卫民从事路面工程方向的教学与研究工作。

2018 年，李亮指导的道路与铁道工程专业邓东平博士获得湖南省优秀博士论文奖。

2018 年，赵炼恒指导的道路与铁道工程专业程肖博士生获得刘恢先地震工程奖学金（每年全球约十人获奖）。

2018 年，马昆林指导的硕士冯金获湖南省优秀硕士论文奖。

2019 年，赵炼恒任系主任，马昆林、李军、但汉成任系副主任，李军兼任道路工程实验室主任，杜银飞任道路工程实验室副主任。马昆林任教工道路支部书记，孙晓、但汉成、杜银飞任支部委员。韩征、陈嘉祺任道路系研究生支部书记。刘维正任工会小组长。

2019 年 1 月，李军(排名 2)、宋占峰(排名 3)、傅勤毅(排名 7)、贺志军(排名 8)参与编写的《普速铁路控制桩设置及测量暂行技术条件》(标准性技术文件编号：TJ/GW 159—2019)由中国铁路总公司正式印发。

2019 年，赵炼恒指导的硕士左仕获湖南省优秀硕士论文奖。

2019 年，由孙晓主持，李军、宋占峰、杨伟超、刘维正、韩征共同完成的"工程测量"在线开放课程在中国大学 MOOC 上线运行。

2019 年，引进美国北卡罗莱纳州立大学曹玮博士从事路面工程方向的教学与研究工作。

2019 年，吴昊、宋卫民获得湖南省科学技术进步奖二等奖，中南大学为第三承担单位，获奖项目为"工程边坡生态防护及修复技术创新与应用"。

2020 年，吴昊指导的硕士孙蓓蓓获得湖南省优秀硕士论文奖。

二、师资队伍

(一)队伍概况

1. 概况

道路工程属于道路与铁道工程二级学科，学科最早可追溯到 1903 年湖南省高等实业学堂的路科。道路工程系的系所沿革和发展融合在中南土木建筑学院时期(1953 年 6 月—1960 年 9 月)、长沙铁道学院时期(1960 年 9 月—2000 年 4 月)和中南大学时期(2000 年 4 月至今)不同阶段并延续至今。中南大学土木工程学院道路工程系自 2004 年组建以来，教职员工中共培养和引进海内外博士 24 人。截至 2020 年 12 月 31 日，道路工程系现有在职师资团队人员 29 人，名单详见第 6 章第 6 节，教师构成情况见表 2.6.1。

表 2.6.1　在职教师基本情况表

	合计	职称				年龄			学历	
		教授	副教授	讲师	实验系列	55 岁以上	35~55 岁	35 岁以下	博士	硕士及以下
人数	29	12	11	3	3	7	17	5	24	5
比例/%	100	41.4	37.9	10.3	10.3	24.1	58.6	17.2	82.8	17.2

2. 各种荣誉与人才计划

张作容，湖南省测绘学会第三届理事会副理事长，1985 年。

张作容、周霞波，被邀参加 1986 年国际测量工作者协会多伦多会议，并在大会上宣读论文《功能原理在测边网和边角网平差中的应用》，1986 年。

张作容、周霞波，论文《功能原理在测边网和边角网平差中的应用》在全路高校科研成果和学术论文报告会上宣读，并荣获学术论文报告会土建类学科二等奖，1986 年。

林世煦，长沙铁道学院教学优秀二等奖，1988 年。

林世煦、刘道强、肖修敢，主持的"'测量学'教学改革"项目荣获长沙铁道学院 1989 年度教学成果二奖，1989 年。

林世煦，长沙铁道学院优秀教师荣誉称号，1990 年。

吴斌，参加湖南省首届青年科技大会，宣读论文，1992 年。

林世煦，长沙铁道学院教学优秀二等奖，1993 年。

吴斌，长沙铁道学院优秀教师，1994 年。

吴斌、肖修敢，参加湖南省测绘局测绘学会在五强溪水电站举行的学术年会，大会发言并获优秀论文奖，1995 年。

吴斌，参加湖南省第二届青年科技大会，宣读论文，获优秀论文奖，1997 年。

吴斌，湖南省自然科学优秀论文二等奖，1997 年。

吴祖海，湖南省自然科学优秀论文三等奖，1997 年。

吴斌，长沙铁道学院优秀教育工作者，1999 年。

吴斌，湖南省高校优秀教务处先进工作者，1999 年。

吴斌，长沙铁道学院本科教学评价达优工作先进个人一等奖，2000 年。

吴斌，参与的"普通高校一般院校努力创办一流教育的研究与实践"获国家级教学成果二等奖，排名第四，2001 年。

吴斌，主持的"本科毕业设计管理模式与指导模式的研究与实践"获省级教学成果二等奖，2001 年。

吴斌，茅以升铁路教育教学专项奖，2002 年。

吴斌，中南大学首届优秀共产党员标兵，2007 年。

吴斌，湖南省高等学校优秀教务工作者，2007 年。

孙晓，湖南省普通高校青年教师教学能手称号，2009 年。

吴祖海、李军，指导土木工程 2006 级 8 位同学参加湖南省第一届大学生测绘实践创新技能竞赛，荣获非专业组一等奖；与信息物理学院的专业组共同组团，荣获湖南省参赛高校团体一等奖；吴祖海、李军荣获湖南省拓普康杯大学生测绘实践创新技能竞赛优秀指导教师称号，2009 年。

宋占峰、孙晓，指导土木工程 2008 级 8 位同学参加湖南省第二届大学生测绘实践创新技能竞赛，荣获非专业组特等奖；与信息物理学院的专业组共同组团，荣获湖南省参赛高校团体一等奖，2010 年。

邹金锋，入选中南大学升华育英计划，2011 年。

马昆林，入选湖南省新世纪"121"人才工程，2011 年。

李亮，湖南省'十一五'学位与研究生教育优秀研究生指导教师称号，2011 年。

宋占峰、李军，指导土木工程 2010 级 8 位同学参加湖南省第三届大学生测绘实践创新技能竞赛，4 位同学获得非专业组特等奖，4 位同学获得非专业组一等奖；与地球科学与信息物理学院的专业组共同组团，荣获湖南省参赛高校团体一等奖；宋占峰、李军荣获湖南省第三届大学生测绘实践创新技能竞赛优秀指导教师称号，2012 年。

吴斌，湖南省优秀教育工作者称号，记二等功，2012 年。

李亮、邹金锋、马昆林、赵炼恒、李海峰、但汉成，入选中南大学"531"人才队伍建设工程，2013 年。

孙晓、李军，指导土木工程 2012 级 8 位同学参加湖南省第四届高等学校测绘技能大赛，荣获非专业组特等奖；与地球科学与信息物理学院的专业组共同组团，荣获湖南省参赛高校团体特等奖，2014 年。

李军，茅以升铁路教育教学专项奖，2014 年。

赵炼恒，入选中南大学升华育英计划，2015 年。

孙晓，湖南省普通高校教师课堂教学竞赛一等奖，并由湖南省教育工会授予"湖南省普通高校教学能手"荣誉称号，2016 年。

赵炼恒，茅以升铁路教育科研专项奖，2017 年。

孙晓，茅以升铁路教育教学专项奖，2017 年。

韩征，长沙市杰出创新青年培养计划、湖南省科学技术厅湖湘青年英才以及中共湖南省委人才工作小组湖湘青年科技创新人才，2020 年。

陈嘉祺，湖南省普通高校教师课堂教学竞赛一等奖，并由湖南省教育工会授予"湖南省普通高校教学能手"荣誉称号，2020 年。

3. 出国(境)进修与访问

出国(境)进修与访问情况具体见表 2.6.2。

表 2.6.2　教师进修与访问

姓名	时间	地点	身份
吴昊	2007 年 8 月–2011 年 10 月	美国田纳西大学诺克斯维尔分校	博士
但汉成	2009 年 10 月–2010 年 11 月	澳大利亚昆士兰大学	联合培养博士
曹玮	2010 年 8 月–2015 年 5 月	美国北卡州立大学	博士
韩征	2012 年 10 月–2015 年 10 月	日本九州大学	博士
聂志红	2013 年 6 月—2014 年 6 月	德国埃兰兰根-纽伦堡大学	访问学者

续表2.6.2

姓名	时间	地点	身份
宋卫民	2013 年 8 月-2017 年 7 月	田纳西大学诺克斯维尔分校	博士
陈嘉祺	2013 年 9 月-2015 年 9 月	美国罗格斯新泽西州立大学	联合培养博士
蒋建国	2013 年 11 月-2014 年 10 月	美国肯塔基大学	访问学者
刘小明	2015 年 8 月-2016 年 8 月	美国阿拉巴马大学	访问学者
马昆林	2015 年 9 月-2016 年 8 月	美国肯塔基大学	访问学者
曹玮	2015 年 10 月-2019 年 10 月	美国路易斯安那州立大学	研究员
韩征	2015 年 10 月-2016 年 7 月	日本九州大学工学府	博士后
陈嘉祺	2016 年 11 月-2018 年 10 月	美国罗格斯新泽西州立大学	博士后
宋卫民	2017 年 8 月-2018 年 7 月	美国田纳西大学诺克斯维尔分校	博士后
李军	2017 年 8 月-2018 年 8 月	美国堪萨斯州立大学	访问学者
宋占峰	2017 年 8 月-2018 年 8 月	美国马里兰大学	访问学者
韩征	2019 年 7 月-2019 年 9 月	新西兰坎特伯雷大学	访问学者

（二）历届系所（室）负责人

道路工程系历届系所（室）负责人见表2.6.3。

表 2.6.3　历届系所（室）负责人

时间	机构名称	主任	副主任	备注
1953—1960 年	测量教研组	范杏祺		中南土木建筑学院 铁道建筑系
1960 年— 20 世纪 60 年代中期	测量教研组	蔡俊		长沙铁道学院铁道建筑系
20 世纪 60 年代中期— 80 年代末	测量教研组	陈冠玉、 蒋琳琳、 李嗣科、 林世煦、 张作容、 肖修敢		长沙铁道学院铁道建筑系、 长沙铁道学院铁道工程系、 长沙铁道学院土木工程系
1989—1995 年	测量教研室	吴斌		长沙铁道学院土木工程系
1995—2000 年	测量教研室	吴祖海		长沙铁道学院土木工程系
2000—2003 年	测量教研室	吴祖海		中南大学土木建筑学院
2003—2004 年	测量教研室	李军		中南大学土木建筑学院

续表2.6.3

时间	机构名称	主任	副主任	备注
20 世纪 60 年代初—80 年代初	工程地质及土力学地基基础教研组	李家钰、宁实吾		长沙铁道学院桥梁与隧道系、长沙铁道学院铁道工程系、长沙铁道学院土木工程系
1982—1984 年	工程地质教研室			长沙铁道学院土木工程系
1984—1995 年	工程地质教研组			长沙铁道学院土木工程系
1995—1997 年	工程地质教研组	陆海平		长沙铁道学院土木建筑学院岩土工程系(教研室)
1997—1999 年	岩土工程系(教研室)	冷伍明	傅鹤林	长沙铁道学院土木建筑学院
2000—2005 年	岩土工程系(教研室)	冷伍明	傅鹤林	中南大学土木建筑学院
2005—2008 年	岩土工程系(教研室)	冷伍明	徐林荣、肖武权	中南大学土木建筑学院
2004—2006 年	道路工程系	周殿铭	李军	中南大学土木建筑学院
2006—2008 年	道路工程系	周建普	周殿铭、李军、魏红卫	中南大学土木建筑学院
2008—2012 年	道路工程系	徐林荣	周殿铭、李军、魏红卫	中南大学土木建筑学院
2012—2014 年	道路工程系	徐林荣	周殿铭、李军、魏红卫	中南大学土木工程学院
2014—2014 年	道路工程系	徐林荣	李军、魏红卫、邹金锋	中南大学土木工程学院
2015—2016 年	道路工程系	邹金锋	李军、马昆林	中南大学土木工程学院
2017—2019 年	道路工程系	邹金锋	李军、马昆林	中南大学土木工程学院
2019 年至今	道路工程系	赵炼恒	李军、马昆林、但汉成	中南大学土木工程学院

（三）学科教授简介

道路工程系自 2004 年重组以来，获聘正高职称的教职员工有已退休的周建普教授、已经调出的徐林荣教授，目前在岗教师有李亮教授、吴斌研究员、贺志军研究员、赵炼恒教授、魏红卫教授、聂志红教授、邹金锋教授、马昆林教授、吴昊教授、韩征教授、潘秋景特聘教授、曹玮特聘教授等 12 人。

李亮教授：男，1962 年 10 月生，博士，博士生导师，全国岩土力学与工程学会理事，湖南省岩石力学学会分会副理事长。一直从事道路与铁道工程和岩土工程方面的教学与研究，主要在岩土极限分析上下限理论、孔扩张理论及应用、岩土多孔介质渗流理论及其应用、地基基础共同作用、复杂边坡稳定性分析与加固、软土地基处理、路基塌方沉陷修复技术、公（铁）路桥梁桩基础注浆加固技术、路面结构力学以及高温多雨地区路面水损害与治理等专题开展研究。主持完成国家 863 项目、国家级和省部级科技项目 30 余项，横向科研项目 50 余项。现今主要承担国家自然科学基金项目、2011 轨道交通安全协同创新中心项目等国家及省部级项目 10 余项。获得省部级科技进步奖一等奖 3 项、二等奖 4 项。发表学术论文 300 余篇，其中 SCI、EI 收录 200 余篇，获得专利 10 项。先后为本科生、研究生主讲高等土力学、基础工程、地基基础相互作用、岩土工程最新进展、高等道路工程等多门专业课程，出版著作 2 部。荣获湖南省"十一五"学位与研究生教育优秀研究生指导教师，指导博士 22 名、硕士 50 余名，其中，协助指导 1 名博士获全国优秀博士论文奖，指导 1 名博士获全国优秀博士学位论文提名奖，指导 3 名博士生获湖南省优秀博士论文，指导 1 名硕士获湖南省优秀硕士论文奖。

吴斌研究员：男，1962 年 11 月生，湖南桃江人，工学硕士，研究员，硕士生导师。现任中南大学继续教育学院院长、中国成人教育协会副秘书长、中国高等教育学会继续教育分会副理事长、教育部高等学历继续教育专业建设工作专家、教育部网络教育评估专家、国家首届教材奖评审专家。历任长沙铁道学院和中南大学教务处、本科生院正副处长，评价办副主任。主持铁道部重点课题等纵向、横向科研项目 10 余项，国家和省级教研项目 10 余项。先后获国家、省教学成果奖 11 项，国家精品课 1 门，湖南省自然科学优秀学术论文二等奖。出版专著 2 部，公开发表论文 70 余篇。现主要从事教育管理工作，主要研究方向高等教育管理、土木工程（道路与铁道工程）。获湖南省高等学校优秀教务处先进工作者、湖南省高等学校优秀教务工作者、中南大学首届优秀共产党员标兵、湖南省优秀教育工作者并记二等功。

贺志军研究员：男，1965 年 5 月生，江西永新县人，中共党员，博士，硕士生导师。现任中南大学交通运输工程学院党委书记。1987 年毕业于长沙铁道学院铁道工程专业，2004 年获中南大学法学硕士学位，2009 年获中南大学防灾减灾工程及防护工程专业工学博士学位。主要从事大学生思想政治教育，轨道交通安全、轨道检测及其关联技术研究。

周建普教授：男，1954 年 11 月生，湖南长沙人，中共党员，硕士生导师。1982 年 7 月毕业于中南矿冶学院地质普查与勘探专业，一直在高校从事矿山地质、工程地质、道路工程的教学与科研工作，已指导硕士研究生 20 余名，先后主讲矿山地质学、矿床学、矿山地质经济与管理、路基路面工程、土力学、地基处理与加固、边坡工程、土木工程地质、土木工程导论等课程。主持和参与科研、设计、监理项目 20 余项。获教育部主持的中国高校科技进步奖一等奖 1 项，排名第四。发表学术论文 30 余篇，2 篇被 EI 收录，公开发表教改论文 6 篇；获湖南省教改成果二等奖 1 项，排名第一；2008 至 2010 年主持完成湖南省路基路面工程网络教育精品课程建设。历任湖南省地质学会理事，湖南省公土路学会理事、常务理事，湖南省公路学会道路专业委员会副理事长，长沙工业高等专科学校建工系系主任，中南大学资源环境与建筑工程学院副院长，土木建筑学院副院长，土木建筑学院工会主席等职。

在岗教授：邹金锋、赵炼恒、韩征、魏红卫、马昆林 、潘秋景、曹玮、吴昊、聂志红。简历可扫描附录在职教师名录中的二维码获取。

三、人才培养

(一)本科生培养

1.概况

原中南工业大学土木工程本科专业从 1999 级开始分流为建筑工程和道路与桥梁工程 2 个专业方向，道路与桥梁工程方向分流学生近百人。

2000 年，中南工业大学公路与城市道路工程专业专科停止招生，同时扩大土木工程专业本科招生规模，由原来的每年 4 个班约 120 人扩大为每年 6 个班约 180 人。同年 4 月 3 校合并，原专业归属院系暂时未变。

2002 年中南大学开展专业与院系调整，中南大学资源环境与建筑工程学院土木工程本科专业划归中南大学土木建筑学院。中南大学土木建筑学院设土木工程本科专业道路工程方向。

土木工程专业道路工程方向及公路与城市道路专业的本专科生服务对象包括高等院校及有关研究单位、交通管理部门、各级交通设计研究院、交通施工单位、监理单位等。

2.本科生课程

目前，道路工程系教师承担全院各专业的"道路勘测设计""路基及防护工程""铺面工程""道路工程""Highway Engineering""Road Survey Design""城市道路设计""高速公路""道路工程实验与检测""道路养护与管理""交通工程""高等道路工程技术""工程测量 A""工程测量 B""勘测实习""工程测量与实习""城市测量学与实习""认识实习""道路勘测设计课程设计""路基路面课程设计""生产实习""毕业设计"等课程。其中：

（1）"道路勘测设计""路基及防护工程""铺面工程"是道路工程专业方向核心主干课程；

（2）"道路工程"是铁道、桥梁、隧道、建筑结构工程专业方向的选修课。

（3）"工程测量 A""勘测实习"为面向土木工程专业、铁道工程专业的专业技术基础课程，属于土木工程专业、铁道工程专业的技术基础课程及实践环节。"工程测量与实习"为面向工程管理专业、工程力学专业开设的必修课程。"城市测量学与实习"为面向建筑及城市规划类专业的必修课程。"工程测量 B"为面向交通运输类专业的选修课程。

（4）"道路勘测设计课程设计""路基路面课程设计""生产实习"为面向土木工程专业道路工程方向本科生的重要实践环节。"毕业设计"是学生综合素质与工程实践能力培养效果的全面检验，是达到土木工程专业道路工程方向培养目标的重要环节。

（5）"Highway Engineering"和"Road Survey Design"为针对本科留学生开设的必修课程。

（6）其余课程为全院选修课程。

3. 骨干课程目的、任务和基本要求

"道路勘测设计"是土木工程专业道路工程方向的一门专业必修课。课程的设置目的是让学生通过道路勘测设计这门专业课程的学习，掌握道路勘测设计的基本原理、道路设计的技术要求和设计理念，能开展道路线形几何设计。课程内容包括汽车行驶理论，道路等级与标准，可行性研究，交通量与通行能力，平、纵面及横断面设计，线形质量分析评价，选线和定线等。课程着重于基本概念、原理及方法的分析，以解决工作实际问题，并探讨道路勘测设计领域的若干现代理论及实现技术。

"路基及防护工程"是土木工程专业道路工程方向的一门专业必修课程。课程的设置目的是让学生通过路基及防护工程这门专业课程的学习，了解路基及防护工程的设计理念，掌握路基及防护工程的特点和路基工程设计方法，理解最新的设计理论与施工技术，从而能自如地从事与路基及防护工程有关的技术工作。本课程任务在于通过教学使学生掌握高速公路、高速铁路路基及防护工程的基础理论及基本知识。

"铺面工程"是土木工程专业道路工程方向的一门专业必修课程。课程主要阐述铺面工程学的主要结构体系和主要内容，着重于教授基本概念、基本方法和基本规律，包括交通荷载以及环境因素的一般影响、铺面结构材料的性能及其测定方法、铺面结构在荷载作用下的反应和使用性能，阐述铺面结构的设计方法并简要介绍路面的施工过程和有关评价、维修的知识。通过本课程的学习，学生对铺面工程各个方面的知识有一个全面、系统的了解，具备从事铺面工程设计、施工、管理的基本知识和能力，具备初步的研究开发能力。

(二)研究生培养

1. 概况

本学科从 1983 年开始了硕士研究生的培养工作,1998 年开始了博士研究生的培养工作。博士研究生导师情况见表 2.6.4。

表 2.6.4　道路工程系博士研究生导师

序号	姓名	职称(2019 年)	受聘年份
1	李亮	教授	2002
2	徐林荣	教授	2004
3	魏红卫	教授	2012
4	赵炼恒	教授	2014
5	邹金锋	教授	2015
6	聂志红	教授	2015
7	杨伟超	讲师	2016
8	但汉成	副教授	2017
9	吴昊	教授	2017
10	韩征	教授	2019

2. 优秀研究生

杨小礼,全国百篇优秀博士论文,导师刘宝琛,2005 年。

邹金锋,全国优秀博士论文提名奖、湖南省优秀博士论文,导师李亮,2010 年。

马昆林,湖南省优秀博士论文,导师谢友均,2011 年。

马国存,湖南省优秀硕士论文,导师蒋建国,2011 年。

赵炼恒,湖南省优秀博士论文,导师李亮,2012 年。

邓东平,湖南省优秀硕士论文,导师李亮,2012 年。

邓东平,湖南省优秀博士论文,导师李亮,2018 年。

冯金,湖南省优秀硕士论文,导师马昆林,2018 年。

左仕,湖南省优秀硕士论文,导师赵炼恒,2019 年。

孙蓓蓓,湖南省优秀硕士论文,导师吴昊,2019 年。

(三)教学成果

1. 教材建设

道路工程系教师出版的教材见表2.6.5。

表2.6.5 代表性教材

序号	教材名称	出版社/编印单位	出版/编印年份	作者
1	测量学	中南土木建筑学院	1959	测量教研组(译),程昌国总校
2	铁路勘测设计	长沙铁道学院	1971	选线测设教研室
3	铁路测量	长沙铁道学院	1976	选线测设教研室测量组编,林世煦主编
4	铁道工程测量学	人民铁道出版社	1979	张作容、林世煦、苏思光参编
5	测量学	中国铁道出版社	1993	林世煦参编,苏思光主审
6	土木工程测量	吉林科学技术出版社 中南大学出版社	2005 2014	宋占峰、李军主编,吴祖海主审
7	土木工程材料	中国铁道出版社	2014	吴昊副主编
8	公路工程试验与检测	中南大学出版社	2015	刘小明、马昆林主编

2. 教学获奖和荣誉

道路工程系教研成果获奖情况见表2.6.6。

表2.6.6 教学获奖和荣誉(省部级及以上)

序号	获奖人员	项目名称	获奖级别	获奖年份
1	周建普	主动适应社会主义市场经济,努力探索专业改造新路子	湖南省高等教育省级教学成果二等奖	1997
2	吴斌(1)	本科毕业设计管理与指导模式研究与实践	湖南省教学成果二等奖	2001
3	吴斌(4)	普通高校一般院校创办一流教育的研究与实践	国家教学成果二等奖	2002
4	吴斌(1)	高校教务管理运行机制的构建与实践	湖南省教学成果二等奖	2006

续表2.6.6

序号	获奖人员	项目名称	获奖级别	获奖年份
5	徐林荣(1)、李政连(3)、张旭芝(4)、张新春(6)	土木工程地质课程省级优秀实习基地	湖南省教育厅教学成果奖	2006
6	吴斌(1)	基于高校内部教学质量保障体系的本科教学评估长效机制的研究与实践	湖南省教学成果二等奖	2009
7	彭仪普(2)	工程测量课件	湖南省多媒体教育软件大赛三等奖	2009
8	周建普、蒋建国	路基路面工程	湖南省网络教育精品课程	2010
9	吴斌(1)	突出个性化培养的创新人才培养模式研究与实践	湖南省教学成果二等奖	2012
10	吴斌(1)	基于内涵式发展的高校继续教育综合改革	湖南省教学成果三等奖	2019

四、科学研究

(一)主要研究方向

道路与铁道工程学科点紧密结合国家高速交通(公路、铁路)发展的重大需求开展前沿性科学研究,形成了以下 5 个独具特色的研究方向:

1. 路基边坡稳定性分析理论与加固设计方法

该方向形成了独特的面向多因素复杂条件下路基边坡稳定性的极限分析理论,基于失稳状态耗能最小原理的复杂边坡加固设计能量方法和基于滑移线场理论的非线性土工构筑物稳定性分析理论为路基稳定性分析与加固设计奠定了理论基础。指导研究生获国家百篇优秀博士论文 1 篇、国家优秀博士论文提名奖 1 项、湖南省优秀博士论文奖 4 项。获省部级科技进步奖一等奖 2 项,省部级二等奖 4 项。

2. 高速铁(公)路路基施工技术、地基处理与工后沉降控制

开发了公路特殊土填料(石棉尾矿与冰水堆积物)与紧邻既有线的客运专线建设路基填筑与质量控制成套技术,形成了广泛应用于路基工程施工的技术指南,基于控制工后沉降研究开发的多种地基处理技术与高铁工后沉降计算新方法成功应用于京沪、沪宁、甬台温、赣龙、兰新、哈大、武广、郑武等 1000 余公里铁路,部分成果鉴定为"具有国际先进水平",并获省部级科技进步奖二等奖 1 项,其他奖励 2 项。

3. 现代勘测技术及选线设计优化理论与方法

该方向紧密结合高速铁路快速发展的形势,发展了面向高速铁路建设的精密测量技术，参与研发了轨道"SGJ-T-CSU-1"型轨道精密测量系统，将现代测绘技术（GIS、RS）与选线优化理论方法相融合，成功应用于武广、郑武、杭长等高速铁路建设，为轨道精密测量与安装提供技术保障；参与研发数字选线系统，研究成果已在国内80%以上的铁路勘测设计单位推广应用，先后获得了全国工程设计优秀软件金奖，铁道部工程勘察设计优秀计算机软件一等奖，湖南省科技进步二、三等奖，四川省科技进步奖二等奖及中国公路学会科学技术奖三等奖等奖励，并取得了重大社会和经济效益。

4. 路面工程

该方向结合我国高等级公路的快速发展，发展了高等级公路路面结构与材料及其快速修补材料技术、路面病害检测与修复技术、山区高速公路路面测设技术，为我国高等级路面材料的选择与发展提供了理论支持。发表相关论文100余篇，主持相关科研课题20余项，创造了较好的社会和经济效益。获省部级科技进步奖一等奖1项、二等奖1项。

5. 线域（铁路、公路）工程地质灾害监测预警技术和方法

提出了以"线域"作为地质灾害的监测和预警的最新研究主体，采用多源传感器网络理论，建立了空天地一体化的线域灾害主动感知体系的方法；提出了工程易损性评价方法，发展了地质灾害风险分析方法，为活动断裂区铁路与公路的选线与灾害治理提供理论指导与技术保障；提出的地质灾害防治工程的优化方法，在四川汶川地震灾区泥石流治理项目中得到推广应用，并获省部级科技进步奖二等奖1项。

（二）科研项目

2008—2019年，道路工程系承担的国家级代表性科研项目见表2.6.7。

表2.6.7　国家级科研项目表

序号	项目（课题）名称	项目来源	起讫时间	负责人
1	高性能环保型纳米沥青复合材料研发的项目研究（2007AA021908）	国家"863"计划重点项目子课题	2008—2011	李亮
2	高速铁路软土地基沉降变形规律与控制方法研究（U1134207）	国家自然科学基金高铁联合基金	2012—2015	徐林荣
3	基于模糊控制理论的筋土界面参数测试方法与计算模型合理选择研究（50578159）	国家自然科学基金面上项目	2005—2008	徐林荣
4	地震作用下桥台-加筋路堤-基础共同作用特性及抗震稳定加固机理（50778181）	国家自然科学基金面上项目	2008—2010	魏红卫
5	高速铁路无砟轨道桩-筏复合地基固结特性与沉降控制机理研究（51078358）	国家自然科学基金面上项目	2011—2013	徐林荣

续表2.6.7

序号	项目(课题)名称	项目来源	起讫时间	负责人
6	基于失稳状态耗能最小原理的边坡失稳与加固设计方法研究及应用(51078359)	国家自然科学基金面上项目	2011—2013	李亮
7	高速铁路隧道内接触网系统气-固耦合振动机理及风致疲劳实验研究(51008310)	国家自然科学基金青年科学基金项目	2011—2013	杨伟超
8	多任务并发条件下 QoS 感知的空间信息服务优化组合方法(41001220)	国家自然科学基金青年科学基金项目	2011—2013	李海峰
9	装配式土工合成材料加筋挡土墙抗震特性及设计方法研究(51178472)	国家自然科学基金面上项目	2012—2015	魏红卫
10	硫酸根离子在混凝土中迁移机制的研究(51108463)	国家自然科学基金青年科学基金项目	2012—2014	马昆林
11	潮湿山区路面凝冰机理与凝冰环境预测模型研究(51248006)	国家自然科学基金主任基金项目	2013—2013	但汉成
12	荷载-环境介质耦合作用下透水混凝土路面耐久性能劣化规律及力学机理研究(51208521)	国家自然科学基金青年科学基金项目	2013—2015	吴昊
13	压缩破坏机制下非线性圆孔扩张问题能耗法系方法研究(51208523)	国家自然科学基金青年科学基金项目	2013—2015	邹金锋
14	基于上限有限元运动单元法的堆积边坡非线性失稳机理研究(51208522)	国家自然科学基金青年科学基金项目	2013—2015	赵炼恒
15	长期循环荷载作用下软土结构损伤机理与累积变形特性研究(51208517)	国家自然科学基金青年科学基金项目	2013—2015	刘维正
16	泥石流危害桥隧工程成灾链特征与工程易损度动态评价方法研究(41272376)	国家自然科学基金面上项目	2013—2016	徐林荣
17	基于非饱和渗流理论的路面排水基层平衡设计理论及方法研究(51308554)	国家自然科学基金青年科学基金项目	2014—2016	但汉成
18	基于压路机-土体非线性系统动力响应的压实质量连续检测方法研究(51478481)	国家自然科学基金面上项目	2015—2018	聂志红
19	高速铁路隧道内列车横向摆动的气动力学行为及控制方法(51478474)	国家自然科学基金面上项目	2015—2018	杨伟超
20	极限荷载下平顶楔体破坏机理的非线性能耗分析方法与试验研究(51478477)	国家自然科学基金面上项目	2015—2018	赵炼恒
21	"动载-环境"耦合下板式轨道充填层自密实混凝土性能演变与机制(51678569)	国家自然科学基金面上项目	2017—2020	马昆林

续表2.6.7

序号	项目(课题)名称	项目来源	起讫时间	负责人
22	病态不确定条件下的铁路线形重构正则化估计模型与算法研究(51678574)	国家自然科学基金面上项目	2017—2020	宋占峰
23	复杂环境下轨道交通系统全生命周期能力保持技术——地质灾害下基础设施快速修复技术(2017YFB12011204)	国家重点研发计划专项子课题	2017—2019	韩征
24	场地地震液化与桥头路堤坍滑耦合作用下桩承桥台灾变形成机制和抗震设计方法研究(51778639)	国家自然科学基金面上项目	2018—2021	魏红卫
25	基于力学相容性和界面弱化机理的OGFC-下卧层组合结构失效行为研究(51778638)	国家自然科学基金面上项目	2018—2021	吴昊
26	复杂地形泥石流动力过程物理模型及数值解析研究(41702310)	国家自然科学基金青年科学基金项目	2018—2021	韩征
27	震区特大泥石流综合防控技术与示范应用——强震区沟道型泥石流不同成因物源起动模式及动储量评价方法(2018YFC1505401)	国家重点研发计划专项子课题	2018—2021	韩征
28	土石混合体边坡三维非均质模型构建方法及地震渐进性失稳机理研究(51878668)	国家自然科学基金面上项目	2019—2022	李亮
29	多面层结构体系下相变储热沥青路面的取向热诱导机理研究(51808562)	国家自然科学基金青年科学基金项目	2019—2021	杜银飞
30	基于系统可靠度理论的区域关联性滑坡群非线性抗剪强度参数反演能耗分析方法研究(51978666)	国家自然科学基金面上项目	2020—2023	赵炼恒
31	高铁隧道衬砌结构裂损掉块的气动力学机制及行车安全性研究(51978670)	国家自然科学基金面上项目	2020—2023	杨伟超
32	基于耦合传热与相变理论的湿冷环境下路面凝冰机理研究(51908558)	国家自然科学基金青年科学基金项目	2020—2022	陈嘉祺
33	湿度循环变化下高铁红黏土路基动力性能劣化机制与累积变形规律(52078500)	国家自然科学基金面上项目	2021—2024	刘维正
34	考虑界面宏-细观特性的超薄磨耗层层间损伤劣化机理研究(52008405)	国家自然科学基金青年科学基金项目	2021—2023	宋卫民
35	服役环境作用下泥石流拦砂坝结构可靠性经时演化及灾变机理研究(52078493)	国家自然科学基金面上项目	2021—2024	韩征

续表2.6.7

序号	项目(课题)名称	项目来源	起讫时间	负责人
36	基于改善沥青混凝土微波加热效率的碳化硅电磁性能调节及微波增强功能层研究（52078499）	国家自然科学基金面上项目	2021—2024	刘小明

(三)科研获奖

近年来，道路工程系获省部级、学会科技奖励 29 项，具体见表 2.6.8。

表 2.6.8　科研成果奖励表(省部级及以上)

序号	成果名称	获奖年份	奖励名称	等级	完成人
1	新建单双线铁路线路机助设计系统	2000	铁道部工程勘察设计优秀计算机软件	一等奖	宋占峰(4)
2	公路数字地形图机助设计系统	2001	湖南省科学技术进步奖	三等奖	宋占峰(3)
3	广东凡口铅锌矿狮岭矿（段）区成矿预测研究	2002	中国高校科技进步奖	一等奖	周建普(4)
4	高速公路地面数字模型与航测遥感技术研究	2003	湖南省科学技术进步奖	三等奖	宋占峰(4)
5	基础极限承载力及稳定性的可靠性设计研究	2003	湖南省科学技术进步奖	三等奖	李亮(2)
6	高速公路地面数字模型与航测遥感技术研究	2005	中国公路学会科学技术奖	三等奖	宋占峰(4)
7	铁路新线实时三维可视化CAD系统	2005	湖南省科学技术进步奖	二等奖	宋占峰(2)
8	加筋土路基力学行为与设计方法的研究	2009	中国公路学会科学技术奖	二等奖	徐林荣(5)
9	山区复杂地段公路边坡关键技术及推广应用研究	2010	湖南省科学技术进步奖	一等奖	李亮(2)、邹金锋(3)、赵炼恒(7)
10	高速公路崩塌滑坡地质灾害预测与控制技术	2010	湖南省科学技术进步奖	二等奖	李亮(4)

续表2.6.8

序号	成果名称	获奖年份	奖励名称	等级	完成人
11	客运专线简支箱梁施工阶段收缩徐变仿真分析与控制技术研究	2011	中国施工企业管理协会科学技术奖技术创新成果奖	一等奖	李军(4)
12	路基塌方沉陷快速修复技术研究	2011	中国公路学会科学技术奖	二等奖	赵炼恒(3)、李亮(7)
13	沿海铁路地基处理技术研究	2011	中国铁道建筑总公司科学技术奖	二等奖	徐林荣(4)
14	活动断裂区高速公路修筑关键技术研究与应用示范	2012	中国公路学会科学技术奖	二等奖	徐林荣(5)
15	废弃混凝土资源化再生利用关键技术研究与应用	2012	湖南省科学技术进步奖	三等奖	吴昊(5)
16	山区高速公路富水隧道设计施工关键技术及工程应用	2012	中国公路学会科学技术奖	二等奖	邹金锋(2)、李亮(7)
17	基于 LiDAR 技术的道路智能设计	2012	地理信息科技进步奖	二等奖	李海峰(8)
18	城市地下空间结构耐久性评估及剩余寿命预测技术研究	2013	广东省科技进步奖	二等奖	马昆林(7)
19	上跨软土深基坑干线铁路钢格构柱便桥结构关键技术研究	2013	中国铁道学会科学技术奖	一等奖	彭仪普(11)
20	海南高温多雨地区沥青路面修建关键技术	2013	海南省科技进步奖	一等奖	李亮(3)、但汉成(6)、陈嘉祺(9)
21	抗盐蚀混凝土	2014	湖南省自然科学奖	三等奖	马昆林(5)
22	隧道超高性能混凝土衬砌关键技术研究及应用	2015	中国公路学会科学技术奖	三等奖	马昆林(4)
23	路基边坡滑塌沉陷快速评估与处治关键技术	2016	湖南省科技进步奖	一等奖	赵炼恒(1)、邹金锋(2)、但汉成(3)、聂志红(4)、王志斌(5)、邓东平(6)、陈嘉祺(7)、李亮(11)
24	公路建设土地资源保护与集约利用成套技术及工程示范	2016	湖南省科技进步奖	二等奖	孙晓(10)

续表2.6.8

序号	成果名称	获奖年份	奖励名称	等级	完成人
25	高速铁路路基工程关键技术及应用	2017	中国铁道学会	特等奖	刘维正(40)
26	复杂条件下双向六车道沉管隧道施工关键技术	2018	河南省科技进步奖	二等奖	刘维正(4)
27	南方高速公路不良地质路堤拓宽关键技术及其应用	2018	中国公路学会科学技术奖	一等奖	刘维正(9)
28	富水软弱围岩隧道设计与施工关键技术及其应用	2019	中国铁道学会科学技术奖	二等奖	邹金锋(1)、李亮(7)
29	工程边坡生态防护及修复技术创新与应用	2019	湖南省科技进步奖	二等奖	吴昊(3)、宋卫民(7)

(四) 代表性专著

道路工程系教师公开出版学术著作情况如表2.6.9所示。

表 2.6.9　代表性专著

序号	专著名称	出版社	出版时间	作者
1	典型图形固定系数法平差	测绘出版社	1978	张作容
2	测边网和边角网力学方法平差	人民铁道出版社	1984	张作容、周霞波
3	高等教育人本管理概论	中南大学出版社	2005	程金林、吴斌
4	子流形曲率模长的间隙现象	中南大学出版社	2013	刘进、李海峰等
5	深耕——基于内涵式发展的高校继续教育综合改革研究	中南大学出版社	2019	吴斌、范太华
6	边坡稳定性非线性能耗分析理论	科学出版社	2019	赵炼恒、李亮、杨峰、邓东平、张锐

(五) 代表性成果简介

1. 山区复杂地段公路边坡关键技术及推广应用研究

奖项类别：湖南省科技进步奖一等奖，2010年。

本校获奖人员：李亮(2)、邹金锋(3)、赵炼恒(7)。

获奖单位：中南大学(1)。

成果简介：(1)发展了边坡失稳基本理论：基于边坡失稳的力学机制和变形过程，首次提出了简单、复合、组合三种边坡失稳模式。(2)构建了斜坡地基高填方路堤稳定性分析基本理论：揭示了斜坡地基上填方路堤的破坏模式和工作机理；建立了降雨入渗条件下填方路堤安全系数确定方法；构建了确定斜坡地基上填方路堤极限承载力和稳定系数的理论体系。(3)形成了公路边坡失稳处治成套技术：形成了基于水环境治理的公路边坡处治新技术；提出了侧翼迫动式顺层滑动和牵引-推移复合式旋转滑动组合模式；基于施工过程安全控制，建立了滑坡处治过程设计准则。(4)建立了土石混填路堤强夯加固成套技术：首次成功实现现场强夯大型原位试验，揭示了路堤在不同能量夯击下的动应力等压线分布与沉降随深度的变化规律；发展了强夯加固的设计方法和有效加固范围的计算公式；形成了土石混填路堤的强夯施工新技术并提出了检验评价方法，解决了斜坡地基上土石混填路堤填筑建造难题。研究成果成功处治一大批重大边坡，被国家行业标准采纳并在全国推广运用。

2. 海南省沥青路面质量控制关键技术研究

奖项类别：海南省科技进步奖一等奖，2013年。

本校获奖人员：李亮(3)、但汉成(6)、陈嘉祺(9)。

获奖单位：中南大学(3)。

成果简介：(1)建立了移动荷载下饱水路面动力响应流固耦合模型，并获得了渗流场和应力场解析解；建立了基于热力学理论的沥青路面温度时空场理论-经验预估模型，并依此开展车辙粘塑性力学分析，从而科学揭示了高温多雨和重载下沥青路面车辙和水损害机理。(2)提出了可用于沥青混合料及路面高温稳定性评价的单轴循环动载车辙试验方法和评价指标与标准，以及更适于沥青混合料水稳定性评价的冻融或高温浸水四点弯曲试验方法和评价指标与标准，从而开发了新的实验技术，创新了沥青混合料及路面性能评价与施工质量控制体系，弥补了现有技术规范的不足。(3)基于随机损伤理论建立了沥青混合料粘性损伤修正Burgers模型，并提出了相应的沥青路面车辙预估方法及设计指标；研发了低剂量水泥改性级配碎石新型基层材料及其路面结构，并提出了其永久变形预估方法与设计指标；提出了新的沥青路面排水设计方法，从而发展了沥青路面设计体系，填补了永久变形设计指标空白。(4)首次提出了海南沥青路面气候分区和典型路面结构，可用于指导海南沥青路面设计与施工。

3. 路基边坡滑塌沉陷快速评估与处治关键技术

奖项类别：湖南省科技进步奖一等奖，2016年。

本校获奖人员：赵炼恒(1)、邹金锋(2)、但汉成(3)、聂志红(4)、邓东平(6)、陈嘉祺(7)、李亮(11)。

获奖单位：中南大学(1)。

成果简介：该项目创新性成果主要有：(1) 构建了复杂环境荷载作用下路基边坡滑塌的极限状态非线性能耗分析方法和三维非线性极限平衡分析新方法，完善了路基边坡极限状态安全评估与设计理论。(2) 提出了路基水分迁移和水-力耦合分析理论、艰险复杂地段粗粒土填方路基变形预测方法和斜坡地段路基差异沉降机理分析与防控设计方法。(3) 提出了复杂环境荷载作用下路基边坡加固方案优化与设计和非对称荷载作用下劈裂注浆压力设计等系列技术。(4) 提出了基于勘察过程精度控制的最优组合快速勘察方法和基于可靠度理论的三维滑裂面抗剪强度参数反演非线性能耗分析方法。(5) 研发了柔性管加筋注浆处治、快速注浆处治结构与施工、新型坡面加固与固定等新技术。

第 7 节　工程力学

一、学科发展历程

中南土木建筑学院于 1953 年成立了力学教研组（1954 年分为理论力学和材料力学两个教研组）和结构理论教研组。1960 年成立长沙铁道学院时，工程力学本科专业是当时创办的 7 个专业之一，学制 4 年。1962 年工程力学专业招收了第一届硕士研究生，是当时招收研究生的三个专业之一。1966 年，"文化大革命"开始，工程力学专业普教生、研究生停止招生。1977 年恢复全国统一高考制度后，于 1978 年招收了一届力学专业师资班。工程力学本科专业重新申办于 2000 年，自 2000 年起工程力学本科专业每年招生 2 个班。

中南矿冶学院于 1952 年成立"力学教研室"；1985 年更名为中南工业大学力学教研室，隶属中南工业大学数理系；1993 年扩建为"中南工业大学工程力学教研室"，隶属中南工业大学建筑工程系；1995 年随中南工业大学建筑工程系并入资源环境与建筑工程学院，成为建筑工程研究所下的工程力学教研室。1984 年固体力学专业开始招收第一届硕士研究生。

2000 年 4 月，组建中南大学，2002 年 5 月，组建中南大学土木建筑学院。原长沙铁道学院土木建筑学院的结构力学教研室、流体力学教研室、数理力学系的力学教研室与原中南工业大学资源环境与建筑学院的工程力学教研室合并组建力学系。2004 年力学系的结构力学教研室单独成立"工程与力学研究所"，隶属中南大学土木建筑学院。2014 年 2 月"工程与力学研究所"和"力学系"合并组建新的力学系。

1986 年获"固体力学"硕士点，1993 年获"工程力学"硕士点，2003 年获"工程力学"博士点，2009 年获批设立"力学"博士后科研流动站，力学为湖南省"十二五"重点学科。2018 年获"力学"一级学科博士点。

1960 年创办工程力学本科专业，1978 年招收工程力学专业师资班，2004 年重新获得工程力学专业的学士学位授予权。

二、师资队伍

（一）队伍概况

1. 概况

在"优化组合，人才引进"的师资建设思想指导下，经过多年的建设和发展，本学科建立了一支学历层次、年龄分布、职称结构等方面均合理的师资队伍，现有教师42人，其中教授7人，副教授20人，讲师13人，高级实验师1人，技师1人。博士学位获得者29人，硕士学位获得者11人，全部教师都有硕士及以上的学位，青年教师占近60%（表2.7.1）。

2002年，土木建筑学院成立了力学系。当时力学系的教师有饶秋华、郭少华、刘庆潭、李东平、李丰良、周一峰、邹春伟、谢晓晴、刘长文、李学平、唐松花、王修琼、郑学军、肖柏军、王英、刘静、李海英、罗建阳、陈德怀、刘志久、罗贤东、禹国文、喻爱南、王涛、鲁四平、宁明哲、王晓光、李社国、陈永进、李亚芳等。2003年引进李铀，2004年引进李显方、胡元太，2005年引进蒋树农，2006年引进鲁立君，2008年引进刘丽丽、杜金龙，2011年引进王曰国，2013年引进王宁波，2014年引进邹佳琪，2016年引进徐方，2017年引进肖厦子，2018年引进温伟斌、夏晓东，2019年引进张雪阳，2020年引进陶勇。2004年，土木建筑学院成立了工程与力学研究所。当时研究所的教师有叶梅新、黄方林、陈玉骥、周文伟、唐琎、刘小洁、张晔芝、罗如登、侯文崎等9人。2002年6月引进殷勇，2004年12月引进肖方红，2008年1月从中南大学高速铁路建造技术国家工程实验室内部引进鲁四平，2008年6月引进韩衍群，2009年12月引进周德，2013年6月引进孟一，唐琎、陈玉骥和刘小洁先后调离。2014年2月"工程与力学研究所"和"力学系"合并组建新的力学系。王晓光、李社国调至外系，郑学军、张晔芝调到外校，叶梅新、刘庆潭、周一峰、陈德怀、罗贤东、陈永进、李亚芳等先后退休，蒋树农、孟一、邹佳琪先后调离。2019年，为了力学学科的建设与发展，成立力学与工程研究中心，饶秋华教授担任中心主任。

本系承担了全校工科类专业的"理论力学""材料力学""工程力学""流体力学""基础力学实验"，工程力学专业的"结构力学""弹性力学""实验力学""振动力学""断裂力学"以及研究生"实验应力分析""有限元法"等课程的教学任务，其中"材料力学"为原铁道部重点课程，2006年被评为湖南省省级精品课程。2019年"材料力学MOOC"被评为湖南省在线精品课程，2020年"材料力学"被评为国家首批一流在线课程，2020年"材料力学英文MOOC"成为首批国际化平台上线课程。"工程力学（双语）""工程力学""理论力学""基础力学实验"等课程被评为中南大学校级精品课程。力学实验中心下设力学性能室、电测室、动测室、光测室、疲劳断裂室、数值模拟室、流体力学室等7个分实验室和1个课外活动室，实验用房3000多平方米，各种仪器设备778台套，总价值约1335万元。1998年中心首批通过了湖南省教育委员会"双基"实验室合格评估，被授予"普通高等学校基础课教学示范合格实验室"称号;2000 年在全国首批本科优秀教学评估中,得到了教育部专家组的一致肯定;2002 年 7 月被湖南省教育厅批准为"普通高等学校基础课教学示范实验室"建设单位;2005 年 6 月通过湖南省教育厅评估验收,被授予"湖南省普通高等学校基础课示范实验室"光荣称号。

工程力学学科在职教师基本情况见表 2.7.1。

表 2.7.1　在职教师基本情况表

项目	合计	职称				年龄			学历		
		教授	副教授	讲师	技师	55 岁以上	35~55 岁	35 岁以下	博士	硕士	学士
人数	42	7	20	13	2	13	23	6	29	11	2
比例/%	100	16.7	47.6	31.0	4.7	31.0	54.8	14.2	69.0	26.2	4.8

2.团队建设情况

(1)新型材料力学团队:主要针对极端环境下新型材料中的力学问题开展研究,包括微纳米力学、多场耦合分析、晶体塑性理论、损伤与破坏力学等。在上述研究领域取得了突出的成果,五年来,发表 SCI 论文 100 余篇,获得省部级奖励 1 次,2 篇入选 ESI 高被引论文,主持国家自然科学基金项目 4 项(含青年科学基金 2 项),获湖南省优秀硕士学位论文指导教师奖 1 次。在国际上产生了较大的影响。团队带头人:李显方教授。

(2)工程结构力学团队:主要针对工程结构设计与分析中的力学问题开展研究,包括多孔材料与结构力学、冲击动力学、力学中的数值计算方法、桥梁等土木工程结构的力学设计、性能表征与评价等。在上述研究领域取得了相关研究成果,五年来,发表 SCI 论文 50 余篇,获授权国家发明专利 6 项,获批软件著作权 1 项,获得省部级奖励 1 次,编写中英文教材 2 部,主持国家自然科学基金项目 4 项,主持工信部民机专项重点项目子课题 1 项。团队带头人:黄方林教授。

(3)环境岩土力学团队:主要针对铁路下部结构(如高速和重载铁路路基、地基及桥梁桩基)、边坡、深部及深海岩土体在多场耦合作用下(包括静力、随机振动、冲击、温度、渗流等)的力学性质及相关设计理论开展研究,包括路基动力学与病害整治、岩土工程围护和挡土结构设计理论、岩石热-水-力-化学耦合断裂与止裂理论、深海土动静态流变理论等。在上述研究领域取得了相关研究成果,五年来,主持和参与国家、省部级及横向科研项目 10 余项,发表 SCI、EI 论文 50 余篇,出版专著 2 部。团队带头人:饶秋华教授。

(4)应用流体力学团队:主要研究流体力学在高铁、隧道、桥梁、火灾、安全、水利、采矿等工程领域中的应用。团队带头人:谢晓晴、王英副教授。

3.各种荣誉与人才计划

叶梅新,茅以升铁路教育专项奖(科研专项奖),2000 年。

陈玉骥，中国力学学会优秀力学教师，2000 年。

李东平，湖南省教学成果三等奖，2000 年。

刘庆潭、李东平，铁道部第四届优秀教材二等奖，2000 年。

刘庆潭、李东平，湖南省教学成果一等奖，2000 年。

叶梅新，第五届詹天佑铁道科学技术奖人才奖，2001 年。

饶秋华，中国力学学会优秀力学教师，2002 年。

刘庆潭，茅以升铁路教育专项奖，2003 年。

刘庆潭，湖南省教学成果二等奖，2004 年。

叶梅新，湖南省优秀教师，记二等功，2004 年。

刘庆潭、李东平，湖南省教学成果二等奖，2006 年。

饶秋华，湖南省教学成果三等奖，2006 年。

刘庆潭，中国力学学会优秀力学教师，2006 年。

黄方林，湖南省优秀硕士论文奖，2007 年。

刘庆潭，湖南省教学名师奖，2007 年。

谢晓晴，湖南省普通高校青年教师教学能手，2008 年。

李显方，湖南省 121 人才工程第二层次人选，2008 年。

罗建阳，湖南省普通高校青年教师教学能手称号，2010 年。

李显方，湖南省优秀博士学位论文指导教师奖，2010 年。

饶秋华，湖南省"十一五"学位与研究生教育先进个人，2011 年。

刘静，湖南省芙蓉百岗明星，2012 年。

刘静，茅以升铁路教育专项奖，2012 年。

李显方，湖南省优秀博士学位论文指导教师奖，2012 年。

李显方，湖南省优秀硕士学位论文指导教师奖，2012 年。

李东平，中国力学学会徐芝纶优秀力学教师奖，2013 年。

饶秋华，湖南学位与研究生教育学会优秀论文奖，2013 年。

李显方，入选 Elsevier 中国高被引学者榜，2014 年。

李显方，入选 Elsevier 中国高被引学者榜，2015 年。

罗建阳，湖南省普通高校教学能手，2015 年。

罗建阳，湖南省普通高校课堂教学竞赛一等奖，2015 年。

李显方，入选 Elsevier 中国高被引学者榜，2016 年。

饶秋华，湖南省教学成果三等奖，2016 年。

李显方，入选 Elsevier 中国高被引学者榜，2017 年。

李显方，入选 Elsevier 中国高被引学者榜，2018 年。

杜金龙，湖南省普通高校信息化教学竞赛三等奖，2018 年。

刘静，湖南省普通高等学校省级精品在线开放课程——材料力学，2018 年。

李显方，湖南省优秀硕士学位论文指导教师奖，2018 年。

李显方，湖南省学科带头人培养计划人选，2018 年。

李显方，入选 Elsevier 中国高被引学者榜，2019 年。

李显方，入选 Elsevier 中国高被引学者榜，2020 年。

杜金龙，湖南省普通高校课堂教学竞赛一等奖，2019 年。

杜金龙，湖南省普通高校教学能手，2019 年。

刘静、罗建阳、李东平、杜金龙，国家一流在线开放课程——材料力学，2019 年。

刘静、罗建阳、李东平、杜金龙，首批国际平台在线开放课程-材料力学，2020 年。

4. 出国(境)进修与访学

出国(境)进修与访问情况见表 2.7.2。

表 2.7.2　教师进修与访问

姓名	时间	地点	身份
郭少华	2004 年 9 月—2004 年 12 月	美国加州大学河滨分校	访问教授
	2006 年 4 月—2007 年 4 月	瑞典皇家工学院传感技术研究所、瑞典查尔姆斯大学	客座教授
李显方	2004 年 9 月—2005 年 1 月	美国范德堡大学	访问学者
	2007 年 3 月—2008 年 3 月	澳大利亚悉尼大学	访问学者
	2008 年 7 月—2008 年 12 月	韩国延世大学	访问学者
饶秋华	1999 年 10 月—2000 年 4 月	美国田纳西大学	博士后研究
	2003 年 9 月—2003 年 10 月	德国地学研究中心(GFZ)	访问教授
	2007 年 12 月—2008 年 5 月	澳大利亚昆士兰大学	高级访问学者
刘静	2004 年 7 月—2005 年 1 月	英国曼彻斯特大学	访问学者
罗如登	2005—2006 年	德国乌珀塔尔大学	访问学者
	2012 年 4 月—2012 年 10 月	澳大利亚莫纳什大学	进行教学和博士后科研合作
王英	2009 年 10 月—2010 年 10 月	美国伊利诺伊大学后巴纳-香槟分校	访问学者
侯文崎	2013 年 2 月—2014 年 2 月	美国田纳西大学	访问学者
肖厦子	2018 年 8 月—2018 年 11 月	比利时 SCK-CEN	交流访问

（二）历届系所（室）负责人

历届系所（室）负责人见表2.7.3。

表 2.7.3　历届系所（室）负责人

时间	机构名称	主任	副主任	备注
1993—1995 年	力学教研室	刘又文	谢祚济	中南工业大学
1995—1998 年	力学教研室	吴道权	饶秋华	中南工业大学
1998—2002 年	力学教研室	刘静		中南工业大学
1977 年以前	结构力学教研室	张炘宇		长沙铁道学院
1992—1995 年	结构力学教研室	卢同立		长沙铁道学院
1995—1997 年	结构力学教研室	杨仕德		长沙铁道学院
1997—2002 年	结构力学教研室	陈玉骥		长沙铁道学院
1977 年以前	工程力学教研室	黄建生（理力）、荣崇禄（材力）		长沙铁道学院
20 世纪 80 年代	工程力学教研室	谢柳辉（理力）、程根吾（材力）		长沙铁道学院
20 世纪 90 年代	工程力学教研室	周一峰（理力）、夏时行（材力）		长沙铁道学院
2000—2002 年	工程力学教研室	李丰良	李东平	长沙铁道学院
2004—2006 年	工程与力学研究所	叶梅新	陈玉骥	长沙铁道学院
2006—2013 年	工程与力学研究所	黄方林	张晔芝	长沙铁道学院
2002—2005 年	力学系	饶秋华	刘庆潭、王晓光	中南大学土木建筑学院
2005—2006 年	力学系	刘庆潭	李铀、邹春伟	中南大学土木建筑学院
2006 年—2011 年 4 月	力学系	李东平	李铀、李显方、邹春伟	中南大学土木建筑学院
2011 年 4 月—2013 年	力学系	李东平	李铀、李显方、邹春伟	中南大学土木工程学院
2014—2018 年	力学系	李东平	黄方林、邹春伟、刘静	中南大学土木工程学院
2019—2020 年 7 月	力学系	李东平	刘静、王宁波、罗建阳、侯文崎	中南大学土木工程学院

续表2.7.3

时间	机构名称	主任	副主任	备注
2020 年 7 月—2020 年 11 月	力学系	刘静	王宁波 罗建阳 侯文崎	中南大学土木工程学院
2020 年 11 月至今	力学系	刘静	王宁波 罗建阳 肖厦子 侯文崎	中南大学土木工程学院
2002—2005 年	力学教学与实验中心	饶秋华	王晓光 刘志久	中南大学土木工程学院
2006—2015 年	力学教学与实验中心	李东平	饶秋华、刘志久、王英	中南大学土木工程学院
2016—2019 年	力学教学与实验中心	李东平	王曰国	中南大学土木工程学院
2019 年至今	力学教学与实验中心	李东平	罗建阳、龙建光	中南大学土木工程学院
2019 年至今	力学与工程研究中心	饶秋华	李显方、温伟斌、肖厦子	中南大学土木工程学院

(三)学科教授简介

李廉锟教授：男，1915 年生，1940 年毕业于清华大学土木工程系。1944 年获美国麻省理工大学科学硕士学位。1946 年回国后先后在湖南大学、中南土木建筑学院、长沙铁道学院(现中南大学)任教授和桥梁与隧道系、数理力学系主任。长期为本科生和研究生讲授结构力学、弹性力学、土力学、基础工程、钢筋混凝土、钢木结构和结构设计理论等课程。以教风严谨、教学效果优良著称。20 世纪 70 年代初期，在《桥梁工程》期刊上发表连载文章，比较系统地介绍了有限单元法的原理和应用，是我国最早引进和推广有限元法的学者之一。曾编写和主编《结构力学》《土力学及地基基础》等教材五部。其中，1983 年由高等教育出版社出版的《结构力学》(第二版)获 1987 年国家教委优秀教材二等奖；1996 年由高等教育出版社出版的《结构力学》(第三版)获 2000 年铁道部优秀教材二等笑。2011 年 5 月逝世。

叶梅新教授：女，汉族，1946 年生，教授，博士生导师。1970 年复旦大学数学系力学专业本科毕业，1982 年国防科技大学固体力学专业研究生毕业，获硕士学位。1982 年起在长沙铁道学院(中南大学)工作。1994 年在英国访问学习。1993 年晋升教授，1999 年被铁道部评为博士生导师。主要从事大型复杂结构分析、桥梁结构、钢-混凝土组合结构等的研究。主持铁道部重大项目、湖南省自然科学基金等数十项科研项目，发表相关科研论文 50 多篇，其中被 SCI、EI 收录 40 余篇，研究成果已成功应用于芜湖公铁两用长江大桥、秦沈客运专线、青藏铁路、宁波大榭岛跨海大桥、佛山平胜大桥、宜万线、京沪高速铁路、武汉天兴洲公铁两用长江大桥、南京大胜关长江大桥、武广客运专线等，收到了很好的经

济效益和社会效益，2011 年退休。2002 年获国家科技进步奖一等奖 1 项，2001 年获"中国
科学技术发展基金会詹天佑铁道科技发展基金第五届詹天佑铁道科学技术奖人才奖"，
2006 年获湖南省科技进步奖二等奖 1 项，2006 年获教育部科技进步奖二等奖 1 项，2007
年获湖南省科技进步奖一等奖 1 项。

郭少华教授：男，1960 年 6 月出生，陕西西安人，中共党员，工学博士，教授，博士生
导师，中国振动工程学会土动力学专业委员会委员。1982 年毕业于西安交通大学工程力
学系，获学士学位；1985 年毕业于西安交通大学工程力学系，获硕士学位；1985 年至 1995
年在西安建筑科技大学建筑工程系工作，1994 年晋升为副教授；1996 年至 2001 年在中南
工业大学资源环境与建筑工程学院工作，任副院长，1997 年晋升为教授；2002 年至 2010
年在合并后的中南大学土木建筑学院工作，任副院长，2003 年在职获得博士学位并于同年
获批为中南大学博士生导师；2004 年 9 月—12 月到美国加州大学 Riverside 分校智能结构
研究所做访问教授；2006 年 4 月至 2007 年 4 月分别在瑞典皇家工学院传感技术研究所、
瑞典 Chalmers 大学土木工程系做客座教授。主要从事混凝土材料与结构非线性分析、岩体
结构失稳破坏计算以及智能材料与结构方面的研究工作。主持和参与了 3 项国家自然科
学基金、多个省部级科研课题和国际合作项目的研究工作，完成了 10 余项工程课题研究。
在国内外重要刊物上发表论文 100 余篇，其中 SCI 检索 50 余篇，还合作分别在 Sciyo、
Intech 等国际出版集团出版 Acoustic Waves 等专著 3 部，合作获得发明专利 3 项，获湖南省
自然科学奖 1 项。

周筑宝教授：男，1939 年 11 月生，教授。1963 年大学毕业于武汉水利电力学院水工
建筑系数学力学专业，分配至水利电力部西北勘测设计院科研所。1969 年设计院撤销并
入水电部第 5 工程局实验室。1977 年调入湘潭大学力学教研室，1992 年被评为教授。
1994 年进入长沙铁道学院数理力学系。2000 年转入中南大学土木工程学院力学系。2001
年 7 月退休。长期从事"最小耗能原理及其应用"研究，已出版专著 5 部，发表论文 80 余
篇。1996 年获湖南省科学技术进步三等奖（排名第一），2009 年获湖南省自然科学三等奖
（排名第一）。

李丰良教授：男，1954 年 5 月生，河北邯郸人。1982 年 7 月毕业于长沙铁道学院基础
课部力学专业，获学士学位。1983 年至今先在原长沙铁道学院数理力学系工作，后又合并
到中南大学土木工程学院力学系从事教学、科研工作。2004 年晋升为教授。主要从事电
气化铁路的弓网系统动力学、弓网系统的动态检测等工作。20 世纪 90 年代，完成株洲电
力机车厂和铁道部的重点课题"国产 TSG_3 受电弓的改造任务"，使该受电弓由最高速度
120 km/h 提高到 180 km/h，满足了中国铁路准高速铁路对高速受电弓的需求，产生了很
好的经济效益。后又完成了铁道部课题"弓网动态检测系统的研制"。共取得国家发明专
利 4 项、实用新型专利 5 项。在有影响的学术刊物上发表论文 10 余篇，其中 2 篇被 EI
收录。

　　周一峰教授：男，1946 年生，江苏人，中共党员，土木工程学院教授，1966 年高中毕业，1968 年下乡，1978 年考入长沙铁道学院数理力学专业，1982 年留校。1984 年进入西南交通大学力学系进修研究生课，1986 年考入兰州大学力学班系统学习研究生课。1990年至北京工业大学做访问学者。讲授的本科和研究生课有：理论力学、材料力学、结构力学、工程力学、振动力学、非线性动力学等。研究方向为非线性动力学理论与应用、系统稳定性。参与和主持国家自然科学基金、省级自然科学基金、教委基金多项。主编《理论力学》=教材。在 EI、CSCD 刊物上发表论文 30 多篇。退休后任中南大学本科生和研究生督导。

　　在岗教授：李东平、黄方林、李铀、李显方、邹春伟、饶秋华、侯文崎。简介可扫描附录在职教师名录中的二维码获取。

三、人才培养

（一）本科生培养

1. 概况

　　工程力学专业属工科类力学一级学科，具有博士、硕士学位授予权。学科源于1953年成立的中南土木建筑学院，1960 年开始招收本科生；2000 年，三校合并为中南大学，工程力学专业重新申办并于当年全面招生。工程力学专业是学校的特色专业之一，已具有较强的科学研究和人才培养实力。工程力学专业以国家重大需求为导向，面向工程、面向未来、面向世界，培养力学和与工程应用紧密结合的行业精英和领军人才。以立德树人为根本，培养具有良好的人文科学素养、创新创业精神和职业道德精神，掌握扎实的自然科学基础，掌握工程力学学科的基础理论，具备自主学习能力、批判思维能力和国际交流能力，具有较强计算和实验研究能力的宽基础、创新能力强的专门人才。

　　本专业毕业生具备力学基础理论知识、计算和试验能力，能在各种工程(土木、机械、交通、能源、航空、材料等领域)从事与力学有关的科学研究、技术开发、工程设计与施工、工程管理、实验研究、软件应用与开发工作，也可在高等学校和科研院所从事教学、科研工作。

2. 本科生课程

　　目前，力学系教师承担的主要课程为理论力学、材料力学、工程力学、结构力学、流体力学、振动力学、弹性力学、实验力学、有限元法、塑性力学、复合材料力学、结构分析软件应用等。其中，理论力学、材料力学、结构力学、流体力学、振动力学、弹性力学、实验力学、有限元法、结构分析软件应用、混凝土结构设计原理、钢结构设计原理、土木工程概论是工程力学专业的主干课程。

3.骨干课程目的、任务和基本要求

流体力学是一门研究流体静止和运动的力学规律，及其在工程技术中应用的课程。它既有力学学科的系统性和完整性，又有鲜明的工程、专业应用特点。课程设置的目的是通过这门课程的各种教学环节，使学生掌握流体在静止和运动状态下的力学规律及其基础理论、进行流体力学计算的基本方法和流体力学实验的基本操作技能，为学好专业课程和以后从事专业工作中解决有关流体力学问题及进一步钻研打下必要的基础。

结构力学是工程力学、土木工程专业学生的一门重要技术基础课，主要是在学生已经掌握理论力学、材料力学等课程知识的基础上，进一步学习和掌握矩阵位移法和结构动力学的基本原理和计算方法，为后续土木工程房屋建筑、桥梁、隧道等专业课程的电算分析、动力问题分析打下基础，也是学生进一步深造求学的理论基础。本课程的主要任务是：学习和掌握矩阵位移法的基本概念，掌握结构动力自由度的判断方法，掌握单自由度结构、多自由度结构动力分析基本方法，培养学生在土木工程结构设计中的基本分析、计算能力和解决工程实际问题的能力，为学习有关专业课程和解决生产实践中的结构力学问题打好基础。

弹性力学是工程力学专业的一门重要的学科基础课。课程设置目的是使学生在理论力学和材料力学等课程的基础上，进一步掌握弹性力学的基本概念、基本原理和基本方法，学习板、实体等结构在弹性阶段的应力、应变和位移的计算方法，了解弹性体的有关解答，使学生加深力学基础，加强力学分析和计算能力，为学习专业课程打下良好的力学基础，为设计和科研提供必要的计算手段。

振动力学课程是为工程力学专业的设立的掌握振动理论方法与拓展知识体系的专业必修课，课程的设置目的是让学生通过学习振动力学这门专业基础课程，了解工业结构及工程实践中的振动问题，将理论方法与具体工程问题紧密结合起来，构建理论方法服务于工程实践的知识体系，建立工程实践-理论知识-再工程实践的一体化意识，结合本专业"面向工程、面向未来、面向世界"的培养要求，既注重解决振动问题的基本理论方法，也关注各个工程(土木、机械、交通、能源、航空、材料等)领域中的各种问题，有利于创新性的解决各领域的工程实际问题，扩展专业知识，将理论与实践互相渗透融合，为在各种工程领域中从事与力学有关的科学研究、技术开发、工程设计与施工、工程管理、实验研究、软件应用与开发等工作奠定基础。

实验力学是固体力学的一个分支，它是用各种实验方法和手段对变形固体进行应力应变分析的一门学科，是解决工程强度问题的重要手段。本课程为工程力学专业学生必修的专业课，通过本课的学习，了解实验力学发展的新动态，重点掌握以现代光、电、振动为主的各种实验方法的原理、技术和应用；通过实验力学方法检查验证按固体力学理论在一定假设条件下所得到的理论分析结果和计算结果的可靠程度和可靠性；通过实验力学方法进行直接量测以提供一些用理论分析难以获得的力学参数，并通过观察、实验和量测，认识问题的本质；同时通过实验力学方法对某些力学规律的探讨，为细观力学、界面力学、断

裂力学等新学科的发展提供实验依据，最终为解决工程技术领域中广泛存在的力学问题的提供有效途径。

4.教学理念

（1）专业教育和核心价值观教育相融共进。以习近平新时代中国特色社会主义思想为指导，坚持知识传授与价值引领相结合，把思想政治工作贯穿教育教学全过程，挖掘梳理工程力学各门课程的德育元素，完善思想政治教育的课程体系建设，在传授专业知识的同时，开展思政教育，培养积极向上的人生观、世界观、价值观。

（2）坚持本科教学质量为核心，建立工程力学专业综合教育新体系。坚持各项教学工作以人才培养为中心、学科建设为基础、师资队伍为依托、教学资源为支撑、教学教改为手段、创新教育为方向，努力践行以人才培养质量为核心的综合教育新体系。

（3）因材施教，构建多元化人才培养模式。人才培养模式是专业人才培养的总体蓝图和质量标准，是组织和实施教学活动的依据。工程力学专业明确定位"培养品德好、专业实、能力强、素质高，适应社会发展和经济建设需要的研究创新型人才和工程应用型人才"，构建多元化人才培养模式的基本内容和实施人才培养模式的改革措施。

（4）坚持以学生为中心的教学理念，深化教学改革。近年来，在原有的培养方案的基础上，围绕知识、能力、素质培养要求，多次修改，不断完善，构建了通识教育、学科教育、专业教育、个性培养课程的协调比例，制订了全新的2018版工程力学培养方案。坚持以学生为中心的教学理念，深化课程体系和教学内容改革。通过同行专家听课，举办教学沙龙、精品示范课堂、教学比赛，参加国内外教改会议等方式推行教学改革，打造中南"金课"。近几年，材料力学获得中南大学开放式精品示范课堂 A 类，多门课程为中南大学立项的开放式精品示范课堂。

（5）以创新能力培养为导向，打造多层次实践平台。以工程力学创新研究型人才培养为目标，根据工程力学专业的培养方案及专业定位，结合自身特色和优势，实行多环节、不同层次的实践平台，强化创新创业实践，构建完整实践教学体系。

5.其他

工程力学专业在具有坚实力学学科基础知识的基础上，与土木交通工程深度融合，毕业生中有 50% 以上继续攻读力学和土木工程专业的研究生，有 40% 成为中国铁路总公司（原铁道部）和世界 500 强的中国中铁、中国铁建等的专业技术骨干和研究型人才。自2008 年践行系列专业综合改革、修订培养方案和改进课程体系后，工程力学专业就业迅速实现多元化，就业范围包括科研院所、高等学校、中国建筑、中国中铁、中国交建、中水集团、房地产开发公司、互联网公司等。近 5 年，学校工程力学专业本科毕业生进入世界建筑业前四强（中国建筑、中国中铁、中国铁建和中国交建）。2016—2018 年进入研究生阶段学习和进入世界 500 强企业的毕业生分别占总毕业人数的 56.1% 和 43.9%，体现了研究创新型人才和工程应用型人才培养目标的达成度。

工程力学专业对数十家用人单位的走访的结果显示，用人单位对毕业生总体满意度高，总体良好以上评价比例超过95%，评价为优秀的比例超过80%。用人单位对工程力学专业毕业生的评价主要体现在：力学基础扎实，专业知识结构丰富，创新能力强，为企业技术发展提供了充足动力，能够迅速成长为专业技术骨干并担任重要工作的负责人。同时，工程力学专业毕业生在职业道德、团结协作精神等方面也得到了较高评价。上述用人单位调研结果展现了工程力学专业本科生的优秀培养质量，为后续毕业生就业营造了良好声誉。

(二)研究生培养

1.概况

中南大学力学学科主要研究方向为工程力学、固体力学、动力学与控制与流体力学。1986年获固体力学硕士学位授予权，1993年获工程力学硕士学位授予权，2003年获得工程力学博士学位授予权，2018年获批力学一级学科博士学位授权点。学科2009年被批准设立一级学科博士后科研流动站，为"十二五"湖南省重点学科。本学科现有百千万人才工程国家级人选1人，博士生导师5人，教授7人，有博士学位的教师29人，形成了一支实力较强、结构合理的人才培养和科学研究队伍。本学科以力学基础理论研究为先导，方法和技术研究为重点，面向矿业工程、土木工程、机械工程、交通运输工程，解决国家和企业重大理论与应用问题，系统开展应用基础理论和关键工程技术研究，在损伤与断裂力学、工程岩土力学、冲击与振动、工程结构力学和新型材料力学等方面形成了特色。学科紧密结合我国国民经济发展的重大需求，立足国际前沿，以高新前沿技术研究为导向，以提高原始性创新能力和获取自主知识产权为目标，助推相关ESI主体学科(工程学)和相关学科(材料学)排名稳定在前1%。学科将进一步加强力学科学理论的研究，拓展在高温力学、高压力学、高频力学等新领域的研究，将本学科建设成为我国力学基础理论与关键技术研究和高层次人才培养的重要基地。

2.研究生课程与研究方向

目前由力学系教师开设的硕士、博士研究生课程有：非连续介质力学、连续介质力学、弹塑性力学、有限单元法、工程软件应用、损伤与断裂力学、高等流体力学、随机振动等。

本学科多年来注重学科建设，在大型复杂结构(构筑物)非线性分析、高新技术材料的损伤和断裂、工程结构的断裂和疲劳、结构振动与控制、大型土木工程结构健康监测等方面取得了丰硕的成果，解决了许多理论和实践难题，形成了稳定的系列研究方向。

多年来，本学科重视实验室建设，建立了比较完善的实验系统，例如有先进的INSTRON材料试验机、多套动态应变测试系统和振动测试系统、各类型传感器、大型通用有限元计算软件ANSYS和ADINA等，并进行了卓有成效的开发和工程应用研究，获国家科技进步奖一等奖等多项奖励。

3. 优秀研究生

本学科早在 1962 年就开始了硕士研究生的培养工作，2004 年至今，培养工程力学硕士研究生 94 名，为本学校及社会输送了众多优秀人才。2007 年至今，培养工程力学博士研究生 17 名。

(三) 教学成果

1. 教材建设

力学系自成立以来，主要承担了理论力学、材料力学、工程力学、流体力学、基础力学实验、实验力学、振动测试技术、分析力学、弹性力学、塑性力学、断裂力学等课程的教学任务，在老一辈教师的引领下，不断进行教材建设，先后主编并出版了教材 30 部。见表 2.7.4。

表 2.7.4　代表性教材

序号	教材名称	出版社/编印单位	出版/编印年份	作者
1	结构力学	高等教育出版社	1958	李廉锟、周泽西、俞集容、张忻宇、杨茀康
2	结构力学(第 1 版)	高等教育出版社	1979	李廉锟主编
3	结构力学(第 2 版)	高等教育出版社	1983	李廉锟主编
4	结构力学(第 3 版)	高等教育出版社	1994	李廉锟主编
5	结构力学	中南工业大学出版社	1998	郭少华主编
6	工程力学	中南工业大学出版社	1999	郭少华主编
7	材料力学	机械工业出版社	2002	刘庆谭主编
8	现代铁路运输概论	西南交通大学出版社	2002	黄方林主编
9	现代铁路运输设备	西南交通大学出版社	2003	黄方林主编
10	理论力学	北京邮电大学出版社	2003	饶秋华主编
11	理论力学	湖南科技出版社	2003	周一峰主编
12	结构力学(第 4 版)	高等教育出版社	2004	李廉锟主编
13	铁路运输新设备	中国铁道出版社	2005	黄方林主编
14	流体力学实验	中南大学出版社	2005	王英、谢晓晴、李海英主编
15	材料力学教程	机械工业出版社	2006	刘庆谭主编
16	理论力学	中国铁道出版社	2008	邹春伟主编

续表2.7.4

序号	教材名称	出版社/编印单位	出版/编印年份	作者
17	流体力学	中南大学出版社	2009	王英主编
18	基础力学实验	中南大学出版社	2009	刘静、李东平主编
19	结构力学（第5版）	高等教育出版社	2010	李廉锟主编
20	各向异性电磁波导论	科学出版社	2014	郭少华等
21	各向异性弹性波导论	科学出版社	2014	郭少华等
22	基于最小耗能原理的地震预测、预报理论	科学出版社	2015	唐松花等
23	材料力学	武汉大学出版社	2015	李东平、刘静等主编
24	流体力学	中南大学出版社	2015	王英、谢晓晴主编
25	结构力学（第6版）	高等教育出版社	2017	李廉锟主编
26	最小耗能原理的岩石破坏理论与岩爆研究	科学出版社	2017	唐松花等
27	多场耦合动力学	科学出版社	2017	郭少华等
28	塑性力学引论（第二版）	科学出版社	2018	李铀
29	工程连续介质力学	科学出版社	2018	郭少华等
30	理论力学	清华大学出版社	2019	刘丽丽主编

2. 教改项目

力学学科获得省部级及以上的教改项目见表2.7.5。

表2.7.5 教改项目表（省部级及以上）

序号	负责人	项目名称	起讫年份
1	邹春伟	基础力学课程开放式课堂教学模式研究与实践	2014—2016
2	刘静	力学课程综合素质能力考核和学习效果评价体系研究	2015—2017
3	罗建阳	国内外基础力学课程教材的比较研究	2017—2019
4	饶秋华	双一流战略视角下学位授权点国际评估的探索与实践	2019—2021
5	饶秋华	基于新工科和工程教育认证双背景下的力学类课程改革研究	2019—2021
6	罗建阳	"以学生为中心 能力培养为目标"土木学科教育课程课堂教学改革研究与实践	2020—2022
7	刘丽丽	理论与应用并重的随机振动课程综合教学模式探索与实践	2020—2022

3. 教学获奖和荣誉

力学学科获得省部级及以上荣誉称号情况见表 2.7.6。

表 2.7.6　教学获奖和荣誉(省部级及以上)

序号	获奖人员	项目名称	获奖级别	获奖年份
1	叶梅新	茅以升科技教育基金 2000 年度中南大学茅以升铁路教育专项奖(科研专项奖)	中国科学技术发展基金会	2000
2	陈玉骥	中国力学学会优秀力学教师	中国力学学会	2000
3	刘庆潭(1)、李东平(4)	湖南省教学成果一等奖	湖南省教育厅	2000
4	李东平(5)	湖南省教学成果三等奖	湖南省教育厅	2000
5	刘庆潭(1)、李东平(4)	铁道部第四届优秀教材二等奖	铁道部	2000
6	叶梅新	会詹天佑铁道科技发展基金第五届詹天佑铁道科学技术奖人才奖	中国科学技术发展基金	2001
7	饶秋华	中国力学学会优秀力学教师	中国力学学会	2002
8	刘庆潭	茅以升科技教育基金 2000 年度中南大学茅以升铁路教育专项奖	中国科学技术发展基金会	2003
9	刘庆潭(1)	湖南省教学成果二等奖	湖南省教育厅	2004
10	叶梅新	湖南省优秀教师,记二等功	湖南省教育厅	2004
11	刘庆潭(1)、李东平(2)	湖南省教学成果二等奖	湖南省教育厅	2006
12	饶秋华	湖南省教学成果三等奖	湖南省教育厅	2006
13	刘庆潭	中国力学学会优秀力学教师	中国力学学会	2006
14	刘庆潭	湖南省教学名师奖	湖南省教育厅	2007
15	黄方林	湖南省优秀硕士论文奖	湖南省教育厅	2007
16	谢晓晴	湖南省普通高校青年教师教学能手称号	湖南省教育厅	2008
17	罗建阳	湖南省普通高校青年教师教学能手称号	湖南省教育厅	2010
18	饶秋华	湖南省"十一五"学位与研究生教育先进个人	湖南省教育厅	2011
19	刘静	湖南省芙蓉百岗明星	湖南省教育厅	2012
20	刘静	茅以升科技教育基金 2012 年度中南大学茅以升铁路教育专项奖	中国科学技术发展基金会	2012

续表2.7.6

序号	获奖人员	项目名称	获奖级别	获奖年份
21	李东平	中国力学学会徐芝纶优秀力学教师奖	中国力学学会	2013
22	饶秋华	湖南学位与研究生教育学会优秀论文奖	湖南省教育厅	2013
23	罗建阳	湖南省普通高校教学能手	湖南省教育厅	2015
24	罗建阳	湖南省普通高校课堂教学竞赛一等奖	湖南省教育厅	2015
25	饶秋华	湖南省教学成果三等奖	湖南省教育厅	2016
26	杜金龙	湖南省普通高校信息化教学竞赛三等奖	湖南省教育厅	2018
27	刘静	湖南省普通高等学校省级精品在线开放课程——材料力学	湖南省教育厅	2018
28	李显方	湖南省"优秀硕士学位论文"指导教师奖	湖南省教育厅	2018
29	杜金龙	湖南省普通高校课堂教学竞赛一等奖	湖南省教育厅	2019
30	杜金龙	湖南省普通高校教学能手	湖南省教育厅	2019
31	刘静	国家首批一流在线课程——材料力学	教育部	2019
32	刘静	首批国际平台在线开放课程——材料力学	教育部	2020

四、科学研究

（一）主要研究方向

1. 大型特殊桥梁结构研究

我国疆域广大，地形复杂，随着经济建设的发展，需要修建许多特殊桥梁结构。本研究方向在大型特殊桥梁结构的研究方面做了大量的工作，先后对芜湖公铁两用长江大桥板桁组合结构、秦沈客运专线连续结合梁桥、京沪高速铁路下承式桁梁结合梁桥、青藏铁路结合梁桥、宜万铁路特殊桥梁结构、京沪高速铁路南京大胜关长江大桥钢正交异性板整体桥面、武广高速铁路下承式钢箱系杆拱桥、铁路大跨高墩桥、大跨度三塔双主跨铁路斜拉桥等重大课题进行了研究，对双层公铁两用桥上层板桁组合结构、下承式铁路桥梁板桁组合结构、高速铁路连续结合梁、严寒下（−50℃）的铁路结合梁、铁路钢正交异性板整体桥面、四线高速铁路桥梁、大跨度三塔双主跨铁路斜拉桥、高速铁路下承式钢箱系杆拱桥的受力机理、合理结构体系和结构形式、设计计算理论、疲劳性能和极限承载力等做了系统的研究，产生了创造性的成果，取得了很好的经济效益和社会效益。

2. 智能材料与结构

智能材料与结构是21世纪先进材料与结构发展的一个重要方向，在国防、商用及民用等诸多领域中具有巨大应用前景。本学科方向紧密结合学科发展前沿，注重基础理论与工程应用，围绕一些相关力学问题，开展结构健康评估与监测、失效破坏分析、多场耦合下材料及结构的跨尺度力学行为分析与设计等方向的基础理论与工程应用研究，形成了明显的特色与优势。主要研究方向有：

失效破坏分析主要研究在极端工作环境以及在微观、细观和宏观尺度下材料与结构的断裂机理，分析材料含内部裂纹尖端处及夹杂尖端处的奇异性规律、发展在静态和动态载荷作用下各种构型缺陷及夹杂的多场响应的解析和数值方法、电场或磁场以及温度变化对材料和结构开裂的影响，揭示固体材料的断裂准则及失效破坏的基本特征。

微尺度下的多场耦合材料及结构的力学行为与设计主要研究力-热-电-磁等多场耦合作用下智能材料的宏微观响应，弹性波、电磁波、声波等波动载荷的解析和数值方法，跨尺度的材料性能分析和微结构响应的优化及设计原理，开发和研究无线供能的新型压电传感器、制动器以及压电谐振器在温度变化及初应力等各种外界环境影响条件下的频率稳定性分析，开发和研究碳纳米管和石墨烯等新一代微纳质量传感器及工作原理。

3. 多场耦合岩土流变损伤与断裂

随着国民经济的持续快速发展和对资源需求的不断增加，深地和深海矿产资源开采已成为 21 世纪重要的资源产业发展方向。本方向面向国家中长期重大战略需求，立足学科前沿问题，在流变力学、损伤与断裂力学、流体力学、非平衡态热力学等多学科理论框架下，开展多场耦合岩土流变损伤与断裂的基础理论与工程应用研究，形成了明显的特色与优势。

通过开展深部矿产资源开采环境下裂隙岩石热-水-力-化学耦合损伤、断裂与止裂的理论分析和试验研究，建立裂隙岩石多场耦合损伤本构关系，裂纹起裂、扩展与断裂准则，止裂条件等系统理论，揭示裂隙岩石多场耦合断裂与止裂的宏-细-微观机理，提出裂隙岩石多场耦合裂纹止裂设计的建议方法，对深部岩体工程的安全评估与防灾减灾策略等具有重要的理论指导意义和工程应用价值。

通过开展深海矿产资源开采环境下底质土流变行为和履带式集矿机海底行走特性的理论分析和试验研究，建立深海复杂环境下底质土水-力耦合非线性流变本构关系，推导出集矿机履带板行走牵引力计算公式，建立不同地貌条件下履带式集矿机通过性准则，提出集矿机履带板多目标优化设计理论及其结构优化方案，对深海采矿技术研发及集矿机结构优化设计等具有重要的理论指导意义和工程应用价值。

4. 桥梁结构健康监测

大型土木工程结构，如水坝、桥梁、电厂、军事设施、高层建筑等，在遭受地震、洪水、飓风、爆炸等自然或人为灾害时的安全问题，已经引起了人们的广泛关注。由于缺乏必要的安全监测、状态评估和养护维修，世界各地出现了大量桥梁损坏、房屋倒塌事故，给国民经济和生命财产造成了巨大损失。随着大型土木工程结构设计的轻柔化以及形式与功能的日趋复杂化，桥梁结构健康监测技术正成为国内外学术界、工程界的研究热点。

桥梁结构的健康监测是多学科交叉的综合技术，覆盖了振动理论、传感技术、测试技术、系统辨识理论、信号分析与处理技术、计算机技术等多门学科，是土木工程一个活跃的研究方向。

桥梁结构健康监测，即通过对结构实施无损检测，实时监控结构的整体行为，对结构的服役情况、可靠性、耐久性和承载能力进行智能化评估，为结构在特殊气候、特殊交通条件下或运营状况严重异常时触发预警信号，并为其维修、养护与管理决策，验证设计理论，改进设计方法和相应的规范标准提供科学的依据和指导。桥梁结构健康监测力求对结构进行整体行为的实时监控和结构状态的智能化评估。在结构经过长期使用或遭遇突发灾害之后，通过测定其关键性能指标，获取反映结构状况和环境因素的信息，分析其是否受到损伤。如果受到损伤，分析损伤位置和程度如何、可否继续使用以及剩余寿命等。这对确保结构的运营安全、及早发现结构病害、避免潜在灾害的发生、延长结构的使用寿命都有着积极的意义。

(二) 科研项目

2000—2020 年，本学科承担的国家级科研项目见表 2.7.7。

表 2.7.7　国家级科研项目表

序号	项目（课题）名称	项目来源	起讫年份	负责人
1	斜拉索风雨振现场观测与半主动振动控制研究（50178013）	国家自然科学基金面上项目	2002 年 1 月—2004 年 12 月	黄方林（2）
2	含裂纹压电体的动态响应行为的研究（10272243）	国家自然科学基金面上项目	2003 年 1 月—2004 年 12 月	李显方
3	热–力耦合条件下岩石断裂特征及止裂条件研究（50374073）	国家自然科学基金面上项目	2004 年 1 月—2006 年 12 月	饶秋华
4	基于局部主成分分析和统计模式识别的桥梁结构异常检测方法研究（50678173）	国家自然科学基金面上项目	2007 年 1 月—2009 年 12 月	黄方林（2）
5	高速货车超偏载轮重扫描监测方法关键技术研究（50675230）	国家自然科学基金面上项目	2007 年 1 月—2009 年 12 月	黄方林（2）
6	T 应力及其对裂纹扩展路径的影响（10672189）	国家自然科学基金面上项目	2007 年 1 月—2009 年 12 月	李显方
7	智能材料中非奇异应力的研究（10711140645）	国家自然科学基金国际合作项目	2007 年 1 月—2009 年 12 月	李显方

续表2.7.7

序号	项目(课题)名称	项目来源	起讫年份	负责人
8	集压电驱动/传感一体化技术的结构健康在线监测的研究(50778179)	国家自然科学基金面上项目	2008 年 1 月—2010 年 12 月	郭少华
9	淮南矿区深部开采围岩扰动区和煤与瓦斯突出风险研究（子题）(2007BAK28B04)	"十一五"国家科技支撑计划	2009 年 1 月—2010 年 12 月	李铀
10	无限维时变绳系卫星全局动力学分析与控制(10902127)	国家自然科学基金青年科学基金项目	2010 年 1 月—2012 年 12 月	刘丽丽
11	裂隙岩石热-水-力耦合损伤断裂与止裂研究(11072269)	国家自然科学基金面上项目	2011 年 1 月—2013 年 12 月	饶秋华
12	数值流形方法在结构动力学中的理论与应用研究(GDJXS12240003)	中央高校基本科研业务费专项资金项目	2012 年 1 月—2013 年 12 月	温伟斌
13	基于深海稀软底质流变分析的履带式集矿机行走特性及结构优化研究(51274251)	国家自然科学基金面上项目	2013 年 1 月—2016 年 12 月	饶秋华
14	PBL 剪力键疲劳性能及其影响因素试验研究(51208513)	国家自然科学基金青年科学基金项目	2013 年 1 月—2015 年 12 月	侯文崎
15	强震作用下高速铁路桥梁碰撞机理、碰撞全过程及防控制研究(51378504)	国家自然科学基金面上项目	2014 年 1 月—2017 年 12 月	黄方林
16	基于热-水-力-化学耦合效应的裂隙岩石损伤断裂与止裂研究(51474251)	国家自然科学基金面上项目	2015 年 1 月—2018 年 12 月	饶秋华
17	含表面效应的梯度弹性板的机械行为	国家重点实验室开放课题	2015 年 1 月—2017 年 12 月	李显方
18	基于桥梁应变影响线的车辆荷载自动识别理论与算法研究(51508576)	国家自然科学基金青年科学基金项目	2016 年 1 月—2018 年 12 月	王宁波
19	面向多孔点阵材料与结构动力学特性分析的等几何流形元法研究(11602004)	国家自然科学基金青年科学基金项目	2017 年 1 月—2019 年 12 月	温伟斌
20	考虑尺度效应弹性材料的力学分析	国家重点实验室开放课题	2017 年 1 月—2019 年 12 月	李显方
21	考虑表面效应微纳米尺度板的断裂研究(11672336)	国家自然科学基金面上项目	2017 年 1 月—2020 年 12 月	李显方

续表2.7.7

序号	项目（课题）名称	项目来源	起讫年份	负责人
22	真空—堆载联合预压下塑料排水板地基的侧向变形机理与预测方法研究（51709284）	国家自然科学基金青年科学基金项目	2018年1月—2020年12月	徐方
23	分数阶反常扩散下湿热弹性复合材料的断裂（11872379）	国家自然科学基金面上项目	2019年1月—2022年12月	李显方
24	离子辐照条件下金属材料力学性能的纳米压痕研究（11802344）	国家自然科学基金青年科学基金项目	2019年1月—2021年12月	肖厦子
25	多场耦合作用下页岩气储层网络裂隙宏-细观演变机理及压裂参数优化研究面上项目（51874351）	国家自然科学基金面上项目	2019年1月—2022年12月	饶秋华
26	考虑场相关界面效应的低维功能复合材料多场耦合等效行为研究（11902365）	国家自然科学基金青年科学基金项目	2020年11月—2021年12月	夏晓东

（三）科研获奖

2000—2020年，本学科获得科研奖励21项，其中国家科技进步奖一等奖1项，省部级科研奖8项，详见表2.7.8。

表2.7.8 科研成果奖励表（省部级及以上）

序号	项目名称	获奖年份	获奖名称	等级	完成人
1	大跨度低塔斜拉桥板桁组合结构建造技术	2002	国家科技进步奖	一等奖	叶梅新（8）
2	力学系列课程（材料力学）演示型多媒体课件	2003	湖南省科学技术进步奖	三等奖	刘庆潭（1）李东平（4）
3	柔性工程结构非线性行为与控制的研究	2005	教育部提名自然科学奖	二等奖	黄方林（7）
4	斜拉桥拉索风雨振机理与振动控制技术研究	2006	湖南省科学技术进步奖	一等奖	黄方林（4）
5	铁路钢-混凝土组合桥的研究	2006	湖南省科学技术进步奖	二等奖	叶梅新（1）、张晔芝（2）、侯文崎（3）、罗如登（4）、殷勇（5）

续表2.7.8

序号	项目名称	获奖年份	获奖名称	等级	完成人
6	钢–混凝土组合结构桥梁研究	2006	教育部科学技术进步奖	二等奖	叶梅新(1)、张晔芝(2)、侯文崎(3)、罗如登(4)、陈玉骥(5)、殷勇(6)、韩衍群(11)、周德(12)
7	列车脱轨分析理论与应用研究	2006	湖南省科学技术进步奖	一等奖	李东平(5)
8	大跨度自锚式悬索桥设计理论与关键技术研究	2007	湖南省科学技术进步奖	一等奖	叶梅新(6)
9	过载–振动复合力学环境模拟的应用基础研究	2009	陕西省科学技术进步奖	一等奖	肖方红(5)
10	智能材料与结构的可靠性分析及无线供能机理研究	2009	湖南省自然科学奖	三等奖	李显方、郭少华、蒋树农
11	武广高速铁路桥梁关键技术研究	2011	中国铁道学会科学技术奖	一等奖	张晔芝(18)
12	宜万铁路复杂山区桥式结构技术	2011	中国铁道学会科学技术奖	二等奖	叶梅新(9)
13	宜万铁路山区复杂地形桥式结构试验研究	2011	中国铁道建筑总公司科学技术奖	一等奖	叶梅新
14	沿海客运专线桥梁结构设计与耐久性技术的研究——沿海客运专线桥梁结构技术研究	2011	中国铁道建筑总公司科学技术奖	二等奖	张晔芝
15	上跨软土深基坑干线铁路钢格构柱便桥结构关键技术	2012	上海铁路局科技进步奖	一等奖	鲁四平
16	大跨度桥梁建造关键技术研究——大跨度铁路斜拉桥建造关键技术	2015	中国铁道学会科学技术奖(铁道科技奖)	一等奖	张晔芝
17	弹性偏微分方程组的边值问题及求解方法研究	2017	广西科学技术奖(自然科学奖)	二等奖	李显方(2)
18	王仁青年科技奖	2017	中国力学学会		肖厦子(1)

续表2.7.8

序号	项目名称	获奖年份	获奖名称	等级	完成人
19	中国力学学会优秀博士论文提名奖	2018	中国力学学会		肖厦子
20	红水河特大桥建设关键技术研究	2018	贵州省公路学会科学技术奖	特等奖	黄方林(3)
21	山区不对称混合式钢混组合梁斜拉桥建设关键技术	2020	中国交通运输协会科学技术进步奖	二等奖	黄方林(2)、周德(6)

（四）代表性专著

力学系教师公开出版专著见表2.7.9。

表2.7.9 代表性专著

序号	专著名称	出版社	出版年份	作者
1	Pure Shear Fracture of Brittle Rock	Lulea University of Technology Press	1999	Rao qiuhua.
2	建筑结构 CAD－PKPM 软件应用	中国建筑工业出版社	2004	罗建阳
3	Advances in Rheology	Springer/Central South University Press	2007	Luo Ying-she、Rao Qiu-hua
4	功耗率最小与工程力学中的各类变分原理	科学出版社	2007	周筑宝、唐松花
5	塑性力学引论	科学出版社	2008	李铀
6	最小耗能原理及其应用(增订版)	湖南科学技术出版社	2012	周筑宝、唐松花

（五）代表性成果简介

1. 大跨度低塔斜拉桥板桁组合结构建造技术
见第 3 章第 4 节。

2. 多场耦合的智能材料与结构中的力学问题
李显方课题组对于压电智能材料的失效分析开展了一系列的研究，主要提出了基于形变为基础的强度因子作为此类材料的断裂准则，探讨了裂纹及电极尖端处的场的分布规律，获得了几种典型构型下的裂纹和电极封闭解，揭示了多场耦合的断裂机理。该方面的研究成果发表在 *J Mech Phys Solids*、*Mech Mater*、*Int J Solids Struct*、《中国科学》、《力学学报》等力学权威刊物上。发表的文章被同行专家学者广泛引用，获得发明专利一项，获湖南省自然科学奖一项。第十三届全国疲劳与断裂大会上团队应邀做大会特邀报告，部分成果应邀出版在英文专著 *Smart Materials and Structures：New Research*（Edited by P. L. Reece, Nova Science Publishers, 2007）中作为其中单独一章。

3. 大型工程结构分析及监测

黄方林课题组在大型工程结构(风力发电塔架、核电站水泵、大型桥梁)分析及桥梁检测及监测、信号分析与处理、模态参数识别等方面开展了一系列的研究；提出了由有限元整体分析到精细化局部分析无缝对接的数值计算方法，大大减轻了建模的工作量和计算成本；明确了山区不对称混合式钢混组合梁斜拉桥多层次传力路径及比例，揭示了其传力机理；提出了大型桥梁模态参数识别的新方法、灵敏度的模态区间分析方法及其在不确定性参数识别中的应用等。这方面的研究成果发表在 *Journal of Sound and Vibration*、《工程力学》、《土木工程学报》、《振动工程学报》等刊物上。先后获教育部国家自然科学奖二等奖 1 项、湖南省科技进步奖一等奖 1 项、贵州省公路学会科学技术奖特等奖 1 项。

4. 新型、大跨度铁路桥梁建造关键技术

依托我国武广、京沪、沪昆等高速铁路大型桥梁建设，叶梅新课题组在多主桁(拱)整体钢桥面结构体系计算方法，荷载横向分配和不同构件合理刚度取值等方面进行了系列试验和理论研究；对多主桁正交异性整体钢桥面受力特性、设计计算方法、疲劳性能和桥面防腐等问题作了系统研究；提出了结构参数化研究方法，应用该法研究了三塔双主跨铁路斜拉桥各组成部分对桥梁竖向刚度的影响，提出了增大多塔多主跨铁路斜拉桥竖向刚度的合理措施。该方面研究成果在 *Journal of Central South University*、《中南大学学报(自然科学版)》、《华中科技大学学报(自然科学版)》、《中国铁道科学》、《铁道学报》发表，并已成功应用于京沪南京大胜关长江大桥、济南黄河大桥、蒙华洞庭湖铁路斜拉桥和沪昆铁路长江大桥的设计与施工。先后获得国家科学技术进步奖特等奖、中国铁道学会科学技术奖一等奖(铁道科技奖)、中国铁道建筑总公司科学技术奖二等奖等。

第8节 土木工程材料

一、学科发展历程

土木工程材料，也称建筑材料，是建造各种工程结构和建筑物所用材料的总称，也是土木工程一级学科中的二级学科名称以及高校土木、水利类专业的一门专业基础课的名称。土木工程材料学科是材料学与土木工程学交叉发展起来的分支学科，它从土木工程应用要求出发，运用材料科学知识，研究各种土木工程材料的组成、结构、性能及其相互关系，材料的环境行为与服役性能，材料性能的检验与评价方法，以及制备与施工工艺及其对材料和建材制品的组成、结构和性能的影响等基本原理与应用技术。

中南大学土木工程学院的土木工程材料学科历史悠久，其前身是1953年组建的中南土木建筑学院的建筑材料学科。经过60多年的建设和发展，在前辈们的艰苦创业、不懈努力的引领之下，通过几代人的辛勤耕耘和开拓进取，土木工程材料学科已发展成为在国内和铁路行业有较大声誉和影响的二级学科，是中南大学土木工程一级学科国家重点学科的重要组成部分；具有一支力量雄厚、结构合理、团结进取、勇于探索的师资队伍；形成了"铁路高性能混凝土及其服役行为""先进水泥基复合材料""典型废弃物资源化利用"和"混凝土性能监测评估与提升"等四个特色鲜明、优势凸显的研究方向，开展了大量相关理论与技术的科学研究，取得了一批具有重要价值并在我国铁路和高速铁路建设中广泛应用的研究成果；建立了能开展组成分析、性能测试和工艺试验的土木工程材料试验室，并成为土木工程国家级实验教学示范中心(中南大学)的重要组成部分；拥有硕士学位和博士学位授予权，为国家培养了一批材料学和土木工程材料专业的硕士和博士研究生。本学科现已成为我国土木工程材料科学研究和高层次人才培养的一个重要基地。

土木工程材料学科60多年的发展历程，可分为以下三个阶段：

(一)中南土木建筑学院时期(1953年6月—1960年9月)

1953年，中南土木建筑学院成立时，在汽车干路与城市道路系就设立了工程材料教研组。

(二)长沙铁道学院时期(1960年9月—2000年4月)

1960年9月，长沙铁道学院成立时在桥梁与隧道系设立建筑结构教研室，由王浩任教研室主任，曾庆元任教研室副主任。

教研室下设建筑材料教学组，教师有王浩、易立经、张承蓉、王采玉、周士琼、刘建维等6位，1964年张绍麟从湖南大学调入教研组，加强了师资力量。

王浩和曾庆元两位教研室主任博学多才，治学严谨，很注重青年教师的培养和师资队伍建设，给青年教师制订了培养计划，教研室还定期组织观摩教学和试讲，并即时讲评；同时，还将王采玉和周士琼两位青年老师送到唐山铁道学院、同济大学进修，1965 年张绍麟赴清华大学进修。通过院内在岗以老带新培养和国内名校进修学习，青年教师教学和理论水平得到了提升。

王浩主编了第一部《建筑材料》教材，并于 1961 年由原人民铁道出版社出版。在完成"建筑材料"课程教学的同时，教研室积极组织和鼓励青年教师参与工程实践，建材教研组的老师先后参与了成昆铁路、宜昌—平城铁路的大江孔隧道和石门隧道的工程建设，并为湘黔铁路的多个隧道、桥梁工程建设进行技术指导，丰富了老师们的工程实践经验。

教研室成立之初，就含有建材试验室，限于当时条件，仅有 1 台 100 t 和 1 台 5 t 的压力试验机以及硬练法水泥试验设备等。由王采玉担任试验室主任，主要承担建筑材料课程的试验教学。

1966 年开始的"文化大革命"运动席卷全国，学校的正常教学秩序受到一定影响，但建筑材料教研组的大多数教职工仍然坚守岗位，尽职尽责，做出了较大的贡献。当时教研组老师有王浩、张绍麟、王采玉、周士琼、易立经、张承蓉、刘建维等，前期仍由王浩担任教研组长，后期张绍麟升任教研组长。1974 年杜颖秀调入试验室工作，仍由王采玉担任试验室主任，试验室还有刘新整和何庆健。建材试验室新增 2 台 200 t 压力试验机和 1 台 60 t 全能试验机，课程基础试验用仪器基本完善。同时，根据技术发展水泥强度试验由硬练法改为软练法，试验技术人员也参加相关技术培训。1971 年，开始招收工农兵大学生，教研组和试验室主要承担"建筑材料"课程和试验教学任务。

1977 年恢复高考制度，招收本科生。教研组将工作重点转移到教学和科研上来，提出了"以提高教学质量和学术水平为中心任务"的新目标，在完成本科教学任务的同时，还开展科学和技术研究，在教学、科研等各项工作上取得了可喜的成绩，建筑材料学科开始进入新的发展阶段。

王浩主编的铁道部统编教材《建筑材料》是一部深受路内外同仁和广大读者欢迎的教材。王老师虽然去世，教研室始终接力了铁道部统编教材的主编，一代一代地传下去，不断完善教材，由周士琼主编的《建筑材料》(中国铁道出版社出版，1999 年)于 2000 年获铁道部优秀教材一等奖。

乘着改革开放的春风，教研室先后在王浩、张绍麟的带领下，参加了与铁道部一局合作的铁路规范改革项目(负责最大水灰比和最小水泥用量子课题)及国标混凝土力学性能试验方法部分内容的科研工作。从此，建筑材料教研室走上了以科研促教学、促试验室建设和促人员学术水平提高的发展道路。教研室老师和试验室人员的业务素质也与时俱进，不断提高，使得我们这个团队始终能掌握学科前沿的知识和动态，并具有较强的处理实际工程问题的能力，从而丰富教学内容，生动地、理论联系实际地完成课堂教学。

以张绍麟为主，彭雅雅和杜颖秀参加，承担了"混凝土劈裂抗拉强度与轴心抗拉强度理论关系和试验对比"的科研项目，该项目是建设部行业标准《混凝土力学性能试验方法》的重要组成部分。该项目取得的科研成果于 1980 年获得湖南省重大科技成果奖三等奖。

为适应发展需要，1983 年长沙铁道学院进行了系、室的调整，将原隶属于工民建教研室的建筑材料教研组独立为"建筑材料教研室"，隶属铁道工程系（后更名为土木工程系），为建筑材料学科的发展提供了更好的契机。

1983 年张绍麟副教授开始招收"铁道工程"专业的建筑材料方向硕士研究生，标志着本学科开始培养研究生。1995 年本学科独立获得"建筑材料"专业硕士学位授予权。

进入 20 世纪 90 年代，在学科带头人周士琼教授的带领下，建筑材料教研室的老师开始高强高性能混凝土的研究，在混凝土外加剂和超细矿物掺合料的研究和应用方面取得了突出成果，于 1996 年获得湖南省科技进步奖三等奖、湖南省教育委员会科技进步奖一等奖，1997 年获得湖南省建设科学技术进步奖三等奖。

1999 年，周士琼教授被聘为博士研究生导师，并招收"道路与铁道工程"专业建筑材料方向的博士研究生。

试验室建设也取得较大进展，1978—2000 年，试验室建设趋于完善，承担各届学生教学实验、科研以及大量生产试验。试验室后陆续引进 60 t 压力机、60 t 全能机、10 t 油压机、水泥抗折试验机，砂石试验也采用新的筛分仪器，建设改造养护室，增设混凝土实验振动台，1998 年首批通过湖南省本科教学双基实验室评估。

（三）中南大学时期（2000 年 4 月至今）

2000 年 4 月，长沙铁道学院与中南工业大学、湖南医科大学合并组建的"中南大学"正式挂牌，这标志着原长沙铁道学院的各学科专业提升到我国高等教育体系的第一方阵。结合学科发展特点，2002 年建筑材料学科更名为土木工程材料学科，建筑材料教研室更名为"土木工程材料研究所"（简称材料所），先后由谢友均、邓德华、龙广成担任所长。

伴随着国家经济社会建设与发展的重大需求，依托中南大学的平台，土木工程材料学科进入了新一轮的快速发展期。自 2000 年以来的二十余年间，在师资队伍、研究生培养、课程教学、科研和试验室建设等诸方面，学科均取得了长足进步。

在师资队伍方面，通过人才引进、在职攻读学位等方式，材料所全体教师均具有博士学位，两名实验人员具有硕士学位；教职工的职称也不断提升，到 2019 年，材料所有教授9 人（其中长江特聘教授 1 人），副教授 4 人，讲师 1 人；博士研究生导师 7 人，硕士研究生导师 13 人。

从 2000 年至今，按照学校、学院安排，材料所不断修订研究生培养方案，使研究生培养规范化。开设了 6 门硕士研究生课程，2 门博士研究生课程；每年招收 15 名左右的硕士研究生、5 名左右的博士研究生；至今有 22 名博士研究生、212 名硕士研究生毕业，并获得学位，其中马昆林和何富强的博士论文分别于 2011 年和 2013 年被评为湖南省优秀博士论文，并有多人论文被评为湖南省优秀硕士学位论文。

材料所为本科生开设了"土木工程材料"（必修）和"新型建筑材料"（选修）两门课程，每年承担约 24 个自然班的本科课程教学。在教学中，不断优化教学内容，改进教学方法，提高教学水平。2004 年周士琼主编、中国铁道出版社出版了《土木工程材料》教材；2010 年邓德华主编、中国铁道出版社出版了国家"十一五"规划教材《土木工程材料》。为促进大学生实践能力与素养提升，积极创造条件组织本科生开展多项课外创新试验活动，从 2005 年起，分别在土木工程、工程力学、工程管理等专业本科生中开展了"三性试验""创新创业实践试验""混凝土制备技术大赛"等实践活动；同时，积极组织大学生参加由全国建筑材料学科研究会组织的每两年举办一次的"全国混凝土材料设计大赛"，并组织本所青年教师、研究生参加由该学会组织的每两年举办一次的"全国土木工程材料青年教师讲课比赛暨全国建筑材料研究生论坛"，取得了优良成绩，扩大了本学科在全国的影响力。在完成教学任务的同时，本所老师积极开展教学研究，共承担并完成了 3 项校级和 5 项院级教改项目，获得中南大学教学成果二等奖 3 次、三等奖 1 次。尹健、刘宝举、肖佳分别于 2001 年、2007 年和 2011 年获得中南大学教学质量优秀奖，肖佳、邓德华分别于 2006 年和 2007 年获得茅以升铁路教育专项奖——教学奖。

在我国高速铁路快速发展的推动下，材料所的全体教师积极开展高速铁路建设的关键工程材料的理论和技术的研究。例如，2000—2002 年以谢友均教授为首承担了预应力混凝土简支梁桥徐变变形性能试验研究课题，研究成果写入相关铁路建设标准，最早应用于秦沈客运专线的建设，在实际工程应用并验证的基础上，在全路客运专线和高速铁路建设中推广应用；2001 年，谢友均参与了铁道部重点科技计划和国家"863"计划的"低温早强耐蚀高性能混凝土"研究，成果用于青藏铁路工程建设，并因此于 2008 年获国家科技进步奖特等奖；2006 年，由谢友均、邓德华负责的"板式轨道结构用水泥乳化沥青砂浆的研究"共研发三种型号的水泥乳化沥青砂浆，并在京沪、京广、沪昆、哈大等 13 条高速铁路和铁路客专线上应用……近 20 年来，本所教师共承担并完成的科研项目 100 余项，其中国家 973 计划课题 1 项、国家 863 计划项目子课题 3 项、国家攻关和支撑计划子课题 3 项、国家自然科学基金重大科技计划课题 1 项、高铁联合基金 1 项、国家自然科学基金 19 项、省（部）级科研项目 45 项，横向项目 33 项，据不完全统计，研究总经费有 8000 多万元。共获得科技奖励 20 余项，其中国家科技进步奖特等奖 1 项，国家技术发明奖二等奖 1 项、国家科技进步奖二等奖 1 项、省级科技进步奖 11 项。发表学术论文 500 余篇。

随着国家建设高水平大学的"985"和"211"工程的实施，建筑材料实验室也得到了不断建设和提升，逐渐发展成拥有先进试验设备总数达 221 台套的试验教学和研究生培养基地，分设土木工程材料基本性质、水泥、砂石、混凝土、新型建筑材料、材料力学性能、工程结构无损检测和材料耐久性等八个专门试验室。其一，进一步完善和提高了本科生"土木工程材料"和"建筑功能材料"两门课程的实验教学设备,开发了一些新的试验方法,如 2004 年开始了"混凝土材料耐久性试验",并获得 2005 年中南大学教学成果二等奖,2012 年建设成为"土木工程国家级实验教学示范中心(中南大学)"的主要组成部分;其二,积极参与土木学院的三个国家和省部级平台建设,2003 年邓德负责完成了"湖南省先进建筑材料与结构工程技术研究中心"的申报工作,2003—2005 年,邓德华负责建设了"混凝土材料与结构耐久性模拟试验系统";2006 年谢友均等材料所老师参与了"湖南省土木工程安全科学实验室"的申报和建设工作;2009 年谢友均、邓德华等材料所老师积极参与了"高速铁路建造技术国家工程实验室"的申报和建设工作,2010 年邓德华、李建、元强等负责建成了"水泥乳化沥青砂浆试验系统",并于 2011 年被铁道部质检中心确立为铁道部"水泥乳化沥青砂浆 I 级实验室",具有检测资质。

回眸 60 多年的建设和发展历程,彰显了如下四个特点:

(1)注重师资队伍建设。学科建立之初到现在,采取以老带新、国内外进修、在岗培养、人才引进等多种方式,持续地建设师资队伍,不断地提升教师的理论和业务水平。从 1960 年至今,先后派往国内知名高校进修的老师 4 人次、国外访问学者 5 人次;从国内知名高校和科研机构引进硕士和博士学位研究生 9 人次,国外引进博士人才 3 人次,引进长江特聘教授 1 人;本学科自己培养和在岗培养并使教师获得博士学位 9 人次,材料所 14 名教师均具有博士学位;两位实验人员具有硕士学位。

(2)传承教材编写与出版。从 1961 年王浩主编的铁道部统编教材《建筑材料》开始到现在,共主编和出版了四个版本的《建筑材料》教材和两个版本的《土木工程材料》教材。周士琼主编的《建筑材料》获 2000 年度铁道部优秀教材一等奖;邓德华主编的《土木工程材料》为国家"十一五"规划教材。

(3)基于应用开展科研。改革开放以前,建筑材料教研室和实验室的老师主要以本科教学为主。1977 年至今的 40 多年间,随着我国经济和社会建设的快速发展,老师们基于工程应用,既紧贴建筑工程和铁路(高速铁路)工程建设的实际和需要,又紧跟本学科的国内外研究热点和前沿,积极开展建筑材料和铁路建设关键土木工程材料的研究,并及时将科研成果应用于工程建设和工业化生产。例如,1978 年,为修订国家行业标准《普通混凝土力学性能试验方法》,张绍麟牵头,进行混凝土力学性能试验方法研究;20 世纪 90 年代,"高性能混凝土"概念一经提出,周士琼就牵头开展了高性能混凝土的研究,其成果纳入相关铁路标准和规范,并应用于多条铁路建设。2006 年,我国高速铁路建设主要采用无砟轨道结构,谢友均、邓德华牵头向铁道部申请"板式无砟轨道水泥乳化沥青砂浆研发"立项,2008 年取得的科研成果通过铁道部科技司组织的阶段性成果评审,2009 年通过铁道部工管中心组织的技术审查后,研发的三种型号水泥乳化沥青砂浆及其全套技术在我国 13 条高速铁路(铁路客运专线)上应用了 2200 多双线公里。

(4)强化试验室根基。材料学是一门技术科学,实践性强。因此,本学科从成立之初就包含了"建筑材料实验室"，60 余年来，持续不断地强化学科根基，建设和完善建筑材料实验室，使之成为"土木工程国家级实验教学示范中心（中南大学）"的重要部分，也是本学科研究生培养和科研的试验基地。

二、师资队伍

(一) 队伍概况

1. 概况

学科建立之初到现在，一直注重师资队伍建设，采取以老带新、国内外进修、在岗培养、人才引进等多种方式，建设师资队伍，提高教师的理论和业务水平。

（1）成立之初。1960 年建筑材料教研组成立之初，有王浩、易立经、张承蓉、王采玉、周士琼、刘建维等 6 位老师。王采玉、周士琼（1963 年均在同济大学）两位老师先后赴唐山铁道学院、同济大学相关专业进修一年。1964 年，张绍麟调入长沙铁道学院工作，1965 年赴清华大学进修。

（2）1966—1976 年期间。建材教研组的教师有王浩、王采玉、周士琼、张成蓉、张绍麟等。建筑材料实验室有刘建维、何庆健、杜颖秀（1975 年调入）。

（3）1976—2000 年期间。建筑材料教研室的教师有王浩、王采玉、周士琼、张成蓉、张绍麟、刘新整、李德贵和何庆健；1977 年，彭雅雅调入；1981—1982 年，张丹阳、王云祖分配进入；1984 年，胡晓波分配进入；1986 年，吴晓惠从本学科硕士毕业留校；1987—1988 年，谢友均从中国铁道科学研究院硕士毕业、李建和张松洪从衡阳铁路工程学校毕业分配进入；1996 年，刘宝举、杨元霞从武汉理工大学硕士毕业和尹健本学科硕士毕业分配进入；1997 年孙晓宝从数理力学系调入。这些老师的调入和分配进入教研室，大大地增强了本学科的师资力量。在这期间，也有几位老师调离，有几位老师退休；张绍麟、周士琼、王采玉、谢友均、胡晓波先后晋升副教授，周士琼于 1998 年晋升教授，1999 年聘为博士研究生导师。谢友均、尹健在职攻读博士学位。

（4）2000 年至今。2000 年，建筑材料教研室和后来的土木工程材料研究所教师原有周士琼、谢友均、胡晓波、刘宝举、杨元霞、尹健，建筑材料实验室有李建、张松洪和孙晓宝。2000—2004 年，先后有邓德华、肖佳、周殿铭及石明霞调入或留校；2004 年后，先后引进史才军教授（加拿大）、董荣珍博士后（华中科技大学）、龙广成博士（同济大学）、郑克仁博士（东南大学）、李益进博士（本校）、元强博士（比利时根特大学）、刘赞群博士（比利时根特大学）、马聪博士（上海交通大学）、曾晓辉副教授（西南交通大学）与长江学者特聘教授周俊良（悉尼科技大学）以及姚灏博士后（新加坡国立大学）。在这期间，胡晓波在同济大学在职攻读博士学位，谢友均、尹健、刘宝举、肖佳在本学科在职攻读博士学位，邓德华于 2000—2001 年在清华大学进修博士学位课程，并以同等学力在本学科获得博士学位。

同时，2010 年龙广成入选教育部新世纪优秀人才支持计划；2019 年，元强获国家自然科学基金优秀青年科学基金资助、中国硅酸盐学会青年科技奖等。

本学科现有教师 14 人：谢友均、胡晓波、肖佳、周俊良、刘宝举、龙广成、李益进、董荣珍、郑克仁、元强、刘赞群、马聪、曾晓辉、姚灏。其中教授 9 人，副教授 4 人，讲师 1 人；博士生导师 7 名，硕士生导师 13 名。建筑材料实验室有实验人员 3 人：李建，石明霞，张松洪。其中两人具有硕士学位，三人具有高级工程师职称。在职教师基本情况表见表 2.8.1 所示。

表 2.8.1　在职教师基本情况统计表

项目	合计	职称			年龄			学历	
		教授	副教授	讲师	55 岁以上	35~55 岁	35 岁以下	博士	硕士
人数	14	9	4	1	4	9	1	14	0
比例/%	100	64.3	28.6	7.1	28.6	64.3	7.1	100	0

2. 出国(境)进修与访问

出国(境)进修与访问情况具体见表 2.8.2。

表 2.8.2　教师进修与访问

姓名	时间	地点	身份
元强	2006 年 12 月—2009 年 2 月	比利时根特大学	博士
刘赞群	2008 年 3 月—2010 年 3 月	比利时根特大学	博士
龙广成	2011 年 6 月—2012 年 6 月	加拿大舍布鲁克大学	访问学者
郑克仁	2013 年 7 月—2014 年 7 月	瑞士洛桑联邦理工大学	访问学者
董荣珍	2015 年 8 月—2016 年 8 月	英国伦敦大学学院	访问学者
元强	2015 年 8 月—2016 年 8 月	美国密苏里科技大学	访问学者
曾晓辉	2015 年 3 月—2015 年 9 月	香港科技大学	访问学者
李益进	2016 年 3 月—2017 年 3 月	美国密苏里科技大学	访问学者
姚灏	2016 年 11 月—2017 年 5 月	英国谢菲尔德大学	访问学者
姚灏	2018 年 8 月—2019 年 8 月	新加坡国立大学	博士后

(二)历届系所(室)负责人

本学科历任主任(所长)情况如表 2.8.3 所示：

表 2.8.3　历届系所(室)负责人

时间	机构名称	主任	副主任	备注
1960—1974 年	建材结构教研室建材组	王浩		
1974—1986 年	建筑材料教研室	张绍麟		
1986—1998 年	建筑材料教研室	周士琼		
1998—2004 年	建筑材料教研室、土木工程材料研究所	谢友均	邓德华	
2004—2013 年	土木工程材料研究所	邓德华	胡晓波、尹健、龙广成	
2013—2015 年	土木工程材料研究所	龙广成	胡晓波、刘赞群	
2015—2019 年	土木工程材料研究所	龙广成	李益进、刘赞群	
2019 年至今	土木工程材料研究所	龙广成	肖佳、李益进、曾晓辉	

(三)学科教授/带头人简介

王浩副教授：男，汉族，1953—1985 年在中南土木建筑学院、湖南大学、长沙铁道学院工作，1960—1974 年间曾担任教研室(组)主任。研究方向为混凝土耐久性，带领建筑材料教学组走上了科研促教学、促试验室建设、促人员素质提高的发展道路。分别于1961、1964 和 1980 年三次主编了铁道部统编教材《建筑材料》，深受路内外同仁和广大读者欢迎，本教研室从此一直主编铁道部统编教材《建筑材料》。这些教材的出版为铁路建设建立了建筑材料教学知识架构体系。

张绍麟副教授：男，汉族，1964—1986 年在长沙铁道学院工作，1974—1986 年间曾担任教研室主任。研究方向为混凝土力学性能，组织教研室人员参加了与铁一局合作的铁路规范改革(最大水灰比和最小水泥用量子题)及国标混凝土力学性能试验方法部分内容的科研工作，延续了建筑材料学科教学、科研并重的传统，曾获湖南省重大科技进步奖三等奖。张绍麟老师是 3 本有关混凝土材料试验方法的国家标准(GBJ 80—85 、GBJ 81—85、GBJ 82—85)的编制人之一。

周士琼教授：女，汉族。1960 年毕业于成都工学院(现四川大学)，1986—1998 年曾任建筑材料教研室主任，兼任中国土木工程学会耐久性委员会和高强高性能混凝土委员会委员，中国硅酸盐学会高性能混凝土委员会委员，湖南省土木建筑学会材料委员会副主任，享受政府特殊津贴。主要从事土木工程材料的教学和科研工作，研究方向为高强高性能混凝土。先后承担建设部、铁道部、"九五"国家重点科技攻关项目等课题 20 余项，研究成果曾获湖南省科技进步奖二等奖 1 项、三等奖 3 项、四等奖 1 项，主编 2 本教材，参编1 部专著，2000 年获铁道部优秀教材一等奖。1994 年获湖南省教育系统"巾帼建功标兵"

荣誉称号，国内外公开发表论文 100 余篇。2004 年退休。

邓德华教授：男，汉族，工学博士。1984 年，毕业于湖南大学建筑材料专业，获工学硕士学位，2000 年 4 月调入中南大学，2005 年以同等学力获博士学位，2004—2013 年任土木工程材料研究所所长。研究方向为新型胶凝材料、土木工程材料耐久性和新型土木工程材料及其制备技术等。曾承担国家自然科学基金、国家科技攻关、部省级科研课题 30 余项，发表学术论文 110 余篇，授权国家发明专利 5 项，获省部级科技进步奖一等奖、二等奖各 1 项，2010 年主编国家"十一五"规划教材《土木工程材料》。2019 年 2 月退休。

周俊良教授：男，汉族，工学博士，入选"长江学者特聘教授"。1986 年获湖南湘潭大学环境工程学士，1988 年和 1991 年分别获得英国曼彻斯特大学环境技术硕士和博士学位。随后一直在英国普利茅斯大学、普利茅斯国家海洋实验室、威尔士大学、苏塞克斯大学等从事教学科研工作。2014 年加盟澳大利亚悉尼科技大学，一直从事环境科学与工程研究，重点研究污染排放、污染物迁移转化过程及污染控制技术。曾获得欧盟、英国自然环境研究委员会、英国皇家学会、英国环境食品和农村事务部、Leverhulme Trust、中国自然科学基金委等基金及工业合作伙伴资助。发表学术论文 180 余篇，其中 9 篇高被引，H 因子＝60。

在岗教授：刘赞群、龙广成、谢友均、刘宝举、肖佳、郑克仁。简介可扫描附录在职教师名录中的二维码获取。

三、人才培养

（一）本科生培养

本学科主要承担"土木工程材料"和"新型建筑材料"课程的本科教学任务，2010 年开始，"新型建筑材料"课程改为"建筑功能材料"。在老一辈教师的引领下，本学科不断进行教学方式方法的研究与改进，经常性开展教学活动。主要教改成果体现在如下几方面：

（1）树立新的教学理念。在长期的教学实践中，逐渐树立了符合本学科特点和要求的教学理念——二强调、五注重：强调材料科学知识与土木工程应用紧密结合，强调能力训练比知识传递更重要；注重优化知识结构，注重夯实理论基础，注重强化实践训练，注重培养综合能力，注重激发创新意识。从土木工程应用和发展的要求出发，教授土木工程材料科学知识。

（2）不断优化课程内容。通过对国外 20 多所知名大学的"Civil Engineering Materials"和"Construction Materials"课程内容的调研，结合我国土木工程专业学生培养的要求，将"土木工程材料"课程内容优化，以胶凝材料、混凝土、砌筑材料、钢材、木材、高分子材料、沥青材料等基本土木工程材料的材料科学基础理论和土木工程应用技术为主要内容。

（3）运用启发式"三问"教学法。教学方式上，采用课前提问、启发式课堂讨论和读书报告或综述性小论文型作业等，重点突出三个方面的问题：工程材料的组成与结构特点是什么(What)？在土木工程应用中，工程材料应具有哪些性能及其主要影响因素(Which)？在土木工程中如何正确应用或选择这些材料(How)？我们归纳为"三问"教学法。在有限学时内，更注重培养学生自主获取知识、分析和解决工程问题的综合能力，激发学生材料创新和工程材料创新性应用的意识。

(4)应用现代化教学手段和灵活多样的教学方法。从 2001 年以来，本学科全面采用多媒体教学手段和方法，形象地讲授工程材料的性能随其组成与结构的变化、各种因素对工程材料结构和性能的影响以及工程材料在土木工程中的应用过程和技术参数的控制等课程内容。

(5)改革实验教学。将实验项目优化组合为两部分，一部分为基本试验技能的训练试验项目，包括水泥、砂石、混凝土、钢材等基本性能测试等试验内容；增设开放式"三性"(设计性、研究性、创新性)试验，其内容由学生自主选择和命题，也可是任课教师所承担的科研项目内容。以竞赛方式，由学生自由组合成研究小组完成一个土木工程材料及其应用方面的问题的试验研究。制订了《开放式"三性"实验实施细则》。

(6)改进学生课程学习成绩考核评价体系。将整个教学过程作为学生学习成绩的考核过程，并制订了《本课程学生学习成绩评定体系实施细则》。从知识掌握程度、应用知识的综合能力和创新能力等多方面对学生进行考核，从课堂提问与讨论、平时作业与读书报告、试验报告、1 次部分章节内容的考试、1 次期终综合考试等 5 个方面进行考核，其考核成绩均以一定比例计入学生该门课程学习的最终成绩。

(二)研究生培养

1. 概况

土木工程材料学科主要培养"材料学"专业硕士研究生，"土木工程材料"专业的硕士和博士研究生，以及"道路与铁道工程(土木工程材料方向)"博士研究生。

1983 年，张绍麟副教授被聘为硕士研究生导师，培养"铁道工程"专业(建材方向)硕士研究生。1985 年，周士琼讲师被聘为硕士研究生副导师，协助张绍麟老师培养硕士研究生。1993 年，周士琼副教授被聘为硕士研究生导师，培养"铁道工程"专业(建材方向)和"建筑材料"专业硕士研究生。1995 年，谢友均、胡晓波副教授被聘为硕士研究生导师。1999 年，周士琼教授被聘为博士研究生导师，开始招收和培养"铁道工程"专业(建材方向)和"土木工程材料"专业博士研究生。

2000 年以来，硕士研究生导师有谢友均、邓德华、胡晓波、尹健(2013 年调离)、史才军(2008 年调离)、肖佳、龙广成、刘宝举、杨元霞、李益进、郑克仁、董荣珍、刘赞群、马聪、曾晓辉、周俊良。博士研究生导师有谢友均、邓德华(2019 年退休)、史才军(2008 年调离)、龙广成、郑克仁、刘赞群、元强、周俊良、曾晓辉。

2. 优秀研究生

在 1983—2000 年间，共培养博士研究生 2 名、硕士研究生 15 名。2000 年至今，共培养博士研究生 22 名、硕士研究生 212 名。获得省级优秀博士论文 2 篇；中南大学校级优秀博士论文 1 篇；省级优秀硕士论文 5 篇；中南大学校级优秀硕士论文 7 篇(见表 2.8.4)。

表 2.8.4　培养成果一览表

序号	成果名称	获奖名称及等级	获奖年份	获奖人
1	茅以升科技教育基金会	铁路教育优秀学生奖	2000	李益进
2	GGBS 水泥基复合材料抗硫酸盐型酸雨侵蚀性能的研究	中南大学优秀硕士论文	2008	唐咸燕
3	提高海洋构筑物混凝土保护层抗渗开裂性能的研究	湖南省优秀硕士论文	2009	刘竞
4	水泥-石灰粉-矿粉复合胶凝体系收缩性能研究	中南大学优秀硕士论文	2011	勾成福
5	混凝土盐结晶侵蚀机理与试验评价方法研究	湖南省优秀博士论文	2011	马昆林
6	混凝土硫酸盐侵蚀基本机理研究	中南大学优秀博士论文	2012	刘赞群
7	水泥-石灰粉-矿粉复合胶凝体系收缩性能研究	湖南省优秀硕士论文	2012	勾成福
8	硝酸银显色法测量水泥基材料中氯离子迁移	湖南省优秀博士论文	2013	何富强
9	水泥基胶凝材料中碳硫硅钙石的形成研究	中南大学优秀硕士论文	2014	孟庆业
10	橡胶集料自密实混凝土研究	中南大学优秀硕士论文	2014	李哲
11	水泥-白云石粉胶凝体系性能研究	中南大学优秀硕士论文	2015	吴婷
12	水泥基胶凝材料中碳硫硅钙石的形成研究	湖南省优秀硕士论文	2015	孟庆业
13	矿物掺和料加剧硫酸盐侵蚀下混凝土构筑物水分蒸发区破坏的机理研究	中南大学优秀硕士论文	2017	李湘宁
14	矿物掺和料加剧硫酸盐侵蚀下混凝土构筑物水分蒸发区破坏的机理研究	湖南省优秀硕士论文	2018	李湘宁
15	碳化对水分蒸发区混凝土硫酸盐侵蚀破坏的影响	2018 年中南大学优秀硕士论文	2018	侯乐

(三) 教学成果

1. 教材建设

本学科从成立之初，主要承担土建类本科专业"建筑材料"课程的教学任务，在老一辈教师的引领下，不断进行教材建设，先后共主编并出版了 6 部铁路教育系统的统编教材和 1 部国家"十一五"规划教材(见表 2.8.5)。

表 2.8.5　代表性教材

序号	教材名称	出版社/编印单位	出版/编印年份	作者	备注
1	建筑材料	人民铁道出版社	1961	王浩主编	
2	建筑材料	人民铁道出版社	1964	王浩主编	
3	建筑材料	中国铁道出版社	1980	王浩主编	
4	建筑材料	中国铁道出版社	1991	周以恪、张绍麟主编	
5	建筑施工材料检测实验基本知识培训教材	湖南省建设委员会	1998	教研室老师参编	
6	建筑材料	中国铁道出版社	1999	周士琼主编	2000 年获铁道部第四届优秀教材一等奖，同年获中南大学教学成果一等奖
7	土木工程材料	中国铁道出版社	2004	周士琼主编	
8	土木工程材料(普通高等教育"十一五"国家级规划教材)	中国铁道出版社	2010	邓德华主编	后连续再版
9	土木工程材料试验	武汉大学出版社	2015	龙广成主编，邓德华教授主审	

2. 教学获奖和荣誉

获得教学成果奖励见表 2.8.6。

表 2.8.6　教学获奖和荣誉(省部级及以上)

序号	获奖人员	项目名称	获奖级别	获奖年份
1	谢友均	第七届霍英东教育基金会青年	教师奖	1999
2	肖佳	湖南省教学成果奖	一等奖	2001
3	肖佳	茅以升铁路教育专项奖	教学奖	2006
4	邓德华	茅以升铁路教育专项奖	教学奖	2007
5	谢友均	湖南省教学成果奖	二等奖	2010
6	刘赞群	湖南省普通高校教室课堂教学竞赛	二等奖	2018
7	谢友均	湖南省教学成果奖	特等奖	2019

四、科学研究

(一)主要研究方向

土木工程材料学科紧扣国家重大基础设施如高速铁路、客运专线、高速公路和高层建筑等工程建设中的重大需求和学科发展前沿,瞄准相关土木工程材料的性能、制备及其应用技术领域中的关键科学问题,系统深入地开展相关理论和技术的研究工作,建立水泥基材料的性能设计、制备与应用相关技术的理论体系,解决工程结构水泥基材料制备工艺、应用技术及其服役寿命设计等工程技术领域的关键技术难题。本学科已形成的主要研究方向如下:

1. 铁路高性能混凝土及其服役性能

针对我国铁路工程建设发展特点及其服役环境条件,重点研究蒸养高性能混凝土、耐蚀高性能混凝土、自密实混凝土制备等涉及的基本理论和应用关键技术,着重探讨西部高寒高海拔与大风干燥、东北严寒、沿海氯盐、西南硫酸盐侵蚀等环境作用条件下,混凝土的性能劣化规律及机制,为解决青藏铁路混凝土耐久性、秦沈客运专线桥梁徐变上拱控制、洛湛铁路高性能混凝土制梁技术、铁路预应力高性能混凝土轨枕以及沿海氯盐侵蚀环境下高速铁路桥梁结构耐久性等关键技术难点提供了支撑。

2. 先进水泥基复合材料

结合现代工程结构先进建造技术发展需求和工程材料技术前沿,运用材料科学基本原理,重点开展了纤维增强混凝土、超高性能水泥基复合材料、水泥乳化沥青基复合材料、3D 打印混凝土等的设计、制备及应用成套技术研究,为智慧铁路、智能建造提供材料基础。在水泥乳化沥青砂浆、活性粉末混凝土等研究领域取得了显著的成果,已规模化应用于我国高速铁路建设工程,相关理论与技术成果已纳入铁道部行业技术标准。

3.典型废弃物资源化利用

针对国民经济和社会发展过程中涉及的城市基础设施、工业与民用建筑、人们日常生活等产生的典型废弃物所带来的突出环境问题,重点开展了建筑废弃物再生利用、城市污水治理与固废高值利用、工业废渣高效利用及绿色建材等研究,创新了基于典型废弃物高附加值综合利用的绿色高性能水泥基材料设计与制备技术,变废为宝,改善环境,开拓新资源,为可持续发展土木工程建设提供了支撑。

4.混凝土性能监测评估与提升

结合我国大规模基础设施尤其是高速铁路这一特殊基础设施结构服役状态检测评估的重大需求和现代测试技术、信息技术发展前沿,重点开展基于无损检测原理的结构混凝土内部缺陷检测识别方法与表征技术、结构混凝土服役状态的快速检测与智能监控评估方法,研发相应测试系统和装备;面向我国大规模铁路工程结构养维需求,研发高性能加固修复材料的制备与应用新技术,并已在水泥混凝土路面快速修补、高速铁路无砟轨道快速修复工程中得到工程化应用。

(二)科研项目

1996—2020 年本学科承担的主要国家级科研项目见表 2.8.7。

表 2.8.7　国家级科研项目表

序号	项目(课题)名称	项目来源	起讫时间	负责人
1	碳纤维增强水泥基导电复合材料	国家自然科学基金青年科学基金项目	1996—1998 年	胡晓波(参加)
2	粉煤灰复合超细粉的开发利用研究	国家重点科技项目攻关计划	1999—2002 年	周士琼、尹健
3	超细粉煤灰在低水胶比混凝土中改性机理研究(50178014)	国家自然科学基金面上项目	2002—2004 年	谢友均
4	西部高海拔、高寒地区抗盐渍侵蚀建筑材料与技术研究(2002AA335020)	863 计划	2002—2005 年	谢友均
5	混凝土硫酸盐侵蚀机理及其劣化模式研究(50378092)	国家自然科学基金面上项目	2004—2006 年	邓德华
6	混凝土结构耐久性设计与评估基础理论研究(50538070)	国家自然科学基金重点基金项目	2006—2009 年	董荣珍(参加)
7	混凝土盐结晶侵蚀破坏机制及试验评价方法研究(50678174)	国家自然科学基金面上项目	2007—2009 年	谢友均

续表2.8.7

序号	项目(课题)名称	项目来源	起讫时间	负责人
8	我国重大工程结构与材料失效事故与安全服役技术标准的调查——水利工程行业工程结构与材料失效事故与安全服役技术标准的调查(2006FY210200-2)	国家科技基础性工作专项	2007—2009年	谢友均
9	地震灾区建筑垃圾资源化技术及其示范生产线(2008BAK48B01)	国家"十一五"科技支撑计划(子课题)	2008—2009年	尹健
10	重载铁路桥梁和路基检测与强化技术研究(2009AA11Z101)	国家高技术研究发展计划(863计划)	2008—2010年	董荣珍(参加)
11	新老混凝土复合体系中介质迁移特性与机制(50708114)	国家自然科学基金面上项目	2008—2010年	龙广成
12	板式无砟轨道水泥沥青砂浆垫层劣化与失效机理(50878209)	国家自然科学基金面上项目	2009—2011年	邓德华
13	水泥沥青砂浆的热行为及变形机理(50978257)	国家自然科学基金面上项目	2010—2012年	郑克仁
14	水泥沥青砂浆用SBS改性沥青乳液的稳定性研究(50978256)	国家自然科学基金面上项目	2010—2012年	刘宝举
15	自密实橡胶混凝土的微细观结构与力学机制(51178467)	国家自然科学基金面上项目	2012—2015年	龙广成
16	预切槽隧道施工成套设备关键技术研究子课题：预支护壳体大流动度超早强混凝土研究(2013BAF07B06)	科技部国家科技支撑计划(子课题)	2013—2015年	李益进
17	影响新拌水泥基浆体剪切变稠行为关键因素的研究(51208515)	国家自然科学基金面上项目	2013—2015年	元强
18	水泥乳化沥青砂浆长期变形性能研究(51278498)	国家自然科学基金面上项目	2013—2016年	谢友均
19	混凝土开裂状态对其内部钢筋锈蚀的影响研究(51278495)	国家自然科学基金面上项目	2013—2016年	董荣珍
20	新型岩石基矿物掺合料体系的理论基础与工程应用研究(51278497)	国家自然科学基金面上项目	2013—2016年	肖佳
21	高速铁路基础结构动态性能演变及服役安全基础研究——高速铁路基础结构关键材料动态性能劣化行为(课题一)(2013CB036201)	973计划	2013—2017年	谢友均、邓德华、龙广成、刘赞群

续表2.8.7

序号	项目(课题)名称	项目来源	起讫时间	负责人
22	硫酸盐侵蚀下混凝土构筑物水分蒸发区破坏机理研究(51378508)	国家自然科学基金面上项目	2014—2017 年	刘赞群
23	化学-力学耦合作用下无砟轨道中水泥基部件钙溶蚀动力学及影响规律研究(51478476)	国家自然科学基金面上项目	2015—2018 年	邓德华
24	活性氧化铝对碱-硅酸反应的作用及机理(51578551)	国家自然科学基金面上项目	2016—2019 年	郑克仁
25	高速铁路蒸养混凝土预制构建热伤损及其控制机理研究(U1534207)	国家自然科学基金高铁联合基金	2016—2019 年	谢友均
26	自密实混凝土充填层与轨道板间界面区的微结构及性能研究(51676568)	国家自然科学基金面上项目	2017—2020 年	龙广成
27	高抗裂预拌混凝土关键材料及制备技术(2017YFB0306200)	科技部十三五重点研发计划子题	2017—2021 年	元强
28	静置状态下新拌水泥基材料微结构构筑机制及流变学表征(51778629)	国家自然科学基金面上项目	2018—2021 年	元强
29	高速轨道交通基础结构动力学性能演化、损伤机理及控制(11790283)	国家自然科学基金重大项目子题	2018—2022 年	谢友均
30	蒸养条件下多尺度水泥复合胶凝体系微结构的动态演变机制研究(51808560)	国家自然科学基金青年科学基金项目	2019—2021 年	马聪
31	高铁轨道结构水泥基材料高性能化(51922109)	国家自然科学基金优秀青年科学基金项目	2020—2022 年	元强
32	孔溶液碱铝比对碱-硅酸反应的影响及调控(52078491)	国家自然科学基金面上项目	2021—2024 年	郑克仁

(三)科研获奖

1996—2012 年本学科获得的省部级及以上科研奖项见表 2.8.8。

表 2.8.8　科研成果奖励表(省部级及以上)

序号	成果名称	获奖年份	奖励名称	等级	完成人
1	混凝土劈裂抗拉强度与轴心抗拉强度理论关系和试验对比	1980	湖南省重大科技成果奖	三等奖	张绍麟、彭雅雅、杜颖秀

续表2.8.8

序号	成果名称	获奖年份	奖励名称	等级	完成人
2	混凝土拌合物稠度试验——跳桌增实法	1986	铁道部科技进步奖	五等奖	王采玉
3	用干热−微压湿热养护法快速推定水泥强度	1986	湖南省科技进步奖	四等奖	周士琼、彭雅雅
4	高效复合外加剂研究与应用	1996	湖南省科技进步奖	三等奖	胡晓波、周士琼、王采玉、李光中
5	高效复合外加剂研究与应用	1996	湖南省教委科技进步奖	一等奖	胡晓波、周士琼、王采玉
6	C55 高强卵石砼泵送技术	1997	湖南省建设科学技术进步奖	三等奖	胡晓波（5）
7	高性能混凝土技术和粉煤灰复合超细粉的开发研究（2003410303−2）	2003	湖南省科技进步奖	二等奖	周士琼、谢友均、尹健、刘宝举
8	混凝土组合桥的研究	2006	湖南省科技进步奖	二等奖	肖佳（8）
9	高性能快速修补混凝土的研究与应用（2006410305−3）	2006	湖南省科技进步奖	三等奖	尹健、周士琼、李益进、刘宝举
10	自密实混凝土技术研究与应用（2007560300−1）	2007	湖南省科技进步奖	一等奖	谢友均（2）、尹健（4）、龙广成（6）、杨元霞
11	混凝土高性能化的研究和应用	2007	建筑材料科学技术进步奖	二等奖	周士琼（1）
12	钢−混凝土组合结构桥梁的研究	2007	教育部科技进步奖	二等奖	肖佳（8）
13	水泥混凝土路面快速修复技术研究	2007	湖南省科技进步奖	三等奖	周士琼、尹健、李益进
14	青藏铁路低温早强耐腐蚀高性能混凝土应用技术	2007	中国铁道学会科技进步奖	二等奖	谢友均（2）、刘宝举
15	青藏铁路工程	2008	国家科技进步奖	特等奖	谢友均（113）
16	无砟轨道结构混凝土材料试验研究及工程应用	2011	中国铁道学会科技进步奖	二等奖	刘宝举（13）

续表2.8.8

序号	成果名称	获奖年份	奖励名称	等级	完成人
17	武广客运专线路基加固与防护工程抗环境水侵蚀相关技术研究	2011	中国铁道学会科技奖	三等奖	龙广成(2)
18	宜万铁路桥梁关键技术研究-大跨预应力混凝土刚构桥的研究	2011	中国铁道学会科技进步奖	三等奖	李益进(7)
19	废弃混凝土资源化再生利用关键技术研究与应用(20124309-J3-214-R01)	2012	湖南省科技进步奖	三等奖	尹健(1)、李益进(7)
20	佛山一环快速干线工程建设与管理创新实践(B11-0-特-01-D07)	2012	广东省科技进步奖	特等奖	尹健(4)
21	火山灰水泥基材在路基加固与防护工程抗环境水侵蚀中应用技术研究	2012	铁道学会科技进步奖	三等奖	龙广成、马昆林
22	重载铁路桥梁和路基检测、评估与强化技术	2013	中国铁道学会科学技术奖	一等奖	董荣珍(10)
23	新型自密实混凝土设计与制备技术及应用	2013	国家技术发明奖	二等奖	谢友均(2)、龙广成(6)
24	抗盐蚀混凝土相关理论研究	2014	湖南省自然科学奖	三等奖	龙广成(1)、谢友均(2)、元强(3)、刘赞群(4)、马昆林(5)、邓德华(6)
25	高速铁路板式无砟轨道结构关键水泥基材料制备与应用成套技术	2018	湖南省科技进步奖	一等奖	谢友均(1)、邓德华(2)、龙广成(3)、元强(4)、刘宝举(8)、郑克仁(9)、刘赞群(10)、曾晓辉(12)
26	高速铁路结构高性能混凝土技术创新与应用	2018	中国铁道学会科技进步奖	特等奖	谢友均(4)、龙广成(11)、元强(25)
27	高速铁路高性能混凝土成套技术与工程应用	2019	国家科技进步奖	二等奖	谢友均(3)、龙广成(8)
28	高速铁路基础结构动态性能演变及服役安全基础研究	2020	教育部自然科学奖	一等奖	龙广成(4)、谢友均(7)

续表2.8.8

序号	成果名称	获奖年份	奖励名称	等级	完成人
29	城市轨道交通减振板式轨道充填层水泥基材料制备与应用成套技术	2020	中国建材联合会建筑材料科技进步奖	一等奖	曾晓辉（1）、谢友均（2）、龙广成（7）
30	高品质机制砂制备及其在铁路工程中应用成套技术	2020	湖南省科技进步奖	二等奖	曾晓辉（1）、马昆林（2）、谢友均（4）

（四）代表性专著

材料系教师公开出版的学术著作如表2.8.9所示。

表2.8.9　代表性专著

序号	专著名称	出版社	出版年份	作者
1	碱-激发水泥与混凝土	化工出版社	2008	史才军、郑克仁（编译）
2	高性能土木工程材料——科学理论与应用	重庆大学出版社	2012	史才军、元强（编译）
3	Advances in Crystallization Processes（Chapter 17）	InTech	2012	刘赞群（著）
4	CRTS Ⅱ型板式无砟轨道砂浆充填层施工技术	中国铁道出版社	2013	邓德华、辛学忠、谢友均、元强（编著）
5	自密实混凝土	科学出版社	2013	龙广成、谢友均（著）
6	Recycled Glass Concrete（Chaper 11）	Eeo-efficient Concrete Woodhead Publishing Limited	2013	Zheng Keren
7	CRTS Ⅲ型板式无砟轨道自密实混凝土充填层施工及质量控制技术	中南大学出版社	2020	马昆林、龙广成、谢友均等

（五）代表性成果简介

1.青藏铁路工程

见第4章第4节。

2. 新型自密实混凝土设计与制备技术及应用

见第 3 章第 4 节。

3. 高速铁路高性能混凝土成套技术与工程应用

见第 3 章第 4 节。

4. 高速铁路板式无砟轨道结构关键水泥基材料制备与应用成套技术

奖项类别：湖南省科技进步奖一等奖，2018 年。

本校获奖人员：谢友均、邓德华、龙广成、元强、郭建光、马明正、李有才、刘宝举、郑克仁、刘赞群、黄海、曾晓辉。

获奖单位：中南大学（1）。

成果简介：该项目创新性成果主要有以下几个方面。

（1）揭示了高铁服役环境下砂浆充填层和预制轨道板的演变规律，创建了水泥乳化沥青砂浆组成设计原理，提出了蒸养混凝土热伤损理论，为改性沥青水泥砂浆和高品质蒸养混凝土的技术研发奠定了理论基础。基于调研和模拟试验，揭示了温度、雨水和动荷载及其耦合作用下砂浆充填层劣化机理，发现了砂浆流变性、低温黏弹性和抗水性是影响板式轨道长寿命服役的关键性能，创建了基于关键性能的改性沥青水泥砂浆组成设计原理；提出了热伤损概念，揭示了蒸养混凝土的孔隙粗化、表层龟裂和易脆性等缺陷的产生机制，建立了热伤损表征方法，得出了热伤损对蒸养混凝土性能的影响规律。

（2）创新了改性沥青水泥砂浆组成体系和高品质蒸养混凝土胶凝材料组成，研发了 2 种改性石油沥青的制备和乳化技术，发明了 3 种改性沥青水泥砂浆，提出了抑制蒸养混凝土热伤损的双掺技术，为我国高铁建设提供了新材料和新技术。研发了离子型表面活性剂+无机层状化合物的复合乳化皂液体系，提出了 SBS 和 DOP-SBS 两种改性沥青的乳化技术，结合离子交换和屏蔽亲水基等新技术，发明了 SL-I-20B、SL-I-40B 和 SL-II-20B 等 3 种改性沥青水泥砂浆，解决了砂浆流变性调控难、钙溶蚀严重、低温黏弹性差、吸水性强等技术难题；采用超细粉煤灰和磨细矿渣双掺技术，抑制热伤损，提升蒸养混凝土品质。

（3）制定了改性沥青水泥砂浆拌制工艺和砂浆充填层施工工法，确立了蒸养混凝土热伤损的抑制工艺技术，确保了砂浆充填层施工质量和预制轨道板产品质量。制定了 CRTS I 和 II 型板式无砟轨道砂浆充填层施工的"袋注工法"和"分工序封闭模腔灌注工法"；发明了充填层施工质量实时快速检测与评价的 4 种新方法；提出了减轻预制轨道板热伤损的"保湿小温差"养护技术。成果作为我国引领世界的高速铁路技术体系的重要组成部分，在京沪、京广、沪昆、哈大和昌赣等 15 条高铁中成功应用，总里程达 3000 km，取得了显著的技术、经济、环保和社会效益。

5. 高速铁路高性能结构混凝土技术创新与应用

奖项类别：中国铁道学会科技进步奖特等奖，2018 年。

本校获奖人员：谢友均(4)、龙广成(11)、元强(25)。

获奖单位：中南大学(2)。

成果简介：该项目创新性成果主要有以下几个方面。

(1)建立了高速铁路结构混凝土高性能化的理论及方法，提出了结构混凝土高性能化的技术指标体系。基于大量试验和理论分析，揭示了高速列车动载与服役环境反复耦合作用下高速铁路结构混凝土损伤劣化机理，量化了高速铁路结构混凝土服役环境作用等级，确立了相应结构混凝土的技术性能参数，构建了基于浆骨界面强化的多尺度结构混凝土组成设计方法，奠定了高速铁路结构混凝土高性能化设计与制备理论。

(2)创新了基于服役性能的高速铁路结构混凝土高性能化制备关键技术。提出了高速铁路预应力梁磨细粉煤灰和矿渣双掺的低徐变混凝土制备技术，突破了传统铁路预应力构件混凝土中掺矿物掺和料的"禁区"；建立了无砟轨道预制构件混凝土高早强调控方法与精细化制造技术，攻克了高速铁路无砟轨道板高精度高效率制造难题；研发了严酷服役环境下长大连续无砟轨道现浇结构混凝土抗裂技术，解决了高速铁路现浇结构混凝土复杂环境适用性和开裂普遍性技术难题。

(3)形成了高速铁路结构混凝土高性能化应用成套技术体系。构建了高速铁路结构混凝土施工过程信息化控制系统，提出了现场混凝土质量快速检测技术以及保护层混凝土质量评价技术，制定了具有高速铁路特色、涵盖设计-材料-施工-验收等环节的系列技术标准，保障了结构混凝土的高质量规模化工程应用。项目组编制了我国第一部高性能混凝土行业标准规范，形成了涵盖设计-材料-施工-验收等全过程的成套技术标准，率先在铁路领域全行业、全覆盖推广混凝土高性能化研究成果，应用里程 2.6 万 km 以上，混凝土用量 6 亿 m^3 以上，消纳工业废渣 1 亿 t 以上。多位院士专家评审认为成果"具有创新性、系统性和适用性，达到了国际领先水平"。

6. 其他代表性成果

自改革开放以来，本学科教学、科研能力得到了大幅度提升，在混凝土原材料、配合比设计、性能测试方法、工业废渣如粉煤灰的综合利用、混凝土耐久性以及高性能混凝土等领域开展了大量的研究工作。以张绍麟、周士琼、胡晓波、谢友均、邓德华等代表的一批老师们在混凝土材料研究领域取得了大量研究成果，获得的国家、省部级等各级科技成果奖励达 30 余项。其中代表性的成果获奖如表 2.8.10 所示。

表 2.8.10　其他代表性成果获奖情况

序号	获奖名称	奖励名称	等级	获奖年份	获奖人
1	混凝土劈裂抗拉强度与轴心抗拉强度理论关系和试验对比	湖南省重大科技成果奖	三等奖	1980	张绍麟、彭雅雅、杜颖秀
2	用干热-微压湿热养护法快速推定水泥强度	湖南省科技进步奖	四等奖	1986	周士琼、彭雅雅
3	混凝土拌合物稠度试验——跳桌增实法	铁道部科技进步奖	五等奖	1986	王采玉
4	磁化水混凝土的试验研究	湖南省建筑工程总公司科技进步奖	二等奖	1995	周士琼、谢友均
5	高效复合外加剂研究与应用	湖南省教委科技进步奖	一等奖	1996	胡晓波、周士琼、王采玉
6	高效复合外加剂研究与应用	湖南省科技进步奖	三等奖	1996	胡晓波、周士琼、王采玉、李光中
7	C55 高强卵石砼泵送技术	湖南省建设科学技术进步奖	三等奖	1997	李光中、廖平璋、关若飞、胡晓波
8	高性能混凝土技术和粉煤灰复合超细粉的开发研究	湖南省科技进步奖	二等奖	2003	周士琼、谢友均、尹健、刘宝举

(六) 学术交流

主办和承办的国内国际学术会议见表 2.8.11。

表 2.8.11　重要学术会议

序号	会议主题	会议时间	备注
1	第四届全国高强高性能混凝土学术会议	2000 年 5 月	承办
2	第一届自密实混凝土性能、设计与使用国际学术会议（SCC—2005）	2005 年 5 月	承办
3	第二届自密实混凝土性能、设计与使用国际学术会议（SCC—2009）	2009 年 6 月	承办
4	中国水泥协会特种水泥分会 2018 年年会	2018 年 9 月	承办
5	第十一届全国高强与高性能混凝土学术交流会	2018 年 11 月	承办

第9节　工程管理

一、学科发展历程

（一）创立与建设期（1982—2000年）

1982年，长沙铁道学院开始酝酿筹建"建筑管理工程"专业，1983年报铁道部并获批准。1985年建筑管理专科专业正式开始招收，意味着工程管理学科正式创立，首届专业委员会也于1985年成立，并着手该专业本、专科教学计划的制订，教材选订和编写，选调师资和培养人才等一系列专业建设工作。经过3届建筑管理工程专业专科生培养，1987年学校向教育部申报增设"建筑管理工程专业"本科，1987年10月16日获得了国家教委〔87〕教高二字021号）的批准。1988年9月，建筑管理工程本科专业正式开始招生，是铁道部率先开始招收建筑管理工程专业本科的学校。铁道建筑教研组也改名为建筑管理教研室，建筑管理教研室除承担铁道、桥梁、隧道等专业的工程经济与管理、施工组织计划与概预算等课程外，主要负责建筑管理工程专业基础课和专业方向课程的教学，以及建筑管理工程专业的生产实习和毕业设计。1995年建筑管理工程专业改为管理工程专业，1997年改为建筑管理工程专业，1998年改为工程管理专业。随之，建筑管理工程教研室更名为工程管理教研室（后改为工程管理系）。这期间因为长沙铁道学院院系调整，建筑施工教研组与建筑管理教研组进行了几次分合，最后建筑施工教研室于1997年并入工程管理教研室。1998年该专业获"管理科学与工程"硕士学位授予权。在此期间，工程管理系还承担和开拓了一系列工程技术和项目管理领域的专业岗位人才培训任务，包括建设部委托的项目经理、造价工程师、施工企业内审员培训，铁道部委托的项目经理、监理工程师、总监理工程师培训等，扩大了工程管理专业的社会影响，产生了良好的社会效益。

（二）快速发展期（2000年至今）

2000年中南大学组建，2002年学校将中南大学资源环境与建筑工程学院土建类工程管理教师并入成立了土木建筑学院工程管理系。其间，伴随着国家经济社会建设与发展的重大需求，依托中南大学的平台，工程管理学科进入了新一轮的快速发展期，在师资队伍、研究生培养、课程教学、科研和实验室建设等方面均取得长足进步。2004年工程管理学科获"土木工程规划与管理"博士学位授予权和"项目管理"工程硕士学位授予权，2006年通过了建设部工程管理教育评估委员会组织的专业评估，2007年承办了首届中国工程管理论坛，目前已连续举办13届，每届论坛都有超过20名院士和300多名专家学者及产业界人士参加，受到学术界、企业界及管理部门等各方面的热烈响应。论坛的举办对促进我国工程管理的学术交流、推进我国工程管理的科学发展起到重要作用。2010 年获"工程管理"专业硕士学位授予权。2011、2016 年顺利通过了建设部工程管理教育评估委员会组织的专业复评,2016 年成为湖南省"十三五"综合改革试点专业,2019 年被确定为首批国家级一流本科专业建设点。2012 年 12 月发起成立了全国首个省级工程管理学会——湖南省工程管理学会。

工程管理专业在办学历程中,始终坚持以培养适应社会主义现代化建设需求,德、智、体、美全面发展,具有一定的实践能力、创新能力高级工程管理人才为宗旨,狠抓教育质量和教学改革,依托土木工程学院雄厚的师资力量和鲜明的土木工程学科背景,逐步形成了"服务铁路,面向社会,适应发展,创新务实"的办学特色,在国内外工程管理界,尤其在我国铁路系统具有较大影响力,是中南大学的优势和特色专业之一。

二、师资队伍

(一)队伍概况

1. 概况

1985 年建筑管理工程专业创立后,工程管理系专业师资队伍逐渐壮大。严俊、粟宇、戴菊英、凌群、廖群立、黄若军、刘军、王玉西、李昌友、王菁、王孟钧、罗会华、陈立新、王芳、余浩军、顾光辉、张飞涟、王敏、刘武成、徐哲诣、宇德明、王进、晏胜波、陈汉利、傅纯、刘根强、郑勇强、丁加明、范臻辉、张彦春、陈辉华、刘伟、王青娥、李香花、李艳鸽、单明、单智、周满、方琦陆续被引进、分配、留校或从其他院系并入到工程管理系。特别是中南大学成立后,作为学科领军人物的孙永福院士、何继善院士以及周庆柱、郭乃正、黄健陵、曹升元、郭峰的加入,使工程管理系师资结构出现了明显变化,师资力量得到进一步加强。

目前,工程管理系已形成由中国工程院孙永福院士和何继善院士为学科领军人物,黄健陵、王孟钧、张飞涟等 8 名教授作为学术带头人,7 名副教授和 9 名讲师组成的学术梯队和教学团队,绝大多数教师具有博士学位。工程管理系现有专任教师 26 名,在职教师情况统计见表 2.9.1,在职人员名册和曾在工程管理系(教研室)工作的教职工名册见第 6 章第 9 节。

表 2.9.1　在职教师基本情况表

项目	合计	职称				年龄			学历		
		教授	副教授	讲师	助教	55 岁以上	35~55 岁	35 岁以下	博士	硕士	学士
人数	26	10	7	9	0	9	13	4	18	5	3
比例/%	100	38.5	26.9	34.6	0	34.6	50.0	15.4	69.2	19.2	11.6

2. 出国(境)进修与访问

出国(境)进修与访问情况具体见表 2.9.2。

表 2.9.2　教师进修与访问

姓名	时间	地点	身份
郭峰	1996 年 10 月—1997 年 10 月	日本海外技术者研修协会	进修学习
宇德明	2005 年 7 月—2006 年 7 月	英国诺丁汉大学	访问学者
郭峰	2011 年 12 月—2012 年 12 月	美国加州圣荷塞大学	访问学者
李香花	2014 年 7 月—2015 年 7 月	美国加州州立大学斯坦雷斯洛斯分校	访问学者
陈辉华	2014 年 8 月—2015 年 8 月	美国旧金山州立大学	访问学者
王青娥	2016 年 3 月—2017 年 3 月	美国旧金山州立大学	访问学者

(二)历届系所(室)负责人

工程管理系历届系所(室)负责人见表 2.9.3。

表 2.9.3　历届系所(室)负责人

时间	机构名称	主任	副主任	备注
1982—1989 年	建筑管理工程教研室	周继祖	谭运华(1987—1988 年) 徐赤兵(1988 年以后)	
1990—1992 年	经济教研室	周继祖	徐赤兵	
	管理教研室	谢恒	王玉西	
1993 年	建筑管理教研室	谢恒		
1994—1996 年	建筑管理教研室	廖群立	谢恒、李昌友	
1997—2000 年	工程管理教研室	廖群立	王孟钧、李昌友	
2001—2005 年	工程管理系	李昌友	王孟钧、张飞涟	
2006—2013 年	工程管理系	张飞涟	王孟钧、宇德明、傅纯	
2014—2018 年	工程管理系	宇德明	王青娥、陈汉利	
2019 年至今	工程管理系	陈辉华	王青娥、单明、张彦春	

(三)学科教授/带头人简介

周继祖教授：男，1933 年 4 月生，汉族，江苏如皋人。中南大学工程管理专业创始人和学科带头人。1955 年 7 月毕业于同济大学铁道建筑系铁道建筑专业。毕业后先后在中南土木建筑学院、长沙铁道学院工程系铁道建筑教研组从事"铁道建筑""铁路建筑经济组织与计划"等课程教学和科研工作，参与了铁道部高等教育统编教材的编写和整理工作。先后主持了"应用层次分析法进行施工组织设计优选""新建铁路工程施工进度计划、网络及优化研究""新建铁路建设项目管理系统开发研究""新建铁路建设项目后评价理论与方法的应用研究"等铁道部科技司科研项目。1983 年开始筹建"建筑管理工程"专业，1992年获得湖南省教学成果二等奖。主持开办了两期铁道部基建部门内"经济数学方法及其应用"培训班，为部内培养了一批经济数学应用人才，这些人才后来都成了这方面的骨干。主编了《缆索吊车》《工程机械使用手册(1~5 册)》等著作，翻译了《铁路建筑工程中的经济数学方法》等著作，发表了《利用土积图进行铁路正线路基土石方调配问题理论研究》《用层次分析法进行铁道施工组织方案优选》等论文。曾为中国施工企业管理协会理事、中国铁道工程建设协会理事、中国工程造价管理协会铁路工程委员会常委、湖南省造价管理协会理事、湖南省资产管理协会理事、《建筑经济大辞典》常务编委与编者、《中国土木建筑百科辞典(桥梁卷)》撰稿人、《基建管理优化》杂志常务编委。业绩入编《中国专家大辞典》《建筑实用大辞典》《中国高等教育名人录》等。2020 年 10 月 10 日在长沙因病逝世，终年 87 岁。

杨承惄教授：见第 2 章第 5 节。

谢恒副教授：男，1934 年 10 月生，汉族，湖南衡阳人，中南大学工程管理专业创始人。1953—1956 年就读于衡阳铁路工程学校；1956 年被保送到中南土木建筑学院铁道建筑专业学习，毕业于长沙铁道学院(首届毕业生)，并留校任教于铁道建筑系铁道建筑教研组，先后教授"施工机械与技术""工程机械基础"课程；1983 年开始筹建建筑管理专业工作；1984 年开始任建筑管理工程系分管建管专业建设的系副主任，后任土木工程系副主任。为工程管理学科的筹建与建设，费尽心力；编著的相关教材，屡次获奖；主持了铁道部基建总局的科研课题"机械配备优化"，圆满完成课题，并获得好评。

郭乃正教授：男，1961 年 2 月生，汉族，河南获嘉人，博士生导师。中南大学工程管理学科带头人。1982 年 7 月毕业于长沙铁道学院铁道工程专业，获学士学位；2003 年 6 月获中南大学建筑与土木工程领域工程硕士学位；2008 年 6 月获中南大学岩土工程专业工学博士学位。1982 年本科毕业后留校，历任长沙铁道学院铁道工程系团总支副书记、院团委书记、土木工程系党总支副书记、运输系党总支书记、院党委组织部部长、院党委副书记，中南大学党委副书记、纪委书记。2007 开始在土木工程规划与管理专业招收研究生。作为工程管理学科带头人，关心工程管理学科平台建设和师资队伍培养，发起成立湖南省工程管理学会并任第一届理事会理事长；主持多项省部级课题，研究成果先后获省部级科学技术奖一等奖 3 项、三等奖 1 项，省级教学成果二等奖 1 项；培养博士研究生 3 名、硕士研究生 28 名，为学校工程管理学科的发展和人才培养做出突出贡献。先后被评为铁道部优秀团干部、省级劳模、全国普通高校优秀思想政治工作者。2020 年 12 月 23 日在长沙因病逝世，终年 60 岁。

在岗教授：王孟钧、张飞涟、黄健陵、郭峰、宇德明、张彦春、单明、王青娥。简介可扫描附录在职教师名录中的二维码获取。

三、人才培养

（一）本科生培养

1. 概况

1988—1994 年，培养建筑管理工程专业本科生。

1995 年，培养管理工程专业本科生。

1996 年至今，培养工程管理专业本科生。

2. 招生规模及毕业人数

工程管理专业 1985 年招收首届专科生，1988 年招收首届本科生。工程管理专业面向全国招生，每年招收工程管理专业本科生不少于 2 个班。1985 级至 2020 级本专业本科具体招生规模及毕业人数见第 4 章第 1 节。

3. 主干课程

土木工程技术基础课程：工程制图、工程材料、工程力学、混凝土结构设计、工程测量、建筑工程施工、房屋建筑学等。

专业核心课程：工程管理概论、工程经济学、运筹学、工程项目管理、土木工程施工、施工组织学、建筑工程造价、铁路工程造价、建筑企业管理、工程建设法规、工程管理信息系统、工程招投标等。

4. 教学计划的变迁和调整

1985 年通过广泛调研，制订了建筑管理工程专业专科教学计划，经过 3 年的试行，修改制订了 1988 年建筑管理工程专业本科教学计划，并在实践中不断完善，形成了技术与管理并重的工程管理专业特色。

随着 1995、1998 年建筑管理工程专业名称的变化，本科教学计划也进行了相应调整。

2001 年在 1998 年教学计划基础上，全面修订了工程管理专业教学计划，并从 2002 级起开始执行 2002 版《本科培养方案》（教学计划），该培养方案采用的是"公共基础课+学科基础课+专业课"的课程结构体系。

2007 年制订了新的《本科培养方案》（教学计划），并在 2008 级开始执行。在新的课程体系设置中，课程框架按照"公共课程+大类课程+专业课程"结构体系进行设置，压缩部分课程学时，增加选修课程；在遵循教学指导委员会讨论的专业平台课程设置方案和结合自身特色的基础上，专业课程再分为四大平台模块（工程技术平台、工程经济平台、工程管理平台、工程法律平台）和两个专业方向（项目管理与投资、房地产经营与管理）。

　　2012 年依据"大类宽口径培养"、满足"学科发展、专业特色、学生个性化发展"要求，按照"通识教育、学科教育、专业教育、个性培养"四个模块设置了课程框架和课程体系，对 2007 年制订的本科培养方案进行了局部修改和调整，适当压缩了理论课总学时和毕业总学分，新增了创新创业导论(选修课)和新生课(必修课)。

　　2016 年修订的培养方案仍然按照"通识教育、学科教育、专业教育、个性培养"四个模块设置课程框架和课程体系，适当压缩了总学时和总学分，其中，通识教育和个性教育模块学分下调，学科教育和专业教育模块学分有所增加。对课程体系进行了优化：房地产开发与经营由选修课改为必修课；把工程测量和勘测实习合并为工程测量与实践；土木工程材料和土木工程材料实验合并，由选修课改为必修课；土力学与基础工程由选修课改为必修课，配套增加基础工程课程设计；增加了房屋工程和工程造价(二)。

　　2018 版培养方案主要对课程体系进行调整优化。在通识教育模块，思政类课程中中国近代史纲要和形势与政策课程各增加 1 学分；信息技术类课程将大学计算机基础、大学计算机基础实践、计算机程序设计基础(Python)、计算机程序设计实践(Python)、数据库技术与应用(二)等课程去掉，改为计算机程序设计基础(C++)和计算机程序设计实践(C++)两门课程，原科学计算与数学建模课程调整为学科模块中的公共基础课；原个性培养模块的创新创业导论调整到本模块。学科教育模块，公共基础课程增加普通化学 B(选修)；学科基础课中的混凝土结构设计原理 C、工程地质 B、土木工程材料 B、土力学与基础工程调整为专业教育模块中的专业课；集中实践环节的工程测量实习和工程地质实习调整到专业教育模块的集中实践环节。专业教育模块，在原来的专业核心课程类、专业选修课程类的基础上，增加了专业课类，专业核心课程类中的工程管理概论、铁路工程造价调整为专业课类；原来的专业选修课程类调整为专业课类，并新增 BIM 技术及其应用课程。

(二)研究生培养

1.概况

　　工程管理学科早在 1983 年就开始了硕士研究生培养工作，杨承恕于 1983 年在"道路与铁道工程"招收了第一个施工管理方向硕士研究生周栩。此后在"道路与铁道工程"和"结构工程"招生施工管理方向研究生。1998 年获"管理科学与工程"硕士学位授予权，1999 年招生第一批管理科学与工程硕士研究生王艳、孟浩，同时在"道路与铁道工程"和"结构工程"招生工程管理方向研究生。2003 年在土木工程一级学科自主设置"土木工程规划与管理"硕士学位点，2004 年开始招生土木工程规划与管理专业硕士研究生。2004 年获"项目管理"工程硕士学位授予权。2010 年获"工程管理硕士"专业学位授予权。1983 年至今招收硕士研究生统计数据见第 4 章第 2 节，硕士研究生导师聘任情况见表 2.9.4。

表 2.9.4　硕士研究生导师聘任情况

序号	姓名	受聘时职称	受聘年份	所属系所
1	杨承愻	教授	1982	建筑施工教研室
2	周继祖	教授	1985	建筑管理工程教研室
3	王孟钧	副教授	1998	建筑管理教研室
4	张飞涟	副教授	1998	工程管理教研室
5	周栩	副教授	2000	工程管理系
6	宇德明	副教授	2001	工程管理系
7	傅纯	副教授	2003	工程管理系
8	周庆柱	研究员	2005	工程管理系
9	李昌友	副教授	2005	工程管理系
10	廖群立	副教授	2005	工程管理系
11	王进	副教授	2005	工程管理系
12	黄健陵	副研究员	2006	工程管理系
13	郭峰	副教授	2006	工程管理系
14	曹升元	研究员	2006	工程管理系
15	郭乃正	研究员	2007	工程管理系
16	王青娥	副教授	2010	工程管理系
17	陈辉华	副教授	2012	工程管理系
18	陈汉利	副教授	2012	工程管理系
19	张彦春	副教授	2013	工程管理系
20	李艳鸽	副教授	2017	工程管理系
21	范臻辉	讲师	2017	工程管理系
22	单明	特聘教授	2018	工程管理系
23	周满	讲师	2019	工程管理系
24	单智	讲师	2019	工程管理系

2. 博士研究生

工程管理系于 2004 年获"土木工程规划与管理"博士学位授予权，自 2005 年开始招收博士研究生。2005 年至今招收的博士研究生统计数据见第 4 章第 2 节。博士研究生导师聘任情况见表 2.9.5。

表 2.9.5　博士研究生导师聘任情况

序号	姓名	受聘时职称	受聘年份	所属系所
1	刘宝琛	院士	2004	岩土系

续表2.9.5

序号	姓名	受聘时职称	受聘年份	所属系所
2	李亮	教授	2004	道路系
3	王孟钧	教授	2004	工程管理系
4	孙永福	院士	2006	工程管理系
5	何继善	院士	2006	工程管理系
6	张飞涟	教授	2006	工程管理系
7	周庆柱	研究员	2006	工程管理系
8	郭乃正	研究员	2007	工程管理系
9	黄健陵	研究员	2012	工程管理系
10	郭峰	研究员	2015	工程管理系
11	宇德明	教授	2016	工程管理系
12	陈辉华	副教授	2016	工程管理系
13	王青娥	副教授	2017	工程管理系
14	李艳鸽	副教授	2019	工程管理系

(三) 教学成果

1. 教材建设

工程管理系教师在完成教学任务之余，还发挥自己的专业优势编写了一系列教材，教材编写情况见表 2.9.6。

表 2.9.6　代表性教材

序号	教材名称	出版社/编印单位	出版/编印年份	作者
1	工程机械基础	中国铁道出版社	1980	杨承恕
2	现代建筑业企业管理	湖南大学出版社	1996	杨承恕
3	工程项目管理与建设法规	湖南大学出版社	1998	王孟钧 (2)
4	施工技术	中国铁道出版社	2000	王孟钧 (3)
5	土木工程经济与管理	中国铁道出版社	2001	李昌友
6	现代管理学	中南大学出版社	2002	张飞涟
7	土木工程施工组织学	中国铁道出版社	2003	刘武成
8	国际工程项目管理与国际建筑市场	中国铁道出版社	2004	张飞涟
9	科技英语阅读与写作	中国铁道出版社	2004	宇德明
10	工程经济学	中南大学出版社	2005	郑勇强

续表2.9.6

序号	教材名称	出版社/编印单位	出版/编印年份	作者
11	建筑企业战略管理	中国建筑工业出版社	2007	王孟钧、陈辉华
12	建设法规	武汉理工大学出版社	2008	王孟钧、陈辉华
13	工程项目组织	中国建筑工业出版社	2011	王孟钧
14	土木工程项目管理	冶金工业出版社	2013	郭峰
15	建设工程法规	武汉大学出版社	2015	陈辉华、王青娥
16	工程合同法律制度	中南大学出版社	2015	宇德明、张彦春
17	建设工程项目管理	武汉大学出版社	2015	张飞涟
18	PPP 项目运作·评价·案例	中国建筑工业出版社	2016	张彦春
19	工程经济学	中南大学出版社	2016	陈汉利
20	建筑市场经济学研究	中国建筑工业出版社	2016	王孟钧
21	工程管理论	中国建筑工业出版社	2017	何继善
22	建筑工程计价与造价管理	中南大学出版社	2017	刘根强
23	Construction Project Management	南京大学出版社	2017	宇德明
24	International Project Bidding and Contract Management	中国铁道出版社	2018	宇德明
25	工程经济与项目管理	中国建筑工业出版社	2018	张彦春
26	建设工程法规(第二版)	武汉大学出版社	2020	陈辉华、王青娥

2. 教改项目

省部级及以上教改项目见表2.9.7。

表 2.9.7　教改项目(省部级及以上)

序号	项目名称	负责人	起讫年份
1	经济管理类专业案例教学体系的研究与建设施工企业管理课程	周继祖	1996—1999
2	21 世纪工程管理专业人才培养模式和课程体系优化的研究与实践	张飞涟	2005—2007
3	基于工程伦理观的工科创新应用型人才培养模式	王进	2006—2007
4	土建类创新型本科专业人才培养体系的研究与实践	黄健陵	2006—2008

续表2.9.7

序号	项目名称	负责人	起讫年份
5	创新型工程管理专业人才培养模式与课程体系优化研究	郭乃正	2007—2010
6	"建筑企业战略管理"研究生精品课程建设	王孟钧	2009—2011
7	《建筑企业战略管理》教材编写(入选土建学科"十二五"规划教材)	王孟钧	2011—2013
8	创建"理论+实践=研究员+班导师"学生工作模式的探索与实践	郭峰	2011—2013
9	跨学科培育研究生创新能力与培养创新人才的研究与实践	傅纯	2011—2013
10	大类人才培养模式下的人性化教学管理研究	傅纯	2012—2014
11	工程项目管理专业学位研究生课程体系改革研究	李香花	2012—2014
12	工程管理专业"十三五"综合改革试点	宇德明	2016—2019
13	工程管理硕士专业学位研究生培养定位与培养模式研究	陈辉华	2017—2019
14	BIM 电子招投标实训课程	刘伟	2018—2020
15	湖南省研究生优秀教学团队	王青娥	2019—2021
16	面向智能建造的工程管理专业改造升级探索与实践	黄健陵	2020—2022

3. 教学获奖和荣誉

省部级及以上本学科教学获奖情况见表 2.9.8。

表 2.9.8　教学获奖和荣誉(省部级及以上)

序号	获奖人员	项目名称	获奖级别	获奖年份
1	谢恒、周继祖、宋治伦、曹曾祝等	建筑管理工程专业培养目标和建设规模	获湖南省优秀教学二等奖	1992
2	黄健陵(2)、郭峰(5)	土建类创新型本科专业人才培养体系的研究与实践	湖南省高等教育省级教学成果二等奖	2008
3	郭乃正、张飞涟、黄健陵、张彦春、刘伟	创新型工程管理专业人才培养模式与课程体系优化研究	获湖南省教育教学成果二等奖	2010
4	陈汉利	《建设项目评价》多媒体作品	湖南省普通高校多媒体教育软件大赛二等奖	2011

4.代表性成果简介

获奖项目名称：创新型工程管理专业人才培养模式与课程体系优化研究。

奖项类别：湖南省教学成果二等奖，2010年。

本校获奖人员：郭乃正、张飞涟、黄健陵、张彦春、刘伟。

获奖单位：中南大学(1)。

成果简介：本项目从研究工程管理专业的历史沿革入手，回顾了国内外工程管理专业的发展历程，提出改革目标；运用SWOT方法，分析21世纪工程管理人才培养的环境，揭示中南大学工程管理人才培养的优势、劣势、机遇及威胁；从工程管理人才培养模式内涵和国内外部分院校工程管理人才培养模式定位入手，结合中南大学工程管理人才培养模式确定的大环境，探讨学校21世纪工程管理专业新的人才培养模式；深入研究社会对从业人员的能力需求，确定21世纪学校工程管理专业人才培养目标，并在此基础上对学校工程管理专业课程体系进行了优化设计。实现了三个创新：依托3个"国家一级重点学科"，提出了"技术与管理并重"、兼顾创新素质培养的研究——应用型人才培养模式；优化4个"专业基础课程平台"，构建了"厚宽强高"的人才培养方案；共建5个"实践教学校内外实习实训基地"，形成了"二模块、三层次"的人才培养实践教学体系。

四、科学研究

（一）主要研究方向

1.重大工程项目管理理论及应用

该研究方向的学术带头人是孙永福院士、何继善院士和王孟钧教授，重点开展中国工程管理现状与发展关键问题、中国工程管理理论体系建设、中国铁路建设工程管理关键问题、铁路工程项目管理理论与实践、公路工程建设管理执行控制体系、青藏铁路工程方法论、工程管理论、工程管理知识与工程经济知识论、重大建设工程技术创新管理、重大建设工程技术与管理协同创新机理、政府重大城建项目管理模式、建筑市场信用机理与制度建设、建筑市场信用系统演进机理与机制设计、BOT项目运作与建设管理模式、三峡库区及其上游水质管理体制与流域协调发展战略、港珠澳大桥岛隧工程设计施工总承包管理理论与实践等研究，承担了青藏铁路、哈大高铁、石武高铁河南段、沪昆高铁湖南段、沪昆高铁云南段、合福高铁闽赣段、厦深高铁广东段、海南东环铁路、云桂铁路、怀邵衡铁路、长沙磁浮工程等工程总结咨询，明确了中国工程管理发展和中国铁路建设工程管理的关键问题，建立了中国工程管理理论体系框架和铁路工程项目管理理论体系，揭示了建筑市场信用系统的演进机理和科技创新的一般规律，分析了各种工程建设管理模式的特点和适用条件，提出了三峡库区及其上游水质管理体制与流域协调发展战略。

今后，该研究方向将重点研究建筑业市场准入、建筑业市场监管、建筑企业投资组合管理、现代化管理理论和方法在重大工程项目管理中的应用，以及复杂艰险环境超大型铁路工程建设管理与技术创新融合机制等方面的关键问题。

2. 工程经济与评价理论及应用

该研究方向的学术带头人是孙永福院士和张飞涟教授，重点开展政府投资项目决策模型与评价方法、铁路工程造价标准体系、城镇市政设施投资项目后评价方法与参数、单价承包模式下铁路工程价格指数研究、铁路工程造价标准应用动态和需求分析、贵州省西部交通建设科技项目后评价、青藏铁路工程管理经验与教训、客运专线基础设施综合维修体系构建及运行评价系统、高速铁路铺架工程质量信誉评价及质量控制技术、杭绍台等铁路PPP 项目融资方案、基于模拟仿真技术的工程造价及工期确定方法、智能铁路造价管理模式、铁路建设工程质量监督分析评价体系等研究，设计了铁路工程造价标准体系，总结了青藏铁路工程管理的经验与教训，开发了高速铁路铺架工程质量信誉评价及质量控制技术，提出了城镇市政设施投资项目后评价方法与参数。

今后，该研究方向将重点研究土木工程项目评价与后评价理论和方法、土木工程项目绩效评价理论与方法、土木工程项目投资与造价控制理论与方法、土木工程项目融资模式和结构、高速铁路基础设施全生命周期智能化水平评价理论与方法等方面的关键问题。

3. 工程安全与风险管理理论及应用

该研究方向的学术带头人是黄健陵教授和宇德明教授，重点开展了京沪高铁建设项目质量保证体系及风险控制技术、铁路工程突发事件应急管理、地铁施工重大危险源识别与评估、中国铁路'走出去'风险管理、隧道施工地层风险评估和高速公路施工安全分区精细管理技术、村镇建筑灾变机理与适宜性防灾设计理论、复杂环境下轨道交通土建基础设施防灾及能力保持技术、基于遥感影像及斜坡单元分割技术的区域性滑坡灾害综合识别统计、基于遥感图像阈值分割的震后次生地质灾害风险源自动判识及致灾过程数值模拟、基于遥感影像及数值模拟技术的震后次生链型地质灾害风险分析、沪宁城际铁路施工安全与沉降监测技术、深圳港西部港区疏港道路工程新填海造陆区软土路基处理技术等研究，识别了京沪高铁建设项目质量保证体系运行失效模式和质量影响因素，分析了地质灾害致灾模式与灾损等级，构建了多源多尺度传感网络测试技术框架，提出了轨道交通地质灾害监测技术框架和高速公路施工安全分区精细管理技术，形成了典型地质灾害基础设施加固修复技术，开发了相应的计算机软件。

今后，该研究方向将重点研究土木工程建设安全风险管理法律法规、土木工程项目地质灾害预防与控制、土木工程项目施工安全风险管理、土木工程项目职业健康与环境风险管理等方面的关键问题。

(二) 科研项目

自中南大学合并组建以来，工程管理系教师承担的各类科研项目近 200 项，其中：国家级科研项目 15 项、省部级科研项目 45 项、横向科研项目 100 余项。国家级科研项目见表 2.9.9。

表 2.9.9 国家级科研项目表

序号	项目(课题)名称	项目来源	起讫时间	负责人
1	城镇市政设施项目后评价方法与参数研究(05BJY019)	国家社会科学基金面上项目	2005—2007 年	张飞涟
2	建筑市场信用机理与制度建设研究(70540019)	国家自然科学基金科学部主任基金项目	2006—2006 年	王孟钧
3	建筑市场信用系统演进机理与机制设计研究(70673115)	国家自然科学基金面上项目	2007—2009 年	王孟钧
4	重大建设工程技术创新网络协同机制研究(71273283)	国家自然科学基金面上项目	2013—2016 年	王孟钧
5	动态不确定条件下紧邻既有线施工天窗的鲁棒优化方法(51378509)	国家自然科学基金面上项目	2014—2017 年	黄健陵
6	基于 IVIF-VIKOR 的地质灾害应急动态决策方法研究(61402539)	国家自然科学基金青年科学基金项目	2015—2017 年	李香花
7	大型建筑企业项目群承建与企业成长耦合互动研究(7144009)	国家自然科学基金主任基金	2015—2016 年	郭峰
8	基于遥感图像阈值分割的震后次生地质灾害风险源自动判识及致灾过程数值模拟(41502295)	国家自然科学基金青年科学基金项目	2016—2018 年	李艳鸽
9	面向重大建设工程的技术与管理协同创新机理研究(71503277)	国家自然科学基金青年科学基金项目	2016—2018 年	王青娥
10	复杂环境下轨道交通土建基础设施防灾及能力保持技术(2017YFB1201204)	十三五国家重点研发计划子课题	2017—2020 年	黄健陵
11	重大工程技术风险决策机制研究(71841028)	国家自然科学基金应急项目	2018—2019 年	王孟钧
12	村镇建筑地基承载性能演化规律与基础破坏机理研究(2018YFD1100401)	十三五国家重点研发计划子课题	2018—2022 年	李艳鸽
13	高速铁路 CRTS II 型板式无砟轨道结构随机疲劳损伤行为研究(51808558)	国家自然科学基金青年科学基金项目	2019—2021 年	单智
14	考虑 Resal 效应影响的变截面波形钢腹板 PC 组合梁桥的力学性能研究(51808559)	国家自然科学基金青年科学基金项目	2019—2021 年	周满
15	城市轨道交通建设项目韧性评估、模拟及提升研究(71901224)	国家自然科学基金青年科学基金项目	2020—2022 年	单明

(三) 科研获奖

科研活动促进了师资水平和素质的提高, 工程管理系教师取得了丰硕的成果, 获得的代表性科研成果奖励见表 2.9.10。

表 2.9.10 科研成果奖励表 (省部级及以上)

序号	成果名称	获奖年份	获奖名称	等级	完成人
1	易燃易爆有毒重大危险源辨识评价技术研究	1997	劳动部科学技术进步奖	一等奖	宇德明 (9)
2	建筑工程招标投标系统研究与应用	2001	湖南省科技进步奖	二等奖	王孟钧 (1)
3	铁路建设项目后评价理论与应用	2002	中国铁道学会科学技术奖	二等奖	周继祖、张飞涟、王孟钧、廖群立、余浩军、王敏、刘武成
4	BOT 项目运作与建设管理模式研究	2008	中国铁路工程总公司科学技术奖	二等奖	王孟钧 (2)、郭峰 (3)、陈辉华 (5)、傅纯 (9)、李香花 (10)
5	公路工程建设执行控制成套技术研究与应用	2009	中国公路学会科学技术奖	一等奖	王孟钧 (2)、郭乃正 (4)、王青娥 (5)、陈辉华 (8)
6	重大建设项目执行控制体系及技术创新管理平台研究	2010	湖南省科技进步奖	一等奖	王孟钧 (1)、郭乃正 (2)、王青娥 (5)、陈辉华 (8)
7	高速公路滑坡与崩塌预测与控制技术	2010	湖南省科技进步奖	二等奖	李昌友 (7)
8	珠江黄埔大桥建设成套技术研究	2011	广东省科学技术奖	二等奖	王孟钧 (6)
9	高速铁路过渡段路基关键技术研究与应用	2012	湖南省科技进步奖	一等奖	范臻辉 (4)
10	沪宁城际铁路施工安全与沉降监测技术研究	2013	中国铁道学会科学技术奖	一等奖	黄健陵 (5)
11	特复杂条件下特长隧道安全施工关键技术及应用	2013	中国铁道学会科学技术奖	二等奖	黄健陵 (5)、李昌友 (8)
12	铁路工程造价标准体系研究年	2015	中国建设工程造价管理协会优秀工程造价成果奖	二等奖	张飞涟 (4)

续表2.9.10

序号	成果名称	获奖年份	获奖名称	等级	完成人
13	多动力作用下高速铁路轨道－桥梁结构随机动力学研究及应用	2018	中国铁道学会科学技术奖	特等奖	单智（38）
14	铁路工程项目管理理论研究及应用	2019	中国铁道学会科学技术奖	一等奖	孙永福（1）、张飞涟（2）、黄健陵（4）、王青娥（5）、王孟钧（7）、刘伟（8）、陈辉华（9）、周庆柱（11）、宇德明（12）、张彦春（15）、傅纯（16）

（四）代表性专著

工程管理系教师公开出版学术著作36部，如表2.9.11所示。

表2.9.11　代表性专著

序号	专著名称	出版社	出版年份	作者
1	铁路建筑土方工程机械筑路纵队施工	人民铁道出版社	1958	周继祖（译著）
2	运材道路的勘测与建筑	中国林业出版社	1959	周继祖（译著）
3	直铲挖土机施工组织的几个问题	人民铁道出版社	1959	周继祖（译著）
4	缆索吊车	中国铁路出版社	1981	周继祖
5	铁路建筑工程中的经济数学方法	中国铁道出版社	1982	周继祖（译著）
6	工程机械施工手册（1～4卷）	中国铁道出版社	1986	周继祖
7	经济数学方法在建筑施工组织中的应用	中国铁道出版社	1987	杨承惄
8	建筑经济大辞典	上海社会科学院出版社	1990	周继祖
9	工程机械施工手册（第5卷）	中国铁道出版社	1991	周继祖谢恒
10	中国土木建筑百科辞典（桥梁工程卷）	中国建筑工业出版社	1999	周继祖

续表2.9.11

序号	专著名称	出版社	出版年份	作者
11	易燃易爆有毒危险品储运过程定量风险评价	中国铁道出版社	2000	宇德明
12	现代建筑企业管理理论与实践	中国建材工业出版社	2001	王孟钧
13	WTO 与中国建筑业	中国建材工业出版社	2002	王孟钧
14	施工索赔	中国铁道出版社	2004	宇德明
15	计算机绘图实用教材	中南大学出版社	2004	刘伟
16	技术、制度与企业效率——企业效率基础的理论研究	中国经济出版社	2005	傅纯（3）
17	建筑地基基础工程施工质量验收手册	中国建筑工业出版社	2005	王青娥
18	建筑市场信用机制与制度建设	中国建筑工业出版社	2006	王孟钧
19	铁路建设项目后评价理论与方法	中国铁道出版社	2006	张飞涟
20	公路工程建设执行控制格式化管理	人民交通出版社	2007	王孟钧（3）
21	BOT 项目运作与管理实务	中国建筑工业出版社	2008	王孟钧（2）、陈辉华（3）
22	公路工程建设执行控制体系理论与应用	人民交通出版社	2008	王孟钧（1）、王青娥（4）
23	市政工程招投标与预决算	化学工业出版社	2009	郑勇强
24	政府投资项目管理模式与总承包管理实践	中国建筑工业出版社	2009	王孟钧（2）、陈辉华（4）
25	建设项目协调管理	科学出版社	2009	郭峰（1）
26	大型基础设施建设项目管理模式与目标控制体系	中国建筑工业出版社	2010	王孟钧（1）、陈辉华（4）
27	中国工程管理现状与发展	高等教育出版社	2013	何继善（1）、王孟钧（2）、王青娥（3）
28	协调管理与制度设计	科学出版社	2013	郭峰
29	照照西洋镜	湖南人民出版社	2013	郭峰
30	建筑市场经济学研究	中国建筑工业出版社	2016	王孟钧
31	铁路工程项目管理理论与实践	中国铁道出版社	2016	孙永福
32	工程管理论	中国建筑工业出版社	2017	何继善
33	港珠澳大桥岛隧工程项目管理探索与实践	中国建筑工业出版社	2019	王孟钧（2）、王青娥（4）

续表2.9.11

序号	专著名称	出版社	出版年份	作者
34	高速公路路域水环境突发事件应急管理研究	人民交通出版社	2019	王青娥(1)、陈辉华(3)
35	项目群管理与大企业成长	科学出版社	2019	郭峰
36	施工现场6S管理实务	中国建筑工业出版社	2020	陈辉华(2)

工程管理系教师发表科研论文共500余篇，其中被SCI、SSCI、EI、CSSCI收录的论文120余篇，投稿期刊达80余种。

（五）代表性成果简介

1. 重大建设项目执行控制体系及技术创新管理平台研究

奖项类别：湖南省科学技术进步奖一等奖，2010年。

本校获奖人员：王孟钧(1)、郭乃正(2)、王青娥(5)、陈辉华(8)。

获奖单位：中南大学(1)。

成果简介：本项目针对重大工程项目目前缺乏先进实用的管理标准和有效的技术创新实现平台，其执行力与科技成果能力处于瓶颈阶段的现实问题，依托于众多重大工程科技攻关，取得大量具有创新价值的研究成果：

（1）在创新我国重大工程管理模式的基础上，提出"执行控制"理念，创新性地构建了由文化子系统、目标子系统、组织子系统、CPF子系统、信息化子系统和评价子系统构成的工程项目执行控制理论体系，各子系统既相互独立又相互支撑，是一个动态、开放的有机整体，丰富了我国工程管理理论和知识体系，解决了工程项目执行力不足、缺乏系统的管理标准和指南这一顽疾。

（2）研制以合同化、程序化、格式化和信息化为核心内容的"CPFI"成套技术，开发了以工程单元信息控制技术为特色的建设管理信息系统，实现了管理目标合同化、管理内容格式化、内容执行程序化、执行手段信息化，解决了工程项目建设管理依据不足、责权利难以落实等难题。

（3）构建以提升技术创新能力为宗旨，以"执行控制"文化为指导，以高效的组织架构为保障，以"CPFI"成套技术和建设管理信息系统为手段，以动态评价反馈为动力的重大工程技术创新管理平台，通过技术创新管理平台的有效运行，实现了管理技术与工程技术的无缝连接，孵化出一系列重大技术创新成果。

（4）研究成果为工程建设管理和技术创新提供了可操作的管理标准和工作指南，撰写专著6部，发表论文50余篇，被EI和ISTP收录、引用30篇次。

（5）研究成果成功应用于广州珠江黄埔大桥、广州新光大桥、重庆大剧院、佛山"一环"工程、河南平正高速公路等众多重大工程项目，使工程管理效率明显提高，技术创新成效显著，建设工期大大缩短；技术创新管理平台的构建与运行有效促进了新技术、新材料、新工艺、新设备的研究与应用，大大缩减了研发成本与研发进程。

(6)本项目结合重大工程项目需求，进行理论创新、技术开发和工程应用，有效提升项目执行力和技术创新能力；研究成果对推进我国工程管理理论的深化、提升工程管理水平与效率、加快重大工程技术创新的进程具有十分重要的意义。

2.铁路工程项目管理理论研究及应用

奖项类别：中国铁道学会科学技术进步奖一等奖，2019 年。

本校获奖人员：孙永福(1)、张飞涟(2)、黄健陵(4)、王青娥(5)、王孟钧(7)、刘伟(8)、陈辉华(9)、周庆柱(11)、宇德明(12)、王卫东(14)、张彦春(15)、傅纯(16)。

获奖单位：中南大学(1)。

成果简介：该项目依托原铁道部重大研究计划，在大量工程实践基础上提升理论认识，基于工程哲学、工程学、管理学、经济学、社会学等多学科交叉融合，持续开展铁路工程项目管理理论系统研究，主要创新点如下：

(1)创建铁路工程项目管理理论新体系，推动了我国铁路工程管理进入新阶段。提出了新时期"人-工程-环境"协同发展的铁路工程建设新理念，确立了基于科学发展观的铁路工程管理基本原则；基于管理基础、管理要素与管理绩效相互作用关系，创建了以"建设理念为指导、管理原则为准绳、组织模式为基础、目标管理为核心、支撑保障为手段、运行机制为保证"的铁路工程项目管理理论新体系；提出了铁路工程投融资体制改革及承发包模式发展策略；构建了铁路工程方法体系。

(2)首次提出铁路工程项目"质量、职业健康安全、环境保护、工期、投资"五大目标集成管理模式和方法，实现了五大目标协同管理；提出了基于"PBS+WBS+OBS"的铁路工程项目目标分解系统方法，构建了涵盖五大目标的铁路工程项目目标管理方法体系；建立了"一个中心、两种方法、三方自控、四重监督"的铁路工程项目目标控制模式；构建了"合同管理为依据、资源管理为基础、技术创新为动力、信息管理为工具、风险管理为导向、文化管理为引领"铁路工程项目管理支撑保障体系。

(3)构建铁路工程项目管理运行机制，首次在铁路行业研发"GIS+BIM"项目管理平台，提升了铁路工程项目管理效率；构建了"决策机制为基础、协调机制为手段、激励约束机制为引导、绩效评价机制为目的"铁路工程项目管理运行机制，建立了全过程、全方位、全要素的铁路工程项目管理绩效评价体系；研发了基于 Web-GIS 的京沪高铁工程施工管理信息系统，实现了铁路工程项目管理信息集成管理；创建了基于 BIM 三维铁路工程动态管理信息模型，开创了 BIM 技术在铁路行业应用的先河。

(六)学术交流

工程管理系在学术交流方面做了大量的工作,通过承办及协办国际、国内工程管理学科学术交流会议,邀请国内外院士、专家、教授来校做学术报告等方式,营造浓郁的校园学术氛围,扩大师生学科前沿视野。近年来,工程管理系举办的学术报告如表 2.9.12 所示,承办、协办的学术会议如表 2.9.13 所示。

表 2.9.12　重要学术报告

序号	报告人	报告内容	报告时间	备注
1	中国铁路工程总公司教授级高工张健峰	母校是我事业成功的起点	2003 年 10 月	
2	中国旅美科协工程学会会长高级工程师陈立强	纽约市大型轨道交通系统——设计、施工、运营管理在美国的成功经验	2003 年 12 月	
3	香港工程师学会会长刘正光	香港工程管理经验及主跨 1018 m 之斜拉桥设计与建造	2004 年 5 月	
4	美籍华人张健琪博士	美国土木工程项目管理	2004 年 5 月	
5	中国铁路工程总公司总工程师张健峰	新光大桥——珠江上的新亮点	2005 年 5 月	
6	铁道第四勘察设计院教授级高工徐川	铁路工程造价管理的发展动态	2005 年 11 月	
7	铁道第二勘察设计院总工程师兰焰	铁路施工现场对工程管理类人才的素质要求	2005 年 11 月	
8	铁道第二勘察设计院总工程师吴刘忠球	铁路工程造价确定与计算方法	2005 年 11 月	
9	铁道部副部长、院士孙永福	建设世界一流的高原铁路	2005 年 9 月	
10	中铁一局集团总经理和民锁	艰苦我不怕,因为我吃苦;奋斗无止境,因为恋事业	2005 年 11 月	
11	铁道部青藏办教授级高工覃武陵	莽莽登天路,悠悠赤子情——青藏铁路建设情况报告	2007 年 12 月	
12	原铁道部副部长(正部长级)、院士孙永福	高速铁路重大工程技术	2007 年 12 月	
13	中国铁路工程总公司教授级高工李长进	中国高速铁路客运专线建设的回顾与思考	2008 年 2 月	

续表2.9.12

序号	报告人	报告内容	报告时间	备注
14	香港茂盛集团公司教授、总工程师毛儒	工程项目的风险管理——上海隧道风险管理	2008 年 5 月	
15	城启集团董事局主席杨树坪	房地产开发中的经营管理与售后服务	2008 年 6 月	
16	铁路工程定额所所长、高级工程师王中和	铁路工程造价管理模式的思考	2008 年 6 月	
17	铁路工程定额所副所长、高级工程师李连顺	铁路工程造价信息化建设进程及展望	2008 年 6 月	
18	中国铁道学会理事长、院士孙永福	京津城际铁路工程管理创新	2008 年 11 月	
19	铁道部经规院教授级高工林仲洪	铁路发展规划及关键技术	2009 年 2 月	
20	清华大学教授王守清	(公用事业/基础设施)特许经营项目融资	2009 年 12 月	
21	重庆大学教授张希黔	建筑施工创新技术及工程应用	2010 年 4 月	
22	中建五局董事长鲁贵卿	基于都江堰启示的人力资源战略	2010 年 9 月	
23	香港茂盛亚洲工程顾问有限公司教授级高工毛儒	隧道工程风险管理	2010 年 11 月	
24	同济大学教授何清华	一个学科、一所大学与一届世博会的故事	2011 年 4 月	
25	沪昆客专江西公司高级工程师郭建光	高速铁路建设项目管理与相关工程思考	2014 年 11 月	
26	中国建设工程造价管理协会教授级高工吴佐民	工程造价管理专业发展展望	2014 年 11 月	
27	美国北拉斯维加斯市政府博士刘琼湘	美国城市交通规划与市政工程管理概况	2015 年 11 月	
28	新 加 坡 国 立 大 学 副 教 授 Hwang Bon-Gang	Singapore Construction Industry and Project Assessment Policies	2018 年 11 月	
29	东南大学教授邓小鹏	管理学部自科基金申报的思考	2018 年 11 月	
30	新 加 坡 国 立 大 学 副 教 授 Hwang Bon-Gang	Construction Project Performance Analytics and Innovations	2018 年 11 月	
31	东南大学教授邓小鹏	工程管理研究生创新与实践	2018 年 11 月	

续表2.9.12

序号	报告人	报告内容	报告时间	备注
32	国家铁路局规划与标准研究院高级工程师单向华	清单计价模式下铁路工程定额的定位和功能	2018 年 11 月	
33	香港理工大学教授陈炳泉	Heat Stress and Its Impacts on the Construction Industry	2019 年 4 月	
34	清华大学教授张伟	推进 MEM 建设，服务时代需求	2019 年 9 月	
35	香港城市大学教授骆晓伟	人工智能及传感器技术助力智慧建造	2019 年 9 月	
36	国家铁路局科技与法制司教授级高工刘燕	中国铁路技术标准体系	2019 年 10 月	
37	原铁道部副部长（正部长级）、院士孙永福	交通强国，铁路先行	2019 年 11 月	
38	中国铁道学会理事长、院士卢春房	中国高速铁路创新与发展	2019 年 11 月	
39	国家铁路局规划与标准研究院高级工程师肖飞	铁路工程项目造价标准体系与投资控制管理	2019 年 11 月	
40	沪昆铁路客运专线湖南有限责任公司总经理、教授级高工孔文亚	沪通长江大桥设计、施工关键技术与科技创新管理	2019 年 12 月	
41	中国土木工程集团有限公司原党委书记、董事长、教授级高工袁立	一带一路的实践：亚吉铁路及其经济走廊	2020 年 11 月	

表 2.9.13　重要学术会议

序号	会议主题	会议时间	备注
1	首届中国工程管理论坛(广州)	2007 年 4 月	
2	新西兰奥克兰大学与中南大学两校土木工程进展研讨会	2008 年 4 月	
3	第二届中国工程管理论坛(鄂尔多斯)	2008 年 9 月	
4	第三届中国工程管理论坛(成都)	2009 年 11 月	
5	第四届中国工程管理论坛(北京)	2010 年 10 月	
6	第五届中国工程管理论坛(长沙)	2011 年 5 月	
7	第六届中国工程管理论坛(合肥)	2012 年 9 月	
8	第七届中国工程管理论坛(哈尔滨)	2013 年 8 月	

续表2.9.13

序号	会议主题	会议时间	备注
9	第八届中国工程管理论坛(北京)	2014 年 6 月	
10	2015 年国际工程科技发展战略高端论坛暨第九届中国工程管理论坛(广州)	2015 年 5 月	
11	2016 年国际工程科技发展战略高端论坛暨第十届中国工程管理论坛(西安)	2016 年 8 月	
12	2017 国际工程科技发展战略高端论坛、中国工程科技论坛暨第十一届中国工程管理论坛(北京)	2017 年 5 月	
13	湖南省工程管理学会 2017 年年会暨"营改增"及总承包管理学术交流会	2017 年 12 月	
14	2018 中国工程科技论坛暨第十二届中国工程管理论坛(深圳)	2018 年 8 月	
15	湖南省工程管理学会第二次会员大会暨学术报告会	2018 年 12 月	
16	湖南省工程管理学会 2019 年学术年会暨青年委员会成立大会	2019 年 12 月	
17	湖南省工程管理学会 2020 年学术年会暨首届湖南省大学生智能建造与管理创新竞赛	2020 年 12 月	

第 10 节　消防工程

一、学科发展历程

1997 年,成立长沙铁道学院防灾科学与安全技术研究所(简称防灾所)。1998 年获批"防灾减灾工程及防护工程"硕士点,开始招收"防灾减灾工程及防护工程"专业硕士研究生。

1998 年,徐志胜、赵望达、徐彧、裴志浩、张焱、王飞跃等先后到同济大学、上海远东防火基地、南京建筑科学研究院、中国建筑科学研究院、中国人民武装警察部队学院、中国矿业大学调研,制订火灾实验室的建设方案。1999 年,学科对火灾实验室的建设方案进行了多次论证,经长沙铁道学院校务会研究决定立项建设火灾实验室,并于 2000 年 10 月 2 日建成,防灾科学与安全技术研究所与火灾实验室合署办公。

2000 年,获得"防灾减灾工程及防护工程"博士学位授予权,开始招收"防灾减灾工程及防护工程"专业博士研究生。2002 年,获得"消防工程"博士和硕士点授予权,成为全国第一家拥有"消防工程"博士学位和硕士学位授权单位，开始招收"消防工程"专业博士和硕士研究生。

2002年，向中南大学申请增设"消防工程"本科专业，2003年获得中南大学批准、教育部备案，并于2004年招收第一届本科生。2005年，土木建筑学院批准成立消防工程系，消防工程学科得到了更好的发展。2010年，启动消防工程本科实验室场地改造建设。2011年，成立由本、硕、博学生组成的学术社团"消防科学青年社"。2016年，徐志胜任全国消防工程专业教学指导委员会副主任委员以及教材建设专业委员会主任委员。2018年，防灾科学与安全技术研究所成为公共安全科学技术学会理事单位，并于2018年获批成立了中南大学城市公共安全与应急救援研究中心。消防工程专业于2019年入选湖南省一流本科专业建设点，于2020年入选国家一流本科专业建设点。

经过二十多年的发展，防灾科学与安全技术研究所从无到有，由1人到5人再到目前的17人团队。研究方向由原先仅有的土木工程防灾减灾，到目前的城市消防规划与安全管理、火灾蔓延规律及逃生救援仿真模拟、火灾科学与工程结构防火、火灾及重大危险源安全评估技术、火灾自动报警与消防自动化技术、城市公共安全与应急救援、智慧消防等。中南大学消防工程学科在国内处于领先地位。截至2020年，中南大学是国内唯一具有消防工程本、硕、博三级学历层次教育的高校，是全国唯一具有消防工程博士点的单位，也是全球仅有的四个消防工程博士学位授予点之一。

消防工程学科发展历程见表2.10.1。

表2.10.1 学科发展历程

年份	学科相关事件
1997	成立防灾科学与安全技术研究所
1998	获批防灾减灾工程及防护工程硕士点
1999	火灾实验室立项建设
2000	火灾实验室完成建设
	获批防灾减灾工程及防护工程博士点
	编制学科"一五"发展规划
2002	获批消防工程博士点和硕士点
	申请增设消防工程本科专业
2003	增设消防工程本科专业获得批准
	制订2004版消防工程专业本科培养计划
2004	招收消防工程专业第一届本科生
2005	成立土木建筑学院消防工程系
	编制学科"二五"发展规划

续表2.10.1

年份	学科相关事件
2006	开始建设消防工程专业本科实验室
	第一届消防工程博士研究生冯凯、赵望达毕业
2007	制订 2008 版消防工程专业本科培养计划
2010	消防工程专业本科实验室改造建设
	编制学科"三五"发展规划
2012	制订 2012 版消防工程专业本科培养计划
2016	制订 2016 版消防工程专业本科培养计划
2018	制订 2018 版消防工程专业本科培养计划
	成立中南大学城市公共安全与应急救援研究中心
2019	入选湖南省一流本科专业建设点
2020	入选国家一流本科专业建设点

二、师资队伍

(一) 队伍概况

经过二十多年的发展，防灾科学与安全技术研究所从无到有，由 1 人到 5 人再到目前 17 人的团队。1996 年，徐志胜从西南交通大学博士后流动站出站，来到长沙铁道学院工作，筹建防灾科学与安全技术研究所。1998 年，赵望达由长沙矿山研究院调入研究所工作。1999 年，裘志浩于长沙铁道学院毕业留校工作。2000 年，徐彧于中南大学硕士毕业留校工作。2002 年，中南大学校院系调整，李耀庄调入研究所工作。2004 年，张焱于中南大学硕士毕业留校工作，姜学鹏由武汉科技大学硕士毕业，来研究所工作并在职攻读消防工程专业博士研究生。2005 年，陈长坤、易亮由中国科学技术大学国家火灾重点实验室博士毕业来研究所工作。2005 年，王飞跃来研究所工作并在职攻读消防工程专业博士研究生。2006 年，徐烨由土木建筑学院资料室调入研究所工作。2009 年，申永江由浙江大学建筑工程学院博士毕业来研究所工作，熊伟由湖南大学土木工程学院博士毕业来研究所工作。2012 年，谢宝超由中南大学和英国谢菲尔德大学联合培养博士毕业留校工作。2014 年，周洋来研究所工作；2018 年，范传刚与蒋彬辉来研究所工作，范传刚获聘特聘教授；2019 年，颜龙由中南大学博士后出站留校工作，并获聘特聘副教授；2020 年，王峥阳由美国马里兰大学博士毕业后，来研究所工作。

目前，研究所有职工 17 人，其中教授 6 人(徐志胜、赵望达、李耀庄、陈长坤、易亮、范传刚)，副教授 6 人(王飞跃、熊伟、申永江、谢宝超、周洋、颜龙)，讲师 4 人，工程师 1

人,拥有博士学位16人,硕士学位1人,形成了"防灾减灾工程及防护工程"和"消防工程"两个学术团队。"消防工程"学术团队人员包括徐志胜、赵望达、李耀庄、陈长坤、易亮、范传刚、周洋、王飞跃、裴志浩、谢晓晴、颜龙、王峥阳;"防灾减灾工程及防护工程"学术团队人员包括徐志胜、李耀庄、赵望达、陈长坤、徐彧、张焱、申永江、熊伟、谢宝超、蒋彬辉。

徐志胜1999年获"湖南省跨世纪学术带头人""铁道部青年科技拔尖人才"称号。陈长坤2011年入选中南大学国家杰出青年培育基金人才,2012年入选中南大学升华育英人才。陈长坤、易亮2013年入选中南大学"531"人才计划。范传刚2020年获得湖南省优秀青年科学基金。

学科在职教师情况统计见表2.10.2,在职人员名册和曾在消防工程系(教研室)工作的教职工名册见第6章第10节。

表2.10.2　在职教师基本情况表

项目	合计	职称			年龄			学历	
		教授	副教授	讲师/工程师	55岁以上	35~55岁	35岁以下	博士	硕士
人数	17	6	6	5	1	11	5	16	1
比例/%	100	35.3	35.3	29.4	5.9	64.7	29.4	94.1	5.9

(二)历届系所(室)负责人

历届系所(室)负责人见表2.10.3。

表2.10.3　历届系所(室)负责人

时间	机构名称	主任(所长)	副主任(副所长)
1997—2000年	防灾科学与安全技术研究所	徐志胜	赵望达
2001—2005年	防灾科学与安全技术研究所	徐志胜	赵望达
2005—2010年	消防工程系	徐志胜	赵望达、李耀庄
2010—2019年	消防工程系	徐志胜	赵望达、陈长坤
2019—2020年	消防工程系	陈长坤	申永江、范传刚
2020年至今	消防工程系	陈长坤	申永江、范传刚、颜龙

（三）学科教授简介

在岗教授：陈长刊、徐志胜、赵望达、李耀庄、易亮、范传刚。简介可扫描附录在职教师名录中的二维码获取。

三、人才培养

（一）本科生培养

中南大学消防工程本科专业从 2004 年起开办，面向全国招生，每年招收两个班，学生 60 人左右。2004—2019 级消防工程专业本科具体招生规模及招收人数见第 4 章第 1 节。在开办不到 20 年的时间里，消防工程本科专业教学培养质量一年一个新台阶，在全国范围内获得广泛好评。2008 年教育部评定本学科本科专业办学水平级别为 A++（优秀）；2010 年国内权威机构专业评价认证中，中南大学消防工程名列全国第二；百度百科 2013—2018 年消防工程专业排名中，本学科名列全国第一；在用人单位专业院校毕业生能力评价中，中南大学消防工程专业毕业生综合素质与能力位居全国非军事院校第一位，消防工程本科生就业形势良好，深受用人单位的欢迎与肯定。

消防工程系教师特别注重学生综合素质的培养。1999 年赵望达创建了土木建筑学院大学生课外科技活动基地，为激发大学生科研兴趣发展提供了平台。2011 年消防工程专业本、硕、博学生组成的学术社团"消防科学青年社"成立，社团主要目的是促进消防工程系师生学术交流。2014 年，徐志胜、姜学鹏主编的《安全系统工程》和由刘义祥、张焱主编的《火灾调查》入选教育部"十二五"普通高等教育本科国家级规划教材；2016 年，徐志胜任全国消防工程专业教学指导委员会副主任委员以及教材建设专业委员会主任委员，李耀庄获湖南省高等教育教学成果二等奖；2019 年消防工程专业入选湖南省一流专业建设名单。2020 年消防工程专业入选国家一流专业建设点。

（二）研究生培养

1. 概况

中南大学防灾科学与安全技术研究所拥有防灾减灾工程及防护工程和消防工程两个专业的硕士及博士学位授予权。本学科自 1996 年开始，就开展了硕士研究生的培养工作，目前有硕士研究生导师 13 人，博士研究生导师 6 人。1996 年至今的硕士研究生招生数达 295 人，博士研究生招生数达 55 人。

2. 优秀硕士论文

在所指导的研究生中，获得校级优秀博士学位论文 2 人次，获得校级优秀硕士学位论文 12 人次，获得省级优秀硕士论文 6 人次。

刘勇求,湖南省优秀硕士论文,导师赵望达,2008 年。

王丽,湖南省优秀硕士论文,导师李耀庄,2008 年。

李智,湖南省优秀硕士论文,导师陈长坤,2012 年。

张冬,湖南省优秀硕士论文,导师陈长坤,2013 年。

张威,湖南省优秀硕士论文,导师陈长坤,2014 年。

(三)教学成果

从防灾所创办和消防工程系成立至今,师生同心协力打造"中南消防"教育品牌。在教学过程中,消防工程系教师承担了教改项目 32 项,发表教改论文 28 篇,获得各类荣誉称号 30 余人次,获得教学成果奖 10 项。

1. 教改项目

学科省部级及以上教改项目见表 2.10.4。

表 2.10.4　教改项目(省部级及以上)

序号	负责人	项目名称	起讫年份
1	余志武、郑健龙、方志、张建仁、李耀庄	区域内高校土木工程实践教学一体化改革与实践	2011—2012

2. 教学获奖荣誉

学科省部级教学获奖见表 2.10.5。

表 2.10.5　获奖和荣誉(省部级及以上)

序号	获奖人员	项目名称	获奖级别	获奖年份
1	赵望达	高速铁路防风防雨安全监测报警系统	全国大学生挑战杯三等奖	2001
2	赵望达	FZS-Ⅱ型土木工程温度智能监测仪	省级大学生挑战杯二等奖	2002
3	李耀庄	对接国家科研平台,提升学生创新能力——大学生创新实验平台建设与实践	湖南省高等教育教学成果二等奖	2016

四、科学研究

(一)主要研究方向

防灾所成立至今,形成了消防工程科学与技术和土木工程防灾减灾两个主要研究方向。消防工程科学与技术主要研究内容包括：火灾蔓延规律及人员逃生研究；工程结构抗火理论方法及模型分析研究；安全科学理论方法及灾害评估技术研究；隧道、地下空间标志性工程防火减灾研究；大型工程消防性能化评估设计；智慧消防及智慧防灾。土木工程防灾减灾主要研究内容包括：工程结构抗火理论方法及防灾减灾研究；工程结构抗震理论方法及防灾减灾研究；土木工程灾害防治研究及检测、评估；高速铁路路基沉降控制理论方法及检测；安全智能检测及产品研发。

(二) 科研项目

近年来，消防工程系主持或参加了国家科技攻关、省部级以及横向研究项目 40 余项，主要项目见表 2.10.6。

表 2.10.6　国家级科研项目

序号	项目(课题)名数	项目来源	起讫时间	负责人
1	小城镇基础工程设施防灾减灾关键技术研究(2002BA806B03-1)	国家"十五"科技攻关项目	2002—2004 年	徐志胜
2	小城镇固定废弃物处理成套技术研究(2002BA806B03-2)	国家"十五"科技攻关项目	2002—2004 年	徐志胜
3	小城镇防灾安全与环保建设科技示范(2002BA806B05)	国家"十五"科技攻关项目	2003—2005 年	徐志胜
4	城市公共安全综合试点(2001BA803B04)	国家"十五"科技攻关项目	2003—2005 年	徐志胜
5	钢结构交错桁架体系抗火性能研究(50706059)	国家自然科学基金青年科学基金项目	2008—2010 年	陈长坤
6	双排抗滑桩与桩排间岩土体相互作用机理研究(41102171)	国家自然科学基金青年科学基金项目	2012—2014 年	申永江
7	适用于村镇不发达地区的新型岩土隔震系统研究(51108467)	国家自然科学基金青年科学基金项目	2012—2014 年	熊伟
8	火灾下钢框架柔性剪力板连接的组件模型及其鲁棒性研究(51208525)	国家自然科学基金青年科学基金项目	2013—2015 年	谢宝超
9	尾矿坝溃坝无源监测机制及系统动态可靠性研究(51209236)	国家自然科学基金青年科学基金项目	2013—2015 年	王飞跃
10	风环境下室内火灾自然排烟过程与烟气扩散规律研究(51406241)	国家自然科学基金青年科学基金项目	2014—2017 年	易亮

续表2.10.6

序号	项目（课题）名数	项目来源	起讫时间	负责人
11	城市群公共安全综合风险评估技术（2016YFC0802501）	国家重点研发计划课题重点项目	2016—2019年	陈长坤
12	隧道内易燃液体液气两相耦合爆燃机理及火焰传播特性研究（51576212）	国家自然科学基金面上项目	2016—2019年	陈长坤
13	安全科学原理研究——城市巨灾演化动力学原理研究（51534008-3）	国家自然科学基金重点项目子项目	2016—2020年	陈长坤
14	膨胀型透明防火涂料的制备、性能及阻燃抑烟机理研究（51676210）	国家自然科学基金面上项目	2017—2020年	徐志胜
15	复杂环境下轨道交通土建基础设施防灾能力保持技术（2017YFBC1201204-011）	国家重点研发计划专题重点项目	2017—2020年	徐志胜
16	基于应激心理和交互作用的行为预测模型与技术（2017YFC0804906-1）	国家重点研发计划专题重点项目	2017—2020年	周洋
17	国家安全管理的决策体系基础科学问题研究（71790613-3）	国家自然科学基金重大项目专题	2018—2022年	陈长坤
18	埋压人员体征分析与伤情研判方法（2018YFC0810201-2）	国家重点研发计划专题重点项目	2018—2021年	陈长坤
19	耦合辐射热流与环境风场的建筑外立面火蔓延特征与机理研究（51804338）	国家自然科学基金青年科学基金项目	2019—2021年	周洋
20	层状纳米填料对膨胀型透明防火涂料的透光、阻燃和抑烟性能的调控及其机理研究（51906261）	国家自然科学基金青年科学基金项目	2020—2022年	颜龙
21	峡谷风负压诱导和气流屏障作用下隧道火羽流行为与烟气输运特性研究（51974361）	国家自然科学基金面上项目	2020—2023年	范传刚
22	尾矿坝微震震源的时空特征及灾害孕育机理（51974362）	国家自然科学基金面上项目	2020—2023年	王飞跃
23	结构钢在受火降温段的力学性能及本构模型研究（51908560）	国家自然科学基金青年科学基金	2020—2022年	蒋彬辉
24	应对风险的城市基础设施韧性评估与管理（72091512-2）	国家自然科学基金重大项目专题	2021—2025年	陈长坤

(三) 科研获奖

本学科获省部级科技进步奖三等奖以上奖励 6 项, 通过省部级鉴定 8 项(表 2.10.7)。

表 2.10.7　科研成果奖励表(省部级及以上)

序号	项目名称	获奖年份	获奖名称	等级	主要完成人
1	深部铜矿尾砂胶结充填工艺技术试验研究	1998	中国有色金属总公司科技进步奖	三等奖	赵望达(6)
2	广州发展优品经营有限公司南沙油库事故应急救援预案	2004	国家安全生产监督管理局、国家煤矿安全监察局安全生产科技成果奖	三等奖	王飞跃(2)
3	小城镇基础设施防灾减灾关键技术研究	2006	华夏建设科学技术奖	三等奖	徐志胜(3)、李耀庄(4)
4	赣龙铁路桐子窝隧道下穿京九线铁路便梁、轨道动态特性及安全性研究	2006	江西省科学技术进步奖	三等奖	徐志胜(2)、李耀庄(6)
5	混凝土结构火灾反应与检测加固技术研究	2006	河南省建设科学技术进步奖	一等奖	李耀庄(2)、徐志胜(3)
6	公路隧道火灾独立排烟道排烟关键技术研究	2011	中国公路学会科学技术奖	一等奖	徐志胜(2)、易亮(4)、张焱(5)、裴志浩(10)、赵望达(12)
7	公路隧道排烟道顶隔板结构抗火关键技术	2012	第三届中国消防协会科学技术创新奖	二等奖	徐志胜(1)
8	高水压强渗透浅覆土超大直径水下盾构隧道工程设计关键技术	2013	北京市科学技术奖	一等奖	张焱(11)
9	高速铁路水下盾构法隧道设计关键技术	2013	中国铁道建筑总公司科学奖技术奖	特等奖	徐志胜(1)、姜学鹏(2)
10	城市特长水底隧道防火关键技术	2013	公安部消防局科技进步奖	三等奖	王薇(3)、徐志胜(4)

续表2.10.7

序号	项目名称	获奖年份	获奖名称	等级	主要完成人
11	公路隧道消防工程关键技术	2013	浙江省科技进步奖	二等奖	徐志胜（2）、易亮（4）、张焱（5）、王薇（8）
12	高速铁路狮子洋水下隧道工程成套技术	2017	国家科技进步奖	二等奖	徐志胜（8）
13	狭长空间火羽流发展特性及烟气防控技术	2019	第九届中国消防协会科学技术创新奖	一等奖	范传刚（6）
14	隧道狭长空间火灾燃烧模型理论与应用技术	2019	湖南省科技进步奖	三等奖	陈长坤（1）
15	热测量关键技术装置研发及应用	2019	第一届中国安全生产协会安全科技进步奖	一等奖	陈长坤（5）
16	高层建筑外立面溢流火行为与防控关键技术及应用	2020	中国职业安全健康协会科学技术奖	一等奖	陈长坤（8）
17	海底沉管隧道结构防火及专用排烟道关键技术研究与示范	2020	中国公路学会科学技术奖	二等奖	张焱（2）、徐志胜（6）

（四）代表性专著

本学科教师出版的代表性专著见表2.10.8。

表 2.10.8　代表性专著

序号	专著名称	出版社	出版年份	作者
1	防灾减灾工程学	机械工业出版社	2005	江见鲸、徐志胜
2	结构动力学及应用	安徽科学技术出版社	2005	李耀庄
3	尾矿坝安全的非线性分析理论与实践	中国矿业大学出版社	2011	王飞跃、董陇军
4	防排烟工程	机械工业出版社	2011	徐志胜、姜学鹏
5	火灾调查（"十二五"国家级规划教材）	机械工业出版社	2012	刘义祥、张焱

续表2.10.8

序号	专著名称	出版社	出版年份	作者
6	公路隧道火灾烟雾控制	人民交通出版社	2013	吴德兴、徐志胜
7	燃烧学	机械工业出版社	2013	陈长坤
8	土木工程测试技术	机械工业出版社	2014	赵望达
9	消防给水排水工程	机械工业出版社	2014	方正、谢晓晴
10	建筑防火设计原理	机械工业出版社	2015	徐彧、李耀庄
11	安全系统工程（"十二五"国家级规划教材）	机械工业出版社	2015	徐志胜
12	防灾减灾工程学	武汉大学出版社	2015	李耀庄、何旭辉
13	智能建筑	机械工业出版社	2016	赵望达
14	消防工程导论	机械工业出版社	2020	陈长坤
15	灭火技术方法及装备	机械工业出版社	2020	颜龙、徐志胜
16	高等消防工程学	机械工业出版社	2020	徐志胜、孔杰

（五）代表性成果简介

1. 高速铁路特长水下盾构隧道工程成套技术及应用

见第 3 章第 4 节。

2. 公路隧道火灾独立排烟道排烟关键技术研究

奖项类别：中国公路学会科学技术奖一等奖，2011 年。

本校获奖人员：徐志胜（2）、易亮（4）、张焱（5）、王薇（8）、裴志浩（10）、赵望达（12）。

获奖单位：中南大学（2）。

成果简介：项目包括"公路隧道纵向排烟模式与独立排烟道集中排烟模式模型试验研究""公路隧道排烟道顶隔板结构耐火性能试验研究""特长公路隧道纵向通风模式下独立排烟道系统的研究与应用"三大子课题。项目的研究囊括了公路隧道火灾独立排烟道集中排烟模式在设计与应用中的关键技术，创新性地提出了纵向通风与顶部排烟道集中排烟组合通风排烟方案；建立了 1∶10 的隧道独立排烟道排烟试验模型，研究揭示了不同参数对集中排烟下火灾温度场分布、烟气蔓延及控制效果、排烟阀和排烟道流速分布、排热效率和排烟效率的影响规律；提出了其排烟系统的设计方法和设计方案；建立了排烟道顶隔板结构耐火性能试验模型，研究获得了高温和荷载下顶隔板和植筋牛腿的温度场变化规律和力学响应特性、破坏形态、剩余强度和剩余承载力变化规律；提出了火灾后顶隔板损伤等级的判定标准和判定方法。

项目填补了国内外对集中排烟进行系统研究的空白，解决了其系统设计、结构防火及实际应用的关键技术问题，为公路隧道消防设计、规范修订和工程实际推广应用提供技术支持。成果成功应用于钱江隧道等隧道，提高了防灾救援能力，确保了良好的排烟效果和结构安全，提高了人员逃生和救援安全性，取得了显著社会与经济效益。成果总体达到国际先进水平，部分达到国际领先水平，对推动行业科技进步有重大作用。

（六）学术交流

本学科主办或协办的学术会议见表2.10.9。

表2.10.9　重要学术会议

序号	会议主题	会议时间	备注
1	2006年安全科学与技术国际会议	2006年10月	协办
2	第一届中国消防教育与科技发展论坛	2010年10月	主办
3	第二届中国消防教育与科技发展论坛	2011年10月	协办
4	第三届中国消防教育与科技发展论坛	2012年10月	协办
5	第四届中国消防教育与科技发展论坛	2013年7月	协办
6	第九届火灾科学与消防工程国际研讨会	2019年10月	协办

第1节 科研平台

一、高速铁路建造技术国家工程实验室

(一)简介

高速铁路建造技术国家工程实验室是国家发改委于2007年授牌启动建设的第一批国家工程实验室,2013年2月通过铁道部和国家发改委验收。实验室由中国铁路工程集团有限公司、中南大学、中国铁道科学研究院和铁道第三勘察设计院集团有限公司联合建设,主管部门为中国铁路总公司,法人单位为中国铁路工程集团有限公司,建设地点位于中南大学铁道校区,实行理事会领导下的实验室主任负责制。首任理事长为中国铁路工程集团有限公司(以下简称铁工总)原董事长李长进,首任实验室主任为余志武教授。

实验室以中南大学"土木工程""交通运输工程"等相关一级学科国家重点学科为依托,在"土木工程安全科学"湖南省高校重点实验室的基础上进行建设,建设期间共投入建设资金11802万元,其中设备投资9431万元,建设资金来源于国家专项经费以及铁道部、铁工总和中南大学的配套资金。

实验室现有实验用房约12000 m^2,由高速铁路线桥隧静力实验室、高速铁路线桥隧动力学实验室、先进工程材料与耐久性实验室、高速铁路先进建造装备实验室和高速铁路建造数字实验室等5个专业实验室组成,建有"高速铁路振动台试验系统""高速铁路风洞试验系统"等12个试验系统。实验室总体构成如图3.1.1所示。

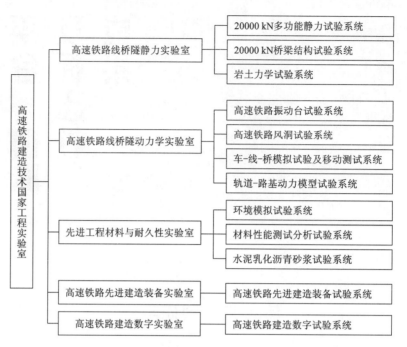

图 3.1.1　高速铁路建造技术国家工程实验室总体构成

(二)试验系统

1.高速铁路振动台试验系统

由 4 个 4 m×4 m 三向六自由度振动台构成台阵，台阵长 55 m(图 3.1.2)。可开展桥梁、路基和房屋结构多点输入地震模拟试验、高速铁路人体舒适度试验以及列车-桥梁耦合动力试验研究。

2.高速铁路风洞试验系统

风洞主体采用单回流式(图 3.1.3)。高速实验段：3 m×3 m×15 m，风速 0~90 m/s 连续可调。低速试验段：12 m×3.5 m×18 m，风速 0~20 m/s 连续可调。可开展风环境、大跨桥梁、房屋及高速列车空气动力学等风工程试验研究。

图 3.1.2　高速铁路振动台试验系统

图 3.1.3　高速铁路风洞试验系统

3. 轨道−路基动力模型试验系统

由 28 m×13 m×6 m 的模型槽和列车活载仿真动力加载系统组成。可以实现高速和重载列车在足尺路基上的动力模拟加载试验(图 3.1.4),可开展长期静动荷载作用下轨道−路基结构体系的经时效应和累积变形试验、轨道−路基各结构层动力特性试验以及相关岩土工程足尺动力模型试验。

图 3.1.4　轨道−路基动力模型试验系统

4. 20000 kN 桥梁结构试验系统

由 39.5 m×15 m 的满天星反力箱、5 个 2000 kN 和 10 个 1000 kN 电液伺服作动器及其配套加力架组成(图 3.1.5)。可开展大型桥梁、轨道、建筑等工程结构足尺或大比例缩尺模型的静力和动力性能试验研究。

5. 20000 kN 多功能静力试验系统

由三立柱式空间钢结构反力架、作动器、油源及控制系统组成(图 3.1.6)。试验空间达 6 m×6 m×8 m,最大竖向荷载达 20 MN,纵横向水平荷载达 2000 kN,可开展各种大型结构及节点的静力和拟静力试验研究。

图 3.1.5　20000 kN 桥梁结构试验子系统　　　图 3.1.6　20000 kN 多功能静力试验子系统

6. 岩土力学试验系统

包括大型动、静三轴试验仪，低围压大型动三轴试验系统，大型非饱和、蠕变三轴仪，粗粒土大型固结仪，粗粒土大型击实仪，大型剪切试验机，岩石三轴试验系统（图3.1.7）。可开展粗颗粒土振动三轴试验和常规静三轴试验，粗粒土蠕变试验和粗粒土非饱和土试验，土与结构接触面或与土的剪切试验，侧限及轴向排水条件下的固结试验，粗粒土击实试验，粗粒土蠕变试验，岩石三轴试验和三轴流变试验。

图3.1.7　岩土力学试验系统

7. 车-线-桥模拟试验及移动测试系统

由传感器、数据采集系统、无线传输系统、移动车辆和相应的数据分析处理软件等组成（图3.1.8）。可开展高速铁路线路、路基、桥梁和隧道综合动力性能试验研究。

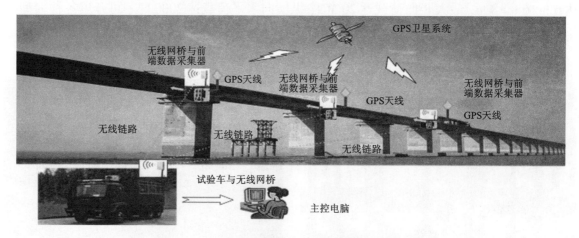

图3.1.8　车-线-桥模拟试验及移动测试系统

8. 环境模拟试验系统

由"人工气候环境模拟室""恒载-环境耦合模拟室""动载-环境耦合模拟室"和"恒温-恒湿收缩徐变室"四部分组成（图3.1.9）。可开展多因素耦合作用下工程结构经时行为的试验研究。

9.材料性能测试分析试验系统

由混凝土材料细观与微观结构分析、混凝土内部物理与化学状态检测、混凝土内钢筋状态检测等三部分组成(图 3.1.10),可实现对混凝土结构耐久性细观损伤的全面、系统检测与分析。

图 3.1.9　环境模拟试验系统

图 3.1.10　材料性能测试分析试验系统

10.水泥乳化沥青砂浆试验系统

包括冻融循环机、耐候箱、激光粒度分析仪、流变仪、zeta 电位测试仪、热膨胀系数测定仪、化学分析与合成设备等(图 3.1.11)。可开展水泥基材料、高分子材料、有机-无机复合材料的分析测试工作。

图 3.1.11　水泥乳化沥青砂浆试验系统

11.高速铁路先进建造装备试验系统

由电气、电子试验、电液控制、精密控制网测量、粗调机检定、装备设计与仿真等部分组成(图 3.1.12)。可开展高速铁路先进建造装备设计与仿真、复杂工程机械电液系统综合性能试验、高速铁路测量调整设备研发与检定等工作。

图 3.1.12　高速铁路先进建造装备试验系统

12.高速铁路建造数字试验系统

由图形集群、多通道立体投影、中央控制系统大场景虚拟环境构建软件等部分组成
（图3.1.13），可开展土木与交通工程建设领域的数字设计、数字施工与数值分析等工作。

图 3.1.13　高速铁路建造数字试验系统

实验室主要研究方向：高速铁路无砟轨道关键技术、高速铁路特殊土路基处理及沉降
控制技术、高速铁路桥梁建造成套技术、高速铁路隧道设计与施工关键技术、高速铁路关
键工程材料及其制备技术、高速铁路建造数字化技术。

近5年来，实验室承担国家973课题4项，国家863计划项目2项，国家自然科学重
点项目4项、面上及青年科学基金项目55项，原铁道部重大攻关和重点项目25项，教育
部、湖南省科技项目20项，企业横向项目100余项。获得国家及省部级科技奖励17项，
其中国家科技进步奖二等奖2项，省部级科技进步奖特等奖2项、一等奖8项、二等奖5
项。获国家发明专利60余项。主编与参编国家及行业规范8部。

通过建设与发展，实验室已基本成为我国轨道交通工程领域应用基础理论研究、共性

关键技术及先进装备研发的创新平台和技术辐射中心，土木工程、交通运输工程领域人才培养与学术交流的重要基地。

二、重载铁路工程结构教育部重点实验室

（一）简介

重载铁路工程结构教育部重点实验室（中南大学）是在原"土木工程安全科学"湖南省普通高校重点实验室的基础上，通过进一步凝练研究方向，整合研究队伍组建而成的。2010 年 11 月列入教育部重点实验室建设计划；2011 年 5 月通过教育部组织的《建设计划任务书》论证；2016 年 12 月通过教育部科技司组织的建设验收。实验室致力于解决既有线重载扩能改造和大轴重、高牵引质量及大运量新建重载铁路建造等关键技术难题，开展学科交叉、集成研究和协同创新，重点培养重载铁路设计、施工和养护工程技术与管理人才，为我国重载铁路快速可持续发展提供重要的技术支撑。

实验室现有固定研究人员 45 人，其中教育部"长江学者"奖励计划特聘/讲座教授各 1 人、"万人计划"领军人才 1 人、国家优秀青年科学基金获得者 1 人，拥有 1 个科技部重点领域创新团队。实验室建设期（2011—2016 年）共投入资金 1800 余万元，建成了技术先进、系统性强的"工程结构动力学数值分析中心""重载铁路路基静动力学模型试验系统""疲劳–环境耦合作用模拟试验系统""结构耐久性检/监测系统""隧道火灾烟气模拟试验系统"和"重载列车无线重联试验系统"6 大试验系统。在运营期内（2017—2018 年）又投入资金 100 余万元，建成了"重载铁路轨道结构静动态工作性能试验系统"和"电液伺服土动三轴试验机系统"。围绕上述试验平台，形成了"重载铁路桥梁动力学及桥梁结构耐久性""重载铁路路基动力学、路基病害快速检测技术与新型加固方法""重载铁路轨道结构优化设计理论""重载铁路隧道结构优化设计理论以及灾害防治技术"以及"重载列车安全运行控制技术"5 大特色研究方向。

实验室近 5 年承担了包括 863 课题、973 课题、国家科技支撑计划课题、国家重点研发计划课题、国家自然科学基金项目以及各类省部级基础与应用研究课题（项目）50 余项，取得了重载铁路桥梁与路基结构检测与强化技术等标志性成果，研究成果获国家科技进步奖二等奖 1 项，省部级科技进步奖一等奖 6 项、二等奖 9 项，获得国家授权专利 75 项，发表 SCI/EI 论文 510 余篇，编写行业规范及指南 7 部，年均培养博士生 30 人、硕士生 150 人，主办及协办国际学术会议 10 场，邀请美国、英国、荷兰、日本等重载铁路领域国际著名专家、学者来实验室交流、讲学 20 余场次。

实验室以中南大学土木工程、交通运输工程一级学科国家重点学科为依托，以解决我国重载铁路基础设施建设与运营共性关键技术难题为发展目标，以推动重载铁路专业技术人才培养和国际化学术交流为重要支撑，进一步强化中南大学土木工程、交通运输工程学

科铁路行业特色,已成为我国首家特色突出、装备先进、管理科学的重载铁路建设与运营
共性关键技术研发、人才培养和国际交流平台。

(二)运营期内建成试验系统

1.重载铁路轨道结构静动态工作性能试验系统

重载铁路轨道结构静动态工作性能试验系统由 1000 kN 铁路轨道动态加载试验子系
统、落轴冲击试验子系统以及数据采集子系统组成。其中 1000 kN 铁路轨道动态加载试验
子系统(图 3.1.14)主要由一台主机(上置 1000 kN 伺服直线作动器)、液压夹头及其液压
驱动模块、一套恒压伺服泵站(流量 140 L/min、系统压力 21 MPa)、全数字单通道伺服控
制器以及计算机打印机、相关试验软件等组成。落轴冲击试验子系统(图 3.1.15)由主机
和控制系统组成。数据采集子系统包括数据采集仪、加速度传感器、位移传感器等。

1000 kN 铁路轨道动态加载试验子系统可以实现 30 t 及以上重载列车在 1:1 轨道模
型上的静动力及疲劳实验;落轴冲击试验子系统可模拟不同轨道结构、不同轮轨冲击条件
下,轮轨高频冲击响应,辅助以数据采集子系统,可实现不同轨道结构轮轨高频冲击响应
的空间传播特征。除进行轨道动力性能和疲劳实验外,还可进行重载铁路轨道-路基/桥
梁/隧道等列车静动力以及高频冲击作用下的力学特征、振动传播特性试验。

2.电液伺服土动三轴试验机系统

电液伺服土动三轴试验机(图 3.1.16)由主机、液压源及控制系统组成,主机尺寸(长
×宽×高)为 0.8 m×0.5 m×2.8 m,液压源尺寸为 1.2 m×0.8 m×0.9 m。

可用于岩土、砂土等材料的轴向压力和侧向压力的强度试验、土动力学试验,以及细
粒土和砂土的总、抗剪强度和有效抗剪强度参数,通过控制系统及软件操作试验机运行、
显示、保存及打印符合国家标准的试验数据、试验报告。

**图 3.1.14　1000 kN 铁路轨道动态加载试
验子系统**

图 3.1.15　落轴冲击试验子系统

图 3.1.16　电液伺服土动三轴试验机

(三) 实验室年度开放课题设置

2018 年度开放课题立项情况如表 3.1.1。

表 3.1.1　2018 年度开放课题立项

序号	课题名称	经费额度/万元	承担人	职称	承担人单位	课题	起止时间
1	重载铁路轨道结构振动疲劳分析方法研究	8	辛涛	副教授	北京交通大学	重点课题	2018 年 1 月—2019 年 12 月
2	重载铁路道岔接触磨耗/疲劳损伤机理及控制研究	8	徐井芒	讲师	西南交通大学	重点课题	2018 年 1 月—2019 年 12 月

2019 年度开放课题立项情况如表 3.1.2。

表 3.1.2　2019 年度开放课题立项

序号	课题名称	经费额度/万元	承担人	职称	承担人单位	课题	起止时间
1	双向荷载作用下铁路矮墩抗震性能与破坏机理研究	8	邵光强	讲师	武汉理工大学	重点课题	2019 年 1 月—2020 年 12 月
2	基于悬臂式结构的重载铁路列车-桥梁无参考位移估计方法及验证	8	陈令坤	副教授	扬州大学	重点课题	2019 年 1 月—2020 年 12 月

三、轨道交通安全关键技术国际合作联合实验室

由中南大学交通运输工程学院和土木工程学院联合组建的轨道交通安全关键技术国际合作联合实验室，经学校 3 年多的培育，2016 年 11 月，在教育部专家组成员的各项考察和讨论后，一致通过实验室的立项论证，被教育部正式批准建设。

轨道交通安全关键技术国际合作联合实验室坚持轨道交通特色，服务"交通强国""军民融合"国家战略，对接国家发展提速、重载、高速、高寒、城轨、海外铁路等重大工程需求，从移动装备、基础设施、运输组织及控制等方面开展系统研究，集聚国际间高校-企业-科研机构特色优势，通过国际合作、资源共享、强强联合、优势互补，开展前沿科学研究与高端人才培养，实现我国轨道交通安全"产学研用"持续引领。

实验室充分发挥学校交通运输工程、土木工程等轨道交通相关学科优势，联合 Monash University、TTCI、University of Birmingham、中车青岛四方机车车辆股份有限公司等国际一流高校、科研机构、装备产业集群，吸纳包括英、美、澳等国 6 名院士在内的 20 余位国际著名学者加盟，建成轨道交通工程新材料与新技术、高铁基础设施全寿命安全服役保障、轨道交通空气动力学、轨道车辆碰撞安全保护及评估技术等 4 个国际联合创新团队，取得一系列研究成果。

轨道交通工程新材料与新技术方向：开展高性能混凝土、水泥乳化沥青砂浆、蒸养混凝土等关键工程材料在动载和环境作用下性能演化的基础研究，建立水泥基材料微观、细观结构与宏观性能间的相互关系，揭示其动态演化规律和破坏机理。研发高性能修复材料、高阻尼无机-有机复合材料、新型吸能降噪新材料等，形成上述新型无机-有机复合材料的组成设计方法和制备技术。

高铁基础设施全寿命安全服役保障技术方向：提出高速铁路路基服役状态的评估方法；建立轨道交通工程结构经时行为理论；构建轨道交通工程结构经时行为可靠度与风险评估方法；研发轨道交通工程结构经时行为快速检测与性能提升技术。

轨道交通空气动力学方向：研建国际领先的 500 km/h 高速列车气动特性动模型试验系统。建立了高速列车外形/结构/流场协同设计理论、技术及方法体系，完成包括 CRH380、"复兴号"在内的我国高速列车及出口动车组的外形设计、试验及体系化评估，"复兴号"相比"和谐号"气动阻力下降 12.3%，确保我国高速列车在世界最高速度等级 420 km/h 条件下的交会安全。建立高速铁路隧道空气动力学安全理论及技术系统，完成了包括京沪、京广、印尼雅万在内的高铁典型隧道气动结构设计研究评估，使气压爆波减小 50%、瞬变压力降低 10%~35%，实现高速列车 350 km/h 不减速穿越长大隧道。

轨道车辆碰撞安全保护及评估技术方向：研建了实际运营轨道车辆碰撞试验系统，获 CMA、CNAS 认证，"测试资质"全球认可。建立了列车多体耦合撞击分析、车辆结构力流/能量流有序耗散、车辆间防偏爬协调控制等设计方法、碰撞事故在线、实车试验及评估的

完整研究体系。完成包括"复兴号"高速列车，我国城市轨道列车，出口纽约、波士顿、墨尔本等国外城市列车的耐撞性设计、试验及评估。突破了我国轨道车辆"走出去"所面临的技术壁垒，助推"铁路走出去"战略实施。研发的吸能式紧急制动装置已用于国防重大装备。

近年来获国家科学技术进步奖特等奖 1 项、一等奖(创新团队奖)1 项、二等奖 2 项，国家技术发明奖二等奖 1 项，第 19 届中国专利金奖 1 项，省部级科技奖 11 项，铁道学会科技奖 13 项。与 20 多所世界著名高校联合培养研究生、本科生 300 余名；主办重要国际学术会议 15 次；成员在国际学术组织、国际期刊任职 50 余人次；每年与 30 余所世界著名高校进行 100 余人次互访交流。

四、轨道交通工程结构防灾减灾湖南省重点实验室

轨道交通工程结构防灾减灾湖南省重点实验室由湖南省科学技术厅 2020 年授牌成立(湘科计〔2020〕60 号)，依托单位中南大学进行全面管理和建设，中铁五局集团有限公司、中国铁路广州局集团有限公司、沪昆铁路客运专线湖南有限责任公司、长沙市轨道交通集团有限公司和株洲时代新材料科技股份有限公司作为联合建设单位。实验室为相对独立的科研实体，由依托单位中南大学对实验室的运行进行具体负责管理。建立管理委员会领导下的实验室主任负责制，全权负责实验室工作。首任实验室主任为何旭辉教授，首任学术委员会主任为中国工程院院士陈政清教授。

轨道交通工程结构防灾减灾湖南省重点实验室主要依托中南大学土木工程学院"土木工程"和"交通运输工程"两个一级学科国家重点学科，以交通强国战略为引领，服务于国家一带一路、西部大开发、中部崛起以及湖南省产业发展规划。面向极端复杂工程环境条件下轨道交通工程结构面临的防灾减灾重大需求，聚焦"轨道交通工程结构防灾减灾"基础理论研究和关键技术研发，揭示台风暴雨、地质灾害、火灾及地震等重大灾害作用下的轨道交通工程灾变机理，研发灾害防控和保障技术，持续保持我国轨道交通在世界上的领先地位；探索技术创新、成果转化的体制机制，健全产学研协同创新机制，促进轨道交通工程结构防灾减灾前沿基础性多学科交叉研究，推动产业技术变革和核心竞争力的提高，引导防灾减灾新技术、新产品、新装备发展，建成我国轨道交通领域高层次创新人才培养、理论及应用研究基地。

研究团队现有科研人员共 55 人，包括教授 17 人，副教授 18 人，讲师 5 人；实验室管理人员 5 人；实验技术人员 10 人。其中，国家"万人计划"领军人才 2 人，长江特聘/讲座教授 3 人，国家杰青 1 人，国家优青 3 人，教育部"新世纪优秀人才"6 人，湖南省科技领军人才 3 人，全国先进科技工作者 1 人；18 位团队成员拥有国外知名大学博士学位或具有 1 年以上国外访学经历，40 岁以下骨干中青年教师 17 人。分别于 2010、2012、2013 和 2018 年入选湖南省高校科技创新团队、教育部创新团队、国家首批"2011"计划创新团队(参

加）和国家重点领域创新团队。

实验室重点研究方向包括：

研究方向1：极端风作用下轨道交通车–桥系统防灾减灾技术；

研究方向2：高烈度地震区复杂铁路桥梁设计理论及关键技术；

研究方向3：南方多雨地区轨道交通工程岩土与地质灾变机制及智能减灾技术；

研究方向4：轨道交通隧道工程全生命周期孕灾机制与灾变防控理论；

研究方向5：轨道交通工程结构防火减灾关键技术研究。

五、湖南省先进建筑材料与结构工程技术研究中心

湖南省先进建筑材料与结构工程技术研究中心由湖南省建工集团总公司、中南大学和湖南天铭建材有限公司联合组建，2007年列入湖南省工程技术研究中心建设计划[湖南省科学技术厅（湘科计字〔2007〕143号）]，湖南省建工集团总公司为项目依托单位。该中心的主要任务：以建筑行业发展为导向、大型企业为主体、高校为技术支持、科研项目为依托、工程项目为载体、应用基础理论和试验研究为基础、研究成果工程化和产业化为目标，发挥产学研强强联合的优势，研发拥有自主知识产权的建筑核心技术和先进建筑材料，培养高水平技术人才，提升自主创新能力，为提高湖南省和我国建筑行业国际竞争力提供强有力的技术支撑。

中心主要研究方向：

- 绿色高性能混凝土；
- 先进水泥基复合材料；
- 固体废弃物高质利用与绿色建材；
- 提升建筑围护结构保温隔热性能的新结构体系与新材料技术；
- 现代结构工程关键技术；
- 大型复杂工程施工计算机仿真技术。

六、土木工程安全科学湖南省高校重点实验室

土木工程安全科学实验室组建于2002年，2004年列入湖南省普通高等学校重点实验室建设计划，2007年建成验收。实验室由结构工程实验室、岩土工程实验室、防灾减灾实验室、建筑材料实验室和土木工程检测中心等五个专业实验室组成，总建筑面积约17000 m²，试验设备总值2600万元。

实验室以土木工程、交通运输工程两个一级学科国家重点学科为依托，有较好的科研与试验条件和雄厚的科研力量，多年来，针对土木工程安全领域重大关键科学研究问题，凝练研究方向、组建学术团队，形成了如下一批特色研究方向：列车脱轨分析理论与应用研究；桥梁车振、风振分析理论与应用研究；钢–混凝土组合桥梁设计理论与应用；桥梁结

构空间分析与极限承载力；桥遂防灾减灾理论与健康监测；隧道结构分析理论与应用；岩土边坡稳定与新型支挡结构；特殊土路基处理及路桥过渡段动力特性；铁(道)路选线设计及规划的理论与方法；高性能混凝土技术及其在铁(道)路工程中的应用；地基基础动力特性和沉降控制技术等。

七、湖南省装配式建筑工程技术研究中心

湖南省装配式建筑工程技术研究中心依托中南大学和高速铁路建造技术国家工程实验室，由中南大学与湖南省建筑设计院有限公司、中国水利水电第八工程局有限公司、金海集团三家企业联合申报并于 2017 年 8 月获批准筹建。2019 年 12 月组织成立了中心管理委员会和技术指导委员会，规划了中心的研究方向。

中心主要研究方向：地域建筑文化与装配式建筑标准化；新型装配式混凝土结构房屋建筑体系研发，含装配整体式混凝土剪力墙结构房屋体系、子结构装配式混凝土框架结构房屋体系、全干法齿缝连接低多层混凝土墙板建筑体系、装配整体式钢-混凝土组合结构房屋体系、装配式竹木结构乡镇住宅结构体系；装配式房屋建筑关键产品研发——新型周边叠合楼板、建筑-结构-保温隔热墙体；装配式市政桥涵结构体系；装配整体式地下管廊结构体系；装配式建筑智能建造与高效施工技术。

中心积极对接国家和湖南省绿色建造的重大需求，一年多来已主持了 2 项国家十三五绿色建造重点研究计划的相关课题、3 项国家自然科学基金项目和数十项技术合作，与中国建筑集团、中国铁建、中国电力建设集团、湖南省建筑设计院、中民筑友、湖南长信建设集团等企业组成了合作联盟。研究成果申报了 30 余项专利，已出版装配式建筑专项技术标准 2 部，正在编写的技术标准 5 部。中心积极推动成果转化，已建成 2 条装配式混凝土构件示范生产线和工程示范项目 3 个，预计 5 年内推广中心研发产品的项目示范将达到 500 万 m²，产值 150 亿元。

八、湖南铁院土木工程检测有限公司

公司是依托原长沙铁道学院土木工程学院中心实验室发展起来的，中心实验室于 1988 年申请湖南省建设厅从业资质后对外营业，顺应发展，由学院自筹资金相继注册成立公司，2012 年 11 月 8 日根据教育部关于规范高校校办产业管理的有关精神，经中南大学批准，"中南大学土木工程检测中心"改制后成立湖南铁院土木工程检测有限责任公司。

公司具有湖南省建设工程质量检测机构资质、交通部公路工程桥梁隧道工程专项、湖南省公路工程综合乙级资质，并且取得了湖南省质量技术监督局及国家认证认可监督管理委员会的计量认证、ISO9000 质量管理体系认证证书。公司技术力量雄厚，拥有教授 22 人、副教授及高级工程师 41 人、讲师及工程师 42 人。公司检测技术先进，仪器设备齐全，拥有电液伺服加载系统、20000 kN 大吨位多功能试验机、1200 kN 疲劳试验机、动(静)态

数据采集分析系统、土动三轴实验系统、扫描电子显微镜、振动台、全站仪、数字式探伤仪、基桩动测仪、基桩声测仪、伺服式压力机、万能试验机、伺服式橡胶支座试验机、地质雷达、GPS、隧道地质预报系统等仪器设备。现有检测试验用房 4000 m²。

公司主要从事市政、铁路、公路、轨道交通及房建工程的试验检测；建(构)筑物工程质量及地基基础的检测评估；边坡、基坑、桥梁、隧道施工监控量测及隧道的超前地质预报等技术服务工作。已完成南昆铁路喜旧溪大桥砼节点模型和全桥模型试验研究；参与耒宜、衡枣、潭邵、邵怀、邵永、永蓝、吉茶、岳常、大岳等高速公路的试验检测；参与秦沈、武广、京沪、郑西、哈大、沪昆客运专线、怀邵衡、黔张常、常吉怀等铁路的试验检测。

公司服务水平和服务质量深得客户的好评，在社会上赢得了良好的信誉，也为反哺土木工程学院教学科研工作做出了巨大贡献。

第 2 节　教学平台

一、土木工程国家级实验教学示范中心(中南大学)

(一)原长沙铁道学院时期(1953—2000 年)

土木工程实验教学中心的前身是原长沙铁道学院土木工程中心实验室，由工程测量实验室、建筑材料实验室、结构工程实验室、岩土工程实验室、水力学实验室、CAD 及多媒体教学实验室在 1992 年合并组建而成为原长沙铁道学院的大型综合性实验室；在 1995 年经湖南省建委审查核定为建筑企业一级实验室，并经湖南省计量局计量认证；在 1997 年重建水力学实验室、成立防灾科学与安全技术实验室。原中心面向交通土建各专业和学科，既是土建类学生实验教学的重要场所，又是多个硕士点和博士点的科学研究基地。其中：

工程测量实验室成立于 1953 年，面向交通土建、建筑工程、工程管理、运输等专业进行测量教学实验与科研的技术基础课实验室。

建筑材料实验室成立于 1953 年，承担土建类各专业技术基础课《建筑材料》全部实验教学。

结构工程实验室成立于 1960 年，主要面向铁道工程、桥梁与隧道工程、工民建等专业和学科。1986 年被评为全国高校先进实验室，1992 年被评为湖南省先进实验室。

岩土工程实验室成立于 1960 年，主要承担交通土建类专科、本科、硕士和博士生岩土课程实验教学。

CAD 及多媒体教学实验室成立于 1985 年，是集 CAD 技术、CAI 多媒体教学、科研、开发及人才培训于一体的教学和实验基地。

水力学实验室重建于 1997 年，主要进行水力学测量类实验和演示类实验教学。

防灾科学与安全技术实验室成立于 1997 年，是湖南省第一家专门从事建筑火灾教学和研究的实验室。

(二)中南大学成立以后(2000 年至今)

2002 年，在原长沙铁道学院土木工程中心实验室、原中南工业大学资源环境与建筑工程学院土木工程实验教学实验室基础上，合并组建土木工程实验教学中心，包括结构工程实验室、测量实验室、建筑材料实验室、岩土工程实验室、路基路面实验室、工程地质实验室、土木工程计算中心、防灾减灾实验室。

2004 年，土木工程安全科学实验室被列为湖南省普通高校重点建设实验室。

2005 年，成立消防工程实验室，隶属于防灾减灾实验室。

2006 年，将工程地质实验室、测量实验室与路基路面实验室合并组建道路工程实验室。

2008 年，土木工程实验教学中心申报成为湖南省示范教学中心建设单位。

2011 年，土木工程实验教学中心顺利通过湖南省教育厅组织的验收评估，成为省级实验教学示范中心。

2014 年，为了满足铁道工程专业实验教学需求，成立铁道工程实验室。

(三)现状

2012 年，土木工程实验教学中心获批成为"土木工程国家级实验教学示范中心(中南大学)"。中心实行校院两级管理，推行中心主任负责制，下设结构工程实验室、建筑材料实验室、岩土工程实验室、消防工程实验室、道路(含路基、测量、勘测)工程实验室、土木工程计算中心、铁道工程实验室等 7 个分实验室，现有面积 4600 余平方米，仪器设备 2200 多台套，总资产达到 2700 万元。中心承担土木工程、工程力学、消防工程、工程管理、铁道工程 5 个本科专业 23 门课程的实验教学任务，每年完成约 10 万学时的实验教学任务。

2016 年，土木工程国家级实验教学示范中心(中南大学)获批土木工程国家级虚拟仿真实验教学中心(中南大学)。

土木工程实验教学中心自成立以来，始终坚持以本科教学评估指标体系的 A 级标准为指南，将实验教学和理论教学置于同等重要的地位，真正将实验教学作为促进学生知识、素质协调发展的重要手段。经过多年实践探索，形成了"以学生为主体、以实验教学为载体、以土建交通为特色，建立培养实用型与创新型人才的实验课程体系和教学模式，着重培养学生动手能力、创新能力和探索精神"的实验教学理念。依托示范中心的建设，构建了基础型实验、专业型实验和创新型实验相互配合的系统实验教学体系，不断充实和创新实验教学内容，并在此基础上大力支持创新型实验在人才培养中的运用，在学校人才培养体系中起到了重要的作用，为提升学校人才培养水平做出了应有的贡献。

土木工程国家级实验教学示范中心(中南大学)下属各实验室基本概况如下。

1. 结构工程实验室

结构工程实验室主要依托结构工程学科，现有实验用房面积 600 m²，各种教学仪器设备 400 余台套，价值 700 余万元。

结构工程实验室主要面向土木工程学院土木工程和工程力学两个专业开设结构实验独立设课的实验课。实验室面向本科生的设计型、综合型实验项目 22 个，课程总学时数为 32，其中必修实验学时数为 16，选修实验学时数为 10。面向工程力学专业本科生的实验力学实验项目 5 个，课程总学时数为 48，其中必修实验学时数为 24，选修学时数为 10。面向工程实验班、天佑班及研究生开出创新实验项目 8 个，并设有线桥隧、振动台、风洞 3 个大学生创新工作室。创新实验已有多项获国家专利。

实验室主要仪器设备包括 2000 kN 长柱压力机、600 kN 万能试验机、2000 kN 压力试验机、非金属超声波仪、钢筋测试仪、楼板测厚仪、静态应变仪、动态应变仪、加速度传感器、位移传感器、力传感器等若干设备，以及动静态应变测试系统、DASP 动态测试系统，建有钢筋混凝土简支梁静载抗弯试验、简支钢桁梁静载实验、钢筋混凝土结构无损检测、超声回弹综合法检测混凝土强度试验、结构的动力特性与动力反应测定等。实验室自行设计制作混凝土梁加力架 6 套、预应力混凝土加力架 2 套、钢桁梁加力架 2 套，动力测试加载装置 1 套。教学目的以培养学生动手能力和创新能力为主线，教学内容以设计型、综合型实验为主体，教学方式以开放式和启发式为主要教学形式。

2. 建筑材料实验室

建筑材料实验室主要依托建筑材料学科，现有实验用房面积 400 余 m²，各种教学仪器设备 200 余台套，价值 400 余万元。建筑材料实验室分设土木工程材料基本性质、水泥、砂石、混凝土、新型建筑材料、材料力学性能、工程结构无损检测和材料耐久性等 8 个专门实验室，为土木工程专业本科生开设了土木工程材料和新型建筑材料两门课程，每年承担约 24 个自然班的本科实验教学任务。其中，土木工程材料课程开设的基本实验项目包括水泥实验、砂石实验、混凝土拌合物试验、混凝土力学性能试验、混凝土耐久性试验；新型建筑材料课程开设的基本实验项目包括材料导热系数试验、防水材料老化性能试验、结构材料(混凝土)韧性试验。同时，开设开放式三性试验，其内容由学生自主选择和命题，也可是任课教师所承担的科研项目内容。以竞赛方式，由学生自由组合成研究小组完成一个土木工程材料及其应用方面的问题的试验研究。

实验室主要仪器有 60 吨压力机、60 吨全能机、10 吨液压机、水泥抗折试验机、砂石试验仪器设备、养护室、混凝土实验用振动台，结构混凝土非破损检测(包括回弹法、超声法、钻芯法、拔出法等)及砌体、砂浆、钢筋检测的全套仪器设备、水泥水化热测定仪、300 吨混凝土压力试验机、万能试验机、混凝土快速冻融循环试验机、混凝土盐冻法试验机、混凝土碳化试验箱、疲劳试验机、氙灯耐候试验箱、混凝土电通量测试仪、混凝土氯离子扩散系数测定仪、混凝土抗渗仪、混凝土徐变仪、导热系数测定仪、拉力试验机等。

3. 岩土工程实验室

岩土工程实验室主要依托岩土工程学科，现有实验用房面积 662.3 m^2，各种教学仪器设备价值 400 多万元。

实验室每年承担土木工程、工程管理、工程力学专业 20 多个班 700 多名本科生和 80 多名研究生的实验教学，每年完成实验教学任务约 3000 学时。开设了土力学实验、岩石力学实验、高等土力学实验、工程地质实验、岩石力学实验、土工合成材料实验、防水材料实验。土力学实验项目包括土的密度实验、含水率实验、液塑限实验、固结实验、直剪实验和三轴压缩实验、动三轴实验等。岩石力学实验包括密度实验、含水率实验、吸水率实验、单轴抗压强度实验、单轴压缩变形及劈裂强度实验等。工程地质实验包括岩矿辨识实验、岩浆岩、沉积岩、变质岩认识实验、地质构造、岩层产状要素、岩层走向、地质构造认识试验等。高等土力学实验主要是邓肯–张模型实验。土工合成材料实验包括土工格栅的拉伸实验；土工布拉伸实验、CBR 顶破强力实验、刺破强力实验及撕破强力实验等；防水材料实验包括防水材料拉伸性能实验、密度实验、硬度实验、老化实验等。

实验室主要仪器设备包括液塑限联合测定仪、直剪仪、固结仪、高压直剪仪、高压固结仪、应变控制式全自动三轴仪、应力应变控制式全自动三轴仪、土动三轴实验系统，非饱和土实验系统；岩石切割机、岩石磨平机、岩石钻石机、压力实验机；维卡测定仪、老化箱、电子万能实验机、土工合成材料垂直渗透仪、土工合成材料水平渗透仪、土工膜抗渗仪等。

4. 消防工程实验室

消防工程实验室主要依托消防工程学科，现有实验用房面积 968 m^2，各种教学仪器设备 100 余台套，价值约 300 万元。

消防工程教学实验室承担了消防工程专业本科生和研究生的实验教学任务，每年完成实验任务约 5000 人学时。课程包括《燃烧学》、《建筑防火设计原理》、《火灾报警与联动控制设计原理》、《消防给排水工程》、《防排烟工程》等，拥有"燃烧学综合实验平台"、"建筑防火设计原理综合实验平台"、"建筑消防自动化技术试验平台"等实验教学平台。可开出基本实验项目 13 项(内部装修材料(硬质塑料)燃烧性能测试实验、内部装修材料(泡沫塑料)燃烧性能测试实验、内部装修材料(地毯)燃烧性能测试实验、材料氧指数测定实验、固体材料燃点测定实验、可燃液体闪点燃点测定实验、火焰温度场的红外诊断实验、材料燃烧效率测定实验、建筑材料火灾特性测试实验、阻燃材料性能测试实验、建筑材料烟气性能测试实验、自动报警与控制实验、联动控制演示实验)，综合实验项目 3 项(饰面型防火涂料防火性能测试综合性实验、热塑性固体材料燃烧特性测试实验、火灾蔓延的计算机模拟综合性实验)，创新实验项目 3 项(火旋风燃烧设计与测试实验、群组燃烧设计与测试实验、火灾采集系统开发实验)。

实验室主要仪器设备包括氧指数测定仪、全自动开口闪点测定器、点着温度测定仪、单根电缆垂直燃烧试验机、汽车内饰材料燃烧试验机、导热系数测定仪、火旋风实验装置、火灾油盘群组实验装置、自动控制原理实验装置、消防自动化实训装置、消防广播电话实训装置、消防报警系统实验实训装置、防火涂料(小室法)测试仪、建材可燃性试验炉、建材烟密度测试仪、防火涂料测试仪、消火栓试验系统、自然及机械排烟装置等。

5. 道路工程实验室

道路工程实验室主要依托道路工程学科,现有实验用房面积 688 m²,各种教学仪器设备 570 多台套,价值约 500 万元。

道路工程实验室下设工程测量、路基路面工程和道路勘测设计 3 个分室,肩负土木工程学院及相关学院的工程测量、路基路面工程和道路勘测设计等实验教学任务。道路工程实验室是一个以国家重大需求和学科前沿为导向,依据实现路基路面、勘测设计和工程测量等学科间的交叉、渗透、融合与创新、凝炼特色的方针,所建设的确保基础需求、特色突出、涵盖路基、路面、工程测量和道路勘测设计的综合型高水平实验室。

实验室面向工程测量、道路工程、道路工程实验与检测和道路勘测设计等课程开设实验项目。工程测量方向共有设备 420 台套,实验用房面积 423 m²,开设 12 个测量实验及实习,其中综合性实验 7 个、基础性实验 5 个,每年完成学生测量实验 9000 余人次,勘测实习任务 88 班·周实践学时,同时为大学生创新创业及实验室自主创新项目提供设备支持。路基路面工程方向共有设备 145 台套,实验用房面积 265m²,每年完成学生道路工程实验任务 2400 学时,道路工程实验与检测实验任务 2000 学时,能够开出包括路基路面材料、路基路面检测相关共 18 项基本实验,可进行沥青与沥青混合料、路基填料等设计研究型及创新性实验 6 项,满足本科生创新性教学要求。道路勘测方向可开设道路勘测设计与选线中的三维地形测量与建模实验。

工程测量方向主要仪器设备包括水准仪、经纬仪、全站仪和 GPS 等专业测量设备。路基路面工程方向主要仪器设备包括 UTM 多功能材料动态测试实验系统、AIMS 集料图像采集系统、四点小梁弯曲实验系统、土水特征曲线压力板仪、沥青动态剪切流变仪系统、可考虑环境影响因素的自动车辙实验仪等较为先进的仪器设备。道路勘测方向主要仪器设备包括固定翼无人机航拍飞行器 1 台、六旋翼无人机飞行器 1 台、四旋翼无人机飞行器 1 台,同时配套有高分辨率无人机机载相机、GPS RTK 接收器、高性能移动工作站、无人机地面站、遥感图像处理软件等配套设备。

6. 土木工程计算中心

土木工程计算中心包括微机室、工程管理模拟与仿真室以及普华科技项目管理实验室。现有 3 个机房,总面积为 326 m²,各种教学仪器设备 170 多台套,价值 200 余万元。

计算中心为土木工程专业、工程管理专业、工程力学专业、消防工程专业和铁道工程专业的本科生和研究生提供计算机辅助教学上机实践，每学年承接的实验项目在 20 个左右；计算中心为学生毕业设计提供上机服务，全天免费开放；另外计算中心还积极支持教师和学生的科研工作和相关培训，也为学生的课外活动提供服务；全年开出的总机时数为 3 万左右。

工程管理模拟与仿真实验室是一个为工程管理专业的学生提供实验的专业教学实验室，可以进行项目施工过程模拟、工程量清单报价模拟、招投标全过程模拟等；普华科技项目管理系统是一套既融入了国际先进的项目管理思想，又结合了国内管理习惯及标准的企业级多项目管理集成系统，实验室通过"项目管理情景模拟教学方案"能模拟项目管理全生命周期，大大提升了学生的实践操作能力，也为专业教师提供了重要的科研平台。

7. 铁道工程实验室

铁道工程实验室主要依托铁道工程学科，现有实验用房面积 150 m²，各种教学仪器设备 150 台套，价值 350 万元。实验室主要目标是以国家重大需求为导向，对接国家"一带一路"倡议，建设一个确保基础需求、特色突出、涵盖高速铁路、重载铁路、城市轨道交通的铁道工程综合型实验室，力争成为国内乃至世界铁道工程专业教学实验室建设标杆。

铁道工程实验室肩负土木工程学院国内本科生、来华留学本科生以及来华留学研究生等三部分实验课程教学任务。开设《铁道工程实验》、《认识实习》、《生产实习》等实验实习课程，并为《轨道工程》、《铁路选线设计》、《铁道工程》、《高速及重载铁路》、《城市轨道交通工程》等课程的实验教学环节提供保障，每年完成实验任务 6000 人学时，开出包括轨道几何形位、钢轨平直度、钢轨探伤、道床密实度、轨温气温关系、扣件竖向刚度、道砟磨耗等 15 项基本实验，可进行轨道落锤冲击减振、扣件阻力-位移、接头阻力-位移等设计研究型及创新性实验 3 项，满足本科生创新性教学要求。

实验室主要仪器设备包括 1000kN 铁路轨道动态检查加载实验机、钢轨探伤仪、轨道落轴冲击实验系统、道床往复加载模拟实验系统、动态数据采集系统、扣件力学性能测试系统、接头力学性能测试系统、圆盘耐磨硬度试验机、压力试验机、磨耗试验机、钢轨平直度检测尺、标准集料冲击试验机、道床阻力试验系统、扣件减振性能测试系统。

二、土木工程国家级虚拟仿真实验教学中心(中南大学)

(一)发展历史

1985 年，原长沙铁道学院组建 CAD 及多媒体教学实验室这一集 CAD 技术、CAI 多媒体教学、科研、开发及人才培养为一体的教学和实验基地。从上世纪 90 年代，中南大学土木建筑学院骨干教师就开始了虚拟仿真实验教学的探索与实践工作，先后有五个虚拟仿真实验课件由高等教育出版社出版发行。其中，刘庆潭教授等研制的"材料力学"虚拟仿真实验课件被全国 60 余所高等院校使用，获国家级教学成果三等奖 1 项，湖南省教学成果一等奖、二等奖各 1 项。经过多年的探索与建设，上述虚拟仿真实验教学资源已形成了完善的体系，在基础、专业与创新实验教学中发挥了积极的作用。

2000 年学院利用中南大学合并的契机，组建土木工程计算中心，全面负责与计算机相关的实验教学工作，包括计算机软件更新、硬件维护、电脑日常保养、学生上机服务，中心下辖微机室、模拟与仿真实验室和普华科技项目管理实验室。

2007 年高速铁路建造技术国家工程实验室授牌启动建设，为中心虚拟仿真实验项目的建设又一次提供了契机。高速铁路建造技术国家工程实验室建设的 12 大实验系统中的高速铁路建造数字试验系统由图形集群、多通道立体投影、中央控制系统大场景虚拟环境构建软件等部分组成，为科研提供平台的同时，为虚拟仿真的实验教学提供了广泛的空间。期间自主开发了虚拟环境铁路选线感知式设计仿真实验、虚拟环境铁路智能选线设计仿真实验、虚拟环境道路与铁路数字化建管仿真实验。同时，结合高速铁路建造技术国家工程实验室建设的 12 大实验系统，逐步建设"创新型"虚拟仿真实验资源，建设本科生创新实验实体平台，创建 5 个虚拟仿真实验模块。

2012 年 3 月，为了贯彻教育部关于《教育信息化十年发展规划（2011-2020 年）》文件精神，加强土木工程学院虚拟仿真实验的教学工作，为学生提供良好的实验教学条件，土木工程学院党政联席会议决定成立土木工程虚拟仿真实验教学中心，全面负责土木工程虚拟仿真实验教学中心的建设和管理工作。

2015 年 5 月，土木工程虚拟仿真实验教学中心的虚拟仿真实验教学项目建设取得初步成效，服务对象涵盖土木工程、工程管理、消防工程、工程力学、交通运输、建筑学和城市规划等 19 个本科专业。同年，中南大学土木工程虚拟仿真实验教学中心申报湖南省虚拟仿真实验教学中心并获得通过，同时申报国家级虚拟仿真实验教学中心。

2016 年 1 月 26 日，《教育部办公厅关于批准北京大学考古虚拟仿真实验教学中心等 100 个国家级虚拟仿真实验教学中心的通知》（教高厅〔2016〕6 号）公布，中南大学土木工程虚拟仿真实验教学中心获得国家级虚拟仿真实验教学中心称号。

2017 年，根据《教育部办公厅关于开展 2017 年度示范性虚拟仿真实验教学项目认定工作的通知》（教高厅函〔2017〕47 号）文件的要求，湖南省教育厅开始组织湖南省示范性虚拟仿真实验教学项目认定工作。

2018 年，中心申报的"钢筋混凝土简支梁受弯破坏全过程虚拟仿真实验"获得湖南省示范性虚拟仿真实验教学项目。

2020 年中心申报的"振动力学及其在浮置板减振轨道中的应用虚拟仿真实验"入选湖南省一流本科课程（虚拟仿真实验教学课程）。

（二）发展现状

目前，土木工程国家级虚拟仿真实验教学中心（中南大学）利用现代计算机技术，服务于土木工程、工程管理、消防工程、工程力学以及交通运输等 10 余个本科专业。本中心每年服务学生约 3500 人，10 万（人·学时）/年。

中心建设坚持"科学规划，统筹推进；应用驱动，创新发展；资源共享，提高效益"的指导思想，以提高大学生创新精神和实践能力为宗旨，以信息化教学资源为手段，面向中南大学学科专业和高层次人才培养计划，将基础教学、专业教学、创新教学与科学研究、工程应用相结合，针对高成本、高消耗、大型或综合训练以及现有实验实训条件不足的情况，打造出了先进的特色鲜明的土木工程虚拟仿真实验教学平台，建立了真实实验与虚拟实验有机结合、相互补充的实验教学体系，并在教学中发挥了重要作用。

中心基于"重点开发、积极引进、软硬结合、适当超前"的虚拟实验教学项目建设指导思想，秉承"观念创新是先导、体系设计是核心、教材建设是基础、队伍建设是关键、制度建设是保障"的虚拟实仿真验教学中心建设理念，设计出"基础型、专业型、创新型"三层次、十六模块的虚拟仿真实验教学资源体系，涵盖 60 余个虚拟实验教学项目。其中，基础型涵盖基础力学、土木工程材料和工程测量等 3 个模块；专业型涵盖铁路选线、道路工程、工程地质、隧道工程、防灾与安全、建筑结构、桥梁工程和铁道工程等 8 个模块；创新型涵盖耐久性环境模拟、数字化抗震、车桥振动、隧道工程和数字化风洞等 5 个模块。土木工程虚拟仿真实验教学贯穿大学生实验教学全过程，符合人才培养从感性到理性，从基础理论学习到专业实践到创新能力的培养，从认知到操作到提升的全过程培养理念。

中心现有教学、管理及技术开发人员 50 余人，各种仪器 5900 多台套，设备总值达 1.5 亿元（含学院科研平台设备），仪器更新率 85% 以上。实验用房面积达 8500 平方米共 60 余间，每间都配有多台可进行虚拟仿真实验的电脑终端，并建有多个集中式的虚拟仿真教学实验间。借助高速的校园网络环境和中心的开放式管理模式，土木工程国家级虚拟仿真实验中心（中南大学）延伸到校园的每一个教室、每一个学生宿舍、每一个固定或移动的网络终端。

三、中南大学-广铁集团国家级实践教育中心

国家级工程实践教育中心是教育部"卓越工程师教育培养计划"重要的实践依托项目。2010 年中南大学与广州铁路（集团）公司（以下简称：广铁集团）联合申报国家工程实践教学中心。2011 年 7 月，教育部批准中南大学依托广铁集团建设国家工程实践教学中心，中南大学的土木工程学院、交通运输工程学院、机电工程学院、资源与安全工程学院是该中心重要的联合建设单位。中心由校企双方主要领导担任实践基地的负责人，成立专业实践教学委员会，以人才培养为目标，根据实际情况探索建立可持续发展的管理模式和运行机制，建立校外实践教学运行机制和学生管理、安全保障等规章制度，完成中心的企业导师管理、日常实践教学工作、校企协调工作等。

广铁集团国家工程实践教学中心的主要任务是利用集团真实工程环境和先进的工程实践条件的优势，在集团下属的株洲、衡阳、娄底、张家界、怀化工务段和广州工务大修段建设

6 个稳定的工程养护维修实训基地,在各项目公司建立 3~4 个流动的工程施工实训基地,为土木工程各专业方向(包括铁道工程、桥梁工程、隧道工程等)认识实习、生产实习和毕业设计提供现场教学平台、工程能力训练平台、工程技术开发平台、学生实践生活保障平台和优秀的企业导师资源库,为"卓越计划"专业人才培养创造优良的实践教学条件。

四、中南大学-湖南建工集团国家级实践教育中心

国家级工程实践教育中心是教育部"卓越工程师教育培养计划"重要的实践依托项目。2010 年中南大学与湖南省建筑工程集团总公司(以下简称:省建工集团)联合申报国家工程实践教学中心。2011 年 7 月,教育部批准中南大学依托省建工集团建设国家工程实践教学中心,土木工程学院是该中心主要的联合建设单位。中心由校企双方主要领导担任实践基地的负责人。以人才培养为目标,根据实际情况探索建立可持续发展的管理模式和运行机制,成立专业实践教学委员会,建立校外实践教学运行机制和学生管理、安全保障等规章制度,完成中心的企业导师管理、日常实践教学工作、校企协调工作等。

利用省建工集团真实工程环境和先进的工程实践条件的优势,为土木工程各专业方向(包括建筑结构工程、道路工程、桥梁工程等)认识实习、生产实习和毕业设计构建实践教学平台、工程能力训练平台、工程技术开发平台、生活保障平台以及企业导师资源库,为"卓越计划"专业人才培养创造优良的实践教学条件。

五、力学实验教学中心省级基础课教学基地

(一)历史沿革

1.原长沙铁道学院时期(1953—2000 年)

力学实验教学中心的前身包括原长沙铁道学院基础力学实验室、原长沙铁道学院水力学实验室和原中南大学工业大学力学中心。原长沙铁道学院基础力学实验室由理论力学实验室和材料力学实验室组成。材料力学实验室(教研室)成立于 1953 年。1977 年实验室承担的"高墩混凝土温度场的研究"项目获国家科技进步奖;1989 年研制成功的材料力学CAMM 软件包通过湖南省教委组织的科技成果鉴定,是全国第一个正式通过省部级科技成果鉴定的计算机辅助教学软件;1991 年材料力学教研室被评为湖南省优秀教研室,同年参加了国家教委工科力学课程指导委员会项目"材料力学训练型多媒体课件"的研制;1995年材料力学课程通过铁道部专家组的评估,被评为铁道部优秀课程,1996 年主持了教育部面向 21 世纪高等教育计划"材料力学演示型课件"、铁道部面向 21 世纪高等教育计划"力学系列课程演示型课件"及国家"九五"重点科技攻关项目"工程力学训练型多媒体课件"的研制,同时参加了"九五"国家重点教材《材料力学》训练型多媒体课件的编写;1998年,力学实验室通过了湖南省教育委员会首批"双基"实验室合格评估,被授予"普通高等

学校基础课教学示范合格实验室"称号。原长沙铁道学院水力学实验室重建于 1997 年 5 月,主要进行水力学测量类实验和演示类实验教学。

2. 中南大学成立以后(2000 年至今)

在 2002 年,三校实质性融合,原长沙铁道学院基础力学实验室、原长沙铁道学院水力学实验室和原中南工业大学力学中心合并组建中南大学力学实验教学中心。2002 年至 2010 年,力学实验教学中心的实验室分别处在铁道校区第一综合实验楼和校本部力学馆。2010 年,新校区建成后,力学实验教学中心整体搬迁到新校区综合楼,实验环境和实验条件得到了极大改善。2002 年 7 月力学实验教学中心被湖南省教育厅批准为"普通高等学校基础课教学示范实验室"建设单位,2003 年 7 月力学实验教学中心顺利通过"湖南省基础课教学示范实验室"中期评估,2005 年 6 月力学实验教学中心通过了湖南教育厅的评估验收,被评为"湖南省普通高等学校基础课教学示范实验室"。

(二)现状

中心现有力学性能室、电测室、动测室、光测室、疲劳断裂室、数值模拟室、流体力学室等 7 个分室和 1 个学生课外活动室;现有实验用房面积 2674.4 m²,仪器设备 778 台套数,总资产达到 1335 万元;现有教学和管理人员 42 人,其中正高职称的教师 7 人,副高职称 20 人,专职实验技术员 3 人。

中心的指导思想是从满足国民经济建设和国防建设的人才需要出发,切实转变教学思想,树立科学的发展观、人才观、质量观。以力学课程教学改革为主线,以培养创新型人才和提高教学质量为目标,以研究性教学为核心,以师资队伍建设为保证,把力学实验教学中心建设成为工科力学教学改革示范基地。

中心的建设思路是以先进的教育理念和先进的实验教学观念为指导,以培养创新性高素质人才为目标,以巩固和发展"双基"成果、推进实验体系改革为前提,以实验教学内容、方法与手段的改革为核心,以资源共享为基础,以实验队伍建设和实验室管理为保障,创建具有明显特色和示范作用的力学实验教学中心,为培养适应新世纪国家经济建设和社会发展需要的创新性高素质人才提供条件保障。

中心的建设目标以培养高素质创新型人才为根本宗旨,全方位改革实验教学,构建"融业务培养与素质教育为一体,融知识传授与能力培养为一体,融教学与科研为一体"的实验教学新体系,实现教学内容科学化、教学方法与手段现代化,改善教学条件与环境,建设一支结构合理、素质优良、具有创新奉献精神和实践能力的实验师资队伍,全面提高实验教学质量,提升实验室整体水平和效益。

构建了"三系列、四层次"的实验课程新体系。系列一:面向学校开设"理论力学"、"材料力学"课程的土木、采矿类、机械类等专业,将"理论力学"和"材料力学"两门相关课程的实验内容相互贯通、相互融合,建立独立的与理论教学紧密配合、互为补充的"基础力学实验"课程,加强实验教学环节,提高学生实验技能,培养创新性高素质人才。"流体力学"课程因实验学时较少,不单独设置实验课,通过提高"三性"实验比例来达到高素质创新人才培养要求。系列二:面向学校开设"工程力学"课程的非土木、采矿类、非机械类等专业(地质、安全、矿物、冶金、材料、粉体、信息物理、热动、环境、消防、建环、工程管理等),不单独设立实验课,按照各学科(专业)门类特点,增加一些既能满足不同专业人才培养的要求,又能满足工程技术开发和学科发展需要的"三性"特色实验项目。系列三:面向学校原来不开设力学课程的专业,如数学、物理、化学、化工、信息科学、文、法、商、艺术类等,开设全校性选修的力学系列素质课程如"分析力学基础""计算力学基础""振动力学基础""断裂力学基础""流体力学基础"等以及相关的工程力学认知性实验,提高其力学素质,初步培养他们应用力学知识和方法分析工程实际问题的能力。力学实验项目分为基本性、综合性、设计性、研究创新性实验四个层次,实现分层次教学,体现了循序渐进和因材施教的原则,有效地提高了学生的学习积极性和学习质量,加强了学生的创新意识和创新能力的培养。

中心的实验教学质量在改革和建设中稳步提高。近几年来,学校、学院(研究所)和学生等三方面对力学教师的授课水平和质量进行综合评价,普遍反映优良。有1人被评为"湖南省教学名师",有2人被评为"中南大学教学名师",有2人被评为"全国力学教学优秀教师",有2人被评为"湖南省教学能手"、有多人获省部级、校级教学成果奖,有十多人次获校级教学质量优秀奖。一大批青年教师在教学实践中快速成长,很快成为力学课程的教学骨干。在中南大学青年教师教学竞赛活动中,力学实验中心有5名教师分别荣获中南大学"十佳课件""十佳教案""十佳讲课",居全校之首。近几年,获"中南大学实验技术成果奖"二等奖2次、三等奖1次。同时,在近几年的全国周培源大学生力学竞赛和湖南省大学生力学竞赛中,取得了十分优异的成绩。

六、中南大学土木工程安全科学实验室

(一)基本情况

中南大学土木工程安全科学实验室(土木工程安全科学湖南省高校重点实验室)组建于2002年,2004年列入湖南省普通高等学校重点实验室建设计划,2007年,该实验室主体部列入"高速铁路建造技术国家工程实验室"建设计划。当时它的组成包括结构工程实验室、岩土工程实验室、防灾减灾实验室、建筑材料实验室和土木工程检测中心等五个专业实验室,总建筑面积约17000平方米,此外还有3000多平方米的研究与办公用房,试验设备总资产2600万元。

（二）主要特色

土木工程安全科学实验室以学校土木工程学院土木工程、交通运输工程两个一级学科国家重点学科为依托，有较好的科研与试验条件和雄厚的科研力量，5 年来，针对土木工程安全领域重大关键科学研究问题，凝练研究方向、组建学术团队、形成了如下一批特色研究方向，其中有些研究方向在国内具有重要影响。如列车脱轨分析理论与应用研究、桥梁车振、风振分析理论与应用应用研究、钢混凝土组合桥梁设计理论与应用、桥梁结构空间分析与极限承载力、桥隧防灾减灾理论与健康监测、隧道结构分析理论与应用、岩土边坡稳定与新型支挡结构、特殊土路基处理及路桥过渡段动力特性、铁（道）路选线设计及规划的理论与方法、高性能混凝土技术及其在铁（道）路工程中的应用、地基基础动力特性和沉降控制技术等。

（三）建设成果

根据 2004 年 7 月报湖南省教育厅的《建设计划任务书》，土木工程安全科学湖南省普通高等学校重点实验室的建设内容主要包括：

建成国际先进、国内一流"铁道安全科学与工程"的"国际学术交流中心""人才培养基地""标志性成果的孵化器"，并力争将其建设成为教育重点实验室。改善试验条件，增加研究手段，建设 10 个实验系统，超大吨位桥梁结构静力试验系统、列车-桥梁（轨道）脱轨数值模拟实验系统、铁路工程信息技术与防灾技术综合系统、轨道-路基一体化实验系统、多功能三平台地震振动台实验系统、高温数据采集系统、工程结构风工程数值仿真系统、地质灾害模拟实验系统、重大土木工程在线综合监测系统、混凝土结构耐久性实验研究系统。

七、广铁集团娄底地质实习湖南省优秀基地

中南大学土木工程地质野外实习基地在地娄底市，地处湖南省中部，素以"梅山文化"发源地著称，以其独特的地理地质条件孕育了一个天然地质博物馆。区域内纵横贯穿了湘黔线、洛湛线、娄邵线、益娄线、邵永线等铁路主干线。广州铁路集团娄底工务段，就肩负着这些近 700 公里主干线路的养护维修任务，承担严重影响铁路安全运行的地质灾害的治理和抢险任务。

1958 年，中南土木建筑学院教师带领铁道建筑系 1955 级、1956 级和刚入学的 1958 级 300 多名学生参与了娄邵线的勘测、设计等工作，极大的锻炼了师生员工的工程实践能力，并获取了对教学十分有益且珍贵的多种地质灾害处治技术第一手资料。在娄邵线通车运营后的数十年间，学院师生多次参加铁路地质灾害治理与抢险工作，对一些地段路基进行了多次治理加固，甚至将一些有滑坡等地质灾害危险的路段改线。

频发的地质灾害对铁路建设与营运而言是严重的安全隐患，也是难得的工程地质教学案例。因此，1975 年土木工程学院正式将娄底工务段作为永久的"工程地质"课程实习基地。在近半个世纪历程中，学校和专业虽经历多次调整与合并等变迁，但在娄底工务段的工程地质野外实习始终从没间断，每年都完成一届学生的地质实习任务。1996 年与娄底工务段进一步签订合作协议，2005 年举行了挂牌仪式。2007 年 8 月，被湖南省教育厅授予湖南省普通高等学校优秀实习基地。2010 年 7 月，教育部批准中南大学和广铁集团共同建设国家级工程实践教学中心，娄底工务段作为广铁集团的下属企业，上升为国家级工程实践教学中心的重点建设平台，该平台除了具有真实、生动的工程环境，还为实习学生提供优秀的企业导师资源。根据不同专业实习要求，学生地质实习时间为 2 周。

该基地面向土木工程(桥梁、隧道、建筑工程)、铁道工程、工程管理、工程力学等专业。工程地质实习的主要内容：

①基础地质：强调野外地质实习基本技能训练，要求学生熟练掌握地质罗盘仪测定岩层产状的方法，并能识别野外常见岩矿与地质构造，了解河流地质作用与河谷地貌。

②工程地质：重点选择与铁路、公路工程关系密切的路线，强调地质灾害成因与防治措施相关关系，剖析地质灾害治理措施合理性，培养学生的工程创新意识。具体实习路线除辖区内铁路线外，还补充有周边多条省道和国道公路。

八、现代轨道交通建造与运维全国铁路科普教育基地

中南大学"现代轨道交通建造与运维科全国铁路普教育基地"依托土木工程学科在轨道交通基础设施建造与运维领域 60 多年的发展积淀，积极利用普速铁路、高速铁路、重载铁路、城市轨道交通以及磁浮交通等多种制式轨道交通基础设施建造与运维领域的科研成果开展科普教育。科普教育也经历了从一般性科普阶段走向专业化、制度化、常态化、国际化发展的新阶段，2020 年 8 月经中国铁道学会认定通过并授牌(学秘函〔2020〕24 号)。

依托高速铁路建造技术国家工程实验室、重载铁路工程结构教育部重点实验室、轨道交通安全国际合作联合实验室等科研平台，以及土木工程国家级实验教学示范中心(中南大学)和土木工程国家级虚拟仿真实验教学中心(中南大学)等教学平台，辅之以现代化科普展示平台和技术，形成了以铁路园、结构模型展示馆/场、创客空间、各实验室为一体的科普教育场所，构建了实验室与科普馆一体，专业讲解与智能展示结合，"线上+线下"互补的科普教育生态链。

2016 年起，基地接待来自 30 多个国家和地区以及国内的政府官员、专家学者、大中小学生等的参观、访问超 2 万人，面向社会大众作科普报告 200 余场；承担来自各大铁路局、工程局、铁路设计院的社会培训任务超 4000 人次。先后接受中央电视台、湖南卫视、《潇湘晨报》等多家国内外高端媒体采访，配合媒体做好《中国高铁：创新之路》《走遍中国：跑出世界最高速》《新闻大求真》等专题节目制作，介绍学校参与研发的高速铁路无砟

轨道变形控制技术、隧道安全技术、桥梁抗震、抗风技术和中国高速铁路建设成就，普及科研成果如何转化为高速列车安全平稳运行的高新技术知识。为推动行业进步，打造普惠创新、全面动员、全员参与的社会化大科普格局，推动新时代科普工作全面提升作出积极贡献，成为中国"高速铁路建造技术"和"铁路文化"的重要宣传窗口。

九、中南大学土木工程创新创业教育中心

长期以来，土木工程学院非常注重对大学生创新创业和实践能力的培养和教育。为顺应新时期国家对于大学生创新创业能力培养所提出的新要求，2016 年学院整合了高速铁路建造技术国家工程实验室、重载铁路工程结构教育部重点实验室、先进建筑材料与结构和装配式建筑湖南省工程技术研究中心和全院教学实验室等科研、实践教学平台的优势资源，着力打造以"培养创新精神、提升创业能力"为核心的高水平创新创业教育平台——"土木工程创新创业教育中心"。在学校和学院长期支持下，经过五年多的建设，中心已经逐步建设成为土木工程技术引领、轨道交通特色鲜明的创新人才培养基地和创新创业教育平台。2020 年 12 月，中南大学土木工程创新创业教育中心经湖南省教育厅认定为 2020 年普通高校创新创业教育中心（湘教通〔2020〕301 号）。

本中心归口中南大学大学生创新创业指导中心管理，实行由土木工程学院主管院长直接领导、各创新实验室主任和创客空间负责人负责的运行管理模式。学院成立了大学生科技活动领导小组和大学生科技创新创业活动专家指导委员会，为大学生科技创新创业文化活动提供指导。学院团委成立了大学生科技创新创业能力培养中心，设立了主任团以及办公室、学研工作室、实验创新工作室、结构设计工作室、大创项目工作室、国际赛工作室、工程软件工作室等职能部门，保证了各项科技活动及学科竞赛得到更好的策划、组织和安排。通过积极举办学术报告会和科普座谈会，组织开展大学生学术活动和科研活动，营造良好的科技创新创业及学术交流氛围。鼓励大学生自主发展第二课堂，积极联系指导老师组织申报创新创业项目的申报和研究工作，拓展发散思维，提高学术水平，培养创新创业精神、科研能力和实践能力。

本中心由大学生科技创新创业专家指导委员会、大学生科技创新创业能力培养中心以及结构静、动态特性研究创新工作室、地震模拟振动台实验创新工作室、结构空气动力学实验创新工作室、高速铁路桥梁结构动态性能试验创新工作室、网络与数字化创新工作室、隧道结构体系静态力学行为实验创新工作室和工程材料性能研究创新工作室等 7 个大学生创新实验室和结构空气动力学创客工作室、新型道路材料与结构虚拟仿真实验室、土木工程材料创新工作室（C·Space 创客空间）、风–工程结构智能测控创客空间、高速铁路基础设施智能运维创客空间和基于机器视觉的高速铁路基础设施状态监测创客空间等 6 个创客空间组成。

十、中南大学－中国中铁五局校企合作创新创业教育基地

中南大学与中国中铁在科学研究、社会服务和学生就业等有近70年紧密的合作历史。双方面向交通强国战略、服务"一带一路"倡议，以培养土木工程类创新型高级工程技术和管理领军人才为目标，本着"优势互补，资源共享，互惠双赢，共同发展"的原则，充分发挥中南大学优质教学资源与中国中铁国内、外大型复杂基础设施建设项目的优势，共同创建中南大学－中国中铁校企合作创新创业教育基地，建立了完善的土木工程人才实践教学体系和创新了国际化人才培养模式。2020年12月，中南大学－中国中铁五局校企合作创新创业教育基地经湖南省教育厅认定为2020年普通高校校企合作创新创业教育基地（湘教通〔2020〕301号）。

由校企合作、科教融合衍生的创新创业教育基地是一个开放式的人才培养体系，中南大学和中国中铁两个实体深度合作，创建了三个模式（培养模式、教学模式、管理模式），制定了四个文件（培养标准、培养方案、培养管理、培养监督），通过五类实践平台（设计、施工、养护、管理、科研），为开展大学生创新创业实践教学提供实际工程支撑，不断丰富基地的创新创业教育资源，全方位推动本、硕、博全学历的理论和实践教育。

依托中南大学－中国中铁校企合作创新创业教育基地，近年来共获校级以上创新创业训练项目和企业项目326项（其中国家级项目170余项），受益学生1500余人。该基地在2020年中国高等教育博览会上，成为全国"校企合作、双百计划"典型案例，形成的校企合作人才培养机制和国际项目人才培养模式具有很好的示范效应。

第3节　高水平人才培养合作联盟

一、"一带一路"铁路国际人才教育联盟

在"一带一路"倡议和交通强国战略深入实施的背景下，铁路人才培养是中国铁路"走出去"的基础性工程，铁路教育合作在共建"一带一路"中具有先导性作用。新时代共建"一带一路"的新内涵、铁路间国际合作的新形势、沿线国家经济社会发展尤其是铁路建设的新需求，对铁路国际人才质量和规模，特别是后备人才储备与开发提出了全新命题。2018年6月19日，在北京国家会议中心举行的2018世界交通运输大会十大重点主题论坛——"高速铁路技术发展论坛"上，由中南大学和西南交通大学联合发起的"'一带一路'铁路国际人才教育联盟"（RTEA）正式揭牌。2018年7月中旬"一带一路"铁路国际人才教育联盟成立大会暨第一次理事会顺利召开，会议确定轮值主席单位为西南交通大学和中南大学，联盟第一届理事会成员单位有30家高校及企事业单位。

联盟的发起得到了中国工程院、商务部、国家铁路局、国家国际发展合作署、中国铁

路总公司、中国铁道学会、詹天佑基金会等单位的指导与支持；联盟成立后，将致力于开展铁路国内国际化人才和目标国属地化人才学历教育与专业培训，构建铁路国际人才培养体系，制定铁路教育国际标准，实施铁路专业及人才国际认证，并力争成为国家教育对外开放的新型高端智库。

二、川藏铁路关键技术科技创新与人才培养合作体

为推进长江教育创新带建设，研究教育特别是高等教育如何更好服务长江经济带发展，我国在教育现代化布局中规划了以"四点一线一面"为重点的战略布局，其中一"点"便着眼于长三角教育发展一体化，提出长江教育创新带的设想，在两个百年交替的重要节点，推动这一汇聚优质高等教育资源、极具竞争力教育带的创新发展。由中南大学、西南交通大学、广西大学作为牵头单位，建构的川藏铁路关键技术科技创新与人才培养合作体，正在川藏线建设中发挥积极作用。

三、虚拟仿真实验教学创新联盟

2019 年 1 月 27 日，虚拟仿真实验教学创新联盟在清华大学正式成立(图 3.3.1)。联盟旨在推进现代信息技术与实验教学项目的深度融合，拓展实验教学内容的广度和深度，延伸实验教学的时间和空间，提升实验教学的质量和水平；推动形成专业布局合理、教学效果优良、开放共享有效的高等教育信息化实验教学项目新体系；促进实现学校教学、行业应用与技术创新的融合发展。联盟是开放型组织，实行单位会员制，第一届理事长单位为清华大学，中南大学为副理事长单位。中南大学土木工程学院为土木类国家级虚拟仿真实验教学项目指南编制委员会主要成员。

图 3.3.1　虚拟仿真实验教学创新联盟技术工作委员会成立仪式

第4节 创新团队

一、高速铁路桥梁服役安全创新团队(国家重点领域创新团队)

高速铁路桥梁服役安全创新团队于2018年入选科技部"国家重点领域创新团队"。针对我国铁路在列车、地震、强风、腐蚀环境作用下的桥上行车安全等难题,于20世纪90年代开展研究,通过三代人的努力逐步形成了高速铁路桥梁服役安全创新团队。团队现有高速铁路桥梁车振、抗震、风振、耐久性等专业人才26人,其中长江学者特聘教授1人、优青2人、湖南省科技领军人才2人。推行学校、带头人联合共管模式。团队入选教育部长江学者创新团队、湖南省创新团队、国家首批"2011"计划创新团队。

团队开拓了我国"车-桥系统横向振动、脱轨安全、随机振动分析"研究领域,研发了功能完备、国际一流的多动力作用下高速铁路轨道-桥梁系统试验创新平台和成套试验技术,创立了系统随机振动分析和桥上安全评定方法,创新了抗震设防和防风设计理念。获国家科技发明奖1项,国家科技进步奖5项、省部进步奖特等/一等奖10项。制定行业标准3部。近五年发表SCI/EI论文500余篇。授权并实施发明专利56项。

团队建成了我国高速铁路建造技术领域的研发创新中心——"高速铁路建造技术国家工程实验室",成为我国高速铁路建造技术孵化中心,团队研究成果已全部应用于我国几十条普速、重载、高速铁路桥梁,城市轨道交通桥梁和高速铁路客站的几百个工程,取得了巨大的直接经济效益和社会效益,为我国普速、提速、高速铁路桥上行车安全分析理论的发展和防控措施的研发做出了重要贡献。

今后,团队将围绕多源动力作用下400 km/h以上高速铁路桥上行车安全保障技术开展研究,旨在占领世界高铁速度制高点,进一步提升我国高速铁路技术领域的国际竞争力。在现有试验平台群基础上,已筹建"多动力作用下400 km/h以上高速列车桥上行车安全综合实验系统"国际领先平台,建设国际持续领先的桥上行车安全试验装备集群。针对强地震、复杂地质条件、强台风、暴雨等特殊环境,开拓基于大数据极端灾害桥上安全行车预警新兴研究领域,对接国家"一带一路"倡议、"交通强国"战略需求,突破多动力作用下400 km/h以上超高速铁路轨道-桥梁系统动力控制技术等关键技术难题,持续引领高速铁路桥梁建造技术的发展。

二、高速铁路工程结构服役安全创新团队(教育部创新团队)

高速铁路工程结构服役安全创新团队于2012年入选教育部"创新团队发展计划"。团队带头人为赵衍刚,研究骨干有余志武、蒋丽忠、谢友均、郭向荣、卫军、柏宇、龙广成和丁发兴,团队成员包括周朝阳、邓德华、何旭辉、罗小勇、卢朝辉、曾志平、龚永智、周凌宇、匡亚川、国巍、宋力、郭风琪等人。团队所在研究基地为高速铁路建造技术国家工程实验室。

团队的发展主要经历了三个阶段。起步阶段(1993—1997年):本团队始于1993年成立的长沙铁道学院结构工程研究中心与土木工程材料研究所,围绕我国铁路提升工程建设的重大需求,在高性能混凝土材料和预应力混凝土结构等方面开展了有特色的研究工作。发展阶段(1998—2007年):团队围绕铁路既有线路提速和我国客运专线建设发展的重大需求,紧密结合铁路工程建设和服役安全所涉及的关键科学理论和技术难题开展攻关研究。提升阶段(2008年至今):团队围绕货运重载和客运高速的重大需求,通过开展国内国际合作研究,引进和培养高层次人才,进一步提升了团队的研究实力和学术地位,强化了团队在高性能混凝土材料、桥梁结构动力学、混凝土结构耐久性和结构可靠性等研究领域的研究特色。

今后,团队针对高速铁路工程结构建设与安全运营的重大需求,基于多年的研究基础,选择高速铁路工程结构为主攻方向,将深入系统地开展高速铁路工程结构服役安全研究,具体包括高速铁路工程结构经时行为、高速铁路工程结构动力学和高速铁路工程结构服役状态评估与性能提升研究。创新团队发展目标:建立高速铁路工程结构经时行为和高速铁路工程结构动力学分析理论,提出基于时变可靠度的高速铁路工程结构服役安全设计方法和性能提升成套技术,提升高速列车平稳安全运行品质,提高我国在高速铁路工程结构建造与维护技术领域的国际竞争力;成为我国高速铁路工程结构服役安全研究和工程应用的优秀人才培养基地,并在未来力争成功入选国家自然科学基金委创新群体。

三、高速列车-桥梁(线路)振动分析与应用创新团队(湖南省创新团队)

高速列车-桥梁(线路)振动分析与应用创新团队于2010年入选湖南省第二批"湖南省高校科技创新团队"(湘教通〔2010〕53号),团队带头人为任伟新,核心成员有郭文华、郭向荣、向俊、黄方林、蒋丽忠,团队成员包括戴公连、杨小礼、谢友均、杨孟刚、何旭辉和周智辉等。

该团队针对以下突出技术问题进行深入系统的研究,研究包括基础研究和应用研究两个方面。

基础研究包括:高速列车脱轨机理及脱轨分析理论研究;高速铁路桥梁环境致振机理与损伤识别方法研究;高速列车-桥梁(轨道)-路基系统动力学研究;大跨度预应力混凝土桥梁高速行车适应性研究;大风环境下高速行车舒适性和行车安全保障系统研究。

应用技术包括:制定预防高速列车脱轨的线路标准;制定预防高速列车脱轨的桥梁横向刚度限值;研制高速列车脱轨预警系统。

四、院级创新团队

为促进学科发展，建团队成为学科建设的重要抓手之一。依据学科建设不同时期的不同要求，学院结合平台建设的需要先后成立了各类院级创新团队。

（一）2009—2014 年

2009—2014 年，学院先后成立了 11 个创新团队，简介如下（由于学院政策调整，11 个团队建设期至 2014 年）。

1. 车线桥时变系统振动控制研究团队

该团队由曾庆元院士领衔，其主要成员为向俊、周智辉、郭向荣、郭文华、娄平、李东平、文颖等。该团队创立了一套崭新的列车脱轨分析理论。自 2006 年这套理论问世后，已获得广泛应用：

（1）解决了南京长江铁路大桥 128 m 简支梁、通辽线烟囱沟 32 m 钢筋混凝土桥及东沟 24 m 砼梁等 7 座桥梁横向振幅较大能否安全正常行车问题，避免了桥梁加固和换梁。据沈阳、上海铁路局估算，获得经济效益 8500 万元。

（2）提出了预防脱轨的桥梁横向刚度限值的分析方法及提速线上上承钢板梁桥和下承连续钢桁梁桥预防脱轨的横向刚度限值——容许宽跨比。

（3）提出了预防脱轨的桥梁横向振幅行车安全限值及桥梁临界墩高的计算方法，算出了提速线预应力砼 T 形梁桥的横向振幅行车安全限值 L/4500。

（4）论证了《铁路桥梁检定规范》（2004 年版）规定的桥梁横向振幅行车安全限值及横向自振频率行车安全限值分别为按预防脱轨的桥梁横向振幅行车安全限值计算方法算出限值的 1/2 倍和 2 倍左右，规范严重限制了桥梁运能的发挥。

（5）提出了桥上列车脱轨控制的分析方法及桥梁抗脱轨安全度的计算式，完成了 5 座客运专线特大桥梁列车脱轨控制分析，结果被大桥工程局和铁四院采用。

（6）分析了长春至图们干线上 33117 次货物列车重大脱轨事故的原因为列车-轨道系统横向振动失稳，被铁道部安检司采用。

（7）首次计算了高速列车在无砟轨道上运行时的抗脱轨安全度；提出了无砟轨道刚度的设计建议值。

（8）考虑空气动力作用，基于空气动力学理论，提出了强风作用下列车脱轨能量随机分析方法及列车倾覆分析理论，经国内外 8 例风载下客、货列车脱轨、倾覆事故检验，证明上述方法和理论正确可行。

（9）提出了系统运动稳定性分析的位移变分法，解决了许多经典运动稳定性理论不能解决的问题，丰富和发展了运动稳定性理论。

（10）计算了九江长江大桥在 140 km/h 车速以下列车走行安全性、平稳性和舒适性，认为"实测报告 70 km/h 货车脱轨系数超标, 要限速 60 km/h"的意见不必考虑。

团队发表论文 100 余篇, SCI 收录 40 余篇, EI 收录 60 余篇, ISTP 收录 30 余篇, 出版了世界上首部《列车脱轨分析理论与应用》专著。

2. 桥梁健康监测与极限承载力研究团队

团队带头人为任伟新、戴公连; 团队顾问为曾庆元; 团队成员为文雨松、李德建、盛兴旺、郭向荣、郭文华、何旭辉、欧阳震宇、乔建东、胡狄、于向东、杨孟刚、方淑君、唐冕、周智辉、宋旭明、杨剑、黄天立、文颖、魏标、李玲瑶。

自 20 世纪 70 年代以来, 在老一代学者曾庆元院士的带领下, 团队致力于桥梁空间稳定与振动研究, 逐渐形成了以任伟新教授、戴公连教授为首的新一代研究团队, 2009 年成立桥梁健康监测与极限承载力研究团队。目前该团队教师总人数 22 人, 其中高级职称的 20 人, 中级职称的 2 人, 博士后、博士生和硕士生 30 多人, 团队年龄结构、学缘结构、职称结构和学历结构合理, 在桥梁健康监测与极限承载力基础理论和工程应用领域已形成了具有明显特色和优势的研究方向。

本团队自成立以来主持国家自然科学基金面上及青年项目 10 项, 原铁道部课题、湖南省交通科技计划项目、教育部博士点基金、博士后基金等项目多项。在桥梁健康监测与极限承载力基础理论和工程应用等领域取得了一系列创新成果。研发了大型复杂结构系统工作模态识别软件 MACES 并在美国 Roebling 悬索桥、福建青州闽江斜拉桥等十余座桥梁中应用, 研究成果处于国际领先地位, 其中"结构工作模态参数与损伤识别方法"获 2010 年湖南省科技奖二等奖(自然类); 继承和发扬了大跨度斜拉桥桥梁结构局部与整体相关屈曲极限承载力分析理论, 研发了一套桥梁结构空间分析设计程序并在我国 60 余座桥梁建设中得到应用, 主持完成了国内最大规模的自锚式悬索桥长沙三汊矶湘江大桥设计、节段模型和整体模型试验。

以本团队主要研究人员组建的"高速列车-桥梁(线路)振动分析与应用研究团队"入选 2010 年湖南省创新团队。团队自组建以来, 努力加强团队人才队伍建设, 引进 1 名升华学者特聘教授, 团队成员中 1 人晋升教授、6 人晋升副教授、1 人获得教育部新世纪优秀人才计划资助。今后, 团队将采取奖励与督促相结合的措施, 充分调动团队成员的积极性, 在原有社会服务优势的的基础上, 进一步加强基础教学和科研创新等方面的工作, 争取在三年内更进一步提升本团队在教学、科研、社会服务等多方面在国内外的影响和知名度。

3. 隧道工程基础理论与安全技术研究团队

团队带头人为彭立敏; 团队主要学术骨干为阳军生、傅鹤林; 团队主要成员为张运良、王薇、施成华、杨秀竹、周中、张学民、伍毅敏等副教授, 并依托土木工程学院隧道工程系组建。团队已形成以教授为核心, 具有博士学位的青年教师为骨干的稳定研究团队。

研究团队在前期发展的基础上, 针对高速与重载铁路、公路和城市地铁等隧道工程建设与运营中亟待解决的关键科学技术问题, 结合本学科的实际条件, 加强特色, 凝练研究方向，建成一个以应用基础创新性研究为主的研究团队，在复杂地质条件下隧道设计与施工关键技术研究、隧道工程动力分析理论与方法、多场耦合环境下隧道与岩土工程安全性研究、隧道灾害防治技术与风险评估、隧道与地下工程围岩加固与防治水技术、城市隧道施工环境影响预测与控制技术、既有隧道病害整治综合技术研究等领域形成了具有明显特色和优势的研究方向。

提出的高速铁路隧道底部结构基于长期变形的设计方法、构建的不同施工方法下隧道结构及围岩的稳定性评价体系、研发的能适应复杂多变地质环境大断面隧道快速施工的关键技术、建立的控制城市隧道地层变形的工程控制措施与隧道施工环境影响综合评价方法、"一种寒区隧道缝衬背双源供热防冻方法"发明专利等研究成果已在武广客运专线浏阳河隧道、广深港铁路狮子洋隧道、湖南省邵阳至怀化高速公路雪峰山隧道、长沙湘江营盘路水下隧道、广州地铁、深圳地铁、山西省广灵至浑源高速公路鸿福隧道等工程的设计与施工中得到了应用，取得了重大经济和社会效益。

自团队组建以来，努力加强人才队伍建设，引进 1 名获得国际知名大学博士学位的青年学者，同时团队成员中 3 人晋升副教授、1 人获得教育部新世纪优秀人才计划资助。共承担各类纵、横向科研课题 80 多项，总经费超过 5000 万元，其中主持 973 课题 1 项，国家自然科学基金重点（联合）基金 2 项，国家支撑计划子课题 1 项，面上和青年科学基金项目 10 多项，湖南省自然科学基金项目 2 项，其他省部级科研课题 20 多项，横向科研课题 40 多项，在国内外核心期刊上发表论文 200 多篇，其中 SCI 检索 10 多篇，EI、ISTP 检索 100 多篇，出版专著、教材 10 多部，获得国家授权专利 10 余项，研发具有著作权的计算机软件 10 多项；获省级科技进步奖一等奖 3 项、二等奖 3 项、三等奖 4 项。培养博士研究生 10 多名、硕士研究生 100 多名，获得中南大学优秀博士论文 1 篇、湖南省优秀硕士论文 2 篇。

4. 线路工程设计理论与方法科技团队

团队带头人为蒲浩；团队成员为吴小萍、蒋红斐、王卫东、缪鹍、徐庆元、曾志平、张向民、陈宪麦。

团队主要研究方向为"铁路选线与轨道的设计理论与方法"，始创于 20 世纪 80 年代初，由选线专家詹振炎教授和轨道专家陈秀方教授创建，在数字选线和轨道结构领域，多项成果居于国内领先水平，2009 年申请获批为中南大学土木建筑学院创新团队。目前该团队具有高级职称人员 8 人，均具有博士学历，团队年龄结构、学缘结构、职称结构和学历结构合理，在铁路数字化、智能化、绿色选线及轨道动力学领域已形成了具有明显特色和优势的研究方向。

团队自 2009 年成立以来，主持国家"863"项目子课题 2 项，国家自然科学基金 8 项，省部级科研课题 15 项，其他横向课题 30 余项。在铁路数字选线、轨道动力学等领域取得了一系列创新成果，其中 2 项成果通过了省部级鉴定"达到了国际先进水平，部分成果达到了国际领先水平"，研发了面向铁路各设计阶段及各设计内容的全阶段数字化选线系统，已在国内 80% 以上的铁路勘测设计单位推广应用，成为国内目前推广应用最广、功能最齐全、行业认可度最高的软件系统，获省部级一等奖 1 项、二等奖 4 项(主持)、三等奖 1 项，软件著作权 12 项，实用新型专利 3 项。

5. 道路工程系科技创新团队

团队带头人为李亮，团队主要学术骨干为道路工程系优秀年轻教师，并依托道路与铁道工程国家重点学科组建。

团队自成立以来，共承担纵横向课题 80 余项，总经费达 3000 余万元，其中主持国家863 计划 1 项，主持国家自然科学基金 33 项、省部级课题 50 余项。在路基与地质灾害防治领域取得了一系列创新成果，研究成果已在湖南、湖北、广东、广西、贵州和四川等省、自治区、直辖市的 30 余个铁路、公路项目中推广应用，节省了建设资金数亿元，取得显著社会、经济与环保效益。主持获省部级科技进步奖一等奖 3 项。

团队组建期间，共引进人才 10 余名，其中 5 人晋升为教授、5 人晋升为副教授、2 人获得中南大学升华育英计划、6 人公派出国交流与访问；在国内外重要期刊发表学术论文300 余篇，其中 SCI 收录 150 余篇，EI 收录 100 余篇；培养博士研究生 20 余名、硕士研究生 100 余名，获全国优秀博士论文提名 1 篇、湖南省优秀博士论文 3 篇、湖南省优秀硕士论文 4 篇；公派出国及联合培养博士生 15 人次。

6. 快速交通岩土工程关键理论与技术团队

团队负责人：冷伍明。团队顾问：刘宝琛院士。组团时的团队成员有王永和、方理刚、张家生、魏丽敏、刘庆潭、金亮星、乔世范、阮波、陈晓斌、何群、王旺、雷金山、赵春彦、郑国勇。后陆续有盛岱超、张升、聂如松、杨奇等加入。目前该团队教师总人数 20 多人，其中高级职称的 13 人，中级职称的 5 人，博士后、博士生和硕士生 20 多人，团队年龄结构、学缘结构、职称结构和学历结构合理，在地基基础和路基工程领域已形成了具有明显特色和优势的研究方向。

在近 5 年的建设中，结合国家高速铁路、公路建设的重大需求和亟待解决的关键理论和技术问题，针对快速交通领域岩土力学基本理论不够完善问题、岩土工程与环境问题、路基和过渡段动力学问题、非饱和土力学问题、重大工程地基基础计算和检测技术问题等，依靠团队的整体力量，开展深入研究，取得了一些重要成果：获省部级科技进步奖一等奖 2 项(其中一项单位和个人排名均为第一)、二等奖一项；新增 973 项目 2 项(课题主持)、863 项目子题 2 项(主持)、国家自然科学基金项目 5 项和省部重大课题 10 多项，累积科研经费超 4000 万；发表高水平论文 100 多篇(其中有 1 篇影响因子超过 5)；引进国外获博士学位人才 1 人和其他重点大学博士毕业人才 5 人。

7. 特殊土路(地)基加固处理技术团队

团队带头人为王星华，团队的主要研究骨干为张国祥、杨果林、肖武权等，并依托学院岩土工程系而组建。

团队自组建以来，紧扣国家重大交通基础设施如高速铁路、客运专线和高速公路等工程建设中的重大需求，瞄准本领域国际学术前沿，重点针对特殊土路(地)基、地下工程防治水等领域中的关键科学问题，系统深入地开展多年冻土、季节性冻土、饱和软土、岩溶地层的路(地)基承载能力与沉降以及地下工程防治水的应用基础理论研究，完善特殊土路(地)基加固处理与地下工程防治水技术的理论体系，解决重大工程中特殊土路(地)基、地下工程防治水等工程技术领域存在的关键技术难题。

团队取得了一系列研究成果，初步形成了高速铁路特殊土路基(多年冻土、季节性冻土、膨胀土、红砂岩等)加固处理与地下工程地下水防治的设计与应用的技术体系，特别是研发了具有完全自主知识产权的"隧道工程有压地下水控制与防治的成套技术"，并在精伊霍铁路、宜万铁路、向蒲铁路、青岛胶州湾海底隧道、长沙营盘路湘江隧道、雅泸高速、达陕高速、巴达高速等8项国家重点工程中，为我国隧道钻爆法施工提供了相应的技术支撑，并在工程实施过程中做出了突出贡献。

团队自2009年组建以来，努力加强团队人才队伍建设，引进1名获得国内知名大学博士学位的青年学者。团队共承担纵横向科研课题30余项，总经费达2000余万元，其中主持国家863计划课题1项，主持国家自然科学基金2项，主持原铁道部重点科技计划项目2项、一般项目7项；获得省部级科技奖励7项；在国内外重要期刊发表学术论文185篇，其中SCI/EI收录论文80余篇；出版学术专著6部；获得国家授权发明专利4项；毕业博士研究生16名、硕士研究生37名、外国留学硕士生1人，博士后出站3人，获评中南大学优秀博士论文2篇。

8. 工程结构性能设计与全寿命设计团队

团队由卫军牵头，李显方、周朝阳、罗小勇、杨建军等为核心，董荣珍、刘小洁、贺学军、刘澍、蔡勇、匡亚川、宋力、刘晓春等年轻博士(副教授)为骨干，于2009年由学院建筑工程系、工程力学系、土木工程材料研究所的部分教师形成和组建。本团队由结构工程、工程力学和材料科学等多学科研究人员交叉融合，依托国家发改委批准建设的"高速铁路建造技术国家工程实验室"研究平台，主要在工程结构耐久性理论研究与工程应用、新型建筑结构体系设计理论及应用以及既有工程结构可靠性评估与加固技术等研究领域展开工作。

团队自组建以来，通过统一支配，整合现有资源，充分发挥学科交叉以及团队优势，逐渐成为一支人员层次和研究水平高、国内外学术影响大、年龄结构和知识层次合理的研究队伍。团队关注青年教师的科研能力培养，组织青年教师参加国际国内学术交流，组织科研创新座谈，提高青年教师创新意识，使得团队研究水平不断提升，逐步达到国内领先水平。团队作为"高速铁路工程结构服役安全创新团队"的主要组成部分，成功地参加了教育部创新团队的申请并获得成功。

团队自成立以来，在混凝土结构耐久性、抗震加固结构耐久性及工程结构服役性能检测与评估等方面取得了一系列研究进展。团队成员主持国家自然科学基金面上项目 7 项（其中，2 名青年教师获得面上项目、3 名青年教师获得青年科学基金项目），承担国家 863 项目子课题 1 项和铁道部重大科技计划项目子课题 1 项，参加原铁道部重大科技计划项目多项。获湖南省发明二等奖 1 项（周朝阳，2009 年）、湖南省科技进步奖三等奖 1 项（杨建军，2011 年）。共发表学术论文 100 余篇，其中 SCI 收录 20 余篇，EI 收录 50 余篇。申请发明专利 9 项，获得授权 5 项。获得软件著作权 3 项。共有 4 名博士研究生毕业并获得学位，培养毕业硕士研究生 80 余名，获评湖南省优秀博士论文 3 篇，获茅以升铁路教育专项奖——教学奖 1 项。

9. 现代工程结构设计理论及应用团队

团队带头人为蒋丽忠；团队顾问为余志武；团队成员为丁发兴、喻泽红、李铀、陆铁坚、阎奇武、王海波、周凌宇、周期石、蔡勇、朱志辉、龚永智、匡亚川、国巍、李常青。1995 年以来，余志武致力于钢-混凝土组合结构理论与应用的研究，以余志武、蒋丽忠为首的中青年教师创立了结构与市政工程研究与发展中心，于 2009 年成立现代工程结构设计理论及应用团队。目前该团队总人数达 50 多人，其中高级职称的 14 人，中级职称的 2 人，博士后、博士生和硕士生 30 多人。团队年龄结构、学缘结构、职称结构和学历结构合理，在新型组合结构体系和工程结构动力学及防灾减灾领域已形成了具有明显特色和优势的研究方向。

本团队自成立以来主持国家 863 计划 1 项，国家科技支撑计划 1 项，国家自然科学基金重点基金项目 1 项，国家自然科学基金面上及青年科学基金项目 10 多项。在钢-混凝土组合结构设计理论与应用和工程结构动力学及防灾减灾等领域取得了一系列创新成果，研究成果在长沙市锦绣华天大厦、钦州市文化艺术中心、湘雅医院内科病栋、岳阳市琵琶王立交桥、长沙市环线芙蓉路立交桥、三峡永久船闸临时施工桥等十多个工程项目中推广应用，社会经济综合效益超 2 亿元。其中"GBF 蜂巢芯集成技术及其在现浇混凝土双向空腹密肋楼盖中的应用"于 2010 年获湖南省技术发明奖一等奖，"混凝土桥梁服役性能与剩余寿命评估方法及应用"于 2011 年获国家科学技术进步奖二等奖，"钢-混凝土组合结构抗震及稳定性的研究与应用"于 2011 年获湖南省科技进步奖一等奖，"新型自密实混凝土设计与制备技术及应用"于 2013 年获国家技术发明奖二等奖。

以余志武和蒋丽忠为主要研究带头人组建的高速铁路工程结构服役安全创新团队获 2012 年教育部创新团队计划支持。团队在已有的基础上将进一步建设成为一支以在国内外有一定学术影响地位的高层次人才为学术带头人，以教授、博士等高水平人才为学术骨干，年龄结构和学缘结构更加合理的研究团队，逐步提升本团队在教学、科研、社会服务等多方面在国内外的影响和知名度。

10. 先进水泥基材料工程行为理论团队

团队带头人为谢友均，团队主要学术骨干为邓德华和龙广成，并依托学院土木工程材料研究所而组建。同时本团队亦是高速铁路工程结构服役安全创新团队的重要组成部分。

团队自组建以来，紧扣国家重大交通基础设施如高速铁路、客运专线和高速公路等工程建设中的重大需求，瞄准本领域国际学术前沿，重点针对高性能混凝土、水泥乳化沥青砂浆、结构修补等水泥基材料，凝炼先进水泥基材料的设计、制备及其应用技术领域中的关键科学问题，系统深入地开展先进水泥基材料工程行为的应用基础理论研究，完善先进水泥基材料的性能设计、制备与应用技术的理论体系，解决重大工程结构中先进水泥基材料制备工艺、应用技术及其服役寿命设计等工程技术领域存在的关键技术难题。

团队取得了一系列研究成果，初步形成了高速铁路关键工程结构水泥基材料(蒸养混凝土、连续浇筑抗裂混凝土、耐蚀混凝土、水泥乳化沥青砂浆等)设计、制备及其应用的技术体系，特别是研发了具有完全自主知识产权的三种型号的水泥乳化沥青砂浆，并在京沪、京广、沪昆、哈大等13条高速铁路和铁路客运专线规模化工程应用2200余公里，提出了自密实混凝土的骨料间距模型及其配合比设计新方法，揭示了蒸养混凝土的热损伤效应并提出了改善其性能的技术措施。团队取得的研究成果及其推广应用，为我国高速铁路工程建设提供了相应的技术支撑，并在工程实施过程中做出了突出贡献。

自2009年团队组建以来，努力加强团队人才队伍建设，引进2名获得国际知名大学博士学位的青年学者，同时团队成员中1人晋升教授、2人晋升副教授、1人获得教育部新世纪优秀人才计划资助。团队共承担纵横向科研课题50余项，总经费达5000余万元，其中主持国家973计划课题1项，参加863计划课题1项，主持国家自然科学基金项目9项、原铁道部重大和重点科技计划项目3项；获评国家及省部级科技奖励8项；在国内外重要期刊发表学术论文100余篇，其中SCI/EI收录论文70余篇；出版学术专著2部；获得国家授权发明专利6项；培养博士研究生10名、硕士研究生60名，获评湖南省优秀博士论文2篇、中南大学优秀博士论文1篇、湖南省优秀硕士论文2篇。

11. 现代工程管理理论及应用团队

团队带头人为王孟钧；团队顾问为孙永福院士；团队成员为张飞涟、郭乃正、周庆柱、黄健陵、郭峰、宇德明、王青娥、陈辉华、傅纯、张彦春、陈汉利和刘伟。

团队以中南大学土木工程学院工程管理系、中南大学工程管理研究中心和中南大学-普华项目管理实验室为依托，形成了3个具有明显特色和优势的研究方向：建筑战略与创新管理、工程经济与评价、工程安全与风险管理。

团队自组建以来，紧扣国家重大交通基础设施如高速铁路、客运专线和高速公路等工程建设中的重大需求，瞄准本领域国际学术前沿和工程建设重大需求，重点针对中国工程管理现状与发展关键问题、中国铁路建设工程管理关键问题、铁路工程项目管理理论、基于产学研一体化的高速铁路科技创新平台建设、大型建筑企业投资建设一体化管理技术、建筑市场信用机理与制度建设、建筑市场信用系统演进机理与机制设计、政府重大城建项目管理模式、城镇市政设施投资项目后评价方法与参数、铁路工程造价标准体系、高速铁路铺架工程质量信誉评价及质量控制技术、客运专线基础设施综合维修体系构建及运行评价系统、政府投资项目决策模型与评价方法、隧道工程地层风险、高速公路施工安全分区管理、高速铁路质量管理体系与风险控制技术、中国土木工程安全风险法规体系、重大工程建设经验总结等开展前沿性研究，先后承担省部级以上科研项目 10 余项，横向科研项目 20 余项，科研经费 1000 多万元，取得了重要成果。如"BOT 项目运作与建设管理模式研究"获 2008 年度中国铁路工程总公司科学技术奖二等奖；"铁路建设项目后评价理论与应用"获中国铁道学会科学技术奖二等奖；国家社科基金项目"城镇市政设施投资项目后评价方法与参数"2009 年一次通过国家哲学社会科学办验收，评价为良好；"公路工程建设执行控制成套技术研究与应用"获 2009 年度中国公路学会科学技术奖一等奖；"重大建设项目执行控制体系及技术创新管理平台研究"获 2010 年湖南省科技进步奖一等奖；"高速公路施工安全分区精细管理技术"2011 年通过湖南省交通厅组织的科技成果鉴定，评价为良好。发表高水平学术论文 50 多篇，出版专著 10 多部。

团队取得的研究成果及其推广应用，为我国高速铁路、高速公路工程建设提供了相应的技术支撑，并在工程实施过程中做出了突出贡献，取得了显著的经济、社会和环境效益。团队已成为国家和区域创新体系中知识创新体系的重要组成部分。

(二)2014 年至今

第一轮院级创新团队建设期完成后，结合国家平台实际建设需要，依托 12 个试验系统，学院组建了 7 个特色鲜明、优势突出、具有重要影响和集群优势的创新团队。

1.高速铁路工程结构经时行为理论与性能提升技术团队

团队带头人：余志武。

团队成员：赵衍刚、卫军、卢朝辉、曾志平、宋力、刘晓春、刘鹏。

研究方向：

- 多因素耦合作用效应实验模拟技术；
- 工程结构经时性能计算理论；
- 工程结构可靠度理论与服役状态评估方法；
- 工程结构经时性能提升技术。

研究成果：近年来，团队承担了国家自然科学基金包括重点、优青、面上在内项目 14 项，中国铁路总公司重大、重点项目 7 项。揭示了服役状态下混凝土内介质的传输规律与钢筋锈蚀机理，发展了基于混凝土内部微环境响应相似的结构耐久性环境-时间相似理论，形成了多因素耦合作用效应实验模拟技术；开展了 4 种高速铁路无砟轨道——支承结构足尺模拟试验，建立了多因素作用下工程结构经时性能计算理论；建立了基于高阶矩法的结构体系可靠度分析方法，提出了信息更新条件下高速铁路工程结构状态评估方法；发明了新型自实混凝土设计与制备技术和 3 种桥梁强化技术(图 3.4.1、图 3.4.2)。获国家技术

发明奖二等奖 1 项，国家科技进步奖二等奖 1 项，省部级科技进步奖 4 项，授权国家专利
30 余项，软件著作权 10 余项。部分技术成果已在武广高速铁路、京沪高速铁路和朔黄铁
路等多条线路中推广应用。

图 3.4.1　多因素耦合作用下高速铁路板式无砟轨道结构体系经时性能试验

图 3.4.2　服役状态下 CRTS Ⅲ 型板式无砟轨道结构体系疲劳试验

2. 高速铁路工程结构抗震设计理论与减隔震技术团队

团队带头人：蒋丽忠。

团队成员：余志武、国巍、魏标、李常青、周旺保、熊伟、杨光、Tony Yang（引智教
授）、Navawa Chouw（外籍文教专家）。

研究方向：

- 地震作用下结构灾变机理；
- 基于风险的结构抗震设计理论；
- 结构减隔震理论及技术；

- 台阵试验系统的性能提升技术。

研究成果：近年来，团队承担了原铁道部重大项目 6 项，国家自然科学基金 11 项，承担铁路抗震社会服务项目 16 项；建立了基于概率密度演化理论的列车-轨道-桥梁耦合系统空间随机振动分析方法，提出了基于可靠度理论的列车-轨道-桥梁耦合系统安全性和行车舒适性评定方法，确定了不同地震烈度、墩高、场地条件下高速列车行车限值的要求；建立了高速铁路轨道-桥梁系统的易损性分析和风险评估方法，开发了相应的易损性分析和风险评估平台，构建了典型轨道-桥梁系统关键构件的易损性数据库，确定了不同地震水平下的桥梁结构及轨道结构关键构件的破坏顺序及损伤程度，提出了具优化措施；提出了基于安全行车风险的车-轨-桥系统抗震设计新理念（图 3.4.3）。获得国家科技进步奖二等奖 2 项、省部科技进步奖一等奖 3 项，申请或获批国家发明专利 25 项。

图 3.4.3　"房桥合一"混合结构体系和高层建筑振动台试验地铁上盖物业

3.高速铁路工程结构抗风理论与技术团队

团队带头人：何旭辉。

团队成员：王汉封、郭文华、黄东梅、李玲瑶、邹云峰、敬海泉、吴腾、Ahsan Kareem（院士，荣誉教授）、石原孟（客座教授）、胡辉（客座教授）。

研究方向：

- 风/雨-车-桥系统耦合振动；
- 桥上行车安全气动控制技术；
- 复杂风雨模拟与风洞测试技术；
- 结构健康监测与状态评估。

研究成果：近年来，主持高铁联合基金重点项目等国家自然科学基金项目 10 余项、中国铁路总公司重大/重点项目及横向抗风研究项目 20 余项。建立和完善风-车-桥耦合振动分析理论，研发了 U 形移动列车模型加速系统，提出了移动车辆模型-桥梁系统气动特性风洞测试方法，提出了车-桥系统百叶窗型、耗能型和自旋转型等多种新型风屏障形式，研发了复杂风雨风洞及 CFD 模拟与水膜/水线测试方法等多种试验技术，研建了基于云计算的铁路桥梁健康监测与风雨场监测系统（图 3.4.4、图 3.4.5）。发表 SCI/EI 论文 60 多篇，获授权发明/实用新型专利 20 项，获国家科技进步奖二等奖 2 项、省部级奖励 3 项。

图 3.4.4　京福铁路芜湖长江公铁两用　　　图 3.4.5　川藏铁路特殊峡谷地形风
大桥抗风研究　　　　　　　　　　　　　　洞实验研究

4. 轨道-路基动力学特性及加固强化技术团队

团队带头人：冷伍明。

团队成员：张家生、徐林荣、杨果林、魏丽敏、盛岱超、Erol Tutumluer（长江学者讲座教授）、吴昊、王旺、陈晓斌、张升、聂如松、肖源杰、滕继东

研究方向：

- 高速和重载铁路车-轨-路动力仿真及先进试验技术；
- 高速和重载铁路路基填料静、动力性能与演变规律；
- 无砟轨道路基典型病害孕育机理与及整治技术；
- 高速和重载铁路路基状态检测与加固强化方法。

研究成果：近年承担和完成了 973、863、国家自然科学基金（重点）和省部级重点项目和课题 30 多项。发展了岩土极限非线性分析方法与高铁路基沉降计算方法，提出了非饱和土水汽迁移-冻融理论、非饱和土颗粒破碎表征方法、高速铁路路基车-轨-路-地结构系统时空耦合分析方法与基于动力学特性的过渡段刚度匹配的计算优化方法，以及基于动量守恒的泥石流设计优化方法；创建了不影响行车条件下斜向水泥土桩和预应力加固强化铁路路基的设计理论与技术（图 3.4.6~图 3.4.8）。发表 ESI 和 EI 收录论文 70 多篇，出版专著 6 部，编制铁路路基快速检测与强化技术指南 3 本，获省部级科技进步奖一等奖 5 项。多项研究成果纳入了我国《高速铁路设计规范》中，并在武广、京沪、沪宁等高速铁路项目中推广应用。

图 3.4.6　高速铁路路基粗粒土持续　　　　图 3.4.7　轨道-路基 1∶1 动力模型与累积
振动三轴试验研究　　　　　　　　变形试验研究

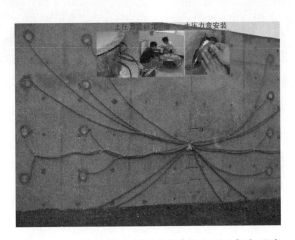

图 3.4.8　高速铁路路桥过渡段现场试验研究

5. 高速铁路工程结构受力性能团队

团队带头人：戴公连。

团队成员：杨孟刚、Issam E. Harik(短期文教专家)、陈华鹏、周朝阳、欧阳震宇、朱志辉、李昀、文颖、刘文硕。

研究方向：

• 高速铁路梁轨相互作用分析理论与应用；

• 高速铁路列车-轨道-结构耦合动力分析理论与应用；

• 桥梁结构强化加固技术。

研究成果：近年来，主持高铁联合基金重点项目等国家自然科学基金项目 9 项、中国铁路总公司重大/重点项目 10 余项。建立了大跨度桥梁与轨道相互作用的非线性多场耦合分析模型，开展了高速铁路多跨长联连续梁桥上无砟无缝线路变形机理及多跨长联连续梁桥-轨道相互机理研究，提出了高速铁路大跨度桥梁桥上无缝线路主要设计参数控制条件；基于开放式混合建模技术、高效并行算法和轮轨空间非线性滚动接触模型，结合虚拟激励法和概率密度法，提出了列车-轨道-桥梁/路基/隧道结构耦合时变系统随机动力学分析方法；研发了桥梁结构FRP快速加固方法和预应力端锚技术（图3.4.9、图3.4.10）。发表SCI/EI论文70多篇，获授权发明/实用新型专利20项，获国家科技进步奖二等奖1项、省部级奖励3项。

图3.4.9　高速铁路斜拉桥节点试验

图3.4.10　列车-轨道-桥梁耦合系统
动力相互作用研究

6. 高速铁路关键工程材料制备与应用技术团队

团队带头人：龙广成。

团队成员：谢友均、邓德华、元强、刘赞群、马昆林、李益进。

研究方向：

- 先进水泥基材料；
- 蒸养混凝土；
- 无机-有机复合功能材料。

研究成果：近年来，团队围绕高速铁路工程结构关键材料理论与技术开展了系列研究，承担了国家973计划课题、国家自然科学基金、中国铁路总公司科技研究开发计划等10余项科研项目，丰富和发展了先进水泥基材料理论，研发了适用于我国高速铁路CRTS Ⅰ型/CRTS Ⅱ型板式无砟轨道充填层的多个品种的水泥乳化沥青砂浆，以及适用于拥有我国自主知识产权的CRTS Ⅲ型板式无砟轨道充填层自密实混凝土制备与应用成套技术（图3.4.11、图3.4.12）。发表论文60余篇，授权发明专利8项，获国家科技发明奖二等奖1项、湖南省自然科学三等奖1项，研发的上述充填层材料应用于十余条高速铁路客运专线建设，应用里程近3000公里。

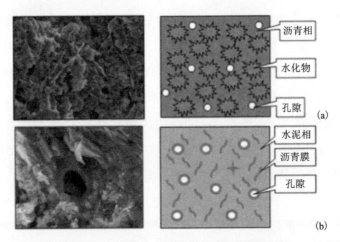

图 3.4.11 硬化水泥乳化沥青浆体的 I 型

(a)和 II 型(b)物理结构模型和 SEM 图

图 3.4.12 现场灌注的水泥乳化沥青砂浆

7. 高速铁路工程结构数字化模拟理论与技术团队

团队带头人：蒲浩。

团队成员：王孟钧、陈辉华、李伟、宋占峰、王青娥、闫斌、李艳鸽。

研究方向：

- 铁路数字选线理论与方法；
- 铁路站场数字化设计理论与方法；
- 铁路线站协同智能优化理论与方法；
- 铁路 BIM+VR 技术研究。

研究成果：近年来，主持国家自然科学基金项目 10 项，横向课题 30 项。提出了以数字地理、空间线位、铁道构造及关联约束等信息为核心的线路信息模型（AIM）理论，构建了基于 AIM 的铁路数字选线技术体系。研发的数字选线系列软件已在国内 80% 以上设计单位推广应用；建立了复杂环境下线路-车站联合优化模型，研发了复杂艰险山区铁路智能选线系统，在川藏铁路泸定—康定段、南美洲两洋铁路等项目中应用；提出了站场关联约束设计方法，研发了面向中间站、区段站、驼峰、枢纽的新一代站场设计系统，已在铁一院应用；研发的高速公路 WebGIS 与 Web3D 集成可视化信息平台已在多条高速公路中应用（图 3.4.13、图 3.4.14）。发表 SCI/EI 论文 60 余篇，申请或获授权发明专利 10 项，获软件著作权 20 余项；获得省部级科技奖 5 项，优秀软件奖 7 项。

图 3.4.13　铁路三维可视化选线设计

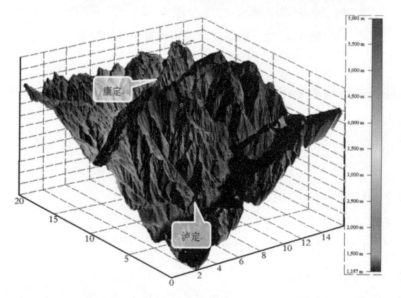

图 3.4.14　复杂山区智能选线理论与方法在川藏铁路中的应用

第 5 节　标志性创新成果

一、成昆铁路旧庄河一号桥预应力悬臂拼装梁

奖项类别：全国科学大会奖、湖南省科学大会奖，1978 年。

本校获奖人员：姜昭恒、裘伯永等。

成果简介：修建成昆铁路时，为了采取新技术，组成了钻孔灌注桩、基础、预应力拼装墩、栓焊梁、拱桥、预应力混凝土梁等新技术战斗组。预应力混凝土梁战斗组又分为串联梁和悬臂施工预应力混凝土梁两个分组。后者选择旧庄河 1 号大桥为试点。结构型式采用 24+48+24 m 悬臂拼装梁，双肢悬臂对称，中间铰结的结构型式。梁为变截面箱形，利用吊架悬臂拼装，不用脚手架。悬臂施工预应力梁分组由铁科院、铁一院、铁二院、铁三院、大桥局、郑州铁路局、铁道兵、西南交通大学、兰州铁道学院和长沙铁道学院等单位派人组成，负责旧庄河 1 号大桥设计与施工。长沙铁道学院派人参加该项工作，具体负责桥墩设计与施工，参加下部结构设计复核以及其他施工工作，历时一年。

二、成昆铁路跨度 54 米空腹式铁路石拱桥

奖项类别：全国科学大会奖、湖南省科学大会奖，1978 年。

本校获奖人员：王承礼等。

三、锚固桩试验

奖项类别：全国科学大会奖、湖南省科学大会奖，1978 年。

本校获奖人员：熊剑、华祖焜、王永和等。

四、喷锚支护在铁路隧道中受力特性与喷射混凝土加固隧道裂损衬砌研究

奖项类别：全国科学大会奖，1978 年。

本校获奖人员：邝国能、韩玉华、陶锡珩、祝正海、谢连城等。

成果简介：本成果系首次将喷射混凝土与锚杆支护技术应用于既有隧道衬砌的裂损整治工程中。成果通过现场和室内试验，从理论上揭示了裂损衬砌喷锚支护作用原理，提出了裂损衬砌加固前后结构内力分析和稳定性评价方法；从技术上提出了采用喷锚支护整治隧道衬砌裂损工艺的主要设计参数和技术标准。喷锚支护技术不但能较好地使裂损衬砌恢复正常运用状态，而且与传统的套拱法整治相比，具有施工时对行车干扰小、施工进度快、造价低等一系列优点。成果由昆明局在碧鸡关隧道试用，后来在成昆、梅集、朝开、图佳、丰沙、宝成、宝天等铁路线推广应用，共整治各种裂损类型的衬砌数十多延长公里，显

示出良好的技术经济效益，为既有隧道的病害治理做出了重大贡献。

五、小流域暴雨洪水之研究

奖项类别：全国科技大会奖，1978 年；全国自然科学奖四等奖，1982 年。

本校获奖人员：詹振炎等。

成果简介：一般的桥梁和涵洞绝大多数没有水文观测资料，雨洪流量估算一般均按恒定流理论，由同时汇流面积乘以径流系数得到洪峰流量。此法的假定不尽合理，计算结果多数偏离实际较大。詹振炎首先提出了基于非恒定流理论，建立坡面流和河槽流两组微分方程，联立求解这两组方程，考虑雨洪演进过程的调蓄作用，由降雨过程推算洪水过程，再由洪水过程得到暴雨最大流量。他所倡议的方法理论严密、概念清晰，可根据实测洪水演进过程验证计算参数。这种方法经无量纲化处理后，由计算机事先解算出洪水演进过程，应用起来十分方便，妥善地解决了小流域桥涵水文计算问题。该方法至今仍在桥涵勘测设计中广泛采用，并被纳入高等学校教材。

六、地基土几种原位测试技术研究

奖项类别：国家科技进步奖三等奖，1990 年；铁道部科技进步奖一等奖，1989 年。

本校获奖人员：陈映南、夏增明、楚华栋等。

成果简介：该成果包括静力触探、旁压试验、动力触探等应用技术和原位测试机理。以原长沙铁道学院为主完成了旁压试验方法与应用的研究。其主要内容是：

（1）旁压试验方法方面：首次提出环刀扩大成孔法，保证了成孔质量；提出了旁压膜约束力标定方法，加荷稳定时间，采用旁压剖面整理资料。鉴定认为：环刀扩大成孔法是一种创新，旁压膜约束力标定方法等明显提高了旁压试验结果的可靠性。

（2）通过黄土和黏性土的荷载-旁压，压缩-旁压对比试验，根据旁压试验机理，提出了确定土体变形性质的 5 个相关公式和相应的确定黄土、黏性土的变形模量、压缩模量的图表；对于旁压试验首次提出了旁压剪切模量的概念，并作为试验参数确定土体的变形性质。鉴定认为：用旁压试验结果通过转换系数（旁压剪切模量）确定土体的变形模量和压缩模量、用 p-V 旁压曲线模拟 p-S 荷载曲线等填补了国内空白，成果居国内领先地位。

（3）根据试验研究内容提出《旁压试验规则（草案）》，成为后来制定原铁道部行业规程《铁路工程地基土旁压试验规程》的蓝本。

七、列车-桥梁时变系统横向振动分析理论与应用

奖项类别：国家科技进步奖三等奖，1999 年。

本校获奖人员：曾庆元、郭向荣、郭文华、王荣辉、江锋、张麒、吕海燕、朱汉华、陈淮、杨仕若、骆宁安、杨毅、杨平、颜全胜、田志奇。

获奖单位：中南大学（1）（原长沙铁道学院）。

成果简介：提出了弹性系统动力学势能驻值原理及系统力素矩阵直接拼装法，直接建立了车桥时变系统空间振动矩阵方程。提出了以构架实测蛇行波为激振源的车桥系统横向振动的确定性分析方法和车桥时变系统横向振动随机分析的构架人工蛇行波分析方法。提出了铁路桥梁横向刚度限制的分析理论与分析结果，计算了九江长江大桥拱桁体系钢梁桥等五座桥梁的横向刚度，与桥建成后的测试效果一致。算出了提速货车作用下，上承钢板梁桥的最大横向振动响应（振幅、摇摆力、轮压减载率等），与实测最大值接近。对数种跨度上承钢板梁桥的多种加固方案与列车系统的空间振动进行了大量计算，为新建铁路桥梁的设计、提速、重载状态下既有线桥梁的加固等提供依据，取得了较大的经济效益和社会效益。

八、多塔斜拉桥新技术研究

奖项类别：国家科技进步奖二等奖，2003 年；湖南省科技进步奖一等奖，2002 年。

本校获奖人员：陈政清（5）。

获奖单位：中南大学（3）。

成果简介：该项目解决了洞庭湖大桥设计及施工中的关键技术难题。首次对多塔 PC 斜拉桥的基本性能进行了系统研究，探索出了一整套提高多塔结构整体刚度、降低尾索应力幅的有效方法，率先实现了不设稳定索和辅助墩的多塔 PC 斜拉桥结构；提出了确定多塔 PC 斜拉桥合理施工状态的正装迭代法及合理成桥状态的最优化方法。

中南大学的主要贡献：在国内最先实现了风洞试验测定桥梁颤振导数的强迫振动法，为我国桥梁风洞试验技术发展做出了贡献，大大提高了颤振导数测定的准确性；在国内首次开展拉索振动的定量观测研究，成功开发和安装了世界上第一个采用现代磁流变控制技术的拉索减振系统。该系统可使每根索都处于最佳减振状态，为拉索减振开辟了一个新的有效途径；提出了索塔预应力优化布置的概念，通过敏感性研究，得到了不同方案优化布束的理论解答；开发了适应多塔斜拉桥构造特点的系列施工及控制技术，包括配置空间转动锚座和水平止推装置的新一代前支点挂篮、基于人工神经网络（ANN）的施工控制技术等。

九、钢-混凝土组合结构关键技术的研究及应用

奖项类别：国家科技进步奖二等奖，2005 年；湖南省科技科技进步奖一等奖，2003 年。

本校获奖人员：余志武（2）、李勇、蒋丽忠（4）、欧阳政伟、周凌宇（6）、罗小勇（7）、樊健生、陈宜言、郭风琪（10）。

获奖单位：中南大学（1）、湖南中大建科土木科技有限公司（5）。

成果简介：在国内首先开展了预应力钢–混凝土组合梁受力性能和设计方法的系统研究，在理论分析、试验研究和工程应用等方面取得了一系列创新性成果，独创性地建立了考虑滑移效应影响的钢–混凝土组合梁变形分析理论：滑移–挠度耦合法；提出了预应力钢–混凝土组合梁成套设计方法及加固计算与设计方法，包括极限承载力计算、弯矩调幅、开裂荷载、裂缝宽度、变形及延性计算方法和相应的构造措施，进一步丰富和完善了我国钢–混凝土组合结构设计规程。本项目研究成果已在国内多项实际工程中推广应用，提出了多种新型组合结构体系，在国内外率先提出了预制装配可拆式预应力钢桁–混凝土叠合板组合梁结构体系，成功应用于三峡永久船闸临时施工桥；发展了大跨度预应力钢–混凝土连续组合梁结构体系，成功应用于国内多座城市立交桥中；研究开发了预应力钢–混凝土组合结构加固技术，成功应用于长沙市八一路跨线桥等三项工程中。取得了直接经济效益数千万元和间接经济效益逾亿元。

十、铁路大跨度钢管混凝土拱桥新技术研究

奖项类别：国家科技进步奖二等奖，2005 年；贵州省科技进步奖一等奖，2004 年。

本校获奖人员：郭向荣(11)。

获奖单位：中南大学(5)。

成果简介：本课题是原铁道部在水柏铁路结合工程的重点科技攻关项目，科研工作贯穿于设计和施工的全过程。课题研究紧紧围绕北盘江大桥的设计与施工进行，在完成课题的同时建成了北盘江大桥。北盘江大桥为我国第一座铁路钢管混凝土拱桥，主跨 236 m，是当前我国最大跨度的铁路拱桥，同时也刷新了两项拱桥世界纪录，成为目前世界上最大跨度的铁路钢管混凝土拱桥和最大跨度的单线铁路拱桥，其桥型(上承式提篮拱)、钢管混凝土、焊接管结构均为我国铁路桥梁首次采用，钢管拱桁架采用有平衡重单铰平转法施工，转体施工重量达 10400 t，为当前单铰转体施工最大重量。中南大学作为参加单位对铁路大跨度钢管混凝土拱桥进行了车桥耦合的列车走行性分析，提出了满足大桥横向刚度的具体结构措施，为设计提供了科学依据。对拱肋及其横向联结系的构造尺寸进行了多次的优化比选，使拱桥各部结构成为满足动力特性和铁路运营安全的最合理结构。

十一、柔性桥梁非线性设计和风致振动与控制的关键技术

奖项类别：国家科技进步奖二等奖，2007 年；湖南省科技进步奖一等奖，2006 年。

本校获奖人员：杨孟刚(8)、何旭辉(9)。

获奖单位：中南大学(4)。

成果简介：本课题经过历时 17 年的研究与应用，取得的主要研究成果有：(1)在国际上创立了严格的空间杆系结构大挠度问题内力分析的 UL 列式法，开发了柔性桥梁非线性计算的关键技术，解决了当时我国没有空间非线性分析程序、从美国引进的非线性程序

ADINA 计算效率低且不能分析实际大型桥梁的难题。(2)针对当时桥梁颤振三维分析方法存在的双参数搜索费时且要人工干预的缺点,在国际上提出了桥梁颤振分析的多模态参与单参数搜索的 M-S 法,简化了计算,实现了分析过程自动化,可供工程技术人员直接应用。(3)开发了"大跨桥梁空间静动力非线性分析软件(NACS 程序)""基于 ANSYS 的大跨桥梁多模态和全模态颤振分析系统软件""悬索桥施工过程分析系统 LSBA 程序",并与多种解析分析方法相结合,形成了一整套柔性桥梁非线性设计方法,用于我国最早修建的两座现代悬索桥及其他重大桥梁,解决了大跨柔性桥梁非线性设计的关键技术难题。(4)为治理斜拉桥拉索风雨振病害做出了重大贡献。在国内首次进行了长达 4 年的拉索风雨振现场观测,获得了风雨振特性及风速、风向、雨量、风紊流度对拉索振动的影响规律,为认识和控制风雨振提供了重要依据;发明了无需电源的永磁调节式磁流变阻尼器,开发了整磁流变拉索减振设计理论与方法,并成功应用于洪山大桥和浏阳河大桥。

十二、大跨度低塔斜拉桥板桁组合结构建造技术

奖项类别:国家科技进步奖一等奖,2009 年。

本校获奖人员:叶梅新(8)。

获奖单位:中南大学(5)。

成果简介:(1)完成了剪力连接件的选材、选型工作,选取 Φ22 和 Φ25 的栓钉(用 ML15 棒材制成)为剪力连接件,并制定了栓钉及其焊接质量检验标准。该标准对栓钉质量检验、焊接工艺规范、焊接质量检验、生产焊接控制等都作了明确、具体、详细的规定。(2)完成了芜湖桥混凝土桥面系与钢桁结合梁(非受拉区)的设计条文(规范)和条文说明。对设计总则、位移计算、内力计算、应力计算、剪力连接件(包括静、动承载力的规定,各种作用效应的计算,布置和构造要求等)等都做了详尽的规定。(3)对受拉区板桁结合梁做了对比试验和综合模拟试验,研究了预制混凝土板之间、预制混凝土板与现浇混凝土板之间的纵向、横向连接,混凝土中裂纹的分布、扩展和控制,混凝土出现微裂缝后剪力连接件的受力行为和传力性能,结合梁的刚度变化、应力分布变化和极限承载力等问题,为芜湖桥受拉区板桁组合结构提供了合理的结构形式和设计依据。

该成果不仅满足了芜湖桥板桁组合结构的设计、施工和监理的需要,确保了施工质量和工期,而且也已被其他许多结合梁桥的设计、施工所广泛采用和借鉴。

十三、列车过桥动力相互作用理论、安全评估技术及工程应用

奖项类别:国家科技进步奖二等奖,2009 年;贵州省科技进步奖一等奖,2004 年。

本校获奖人员:郭向荣(7)。

获奖单位:中南大学(4)。

成果简介:随着我国铁路列车进一步提速,特别是随着高速(快速)客运专线的全面建

设，列车通过桥梁时的动态安全性及乘坐舒适性成为重大关键技术问题。车线桥动力仿真分析已成为新桥设计、旧桥加固不可缺少的理论检算依据。本研究为了适应这一需要，对列车过桥动力相互作用理论、安全评估技术及工程应用对列车通过桥梁时的车桥系统动力相互作用理论、安全评估技术及工程应用进行了深入的研究。以此为基础，首次从机车车辆、轨道及桥梁整体大系统的角度，详细考虑各种影响因素，并综合研究列车过桥安全性、平稳性与桥梁动力特性，开发了具有自主知识产权的列车–线路–桥梁动力学仿真分析大型综合软件 TTBSIM。中南大学作为参加单位共同研发了 TTBSIM，提出了一类特殊梁段单元，从而有效提高了 Π 梁、多片 T 梁及结合梁等典型桥梁的建模效率和分析精度。

十四、混凝土桥梁服役性能与剩余寿命评估方法及应用

奖项类别：国家科技进步奖二等奖，2011 年。

本校获奖人员：余志武(3)、蒋丽忠(9)。

获奖单位：中南大学(3)。

成果简介：按不同的老化阶段，对混凝土桥梁构件进行了静载和反复荷载下的破坏性试验，考虑不同跨径影响，确定了桥梁破坏形态，建立了疲劳破坏模型，考虑抗力衰减随机过程，依据混凝土桥梁类型，建立了构件疲劳极限状态方程，依据混凝土桥梁中各构件(包含混凝土梁桥的各主梁、桥墩及临时固结体系、桥台、基础及混凝土拱桥的主拱圈、墩台、拱上建筑、横系梁及临时固结体系等)的空间位置、相互结构联系、重要程度以及现阶段安全状况，提出了各部分在复杂桥梁系统的串并联方式判别方法。考虑随机移动荷载及抗力衰减随机过程的影响，基于桥梁系统中各构件的串并联方式，应用 Monte Carlo 法或 JC 法对混凝土桥梁在不同使用时间内不同车辆荷载循环次数及荷载截口分布参数提出了结构疲劳时变可靠指标。依据车辆荷载出现频率的统计规律及增长趋势的预测方法，结合不同使用年限内混凝土桥梁的疲劳可靠指标计算结果，确定了混凝土桥梁疲劳剩余寿命的计算方法。

十五、长大跨桥梁结构状态评估关键技术与应用

奖项类别：国家科技进步奖二等奖，2013 年。

本校获奖人员：何旭辉(7)。

获奖单位：中南大学(4)。

成果简介：(1)长大跨桥梁结构健康监(检)测关键技术。首次建立了融合数据采集、在线模态分析和状态评估等功能的大型桥梁健康监测系统；攻克了桥梁缆索腐蚀、断丝无损检测的难题；提出了多种异常数据识别、特征分离及数据异常特征库构建的方法，首次实现了对系统自身状态的有效评定。(2)长大跨桥梁风特性及风致抖振精细分析方法。提出了斜风作用下长大跨桥梁抖振响应的精细化时域计算方法和紊流功率谱密度精细化模

拟方法；并基于长期实测数据库建立了桥址区强/台风非平稳风速模型，提高了风致灾变模拟和评估的针对性和准确性。(3)长大跨桥梁疲劳损伤演化模型与多尺度分析方法。建立了桥梁疲劳损伤的非线性演化模型和疲劳寿命评估模型的更新方法；首次建立了疲劳损伤非线性累积过程的仿真策略；并提出了基于多因素、多目标同步优化的模型修正技术，从而真实地再现了疲劳裂纹萌生和扩展的全过程。(4)长大跨桥梁的时变可靠度评估方法。提出了三种具有不同适用范围的钢桥疲劳可靠度评估方法，并用于在役桥梁的维护加固决策；提出了一套基于随机有限元的时变可靠度评估方法和含损结构的体系可靠度数值模拟联合算法，显著地提高了计算的精度和效率。

中南大学的主要贡献：针对大跨度斜拉桥拉索风雨振和既有公铁两用桥梁状态评估的关键问题，开展了系统深入的研究。基于多尺度理论，建立了斜拉索风雨振非平稳风速模型，研究了洞庭湖大桥风雨振时实测风速非平稳的风场特性；开展了"南京长江大桥安全监测与评估系统"项目研究，基于南京长江大桥结构健康监测数据，建立了该桥的基准有限元模型，提出将经验模态分解和随机减量技术相结合的方法来识别结构的模态参数，提高了参数识别的精度和效率；提出了基于结构健康监测数据的既有公铁两用钢桁梁桥的疲劳损伤可靠性分析方法，有效评估了大桥的运营状态和剩余寿命。上述成果成功用于岳阳洞庭湖大桥拉索风雨振控制分析和南京长江大桥的安全监测和状态评估。

十六、新型自密实混凝土设计与制备技术及应用

奖项类别：国家技术发明奖二等奖，2013 年。
本校获奖人员：余志武(1)、谢友均(2)、龙广成(6)。
获奖单位：中南大学(1)。
成果简介：(1)发明了基于浆体-骨料稳定性调控的高性能 SCC 组成设计方法，揭示了物性差异显著的骨料、浆体混合共存的悬浮流体体系的静、动态稳定机制，建立了表征 SCC 中浆体与骨料构成的骨料间距模型，确立了 SCC 的最佳骨料和浆体组成计算的理论依据。(2)发明了非吸附型增稠多功能外加剂技术揭示了疏水主链与水分子氢键缔合作用机理，协同了接枝共聚物官能团的静电排斥、空间位阻效应及超细粉体的减水稠化效应，解决了 SCC 高流动性与抗离析性之间的根本矛盾，突破了低粉体材料用量条件下难以实现"自密实"等技术障碍，使 SCC 单方水泥用量与国外同比节省约 30%，综合成本同比节约 15%。(3)发明了基于静动态充填性、抗离析性的 SCC 工作性测试方法和基于诱导开裂、实时跟踪的 SCC 抗裂性检测方法及检测装置，建立了 SCC 质量评定方法和控制技术体系，实现了拌合物工作性的快速有效评价，解决了国内外已有试验方法因裂缝出现位置和初裂时间随机而难以评价其抗裂性能的技术难题。(4)发明了高工作性、高抗裂性新型自密实混凝土制备与应用技术，攻克了高速铁路无砟轨道结构充填层均匀充填密实的难题；发明了现浇混凝土构件与加固工程构件高质量施工工艺；编制了我国第一本高性能自密实

混凝土设计与施工指南。

十七、浅埋跨海越江隧道暗挖法设计施工与风险控制技术

奖项类别：国家科技进步奖二等奖，2016 年；河南省科技进步奖一等奖，2013 年。

本校获奖人员：彭立敏(1)、施成华(15)。

获奖单位：中南大学(5)。

成果简介：本成果依托长沙市营盘路湘江隧道工程，与中铁隧道集团一道，(1)建立了基于工程控制措施的水下隧道最小埋深确定方法，采用该方法确定营盘路湘江隧道的最小埋深为 11.5 m，隧道覆跨比仅为 0.46，较国内外既有水下隧道埋深确定方法得到的埋深减小 5 m 以上，减少隧道长度近 400 m，满足了隧道东、西两岸接地点的位置要求，充分发挥了隧道的交通疏解功能。(2)建立了注浆及不注浆加固条件下，考虑地下水渗透力作用的水下隧道断层破碎带掌子面稳定系数的理论分析方法，为水下隧道施工掌子面突涌水风险分析提供了理论依据。(3)建立了水下隧道施工动态风险管理流程，提出了利用功效系数法综合考虑定性监测指标和定量指标来动态评价隧道各开挖步下的风险，研发了相应的隧道施工动态风险管理软件系统，确保了隧道的施工安全。成果成功解决了长沙市营盘路湘江隧道浅埋大断面隧道设计施工、风险控制等技术难题，对拓展我国城市越江通道的建设思路，推动越江隧道工程的全面发展和技术进步具有重大意义。

十八、高速铁路特长水下盾构隧道工程成套技术及应用

奖项类别：国家科技进步奖二等奖，2017 年。

本校获奖人员：徐志胜。

获奖单位：中南大学(7)。

成果简介：高速铁路水下盾构隧道建造面临结构安全保障、轨道平顺性控制、水下长距离安全掘进、运营舒适性与防灾疏散等世界性难题。针对世界上没有高速铁路水下盾构隧道、我国没有特长水下隧道及没有大直径盾构穿越土岩复合地层的技术现状，本项目历经数年联合攻关，系统解决了特长高速铁路水下隧道工程设计、施工、装备、运营中的诸多难题，形成了成套创新技术。项目成果打破了我国铁路"遇水架桥"的常规思维，突破了高速铁路水下盾构隧道的技术瓶颈，极大发展了世界高速铁路修建技术和现代盾构技术，总体达到国际先进水平，多项关键技术达到国际领先水平，极大推进了本领域的科技进步，对后续工程起到了引领和示范作用，并为更长、更大水深隧道的建设奠定了基础。

十九、高速铁路高性能混凝土成套技术与工程应用

奖项类别：国家科技进步奖二等奖，2019 年。

本校获奖人员：谢友均(3)、龙广成(8)。

获奖单位：中南大学(2)。

成果简介：(1)提出了高铁高性能混凝土微结构优化设计-法，发展了混凝土高性能化理论。揭示了动载-环境作用下混凝土性能劣化机理，建立了"多元胶材体系协同效应计算模型""考虑骨料形貌特征的浆-骨界面结构参数计算模型""水泥石微缺陷自愈合效果评价计算模型"，提出了基于浆体密实、界面过渡区强化、微缺陷自愈合的高性能混凝土微结构优化设计方法，为调控服役条件下高铁混凝土的动态力学性能、物理几何形态、长期耐久性能奠定理论基础。(2)开发出调控高铁混凝土性能新技术，研制出系列匹配高铁新结构的高性能混凝土。提出利用胶材梯级水化机制调控高性能混凝土强度发展新方法，研制出轨道板/枕用高早强抗疲劳混凝土(抗疲劳次数大于 400 万次)，解决了大规模快速生产轨道板/枕时高早强混凝土抗疲劳性能下降的难题；提出采用矿物掺合料改善预应力蒸养混凝土徐变性能的方法，研制出预制箱梁低徐变混凝土，徐变系数比普通混凝土降低40%，为解决预制箱梁徐变上拱易超限难题提供技术支撑，突破了铁路预应力混凝土严禁使用矿物掺合料的禁区；开发出调控混凝土湿度和变形的内养护剂，研制出现浇道床板用低收缩高抗裂混凝土，使道床板裂缝数量减少 80% 以上，突破了长大连续条带状无砟轨道建造技术瓶颈。(3)创新了高铁混凝土施工性能精准控制技术，建立了高铁混凝土质量保障技术标准体系。开发出基于原材料性能实时监测的混凝土配合比动态调控系统，创新了面向耐久性的新拌混凝土关键参数快速检测方法，提出了保障高铁高性能混凝土施工质量新指标，构建了混凝土材料、设计、施工、验收技术标准体系，确保了在跨地域、变气候、多环境条件下高铁高性能混凝土的施工质量。

二十、高层钢-混凝土混合结构的理论、技术与工程应用

奖项类别：国家科技进步奖一等奖，2019 年。

本校获奖人员：周期石(10)。

获奖单位：中南大学(10)。

成果简介：(1)研发了系列新型的高层混合结构体系，引领了我国高层混合结构的发展。创建了钢管约束混凝土混合结构体系，提出了钢管约束型钢混凝土柱，将钢管约束钢筋混凝土概念从结构加固领域引入新建结构领域；提出了交错桁架-钢管混凝土框架混合结构体系；提出了钢管混凝土异形柱框架混合结构体系；提出了适用于超高层建筑的支撑巨型框架-核心筒、外交叉网筒-核心筒等超高层复杂混合结构体系。通过系列结构体系的创新，引领了我国高层混合结构的发展。(2)创建了高层混合结构的分析方法和设计理论，为我国高层混合结构的发展提供了理论支撑。建立了钢管约束混凝土柱、钢管混凝土异形柱、钢-混凝土组合巨柱、预应力混凝土带肋叠合楼板等新型构件及框架梁柱节点、交叉网筒节点、复杂混合节点的静力、抗震和抗火分析理论与方法，提出了承载力计算理论。针对新型混合结构体系，探明了工作机理，提出了地震、偶然灾害、长期荷载、人致振

动荷载等作用下的结构工作机理，提出了抗震、抗倒塌、徐变、人-楼盖耦合振动等分析理论和方法，建立了包括静力、抗震、抗火、抗倒塌、振动舒适度等性能的完整设计理论。（3）研发了高层混合结构的建造技术，引领了我国高层混合结构的装配式建造技术发展。研发了钢管约束混凝土框架节点、交错桁架-钢管混凝土框架的桁架节点和梁柱节点、钢管混凝土异形柱框架节点、交叉网筒节点、组合巨柱-巨型支撑-桁架框架梁等新型混合结构节点形式及其深化设计技术，研发了新型的预制预应力混凝土带肋叠合楼板及其连接技术，研发了装配式围护体系与主结构的连接技术。针对各种新型混合结构体系，分别开发出了相应的结构整体装配施工技术。

二十一、强风作用下高速铁路桥上行车安全保障关键技术及应用

奖励类别：国家科技进步奖二等奖，2019 年。

本校获奖人员：何旭辉（1）、邹云峰（3）、郭文华（4）、敬海泉（8）、郭向荣（10）。

获奖单位：中南大学（1）、高速铁路建造技术国家工程实验室（7）。

成果简介：我国高速铁路桥梁占线路里程比例平均 50% 以上，最高达 94.2%，公交化运行的高速列车在时空上均很难避免强风环境下的桥上行车。相比平地路基，桥梁结构柔、桥面风速大，车辆与桥梁之间动力相互作用显著、气动干扰效应复杂，强风作用下高速铁路桥上行车安全问题面临更大挑战。项目组针对高速铁路车-桥系统气动特性试验验证、动力响应精准预测和桥上行车安全保障三大技术难题，经过 10 余年的理论和技术创新，在高速铁路移动车-桥风洞试验新技术、风-车-桥耦合振动理论分析新方法、车-桥系统气动防风新装置等方面取得了重大突破：①自主研建了国际领先的高速铁路风洞及横风-移动车-桥试验系统，为高速铁路车-桥系统气动特性识别提供了成套技术装备；②建立了强风作用下高速铁路车-桥系统耦合振动精细化分析方法，发展和完善了车-桥系统动力响应分析和安全评估理论；③提出了高速铁路车-桥系统多目标的协同抗风设计方法，创建了强风作用下桥上行车安全的综合保障技术。

本项目共获国家授权发明专利 13 项、实用新型专利 15 项、软件著作权 5 项，发表 SCI 论文 35 篇、EI 论文 50 篇，出版专著、教材各 1 部。主要成果纳入《高速铁路设计规范》，成功应用于 40 余座受强风影响的高速铁路重大桥梁工程，有力推动了我国高速铁路桥梁动力设计的技术进步，保障了强风作用下车-桥系统的运营安全，大幅提高了风期运能，社会和经济效益显著。评估专家一致认为"达到国际领先水平"，并分别获得湖南省科技进步奖一等奖和中国铁道学会铁道科技奖一等奖。

二十二、高速列车-轨道-桥梁系统随机动力模拟技术及应用

奖项类别：国家技术发明二等奖、2019 年。

本校获奖人员：余志武（1）、蒋丽忠（2）、朱志辉（4）、国巍（5）。

获奖单位：中南大学（1）。

成果简介：（1）发明了高速列车–轨道–桥梁系统车振与地震动力性能物理随机模拟技术。创建了国内外唯一的高速列车作用下轨道–桥梁系统空间振动响应足尺模拟装置和地震作用下多功能台阵随机模拟装置，解决了车振和地震作用随机模拟与同步控制技术难题。完成了我国各类轨道–桥梁系统高频移动荷载下足尺模拟试验和80%以上轨道–桥梁系统振动台试验，获取了该动力系统主要设计参数的统计特征，为高速列车–轨道–桥梁系统数值随机模拟技术和新型抗震与减隔震技术的研发提供了支撑。（2）发明了高速列车–轨道–桥梁系统动力与抗震性能数值随机模拟技术。创立了列车和地震作用下基于混合、时空异步长模型、开放式建模和概率密度演化理论的轨道–桥梁系统随机分析方法，建立了基于结构可靠性、行车安全性和乘车舒适性三个层面的列车–轨道–桥梁系统动力可靠度评定方法，揭示了高速列车–轨道–桥梁系统动力响应随机特性和轮轨随机接触特征，解决了该系统动力性能数值随机模拟难题，提高了高速列车–轨道–桥梁系统动力分析和评估的科学性与合理性，为高速铁路桥梁优化设计与系统安全防控提供了技术支撑。（3）发明了基于行车安全性能的高速铁路轨道–桥梁系统新型抗震与减隔震技术。提出了高速铁路轨道–桥梁多重高维随机系统"两状态三水准"抗震设防新理念和系统抗震设计新方法，发明了基于行车安全性能的高速铁路桥梁减隔震系列产品，形成了多摩擦副运动匹配、触发式功能转化、摩擦系数与隔震周期调控等减隔震成套技术，解决了高速列车–轨道–桥梁随机系统抗震与减隔震关键技术难题。完成了我国8度以上高烈度地震区桥长约46万米铁路桥梁动力设计与减隔震技术应用，安全防控产品占全国铁路市场销售额50%以上。

第1节　本(专)科生培养

一、专业建设与发展概况

中南大学土木类各专业源自 1953 年 10 月成立的中南土木建筑学院铁道建筑专业、桥梁与隧道专业、工业民用建筑专业、公路与城市道路专业(四年制),工业与民用建筑、铁道选线设计、桥梁结构专业 3 个专修科及桥梁、隧道 2 个专门化专业(二年制)。当时在教学体制方面,学习苏联先进经验,分设专业培养专门人才。1955 年本科学制由四年制改为五年制,除本科外,另设有二年制专修科。

1960 年 9 月长沙铁道学院成立时,设置的与土木工程学院相关的专业有铁道建筑、桥梁与隧道、工业与民用建筑、应用力学(现为工程力学)4 个。除应用力学专业学制为四年外,其他专业学制均为五年。铁道建筑、桥梁与隧道专业从四年级起分为桥梁专门化、隧道及地下铁道专门化。1961 年 10 月,为贯彻《高等学校暂行工作条例》(即《高教 60 条》),调整学校规模,仅保留了基础较好的 2 个专业,即铁道建筑、桥梁与隧道,学制仍为五年,工业与民用建筑、应用力学 2 个专业停办。

1966 年 6 月“文化大革命”开始后,停止招收新生。1970—1976 年,铁道工程、桥梁与隧道专业合并为铁道工程专业,招收学制三年的工农兵学员。其间于 1976 年还招收过一届(1 个班)工业与民用建筑专业的工农兵学员。

1977 年恢复全国统一高考制度,恢复招收铁道工程专业四年制本科生。1978 年工业与民用建筑四年制本科专业开始招生。

1984 年,应铁道部大桥工程局等单位的要求,接受委托培养桥梁专业四年制本科生。1985 年增设铁道工程和建筑管理 2 个专科专业。1987 年,铁道工程专业被批准为铁道部重点专业。1988 年 9 月,建筑管理工程本科专业正式开始招生。1989 年,桥梁工程本科专业正式恢复招生。

1994年，工业与民用建筑专业改称建筑工程专业。1995年，按照国家新的专业目录要求，铁道工程、桥梁工程专业合并更名为交通土建工程专业；建筑管理专业改称管理工程专业；增设建筑学专业（五年制）。同年，交通土建专业被批准为湖南省第一批重点建设专业。

1997年4月，建筑工程被批准为湖南省第二批重点建设专业，并于6月通过了全国高等院校建筑工程专业教育评估委员会评估。同年，管理工程专业更名为建筑管理工程专业。

1998年9月，实行按大类培养，土木类各本科专业合并统称土木工程专业（分桥梁工程、建筑工程、道路与铁道工程、隧道及地下结构工程方向），另还有工程管理（建筑管理工程专业更名为工程管理）、建筑学2个本科专业。

2000年4月，长沙铁道学院与中南工业大学、湖南医科大学合并组建中南大学。同年，土木建筑学院增设工程力学专业；2002年5月，原中南工业大学土木工程专业和原长沙铁道学院建筑环境与设备工程专业并入土木建筑学院。至此，土木建筑学院设置有土木工程、工程管理、建筑学、工程力学、建筑与设备工程6个本科专业。

2004年，增设消防工程本科专业，招收第一届本科生。5月土木工程通过建设部组织的土木工程专业评估。2005年9月，建筑环境与设备工程专业划归能源科学与工程学院。土木工程学科成立特色教育本科班"天佑班"（"以升班"）。

2006年，工程管理专业通过了建设部组织的工程管理专业评估。

2007年12月，土木工程专业被批准为国家"第一类特色专业建设点"。

2008年6月，建筑学专业通过建设部专业评估同时批准授予建筑学专业学士学位。9月，学校开始在新一届学生中全面实施按大类培养方案，即第1学年按土建类（分土木类和建筑类）培养，第2年起再分专业培养。

2009年6月，土木工程通过住房和城乡建设部（简称住建部）土木工程专业评估委员会复评，城市规划专业通过住建部专业评估。9月，开办第一届"3+1"土木工程高级工程人才（卓越工程师）实验班，为全校首批7个专业之一。

2010年9月26日，建筑与城市规划系与艺术学院合并组建中南大学建筑与艺术学院，建筑学和城市规划专业划归建筑与艺术学院。至此，土木工程学院有土木工程、工程管理、工程力学和消防工程4个本科专业。

2011年，工程管理专业通过了住建部工程管理教育评估委员会组织的专业复评。同年，土木工程专业被教育部和财政部联合批准为全国专业综合改革试点专业。

2012年，教育部学位与研究生教育发展中心发布2009—2012年学科评估结果，中南大学土木工程一级学科排名第7。

2015年，中南大学恢复铁道工程专业本科招生。

2017 年，土木工程学科全国第四轮学科评估成绩为 A⁻，同年土木工程一级学科被中南大学定位为双一流建设学科。

2018 年，开始实施土木安全类本科生大类招生。

2019 年，铁道工程专业通过湖南省本科专业评估。土木工程专业和工程管理专业成为首批国家一流本科专业建设点、铁道工程专业和消防工程专业成为首批湖南省一流本科专业建设点。实施卓越工程师 2.0 计划，启动选拔成立土木工程专业卓越人才培养计划实验班。

2020 年，消防工程专业成为国家一流本科专业建设点，工程力学专业成为湖南省一流本科专业建设点。土木工程专业通过工程教育认证。"地下铁道"和"材料力学"课程被认定为国家线上一流本科课程，"隧道工程"课程被认定为国家线上线下混合一流本科课程。

二、培养方案

建校 60 多年来，随着社会人才需求变化和科技进步，中南大学土木工程学院各专业在不同历史时期有不同的人才培养目标、培养要求和课程学时分配。以下是现阶段各本科专业人才培养方案。

（一）土木工程

1.培养目标

面向土木工程行业未来发展方向，以立德树人为根本任务，推行"价值塑造+知识传授+能力培养+智慧启迪"的人才培养理念，培养具有"实干担当精神、社会精英素养、行业领军能力"的土建类工程应用型和创新研究型人才。毕业生应具有社会主义核心价值观、良好的人文科学素养、扎实的自然科学基础与土木工程专业基础，掌握土木工程专业知识与规范，获得土木工程师基本训练，注重工程实践能力、社会适应能力、创新创业能力和终身学习能力以及广阔的国际视野，注重土木工程与环境协调发展，了解行业前沿发展现状和趋势，符合国家工程教育认证标准。培养能在国、内外大型土木工程建筑企业、高等学校和科研院所等企事业单位从事规划、设计、施工、管理和科学研究的高级专业人才和后备管理人才。

2.毕业学分要求

达到学校对本科毕业生提出的德、智、体、美等方面的要求，完成培养方案课程体系中各教学环节的学习，最低修满：公路工程方向 180 学分，建筑工程方向 180 学分，桥梁工程方向 180 学分，隧道工程方向 180 学分，毕业设计（论文）答辩合格，方可准予毕业（表4.1.1）。

表 4.1.1 土木工程毕业学分要求

课程模块类别		必修课		选修课		合计		占总学分比例(%)
		学分	学时(周)*	学分	学时(周)	学分	学时(周)	
理论教学	课堂讲授	92.4	1510+0 周	29.7	475+0 周	122.1	1985+0 周	67.83
	课内实践	10.6	146+3 周	2.3	36+0 周	12.9	182+3 周	7.17
	合计	103	1656+3 周	32	511+0 周	135	2167+3 周	75
实践教学	集中实践环节	35	0+35 周	3	3+3 周	38	3+38 周	21.11
	单独设课实验课	3	96+0 周	0	0+0 周	3	96+0 周	1.67
	个性培养	0	0+0 周	4	16+4 周	4	16+4 周	2.22
	合计	38	96+35 周	7	19+7 周	45	115+42 周	25
合计		141	1752+38 周	39	530+7 周	180	2282+45 周	100

注：此部分，若数字后无"周"，则表示单位为学时，反之，则表示单位为周。全书同。

(二)土木工程(中南大学–澳大利亚蒙纳士大学中外合作办学项目、土木国际)

1. 培养目标

面向土木工程行业未来发展方向，以立德树人为根本任务，推行"价值塑造+知识传授+能力培养+智慧启迪"的人才培养理念，培养具有"实干担当精神、社会精英素养、行业领军能力"的土建类国内外工程应用型和创新研究型人才。毕业生应具有社会主义核心价值观、良好的人文科学素养、扎实的自然科学基础与土木工程专业基础，掌握土木工程专业知识与规范，获得土木工程师基本训练，注重工程实践能力、社会适应能力、创新创业能力和终身学习能力以及广阔的国际视野，注重土木工程与环境协调发展，了解国际土木工程专业规范和行业前沿发展现状和趋势，符合中国、澳大利亚土木工程教育认证标准。培养能在国、内外大型土木工程建筑企业、高等学校和科研院所等企事业单位从事规划、设计、施工、管理和科学研究的高级专业人才和后备管理人才。

2. 毕业学分要求

达到学校对本科毕业生提出的德、智、体、美等方面的要求，完成培养方案课程体系中各教学环节的学习，最低修满 180 学分，毕业设计(论文)答辩合格，方可准予毕业(表 4.1.2)。

表4.1.2 土木工程(中南大学-澳大利亚蒙纳士大学中外合作办学项目、土木国际)毕业学分要求

课程模块类别		必修课		选修课		合计		占总学分比例(%)
		学分	学时(周)	学分	学时(周)	学分	学时(周)	
理论教学	课堂讲授	95.6	1562+0周	25.7	411+0周	121.3	1973+0周	67.39
	课内实践	14.4	234+4周	2.3	36+0周	16.7	270+4周	9.28
	合计	110	1796+4周	28	447+0周	138	2243+4周	76.67
实践教学	集中实践环节	35	96+32周	3	0+3周	38	96+35周	21.11
	单独设课实验课	0	0+0周	0	0+0周	0	0+0周	0
	个性培养	0	0+0周	4	16+4周	4	16+4周	2.22
	合计	35	96+32周	7	16+7周	42	112+39周	23.33
合计		145	1892+36周	35	463+7周	180	2355+43周	100

(三)土木工程(中南大学-尼日利亚艾哈迈杜贝洛大学"3+2"留学生项目、中土国际)

1.培养目标

为目标国培养交通基础设施(包括道路工程、铁道工程、桥梁工程、隧道与地下工程、建筑结构工程)规划、设计、施工、管理和科学研究的高级专业人才。

2.毕业学分要求

达到学校对本科毕业生提出的德、智、体、美等方面的要求,完成培养方案课程体系中各教学环节的学习,最低修满75学分,毕业设计(论文)答辩合格,方可准予毕业(表4.1.3)。

表4.1.3 土木工程(中南大学-尼日利亚艾哈迈杜贝洛大学"3+2"留学生项目、中土国际)
毕业学分要求

课程模块类别		必修课		选修课		合计		占总学分比例(%)
		学分	学时(周)	学分	学时(周)	学分	学时(周)	
理论教学	课堂讲授	35	560+0周	2	32+0周	37	592+0周	49.33
	课内实践	1	32+0周	0	0+0周	1	32+0周	1.33
	合计	36	592+0周	2	32+0周	38	624+0周	50.67
实践教学	集中实践环节	32	0+32周	0	0+0周	32	0+32周	42.67
	单独设课实验课	1	32+0周	0	0+0周	1	32+0周	1.33
	个性培养	0	0+0周	4	64+0周	4	64+0周	5.33
	合计	33	32+32周	4	64+0周	37	96+32周	49.33
合计		69	624+32周	6	96+0周	75	720+32周	100

(四)土木工程(卓越人才培养计划)

1.培养目标

土木工程卓越人才培养计划项目主要针对"一带一路""交通强国"和"高铁走出去"等国家倡议、战略对交通土建领域卓越拔尖人才的迫切需求,通过吸引拔尖生源、配置优质师资、优化培养方案、强化学科交叉、加强国际交流等手段,培养具有坚定思想信念和高度时代责任感、掌握扎实的基础理论并具有较宽广的专业知识、具备突出创新能力和开阔国际视野的卓越拔尖人才。

2.毕业学分要求

达到学校对本科毕业生提出的德、智、体、美等方面的要求,完成培养方案课程体系中各教学环节的学习,最低修满 172 学分,毕业设计(论文)答辩合格,方可准予毕业(表4.1.4)。

表 4.1.4　土木工程(卓越人才培养计划)毕业学分要求

课程模块类别		必修课		选修课		合计		占总学分比例(%)
		学分	学时(周)	学分	学时(周)	学分	学时(周)	
理论教学	课堂讲授	95.8	1634+0 周	21.5	472+0 周	117.3	2106+0 周	68.2
	课内实践	13.7	210+4 周	8	0+8 周	21.7	210+12 周	12.62
	合计	109.5	1844+4 周	29.5	472+8 周	139	2316+12 周	80.81
实践教学	集中实践环节	21.5	16+28 周	0	0+0 周	21.5	16+28 周	12.5
	单独设课实验课	1.5	48+0 周	0	0+0 周	1.5	48+0 周	0.87
	个性培养	0	0+0 周	10	112+4 周	10	112+4 周	5.81
	合计	23	64+28 周	10	112+4 周	33	176+32 周	19.19
合计		132.5	1908+32 周	39.5	584+12 周	172	2492+44 周	100

(五)工程管理

1.培养目标

工程管理专业面向土木工程或其他工程领域的项目管理未来发展方向,以立德树人为根本任务,推行"价值塑造+知识传授+能力培养+智慧启迪"的人才培养理念,培养具有"实干担当精神、社会精英素养、行业领军能力"的工程管理应用型和创新型人才。本专业学生应具有社会主义核心价值观、良好的人文科学素养、扎实的自然科学基础与工程管理类专业基础,掌握土木工程技术、管理、经济和法律等基础知识,获得建造师、造价工程师、咨询工程师、监理工程师的基本训练,注重工程实践能力、社会适应能力、创新创业能力和终身学习能力以及广阔的国际视野,注重土木工程或其他工程领域与环境协调发展,了解行业前沿发展现状和趋势,符合国家工程教育认证标准。

本专业毕业生能够在建设工程的勘察、设计、施工、项目管理、投资、造价咨询等领域和房地产、道路与铁道工程、桥梁与隧道工程、市政工程等企事业单位和相关政府部门从事项目管理和造价咨询工作,也可在高等学校或科研机构从事工程管理教育、培训和科研等工作。

2.毕业学分要求

达到学校对本科毕业生提出的德、智、体、美等方面的要求,完成培养方案课程体系中各教学环节的学习,最低修满 180 学分,毕业设计(论文)答辩合格,方可准予毕业(表4.1.5)。

表 4.1.5　工程管理毕业学分要求

课程模块类别		必修课		选修课		合计		占总学分比例(%)
		学分	学时(周)	学分	学时(周)	学分	学时(周)	
理论教学	课堂讲授	98	1658+0 周	30	480+0 周	128	2138+0 周	71.11
	课内实践	10	138+3 周	3.5	62+0 周	13.5	200+3 周	7.5
	合计	108	1796+3 周	33.5	542+0 周	141.5	2338+3 周	78.61
实践教学	集中实践环节	33	0+34 周	0	0+0 周	33	0+34 周	18.33
	单独设课实验课	1.5	48+0 周	0	0+0 周	1.5	48+0 周	0.83
	个性培养	0	0+0 周	4	16+4 周	4	16+4 周	2.22
	合计	34.5	48+34 周	4	16+4 周	38.5	64+38 周	21.39
合计		142.5	1844+37 周	37.5	558+4 周	180	2402+41 周	100

(六)工程力学

1.培养目标

以国家工程建设需求为导向,以立德树人为根本任务,推行"价值塑造+知识传授+能力培养+智慧启迪"的人才培养理念,培养具有"实干担当精神、社会精英素养、行业领军能力"的工程力学应用型和创新研究型人才。毕业生应具有社会主义核心价值观、良好的人文科学素养、扎实的自然科学基础与工程力学学科基础,掌握工程力学专业知识,了解土木工程专业知识,具有较强力学计算和实验研究能力,注重工程实践能力、社会适应能力、创新创业能力和终身学习能力以及广阔的国际视野,了解行业前沿发展现状和趋势,符合国家工程教育认证标准。毕业生能在各种工程(土木、机械、交通、能源、航空、材料等)领域从事与力学有关的技术开发、工程设计与施工、实验研究、软件应用与开发工作,也可在高等学校和科研院所从事力学教学、科研工作。

2. 毕业学分要求

达到学校对本科毕业生提出的德、智、体、美等方面的要求,完成培养方案课程体系中各教学环节的学习,最低修满 180 学分,毕业设计(论文)答辩合格,方可准予毕业(表 4.1.6)。

表 4.1.6 工程力学毕业学分要求

课程模块类别		必修课		选修课		合计		占总学分比例(%)
		学分	学时(周)	学分	学时(周)	学分	学时(周)	
理论教学	课堂讲授	94.5	1602+0 周	33.5	536+0 周	128	2138+0 周	71.11
	课内实践	11.5	162+3 周	0.5	6+0 周	12	168+3 周	6.67
	合计	106	1764+3 周	34	542+0 周	140	2306+3 周	77.78
实践教学	集中实践环节	34	64+33 周	2	0+2 周	36	64+35 周	20
	单独设课实验课	0	0+0 周	0	0+0 周	0	0+0 周	0
	个性培养	0	0+0 周	4	16+4 周	4	16+4 周	2.22
	合计	34	64+33 周	6	16+6 周	40	80+39 周	22.22
合计		140	1828+36 周	40	558+6 周	180	2386+42 周	100

(七) 消防工程

1. 培养目标

以国家工程消防需求为导向,以立德树人为根本任务,推行"价值塑造+知识传授+能力培养+智慧启迪"的人才培养理念,培养具有"实干担当精神、社会精英素养、行业领军能力"的消防工程应用型和创新研究型人才。毕业生应具有社会主义核心价值观、良好的人文科学素养、扎实的自然科学基础与消防工程专业基础,掌握火灾科学的基本理论、消防安全技术和工程方法以及消防政策法规,注重工程实践能力、社会适应能力、创新创业能力和终身学习能力以及广阔的国际视野,了解行业前沿发展现状和趋势,符合国家工程教育认证标准。毕业生能在消防部门、消防企事业单位从事消防工程的设计、施工与检测、建筑消防审核与管理、消防器材研究与开发、灭火救援指挥、火灾调查等工作,也可在科研院所和高等学校从事消防工程方面的科研和教学工作。

2. 毕业学分要求

达到学校对本科毕业生提出的德、智、体、美等方面的要求,完成培养方案课程体系中各教学环节的学习,最低修满 180 学分,毕业设计(论文)答辩合格,方可准予毕业(表4.1.7)。

表 4.1.7　消防工程毕业学分要求

课程模块类别		必修课		选修课		合计		占总学分比例(%)
		学分	学时(周)	学分	学时(周)	学分	学时(周)	
理论教学	课堂讲授	96	1568+0 周	35	560+0 周	131	2128+0 周	72.78
	课内实践	8.5	136+0 周	0	0+0 周	8.5	136+0 周	4.72
	合计	104.5	1704+0 周	35	560+0 周	139.5	2264+0 周	77.5
实践教学	集中实践环节	32.5	0+35 周	0	0+0 周	32.5	0+35 周	18.06
	单独设课实验课	4	128+0 周	0	0+0 周	4	128+0 周	2.22
	个性培养	0	0+0 周	4	16+4 周	4	16+4 周	2.22
	合计	36.5	128+35 周	4	16+4 周	40.5	144+39 周	22.5
合计		141	1832+35 周	39	576+4 周	180	2408+39 周	100

(八)铁道工程

1.培养目标

以国家轨道交通行业重大需求为导向,以立德树人为根本任务,推行"价值塑造+知识传授+能力培养+智慧启迪"的人才培养理念,培养具有"实干担当精神、社会精英素养、行业领军能力"的轨道交通工程应用型和创新研究型人才。毕业生应具有社会主义核心价值观、良好的人文科学素养、扎实的自然科学基础与铁道工程专业基础,掌握铁道工程专业知识与规范,获得土木工程师基本训练,注重工程实践能力、社会适应能力、创新创业能力和终身学习能力以及广阔的国际视野,注重轨道交通与环境协调发展,了解行业前沿发展现状和趋势,符合国家工程教育认证标准。培养能在国、内外轨道交通(包括高速铁路、普速铁路、重载铁路、城市轨道交通、市域和市郊轨道交通)及桥梁工程、隧道与地下结构工程等企事业单位从事规划、设计、施工、管理和科学研究的高级专业人才和后备管理人才。

2.毕业学分要求

达到学校对本科毕业生提出的德、智、体、美等方面的要求,完成培养方案课程体系中各教学环节的学习,最低修满 180 学分,毕业设计(论文)答辩合格,方可准予毕业(表4.1.8)。

表 4.1.8　铁道工程毕业学分要求

课程模块类别		必修课		选修课		合计		占总学分比例(%)
		学分	学时(周)	学分	学时(周)	学分	学时(周)	
理论教学	课堂讲授	94.5	1618+0 周	28.5	472+0 周	123	2090+0 周	68.33
	课内实践	11.5	170+3 周	2.5	40+0 周	14	210+3 周	7.78
	合计	106	1788+3 周	31	512+0 周	137	2300+3 周	76.11
实践教学	集中实践环节	37	64+35 周	0	0+0 周	37	64+35 周	20.56
	单独设课实验课	1	32+0 周	1	32+0 周	2	64+0 周	1.11
	个性培养	0	0+0 周	4	16+4 周	4	16+4 周	2.22
	合计	38	96+35 周	5	48+4 周	43	144+39 周	23.89
合计		144	1884+38 周	36	560+4 周	180	2444+42 周	100

三、土木工程专业特色班

(一)特色人才多元化培养模式

从 2002 年开始,土木工程学院每年都对国内土木工程大型企业(中国中铁、中国铁建、中建集团、中水集团和中交集团等世界 500 强)展开人才需求调查。学院制订了完善的调研方案、调查问卷和调研提纲,深入调查单位人力资源部门和基层,展开土木工程专业人员现状和需求调查。目前,人才需求调查已经持续 10 年。通过对调查结果进行统计、分析和研究,形成《土木工程专业特色人才需求调研报告》。

根据人才需求调查结果、结果分析和人才培养长期实践经验,学院形成了工程应用型、研究创新型和国际项目型人才的培养目标,提出和探索了三种土木工程特色人才(工程应用型、研究创新型和国际项目型人才)培养模式。在稳定、高质培养实用型和复合型土木工程人才(普通班)的基础上,学院抓住三个契机(2005 年"詹天佑科学技术发展基金"和"茅以升科技教育基金"分别设立"天佑班"和"以升班",2006 年澳大利亚与学院商谈合作办学,2009 年教育部推出"卓越计划"),从 2005 年开始逐步增设"天佑班""以升班""中澳班"和"卓越班"等特色班。

依托特色班,学院首创了"三型四优五要素"的特色人才培养机制,整体构筑了特色人才培养综合环境,实现了多元化的培养模式(表 4.1.9)。

(1)构建了土木工程"三型"(工程应用型、研究创新型、国际项目型)人才培养体系。形成了三个鲜明的培养目标,创建了三种培养模式(校企联合办学、科研教学协同、国际合作培养)和相应的培养方案。

(2)凝聚了"四优"特色人才教育资源(优势学科专业、优质教学团队、优良实践环境、优秀教学管理),打造高水平专业人才培养平台。

（3）强化了特色人才培养"五要素"（"三并重"的导师队伍、特色班课程体系、"三注重、四结合、五延伸"的教学方法、"四型"的学习方法、竞争机制）。

表 4.1.9　土木工程专业特色人才培养模式

特色班	学制	培养模式	培养特色	说明
天佑班、以升班	4 年(1+3)	科研教学协同	厚基础、宽口径、重创新、懂管理的复合型培养	创建于 2005 年。大学二年级开始，采取自主报名、笔试和面试方式从普通班中遴选品学兼优学生，以培养研究创新型人才为目的
中澳班	4 年(2+2)	国际合作培养	培养体系国际化、教学团队国际化、考核方式国际化	创建于 2006 年。从入学开始，采取自主报名和外语考试方式从普通班中选择学生，前 2 年在中南大学学习，后 2 年在澳大利亚 Monash University 完成学业，授予 2 个学校的学位，以培养国际项目型人才为目的
卓越班	4 年(3+1)	校企联合办学	双师教学、双证培养、双基实践	创建于 2009 年。从入学开始，采取自主报名和考试方式从普通班中选择学生，大学 4 年学习中，有 1 年为企业实践学习，以培养工程应用型人才为目的

（二）特色教学推动专业建设和学科发展

多年来，特色班的培养模式、教学体系（培养方案和课程体系）、教学模式、教学平台（包括实践平台建设）、教学队伍的建设极大推动了土木工程专业建设和学科发展，显著提升了教学质量。

（1）特色班学生在知识、能力、素养方面取得的成绩对全院教师在教育思想上形成了极大的冲击，增强了全体教师的教学改革动力和积极性。大多数教师对学院的教学改革从被动接受转变为主动关心和积极参与。学院适时推出网络化、数字化的实践教学改革课题（共有 52 个子项），得到普通教师的积极参与，并取得了大量的教改成果，建成了数字化共享实践教学平台（包括各专业的课程设计、毕业设计、虚拟实践和虚拟实验等）。

（2）特色班的培养模式（科研教学协同、国际合作培养和校企联合办学）突破了传统的、单一的培养模式，实现了多元化培养模式，在教学管理层和教师中形成了多元化的培养理念。

（3）特色班的教学体系极大推进了土木工程专业培养方案和课程体系改革，2008 版和 2012 版土木工程专业（普通班）培养方案和课程大纲都体现了科研内容进入课程教学、企业生产项目进入实践教学。

（4）特色班的教学方法（"三注重""四结合"和"五延伸"）使广大教师从传统的、单一的课堂授课方式转变为多途径的、渗透式的教学方式，显著提高了普通教师的教学水平。通过宣传和主动引导，特色班"四型"的学习方法也极大提高了普通班学生的学习积极性，其从被动学习转变为主动学习、协作学习。

（5）特色班的实践教学，在高速铁路建造技术国家工程实验室、重载铁路工程结构教育部重点实验室、土木工程国家级实验教学示范中心（中南大学）开辟了综合性和创新性实验平台，极大改善了原有的实践教学条件。

（6）特色班的"三并重"师资队伍建设，使传统的、单一的校内师资队伍在短期内、低成本地扩展为校企联合师资和国际师资，有效改善了师资队伍结构建设。

（7）特色班成绩："天佑班"和"以升班"学生100%通过四级，100%发表论文，100%入党，100%保研。据统计，自创班以来，总共有166人获得各类国家、省、校级奖学金，总额达到150余万元。共有58人次获得了省级荣誉称号，735人次获得了校级荣誉称号。"天佑班"和"以升班"总共17次被评为校级优秀集体。历届学生共获国际级奖项17项，国家级奖项86项，省级奖项144项。学生本科在校期间以第一作者公开发表论文共计365篇，其中被SCI收录1篇、EI收录2篇、CSCD收录4篇。

四、大学生科技创新活动

为实现"教"与"学"的有机结合，培养大学生科技创新能力，形成优良的学术氛围，学院鼓励学生参与科技创新活动。为加强对科技创新活动的指导，学院于2006年成立"大学生科技创新能力培养中心"，搭建大学生科技活动平台，给予政策和措施的支持。中心所开展的学术和科研活动为大学生科技创作及学术学习交流创造了良好的空间，营造了良好的学术科技氛围。组织参加的学科性竞赛活动主要有：国际和全国级数学建模大赛、全国英语大赛、全国和省级力学竞赛、全国和省级结构模型大赛、全国"挑战杯"等，取得了优异的成绩，表4.1.10为2003—2018年大学生科技创新活动获奖情况，其中主要获奖是2006年以后获得的。

表4.1.10　2003—2018年大学生科技创新活动获奖（单位：人次）

年份	国际级			国家级				省级			小计
	特等奖	一等奖	二等奖	特等奖	一等奖	二等奖	三等奖	特等奖	一等奖	其他	
2003						3				6	9
2004			3		3	3			6	25	40
2005					3	6			5	22	36
2006					10	4			7	29	50
2007			2			13	3		19	38	75

续表4.1.10

年份	国际级			国家级				省级			小计
	特等奖	一等奖	二等奖	特等奖	一等奖	二等奖	三等奖	特等奖	一等奖	其他	
2008			6		5	5	9		24	44	93
2009			3		5	5	44		36	73	166
2010			9	1	5	5	6	8	38	119	191
2011			6		2	8	36		48	163	263
2012	3	1	7	1	2	2	9	4	23	66	118
2013		12	8	5	3	6	31	1	34	140	240
2014		4	22	1		11	7	9	23	104	181
2015		12	36			7	33		25	68	181
2016		6	64	1		7	14		31	72	195
2017			46	2	1	1	7		3	25	85
2018		2	27		5	10	3		21	48	116
合计	3	37	239	11	44	96	202	22	343	1042	2039

五、历年招生、毕业人数统计表

从建校到 2020 年，土木工程学科共培养了 62 届本科毕业生，招生人数近 2.5 万，毕业 2.1 万余名，学院各本科专业总招生人数和毕业人数见表 4.1.11，各年度各专业招生、毕业人数见表 4.1.12。

1985—1999 年，铁道工程和建筑管理专业招收专科生，期间招生人数和毕业人数见表 4.1.13。

表 4.1.11　土木工程学院各本科专业招生、毕业人数汇总(1953—2020 年)

专业	年份	招生人数	毕业人数	备注
铁道建筑	1953—1969	1777	2094	铁道建筑、桥梁、隧道专业是 1960 年划属学院的原中南土木建筑学院、湖南工学院、湖南大学各专业学生
桥梁、隧道	1953—1969	1028	1081	
铁道工程	1970 年至今	3158	2808	1970 年铁道建筑、桥梁、隧道专业合并为铁道工程专业。2015 年恢复铁道工程本科专业招生
工业与民用建筑	1976—1993	1023	1017	
工程师范	1987—1988	60	58	

续表4.1.11

专业	年份	招生人数	毕业人数	备注
工程管理	1988 年至今	1720	1983	建筑管理本科 1996 年更名为工程管理本科。2009—2012 年并入土建类招生。2018 年并入土木安全类招生
桥梁工程	1989—1994	309	292	
建筑工程	1994—1997	280	280	
交通土建	1995—1997	571	558	
建筑学	1995—2010	792	385	2011 年该专业转入建筑与艺术学院
土木工程	1998 年至今	10329	8772	2009—2012 年按照土建类招生。2018 年并入土木安全类招生（土木国际和中土国际除外）
工程力学	2000 年至今	1035	799	2009—2012 年并入土建类招生。2018 年并入土木安全类招生
建筑环境与设备工程	2001—2005	232	179	2005 年该专业转入能源动力学院
城市规划	2001—2010	571	226	2011 年该专业转入建筑与艺术学院
消防工程	2004 年至今	828	593	2009—2012 年并入土建类招生。2018 年并入土木安全类招生
土木工程（中澳班）	2008—2014	146	74	
土木工程（卓越工程师教育培养计划）	2009—2015（卓越工程师）2018—2019（卓越拔尖试验班）	卓越工程师招生 230 人；卓越拔尖试验班两个年级全校共选拔 59 人	161	
土木工程（土木国际）	2015 年至今	422	84	
土木工程（中土国际）	2018 年至今	46	15	

表 4.1.12　土木工程学院各年本科专业招生、毕业人数汇总（1953—2020 年）

年份	招生人数	毕业人数	年份	招生人数	毕业人数
1953	298		1987	193	245
1954	348	169	1988	233	222
1955	217	261	1989	191	251
1956	326	416	1990	219	133
1957	265	113	1991	271	191
1958	227	105	1992	232	226
1959	260		1993	325	192
1960	183	233	1994	301	251
1961	135	287	1995	305	240
1962	113	240	1996	308	240
1963	155	203	1997	367	359
1964	125	316	1998	396	288
1965	153	161	1999	530	329
1966			2000	604	302
1967		245	2001	901	360
1968		152	2002	884	460
1969			2003	846	696
1970	33	274	2004	844	630
1971			2005	753	632
1972	120		2006	794	811
1973	180	33	2007	803	748
1974	150		2008	796	752
1975	120	120	2009	820	741
1976	202	172	2010	865	792
1977	78	149	2011	697	655
1978	124	119	2012	709	650
1979	140		2013	650	659
1980	154	201	2014	627	699
1981	155		2015	656	674
1982	150	194	2016	653	682
1983	161	133	2017	759	640
1984	223	141	2018	733	650
1985	481	152	2019	738	602
1986	227	149	2020	733	649
合计				25239	21389

表 4.1.13 土木工程学院各专科专业招生、毕业人数汇总（1985—1999 年）

专业	年份	招生人数	毕业人数
铁道工程	1985—1999	1063	1059
建筑管理	1985—1987	176	176
合计		1239	1235

各专业历年招生、毕业及在校人数详见表4.1.14。

表 4.1.14-1 历年招生、毕业及在校人数（1953—1984 年）

年份	铁道建筑			桥梁与隧道			铁道工程			工业与民用建筑		
	毕业	招生	在校	毕业	招生	在校	毕业	招生	在校	毕业	招生	在校
1953		179	539		119	263						
1954	121	289	702	48	59	260						
1955	172	124	623	89	93	265						
1956	367	227	472	49	99	308						
1957	61	170	575	52	95	347						
1958	50	141	651	55	86	372						
1959		169	812		91	450						
1960	148	93	756	85	90	425						
1961	196	74	622	91	61	386						
1962	158	63	595	82	50	350						
1963	116	93	568	87	62	349						
1964	235	63	451	81	62	324						
1965	90	92	383	71	61	295						
1966			383			295						
1967	134		249	111		182						
1968	92		156	60		121						
1969			156			121						
1970	154			120	铁道建筑、桥梁与隧道合为铁道工程			33	33			
1971									33			
1972								120	153			
1973							33	180	300			

续表4.1.14-1

年份	铁道建筑			桥梁与隧道			铁道工程			工业与民用建筑		
	毕业	招生	在校	毕业	招生	在校	毕业	招生	在校	毕业	招生	在校
1974								150	450			
1975							120	120	442			
1976							172	167	437		35	35
1977							149	78	366			32
1978							119	93	338		31	63
1979								100	437		40	103
1980							169	93	359	32	61	130
1981								91	448		64	194
1982							164	89	371	30	61	225
1983								95	94	367	38	67	252
1984							85	157	433	56	66	262
合计	2094	1777		1081	1028		1106	1565		156	425	

表 4.1.14-2 历年招生、毕业及在校人数(1985—2001 年)

年份	桥梁工程			工程师范			铁道工程			工业与民用建筑			建筑管理		
	毕业	招生	在校	毕业	招生	在校	毕业	招生	在校	毕业	招生	在校	毕业	招生	在校
1985							91	142	482	61	174	370			
1986							89	91	484	60	40	349			
1987				30	30		94	108	498	151	55	274			
1988				30	60		157	64	405	65	73	281		66	66
1989		37	37				142	91	354	109	33	203		30	96
1990		46	83				91	103	366	42	41	201		29	125
1991		54	135	30		28	108	129	387	53	59	202		29	154
1992		32	168	28			64	108	431	69	57	193	65	35	123
1993	36	70	198				91	129	469	36			29	60	153
1994	43	70	226				103	107	473	37			27	52	176
1995	54		172				129		344				30	71	218
1996	32		132				108		236				37		237
1997	60		68				129		107				57		174
1998	67						107						52		
1999													68		
2000															
2001															
合计	292	309		58	60		1503	1072		683	532		365	372	

表 4.1.14-3 历年招生、毕业及在校人数(1985—2003 年)

年份	铁道工程(专科) 毕业	招生	在校	建筑管理(专科) 毕业	招生	在校	交通土建 毕业	招生	在校	建筑工程 毕业	招生	在校
1985		108	108		57	57						
1986		42	150		54	111						
1987		28	70		65	176						
1988	100	30	58	57								
1989	42	44	74	54								
1990	31	65	109	65								
1991	38	41	105									
1992	66	27	68									
1993	43	83	151									
1994	41	115	225									
1995	27	105	303					205	205		69	69
1996	63	127	347					160	365		72	139
1997	113	92	324					206	571		67	206
1998	96	85	272									
1999	124	71	214				194			67		
2000	86						159			72		
2001	53						205			69		
2002	44											
2003	92											
合计	1059	1063		176	176		558	571		208	208	

表 4.1.14-4 历年招生、毕业及在校人数(1995—2011 年)

年份	建筑环境与设备工程 毕业	招生	在校	建筑学 毕业	招生	在校	城市规划 毕业	招生	在校
1995					20	20			
1996					24	44			
1997					29	73			
1998					29	102			
1999					26	128			
2000				20	20	128			
2001		55	55	24	60	164		59	59
2002		55	110	29	59	194		58	117
2003	67	58	168	29	62	227		59	176
2004	55	64	232	26	61	262		61	237

续表4.1.14-4

年份	建筑环境与设备工程			建筑学			城市规划		
	毕业	招生	在校	毕业	招生	在校	毕业	招生	在校
2005	57			21	62	303		62	299
2006				59	59	303	59	57	297
2007				58	69	314	57	59	299
2008				63	76	327	57	45	287
2009				56	72	343	53	51	285
2010					64			60	
2011									
合计	179	232		385	792		226	571	

表 4.1.14-5　历年招生、毕业及在校人数（1996—2020 年）

年份	土木工程			消防工程			工程力学			工程管理		
	毕业	招生	在校	毕业	招生	在校	毕业	招生	在校	毕业	招生	在校
1996											52	52
1997											65	117
1998		296	296								71	188
1999		404	700								100	288
2000		430	1130					58	58	52	96	332
2001		582	1712					56	114	64	89	357
2002	315	536	1933					59	173	71	117	403
2003	412	544	2065					62	235	96	61	368
2004	397	481	2149		55	55	58	63	240	96	59	331
2005	560	456	2045		54	109	56	56	240	89	63	305
2006	526	491	2010		62	171	56	61	245	111	64	258
2007	517	497	1990		56	227	55	60	250	61	62	259
2008	473	513	2030	53	50	224	51	41	240	55	58	262
2009	473	504	2061	45	49	228	54	34	220	60	56	258
2010	484	507	2084	60	66	234	57	35	198	63	68	263
2011	478	503	2109	47	57	244	59	26	165	64	59	258
2012	521	514	2109	44	56	256	28	24	161	57	66	267
2013	504	419	2024	39	50	267	26	61	196	54	65	278
2014	507	420	1937	56	34	245	35	62	223	65	58	271
2015	495	342	1784	52	40	233	26	54	251	58	68	281
2016	501	362	1645	52	28	209	21	55	285	62	60	279
2017	450	394	1589	49	28	188	53	56	288	64	54	269

续表4.1.14-5

年份	土木工程			消防工程			工程力学			工程管理		
	毕业	招生	在校	毕业	招生	在校	毕业	招生	在校	毕业	招生	在校
2018	486	361	1464	34	48	202	60	43	271	59	54	264
2019	310	373	1492	36	49	215	50	33	254	71	53	246
2020	363	400	1529	26	46	235	54	36	236	59	55	242
合计	8772	10329		593	828		799	1035		1431	1673	

表 4.1.14-6　历年招生、毕业及在校人数（2008—2020 年）

年份	铁道工程			土木工程（中土国际）			土木工程（土木国际）			土木工程（中澳班）			土木工程（卓越工程师、卓越人才培养计划）		
	毕业	招生	在校	毕业	招生	在校	毕业	招生	在校	毕业	招生	在校	毕业	招生	在校
2008											13				
2009											21			35	35
2010											32			35	70
2011										7	21			31	101
2012											19			30	131
2013										8	22	计入土木工程	30	33	129
2014										5	18		31	35	133
2015		80	80				41	41	14				29	31	135
2016		88	168				60	101	17				29		106
2017		99	267				60	161	12				12		94
2018		93	360	15	15		89	250	11					30	
2019	77	104	387	15	30	28	82	291					30	29	
2020	89	90	388	15	16	46	56	90	321						
合计	166	554		15	46		84	422		74	146		161	289	

第 2 节　研究生培养

一、学位点建设情况

学院的研究生教育始于 1956 年中南土木建筑学院时期，由当时的铁道建筑系副主任李吟秋教授招收 1 名"铁路选线与设计"专业副博士研究生。1962 年，铁道建筑、桥梁与隧道、工程力学三个专业开始招收硕士研究生，至 1965 年，铁路选线与设计、桥梁与隧道专业共招收研究生 7 名。"文化大革命"期间停止了研究生的招生。

1978 年以后，研究生教育得到了迅速发展。目前拥有土木工程、交通运输工程和力学 3 个一级学科硕士学位授权点，18 个二级学科硕士学位授权点，分别为桥梁与隧道工程、道路与铁道工程、岩土工程、结构工程、防灾减灾工程及防护工程、市政工程、工程力学（共建）、土木工程材料、土木工程规划与管理、消防工程、城市轨道交通工程、固体力学、材料学（共建）、管理科学与工程（共建）、建筑历史与理论、建筑设计及其理论、城市规划与设计、建筑技术科学。其中，后 4 个学位点于 2012 年因机构调整，随建筑学与城市规划学科划入了建筑与艺术学院。从 2008 年开始，土木工程按照一级学科招生。

以上各学位点均获高校教师在职攻读硕士学位授予权。

1999 年获工程硕士学位授予权，拥有建筑与土木工程、项目管理 2 个工程硕士学位授权点。2010 年获工程管理硕士专业学位授予权。2017 年自主撤销项目管理专业学位授权点。2019 年建筑与土木工程领域专业学位授权点调整为土木水利专业学位授权点。

1988 年桥梁与隧道工程专业首批招收博士生，发展至今拥有土木工程、交通运输工程和力学 3 个一级学科博士学位授权点，11 个二级学科博士学位授权点，分别为桥梁与隧道工程、道路与铁道工程、岩土工程、结构工程、防灾减灾工程及防护工程、市政工程、工程力学、土木工程材料、土木工程规划与管理、消防工程、城市轨道交通工程。

各学位点获得授权的时间如表 4.2.1。

表 4.2.1 学位点获得授权时间表

类型	名称	获得授权年份	备注
博士二级 学科学位授权点	桥梁与隧道工程	1986	
	道路与铁道工程	1998	
	岩土工程	2000	
	结构工程	2000	
	防灾减灾工程及防护工程	2000	
	市政工程	2000	
	消防工程	2003	自主设置
	城市轨道交通工程	2003	自主设置
	土木工程规划与管理	2003	自主设置
	土木工程材料	2003	自主设置
	工程力学	2003	共建
博士一级 学科学位授权点	土木工程	2000	
	交通运输工程	2000	
	力学	2017	

续表4.2.1

类型	名称	获得授权年份	备注
硕士二级 学科学位授权点	桥梁与隧道工程	1981	
	岩土工程	1981	
	道路与铁道工程	1983	
	固体力学	1986	
	结构工程	1992	
	材料学	1995	
	防灾减灾工程及防护工程	1998	
	管理科学与工程	1998	共建
	市政工程	2000	
	工程力学	2001	共建
	消防工程	2003	自主设置
	土木工程规划与管理	2003	自主设置
	土木工程材料	2003	自主设置
	城市轨道交通工程	2003	自主设置
	建筑设计及其理论	2003	2012 年转建筑与艺术学院
	城市规划与设计	2003	2012 年转建筑与艺术学院
	建筑技术科学	2003	2012 年转建筑与艺术学院
	建筑历史与理论	2005	2012 年转建筑与艺术学院
硕士一级 学科学位授权点	土木工程	2000	
	交通运输工程	2000	
	力学	2017	
	建筑学	2005	2012 年转建筑与艺术学院
工程硕士 （专业学位）	建筑与土木工程	1999	2016 年停招在职研究生，2019 年调整为土木水利专业学位
	土木水利	2019	建筑与土木工程专业领域调整后升级为专业学位
	项目管理	2004	2018 年申请撤销
工程管理硕士 （专业学位）	工程管理	2010	2017 年开始非全日制与全日制同时招生，2019 年开始全部为非全日制招生

二、培养目标与方案

(一) 博士研究生

博士研究生的培养目标是：培养德、智、体全面发展的适应社会主义现代化建设需要的高级专门技术人才，能胜任教学、科研和技术管理等工作。毕业生应有献身科学的强烈事业心和创新精神，掌握学科坚实宽广的基础理论、系统深入的专门知识、现代实验技能和数据分析方法；具有严谨的科研作风，能独立从事创造性科学研究工作，同时具有良好的团队合作精神和较强的交流能力。

(二) 硕士研究生

硕士研究生的培养目标是：培养应用型、复合应用型、工程型人才。毕业生应掌握本学科坚实的基础理论、系统的专门知识、现代实验方法和技能，具有良好的科研作风、科学道德和合作精神，品行优秀，身心健康；具有从事科学研究或独立担负专门技术工作的能力，能适应科技进步和社会经济文化发展的需要；在科学研究或专门工程技术工作中具有一定的组织、管理能力。硕士研究生学制为 3~5 年，总学分不少于 32 学分，平均绩点不低于 2.5，并撰写学位论文后方可申请答辩。

专业学位硕士研究生主要是为工矿企业和工程建设部门特别是国有大中型企业培养工程型、复合应用型、高层次职业型、研究应用型的工程技术和工程管理人才。研究生应掌握专业领域坚实的基础理论和宽广的专业知识，掌握解决工程实际问题的规划、设计、计算、测试和绘图等现代技术方法和手段；具有创新意识和独立承担工程技术或工程管理工作的能力，具有良好的职业道德、创业精神和团队协作精神，积极为我国经济建设和社会发展服务。专业学位硕士研究生学制为 3~5 年，总学分不少于 36 学分，平均绩点不低于 2.5，并撰写学位论文后方可申请答辩。

三、博士研究生名录

到 2020 年共计招收博士生 1127 名，详见表 4.2.2。

表 4.2.2 历年招收的博士生名册

学科专业	入学年份	人数	姓名
桥梁与隧道工程	1988	1	朱汉华
	1989	3	陈淮　任伟新　汪正兴
	1990	2	颜全胜　阳旺云
	1991	1	唐进锋
	1992	2	李德建　戴公连
	1993	5	郭向荣　钟新谷　周文伟　肖万伸　罗荣华
	1994	4	王荣辉　梁硕　徐林荣　盛兴旺
	1995	8	李华　乔建东　郭文华　舒文超　朱文彬　彭立敏　李亮　张国祥
	1996	3	韦成龙　胡狄　程浩
	1997	3	于向东　何群　傅鹤林
	1998	5	杨果林　娄平　李开言　杨洋　田仲初
	1999	7	王修勇　唐冕　祝志文　张麒　周智辉　江锋　陈玉骥
	2000	5	刘小洁　周海浪　周凌宇　邓荣飞　程浩
	2001	13	张旭芝　杨秀竹　陆铁坚　杨光　李学平　王中强　侯文崎　罗如登　杨孟刚　华旭刚　施成华　李东平　夏桂云
	2002	12	王兴国　方淑君　林缨　黄琼　欧丽　江亦元　余晓琳　周治国　吴再新　申同生　罗延忠　何旭辉
	2003	9	邹中权　殷勇　刘建　魏泽丽　黄羚　文超　鲁四平　宋旭明　彭彦
	2004	7	韩衍群　崔科宇　晏莉　黄娟　蒋烨　陈锐林　宁明哲
	2005	12	方联民　张敏　周德　杨伟超　易伦雄　方圣恩　王超　王学敏　黄戡　罗许国　赫丹　张戈
	2006	16	马广　雷金山　杨峰　康石磊　贾瑞华　司学通　王立川　安永林　苏权科　毕凯明　朱红兵　阳发金　陈佳　曹建安　刘长文　文颖
	2007	13	项志敏　赵丹　刘海涛　王秋芬　李整　蒋欣　陈代海　靳明　蔡海兵　舒小娟　罗浩　张永兴　邓子铭
	2008	15	肖祥　黄星浩　刘宇飞　姜冲虎　李星新　张华林　袁世平　章敏　丁祖德　任剑莹　李进洲　郑鹏飞　黄阜　李苗　杨栋

续表4.2.2

学科专业	入学年份	人数	姓名
道路与铁道工程	1996	1	常新生
	1997	2	蒋红斐　向俊
	1998	2	蒲浩　周小林
	1999	9	宋占峰　李秋义　魏丽敏　谢友均　尹　健　杨小礼　周海林　曾　胜　周志刚
	2000	8	金守华　阮　波　吴小萍　汪健刚　袁剑波　周援衡　关宏信　肖宏彬
	2001	11	夏国荣　王　薇　张劲文　陈　瑜　徐庆元　杨元霞　李益进　李献民　范臻辉　金亮星　乔世范
	2002	10	高英力　刘宝举　彭军龙　王　辉　黄永强　贺建清　王　旵　牛建东　梅松华　聂志红
	2003	8	黄志军　徐　旸　何增镇　聂忆华　曾志平　姚京成　匡乐红　缪　鹍
	2004	8	李跃军　徐望国　陈晓斌　肖　佳　谢桂华　田卿燕　董　辉　邹金锋
	2005	4	吕大伟　黄向京　许湘华　陈　铖
	2006	10	聂如松　苏志满　尹光明　何贤锋　郭　磊　刘　剑　马昆林　黄传胜　罗　强　赵炼恒
	2007	9	楼捍卫　胡　萍　屈畅姿　王宏贵　方　薇　李丽民　但汉成　张丙强　张春顺
	2008	12	李　伟　林宇亮　易　文　陈小波　沈　弘　陈湘亮　鲁文斌　岳　健　刘　项　刘国龙　姚　辉　成伟光
	2009	7	杨光程　张迎宾　谢福君　罗苏平　任东亚　谢李钊　彭　浩
	2010	9	雷小芹　罗　伟　周光权　李月光　孙志彬　刘运思　李　凯　曾中林　毛建红
	2011	8	陈嘉祺　李　康　邓东平　彭安平　徐　进　徐敬业　龚　凯　陈舒阳
	2012	4	顾绍付　黄长溪　赵海峰　石鹤扬
	2013	4	余翠英　伍爱友　杨子汉　胡旭东
	2014	8	许敬叔　李永鑫　陈钊锋　袁文辉　李微哲　刘　赫　唐高朋　高连生
	2015	5	陈静瑜　刘付山　张　洪　王　峰　程　肖
	2016	6	李得建　王　翔　陈燕平　高　溙　朱俊樸　宋祉辰
	2017	7	王　雷　张云海　张　智　魏星星　朱艳贵　邓　锷　史克友
	2018	14	左　仕　刘顺凯　王　玲　荆华龙　黄志斌　盛昱铭　李佳颖　黄栋梁　张帅浩　胡文博　黄相东　王　强　李晓明(转硕士)　任加琳(转硕士)
	2019	11	范宇飞　孙　震　钱泽航　宋陶然　方传峰　李绍红　陈光辉　金昶睿　刘　乐　郭无极　樊晓孟
	2020	12	李常丽　王光辉　叶梦旋　胡世红　苏　行　齐　群　魏　晓　彭　俊　詹易群　孙　浩　汪思成　吕国顺

续表4.2.2

学科专业	入学年份	人数	姓名
岩土工程	2002	8	律文田　卿启湘　陈雪华　夏力农　汤国璋　王曰国　王卫华　李江腾
	2003	8	王志斌　滕　冲　王　建　莫时雄　彭柏兴　丁加明　周　中　张学民
	2004	7	邓宗伟　和民锁　郭乃正　杨果岳　印长俊　贺若兰　万　智
	2005	4	李　康　尹志政　聂春龙　陈洁金
	2006	6	李雅萍　罗　恒　赵　健　郭麒麟　刘晓红　李珍玉
	2007	5	曹希尧　杨　奇　徐　进　蒋建清　李　昀
	2008	6	杨平园　安爱军　李　磊　李雪峰　温树杰　肖尊群
结构工程	2001	1	贺学军
	2002	2	杨晓华　丁发兴
	2003	2	刘　澍　郭风琪
	2004	1	贺飒飒
	2005	3	资　伟　戚菁菁　龙卫国
	2006	2	朱金元　石　磊
	2007	6	石立君　梁　炯　张国亮　李　政　李　沛　石卫华
	2008	5	陈浩军　樊　玲　陈令坤　邹洪波　刘轶翔
市政工程	2003	1	王化武
供热供燃气通风及空调工程	2003	4	顾小松　胡　烨　陈　宁　杨培志
	2005	1	饶政华
防灾减灾工程及防护工程	2002	2	徐　彧　段方英
	2003	7	彭　微　赵明桥　杨高尚　牛国庆　陈　敏　王晓光　冯　凯
	2004	5	崔　辉　李　军　黄　昂　陈国灿　姜学鹏
	2005	1	贺志军
	2006	3	高　迪　郭信君　黄林冲
	2007	1	任　达
	2008	1	刘克非

续表4.2.2

学科专业	入学年份	人数	姓名
消防工程	2004	2	张焱　王飞跃
	2005	1	杨淑江
	2006	2	谢晓晴　谢宝超
	2007	2	李修柏　倪天晓
	2008	1	刘琪
	2009	2	赵红莉　赵迪
	2010	1	李晓康
	2011	2	刘勇　石磊
	2012	4	楚志勇　李璞　李建　张新
	2013	1	颜龙
	2014	1	游温娇
	2015	3	李昂　赵小龙　刘顶立
	2016	1	何路
	2017	2	孔杰　陈杰
	2018	3	陶浩文　雷鹏　赵冬月
	2019	3	张宇伦　赵家明　赖振中
	2020	3	徐童　卜蓉伟　刘邱林
土木工程规划与管理	2005	5	傅瑞珉　张彦春　李昌友　刘少兵　罗伟
	2006	10	王喜军　岳鹏威　陈辉华　李香花　陈帆　谢洪涛　李铌　黄健陵　刘武成　李倩
	2007	11	龙京　罗建　唐斌斌　孟红宇　王燕　杨亚频　唐朝贤　叶娟　刘家锋　程庆辉　姚继韵
	2008	15	张国安　颜红艳　汪海　杨文安　边宁　王敏　张少锦　曾磊　刘伟　朱顺娟　汤莉　曲娜　邹卓君　钟姗姗　封宁
	2009	13	韩伟威　史海兵　盛松涛　马良民　刘辉　朱政　龚强　罗曦　邓凌云　刘乃芳　楚芳芳　黄春华　杨丁颖
	2010	17	张镇森　李晶晶　易欣　唐文彬　王志春　林莎莎　毛磊　吴李艳　宋杰　邱慧　郑彦妮　陈柏球　任倩岚　李朋　石碧娟　陆洋　何世玲
	2011	8	刘严萍　唐艳丽　朱卫华　王璐　吴宏晋　刘慧　黎启国　刘尚
	2012	11	刘路云　吴荻子　张平　张静　王靖　郑俊巍　刘天雄　段劲　刘润姣　赫永峰　王飞球
	2013	7	赵娜　田苤　杨云　陈艳　周涛　王涛　陈勇军
	2014	7	唐娟娟　李彪　杨中杰　王钧正　伍军　于杰方　刘孔玲
	2015	6	邱斐　钱应苗　秦岭　高华　丰静　吴科一
	2016	4	曾晓叶　袁瑞佳　梁秀峰　何郑
	2017	4	李建光　许璨　李瑚均　邱琦
	2018	4	蔡茜　刘斌　赵露薇　唐晓莹
	2019	2	户晓栋　古江林
	2020	2	程保全　姜楠

续表4.2.2

学科专业	入学年份	人数	姓名							
土木工程材料	2005	3	元 强	刘赞群	刘运华					
	2006	2	刘 伟	李 敏						
	2007	4	曾晓辉	唐旭光	何富强	张 鸣				
	2008	3	田冬梅	马 骁	贺智敏					
城市轨道交通工程	2005	3	巢万里	雷 鸣	涂 鹏					
	2006	2	陶 克	杨子厚						
	2008	1	任文峰							
	2009	1	李志林							
	2010	1	赵文菲	程 峰						
	2011	3	陈永雄	周 韬	洪英维					
	2013	1	张贤才							
	2015	1	陶 玮							
工程力学	2005	1	谢海峰							
	2006	3	李 敏	杨增涛	周绍青					
	2007	5	康颖安	彭旭龙	苏淑兰	王 志	黄勇			
	2008	1	胡 平							
	2010	2	武井祥	谢 强						
	2011	2	滕一峰	马雯波						
	2012	2	罗建阳	马 彬						
	2013	1	李 卓							
	2014	3	张 杰	易 威	周沙淑					
	2015	1	张雪阳							
	2016	2	周彦斌	沈晴晴						
	2017	1	马维力							
	2018	2	杨 影	孙栋良						
力学	2019	4	胡振亮	黄典一	申成庆	马 燕				
	2020	2	陈 健	刘泽霖						
土木工程	2009	34	刘文硕	闫 斌	孙树礼	罗俊礼	王启云	刘 鹏	池 漪	刘 军
			吴晓恩	孙广臣	陈宏伟	吕建兵	刘 泽	付贵海	陈爱军	文畅平
			郭原草	左 珅	陈俊桦	雷明锋	周旺保	张庆彬	周雁群	杨智硕
			赵少杰	唐俊峰	胡常福	魏锦辉	刘保钢	付 旭	谭 磊	安少波
			邵光强	王 青						
	2010	27	万华平	梁 岩	项超群	程 盼	郭志广	周锡玲	石钰锋	尹 鹏
			张道兵	董 城	徐汉勇	王岐芳	陈格威	张佳文	王宁波	赵志军
			田 钦	唐谢兴	魏胜勇	胡异丁	张挣鑫	孙 军	武 芸	李文华
			谈 遂	黄 滢	杨 鹰					

续表4.2.2

学科专业	入学年份	人数	姓名							
土木工程	2011	30	徐　辉	饶军应	孙雁军	梁　禹	李　斌	李　杏	麻彦娜	张洪彬
			祝志恒	尹　泉	杨竹青	王修春	腾　珂	谢　壮	王亮亮	黄　志
			覃银辉	李宏泉	曹贤发	傅　强	梁　燕	冯胜洋	徐　方	陈　智
			彭建伟	刘景良	毛建锋	周苏华	李　鹏	石　熊		
	2012	38	王超峰	孟　飞	单　智	刘汉云	张佳华	梁　桥	孟子龙	余　忠
			陈　江	肖小文	王　敏	王　猛	袁　文	吴志强	沈青川	袁平平
			何立翔	叶艺超	李玉峰	成洁筠	李　海	张　胜	钱　骅	胡伟勋
			安里鹏	刘文劼	周文权	陈　欣	何　玮	熊安平	洪新民	冯晓东
			李文博	王洪涛	刘　劲	田　青	欧阳祥森	邓国栋		
	2013	29	张　箭	李　宁	肖　烨	龙　尧	刘　君	汪金辉	许　锋	陈立国
			唐　伟	方　雷	申　权	骆勇鹏	付　磊	苏海霆	唐忠平	向俊宇
			陈　涛	秦红禧	曹珊珊	陈　颖	刘　宁	肖　超	史　康	李扬波
			康　欣	谢　颖	李　喆	谢　笛	张志方			
	2014	39	李海燕	郑纬奇	林越翔	李　晶	李　欢	张加兵	葛　浩	付桦蔚
			傅　强	成　浩	李　潇	杜勇立	邱明明	林天爵	赵乙丁	王振宇
			商拥辉	王　旭	郭明磊	谭亦高	周　浩	叶新宇	贺佐跃	谢海涛
			龚颖林	伦培元	张　标	张　强	袁　鹏	郭一鹏	柴喜林	伍彦斌
			王正军	袁　维	罗　靓	余　超	殷水平	粟　淼	冯　帆	
	2015	43	徐　平	曹成勇	尹国安	黄　震	高　琼	廖常斌	王力东	唐　宇
			龙　昊	张龙文	张　涛	陆　尧	于亚男	周长顺	田秀全	邹　红
			王佳雷	张　聪	黄敦文	何纬坤	赖智鹏	刘　伟	黎燕霞	梅慧浩
			石　晔	张　睿	邹思敏	黄　海	杜永潇	陈国荣	黄永明	曾凡轩
			周铁明	周　瑾	李　希	张　真	欧雪峰	王　勇	宋　昊	于跟社
			彭　懿	曹豪荣	张　磊					
	2016	32	蔡　雨	王晓锋	彭益华	李　振	徐振华	左太辉	冯玉林	于可辉
			崔睿博	尹奕翔	贺红强	李　超	谭永超	刘屹顾	陈　琛	张俊麒
			王成洋	李天正	蔡子勇	易亚敏	赵晓岩	李文旭	向　宇	王永倩
			邹　超	邵　平	胡东珠	刘　聪	刘守花	张玄一	李海潮	戴小迪
	2017	38	孟栋梁	张强强	李亚峰	孙　锐	辛韫潇	侯　伟	刘朋飞	陈　峰
			童明娜	龚　威	陈源浚	段君义	刘晋宏	冷　钰	刘建文	冯　涵
			史　越	毕丽苹	姜　伟	周志彬	梁思皓	张晓雷	冯　帆	翟治鹏
			郑志辉	崔晨星	刘　祥	韩国庆	全先凯	丁　昊	蒋　硕	张期树
			李双龙	樊文华	杨智涵	潘志成	吕晓勇	唐钱龙		

续表4.2.2

学科专业	入学年份	人数	姓名							
土木工程	2018	41	黄　伟	张　鹏	刘金良	蔡超兕	刘志杰	卢得仁	康文东	赵　磊
			程俊峰	周贤舜	许　鹏	徐智伟	唐林波	崔阳华	李志鹏	刘建威
			胡章亮	李林毅	安鹏涛	李正伟	邹　洋	刘凌晖	黄庭杰	赵　洪
			常智杨	贺炯煌	程智清	罗其奇	张沛然	檀俊坤	王业顺	高　峰
			苏　娜	丁　瑜	刘建龙	孙宸章	刘丽丽	冯乾朔	李　娴	郑可跃
			钟嘉政							
	2019	45	倪准林	方星桦	李　煜	喻昭晟	张云泰	马　博	侯传坦	兰旭丽
			胡尚韬	刘鹏程	李　鲭	黄浩成	何浩松	谭　昊	王　恩	尹亚鹏
			马　清	唐永久	魏士华	张　震	李依芮	李文奇	周思危	何崇检
			朱彬彬	黄　炬	冯超博	王海旭	左胜浩	上官明辉	周　拓	王　政
			刘　冉	孙猛猛	胡　燕	王　萌	孙晓贺	张博洋	陈　雷	刘　磊
			康　健	许洪刚	王　芬	陈俊豪	许云龙			
	2020	50	吴雅歌	赵雯筠	朱华胜	谢　康	肖　尧	王文君	文天星	邵　帅
			曾　晨	汪　震	陈　龙	余　建	聂磊鑫	赵晨阳	董俊利	姚　彻
			黄佳星	鲁　立	于卓然	张明虎	金　耀	刘俊佑	肖其远	王锦涛
			董宗磊	彭　铸	王祖贤	刘虎兵	李金峰	陈文龙	张雪莲	谢亦朋
			冯志耀	赵　涵	李显力	李姗姗	王小明	周　详	李永威	胡仁康
			张子龙	许燕群	张苏辉	贾　羽	郑艳妮	陈鑫磊	周学进	陈世杰
			王　凡	刘路路						
先进制造（工程博士）	2018	12	董子龙	张文格	雷建华	肖　扬	费瑞振	黄新文	赵前进	周　文
			宋　平	柏　署	周亚愚	张文锦				
	2019	12	刘　勇	周　晨	袁立刚	胡　耀	李启航	王　晨	山宏宇	陈海勇
			潘武略	李小艳	王　巍	徐自然				
交通运输（工程博士）	2020	13	马新岩	韩凤岩	古宇鹏	刘超群	陈双庆	康　磊	陈　进	阿茹娜
			刘　准	门小雄	冯学茂	刘　斌	杨斌财			
合计			1127							

四、硕士研究生名录

各专业共计招收硕士生 6067 名（不含在职工程硕士），其中全日制硕士生招收 5741 名，非全日制硕士生从 2017 年开始至今共招收 326 名。详见表 4.2.3、表 4.2.4，其中土木工程专业 2008 年后按一级学科招生。

表 4.2.3　历年招收的硕士生名册（全日制）

学科专业	入学年份	人数	姓名
铁道选线设计	1956	1	殷汝桓
铁道线路构造	1962	2	李仲才　李绪必
	1965	2	任敦法　欧振儒
结构力学	1962	1	甘幼深
桥梁与隧道工程	1962	3	吴　维　罗彦宣　杨承恩
	1978	3	文雨松　李培元　田志奇
	1982	5	周乐农　张　全　王艺民　杨　平　杨　毅
	1983	4	陈立强　彭立敏　杨　汛　吴晓惠
	1984	5	胡阿金　骆宁安　陈国财　杨文武　钱继龙
	1985	10	徐满堂　戴公连　邓荣飞　盛兴旺　江　锋　颜全胜　李进忠　徐湘武　李　霞　沈志林
	1986	7	张　麒　杨仕若　王先前　费正华　熊国祥　张克波　陈晓天
	1987	5	忻　飚　乔建东　欧忠洪　杨　洋　彭迎祥
	1988	3	熊正元　徐声桥　邱渐根
	1990	2	周　波　郭向荣
	1991	3	胡　狄　许　伟　陈波涌
	1992	3	郭文华　崔伟东　王晓杭
	1993	3	尹　健　于向东　林　缨
	1994	2	唐　冕　周　明
	1995	3	丁泉顺　李欣然　王　进
	1996	3	杨　勇　郭建民　陈志芳
	1997	4	郭咏辉　杨孟刚　周智辉　施成华
	1998	1	戴小冬
	1999	8	何旭辉　文永奎　华旭刚　方淑君　王中强　黄小华　袁　明　伍海山
	2000	9	郑　艳　易大可　文　超　魏文期　刘　建　郭　鑫　郭继业　褚　颖　程丽娟
	2001	16	曾储惠　肖　丹　王学广　王荣华　王　浩　罗宗保　柳成荫　刘胜利　李志国　李建慧　乐小刚　兰辉萍　韩　艳　郭　刚　曹建安　吴再新

续表4.2.3

学科专业	入学年份	人数	姓名							
桥梁与隧道工程	2002	18	周相华	尹晨霞	徐晓霞	熊洪波	肖 杰	文方针	王学敏	王 伟
			彭可可	刘 博	李 闻	李玲瑶	姜冲虎	黄 娟	胡智敏	龚雪芬
			高 原	储昭汉						
	2003	21	朱向前	朱纯海	周永礼	张 杰	杨燎原	杨 锋	王 璇	陶真林
			阮 坤	刘 俊	梁小聪	李耀珠	李星新	黄林冲	胡会勇	冯 维
			邓少军	陈 卓	陈小红	毕凯明	白玉堂			
	2004	23	周 涛	赵 丹	张 锴	徐 璇	闻 俊	文 颖	覃庆通	孙 远
			孙广臣	宋恒扬	司学通	马 广	刘忠平	李媛媛	李遥玉	李老三
			华 强	胡瑞前	胡 俊	龚巧艳	邓子铭	陈 宇	庄 泽	
	2005	40	周 峰	赵亚敏	张子洋	张 忠	张志勇	张 立	张 静	张 杰
			张 辉	翟利华	袁世平	杨 鹰	杨银庆	薛洪卫	徐 辉	吴 骏
			吴 锋	王佐才	王树英	唐俊峰	眭志荣	苏聪聪	南 康	罗 浩
			路 萍	卢钦先	龙 刚	刘胤虎	刘建军	刘海涛	刘朝晖	廖孝江
			李 整	李 飞	李的平	李 波	雷明锋	郭吉平	郭 辉	陈代海
	2006	64	朱立俊	周亮亮	郑鹏飞	章开东	张 陆	张 鹤	翟旭东	曾宜江
			曾 敏	袁摄桢	姚君芳	颜王吉	徐秀华	徐霞飞	谢海涛	肖 祥
			向俊宇	伍贤智	吴祖标	吴 涛	吴启明	魏 俊	王正军	王 鑫
			王 希	王世斌	王金明	王典斌	汪来发	汪金辉	唐 志	谭 鑫
			孙全利	苏超云	屈计划	钱 竹	罗振林	罗晓媛	罗晓光	罗 娜
			罗劲松	刘 明	刘桂林	刘超群	李晓英	李小年	李 鹏	李建生
			李桂林	李 程	黎 微	黄星浩	黄 阜	胡 杨	胡海波	侯世峰
			郭明香	盖卫明	付黎龙	董华县	丁伟亮	曹二星	蔡 东	蔡 超
	2007	64	周飞秦	郑建新	赵安华	张同飞	张聚文	张华平	曾 敏	曾 峰
			袁文辉	于 哲	阴文蔚	杨甲豹	颜离园	闫 斌	许 波	谢 壮
			谢瑞杰	谢启东	谢 璞	谢居静	肖翔南	吴雪峰	吴肖俊	吴小策
			王作伟	王 凡	石钰锋	邱 珂	邱 捷	马军秋	罗棋少	刘志燕
			刘文硕	廖 宇	李兴龙	李金华	李金光	黄泰鑫	黄陵武	黄军飞
			黄 波	胡赛龙	胡 楠	黑文豪	郭占元	郭双全	关志文	傅金阳
			冯 祁	方 俊	董 敏	邓世海	戴恩彬	崔阳华	陈松洁	陈金龙
			陈国阳	陈 赓	陈格威	陈栋栋	曹志光	宾 阳	艾小东	阮锦楼

续表4.2.3

学科专业	入学年份	人数	姓名						
岩土工程	1978	2	姜 前　刘启凤						
	1982	3	杨航宇　李 亮　刘杰平						
	1983	5	陈春林　孙 勇　余家茂　曾巧玲　张国祥						
	1984	3	冯俊德　张原平　龚茂波						
	1985	4	李海深　唐进锋　李宁军　陈维家						
	1986	4	林李山　魏丽敏　张新兵　金仁和						
	1987	2	吴学文　周卓强						
	1988	2	周明星　刘传文						
	1990	1	徐林荣						
	1992	2	杨 果　林何群						
	1994	3	肖长生　金亮星　徐 虎						
	1995	2	王 强　杨小礼						
	1996	4	范 臻　辉吴波　阮 波　潘伯林						
	1997	3	张军乐　周海林　陈东霞						
	1998	1	田管凤						
	1999	2	杨秀竹　饶彩琴						
	2000	3	尹志政　徐永胜　孙愚男						
	2001	5	周 中　李宏泉　赫晓光　陈玲灵　巢万里						
	2002	17	邹金锋　朱树念　郑 波　赵 健　张丙强　肖 尚　王 强　王崇淦 饶 波　乔运峰　吕建兵　吕大伟　李松柏　雷 鸣　黄健陵　顾绍付 方万进						
	2003	18	周 宁　钟长云　张有为　张廷柱　姚成志　王宏贵　孙希望　石凯旋 聂如松　马立秋　梁 锴　李 康　李 军　李丹峰　郭建峰　董文澍 陈 涛　陈敬松						
	2004	22	郑祖恩　赵炼恒　赵 丽　张卫国　曾中林　杨 奇　杨立伟　徐 进 谢 欣　吴永照　苏志满　孟庆云　罗代明　刘金松　刘聪聪　李选民 李曙光　李立桁　陈兴岗　陈鸿志　曹 鑫　卜翠松						
	2005	27	祝志恒　周 韬　周春梅　张 韬　曾志姣　岳 健　余敦猛　杨君英 吴汉波　王亚奇　孙正兵　石洋海　秦亚琼　彭巨为　麦华山　柳晓春 李志辉　李园园　李 箐　李 军　李继超　黄兴政　樊云龙　邓统辉 陈中流　陈善攀　陈 芬						
	2006	27	赵 伟　张协崇　张 磊　张 杰　张 宏　杨情情　谢李钊　肖华溪 魏 巍　王永刚　王 华　王恭兴　汤 勇　苏 伟　沈 弘　曲广琇 彭 巍　罗冠枝　刘 项　刘 浩　刘 冬　林宇亮　康家涛　黄 瑛 胡荣光　郭建光　陈似华						
	2007	22	周镇勇　张久长　杨华伟　徐贵辉　吴 帅　吴嘉丞　王亮亮　王 磊 唐 炫　聂 勇　刘明宇　李 建　靳绍岩　何礼彪　傅长风　付江山 方 振　陈 鼎　林熠钿　王安正　许桂林　童发明						

续表4.2.3

学科专业	入学年份	人数	姓名
道路与铁道工程	1982	3	赵 湘　罗克奇　李定清
	1983	4	常新生　周 栩　金向农　周 懿
	1984	3	何曲波　李法明　彭 昂
	1985	6	邓海骥　陆达飞　廖福贵　高北平　田 虹　王 菁
	1986	3	银建民　韩 利　杨丽敏
	1987	1	罗会华　李开言　王 芳
	1988	1	陈 彬
	1989	1	李建华
	1990	2	蒋红斐　周小林
	1992	2	高应安　杨 忠
	1993	2	刘 丹　刘建军
	1994	1	娄 平
	1995	2	蒲 浩　宋占峰
	1997	2	邓雪松　李秋义
	1998	4	向延念　李 军　马 宁　詹英士
	1999	2	赵志军　章国霞
	2000	4	朱高明　曾志平　孙延琳　陈 强
	2001	9	陈 涛　宁明哲　谢晓晖　潘自立　刘宗兵　刘 力　董武洲　刘 虹　王武生
	2002	13	朱 彬　杨晓宇　晏胜波　吴 萍　吴 斌　王 娅　王婉秋　涂 鹏　彭利辉　李 倩　李晶晶　李国忠　李昌友
	2003	23	左一舟　朱文珍　赵健伟　赵 汉　张向民　曾华亮　易 欣　杨军祥　薛立谦　王 敏　王磊明　唐 乐　舒玲霞　冉茂平　秦曦青　毛建红　刘 伟　李伟强　李顶峰　孔国梁　胡红萍　赫 丹　陈学丽
	2004	20	左玉云　郑小燕　张嘉峻　易 锦　杨 舟　杨 桦　王俊辉　陶成富　邱木州　潘 登　孟令红　刘玉祥　刘亚敏　刘兴旺　刘继林　李俊芳　李保友　何长明　高 华　陈剑伟
	2005	27	朱传勇　张 建　叶 松　杨 名　杨立国　熊 斌　王 梦　王立中　王 磊　王 峰　唐 凌　舒海明　乔勇强　彭 琦　欧阳志峰　欧阳猛　刘 铮　李 勇　李小川　李松真　李洪强　胡 萍　何晓敏　方 薇　但汉城　程亚飞　陈 勇
	2006	23	朱 江　钟 晶　钟方千　曾群峰　袁 伟　于 雷　谢翠明　王 阳　王雪红　唐文波　唐伟其　苏 卿　马国存　刘永存　李 文　李 伟　李洪旺　江万红　何要超　何设猛　杜香刚　褚卫松　陈修平

续表4.2.3

学科专业	入学年份	人数	姓名						
道路与铁道工程	2007	23	周志华	周承汉	钟 晟	赵永超	张旭久	张 琪	张 昊	尤瑞林
			杨光程	闫国栋	谢春玲	史春风	彭 涛	梅 盛	刘哲哲	刘江涛
			林长森	李明鑫	侯江波	邓天天	邓东平	蔡天佑	蔡君君	
	2008	22	石 星	孙晓丽	罗成才	张红亮	罗 伟	刘 浩	徐 勇	王肃报
			黄铂清	蒋小军	唐长根	王金刚	陈燕平	苏志凯	贺万里	王向荣
			邹 维	崔秀龙	彭沙沙	刘新元	易南福	单丽萍		
	2009	27	赵世乐	赵海峰	张星宇	曾 科	袁湘华	尹华拓	杨绪成	杨问春
			杨钦杰	杨 海	肖 涛	吴清华	吴 龙	王日辉	田连英	孙 兴
			任碧能	马水生	李彦霖	李 成	何 波	郭 焜	耿文杰	冯善恒
			张 茜	阳 芝	夏 剑	蔡家辉				
	2010	40	梁 飞	周 凯	明 杰	兰国友	李宇翔	汤盼盼	苏尚旭	梁洪涛
			郭丽丹	谢志博	吴 爽	姜 嫚	杨新林	王建峰	顾徐锐	王富伟
			张广义	贾 菁	贺 勇	龙喜安	郭 靖	刘剑豪	王 志	朱华鹏
			陈嘉祺	刘林超	王传越	杨蕾蕾	柯锐勇	徐 霞	王凯军	周 焱
			路 遥	杨柏林	蒋世琼	余梦科	刘向明	储诚诚	贾莉浩	何 义
	2011	30	张 勇	张 森	袁 浩	余 路	徐 源	彭 欣	罗伟钊	刘 欢
			刘春平	何金龙	何安生	储小宇	陈静瑜	吴程稳	王雪松	汪笑璇
			欧阳新	茅燕锋	廖晨彦	接小峰	陈腾飞	曹禄来	张 晴	徐 磊
			庞 聪	刘 志	刘 群	李 斌	窦 鹏	蔡陈之		
	2012	25	朱铎义	张 晔	阳 博	吴 强	吴 婕	涂星宇	田家凯	唐高朋
			谭 雅	潘祥南	毛 娜	刘 源	刘 威	刘付山	李 希	李 巍
			李 浩	李大辉	高连生	高景春	范 娟	范 浩	董士杰	谌 海
			罗 枫							
	2013	24	孟亚军	邹佳伟	周洺汉	朱振飞	周 洋	李 栋	李雨思	黄 冰
			刘 参	吴 敏	王青冬	刘世新	郑晓强	曹耀东	韩铠屹	谢林宏
			唐正国	任雪坡	冯静霆	汪 翠	谢荣福	程 肖	杨 峰	梁 锷
	2014	24	肖祖材	李乂杰	许燕群	曹 立	侯西蒙	李文荣	刘 桌	朱坤腾
			傅庆湘	成艺文	李俊哲	罗诗潇	王 雷	薛一奇	谢 扬	焦 佟
			韩吉明	周 为	徐 鹏	宋祖辰	李彦军	许 博	贺林华	何贤丰
	2015	22	欧 熙	李 帅	丁 慧	瞿 霞	张宏伟	田小栓	罗 俊	贺小刚
			刘文峰	胡鹏飞	杜佳敏	尹荣申	贾 晨	陈 晨	孟晓白	段 俊
			何思颖	钟启荣	温佩迪	魏 琪	夏 鹏	谭智广		
	2016	31	屈郑嘉	赵 晨	雷晓鸣	柯子翊	李奕金	王许生	林士财	汤盛显
			袁 梦	陈凯夫	党晗菲	程 阳	胡松林	王紫阳	李 喆	刘 程
			刘 露	段贤伟	袁 铖	黄 姗	李佳颖	袁菁江	王 健	宫凯伦
			宋善义	刘 攀	周 雨	邹卓民	盛昱铭	阿斯嘎	莫海强	

续表4.2.3

学科专业	入学年份	人数	姓名							
道路与铁道工程	2017	24	张鹏昊 陈 林 宋陶然	林青腾 徐 阳 梁家轩	李婷玉 魏 安 粟 滨	何卓磊 李世业 颜 文	喻 嘉 向洲辰 杨 冬	陈光辉 孙翰尧 肖景文	彭 俊 郭捷佳 廖靖云	刘家良 黄 杰 陈 媛
	2018	20	张兰纯 于诚浩 谢浩然	朱 琳 文子祥 吴 妍	谭桢耀 张振亚 王世平	潘 鹏 肖长红 李双捷	谢 佳 朱 烨	程一唯 张洪东	冯 倩 赵 昱	焦康甫 魏子奇
	2019	22	王 迪 邓 民 谭子安	曾垂成 熊 凡 高鸿剑	杨 帆 梁 笑 徐子浩	曾昊凡 梁 柱 周启航	刘 敏 闫 晗 林熹东	张鹏鹏 彭子祥 熊湘瑜	张龙涛 叶梦旋	罗益波 马婷婷
	2020	31	胡广辉 徐 阳 张森森 袁晓利	徐 榕 陈 寅 王紫薇 李 正	胡 籍 王介源 贾茹雪 赵永胜	李鑫海 肖 智 许馨月 朱仔旭	陈 楠 陈志宇 王梦迪 程瑞琦	王日吉 孟 非 吴 铮 匡文飞	凌冲宇 符慧丹 邱永府 付贺鑫	方振雄 伍定泽 周 权
材料学	1996	2	罗荣芳	袁庆莲						
	1997	2	陈 瑜	龙广成						
	1998	1	张彦春							
	1999	5	石明霞	龙湘敏	周文献	谭礼陵	杨 明			
	2000	3	周万良	李新辉	冯 星					
	2001	9	徐亦冬 鲍光玉	肖 佳	王 志	刘赞群	刘 伟	李彦广	黄 莹	贺智敏
	2002	7	周锡玲	张竞男	元 强	许 辉	马昆林	刘轶翔	刘焕强	
	2003	12	周 敏 欧志华	曾 志 牛丽坤	曾 涛 吕智英	原通鹏 李 俊	殷道春	杨 铮	汪冬冬	潘武略
	2004	18	肖柏军 黄 海 陈书苹	陶新明 候晓燕 陈 烽	唐咸燕 何智海	刘冰峰 关小静	林灼杰 冯 飞	林 娜 池 漪	梁 慧 程智清	李会艳 陈卫东
	2005	9	邹庆炎 何富强	杨 帆	徐运锋	罗 钰	龙 亭	刘 竞	刘 芬	李兴翠
	2006	8	武华荟	吴克刚	巫昊峰	王建华	王德辉	吕学峰	胡旭立	丁巍巍
	2007	1	褚衍卫							
	2009	3	张贤超	彭建伟	陈 欢					

续表4.2.3

学科专业	入学年份	人数	姓名							
材料学	2010	4	易金华	蔡锋良	朱 蓉	陈嘉奇				
	2011	1	郭庆伟							
	2012	2	王 勇	郭明磊						
	2013	2	薛逸骅	王 超						
	2015	1	刘芳萍							
	2016	5	左胜浩	杨振雄	刘 阳	吴晓燕	李 柯			
	2017	8	韩保东	裴 敏	史 懿	李白云	王慧慧	李霖皓	张 青	邵奇玉
	2018	8	张泽的	韩凯东	彭嘉伟	赵 斌	肖其远	李朝元	黄艳玲	朱嘉慧
	2019	9	姜君怡 杨珍珍	周蕴婵	王继林	高 超	李 良	周倩倩	秦佳丽	徐家兴
	2020	9	杨江凡 周晓丰	彭杰波	杨 磊	白 敏	杨 恺	葛 飞	郭澍来	张嘉嘉
结构工程	1994	2	赖 喜	刘小洁						
	1995	1	周凌宇							
	1996	2	张晔芝	杨 光						
	1997	1	侯文崎							
	1998	3	李 佳	罗如登	黄辉宇					
	1999	6	罗许国	宋旭明	郭风琪	任 达	李海光	陈文彬		
	2000	5	王 茂	彭 涛	莫令文	罗建平	刘 明			
	2001	13	翟明艳 刘仲武	伍志平 刘兴浩	吴志刚 蒋友良	王 金 何任远	王 斌 陈辉华	童淑媛	彭 微	潘志宏
	2002	16	庄国方 李 明	郑钧雅 李 芳	张毅奇 贺飒飒	张赛赛 郝 静	游雄兵 韩衍群	熊玉良 邓鹏麒	孙 晶 戴凯伟	史召锋 曹 华
	2003	27	邹伟武 肖菲菲 刘 于 方 宇	邹 飞 传 家 刘 鑫 杜毛毛	周 坤 吴芹芹 李 政 成洁筠	周 德 温海林 李毅卉	郑永阳 韦 玮 李 亮	俞冠军 阮祥炬 李 蓓	杨 静 戚菁菁 蒋 彪	肖林红 彭 敏 贺子瑛
	2004	30	周军海 王 佳 李一可 高颖楠	郑坤龙 王广州 李 霞 盖红环	赵 维 唐莹莹 李丽梅 陈跃科	赵 磊 谈 遂 靳 飞 陈学文	张保振 齐 林 蒋 琳 陈 佳	谢飞翔 欧阳珠子 黄素辉 陈 昊	伍 亮 刘纯洁 胡志海	王锡勇 林国章 何红霞
	2005	36	朱 辉 王 臣 莫朝庆 李 沛 陈志锋	周云峰 童勇江 罗应章 寇海燕 陈康华	周 钦 陶 路 罗 群 金灵芝 陈俊杰	张益凡 唐成欢 罗 鹏 蒋 宇 王秋芬	张丽霞 谭丽芳 卢逢煦 胡文军	许 军 施清亮 刘桂平 何路衡	魏广尚 屈志锋 刘观云 董立冬	王 锋 秦素娟 李志南 戴 卓

续表4.2.3

学科专业	入学年份	人数	姓名							
结构工程	2006	35	周旺保	周奇峰	赵学金	张建军	詹永旗	余勇为	叶 振	叶芳芳
			杨宏伟	杨 斐	晏小欢	徐 玲	熊 造	邢 颖	谢 莉	吴忠河
			吴继亮	王 月	王恩来	陶胜利	唐 斌	孙林林	罗焰杰	刘进红
			刘 杰	刘建军	李 鹏	侯杰平	洪 健	郭玉平	龚匡晖	范 鹏
			程小念	程 柏	蔡 斌					
	2007	45	朱凡颖	曾丽娟	应小勇	薛 凯	徐 伟	徐树蕾	肖 益	夏文敏
			武建辉	伍振宇	吴晓东	吴合良	王震宇	王小兵	王 腾	王路平
			王慧慧	唐志雄	谈峰玲	孙建伟	申 卫	欧阳旭	罗云龙	罗应松
			罗炳贵	陆文军	刘 钰	刘雪梅	刘希月	刘海峰	刘光亮	李文才
			李建平	李恩良	李春丹	雷 雨	姜亚鹏	黄 林	侯鹏飞	伏 荣
			奉 鹏	冯 涛	董传磊	陈 建	边 丽			
防灾减灾工程及防护工程	1996	1	王华彬							
	1997	2	徐 彧	朱 玛						
	1999	3	蒋晴霞	冯 凯(保留学籍)	缪 凡					
	2000	7	王飞跃	彭势清	黎 燕	甘方成	张 焱	欧阳震宇	刘 静	
	2001	7	周 庆	常玉峰	白国强	徐志良	冯 凯	李 昀	胡自林	
	2002	2	张威振	裘志浩						
	2003	12	郭新伟	黄伟利	冯春莹	李守雷	徐 亮	贺 毅	蒋春艳	唐义军
			王 丽	李 博	倪天晓	刘勇求				
	2004	8	龚 啸	陈 强	邓芸芸	李昀晖	李 兴	李超群	安永林	周 凯
	2005	7	曾志长	张凤维	何 佳	何正林	汪 洋	吴振营	杨 志	
	2006	3	黄益良	宋 平	朱国朋					
	2007	6	万 俊	苏玲红	黄维民	段雄伟	杨 刚	李沿宗		
	2008	2	张振兴	尚国龙						
	2009	3	冯瑞敏	谢梅腾	黄 立					
	2010	2	陈忠津	游 翔						
	2011	3	崔海浩	邓 飚	袁月明					
	2012	1	刘央央							

续表4.2.3

学科专业	入学年份	人数	姓名
管理科学与工程	1999	2	王 艳　孟 浩
	2000	1	张 武
	2001	2	张 伟　张勇军
	2002	3	张建平　裴 赟　冯小玲
	2003	4	李 博　李俊杰　王 平　郑 武
固体力学	2000	1	欧阳建涛
	2001	5	刘汉朝　聂更新　肖 湘　杨立军　曾四平
	2002	9	杨立军　徐 根　廖政峰　李 忠　李志强　李 毅　李雅萍　李 敏　杜金龙
	2003	8	资 伟　周开航　张丽娟　张传军　易颂明　唐习龙　罗 毅　陆 洋
	2004	6	阳发金　王 志　王贤基　王丙震　盛 昌　刘东芳
	2005	5	谢 强　沈爱超　彭旭龙(硕转博)　罗建强　黎纵宇
	2006	8	余山川　王宁波　钱 淼　贾承林　胡 平(硕转博)　方 敏　陈伟娜　陈俊儒
	2007	14	赵文国　武井祥　吴海涛　危玉蓉　王洪霞　孙艾微　宋 杰　申 俊　马明雷　吕诗良　刘晓丰　李成才　孔旭光　陈 欣
	2008	7	周名军　张红晓　蔡先普　席莉娅　袁天祥　赵权威　韩迎春
	2009	7	张召磊　张 涛　肖小文　夏文龙　潘荣升　李 新　李 鹏
	2010	5	马 彬　杨 武　马 强　梁伟达　冯晓东
固体力学	2011	6	段 纯　崔仕泽　袁文芳　王子国　唐安烨　任远航
	2012	2	沙 斌　董鲁鹏
	2013	1	史文聪
	2014	2	崔宇鹏　喻 琦
	2015	1	张 建
	2016	1	杨 毅
	2018	1	黄典一(硕转博)
制冷及低温工程	2000	8	周雄辉　袁 锋　于绍飞　杨培志　李 松　霍 明　黄华军　陈季芬
	2001	7	蔡 敏　刘广海　刘魏巍　谭显辉　肖 浩　宣宇清　叶金元
	2002	6	朱先锋　谭显光　饶政华　李星星　陈忠杰　陈志刚
供热、供燃气、通风及空调工程	2002	4	于 宏　徐振军　聂 扬　李越铭
	2003	7	张振迎　张旭光　杨 中　刘 刚　刘昌海　黄 清　胡达明
	2004	8	张皓皓　徐小群　莫 羚　鲁晓青　黄敬远　段国权　邓敏锋　陈歆儒
	2005	7	阮秀英　朱正双　杜海龙　邓佳丽　黄珍珍　谌盈盈　张东生

续表4.2.3

学科专业	入学年份	人数	姓名
市政工程	2003	8	张元立　张　萍　许　岩　李　华　高　迪　冯春莹　段靓靓　程　洁
	2004	2	汤裕坤　胡海军
工程力学	2004	3	郑万芳　夏　龙　邓发杰
	2005	3	朱晓玲　张　扬　陈子光
	2006	6	赵　博　吴丽君　宋斌华　栾旭光　郭　兴　安燕玉　张春雨
	2007	3	张刘刚　许润锋　谢晓慧
	2008	2	赵明剑　曼亚平
	2009	2	于海峰　刘中良
	2010	7	姚延化　黄林志　陈　稳　杨　超　兰维勇　马耕田　詹梦思
	2011	4	易喜贵　谭巨良　车然娜　李　卓
	2012	6	赵海利　张　杰　潘炎夫　刘剑光　赖智鹏　高涵鹏
	2013	7	罗　三　何　洲　秦旭明　孙栋良　于可辉　吴昭奕　吴沙沙
	2014	6	邓飞凡　霍　达　赵　磊　赵延龙　李薇莎　沈　炎
	2015	9	肖秋香　时名扬　廖金金　何　彬　张　旺　杨　影　郑晓茜　张诗洁　邹源洁
	2016	8	曹艺辉　唐新葵　张超超　何　洵　黄启宣　彭　霞　胡振亮　向　上
	2017	8	张　权　周　浩　周　逸　孙胜伟　葛　鹏　屈植锋　艾玉麒　左　维
	2018	12	左　晴　王亚维　刘添豪　王　斌　曾　文　宋　武　谭　攀　刘　铸　张羽龙　鲍志斌　沈　伟　秦学锋　张会峰
力学	2019	10	肖策文　杜子健　邓闪耀　刘新辉　吴　南　赵晨臣　傅朝丰　赵雨森　龙　菲　胡　颖
	2020	10	周兴望　孙石炼　王　灿　彭扬发　赵世俊　李仕林　陆　路　黄　维　李　赫　雷　鸣
建筑设计及其理论	2004	5	王　靖　刘素芳　高　翔　甘　强　陈利勇
	2005	5	周　靖　杨　芳　熊韧苗　吴　燕　刘亚丹
	2006	13	周　靖　王怡凡　宋　敏　刘　慧　李秋实　李　琨　黄　超　胡哲铭　洪碧娟　龚　强　甘　佳　冯淑芳　陈柏球
	2007	13	张　慧　张　昉　杨　熙　杨君华　杨长贵　徐东扬　熊　旺　王　璐　陶　磊　彭　诚　刘子建　郭　华　高新琦

续表4.2.3

学科专业	入学年份	人数	姓名							
城市规划与设计	2004	10	杨　勤	唐劲峰	宋　为	欧阳旭	罗　曦	刘俊杰	刘建业	姜秀娟
			何延科	段　宁						
	2005	13	朱顺娟	周　菲	郑　华	汪　海	沈华玲	欧阳胜	李新海	雷忠兴
			蒋　祺	方德洲	范志敏	陈峥嵘	岑湘荣			
	2006	26	朱　政	赵云飞	张　豫	张沛佩	张　磊	杨　宇	杨　帆	王　敏
			王海燕	王桂芹	王　頔	童毅仁	卢　放	刘晓芳	李云飞	李　漾
			李若兰	李　军	李传贵	赖伟明	金继晶	黄　静	贺金明	何　磊
			陈　帅	陈俊生						
	2007	25	周　捷	张宝铮	杨　靖	杨　果	韦婷婷	王雅琳	涂细兰	罗　璇
			刘俊琳	廖妍珍	李　悟	何宇珩	匡绍武	刘灿华	刘　怡	毛宇飞
			石国栋	徐晶实	杨文军	张海潮	张岁丰	章晴晴	邹　哲	谢世雄
			谢安安							
建筑技术科学	2004	3	苏　墨	刘仙萍	陈　鹏					
建筑学	2008	53	周　蓉	钟　鑫	赵晓霜	张颖星	张祥永	张倩宇	张　平	易平安
			杨开开	严　亮	夏红宇	吴鲤霞	乌　画	王雄英	王　丹	王成新
			陶竞进	唐艳丽	汤　彦	汤　君	谭　彦	覃　玲	石　博	沙　鸥
			祁　双	毛　婧	刘茜茜	刘莉娜	梁美霞	梁　纯	李　铭	蒋　萍
			黄友生	何业员	何　珏	段　影	段　鹏	邓竹松	陈　娟	车　霞
			蔡　昕	陈　莉	陈文芳	匙　楠	郭　灿	胡文峰	姜　芹	刘　辉
			刘　雨	沈志意	杨虹辉	赵　璐	朱红飞			
	2009	33	朱啸寅	周顺裕	郑　聪	张　莹	张丽娟	张建美	张昌威	余一芳
			颜　婷	谢　俊	莫慎婷	刘晓洁	刘路云	廖诗家	梁高动	李仁旺
			李　娇	李建波	黎启国	雷文韬	雷欧阳	康兰兰	何文茜	何南茜
			何碧江	韩瑞晴	关崇烽	龚皓锋	成　宁	陈小勇	曹　璐	宝正泰
			文　闻							
	2010	47	杨　檬	朱　琪	张　慧	张　红	张　帆	于春露	殷丽平	易　蕊
			肖　静	吴荻子	吴　博	文霞蔚	文　卷	魏鸿毅	王超郢	谭顺
			马　楠	马健强	罗　钧	刘倬函	刘　增	刘一川	刘维萍	刘婷
			刘润姣	李　鑫	李　畅	孔　丹	蒋钊源	蒋　刚	黄佳乐	贺鹏
			贺　斌	管　弦	高视之	封振华	陈一溥	陈丽莉	温建华	王欢
			高　晖	陈　希	陈　伟	龙　洋	吴　洁	周可第	尹易杏子	

续表4.2.3

学科专业	入学年份	人数	姓名
消防工程	2004	1	谢宝超
	2005	1	杨铠腾
	2006	2	刘洪亮　邝宇幸
	2007	7	朱书敏　赵红莉　孙云凤　李智　李洪　李冬　暴环宇
	2008	8	张冬　刘广林　吴小华　彭锦志　杨超琼　张仁兵　杨洋　周湘川
	2009	9	张亚美　张新　张威　张崇　杨尚军　杨琨　卢超　纪道溪　黄维
	2010	6	赵冬　楚道龙　申秉银　王闪　王力申　李建
	2011	6	易礼珍　周宏明　赵志远　周慧　王冲　康恒
	2012	7	张冰　曾嘉伟　文康　钮佳丽　李卫高　高源　丁文婷
	2013	6	邹继辉　孙丹阳　栗亚超　王彪　冉启兵　王楠楠
	2014	6	陈火炬　符慧艾　陈蕾　张敏　付壬伟　王维
	2015	8	周偲　马菲　刘瑛琦　郭政伟　符宁宁　徐浩倬　王一筱　李福林
	2016	9	赵家明　童蕴贺　王梦琦　王娅芳　陈维相　占炜　陈红光　秦文龙　侯婧
	2017	9	卜蓉伟　史卫东　陈姿先　陈涛　张世权　许丽丽　梁印　郭换换　郭星
	2018	9	王天雄　许蔚昆　栾蝶　裴重伟　谭道猛　谢恩　欧阳日程　聂艳玲　谢晓江
	2019	9	孙华锴　焦伟冰　应后淋　杨荔椋　关雪祺　冉倩　陈飞　陈怡君　曾文琦
	2020	13	孙凤琳　左博元　谢紫菱　易俊彦　于子涵　周冬梅　王悦琳　唐欣雨　王宁　兰诗寒　杨倩　钟良广　刘琦煜
土木工程规划与管理	2004	11	郑颖　张涛　姚元军　颜嘉　王丹　彭庆辉　马英斌　李贞　李凯　邓宏伟　崔浩
	2005	13	张玉娟　杨增辉　颜红艳　徐华　汤立　刘轶　刘洁　梁琼月　李准　李爱芬　赖纯莹　何凯　顾洋
	2006	25	周卉　周光权　郑岩　张勇　杨丁颖　许杰　徐祎琳　徐芊　温振亚　王永军　王蕊　王芙蓉　王冬梅　田芳　孙翠翠　石碧娟　邵超群　罗生喜　李树强　李蓓　康磊　华文鑫　冯婧　杜江　陈国政
	2007	31	赵玉梅　张易炜　张雪锋　张小余　喻珍　叶青云　叶金莲　杨媛　杨艳　杨晓明　许玉洁　许宇明　肖晗　文喜　王娜娜　王立红　汤丹　孙伟诺　孙崎峰　舒善太　刘照云　刘庆贺　刘斌　李枝尧　黄河　郝震冬　桂芳昕　丰静　戴炎　褚发筛　程兵
	2008	28	张蓉　曾远亮　杨卫军　赵周杰　朱燕　刘艳梅　胡艳君　廖博　舒灵智　蔡海蛟　吴文宁　陈诚　侯立男　胡鹏飞　李云　贺爱群　李萍瑶　赵越超　徐翠翠　朱慧　程宗仁　李洪勇　罗鹏宇　韩鹏辉　周圣　周梦扬　李洁　张传芹

续表4.2.3

学科专业	入学年份	人数	姓名							
土木工程规划与管理	2009	37	周灵娜	张友华	张 涛	余 璇	杨恒亮	阳桂林	肖 莹	肖 夏
			肖春妍	肖碧青	武朝光	吴正华	王啸海	王 俊	邱 斐	秦真龙
			彭璐璐	罗琳芳	刘 慧	刘 博	凌学娟	李思怡	李 季	黄晓珑
			黄 蒲	黄茂林	黄 璐	黄洪伟	黄德源	胡延续	胡新琪	贺盛炎
			何 曼	陈 露	晁岱壮	曹 辉	蔡 改			
	2010	36	杨柳荣	袁明慧	冯 昕	徐利锋	熊 霞	周 瑾	董晓萌	尚喆雄
			张志军	姚 晗	肖 娟	陈赛君	刘 雯	曾丹丹	程 曦	朱秀段
			欧耀文	王露薇	吴小倩	邱竹君	田兆贤	吴美玲	盛建功	李 莎
			唐 光	孙 红	孙 琛	杨 其	贾晓彬	张丽秀	卢向勇	徐 浩
			唐 源	崔忠东	康仪庄	陈 建				
	2011	34	张 臻	张亚红	余清芝	杨 光	杨 晨	许 婷	吴龙勇	王 欢
			王冠军	吕 荣	解 帅	付轼辉	赵文静	杨乾辉	王胜玲	史梦华
			邵林波	李芸芸	李路曦	黎新乐	孔庆周	阚玉婷	姜伟光	黄曦霈
			侯小辉	樊陵姣	段梦诺	陈志强	余 琴	谢 勇	田 睿	汤 平
			李 莉	申 娟						
	2012	23	朱文婷	章超飞	杨昀浩	杨晓红	杨文君	杨 斌	王 洋	乔 峰
			欧阳帆	刘永龙	梁尚坪	李庆娟	李 娜	贾高坡	黄 霞	郭路路
			龚 倩	丁 辉	淡倩倩	程军光	陈思思	柴国栋	蔡艺卿	
	2013	19	张丽姿	胡 婷	任巧娟	刘 洋	杨艳会	娄南羽	李 珊	邹佳岑
			王小婷	彭 超	罗海娟	刘荣恒	刘 涛	赵传香	张欣妍	陈毅琪
			周田山	赵子琦	洪长远					
	2014	16	陈 东	蔡 茜	郭 杰	高 璐	殷 兰	翟 松	侯文龙	戴 娇
			张子钰	李 鹏	李志伟	马 俊	彭妤琪	胡天秀	帅珍珍	马 赛
	2015	16	李玲玉	胡雅清	马红宇	赵祎颖	谢睿智	丁山茗	胡喜昌	张 晗
			姜力文	丁左娇	朱羽凌	王静丽	曾君怡	刘 翔	贾筱煜	邱 琦
	2016	15	周 旸	黄 杨	向慕原	沙方莉	周怿婷	周楚姚	廖 娜	罗彦云
			贺 妮	陈 通	罗 含	潘懂文	符 竞	肖雅芝	谭 娟	
	2017	15	王一格	孙海燕	赵征宇	尹伦禹	邹佳蓓	王 娟	杨武西	李梦霞
			王 琛	唐汝佳	彭永宏	谢 毅	户晓栋	刘 旭	刘天赐	
	2018	14	赵亚星	刘柯楠	张熙明	邹 点	陈 芳	义 雯	陈 莉	梁 斐
			余诗瑶	赵琛宇	谢映雪	苏 锐	刘秋月	杨 昊		
	2019	17	曹智耀	黄双飞	李玉珊	曾晓妍	刘稳鹊	林丽英	牟文杰	魏 涵
			汤 琪	王 帅	刘佳鑫	樊金婵	唐颖玉	高广博	郭文志	唐 慧
			李雨琼							
	2020	12	郭 丹	简 润	傅定康	彭晓菁	尹 洋	杨家鸣	丁朦朦	吴 喆
			王小兰	蔡豪伟	刘紫荃	陈先聪				

续表4.2.3

学科专业	入学年份	人数	姓名
城市轨道交通工程	2004	2	周 鲁 蒋 颖
	2005	4	秦文权 孔凡兵 蒋孝辉 郭高杰
	2006	2	章 敏 何红忠
	2007	1	肖治群
	2008	2	霍元渊 张 勇
	2009	1	周莉莉
	2010	1	谢帅帅
	2011	1	魏一夫
	2012	1	向 尚
	2015	1	夏张琦
	2018	1	叶俊杰
土木工程材料	2005	2	刘友华 陈 雷
	2006	7	赵腾龙 赵金辉 袁 航 尹 明 彭松枭 代晓妮 白 轲
	2007	10	曾胜钟 黄 波 陈清己 廖乃凤 龚胜辉 赵兴英 江南宁 李玉莎 邢 昊 孙鑫鹏
	2008	141	李玲英 周志敏 江 婧 钟 磊 杜文火 张 鹏 周林超 张国法 杨永斌 朱文兵 陈科键 尹钱求 黄海雷 陈 伟 王木群 田 伟 杜雁鹏 宋瑞斌 陈 涛 项超群 尹雪倩 杨 峰 戴慧敏 吴小武 秦红禧 户东阳 周义柏 陈 雷 张艳锋 梁卿达 赵立菊 王丽萍 黄 尚 罗波夫 王 靖 宋真民 朱文兵 李述慧 黄海彬 邹振兴 王曙光 尚国龙 何 凡 侯伟林 曾昭阳 张 露 刘跃宇 张 鑫 彭 著 刘桂羽 肖小琼 梁 岩 雒建哲 贺文宇 吴希龙 李 军 马建军 旷南树 王照伟 刘正初 李志辉 于 雷 邱常廷 沙炎炎 魏晓军 阳 霞 万华平 姚成钊 沈青川 丁 磊 李 斌 孙晋莉 谷云龙 马 畅 廖仕超 李凤云 张 磊 王向阁 曾艳霞 向发海 武鹏宇 郭志广 陈银象 胡 嫄 刘洋宇 金勇刚 邓 帅 胡 滔 罗文军 胡黎明 虞 辉 周 尧 李 锋 潘红美 黄龙湘 何金峰 杨元洪 严 中 雷小芹 钟 正 胡贵权 徐永焱 廖荣坤 李春阳 杨竹青 欧阳葵 陈 鹏 杨德升 赵镇林 吴 贡 许 富 徐庆华 王宗丰 赵品毅 江名宝 邹 伟 翁运新 熊 志 陈 卓 周 冬 吴振涛 吴建高 余 宽 陈丽芝 胡思民 田 钧 李列列 胡奇凡 周小壮 钟 海 陈清华 王 剑 曹 伟 张振兴 童晨财 赵平水 汤伟红 肖金敏 任亚勇 黄 健 勾成福

续表4.2.3

学科专业	入学年份	人数	姓名							
土木工程	2009	161	朱溢敏	朱能文	周兴卫	周苏华	周 鹏	钟 丽	赵 鹏	张倚天
			张先伟	张士刚	张仁琴	张 强	张隆顺	张 军	张 花	曾志良
			曾 敏	易岳林	易 灿	杨小丁	杨贤康	杨乐杰	晏江驰	许彩云
			徐振华	徐希武	徐 涛	徐 方	谢晓峰	谢梅腾	谢兰芳	谢 金
			肖勇军	伍彦斌	吴美英	魏永明	魏少雄	王 勇	王 莹	王银岭
			王 嵩	王松周	王 敏	王丽娜	王 兰	王 辉	王 华	王朝忠
			王昌胜	田 卿	汤文达	汤 琼	谭 涌	谭 鹏	覃 林	孙宇雁
			孙欢欢	孙 成	宋良良	舒高华	史佩韶	史春生	沈 冰	邵 灿
			任恩辉	秦文孝	秦朝辉	彭 寅	牛克想	宁少英	聂红宇	毛建锋
			马学庆	马廷文	马慕蓉	罗永乐	罗 庆	罗 晶	路 平	龙小湖
			龙海滨	刘 舟	刘 志	刘迎辉	刘 攀	刘家宏	刘海涛	刘光明
			刘飞军	刘 栋	刘 丹	刘从新	刘超凤	刘常虹	林 新	李 哲
			李育林	李永鑫	李田英	李凯雷	李 君	李红杰	李 刚	李凤翔
			李方方	李 丹	李大稳	李爱飞	雷云佩	孔建杰	姜静静	姜 超
			江建文	黄 耀	黄生文	黄 立	华小妹	胡 颖	胡 鑫	胡文斌
			胡 蓉	贺桂超	何小波	何丽平	韩 征	郭永祥	郭 青	巩运丽
			高 林	冯瑞敏	樊青松	杜 鹏	丁 晨	狄宏规	邓之友	邓 双
			单晓菲	崔晓菁	褚秋阳	褚东升	程 浩	成丕富	陈 智	陈玉龙
			陈 勇	陈 烨	陈 威	陈 善	陈鹏飞	陈 敏	陈海坤	陈东柱
			曹 琦	曹龙飞	蔡 健	蔡国威	班 霞	申 超	王 佳	唐 尧
			刘 洋							
	2010	160	邹智明	邹志林	庄 伟	朱 伟	朱乾坤	周正祥	周文发	周龙军
			赵双益	张艳芳	张 明	张敬宇	张佳华	张华帅	张大军	曾宪芳
			袁 维	原 雪	余 宏	游 翔	殷黎明	杨 伟	杨 桃	杨 晴
			杨 鹏	杨 露	杨黎明	杨君琦	杨 靖	晏辉煌	薛 嵩	许甲奎
			徐 荫	徐 韬	徐庆国	谢顺意	谢陈贵	吴绪康	邬 亮	王 正
			王 誉	王维成	王 柳	王力权	王 佳	王华贵	王读写	王超峰
			汪 毅	汪 鹤	万民科	涂旭鸣	田理扬	唐 鹏	唐 亮	唐 鼎
			宋 杰	史 艳	史 伟	石 宇	阮占军	冉瑞飞	钱 骅	祁志伟
			漆一宏	彭 最	彭晓丽	彭荣华	潘成赟	宁育才	宁业辉	聂子云
			牟友滔	孟 飞	孟 栋	毛 星	毛阿立	马阳春	罗 瑶	罗雅婷
			罗嘉金	柳世涛	刘元帅	刘 特	刘 强	刘黄伟	刘 楚	刘 斌
			刘 蓓	林志军	林立科	林孔斌	廖平平	梁应军	李 智	李志刚
			李振华	李泽龙	李习平	李文博	李 巍	李少娜	李恒通	李光强
			康 欣	康立鹏	金启云	解建超	蒋 鹜	黄子渝	黄亚进	黄伟伟
			黄珏鑫	胡文喜	胡威力	何翊武	何铁明	何 姗	何立翔	何 灿
			何安宁	郭良亭	郭钢江	龚大为	耿雪林	高瑞彬	高 琼	付桦蔚
			樊 荣	段红蜜	都晓宁	丁 乐	戴 坤	陈忠津	陈 玥	陈绍磊
			陈清岩	陈 龙	陈亮1	陈亮2	陈国顺	陈东海	常婵子	曹 翔
			蔡政标	柏 涵	吴 宜	王世雄	李 军	成 丹	钱智铭	庞绮玲
			宋卫民	吴仁铣	郭慧敏	金秀娜	刘玉洁	侯荣伟	蔡 铖	刘 斐

续表4.2.3

学科专业	入学年份	人数	姓名							
土木工程	2011	165	朱准峰	郑雨舟	张 鑫	曾 华	游 涛	伍容兵	王净伟	欧阳大任
			童益明	邱远喜	牟兆祥	孟庆业	罗 超	刘海林	廖鸿钧	黄 叙
			高永亮	高 楠	扶晓康	陈文标	陈 兵	朱志祥	朱双厅	周卫卫
			周铁明	张志楠	张晓星	张思思	张洪翠	张高帅	张佃仁	曾梦笔
			袁月明	于万秀	尹邦武	叶新宇	晏伟光	徐亚斌	谢晶旭	肖龙君
			夏玉领	吴雪峰	吴俊伟	吴进超	翁文英	文观明	王一鸣	王孟君
			王路路	王嘉奇	王公阳	万翱宙	陶戴邦	唐立新	谭文勇	孙亚光
			孙箭林	沈六六	沈佳佳	申启坤	邱远光	秦明光	钱志东	彭妙培
			潘云瑞	潘昱行	潘靖军	欧阳涛	苗永抗	毛远文	罗晓燕	吕韶全
			陆顺芳	刘圆圆	刘御刚	刘春燕	梁为群	李志忠	李晓静	李清元
			李平毫	李国提	鞠高云	黄永明	黄湘龙	胡先春	胡立华	胡杰辉
			侯昱泽	郭帅成	郭川睿	龚万莉	费瑞振	房以河	方晓慧	杜风宇
			邓朋儒	崔海浩	陈炎金	陈升高	陈青松	曹成勇	艾永强	艾辉军
			邹 超	周 赞	周 实	周 敏	周 浩	张 涛	张 箭	张 翠
			张 标	叶 剑	杨 洪	杨 琛	薛 铖	谢 龙	肖 阳	肖 啸
			夏 宇	王 晴	王 捷	王 欢	万 毅	唐 泉	谭 勇	粟 森
			沙 嵩	阙 翔	彭 诚	欧 娅	马 婷	马 俊	吕 飞	鲁 恒
			卢 剑	刘 轶	刘 玮	刘 琴	刘 强	刘 柯	刘 军	刘 国
			廖 俊	李 婷	李 键	黄 梁	黄 闯	胡 伟	胡 博	何 珊
			葛 军	高 礼	付 威	方 亮	邓 飚	程 良	陈 煜	陈 鑫
			陈 希	陈明1	陈明2	陈 诚	粟慧林			
	2012	117	吴蔚琳	史久龙	朱 伟	朱太宜	周 彪	赵晓娜	赵静文	张 剑
			张大付	张 创	张泊宁	袁石沣	余晓光	余道顺	余成学	尹兴权
			尹俊涛	叶云龙	姚 飞	杨诗龙	杨 励	杨 帆	杨 迪	闫 庆
			鄢本存	徐兴伟	熊高亮	夏启迪	吴志花	吴 吉	吴慧山	王元礼
			王晓飞	王伟民	王 涛	王鹏皓	王鹏飞	王力东	王 华	王 帆
			汪金胜	覃长兵	孙明国	孙发程	宋熙龙	宋 昊	史 航	沈双林
			秦思谋	彭小明	彭立艳	苗 锋	孟相昆	马义飞	吕连兵	柳岸青
			刘正夫	刘 勇	刘怡然	刘央央	刘亚茹	林 辉	林 超	梁颖君
			李云峰	李一竹	李 姚	李亚奇	李亚平	李文静	李文坚	李 杰
			雷佶洲	兰兴华	赖慧蕊	孔 禹	康崇杰	焦晨贝	贾庆宇	吉海燕
			黄 玮	胡珍品	胡 蓉	侯泽兵	贺佐跃	贺特球	贺邦祖	何重阳
			何 庭	何 欢	郭 飞	官 斌	傅金龙	冯 康	冯金仁	冯金杭
			杜棣宾	邓壹萍	邓季坤	成 浩	陈相宇	陈聪聪	曹能学	周 明
			赵 洁	张 雨	宋 真	宋 宁	焦 姣	方 哲	张 安	杨 恒
			李 璋	胡润乾	谢济仁	韩 殿	牧 原	高 望		

续表4.2.3

学科专业	入学年份	人数	姓名							
土木工程	2013	108	王小飞	杨　豪	刘征宇	葛钟磊	郑　恒	郑　伟	张玄一	李　凡
			丁铭鸿	彭　勃	黄　晓	李海潮	胡锦佳	曾　义	宋　兴	黄盛全
			彭晓丹	金　城	高　晶	李　真	尹亮洲	马远帅	严若明	龙泽祥
			杜佃春	刘冬阳	付晓明	戴良缘	彭　鑫	闵　剑	龙建宏	胡盛亮
			杨天尧	乔保龙	杨安民	皮　圣	樊祥喜	严振兴	汤　舒	杨金戈
			赵　宇	余长益	王明敏	崔睿博	汪东明	罗　华	李松林	朱辉生
			卞家胜	周锦强	杜元涛	敖　军	关进轩	凌　意	陈丽莎	徐　硕
			童晨曦	杨　明	田晓涛	周　琨	郭力源	曾华新	霍　飞	杨恺敏
			谭黎明	王佳南	苏永刚	姚　赞	苏　好	李双双	欧祎彬	石　晔
			陈刚强	李鹏飞	曾　琦	唐　超	李金坡	昌　思	张召环	谢照俊
			战　丽	黄　涛	彭骥超	毛　蔚	孙　蕾	万　超	崔帅超	周　佳
			叶　祎	屈泰廷	刘立亚	闫福成	陈培新	杨子云	邱业亮	龙文兵
			吴雨源	熊　毅	李　亮	林东升	张骏逵	倪　鸣	方常靖	李会林
			朱俊樸	汪　禹	刘　瑶	吕晓勇				
	2014	106	龚　威	程玉莹	王向灿	罗士正	罗　赞	肖　鹏	张　燕	赵波涌
			方　正	马向波	贾世明	胡东珠	张志成	张　磊	张晓龙	李　末
			廖湘英	李潇逸	李　操	汤　兵	曹　岳	焦志鹏	刘　群	吴玲玉
			肖沐惕	何　月	杨天明	刘　旭	徐智伟	李闻韬	黄文龙	彭定成
			卫康华	陈亚飞	沈　楠	段君义	郑响凑	房雅楠	张　峥	李云鹏
			周烽淼	黄　晨	申　闯	刘敏捷	孙明文	袁海超	翟　顺	梁家熙
			曾志豪	张依如	江晓迪	赵　东	邓　俊	瞿同明	李少毅	方　慧
			陈刘明	蒋　劲	项正良	舒胡明	林智裕	谭　旺	张　华	李植良
			朱　赫	蒋　利	唐盛米	聂经伦	刘晋宏	谢　军	黄　伟	杨　奕
			魏　星	王林法	许　金	翟治鹏	曹鸿鹏	张　鹏	张　欢	于　鹏
			伍晓伟	李超举	陈源浚	王祯伟	王　晴	郑志辉	童明娜	贺　俊
			盖永斌	邵　平	杨　著	洪惠卿	颜俊卿	杨　韬	梁广威	汪　敬
			邢雪生	刘　壮	廖　达	任　鹏	谭　柳	欧阳升	龙绿军	温学桧
			李东阳	谢加伟						
	2015	95	胡　杨	席冰花	邢　婷	陈家旺	崔然婷	常　成	张仕卓	顾超凡
			孟栋梁	曹　琨	王　鹏	张　灵	文　兵	杨祺隆	于　钰	孙鑫磊
			舒　健	王子豪	赵志彦	张　兵	李　师	郭　润	贺新礼	徐采抒
			徐文浩	李铭伟	刘建文	梁曼舒	刘朋飞	张超凡	张书桃	王健宏
			丁幸芝	冯　双	岳　喆	白如雪	吴金永	柳　森	代雪炜	曹琨鹏
			刘勇军	方东旭	吴应杨	马玉东	李龙祥	姚　聪	周　劲	李志刚
			李　靖	杨凌皓	杨伟利	何　聪	万志文	林洪涛	张科芬	胡苗华
			陈　雷	陈永乐	苏　琪	张　立	冷　钰	王传坤	毛国成	蒋林高
			何昌迪	涂仁盼	程　磊	许志豪	刘成方	刘　影	刘义伟	陈宝林
			袁　举	张鹏旭	段美鹏	李　允	乐永飞	李　刚	范志伟	覃　茜
			尹哲炜	陈　俣	魏赛赛	陶鹏飞	赵　然	梁金宝	黄　哲	周世超
			张建博	李文忠	崔玉桥	郭宏伟	朱　江	李克凡	何　卫	

续表4.2.3

学科专业	入学年份	人数	姓名							
土木工程	2016	77	周蕾	单锋	金子豪	陈华国	刘凌晖	刘雪晴	陈刘欣	邹卓
			刘玉杰	谢恩苣	邹洋	丁建源	李正伟	何崇检	范洁	袁全
			裴甲坤	胡杰	骆畅	陈春霞	王游悬	陈吉鸥	郑榕榕	周豪
			杜猛	王蒙	廖鹏庆	郭亚东	王越	汪震	唐丹	石晓冬
			赵成胤	章怡	李智远	郭健	申成庆	谢佳伟	肖煌	颜凌
			易刚	邓楠	宁晨	李翔	任永飞	刘小芳	赵天亮	李鲭
			马超	贾耀威	陈清虎	方星桦	许召强	张屿庆	黄庭森	周俊杰
			喻杨健	光超	邓新武	付博洋	邱鋬	张磊	刘雄杰	张裕名
			林若晨	谭鹏	李林毅	谭园	郭万宝	谭麒	周思危	刘琦
			李颖	陆骏驰	韩志辉	濮星旭	张翀			
	2017	78	俞昀	李向月	李玲玲	陈伊凡	程学明	葛云龙	林锐	陈菲
			李荣华	董宗磊	刘撞撞	刘红中	陈兰兰	艾希	黄硕	刘金健
			郭宇轩	董俊利	刘文倩	周锦	冉竣元	蔡直言	莫小飞	刘洋
			陈乐	王文富	孙慧君	杨学齐	郭柯桢	马迪	李思乾	赵宁宁
			高文渊	任磊	张宇伦	周寰	曾晨	张胜	郑严煌	陈锦鸿
			陈诗再	范超	戴勇	李东瑞	高霞	张磊	孙培芳	安鹏涛
			常新洋	李朝斌	王徐度	王寰宇	何家成	柴文勇	陈贞均	宋海军
			罗谦刚	张宗耀	叶承敏	刘召华	刘杰	冯龙兴	叶家剑	陈富东
			刘威	周苗苗	罗静静	曹金文	杨林旗	张浩	张汉超	曹星星
			武杨杨	周博	蒋尤智	盛诗景	胡丹	郑可扬		
	2018	79	翟斌	上官明辉	刘正日	杨爽	刘欢	吉晓宇	王劲松	汪伟浩
			刘佳	刘怡岑	张毫毫	朱俊凯	夏禹涛	赖豪	杨柳	黄恒杰
			陈果	王阳	鲁宽	李泽玮	王昂	王斌	赵运亚	付正亿
			雷一鸣	郑勇	梁雄	奉智辉	鲁立	杜乔丹	白振宇	唐豪
			万正	祁璞	夏涛	彭秀生	姜宇	张嘉杰	于群丁	冯多
			唐铭	张鹏斐	徐浩栋	康熙萌	陈琪磊	高路峻	李陈新	聂磊鑫
			邵帅	郑兰	张超	党刊	潘思璇	肖诗森	朱俐敏	覃镫
			许珈豪	王鹏蛟	徐弘毅	胡尚韬	张心源	欧子健	廖宣宇	侯传坦
			刘文杰	黄靓钰	单英杰	李红岩	邓博	李梦然	张凌瑞	周文涵
			王超	蓝立锋	蒋泽龙	邹忠亮	廖振宇	郑世龙	李艺杰	
	2019	103	付循伟	袁亚慧	陈扬博	潘鹏宇	宋宣儒	孔坤锋	李永恒	钱冲
			高旭峰	鞠金来	刘琛	邓志龙	刘禹兵	文莎莎	吴凌旭	李亚龙
			周浩东	杨皓栋	何佳琛	方正	雷浪	谢梦龙	叶毅滔	彭梦龙
			曹宏凯	刘韶辉	胡凯巽	刘伟龙	刘思慧	赵晓苗	段彬鑫	王昕钰
			刘帆	李锦	符云集	徐光阳	何昌林	高贵强	廖家聪	陈龙
			王辛铭	胡航	陈傲寒	畅振兴	李慧芳	邓鹏兵	高伟	王路

续表4.2.3

学科专业	入学年份	人数	姓名							
土木工程	2019	103	梁炜明	龚国艳	黄齐兵	王素堂	王盈莹	彭　锐	李筱涵	晏子旋
			庞志远	张家威	胡阿提汗·哈那特汗		彭茂庆	张　海	季苏瑶
			李　繁	熊姝宁	黄石基	夏　冉	赵凤涛	王　超	赵文彬	冯朝阳
			符宇航	瞿思嫣	鞠家佳	李明明	邓国浩	谭凌飞	丁　奎	杨有杰
			邹茬凡	钟天璇	刘伯楠	李　超	吴宇辉	翟培佐	相懋龙	张竞巍
			杨宁宇	李志群	韦锦呈	姜颖哲	晏泽伟	李　挚	林国制	宋文强
			张经科	刘承璐	李　唐	夏晓鹏	段淑仪	向星宇	余炳兴	罗楷明
			陆三呆							
	2020	105	徐　明	邓苏鹏	孙　勇	吴梦黎	陈浩宇	刘桂城	卫心怡	曹哲雅
			查湘衡	刘晨语	吴　疆	张洪瑜	王浩宇	林赞权	钟　祺	陈柯源
			蒋晨奕	岳道阔	王徐一鑫	段泉成	雷智皓	金　波	郭鹏程	徐　泽
			孟宪冬	胡钟伟	宋银涛	喻　凯	彭　康	姬宇杰	韦俊杰	张运波
			刘吉龙	万俊文	吕方舟	陈佳琦	崔　雨	罗望成	肖　玲	董常瑞
			陈奏捷	张镓杰	赵义伟	朱定桂	肖国庆	邓宇昂	瞿溢文	王情玉
			谢　治	董安太	谢　鑫	吴莎莎	陈隆凯	李文舒	朱汉标	陈宇佳
			周子豪	姚雪丹	卓　熠	万克成	闵浩峥	张开鑫	伍　浩	周志伟
			安星育	田常青	谭锦程	姜　钰	华文俊	阳　旖	刘梦晶	尚新想
			陆志强	谷丰宇	李嘉隆	李雨哲	孙昕葳	慈新航	郑京承	高廉镇
			杨一凡	卢思颖	敖　杰	栗梦成	黄茂桐	韦家敬	刘　竞	陈博海
			刘新源	聂熙哲	王　攒	张　宇	麻崇前	罗　昊	张　桐	苏运辉
			汪利娜	黎　婷	陈恒毅	贾益铭	邓卓湘	张俊杰	刘志鹏	岳　鹏
			卢玄东							
建筑与土木工程（全日制专业学位）	2009	45	周永早	周敏杰	郑泽源	郑慧政	于年灏	杨文源	杨　磊	许建宁
			谢小华	王志远	王守林	汪　菊	唐　娟	彭春艳	潘增光	欧长贵
			宁金香	马　骁	马叔赐	马　磊	罗春花	吕静贻	龙后程	刘远洋
			刘　沅	刘　旭	林冠东	李文娟	李　俊	李　健	蒋　超	黄迎峰
			黄文娟	韩　斐	郭　丽	高冬梅	范志材	邓　斌	车　忠	曹扬风
			卜亚文	李　平	何　波	刘汝梧	龚志红			
	2010	44	李小刚	武希涛	邓萱奕	侍永生	王传燕	刘宇凤	马　俊	李　林
			刘加喜	陈　璨	黄喜新	隆青玲	杨琳琳	秦　岭	朱江南	范超远
			林　杰	徐健楠	张焱宾	赵　楠	刘　程	王为乐	丁　蓬	孙　奇
			朱存鹏	蒋贤勇	李　攀	杨　峰	郭　涛	曹明波	夏祥麟	徐萌霞
			胡金星	夏　彬	刘　原	毛　君	彭志远	姜　波	徐　侠	郭美芳
			黎　藜	周　波	刘　煜	谢杰光				

续表4.2.3

学科专业	入学年份	人数	姓名							
建筑与土木工程（全日制专业学位）	2011	77	周松	钟林志	张晓湘	张萌	曾志刚	余静静	易倚冰	杨关文
			肖倩如	吴林淋	文耀慧	王培	汪鹏福	童无欺	唐军军	汤祖平
			孙道广	邱良	李维熙	贺坤龙	何阳	戴胤	戴伟	陈远建
			陈文荣	陈亮	陈洁	陈春丽	蔡亦昌	庄绪杰	朱玉龙	朱显镇
			郑阳森	郑浒松	赵亚超	张照海	张运平	张乔艳	岳海波	余洪斌
			许文龙	许敬叔	肖咏妍	魏诗雅	王艳菲	王小雪	汪穹立	潘秋景
			李福金	蒋明君	黄继兴	胡莉娜	高劲松	左露	邹靖	庄乐
			张昱	张姝	张凡	曾雄	夏智	吴英	唐斯	宋准
			糜毅	罗果	李璐	李佳	蒋骞	贾凡	纪婧	黄芳
			胡刚	邓群	戴劲	陈龙	刘璐			
	2012	119	朱美佳	周政	周瑾	周浩	周超	郑建南	郑刚强	赵倩炜
			张志超	张志斌	张学磊	张东琴	张超	余欢	易诞	叶涛
			杨文超	杨琪	阳卫卫	颜明仁	许琪琪	许芃	谢小雨	吴岩
			吴奇超	魏松平	王溢华	王凯莉	王京	万召红	谭亚	孙太朋
			史亚琴	沈肖肖	阮庆	秦达超	齐云轩	彭永	彭曦	潘伟波
			欧雪峰	宁迎智	闵欢	苗天	孟可	马小伟	刘志强	刘泽
			刘荣	刘乔	刘锦成	刘会颖	刘会强	刘晖峻	刘顶立	齐代代
			廖洲	廖湘	李真	李雪欢	蒋赟	蒋国帅	纪华云	黄文杰
			黄海宁	胡蓉	贺益田	郭诗平	郭亮	高志宏	高宇	范瑞翔
			褚杨俊	褚燕	陈涛	陈俊伟	陈海洋	蔡德昌	姜博	蔡剑
			陈旭东	祝朋玮	周凯	周纯择	赵洵	张震	张晓庆	张丰华
			曾一帆	游浩	尹汝琨	尹国安	杨军将	颜世	谢君利	吴婷
			王哲	王炎	王成洋	欧练文	刘意	刘丽	刘凯波	梁东
			李永铎	李旭	旷景心	金艳平	贾浩波	纪成	郭亚磊	高君鹏
			段亚辉	邓鹏飞	褚盼	邴绎文	李希	何燕青	王陈贵生	
	2013	129	梁晓良	曹欢欢	马富晓	宋伯一	李广山	陈霄鹏	姜曼芳	王翔
			尹贻超	何郑	胡哲	周成峰	杨旭东	曹景源	丘昊	李权
			冯涵	王维波	于涵	杨涛	杨乐	康镜	刘智超	谭现江
			张宏羽	何彦琪	李特	蒋超	陈洋洋	刘汝翔	张圆	夏耀
			康文泓	潘文硕	李达	徐嘉宇	张勇	李帅	张盼	刘聪
			周干	姜伟	吴奇帆	李湘宁	徐杨	陈永涛	郑智卿	戴晋
			杨腾宇	姚望	熊蛟	陈鹏	朱炜坤	廖成鑫	钟健	朱学
			吴姣	赵国华	张金凤	李绿宇	陈琛	贺新武	刘优	李得建
			高康	韦鹏程	陈卓灵	宋朋	陈楼	王思远	丁瑜	郭三伟
			王伟伟	魏然	苏灿	颜宾宾	路良恺	王振钦	张庆宁	杨哲
			王涛	超开松	刘新胜	蒋小金	刘超	刘传鹏	马辉	庄军红
			梁思皓	王刚	屠名	吴桂航	黄鑫	冯金	周导源	王海龙
			钟福洋	梁文雷	黄亚黎	周彬彬	杨洁如	聂廷立	李仑	董立明
			邓云东	杨磊	李梦	王丹丹	薛明生	何星汉	邹德剑	孙杨
			阮翔	江洲	朱从祥	杨建	贺天龙	韦晴	李俊杰	袁家钰
			李帅帅	费广海	秦志浩	甘成飞	尹诗钦	丁乐宁	许渊	陈欢
			黄江阳							

续表4.2.3

学科专业	入学年份	人数	姓名							
建筑与土木工程（全日制专业学位）	2014	177	王玮玉	钱程亮	甘星星	谭雪琪	许璨	张进	周宏斌	黄敏
			丁媛	张秋芬	鄢燏	方舒	吴梦云	韩亚坤	郭真真	王雅琴
			何正	宋仁杰	尹国伟	赵康	陈璇	周学进	陈英烈	刘韬
			张海群	黄勤伟	刘文涛	陈香威	邓永乐	赵凯铭	赵梓元	叶志凌
			张齐芳	肖海波	徐显达	吕昭旭	龚铖	张梓振	王宁	熊蓉蓉
			李雪松	郎锋	周书会	梁海阳	冯成奎	刘斌	李起龙	杨添涵
			孙泉	陈立	汤睿	邹江海	邱正阳	周文涛	郑中岳	贺铤
			乔强	陈爽	张锦才	彭学先	杜昆	戴智	刘畅	方泞
			赵志涛	李辉	屈璐	曹峰杰	陈晋	廖华国	张智	孙敏华
			王越	邢亮亮	张艳君	张杰	揭俊平	闵磊	粟雨	杨涛
			欧阳成泓	潘卓夫	王盛慧颖	袁铁映	施冲	何世青	巢文	张剑锋
			唐源	罗锦	朱为	邹鑫	姚天宇	史越	杨耀	高印
			周敏	孙熠	李岳林	陈杰	王晓鲁	苏宇	张文凯	李炎
			李嘉瑶	吴豪	韩柯柯	左仕	刘岩	闵雪	彭斌	邓锷
			肖鹏程	刘芳	陈效平	朱永	张善军	喻乐	姜博	雷坚
			唐冬冬	贾坤	孙媛媛	张翔	赵东伟	李赛	冯仁仙	刘金良
			龙敏	王家悦	李坤衡	赵津茂	张长胜	林祥德	万自强	黄亚兵
			尹银艳	王小彬	刘施	侯乐	贺晨	瞿帅	吴中会	吴小龙
			龙腾	强博兴	李玲慧	黄鹏程	崔太航	何彦杰	刘娜	苏泽平
			朱磊	曹吉	李璘	韩晓磊	曾迎知	李利	黄恬	刘晓潭
			段传武	郭强	刘翔宇	陈文韬	印婧鑫	肖鑫	汪文舟	刘江伟
			邓斌	常征	赵成祥	严基团	王鑫	边伟	吴恩琦	尚宇飞
			王恒							
	2015	158	康朋飞	赵冬月	但明桔	易默然	陈敏友	唐翰强	刘志刚	呼彩莹
			李宁	曾稼乐	邱启零	倪祢荣	贺威鹏	刘琦	孙蓓蓓	何华
			李娟	叶新田	石峰	易世主	王海林	刘志山	邱明亮	张鹏
			杨国富	万旺	黄庭杰	郭伟刚	陈晋	李志鹏	薛宪鑫	刘超超
			孙银凤	蔡畅	李方星	张浩	凌旋	陈康乐	贺婉	邓林飞
			王聪	路遥	吴瑞垠	林大涌	陈翔宇	李佩佩	李菁	唐林波
			肖盈	赵政耀	谭嘉伟	李毓坤	尹国礼	阳雨欣	余豪	邢凯
			费凡	刘存龙	张丰燕	张昱坤	李志松	丁千夏	罗文博	包江磊
			李靖博	张帆	卞元靖	卢得仁	王聪颖	赵琼琳	高进进	周峰
			陈淮桐	罗天靖	邹学义	成晟	刘则程	王涛	黄静	张彬然
			李君龙	赵婷婷	彭思	夏一鸣	蔡超兟	李述琼	范瑞祥	孟洲
			杨义益	舒华林	苏雨潇	张恒文	史耀君	王大富	慈晓东	刘长伟
			徐志飞	刘毅	李石清	黄启友	雷志杰	陈运鹏	龚浩	张锦涛
			陶蕤	汪亚	刘梦婷	谢黎灿	王亚飞	刘教培	吴翠	于美君
			马丽雯	周顺	卢昕	刘泽南	贾羽	夏韬滨	谭涛	张雨加
			毛雨	刘欣佳	范娟	王成靖	王磊	张明超	李小川	赵星
			范潜	沈阳	曾庆红	左松清	毛佳文	贺炯煌	胡凯	文霞蔚
			蒋承芳	秦志	李一帆	向洁	龚媛	杨晓林	吕文兵	吴祥龙
			花超	夏明垚	皮晓清	汤彬彬	熊佳兴	郜成成	李琛	董晔
			王浩	孙震	葛敉瑞	林欣	王洪卫	魏炜		

续表4.2.3

学科专业	入学年份	人数	姓名							
建筑与土木工程（全日制专业学位）	2016	152	程龙虎	胡　瑶	段晓旭	谢卓奋	宋　坤	陈玉钦	张博凯	陈　琪
			李　靖	乔春晖	马　青	吴　磊	周旭婧	廖书欣	彭　灿	陶郑恺
			曾　宇	左程骏	杨茂林	贺鹏飞	刘　婧	杨曼璇	柴玄玄	于永康
			沈　强	张　謓	王梦茹	肖　檬	丁　露	曹　楠	文美华	王　明
			兰旭丽	刘　凯	胡　艺	邹乐囡	李袁媛	唐庆永	张　飞	吴卫民
			阚常壮	陶汝威	程志明	杜鹏程	汪子鑫	罗　群	杨　鹏	熊鹿鹿
			袁　磊	沈　东	张　博	唐志辉	张　磊	陈焕盛	强逸凡	汤明明
			曾奕珺	刘日彤	喻昭晟	黄承志	田　杰	刘妍娴	张丹锋	瞿拓宇
			毛洪伟	袁巧玉	冯志远	王晓君	张　宇	欧俊伟	孙雨石	张家辉
			周胡波	古炜恒	缪林武	胡钦鑫	刘神斌	罗勇平	马　衡	高棱韬
			朱方顿	范淼林	毛晓林	朱生龙	冉　凯	周狮宇	钱泽航	高　强
			宋　超	陈煜杰	赖明苑	潘文彬	王之扬	陈熠南	张云泰	黎钟文
			闫铭铭	陈明放	周　通	刘拯安	张　泽	林志华	杨青青	刘　丹
			夏俊仁	密飞龙	林　准	闫屹彬	刘　泽	杨秀航	李言坤	邹俊辉
			谭龙飞	时　空	黎　超	赵玉明	张平平	叶梓茂	代　忠	王晓波
			谢绍辉	李永坤	刘　瑶	张友志	申　帅	金俊斌	崔莹莹	周大军
			刘莎莎	李金鹏	刘　讴	万镇昂	吴睿智	张　兴	胡文龙	刘　康
			蒋　宁	冯琦璇	李英鑫	黄　乐	陈健全	黄青玲	傅　强	黄宇华
			皮启洋	黎良桥	陈　伟	贺宇豪	邓　威	俱鹏柯	寇璟媛	陈建军
	2017	157	李　植	谢佩均	王梦林	秦卓一	黄　帅	牛思喆	刘济遥	王现超
			程　顺	刘　飞	张称呈	项宏展	胡明勋	彭　蒙	张　亮	孙　宇
			万　熹	陈　舟	闻艺敏	王乾任	贺小波	徐长红	王祖贤	徐　童
			刘邱林	刘世雄	出任新	赵　腾	梁正宇	周　诚	左学贤	杨新平
			胡世红	杜珂萌	陈雅滢	李旻晁	李博文	张高祥	张新雷	王俊东
			朱　禹	苏　玮	吴志鹏	戴圣兰	解汪洋	王志强	段海兰	郭世豪
			毛康利	梁飞明	王超超	张子贤	杜　炜	林汉旗	黄　毅	章智勇
			方子匀	谢能超	梁　甫	袁罗赛	康　浩	肖　尧	张德旺	陈泽林
			刘　杰	魏广帅	周　龙	孙　虹	余　建	张景晟	张华强	张炯炯
			彭利冉	任予涵	李振圻	吴千秋	李永铃	王福红	胡明军	张廷奎
			马鹏飞	叶　斌	赵　昭	臧佳乐	王阳明	周佳庆	桑彦聪	杜雪松
			谢亦朋	来梦婷	张晓雨	巫　优	莫芸非	何旺旺	韩　钊	罗思慧
			胡才超	王红军	鬲浩然	赵晨阳	钟鸿涛	汪仁威	吕　凯	杨佳琦
			王海波	吴晓莉	张　训	刘耀辉	王向维	张琰林	彭逸明	王萍淋
			向芳雨	尹中涛	向诗淯	张媛媛	曹雨婷	舒　婷	苏　轲	武子越
			刘轶彬	欧阳子龙	周培祺	夏佳慧	杜　呵	李　聪	周　涛	吴佳利
			谢爽爽	石志国	李晓光	张　涛	姚国京	殷梅子	宋海啸	李连峰
			张广潮	曾令伟	荣亚威	刘莫双	成科霈	颜天朋	曹子豪	尹　巍
			胡省阳	田谌阡	魏天宇	祁　敏	颜　瀚	周志远	刘　宇	毛卓青
			郭龙龙	秦盈盈	谢宏灵	易梦成	刘虎兵			

续表4.2.3

学科专业	入学年份	人数	姓名						
建筑与土木工程（全日制专业学位）	2018	222	王晗雨	曹建国	汤之奔	吴州	甘振宇	罗萃銮	戴邵衡	石涛
			刘婉婉	张卉	乔楠	曾静仪	瞿勇	周超	李华永	惠潇涵
			钟军豪	丁茜	万家乐	姚小敏	李锦泉	黄仕俭	黄旭	聂念从
			钟宇	赵成龙	陈虹旭	兰鹏	程能煜	邓皇适	王小勇	申石文
			王坤	王嘉诚	赵爽	尹中原	陶莉	余欣旸	贺诗昌	赵天海
			张泽	刘天娇	姜欣宇	龚方浩	王蓓蕾	赖梓辰	王凡	陈康
			王悦	高宏磊	蒋军	张锦仪	曹赛	石锦炎	艾司达	祝学真
			许婧	胡麟杰	况卫	鲜凌霄	袁小谦	陈郗西	万文净	杜市委
			黄映凯	李特	黄绍祥	谢洋洋	梁程斌	胡莉	赵璐	窦祥强
			刘丽萍	谢凤武	韩鹃	王慧慧	刘润南	龙岩	罗吴赞	吴霞
			王资健	曹宇	周宏	王笑非	王强华	徐天扬	谢文都	张豹
			黄咏琪	罗绛豪	胡馨莹	李靖	陶豪杰	孙宁新	赵发嘉	彭一凡
			乔思瑶	陈丽	贾晓龙	杨明霞	潘桢	袁彪	易文豪	曾杰
			雷皓程	薛书怀	张震	雷志彬	张正	刘卓航	刘声博	胡迪
			李亮	刘任	谢稳江	王锋	黄宇佳	李培	王岐武	丁佳誉
			田春雨	方文彬	来燕丰	朱继业	刘志新	管国良	劳昌富	刘谱晟
			涂锐	肖耀坤	赖维	黄定著	张勇	张壮壮	王中政	杨海明
			刘思聪	曾聪	张营营	杨飞	周旭	文振帆	潘家瑶	徐兆恒
			阮晨希	王泽林	何沛源	田梓珺	高伟	宣明敏	苟志龙	刘海清
			许鸿运	黄巍	高超	刘希重	赵崇宇	刘奥林	冯禹天	冯楚
			刘心怡	宋丹	李剑锋	王梦洁	李泽民	范铭浩	徐爽	马尧
			龙世林	周子为	黄凯	于海鹏	陈奇懋	王开	闫蔚然	丁虎
			李伟	刘瑞涛	王涛	谢辉	余鹏鲲	李翼延	孙鼎皓	王子豪
			石家瑞	周雨晴	袁志斌	罗延亮	黄诗芸	贾世伟	詹维	严石生
			何文翔	刘义康	薛繁荣	宋哲轩	黄琦	艾瞳	陈聪	李宝桦
			庞圣涛	牛安心	张羽翔	冯亚威	胡锦波	郭旭强	罗豪良	杨严龙
			柯福隆	张燕飞	程依	康爽	李思杨	胡萌	殷启睿	纪海潮
			曹明远	闫鹏	李建成	杨阳	普文磊	冯钰微		
	2019	202	楚坤坤	安亚楠	李欢	刘俊	吕慧敏	杨梦圆	强昱恺	陈韶平
			田杰夫	代明欣	王中志	周冬辉	熊文超	李臻	黄飞衡	董杰
			王广	吕金	赵凯	张文昌	陈雪元	陈林松	罗怡恺	许添鑫
			肖权清	刘科升	黄旭东	陈魏	雷羊飞	翟明悦	戴晓亚	孙康
			马野	李玉容	李妍	张百岳	陈缘正	陈辉	张玉果	李漠雨
			李思佳	陈立斌	郭振	史明杰	况锦华	李青婷	黄芳滢	鄢洪
			王百公	张青	唐蕾	李哲	张元	赵晓薇	芮照贤	王子建
			董春敏	傅蕾	侯伟治	盘柳	董霜	孙雨轩	夏清	陈国梁
			谢巧	朱武俊	欧阳曾辉	黄毅	颜大雄	李亚文	刘超	仇勇
			陆锦宇	柏格文	陈伟彬	祝嘉翀	吴翔	陈云	朱瑾	董潇阳

续表4.2.3

学科专业	入学年份	人数	姓名						
建筑与土木工程（全日制专业学位）	2019	202	杜杭飞	朱　静	张友皓	蔡根森	王乐煊	张振高	黄新德	杨鑫歆
			林思文	马晓霞	吴　勋	令凡琳	张亮亮	陈子昂	黄宝亮	姜孟杰
			杨锦飞	刘　旸	解正红	虞展鹏	庞大伟	侯悦悦	邹国峰	胡文飞
			陈格革	朱建旺	葛孟源	韩晓昆	曾哲峰	翟志超	菅振华	刘　辉
			张晨曦	车天鑫	徐　飞	谢林伯	丁昊晖	胡礼格	屈兴儒	李东柏
			邓湘洋	钟　意	蔡萌涛	廖家浩	郭晨阳	焦　澳	王泽坤	李　赛
			邢宇航	魏俊伟	唐成龙	伍浩然	甘　睿	曾国繁	韩　霄	盛宝毅
			张飞扬	汪华坡	杨　昀	张雨琼	兰天宇	高　翔	周铮杰	罗浩铭
			张家琦	庄海燕	周博洋	郭云鹏	曼孟轲	王　寅	缪　任	颜　璐
			田润安	黄柏蓉	罗　毅	黄港归	高　磊	卢同庆	屠嘉杨	何　洪
			姜厉阳	罗春洼	童　顺	吴忠诚	王绍雄	付永铜	解晓添	胡晓妍
			彭嘉华	卢　静	陈礼荣	田玉荣	朱小杰	王　宇	黄至宪	胡静怡
			敬　涛	张　锐	葛良奇	彭雨杨	薛智博	张子龙	田京立	张　燕
			蓝立概	袁国峰	吴杨书帆	陶静芳	王庭鹏	殷泉花	王迎庆	朱东莉
			陈　茜	宋　婷	梅　敏	刘柏建	向　前	孙武东	左秋梦	刘玄艺
			曾文珺	易修慧						
土木水利	2020	214	凌昂阳	赵佳晶	喻芳聪	龚　皓	彭光钊	孙长青	陈星早	欧阳旭
			王　超	张天齐	王风栋	谢明峰	陈　坤	陈燕洁	张　昂	杨鹏浩
			文　翔	龙泳铖	卢勇全	王志杰	黄　伟	李玉豪	高雨欣	张利勇
			曾　涛	徐新桐	于　归	张凯源	孙前辉	黄　俊	王本利	姬艳强
			郭杰鹏	王伟烨	杨乔洪	刘江浩	肖一凡	陈文倩	朱艳霞	李　明
			闫宏第	王　慧	高宿平	杨家军	吕志恒	朱昭锟	詹晨路	方佳畅
			刘　凯	张星铄	左勇健	钟不凡	姚文兵	曾世钦	钟仁东	王亚蒙
			樊　凡	王少华	贺　睿	张　虎	丁荣锋	姚　康	仲召银	钟志强
			张俊毅	汤无忌	连育玮	李媛媛	戴　全	马志明	魏　苹	徐　康
			甄淑钧	邱　筱	赵臣煜	金　杰	郭亚林	卢思达	刘梦路	谢思思
			陈劲烨	李天雄	夏栋文	常　非	刘二平	韦德铭	杨　娴	李海华
			林　强	康佳敏	李永和	黄伟雄	张璧玮	程　茜	贺香雨	莫文波
			冯恺雯	黄新宇	谭永长	张　威	刘　昊	张瑞丰	谢淑敏	谭晶仁
			刘　钰	于冀蒙	戴梦婷	倪　洲	王吉祥	雷　宇	易文妮	黎　章
			孙青山	刘玉成	房司琦	王　栋	邓子成	王天良	梁喜燕	包世鹏
			方　涛	刘　卧	周雨洁	梁绍华	吴姮璇	崔　峰	杨双月	潘隆辉
			李　健	李姚伟奇	孙槐泽	罗嘉瑞	王俊鹏	郭欣然	何琪瑶	何文杰
			罗　瑶	徐世东	张瑞乾	陆明龙	何轩逸	黄　杰	周壮状	吴海平
			郭培栋	王聪豪	张冲冲	吕鹏程	何宗聪	马虎军	雷建雄	甄雅星

续表4.2.3

学科专业	入学年份	人数	姓名						
土木水利	2020	214	邹小双 邓志宏 李琪焕 姜钰宸 万航航 李滨宏 吴亚飞 王晓雅 岳 欢 赵 文 占永杰 曾晓辉 胡婉颖 蔡冠冕 唐建员 陈 卓 黄 铮 王楚皓 李嘉乘 田沛丰 陈若楠 曾 荣 李海鑫 黄宇锋 熊海斌 王嘉璐 付 东 范涛镛 段 亚 龚小根 赵伟龙 廖伟富 朱医博 莫玲慧 范进凯 李 威 贺文武 付飞扬 彭东航 欧双美 肖舒晴 沈浩杰 胡江锋 戎吉方 杨 啸 秦 宇 彭中正 张 渝 陈 聪 龚文静 李玲丽 董蓓璇 陈 栋 罗 丽 吴铱丹 熊燕妮 邹孟志 何建华 王 晶 粟萌萌 何媛媛 徐 倩						
工程管理硕士（全日制专业学位）	2011	3	罗纯军 贺祥宇 张 栩						
	2012	4	姚 涛 余向阳 柳 坤 陈明叶						
	2013	4	文思齐 戴欣萌 曾治平 杨天鸿						
	2014	9	张宗扬 聂鹏飞 徐怀武 王金华 钟 欢 陈泰安 罗 义 应 畅 刘恩泽						
	2015	15	杨龙辉 胡欣予 唐啸天 聂汇勇 陈 莲 黄 鹏 李 坚 陈文雄 李 华 尚 夏 彭 睿 王 蓉 郑 归 徐海峰 伍 烨						
	2016	16	古江林 周佳慧 伍恬甜 刘 婷 方 田 夏 霍 颜星星 成可为 王海帆 陈汉飞 周 剑 何新德 付慧娟 杨 妍 符果果 张 帆						
	2017	8	胡君恬 苏小龙 李 幸 丁 殷 李 高 陈 斯 章 威 胡 窈						
项目管理（全日制）	2013	1	李文华						
	2014	1	郭辛悦						
合计			5741						

表 4.2.4 历年招收的硕士生名册（非全日制）

学科专业	入学年份	人数	姓名						
建筑与土木工程	2017	80	赵 凡 郭富强 刘辉春 马杨帆 李韬宇 刘双塽 祖晓阳 王日彤 陈星臣 邓圣恩 林楚尧 王 玲 谢明月 杨 琳 肖紫臻 訾庆凯 姬航磊 李文英 李素倩 李晓舒 焦福萍 王 艳 陈 希 周俊华 张丽娟 彭茜琳 曹海亮 钟 敏 熊贤颖 余 俊 沈 宁 李 涵 张凤东 邹文杰 龚 陆 刘 贝 饶诗维 杨 帅 陈 浩 刘孙光 罗添添 李先海 陈 龙 涂志勇 仲攀峰 王正阳 方 位 雷洋波 卢广丰 黎 勇 刘杰坤 邓建辉 熊逸峻 李守文 金 铭 周博成 陈鑫磊 杜伟康 杨 鑫 周超云 薛兴颖 皮 凯 郑若梅 曾一回 高 祥 谭志化 张智光 申智勇 廖淞云 王文君 申屠帅强 江 磊 耿忠扬 娄孟伟 李文婷 张路发 杨宸宇 贾宏煜 甘 芳 林开义						

续表4.2.4

学科专业	入学年份	人数	姓名							
建筑与土木工程	2018	27	杨思凡	刘涵佳	李照垣	刘 扬	丁宇航	郑思宇	张歆翊	王志超
			刘雅欣	胡启迪	戴志浩	唐伟铭	魏明龙	彭天微	汪健聪	郝鸿渐
			赵 峰	甘通文	刘 进	朱立成	吴 顶	刘 江	刘 鳌	李唯熠
			谢 婷	孙宝莉	刘 婷					
	2019	4	刘冬东	杜星星	陈昀灏	欧阳慕				
工程管理	2017	40	刘恒涛	王含珍	艾 坤	熊子轩	吕晓桤	王立恩	徐 晓	刘唐贤
			段 妮	蒋 智	熊 昊	李旻芬	吴 优	张 泽	蒋博文	卿 轩
			堵弘洲	贺舟彪	彭雪晴	周施颖	朱 勤	孙 颖	谭 萍	张金保
			高 原	白春光	赵怡琳	彭文阁	王雯雯	王可悦	曹 栋	陈赛国
			陈文茜	陈敏恒	刘 准	何 曦	储函霖	廖 颖	刘天鹏	杨武慧
	2018	66	付文涛	王佳丽	李 理	龚常胜	杨 婷	施少寒	王羽中	李雅慧
			马卓煌	吴喧庭	周 丰	邹书宁	刘艳芬	杨润紫	刘 国	雷 蕾
			张 超	曲飞帆	欧凌宇	储恋霞	杨武继	赵李强	陈进京	袁海娟
			胡远林	赵 韧	肖 蒙	谷 旺	沈文达	覃梦洁	陈梦凡	李青霞
			刘 艺	邹 翌	王 雄	吴斌晖	余文彬	谭 平	谭志鹏	刘 垚
			付钰泰	郑 拓	曾敏俊	黄 玺	喻 典	詹明玮	周颖姿	张慧娟
			阳巍巍	任 晃	王昌文	刘 露	房 博	罗 兰	吴宏艳	李 健
			徐世英	唐 潇	严 文	肖 雄	肖 凤	黄意远	刘天胜	席 瑜
			廖皓辰	于文龙						
	2019	50	庄纪文	谢渭平	陈政希	项予佳	张 华	伍 威	申强林	杨 睿
			曾 乐	肖 骁	程 锋	李万书	余素梅	尹孟嘉	梅琼文	陈宝光
			陈夏果	杨春晓	彭建林	何兴曦	杨 浩	夏 旺	王宇棋	陈觅杭
			刘世杰	高 甜	曾 琦	冯琦衍	潘 灿	皮海迪	张 蕾	田文宝
			贺 专	郑朝龄	郑 奕	习夏雨	杜 鹃	双智雄	朱 伟	付 波
			袁 玲	陈中文	侯杰维帝	叶 凯	廖彬成	徐碧晨	邹 俊	费云归
			刘炳昊	贺奕文						
	2020	59	王笠源	李 君	肖文涛	胡东立	程 崇	吴卓伦	罗 畅	易臻翔
			曾浩宇	李 毅	罗 晨	李飞虎	陈 俏	李东明	姚 芫	黄 崧
			曾 行	徐继扬	张 龄	邱 冰	陈学超	喻梦凡	王代仪	李志红
			彭骞豪	辛 茹	李澹雅	胡 云	王雅慧	吕 佳	刘金晶	王飞武
			董 楠	雷绍科	许若男	王 进	邱 羚	王云红	苏宇哲	谭黎黎
			何志坚	李俊弛	王闰星	冯果平	胡成武	陈佩	陈 星	喻 远
			曾 辉	蔡哲晗	杨添雨	陈怡鑫	杨慧敏	任 涛	刘 亮	左 阳
			王京波	张尧钧	陈 玲					
合计		326								

五、在职攻读硕士学位研究生名录

各专业共计招收高校教师在职攻读硕士学位研究生 52 名，在职工程硕士研究生 1092 名(其中建筑与土木工程领域 861 名，项目管理领域 231 名)，详见表 4.2.5~4.2.6，毕业 685 名。本部分未包含研究生进修班的同等学力研究生。

表 4.2.5　历年招收的高校教师在职攻读硕士学位研究生名册

学科专业	入学年份	人数	姓名
岩土工程	2004	3	叶建峰　姚建雄　陈果元
结构工程	2004	13	卓　娜　张　惇　陈曼英　马松影　黄东海　潘　峰　贺朝晖　刘建平　刘灿红　刘　艳　杨　枫　郑屹峰　唐春雨
	2005	4	陈敏慧　易红卫　廖　嘉　刘康兴
	2006	2	卜伟斐　周志学
市政工程	2004	16	林晓枝　陈林文　林　云　刘　丹　陈　海　陈　鲲　叶　猛　林幼丹　蔡碧新　董　斌　唐春媛　陈光耀　李积权　钟春莲　陈　祎　林兆武
	2005	4	余志红　林琼华　吴　征　杨芙蓉
供热、供燃气、通风及空调工程	2004	3	许媛媛　成志明　周东一
防灾减灾工程及防护工程	2004	1	郑居焕
桥梁与隧道工程	2003	1	银　力
	2004	2	李　磊　罗淮安
	2005	1	杨　鹰
道路与铁道工程	2004	1	袁　媛
	2005	1	李志林
合计		52	

表 4.2.6　历年招收的在职工程硕士研究生名册

领域名称	入学年份	人数	姓名							
建筑与土木工程	2000	36	楼捍卫 黄　弘 张　文 罗万象 刘建成	曾维作 路苊枫 林镇洪 虞　奇 王喜军	罗清明 高　辉 张　坤 蔚　然 蔡华密	郭乃正 李　伟 向建军 王中东 田　意	肖剑秋 李兴成 陈洪波 刘道强	罗　恒 梅文勇 高志勇 罗　伟	唐其贵 沈　周 王一军 郭　峰	刘红毅 陈进光 石挺丰 卢　剑
	2001	73	韩汝才 赵志刚 李　铌 谭菊香 周　岚 刘学鹏 刘武成 杨梦纯 贾荣强 李建方	姚发海 周冬生 肖重祖 陆江南 尹立威 糜　涌 鲁劲松 赵向荣 刘新华	刘怀林 谢流生 李正耀 高晓波 邓永红 许交武 郭　飞 赵利民 闻　生	杨建国 陈伟丽 许湘华 杨洪波 廖　毅 余　君 胡迎新 蒋　荣 雷金山	陈建群 单立平 张向京 刘微明 喻德荣 邹静蓉 付永庆 李坚辉 张宇青	林　尚 刘仕顺 罗凤姿 徐占军 邹　煜 王昌良 胡　剑 李玉红 胡卫东	彭思甜 冷振清 周诗雄 吴丽君 安少波 李德坤 邱训兵 胡希贤	王　英 孟　钢 张　静 周小波 欧名贤 黄镇南 杨建中 黄其芳 汪谷香
	2002	71	王贵明 戚玉明 梁菊新 杨世捷 王文涛 李　欣 钟春松 盛　涛 甘英明	时一波 欧阳正 陈建国 刘小平 龚　佳 曾阳春 邹焕华 唐重平 刘建军	黎光勇 曾毅军 谭向军 张　兵 王　巍 王　勇 李玉红 黄敏健 匡华云	冯广胜 江跃平 周　剑 戴　兵 文畅平 袁湘民 向道明 曾自愚	周兰英 毕锡辉 刘　庆 郭　磊 李松报 李述宝 周外男 周　荣 罗文柯	刘孔玲 丘　斌 渠述锋 周大东 王兴强 蔡永泉 唐桂英 唐晓雪 余亦文	陈友兰 郭相武 齐春峰 周长春 梁　耀 裘志浩 张红心 喻浪平 戴　进	黄友剑 李　建 黄　英 王爱武 梁瑞强 黄春辉 肖　婧 李伟雄
	2003	73	郑平伟 曾文德 谭文雄 严爱国 黄玉刚 郭方平 王　浩 周　莉 黄　飞 高世军	刘保钢 郭　明 万　林 陈小波 吴长才 杨智勇 杨　劲 邓尚平 张继周	任世杰 周利金 李　奇 龙　汉 李汉青 彭先宝 孔　果 余　忠 赵晶宇	陈文科 吴　辉 敖　宏 肖　勇 杨玉庆 童智洋 袁俊杰 申灵君 王　巍	刘伯夫 孙　立 张　宇 付　华 朱仲毅 杨艳丽 李丁徕 满　奕 江荣丰	何永刚 肖　明 张小飞 胡社忠 车　斌 周　坚 郝红彬 许国平 徐浩然	马　骁 李汉平 彭永忠 关　伟 田照远 柴建民 赵志刚 刘锋光 蒋　华	宋　晖 周雪铭 光振雄 钟　波 丁金刚 曹建军 苏　斌 易　谦 李鼎波

续表4.2.6

领域名称	入学年份	人数	姓名							
建筑与土木工程	2004	45	鄢康翌	熊　辉	贺小鸿	黄　辉	金华山	谢志军	吴亚鹏	胡　浩
			周振华	王泽锋	王新明	向远华	邵国维	高至飞	曾军长	代永波
			郑　斌	黄建华	陈　勇	蒋继烈	李红岩	蔺　波	袁　则	易兴华
			闫林栋	冯德泉	鲁敏芝	唐剑华	马书强	席超波	卢光辉	徐颖恺
			唐　进	苏吉平	程　露	周　尧	卢　山	胡云龙	王　晗	刘　芳
			刘学青	周　涛	崔容义	杨大军	肖　涛			
	2005	44	宋延涛	刘　辉	朱　璐	柳　卓	万　坚	陈旻蕾	颜彩飞	朱　林
			高景宏	陈　劲	黄小军	张付军	刘帅成	傅黄明	罗素君	史胜利
			杨　云	王克宏	麦　丽	王　刚	罗建阳	王　璇	田湘鹰	桂　铬
			袁金明	陈　浩	叶自钊	谢　冬	余国成	唐　恒	谢晓健	朱　霞
			陈建波	雷文辉	王　渊	黄智勇	唐卫华	范凌燕	安爱军	唐卫平
			刘中刚	王良民	杨　铠	廖文华				
	2006	48	周　晨	贾进元	彭　震	许丽静	尹盛霖	马驰峰	徐　彦	易　纯
			陈　靖	周兴涛	谢春辉	何英伟	冯宪高	陈立锋	卢　佳	李永青
			许　江	梅大鹏	湛先文	蔡红宇	熊建军	彭铁光	彭光荣	江晓峰
			刘天雄	管　锋	梁永胜	孙　宏	徐　涛	李周强	常柱刚	吴　涛
			朱新华	俞　皓	舒　丹	李文华	曹　晔	李岳琦	雷文茂	李　兵
			黄　鑫	叶国东	郑志胜	林　斌	华　雪	周尚荣	赵国利	申灵君2
	2007	44	王春景	刘少军	张建晖	赵尊焘	吴春喜	张莫愁	黄　欣	李山松
			杨林东	傅黄明	杨　智	王　旭	李　巍	杨咏国	王文胜	陈　亮
			罗力军	秦桂芳	陈　涛	黄大成	李　钊	李庆生	吴　波	何　山
			曹　洁	杨　健	王　剑	冯善恒	毛　磊	韩凤岩	李方祥	黄　毅
			马玉麟	邓　翔	洪　琼	刘兴平	甘远明	廖茂汀	李　刚	周云斐
			吴惠华	陈　红	程　嵘	李伟平				
	2008	42	梅长安	吕振国	范万祥	岳　峰	文　超	张小军	张继华	陈文辉
			匡　达	陈阳雄	孙　爽	陶智寅	曹　晖	林胜利	李宁宁	廖春成
			颜海建	罗伟平	石鹤扬	王怡婷	汤敏捷	周萍萍	贺　凡	刘炳浩
			曹　聪	姚童刚	李　冰	曹鹏程	龚晓燕	齐　放	曹良华	黄　超
			肖　键	余志国	刘江红	彭建波	曹　星	彭　霞	石　峰	王志华
			戴鹏涛	黄　伟						

续表4.2.6

领域名称	入学年份	人数	姓名							
建筑与土木工程	2009	42	秦宿钧	蒋华春	徐同蕾	凌云志	张汉一	曹　忠	王财来	李军华
			陈立祝	毛坤海	王振宇	彭立军	李　鲲	刘　军	林达文	王　鹤
			鞠海峰	黄志忠	张先念	许福丁	黄　琛	蒋　华	阮洪亮	许颖强
			贺　威	刘　准	虞　磊	车四林	李毅军	李跃鹏	王　砚	黄金旺
			柴　霁	徐　觅	阳　雪	肖　霞	龙天翔	闫　军	储昌欢	李　晔
			安　杰	欧阳刚杰						
	2010	38	蔡　晶	潘　斌	吴丁花	李　权	刘　强	周　磊	吕贤军	谭新根
			肖　剑	郑奋兮	陈　鹏	于　洋	张自力	梁奎生	杨旭光	李　彪
			赵　鹏	彭　状	李延超	黄　达	杨　基	高虎军	韦合导	尹禄修
			宋希阳	于　薇	王　勇	黄　尧	刘　翔	龚　毅	凌　露	邢康宁
			雷运科	吴汉奇	陈冠军	邓永锋	谢建新	刘　磊		
	2011	80	赵子龙	宋　阳	张　鹏	吴向辉	罗秀松	袁　理	蒋星宇	路军生
			张毅明	苗宪强	胡云发	卢兴晨	詹雄威	胡　军	宋　军	范士超
			刁　翔	李周庭	周　勇	张俊杰	彭　奎	房中玉	杨　俊	王　达
			陈剑华	赵　楠	陈建福	王　毅	靳柒勤	张小军	夏万友	艾杨玲子
			陈国宏	江一舟	黄根满	龙　驻	纪佳伟	詹享东	陆国高	吴理雄
			朱　拓	汤怀凯	曾文韬	张向宇	周红霞	晏胜荣	王友涛	周　涛
			朱　江	陈　志	曾大鹏	李　辉	梁　松	王　豪	王化盛	李红斌
			陈咏明	李检平	江　浏	张细宝	范湘琴	刘五一	张拴牢	陈泽翼
			方朝刚	何昌杰	朱承强	雷建华	梁志军	李尉玮	荣　琦	言煌博
			王海涵	唐四成	曹建交	缪兵权	姜永伟	曾　鹏	周娅丹	吴学慧
	2012	50	蔡佰英	蔡晚晚	陈　进	陈外洋	陈志勇	戴彬文	戴炜恒	邓满林
			范春生	郭　翔	何　旭	贺　治	侯绚昕	胡　波	胡　植	黄尚枫
			黄　伟	姜伟宁	矫显龙	李谷阳	李金坡	李可为	李　源	林　虎
			刘　聪	刘树堂	刘　涛	刘毓楠	彭　杰	彭文忠	任达成	阮井碑
			申　昊	孙焕重	谈海斌	唐　峰	王泽丰	吴学慧	颜文华	杨谢辉
			阴嘉伟	袁　立	袁梦阳	张　舵	张　健	张明旭	周成丰	周　睿
			周　涛	邹团结						
	2013	54	徐　斌	张　宇	王　彬	陈　涛	刘卫景	霍秀丽	涂志强	张文明
			陈　鹏	吕逢遴	康永炜	王殿伟	杜雅丽	彭勃睿	涂富强	杨宇鹏
			王乾宇	刘建威	焦建林	李　慧	沈炜东	谭思琦	曾小明	王晓斌
			徐　隆	李　刚	王　璞	杨敏捷	周文斌	许志海	舒小朋	尹红星
			刘少强	肖　晖	向　鑫	李艳霞	李曙龙	罗　维	陈世君	张　欢
			李志勇	向昶吉	李　力	李得超	刘　义	穆岩松	施斌林	周清福
			王　俊	刘　俊	董汉伟	李乐超	李　鹏	施红忠		

续表4.2.6

领域名称	入学年份	人数	姓名							
建筑与土木工程	2014	55	叶 蔚	施方桂	郭 虎	张松涛	文硕彬	张 彪	杜朝阳	王培琳
			赵慧君	李 科	李 浩	吴洪强	杜其益	杨伟锋	夏振锋	赵 秦
			向 峰	李文军	李卫星	李 立	刘焕苓	曾鹏程	熊艳芳	邱 琼
			陈敏鸿	唐培倍	左小永	李求源	罗 维	余海敏	陈 全	易新平
			徐学磊	陈康军	何 源	符 文	马 超	李丹阳	刘 峰	谢 忱
			刘 涛	刘 军	李文文	陈 足	童 姝	向 宇	喻卫星	王 星
			仝世恺	唐 新	朱蔚荣	杨 辉	鲁 蛮	郭 奇	戴 雄	
	2015	66	邱亮亮	陈红飞	王 俊	荣 亮	骆 平	冯 劲	周 帅	宋智慧
			唐文波	刘 坚	许 迪	陈 超	俞 佳	张 航	刘志鲲	李青云
			谭 锴	罗 培	吴 红	蒋培湘	熊俊杰	季 宁	曹 满	汤 添
			李海宝	蒋少锟	胡亮亮	任 征	李海兵	柳 岸	张海忠	刘 江
			徐盛林	吴滨源	凌 波	周 凯	吴 伟	李新宇	江 瑜	欧阳贞
			唐恩宽	崔 文	蒲振兴	张 泉	石晨晨	刘 坤	胡 琦	陈义辉
			陈铁牛	熊 胜	朱 天	曾大艇	贾光龙	冯 竞	蒋礼平	袁 涛
			赵双林	陈 剑	陈 欣	张海涛	杨文满	李小晖	肖 奕	赵子成
			杨向红	张叶青						
项目管理	2002	1	宋程鹏							
	2003	1	敖 宏							
	2004	4	姜立新	李佳山	毛明发	崔红琴				
	2005	14	郑建光	黄文俊	黄红宇	赵 毅	屈文杰	程 秋	贺新良	王 健
			黎 庶	陈 晖	李 强	黄光辉	徐卓慧	李世平		
	2006	29	周 卫	吴家权	张 剑	杨 勇	邓 珊	宗 蓓	唐 毓	龚湘军
			彭运河	明海翔	黄金国	何美丽	周先平	李体存	杨 哲	游 荣
			王 翔	詹浩伟	廖晓阳	唐荣辉	戴春田	赵晓路	肖先仲	唐 葭
			高智神	易 波	刘达南	王 晨	陈楚贵			
	2007	15	李光玉	刘雪芬	方 秀	徐 宇	方应伟	郑 瑶	龙建军	李文春
			魏根岭	赵振华	莫玉荣	余 佳	程 搏	王慧莎	张 莉	
	2008	20	黄 岗	黄 花	陈 钢	周忠于	付 涛	付 腾	包 蜃	张应莉
			刘小艳	刘承先	李 检	陈 静	陆劲松	刘细乔	刘 辉	万小明
			沈捍明	高 杰	苏首伟	屈 纲				
	2009	10	孙秋红	刘剑勇	贺 成	周 婷	唐 帆	胡志强	邱浩斌	方瑞健
			陈 君	谭林华						

续表4.2.6

领域名称	入学年份	人数	姓名
项目管理	2010	14	聂曙光　张日鹏　冯　超　杨　杨　唐旭峰　欧　亮　许斌甲　刘　妍 贺晓露　张洪强　王　昊　柴喜林　高　煜　张　开
	2011	32	常　乐　吴　昕　倪志宇　汪　阳　郑剑锋　阳　欣　詹丹枫　汪　浩 蒋　文　张文亮　谭　晖　王　泳　李先怀　张元兴　黄　金　郭海宁 刘惊虎　刘　武　彭彤勇　王都宁　陈　明　康召泽　余理想　余　凯 彭玉林　曾　林　岳　勇　白成彬　许　斌　周国斌　张　琛　张平春
	2012	17	冯雯霞　冯　刚　刘　昕　郭　栋　陈敏之　何　歆　周梦雄　杨翠兰 黄春晖　邓海光　彭健辉　江　进　严云楼　王建林　张喜冬　朱　明 姚国华
	2013	28	胡成功　李　鹏　施红忠　肖　青　乔　楷　李　栋　聂孝如　姚志国 刘　岳　袁　波　吴常青　高　平　欧阳智子　李兴乐　胡国华　吴海军 罗泽文　王美芳　汪　勇　胡颖琛　周宏图　陈兆恩　赵文升　彭武才 曾　鑫　陈　强　彭震亚　颜　斌
	2014	17	张智博　盛　吉　陈　龙　李南西　郝佳佳　林昱希　岳雯丽　杨　明 刘亚攀　何　平　谭　伟　李　乐　任双喜　毕勤学　肖　炜　邓　涛 谢　忱
	2015	29	钟智勇　侯雄信　罗志远　杨　涛　刘晓峰　吴名欢　谢　灿　杨　升 杨　福　陈书杰　杨　艳　黄　巍　姚　甍　邱　立　黄玉婷　徐　平 赵　博　孟庆胤　唐　怡　刘俊衡　罗丽泓　袁洋洋　范雪婷　谭　彪 喻　波　吴　罡　张晓东　吴　冬　程承杉
合计			1092

第3节 继续教育

一、发展历程

1962年，长沙铁道学院开办函授教育和干部专修班，当时的铁道建筑系和桥梁与隧道系从此开始承担成人教育任务。这是土木工程学院最早开始从事继续教育和培训，到1965年函授和干部专修班学员已发展到300余人。

1981年恢复函授教育以来，成人教育得到了飞速发展。学院的成人教育已发展成为多学科、多层次的办学体系：

（1）学历教育：函授——铁道工程本科专科及专升本、建筑工程本科及专升本、桥梁工程专科、工业与民用建筑专科；夜大——建筑工程本科、工业与民用建筑专科、铁道工程专科。

（2）非学历教育：铁道工程专业大学普通进修班、铁道工程专业证书班、工业与民用建筑专业证书班。

（3）岗位资格培训：建设监理工程师、建筑企业项目经理、企业经理、造价师、内审员、概预算员及其他专项培训。

1985年，根据湖南省高等教育自学考试委员会1号文件（湘教考字〔1985〕1号），长沙铁道学院（土木工程系）承担了湖南省工业与民用建筑专业的主考任务。

1994年以前，培训任务由土木工程系统一管理。1994年3月，工业与民用建筑专业（后改称建筑工程专业）从土木工程系分出，成立建筑工程系，建筑工程系管理湖南省区域内项目经理培训业务，其余培训业务由土木工程系管理。

1997年3月，土木工程系和建筑工程系合并组建土木建筑学院，培训业务主要由土木建筑学院综合办公室主管，工程管理系负责具体业务。1999年9月所有培训业务收归土木建筑学院，由学院综合办公室管理。

1999年，为提高监理人员素质，适应监理人员持证上岗的需要，根据铁道部建设管理司文件（建〔1999〕36号）精神，从1999年第二季度开始正式开展铁路监理工程师专业培训和资格考试工作，确定长沙铁道学院（土木建筑学院）为考前培训单位。

2002年9月正式成立土木建筑学院培训部。

2012年分别与长沙南方职业技术学院、南方动力机械公司职工工学院大专部签署协议，联合招收和培养交通土建专升本自考生。

2013年5月，学院党政联席会议决定，将工程硕士基地班的工作从研究生办移交给继续教育培训中心负责管理。

1994年以后培训中心的具体发展历程如表4.3.1所示。

表 4.3.1 1994 年以后培训中心发展历程

时间	名称	主管院领导	主任	成员
1994 年 5 月—2002 年 8 月	—	廖群立	—	李佳
2002 年 9 月—2003 年 8 月	培训部	陈焕新	雷金山	曾祥辉
2003 年 9 月—2004 年 8 月	培训部	陈焕新	雷金山	严海燕
2004 年 9 月—2005 年 8 月	培训部	陈焕新	李磊	严海燕
2005 年 9 月—2006 年 8 月	培训部	陈焕新	王飞龙	严海燕、丁佳
2006 年 9 月—2007 年 8 月	培训部	杨建军	李忠	严海燕、丁佳
2007 年 9 月—2009 年 4 月	培训中心	杨建军	金亮星	严海燕
2009 年 5 月—2010 年 8 月	培训中心	杨建军	金亮星	严海燕、杨彩芳
2010 年 9 月—2011 年 5 月	培训中心	李耀庄	李忠	严海燕、杨彩芳
2011 年 6 月—2013 年 4 月	继续教育培训中心	李耀庄	陈辉华	严海燕、杨彩芳
2013 年 5 月—2015 年 1 月	继续教育培训中心	李耀庄	周小林	严海燕、杨彩芳、龙建光
2015 年 2 月—2015 年 5 月	继续教育培训中心	李耀庄	周小林	杨彩芳
2015 年 6 月—2015 年 8 月	培训中心	盛兴旺	周小林	杨彩芳
2015 年 9 月—2018 年 8 月	培训中心	盛兴旺	周小林	杨彩芳、倪新萍
2018 年 9 月—2019 年 1 月	培训中心	盛兴旺	周小林	丁佳、倪新萍
2019 年 2 月—2019 年 11 月	培训中心	乔世范	周小林	丁佳、倪新萍
2019 年 12 月—2020 年 4 月	培训中心	乔世范	周小林	丁佳、胡立群、倪新萍
2020 年 5 月—2020 年 7 月	培训中心	郭峰	周小林	丁佳、胡立群、倪新萍
2020 年 8 月至今	培训中心	郭峰	周小林	胡立群、倪新萍

近 10 年继续教育人数 15625 名，具体见表 4.3.2。

表 4.3.2 2004—2018 年主要继续教育任务

年份	业务名称	专业名称	培训人数/注册人数
2004	成教脱产专科班	铁道工程	127
	全日制自考助学班	交通土建工程（专科）	47
		交通土建工程（本科）	276
	铁道工程建设监理培训	铁路监理工程师业务培训	450
	注册工程师考前培训	注册咨询工程师考前培训	507

续表4.3.2

年份	业务名称	专业名称	培训人数/注册人数
2005	成教脱产专科班	铁道工程	52
	全日制自考助学班	交通土建工程（专科）	55
		交通土建工程（本科）	374
	铁道工程建设监理培训	铁路监理工程师业务培训	837
	注册工程师考前培训	注册咨询工程师考前培训	52
2006	成教脱产专科班	铁道工程	52
	全日制自考助学班	交通土建工程（专科）	69
		交通土建工程（本科）	338
	铁道工程建设监理培训	铁路总监理工程师业务培训	216
		铁路监理工程师业务培训	621
	注册工程师考前培训	注册咨询工程师考前培训	52
2007	成教脱产专科班	铁道工程	52
	全日制自考助学班	交通土建工程（专科）	29
		交通土建工程（本科）	303
2008	成教脱产专科班	铁道工程	52
	全日制自考助学班	交通土建工程（专科）	14
		交通土建工程（本科）	385
	铁道工程建设监理培训	非铁路行业注册监理工程师	206
		铁路监理工程师业务培训	574
2009	全日制自考助学班	交通土建工程（本科）	368
	铁道工程建设监理培训	铁路总监理工程师	282
		铁路监理工程师业务培训	769
2010	全日制自考助学班	交通土建工程（本科）	279
	铁道工程建设监理培训	铁路总监理工程师	150
		铁路监理工程师业务培训	1302
		铁路监理工程师继续教育培训	168
		铁路监理员培训	119
	专业工程施工技术培训	铁路隧道工程施工技术培训	53
		高速铁路工程测量培训	52
2011	全日制自考助学班	交通土建工程（本科）	223
	铁道工程建设监理培训	铁路总监理工程师业务培训	152
		铁路监理工程师业务培训	497
		铁路监理工程师继续教育培训	413
	专业工程施工技术培训	铁路隧道工程施工技术培训	50

续表4.3.2

年份	业务名称	专业名称	培训人数/注册人数
2012	全日制自考助学班	交通土建工程(本科)	225
	铁道工程建设监理培训	铁路总监理工程师业务培训	58
		铁路监理工程师业务培训	492
		铁路监理工程师继续教育培训	519
2013	短线自考助学班	交通土建工程(本科)	91
	铁道工程建设监理培训	一期铁路总监理工程师培训	82
		两期铁路监理工程师培训	535
		一期铁路监理员培训	121
		三期铁路监理工程师继续再教育培训	698
	工程硕士基地班培养	湖南省第六工程公司第一期在职工程硕士基地班	39
		中国铁建股份有限公司青岛分公司在职工程硕士基地班	36
	高级管理人才和领导人员培训	郑州铁路局投资计划管理干部培训培训	68
		二期长沙铁路多元经营发展集团公司企业领导干部培训班	68
2014	短线自考助学班	交通土建工程(本科)	82
	铁道工程建设监理培训	二期铁路总监理工程师培训班	179
		四期铁路监理工程师培训班	1031
		一期铁路监理员培训	232
		三期铁路监理工程师继续再教育培训班	650
	工程硕士基地班培养	青岛基地班	36
		省建六公司基地班	39
2015	铁道工程建设监理培训	二期铁路总监理工程师培训	157
		四期铁路监理工程师培训班	1178
		一期铁路监理员培训	323
		三期铁路监理工程师继续再教育培训	571
	委托培训	中水电第十一工程局轨道交通施工技术人员培训班	36

续表4.3.2

年份	业务名称	专业名称	培训人数/注册人数
2016	铁道工程建设监理培训	二期铁路总监理工程师培训	177
		三期铁路监理工程师培训班	765
		一期铁路监理员培训	238
		三期铁路监理工程师继续再教育培训	649
	委托培训	宁波市交通质监系统干部综合素质提升高级研修班	42
		宁波市交通建设试验检测中心有限公司试验检测业务培训班	43
		第一期中铁二十四局集团江苏工程有限公司工程技术人员培训班(7月份)	35
		第二期中铁二十四局集团江苏工程有限公司工程技术人员培训班(11月份)	34
2017	铁道工程建设监理培训	二期铁路总监理工程师培训	226
		三期铁路监理工程师培训班	769
		一期铁路监理员培训	186
		三期铁路监理工程师继续再教育培训	649
	委托培训	中水电第十一工程局轨道交通施工技术人员培训班	35
2018	铁道工程建设监理培训	一期铁路总监理工程师培训	91
		三期铁路监理工程师培训班	723
		一期铁路监理员培训	194
	委托培训	南通市域铁路规划建设管理研修班	59
2019	铁道工程建设监理培训	一期铁路总监业务培训	141
		三期铁路监理工程师业务培训	746
		一期铁路监理员业务培训	133
	委托培训	中国铁路郑州局集团有限公司投资计划管理人员培训班	70
2020	铁道工程建设监理培训	一期铁路监理员培训	126
		三期铁路监理工程师业务培训	496
		一期铁路总监业务培训	117

二、现状

依托土木工程学科丰富的办学经验、强大的师资力量以及中南大学良好的办学条件，土木工程学科继续教育业务主要有：铁道工程建设监理培训（包括监理工程师、监理工程师继续教育、总监理工程师三大培训业务）；土木工程专业技术培训；成教脱产班和交通土建专升本自考；工程硕士基地班；工程管理专业硕士学位(MEM)研究生基地班；企业高级人才研修班等。

第 4 节　国际化办学与国际合作交流

国际化是一流学科的重要标志，也是中南大学新时期办学"四大转型"重要任务之一。建设一流学科以来，学院高度重视，围绕"课程国际化、师资国际化、学生国际化、科研国际化、管理国际化、服务国际化"，从师资、招生、培养、服务、管理等方面多措并举，扩大国际合作交流、加大国际化办学力度，提高国际人才培养水平，初见成效。

一、发展概况

(一)境外学生招生

土木工程学院自 2006 年开始招收境外学生，近年境外博士生、研究生、本科生、进修(实习)生招生数据见表 4.4.1：

图 4.4.1　土木工程学院历年境外招生数量

年度	博士生	硕士生	本科生	进修生	合计
2013	—	3	—	—	3
2014	—	2	—	—	2
2015	—	—	5	—	5
2016	—	2	3	—	5
2017	3	—	3	—	6
2018	6	28	18	4	56
2019	9	49	25	4	87
2020	9	56	34	—	99
合计	27	140	88	8	263

(二)境外学生培养

1. 师资

土木工程学院现有教职工 311 人，其中 40 名教师具有境外学习经历，取得境外著名大学博士学位，超过 120 名教师具有国外访问交流 1 年以上经历，在境外学生教育培养方面有着丰厚的师资储备。

2. 课程

为适应国际化教学需要，目前学院已开设全英文课程33门，其中本科生课程18门，本科生课程15门，如表4.4.2所列。

表4.4.2　土木工程学院全英文课程

序号	课程名称	授课教师	授课对象
1	有限元法 Finite Element Method	罗如登	
2	弹塑性力学 Elastic-Plastic Mechanics	饶秋华	
3	损伤与断裂力学 Damage and Fracture Mechanics	饶秋华	
4	工程软件应用 Application of Engineering Software	罗如登	
5	防灾减灾工程学 Disaster Prevention and Mitigation Engineering	蒋彬辉等	
6	论文写作与学术道德 Scientific Research Thesis Writing and Academic Ethics	王树英等	
7	土木工程新进展 Research Progress of Civil Engineering	国巍、魏晓军等	
8	混凝土科学与技术 Concrete Science and Technology	元强、郑克仁等	
9	铁道工程 Railway Engineering	李伟、陈伟	
10	岩石力学 Rock Mechanics	贾朝军	研究生
11	高等岩土工程 Advanced Geotechnical Engineering	肖源杰	
12	高等结构工程 Advanced Theory of Structure Engineering	丁发兴	
13	盾构隧道工程 Shield Tunnel Engineering	王树英	
14	风工程实验技术 Experimental techniques for Wind Engineering	王汉封	
15	交通岩土工程 Introduction to Transportation Geotechnics	Erol Tutumluer	
16	临界状态土力学与非饱和土 Critical State Soil Mechanics and the Unsaturated Soil	盛岱超	
17	工程项目风险管理 Construction Project Risk Management	单明	
18	路面材料及力学原理 Pavement Materials and Mechanical Behaviors	吴昊	

续表4.4.2

序号	课程名称	授课教师	授课对象
19	弹性力学及有限元 Elasticity and Finite Element	罗如登、侯文崎	
20	基础工程 Geotechnical Engineering	肖源杰	
21	钢结构设计原理 Practice of Steel Structures Design	王莉萍	
22	铁道概论 Railway Introduction	闫斌	
23	桥梁工程 Bridge Engineering	胡狄	
24	道路工程 Road Engineering	吴昊、宋卫民	
25	房屋工程 Building Engineering	刘小洁	
26	结构试验 Structural Test	国巍	本科生
27	道路工程实验与检测 Road Engineering Experiment and Detection	马昆林、刘小明	
28	施工组织学 Construction Histology	单明、王青娥	
29	工程项目管理 Project Management	单明、王青娥	
30	FIDIC 合同条款英文解读与应用 Interpretation and Application of FIDIC Contract Terms	宇德明	
31	路基及防护工程 Subgrade and Protection Engineering	聂志红、潘秋景	
32	土木工程施工技术 Civil Engineering Construction Technology	王树英等	
33	防灾减灾概论 Disaster Prevention	熊伟	

3. 教材

学院积极推进全英文教材建设, 2019 年, 结合学校"双一流"建设, 与中南大学出版社和爱思唯尔(Elsevier)集团合作, 制订了系列英文教材出版计划, 计划出版教材列表见表4.4.3。

表 4.4.3　计划出版系列英文教材

序号	书名	作者
1	*Tunnel Engineering*《隧道工程》	彭立敏、施成华、王树英
2	*Track Engineering*《轨道工程》	娄平
3	*Bridge Engineering*《桥梁工程》	何旭辉、敬海泉、魏标
4	*Civil Engineering Materials*《土木工程材料》	元强、刘赞群、郑克仁、马聪
5	*Soil Mechanics*《土力学》	肖源杰、Erol Tutumluer、金亮星陈晓斌
6	*Structural Mechanics*《结构力学》	侯文崎、黄方林、周德、王宁波
7	*Introduction to Railway Engineering*《铁道概论》	闫斌、汪优
8	*Fundamentals of Rock Mechanics and Underground Applications*《岩体力学及地下工程应用》	贾朝军、徐卫亚、施成华
9	*Railway Subgrade Engineering*《铁路路基工程》	聂如松、冷伍明
10	*Railway Geology Engineering*《铁路工程地质》	乔世范、滕继东、陈晓斌
11	*Railway Foundation Engineering*《铁路基础工程》	聂如松、魏丽敏
12	*Subgrade and Pavement Engineering*《路基路面工程》	吴昊
13	*Fundamentals of Prestressed Concrete Design*《预应力混凝土设计基本原理》	胡狄
14	*Dynamics of Structures*《结构动力学》	周智辉、文颖、蔡陈之、曾庆元
15	*Rock Mechanics and Engineering*《岩石力学与工程》	傅鹤林、谭鑫、刘运思、陈伟
16	*Soil Dynamics for High Speed Railroads*《高速铁路土动力学》	肖源杰、陈晓斌、Erol Tutumluer、方理刚、林宇亮
17	*Elastic-Plastic Mechanics*《弹塑性力学》	饶秋华
18	*An Introduce to Bridge Wind Engineering*《桥梁风工程概论》	敬海泉、何旭辉
19	*Shield Tunnel Engineering*《盾构隧道工程》	王树英、傅金阳、阳军生
20	*International Railway Project Risk Management*《国际铁路项目风险管理》	宇德明、单明、李艳鸽
21	*Railway Alignment Design*《铁路选线》	李伟、蒲浩
22	*Limit Analysis and Its Application in Three-dimensional Geotechnical Stability Analysis*《岩土工程极限分析上限法及灾害防控研究》	邹金锋、潘秋景

续表4.4.3

序号	书名	作者
23	*THM Coupling FEM Theory and Its Application to Geotechnical Engineering*《热力耦合有限元理论及其在岩土工程的应用》	张升、贾朝军
24	*Disaster Prevention and Mitigation Engineering*《防灾减灾工程学》	李耀庄、熊伟、申永江、蒋彬辉

4.培养目标与培养方案

(1)研究生。

培养对中国的政治、经济、文化、历史和社会有较为深入的了解，能够参与并促进中国与其他国之间友好合作关系，具有坚实宽广的土木工程基础理论和系统的专门知识，了解本学科发展现状和趋势，熟练掌握本学科的现代研究方法和技能，在科学或专门技术上能做出创造性成果的高素质人才。

博士研究生学制为 4 年，最长学习年限为 7 年；硕士研究生学制为 3 年，最长学习年限为 5 年。

境外学生研究生学位论文撰写与答辩要求原则上与国内研究生相同。课程学习使用外国语言的国际研究生，学位论文可以使用相应的外国文字撰写，论文摘要应为中文；学位论文答辩可以使用外国语言进行。学位论文要求、在学期间成果要求、论文评审、答辩与学位授予按照《中南大学研究生学位论文撰写规范》《中南大学土木工程学科博士、硕士学位授予标准》《中南大学关于"学术论文学术不端行为检测系统"使用管理办法》《中南大学研究生学位论文评审管理办法》《中南大学研究生学位论文答辩管理办法》《中南大学学位授予工作条例》等文件的规定执行。

(2)本科生。

面向土木工程行业未来发展方向，以立德树人为根本任务，推行"价值塑造+知识传授+能力培养+智慧启迪"的人才培养理念，为目标国家、地区土木工程行业(包括道路工程、铁道工程、桥梁工程、隧道与地下工程和建筑结构工程等)培养具有"实干担当精神、社会精英素养、行业领军能力"的工程应用型和创新研究型高级专业人才。

标准学制为 4 年，学习年限为 3~6 年，达到学校对本科毕业生提出的德、智、体、美等方面的要求，完成培养方案课程体系中各教学环节的学习，各方向最低修满 168 学分、毕业设计(论文)答辩合格，方可准予毕业。

(三)国际联合培养

目前学院与境外高校各层次的联合办学项目如表 4.4.4 所列：

表 4.4.4　土木工程学院 2014 年以来国际联合办学项目

学校	项目名称	适合学生	学习时间
澳大利亚蒙纳士大学	2+2 双学位	中南大学本科二年级	2 年
	交流	中南大学本科四年级	半年
美国伊利诺伊大学厄巴纳·香槟分校	3+1+2 本硕连读	中南大学本科二、三年级	3 年
法国南特中央理工大学	3+1+2 本硕连读	中南大学本科二、三年级	3 年
日本北海道大学	交换	中南大学本科生/研究生	1 年
	交流	中南大学本科生/研究生	6 个月
香港城市大学	博士联合培养项目	中南大学在读博士	2 年
尼日利亚艾哈迈杜·贝洛大学	3+2 双学位	艾哈迈杜·贝洛大学本科三年级	2 年
美国纽约州立大学布法罗分校	交流	中南大学研究生	1 年
泰国北曼谷先皇科技大学	交换	中南大学本科生/研究生	4 个月

二、国际合作与交流

（一）海外高层次人才引进

学院对接海内外著名高校科研院所，长聘、短聘境外知名高校和科研机构教授、专家进行科研合作和课程讲授。历年聘用境外教师名录见表 4.4.5。

结合土木工程学院青年教师论坛，自 2013 年起举办一年一度的"国际青年学者湘江论坛土木工程分论坛"，加大宣传力度，吸引境外优秀人才来院求职、工作。

表 4.4.5　土木工程学院 2014 年以来长/短聘境外教师名录

年份	外籍教师姓名	国籍/地区
2010	Robert Keqi Luo	英国
2013	Yohchia Frank Chen	美国
2014	Nawawi Chouw	新西兰
2014	Tony Yang	加拿大
2014	William Young	澳大利亚
2015	Erol Tutumuler	美国

续表4.4.5

年份	外籍教师姓名	国籍/地区
2015	吴腾	美国
2015	石原孟	日本
2015	Sironic Elizabeth	澳大利亚
2016	Ahsan Kareem	美国
2016	邱统	美国
2017	Yukio Tamura	日本
2018	Dr. Ye Guang	荷兰
	陈达豪	美国
	Yuqing Zhang	英国
	Kamal H. Khayat	美国
	李少凡	美国
	Paul Schonfeld	美国
2019	Herbert A. Mang	奥地利
	田原	英国
	古川全太郎	日本
	安福规之	日本
	Petr Denissenko	英国

（二）师生公派出境交流访学及境外学生来华情况

学院与世界高水平大学和学术机构(美国伊利诺伊大学厄巴纳·香槟分校、加州大学伯克利分校、美国纽约州立大学布法罗分校、美国交通技术中心,英国牛津大学、帝国理工学院,加拿大不列颠哥伦比亚大学,澳大利亚蒙纳士大学、纽卡斯尔大学,新西兰奥克兰大学,德国汉诺威大学、日本东京大学等)建立了良好的交流与合作机制,积极开展教职工公派出国(境)访学和学生公派出国(境)交流培养,近年来公派出国(境)交流师生情况见表4.4.6和图4.4.1。

表 4.4.6　土木工程学院 2000 年以来公派出国（境）访问和学习教师名录

年份	教师姓名
2000	傅鹤林、任伟新
2001	阳军生
2002	杨小礼
2003	郭文华
2004	郭少华、李显方、刘静
2005	罗如登、任伟新
2006	吴小萍
2008	蒋丽忠
2009	何旭辉、王英、周凌宇
2010	娄平、阎奇武、周期石、朱志辉
2011	蔡勇、郭峰、任伟新
2012	黄天立、蒋丽忠、刘小洁、罗如登、王海波、杨孟刚
2013	侯文崎、金亮星、聂志红、蒲浩、徐庆元、郑克仁
2014	陈辉华、杜金龙、李香花、缪鹍、聂如松、施成华、宋旭明、汪优、文颖、杨剑、阳军生、余俊、赵望达、曾志平
2015	董荣珍、黄天立、刘小明、马昆林、王星华、王峘、元强
2016	陈宪麦、龚永智、国巍、黄天立、李益进、鲁四平、王青娥、吴小萍
2017	国巍、李军、刘文硕、毛建锋、熊伟
2018	李显方、林宇亮、王莉萍、肖厦子、杨奇
2019	罗小勇、丁发兴、王莉萍、余玉洁、卢朝辉、周凌宇、王卫东、单明、王汉封、陈晓斌、闫斌、王树英、彭立敏、杨伟超、戴公连、赵炼恒、蒋彬辉、何旭辉、邹云峰、肖源杰、陈晓斌、易亮、闫斌、李艳鸽、王琨、陈层飞、王薇、聂志红、谢友均、郑克仁、龙广成、戴公连、贾朝军、邹金锋、黄天立、滕继东、刘文硕、元强、王星华、余玉洁、阳军生、傅金阳、周朝阳、滕继东、毛建锋、蒋琦玮、孟红宇、侯文崎
2020	易亮、陈晓斌、单明

　　2018 年起开始，学院与泰国北曼谷先皇科技大学、北海道大学等境外高校开展学生交换交流项目；同时，通过开展"国际大学生高速铁路建造技术模拟邀请赛"等各类国际竞赛，不断提升学院在境外学生中的知名度和来华交流的吸引力。

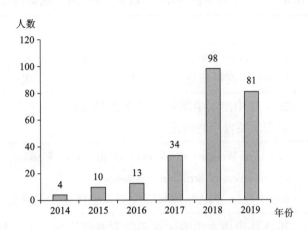

图 4.4.1　土木工程学院 2014 年以来公派出国交流学生人数

（三）与国际学术机构科研合作

2014 年以来，积极开展国际科研交流合作。历年来承担国际合作交流项目见表 4.4.7。

表 4.4.7　2014 年以来土木工程学院国际合作项目

年份	姓名	项目级别	项目名称
2015	黄天立	英国皇家工程院牛顿基金项目	Monitoring Based Performance Assessment of Civil Infrastructure（基于监测的土木基础设施性能评估）
2018	卢朝辉	国家自然科学基金国际（地区）合作与交流项目	高速铁路无砟轨道-桥梁结构体系全寿命服役可靠性研究

（四）举办国际会议

为提高国际学术交流，学院积极主办/承办各类国际学术论坛和会议，2014 年以来主办/承办的国际会议名录见表 4.4.8。

表 4.4.8　土木工程学院 2014 年以来主办/承办国际会议名录

时间	会议名称
2014 年 3 月 27 日—3 月 28 日	International Forum on Reliability Engineering and Risk Management，2014（2014 年度可靠性工程与风险管理国际高层次论坛）
2014 年 5 月 15 日—5 月 16 日	2014 年中南大学国际青年学者湘江论坛土木工程分论坛暨第二届土木工程学院青年教师论坛
2014 年 7 月 3 日—7 月 7 日	The 17th Working Conference of the IFIP Working Group on Reliability and Optimization of Structural Systems（第十七届 IFIP 结构可靠度与系统优化学术峰会）
2015 年 5 月 21 日—5 月 22 日	2015 年中南大学国际青年学者湘江论坛土木工程分论坛暨第三届土木工程学院青年教师论坛
2015 年 9 月 17 日—9 月 18 日	International Engineering Mechanics Forum，2015［2015 年度国际工程力学高层次论坛（IEM Forum 2015）］
2016 年 3 月 25 日	International Forum on Reliability Engineering and Risk Management，2016［2016 年度国际可靠性工程与风险管理高层次论坛（IFRERM 2016）学术报告会］
2016 年 6 月 11 日	The 1_{st} International Summit on Railroad Engineering and Transportation Geotechnics（第一届铁道工程和交通岩土工程国际高峰论坛）
2016 年 7 月 2 日—7 月 3 日	2016 年中南大学国际青年学者湘江论坛土木工程分论坛暨第四届土木工程学院青年教师论坛
2016 年 11 月 7 日—11 月 12 日	China-Germany Forum on Development and Challenge of High-speed Railway Bridge（中德高速铁路桥梁发展与挑战研讨会）
2016 月 11 年 18 日—11 月 20 日	Forum on Engineering Structural Dynamics of High Speed Railway（高速铁路工程结构动力学高层论坛）
2017 年 5 月 26 日—5 月 29 日	2017 年中南大学国际青年学者湘江论坛土木工程分论坛暨第五届土木工程学院青年教师论坛
2017 年 10 月 14 日—10 月 15 日	Forum on Traffic Geotechnical Engineering（第一届交通岩土工程论坛）
2017 年 12 月 17 日—12 月 19 日	International Symposium on High Speed Railway（2017 年高速铁路国际研讨会）
2018 年 6 月 21 日—6 月 22 日	2018 年中南大学国际青年学者湘江论坛土木工程分论坛暨第六届土木工程学院青年教师论坛

续表4.4.8

时间	会议名称
2018 年 9 月 24 日— 9 月 26 日	The Workshop on Engineering Structures Between CSU and TU Darmstadt （中南大学/达姆施塔特工业大学工程结构研讨会）
2018 年 10 月 23 日— 10 月 24 日	2018 China/US/Japan International Workshop on Bridge Engineering （2018 年中美日桥梁工程国际论坛）
2018 年 10 月 25 日— 10 月 28 日	8$_{th}$ International Symposium on Environmental Vibration and Transportation Geodynamics & 2nd Yong Transportation Geotechnics Engineers Meeting ［第八届环境振动与交通土动力学国际研讨会暨第二届交通岩土工程国际青/论坛（ISEV 2018 & 2nd YTGE）］
2019 年 5 月 24 日— 5 月 26 日	2019 年中南大学国际青年学者湘江论坛土木工程分论坛暨第七届土木工程学院青年教师论坛

学科人物

第5章

第1节 院士

一、曾庆元院士

曾庆元(1925—2016)，江西省泰和人，汉族，中南大学教授，桥梁动力学专家，中国工程院院士。长期从事桥梁结构振动和稳定的教学和研究。创立了弹性系统动力学总势能不变值原理、弹性系统运动稳定性的总势能判别准则及形成系统矩阵的"对号入座"法则，丰富和发展了结构动力学理论和结构有限元计算方法。创立了列车-桥梁（轨道）时变系统振动分析理论与列车脱轨能量随机分析理论，形成了系统的学术思想，解决了铁路桥梁横向刚度与列车走行安全性分析问题。提出了桥梁结构局部与整体相关屈曲极限承载力分析理论，解决了芜湖长江大桥等大量大桥的极限承载力分析问题。其理论在实际工程中产生了可观的经济效益，为我国桥梁建设理论的发展做出了重大贡献。曾先后荣获"全国优秀教师""全国高等学校先进科技工作者""詹天佑铁道科学技术成就奖"等称号；获国家科技进步奖2项，省部级奖励3项。

简历：

1925年10月生于江西省泰和县。

1946年9月—1950年7月，江西南昌国立中正大学、南昌大学土木工程系结构组学习，本科毕业。

1950年8月—1953年7月，南昌大学土木工程系，助教。

1953年8月—12月，长沙中南土木建筑学院桥梁与隧道系桥梁教研室，助教。

1954年1月—1956年7月，清华大学土木工程系钢结构学习，研究生毕业。

1956 年 8 月—1960 年 7 月，中南土木建筑学院、湖南工学院、湖南大学营造建筑系建筑结构教研室，讲师。

1960 年 8 月—1986 年 7 月，长沙铁道学院桥梁与隧道系讲师、铁道工程系副教授（1978 年）、土木工程系教授（1985 年 12 月）。

1986 年 7 月，国务院学位委员会批准为桥梁与隧道工程博士生导师。

1986 年 8 月—2016 年 6 月，长沙铁道学院土木工程系、土木建筑学院，中南大学土木建筑学院，教授、博士生导师。

1999 年 11 月，当选为中国工程院院士。

2016 年 6 月，曾庆元院士因病逝世，享年 91 岁。

二、刘宝琛院士

刘宝琛（1932—2017），辽宁省开源县人，满族，中南大学教授，岩土工程专家，中国工程院院士，中国随机介质理论奠基人及其应用的开拓者。1962 年初以优秀成绩在科拉克夫矿冶大学取得技术科学博士学位。1994 年当选为波兰科学院外籍院士，1997 年当选为中国工程院院士。长期从事采矿工程及岩土工程研究，致力于岩石流变学及岩石力学实验研究，于 1978 年在国内首次获得岩石应力-应变全图，提出了裂隙岩石通用力学模型；形成了独树一帜的开采影响下地表移动及变形计算方法并开发了系列微机软件。发展创建时空统一随机介质理论，将其应用于建筑物下、河下及铁路下开采地表保护工程，打破了苏联专家规定的太子河保安煤柱禁区，采出煤上百万吨。又应用于铁矿、金矿及磷矿，从"三下"采出大量矿石，解决了北京地铁建设预疏水地表沉降预计问题，获巨大经济效益。获国家科技进步奖三等奖 1 项，省部级科技进步奖多项。2000 年被评为"全国先进工作者"。刘宝琛先后赴德国、瑞士、加拿大和美国等 14 个国家参观访问、考察、讲学等。他独立或与他人合作撰写论文 300 多篇，其中在国外发表 40 余篇，把研究成果推向世界，得到国外同行的公认，为祖国争得了荣誉！

简历：

1932 年 7 月 20 日生于辽宁省开源县。

1950—1952 年，参加中国人民解放军，在东北军区二局从事无线电工作。

1952—1956 年，在东北工学院采矿工程专业学习，获工学学士学位。

1956—1957 年，在长沙矿冶研究所工作。

1957—1962 年，在波兰科学院岩石力学研究所读研究生，1962 年获博士学位。

1962—2017 年，历任长沙矿冶研究院助工、研究室主任、工程师、副院长、教授级高级工程师、博士生导师。

1999—2017 年，任中南大学土木建筑学院教授、博士生导师、院长，中南大学铁道科学研究院院长。

1991—2017 年，任湖南省科协副主席，中国岩石力学与工程学会副理事长，湖南省岩石力学与工程学会理事长、名誉理事长。

2017 年 4 月，刘宝琛院士因病逝世，享年 85 岁。

三、孙永福院士

孙永福（1941—），陕西省长安县人，汉族，中南大学兼职教授，铁路工程专家，中国工程院院士。长期从事铁路工程建设与管理工作和研究。主持中国铁路建设，"七五"期间组织实施了"南攻衡广、北战大秦、中取华东"的"三大战役"，"八五"期间以"强攻京九、兰新，速战侯月、宝中，再取华东、西南，配套完善大秦"为目标确定了京九、兰新、南昆等 12 项目重点工程，致力于运用系统工程理论，提高工程建设水平；推进铁路体制改革，在建立铁路管理新体制和现代企业制度、改革铁路投融资体制、合理有效利用外资、编制新时期铁路发展规划、加强建设项目可行性研究论证等方面做了大量开创性工作，促进铁路科学发展；主持青藏铁路建设，坚持依靠科技进步，成功解决了多年冻土、高寒缺氧、生态脆弱"三大难题"，实现青藏铁路建设技术和管理创新；组织研究总结铁路工程管理实践，构建铁路工程项目管理理论框架，形成论著《铁路工程项目管理理论与实践》，对指导铁路建设、提高工程管理水平具有重要意义。先后荣获"项目管理杰出领导者"（2005 年）、"第三届中华环境奖"（2005 年）、"中国十大建设英才"（2006 年）、"2008 年度管理科学特殊贡献奖"；获国家科技进步奖特等奖 1 项（排名第一），铁道科技奖特等奖 1 项、一等奖 4 项；2010 年荣获中国援外奉献奖金奖。

简历：

1941 年 2 月生于陕西省长安县。

1958 年 9 月—1962 年 6 月，长沙铁道学院桥梁与隧道系（现中南大学）学习、本科毕业。

1962 年 12 月—1964 年 9 月，郑州铁路局桥梁鉴定队，任见习生、工务处技术员。

1964 年 10 月—1973 年 6 月，西南铁路工程局（1966 年 8 月更名为铁道部第二工程局），先后任施工技术处技术员、局办公室秘书。

1973 年 7 月—1975 年 11 月，参加中国援建坦赞铁路，任三机队生产组代副组长。

1976 年 3 月—1984 年 12 月，铁道部第二工程局，先后任副科长、副处长、代处长、副局长、党委副书记、局长。

1984 年 12 月—2006 年 8 月，中华人民共和国铁道部，先后任铁道部党组成员、副部长、党组副书记、青藏铁路建设领导小组副组长(正部长级)。

2002 年至今，中南大学兼职教授、博士生导师。

2005 年 11 月，当选为中国工程院院士。

2005 年 11 月—2017 年 1 月，中国铁道学会理事长。

2014 年 6 月—2018 年 6 月，中国工程院工程管理学部主任。

2019 年 8 月，受聘为西藏自治区人民政府川藏铁路规划建设专家咨询组组长。

四、何继善院士

何继善(1934—)，湖南浏阳人，汉族，中南大学教授，中国工程院院士。2005 年开始招收土木工程规划与管理专业博士生。1960 年于长春学院地球物理勘探系毕业后，一直在中南大学从事地球物理和工程管理的教学科研工作。1994 年当选为中国工程院首批院士。曾任中南工业大学校长，中国工程院主席团成员、能源与矿业学部主任、工程管理学部常委等职，现为湖南省科学技术协会名誉主席、湖南省院士联谊会会长、湖南省工程管理学会名誉理事长、湖南省书法家协会顾问。多次获得"全国高等学校先进科技工作者""国家'九五'科技攻关先进个人""全国先进工作者""全国模范教师"等荣誉称号，主持获国家技术发明奖一等奖 1 项以及其他省部级及以上奖励 20 余项。

简历：

1956 年 9 月—1960 年 6 月，长春地质学院，物探系，学士。

1960—1987 年，中南矿冶学院，地质系，助教、讲师、副教授、教授、系实验室主任、系副主任。

1987—1991 年，中南工业大学，地质系，主任。

1991—1996 年，中南工业大学，副校长、校长。

1994 年当选为中国工程院院士。

1999 年 4 月起，中国工程院，管理科学与工程委员会委员。

1996—2011 年，湖南省科学技术协会主席。

2006—2017 年，中国工程院主席团成员、工程管理学部常委。

2012 年至今，湖南省工程管理学会名誉理事长。

五、陈政清院士

陈政清(1947—),博士,教授,中国工程院院士,长期致力于大跨度桥梁和结构的非线性分析和抗风研究工作。提出了双重非线性边界元方法和空间杆系结构大挠度问题内力分析的 UL 列式法,发展了桥梁结构几何非线性理论;提出了桥梁断面颤振导数识别的强迫振动法和桥梁三维颤振分析的多模态单参数搜索 M-S 法,解决大跨桥梁颤振导数识别的国际难题;创立了磁流变式拉索减振系统应用理论,发明了永磁调节式磁流变阻尼器,有效地抑制了拉索风雨振;创造性提出了电涡流阻尼器减振技术,提出了结构的三元减振控制设计,为我国大跨度桥梁和苍穹结构的减振控制提供了新思路。其理论在实际工程中得到了广泛应用,产生了很高的社会经济效益,为我国大跨度桥梁建设的发展做出了重大贡献。主持了国家自然科学基金重点课题在内的科研课题多项,发表论文 200 多篇,出版著作 5 部,获国家科技进步奖二等奖 3 项(主持 1 项)、省部级奖励多项。

简历:

1947 年 10 月生于湖南省湘潭市。

1981 年 2 月,湖南大学应用力学专业毕业并获学士学位。

1984 年 6 月,湖南大学固体力学专业硕士研究生毕业并获硕士学位。

1987 年 12 月,西安交通大学固体力学专业博士研究生毕业并获工学博士学位。

1991 年 10 月—1992 年 11 月,在英国 Glasgow 大学研修桥梁工程。

2002 年 9 月—2003 年 3 月,美国 Illinois 大学(UIUC)土木工程系高级访问学者。

1987 年起,在原长沙铁道学院(现中南大学)桥梁教研室工作。

1993 年,破格晋升教授。

1996 年,遴选为博士生导师。

1996—2002 年,任长沙铁道学院研究生处处长,土木建筑学院院长。

2002 年 9 月起,调入湖南大学,现为湖南大学风工程试验研究中心主任。

2015 年,当选为中国工程院院士。

六、盛岱超院士

盛岱超（1965—），湖南省益阳市人，汉族，中南大学兼职教授，澳大利亚工程院院士，享有国际声誉的岩土工程知名学者。1991 年博士毕业于瑞典律立欧大学。历任澳大利亚纽卡斯尔大学教授、澳大利亚岩土科学与工程国家研究中心副主任、悉尼科技大学土木与环境学院院长等职务，2020 年当选为澳大利亚工程院院士。长期从事寒区岩土工程、非饱和土力学、土的本构关系、岩土固液气多相流等方面的研究工作。提出了非饱和土水热气迁移与相变理论，构建了非饱和冻土理论的宏观框架；提出了描述粗颗粒土破碎的数学模型，建立了非饱和土热-水-力耦合本构模型；揭示了高铁路基翻浆冒泥的宏微观机制，提出了固液多相流的数值方法；研发了系列岩土体稳定控制技术、岩土试验设备和数值模拟软件。研究成果为铁路、机场等重大工程的建造和安全服役提供理论支撑。曾获湖南省技术发明一等奖、澳大利亚岩土工程协会 Trollope 奖、加拿大岩土学会 RM Quigley Award、国际计算土力学协会 John Booker 奖章、澳大利亚岩土工程协会 EH Davis 讲座等系列国际学术奖项，担任国际知名岩土期刊 *Canadian Geotechnical Journal* 主编、*Computers and Geotechnics* 编委、*Acta Geotechnica* 编委。发表 SCI 论文 300 余篇，论文被引 8000 余次。培育了一支具有国际知名度的科研团队，引领岩土工程前沿研究，获得了国内外同行广泛认可的成果。

简历：

1965 年 12 月出生于湖南省益阳市。

1982 年 9 月—1986 年 7 月，兰州大学，工程地质与水文地质系，学士。

1986 年 9 月—1988 年 8 月，瑞典律立欧大学，岩土工程系，硕士。

1988 年 9 月—1994 年 10 月，瑞典律立欧大学，岩土工程系，博士。

1994 年 11 月—1997 年 12 月，瑞典律立欧大学，土木工程系，研究员。

1998 年 1 月至今，历任澳大利亚纽卡斯尔大学，工程学院，高级讲师、副教授、教授；悉尼科技大学，土木与环境学院，教授、院长。

2013 年 1 月至今，中南大学，土木工程学院，教授。

第 2 节　高层次人才

一、余志武教授

余志武，男，汉族，湖南省临湘人，1955 年 5 月生，无党派。中南大学二级教授、博士生导师，高速铁路建造技术国家工程实验室主任，是我国铁路混凝土轨道-桥梁结构领域学科带头人之一，湖南省装配式建筑工程技术研究中心首席科学家。中国钢协钢-混凝土组合结构协会副理事长，中国建筑学会混凝土结构委员会副主任委员，湖南省政府参事。

余志武教授长期从事混凝土结构基本理论研究及工程应用，主持创建了高速铁路建造技术国家工程实验室，先后主持国家自然基金重点和面上项目、高铁联合基金、"863"计划项目、国家科技支撑计划项目以及湖南省和中国铁路总公司/原铁道部重点、重大科研项目等 20 余项，在高速铁路轨道-桥梁结构经时性能、列车-轨道-桥梁系统随机动力分析理论、装配式混凝土结构和组合结构设计理论等方面进行了开拓性研究，围绕铁路混凝土轨道-桥梁结构设计、施工和养维全寿命周期的高性能保持，攻克了列车-轨道-桥梁系统随机动力模拟、无砟轨道-桥梁结构毫米级"高平顺"建造和长期性能动态评估等关键技术难题，成果在郑徐高铁、京沪高铁和朔黄重载铁路等 10 多条铁路的百余座桥梁中应用。同时，主持创建了湖南省装配式建筑工程技术研究中心。

享受国务院政府特殊津贴，第六届全国先进科技工作者，入选为湖南省首批新世纪121 人才工程人选和首批湖南省科技领军人才，享有铁道部有突出贡献的中青年科技专家称号，获得茅以升铁道科技奖，获铁道部优秀教师称号。

曾获得国家技术发明二等奖 1 项、国家科技进步奖二等奖 3 项、中国铁道学会科技进步奖特等奖 1 项、湖南省科技进步奖一等奖 4 项，获授权国家发明专利 54 项，获批软件著作权 4 项；公开发表 SCI/EI 科研论文 230 余篇，出版专著 1 本、教材 3 本，主参编规程 5 本；培养博士生 27 名，硕士生 62 名，指导博士后 14 名。

二、任伟新教授

任伟新，男，博士，辽宁省新宾县人，1960 年 5 月生，二级教授，博士生导师。教育部"长江学者"特聘教授，曾任高速铁路建造技术国家工程实验室副主任、合肥工业大学土木与水利工程学院院长。1993年博士毕业于长沙铁道学院桥梁与隧道工程专业，1996 年清华大学工程力学系博士后出站。1987 年起在长沙铁道学院工作，历任讲师、副教授(1993 年)、教授(1995 年)、博士生导师(1996 年)。曾作为访问教授分别在日本、比利时、美国、澳大利亚等国高校从事研究工作。2004 年入选教育部"新世纪优秀人才支持计划"，2004 年入选"首批新世纪百千万人才工程国家级人选"，2004 年享受国务院特殊津贴，2006 年入选"长江学者"特聘教授。

担任过 Journal of Bridge Engineering、ASCE 杂志副主编；目前担任 Engineering Structures、Mechanical System and Signal Processing、Advances in Structural Engineering 等 5 种 SCI 国际期刊编委；担任国内《振动工程学报》《中国科学：技术科学》《振动与冲击》《土木工程学报》《中国公路学报》《应用数学与力学学报》等 10 余种杂志编委；中国振动工程学会理事、模态分析与实验专业委员会副主任。作为大会主席、副主席主持国际学术会议 6 次。曾受邀在英国、美国、澳大利亚、西班牙、日本、韩国等 20 个国家和地区高校做学术报告。

长期从事桥梁结构模态分析与实验、损伤识别与健康监测、稳定与振动等方面的研究工作。主持国家自然科学基金面上项目 9 项，获省部级科技进步奖多次(排名第一)。出版专著及译著 9 本，在国内外学术期刊发表学术论文 400 余篇，其中国际主流期刊论文 150 余篇，SCI 引用 4000 余次，连续入选爱思唯尔(Elsevier)2014、2015、2016、2017 和 2018 年土木与结构领域中国高被引学者榜单。入选爱思唯尔 2016 年公布的"全球土木工程学科高被引学者"名单[全球 100 余人，中国学者 6 人(不包括港澳台地区)]。2013—2018 年在结构健康监测领域学术产出全球第一(并列)。培养毕业博士后 13 人，博士 29 人，硕士 92 人。

三、蒋丽忠教授

蒋丽忠，男，汉族，湖南衡阳人，1971 年 12 月生，中南大学二级教授，博士生导师，"长江学者"特聘教授，现任中南大学研究生院院长。

蒋丽忠教授多年来围绕我国铁路提升工程建设的重大需求，针对高速铁路桥梁减隔震技术、地震作用下车-桥耦合动力作用、钢-混凝土组合结构抗震性能及结构与基础的共同作用等领域的关键科学问题和技术难题开展攻关研究，在高速铁路桥梁抗震性能试验方法和试验设备研发、震时及震后高速列车-轨道-桥梁的耦合振动及桥上行车安全、高速铁路轨道-桥梁各部件的地震损伤演化规律、高速铁路轨道-桥梁系统的地震致灾机理及风险评估、钢-混凝土组合结构抗震设计方法、结构减隔震技术及基础共同作用等多方面实现了重大理论的突破，形成了独具特色的研究方向。

主持国家 863 计划子项 1 项、国家自然科学基金 6 项、教育部新世纪优秀人才基金 1 项、原铁道部重大科技攻关项目 6 项、湖南省杰出青年科学基金 1 项、湖南省自然科学基金 2 项，承担国家自然科学基金重点项目 2 项，承担其他科研项目 80 余项。目前已有 7 项科研成果通过鉴定，均达到国际先进水平。获国家科技进步奖二等 2 项、湖南省科技进步奖一等奖 4 项、湖南省发明一等奖 1 项、中国铁道学会特等奖一项。教育部提名国家科技进步奖二等奖 1 项，2005 年获茅以升青年科研专项奖励，2006 年获教育部新世纪优秀人才支持计划，2007 年获詹天佑青年科研成果奖，2012 年被评为湖南省科技领军人才，出版专著 2 部，发表具有较高水平的研究论文 180 多篇，三大检索收录论文 100 多篇。

四、何旭辉教授

何旭辉，男，工学博士，博士后，贵州遵义人，1975 年 12 月生，中南大学二级教授，博士生导师。现为土木工程学院院长，湖南省重点实验室主任，风工程研究中心和古桥研究中心主任。国家杰出和优秀青年科学基金获得者，入选国家"万人计划"领军人才、科技部中青年科技创新领军人才、教育部新世纪优秀人才、湖南省科技领军人才、湖南省普通高校科学带头人、湖南省最美科技工作者，享受国务院政府特殊津贴专家。兼任教育部第八届科技委委员、国际桥梁工程协会(Bridge Engineering Institute, BEI)执行委员会主任、中国土木工程学会桥梁及结构分会常务理事、中国铁道学会桥隧委员会委员、中国空气动力学会风工程和工业空气动力学专业委员会委员、中国古桥研究与保护委员会副秘书长、湖南省公路学会桥隧专业委员会副主任、国际桥梁与结构工程协会(IABSE)会员、国际桥梁维护与安全协会(IABMAS)会员和中国团组(IABMAS-CG)理事、湖南省科协委员、中南大学学术委员会委员和工学部副主任，《土木工程学报》、《铁道学报》、《振动工程学报》、《铁道科学与工程学报》、*Transportation Safety and Environment*、*Advances in Bridge Engineering* 等期刊编委。

长期从事桥梁工程、桥梁风工程的教学和科研工作，主持各类科研项目 70 多项，其中国家自然科学基金项目 6 项(重点 2 项)、国家重点研发计划项目(子课题)1 项、铁道部/中国铁路总公司重点项目 5 项。获国家科技进步奖二等奖 3 项(主持 1 项)、省级科技进步奖一等奖 2 项(主持 1 项)、中国铁道学会特等/一等奖 3 项(主持 1 项)、詹天佑贡献奖和成就奖、茅以升铁道科学技术奖、茅以升铁路教育科研专项奖等。出版专著 2 部，发表学术论文 160 多篇，其中 SCI/EI 收录 90 余篇。

第 3 节　校友工作及杰出校友简介

校友是学校发展的宝贵资源，校友资源是形成和衡量校友经济的重要部分，具有多元性、广泛性、综合性、动态性、潜在性等特性。学院建院以来，培养了刘宝琛、曾庆元、孙永福、李长进、杨树坪、蔡鸿能等一大批优秀校友。为进一步增强校友联系，发挥校友资源动能，推动学院文化传承，促进土木工程一流学科建设，学院多措并举，切实推动校友发展工作。

1. 着力加强制度建设，完善工作体制机制

2016 年，学院成立校友联络与发展事务中心，旨在加强校友联络、增强校友对接、突出校友调研、提升雇主声誉。中心成立以来，出台了《中南大学土木工程学院校友会章程》《中南大学土木工程学院校友发联络与发展事务中心规章制度》《中南大学土木工程学院校友值年聚会筹备指南》《中南大学土木工程学院校友网站培训注册指南》等制度措施，紧紧围绕中心工作，服务校友发展，扎实推动校友工作稳步前进。

2. 着力加强服务水平，提升校友工作能力

校友是学院文化传承的重要力量，也是加强就业单位与在校学生联系的重要纽带。2016 年，学院上线土木工程学院校友基金会网站，加强校友数据库建设，突出校友活动风采，增强校友联络。在中南大学校友会指导下，学院积极推动土木工程地方校友分会筹建，目前在贵州、四川、重庆等地已开展相关校友分会筹建工作。

3. 着力加强校友联系，增强学科文化传承

2017 年，为进一步增强土木工程一流学科建设，开展具有学科特色的文化传承工作，学院开启全新网络文化精品项目——"师说"师道，"子曰"子美。一流学科培养一流人才，一流人才塑造一流校友。为进一步讲好校友故事，学院组织开展了"寻找校友足迹、传递母校问候，寻找人生坐标、感悟人生经历"为主题的校友寻访活动。

4. 着力加强校企联络，推动行业人才培养

党的十八大以来，我国的就业市场持续转变，学生职业选择与就业能力成为就业指导教育的重要议题。为进一步增强学生就业指导能力，促进校友企业工作联系，学院党委深入北京、上海、广东、云南、湖北、四川、重庆、贵州等地校友企业单位调研并进行校友职场体验，形成了开展就业指导、校友工作的宝贵经验。

5. 着力加强校友调研，助推一流学科建设

近年来，学院依托校友联络与发展事务中心，通过线上线下形式，加强校友联络，并积极发动各届校友填写校友工作调研问卷，做好各类雇主调查，提升学科学术声誉。成立土木教育基金，倡议引导各届校友为人才培养和学院发展进行捐赠，近年来学院获得捐赠额超过 160 万元，其中 1991 级校友捐赠 20 万元成立 91 校友助学奖励基金，1995 级校友刘森峰、张素芬捐赠100万元成立鹏天教育奖励基金，1994级校友捐赠15万元成立交通土建94校友奖励基金，1995级校友捐赠30万元成立土建95英才教育基金。教育基金将用于学科建设和人才培养，切实培养、德、智、体、美、劳全面发展的时代新人。

60多年来，土木工程学科共培养2万多名本(专)科生、4000余名硕士生和600多名博士生(不含在校生)，涌现了众多的杰出人才，在工程建设、管理、工程技术、科学研究和人才培养等领域为国家发展做出了突出贡献，提升了母校的声誉。

以下仅是由本学科培养的毕业生中在校外工作的部分杰出代表。

郑健龙，男，1954年生，湖南省邵东县人，1982年1月中南矿冶学院基础学科部工程力学专业毕业。中共党员，博士，长沙理工大学教授、博士生导师，湖南大学特聘学术顾问，国务院特殊津贴享受者。2015年12月当选中国工程院土木、水利与建筑工程学部院士。现为交通部跨世纪重点学科带头人，International Road Federation(国际道路联盟)理事，教育部高等学校土木工程专业教学指导委员会副主任委员，教育部高等学校交通运输工程学科专业教学指导委员会委员，公路养护技术国家工程实验室主任，公路工程教育部重点实验室主任，湖南省院士、专家咨询委员会委员，中国公路学会常务理事，中国道路工程学会副理事长，中国力学学会理事，湖南省力学学会副理事长，湖南省学位委员会委员，*Structural Durability & Health Monitoring* 编委，*Int. J. Transportation Science Technology* 编委会副主编。荣获"国家有突出贡献的中青年专家""全国优秀科技工作者""湖南省科技领军人才"等称号，主持获国家科技进步一等奖、二等奖各1项，曾获交通部首批"交通教育贡献奖"、湖南省"光召科技奖"、交通运输部"交通运输行业杰出科技成就奖"等奖励。

杨谨华，男，1940年生，湖南永州人；1963年毕业于长沙铁道学院桥梁与隧道专业，原贵州省人大常委会副主任。

杨谨华1958年8月—1963年9月先后在湖南大学、长沙铁道学院桥梁与隧道专业学习。1963年9月，经国家统一分配在铁道部湖南工程局(二五局前身)工作。1963年9月—1979年6月先后在铁二局五处、铁五局怀化与长沙指挥部任实习生、技术员、工程师。1979年6月—1981年12月在铁五局长沙指挥部任工程师、高级工程师、施工技术科长。1981年12月—1984年6月在铁五局二处任处长、处党委副书记。1984年6月—1985年1月在铁道部第五工程局任副局长、局党委常委。1985年1月—1993年6月在铁道部第五工程局任局长、局党委副书记。1993年6月—1998年1月先后任贵州省计划委员会主持工作的常务副主任，主任、党组书记。1994年6月27日兼任贵州省铁路总公司总经理和贵州省基本建设投资公司总经理。1998 年 1 月—2003 年 1 月任贵州省人大常委会副主任兼财政经济委员会主任委员。1996 年 10 月兼任贵州水柏铁路有限责任公司董事长。1998 年 4 月 24 日兼任贵州省铁路建设领导小组常务副组长。

王众孚，男，1941 年生，湖南安化人。曾任政协第十一届全国委员会常务委员、经济委员会副主任，国家工商行政管理局局长、党组书记。1964 年 8 月毕业于长沙铁道学院桥梁与隧道专业。1964 年 8 月—1972 年 11 月，参加中国人民解放军，任解放军工程兵某部技术员。1972 年 11 月—1979 年 11 月，任湖南省机械化施工公司干部、副科长。1979 年 11 月—1980 年 6 月，任湖南省长沙市南区检察院检察员。1980 年 6 月—1983 年 5 月，任湖南省长沙市建工局副科长、工程师。1983 年 5 月—1984 年 7 月，任湖南省长沙市城建局局长、市建委员会主任。1984 年 7 月—1985 年 6 月，任中共长沙市委副书记。1985 年 6 月—1990 年 12 月，任中共长沙市委书记。1990 年 12 月—1992 年 12 月，任中共深圳市委常委、常务副市长。1992 年 12 月—1994 年 10 月，任中共深圳市委副书记、常务副市长。1994 年 10 月—1996 年 4 月，任国家工商行政管理局局长、党组副书记。1996 年 4 月—2006 年 10 月，任国家工商行政管理(总)局局长、党组书记。

秦家铭，1945 年生，广西桂林人，毕业于长沙铁道学院，教授级高级工程师，曾任中南大学校友总会第一届理事会副会长。曾任中国铁路工程总公司总经理、党委副书记。历任技术员、工程师、高级工程师、工程段长、副处长、处长、副局长、局长、总经理。1999 年当选为中国施工企业管理协会常务副理事长。多次荣获国家及省部级表彰和奖励，1989 年荣获铁道部"教育奖章"，1990 年荣获河南省优秀施工企业家，1996 年荣获京九铁路建设立功奖章，1997 年荣获全国铁路建设优秀职工之友，1998 年荣获铁道部"火车头"奖章，1999 年被评为全国优秀施工企业家，2000 年其事迹分别被编入《中国二十一世纪人才库》和《世界专家名人录》，2002 年荣获"中国创业企业家"称号并入选"中国优秀企业家数据库"，2003 年被评为"新时代中国改革之星"，2004 年荣获首届"2004 蒙代尔·世界经理人成就奖""世界经理人成就奖·行业领袖"和全国五一劳动奖章，2004 年被评为全国企业信息工作优秀领导人，2005 年荣获第二届"2005 蒙代尔·世界经理人成就奖"和"中国品牌国际市场十大杰出人才"称号。撰写的《铁路专门化施工企业进入市场的障碍及其对策》荣获当代中国领导干部论文三等奖，《我国电气化铁路的发展及展望》荣获铁道部优秀学术论文二等奖，《坚持以人为本方针，实施科技兴企战略，营造大科技格局》荣获铁路政研优秀成果奖。

李长进，男，汉族，1958 年出生于广西贵港，1982 年毕业于长沙铁道学院铁道工程专业，教授级高级工程师。曾担任中国铁路工程总公司副总经理、党委常委，中国铁路工程总公司董事、总经理、党委副书记，中国中铁股份有限公司总裁、执行董事、党委副书记，现任中国铁路工程总公司党委书记、董事长。任中国铁路工程总公司、中南大学等 5 家单位合作建设的高速铁路建设技术国家工程实验室理事长，中南大学兼职教授。

杨树坪，男，汉族，1959 年出生于广东广州。1982 年毕业于长沙铁道学院铁道工程专业。2003 年中国百富榜第 61 名，2004 年胡润百富榜第 66 位。杨树坪白手兴家，进军房地产，仅用了 8 年时间使城启·粤泰集团的总资产达到了 50 多亿。现任广州城启·粤泰集团有限公司董事长兼总裁，兼江门市东华房地产开发有限公司董事长和广州东华实业股份有限公司董事会董事长。历任广州铁路局工程总公司副经理、工程师、高级工程师、副总工程师。广东省房地产商会会长，广州房地产学会副会长，广州市房地产业协会副会长，广州市维护会治安基金会名誉会长，广州市工商联合会会长，广州市政协委员，广州大学名誉教授，中南大学兼职教授。2012 年 4 月与中南大学签署捐款协议。

蔡鸿能，男，汉族，1939 年出生，柬埔寨归国华侨，香港爱国企业家。1963 年毕业于长沙铁道学院铁道建筑专业。毕业后分配至铁道科学研究院工作。1975 年至 1980 年任香港柬一建筑公司和万象纺织公司经理，1980 年至今任香港百莱玛工程有限公司董事长，中南大学香港校友会永远名誉会长。创业 50 多年来，在国内外拥有多个上市公司和全资附属企业。他积极投身三峡大坝建设，为我国的工程机械发展和香港的繁荣稳定做出了贡献，2009 年、2010 年分别荣获中国新经济发展杰出人物、中华爱国英才长城贡献奖。2011 年蔡鸿能先生向中南大学捐赠 1000 万元设立了"中南大学蔡田碹珠奖励基金"。

本名录分学科列出了所有在学科任过职的同志，分"在职"和"外调或退休"两部分列出，部分老师曾在多个系所或教研室工作过，以尊重历史为原则分别在各学科名录予以体现。职称、职务填写当时在学科工作时的最高者。学科教师名录排序原则：按进校年度→毕业年度→姓氏汉语拼音顺序排序。建筑环境与设备工程系、建筑与城市规划系教师名录因并入土木工程学科的时间很短，本名录中未予以录入。部分教师的信息因客观原因未收录全，见谅。

第1节　铁道工程系

铁道工程系老师名录见表6.1.1~表6.1.2。

表6.1.1　在职教职工

序号	姓名	性别	职称	职务	工作年份	备注
1	周小林	男	副教授		1986—	
2	唐进锋	男	副教授		1988—	
3	缪 鹍	男	副教授		1992—	
4	吴小萍	女	教授		1993—	
5	王卫东	男	教授	土木工程学院副院长	1993—	
6	蒋红斐	男	副教授		1993—	
7	蒲 浩	男	教授		1994—	
8	向 俊	男	教授		1995—	
9	娄 平	男	教授	系主任、支部书记	1997—	

续表6.1.1

序号	姓名	性别	职称	职务	工作年份	备注
10	徐庆元	男	教授		2000—	
11	张向民	男	讲师		2001—	
12	曾志平	男	教授		2003—	
13	汪优	女	副教授	支部纪检委员	2007—	
14	陈宪麦	男	副教授		2008—	
15	闫斌	男	副教授	系副主任	2013—	
16	李伟	男	副教授	系副主任、支部组织委员	2014—	
17	陈伟	男	副教授	支部副书记、支部宣传委员	2016—	
18	徐磊	男	特聘副教授		2019—	
19	邱实	男	特聘教授		2019—	

表 6.1.2　外调及退休的教职工

序号	姓名	性别	职称	曾任职务	工作年份	备注
1	桂铭敬	男	教授	铁道建筑系主任	1953—1962	二级教授
2	刘达仁	男	教授	教研室主任	1953—1985	1959年教研组主任
3	赵方民	男	教授	教研室主任	1953—1987	二级教授
4	聂振淑	女	副教授		1953—1988	
5	郑文雄	男	副教授		1953—1988	
6	王远清	男	教授	教研室主任	1953—1989	
7	黎浩濂	男	副教授	教研室副主任	1953—1992	
8	覃宽	男			1953—?	
9	吴融清	男			1953—?	
10	黄权	男	教授		1953—?	
11	李绍德	男	教授		1953—?	
12	蒋成孝	男			1953—?	调外单位
13	廖智泉	男			1953—?	
14	李吟秋	男	教授	铁道建筑系、铁道工程系主任	1953—?	二级教授

续表6.1.2

序号	姓名	性别	职称	曾任职务	工作年份	备注
15	盛启廷	男	教授		1953—?	
16	曾俊期	男	教授	铁道工程系主任	1955—1993	原长沙铁道学院院长
17	吴宏元	男	副教授	教研室主任	1955—1993	
18	顾琦	男	副教授		1955—1993	
19	宋治伦	男	副教授		1955—1993	
20	曹维志	男	副教授	教研室主任	1955—1994	
21	陈家畴	男			1955—?	
22	史祥鸢	男			1955—?	
23	李增龄	男			1955—?	调外单位
24	姚洪庠	男			1955—?	调外单位
25	高宗荣	男			1955—?	
26	李秀容	女		教研室主任	1956—1979	1979 年调出
27	殷汝桓	男			1956—?	调外单位
28	周才光	男	副教授		1957—1994	
29	詹振炎	男	教授	铁道工程系主任	1957—2002	
30	韦荣禧	男			1957—?	原长沙铁道学院院长助理
31	袁国镈	男			1957—?	调外单位
32	陈秀方	男	教授	教研室主任、系主任	1961—2006	
33	窦居和	男			1959—?	调外单位
34	汤曙曦	男			1959—?	
35	夏增明	男	副教授		1960—1997	
36	段承慈	男	教授		1960—2000	原长沙铁道学院副院长
37	陈秉昆	男			1960—?	调外单位
38	陆麟年	男			1960—?	调外单位
39	何姗姗	女			1961—?	
40	张怡	女	高级工程师		1971—2009	退休
41	常新生	男	教授		1981—1997	出国
42	解传银	男			1982—1993	

续表6.1.2

序号	姓名	性别	职称	曾任职务	工作年份	备注
43	徐赤兵	男			1983—1985	
44	李定清	男			1984—1988	
45	罗克奇	男			1984—1989	出国
46	赵 湘	男			1984—1990	出国
47	李法明	男			1987—1990	
48	廖福贵	男			1988—1994	调中大设计院
49	向延念	男	讲师		1994—2004	
50	李秋义	男	讲师		1995—2004	
51	谢晓辉	男	讲师		1999—2004	
52	涂 鹏	男	讲师		1999—2017	2017 年调往出版社
53	曾习华	男	讲师		2000—2006	调道路工程系
54	吴湘晖	男	讲师		2000—2006	调道路工程系
55	王星华	男	教授	系主任	2004—2006	调入岩土系
56	王曰国	男	工程师		2005—2012	调力学教学试验室
57	梁乔岳	男				
58	李绪必	男				
59	陈加畴	男				
60	陈月波	男				
61	俞德友	男				
62	朱世刚	男				
63	张振兴	男				
64	甘惠娥	女	副教授			
65	胡津亚	男	教授			

第 2 节　桥梁工程系

桥梁工程系教师名录见表 6.2.1、表 6.2.2。

表 6.2.1 在职教职工

序号	姓名	性别	职称	职务	工作年份	备注
1	盛兴旺	男	教授		1988—	
2	戴公连	男	教授		1988—	
3	乔建东	男	副教授		1990—	
4	胡狄	男	副教授		1990—	
5	郭向荣	男	教授		1993—	
6	唐冕	女	副教授		1993—	
7	郭文华	男	教授		1995—	
8	李德建	男	教授		1996—	
9	于向东	男	副教授		1996—	
10	杨孟刚	男	教授	系主任	1996—	
11	方淑君	女	副教授		1996—	
12	周智辉	男	副教授	支部书记、系副主任	2002—	
13	宋旭明	男	副教授		2002—	
14	何旭辉	男	教授	土木工程学院院长	2006—	1996—2005 年在结构工程实验室工作
15	杨剑	男	副教授		2007—	
16	黄天立	男	教授		2007—	
17	文颖	男	副教授	支部宣传委员	2010—	
18	魏标	男	教授	系副主任	2010—	
19	欧阳震宇	男	教授		2013—	
20	邹云峰	男	副教授	系副主任、支部纪检委员	2013—	
21	刘文硕	女	副教授	支部组织委员	2014—	
22	敬海泉	男	副教授		2017—	
23	严磊	男	副教授		2017—	
24	吴腾	男	教授		2018—	
25	蔡陈之	男	副教授		2018—	
26	魏晓军	男	教授		2019—	
27	周浩	男	讲师		2019—	
28	李超	男	讲师		2020—	

续表6.2.1

序号	姓名	性别	职称	职务	工作年份	备注
29	史 俊	男	副教授		2020—	
30	李 欢	男	讲师		2020—	

表 6.2.2　外调及退休的教职工

序号	姓名	性别	职称	曾任职务	工作年份	备注
1	姚玲森	男	教授		1953—1960	中南土木建筑学院工作，未到长沙铁道学院，留湖南大学
2	王朝伟	男	教授	桥梁与隧道系主任，第一届桥梁教研组组长	1953—1966	从广西大学并入，1960年从湖南大学过来，1967年后到力学系工作。1996年去世
3	谢世澂	男	教授		1953—1978	从广西大学并入，1960年从湖南大学过来，湖南大学教务长。1997年去世
4	华祖焜	男	教授		1953—1978	从湖南大学并入，1960年从湖南大学过来，1978年后调到岩土工程系工作任系主任
5	谢绂忠	男	教授	桥梁与隧道系副主任	1953—1980	1960年从湖南大学过来，后调图书馆任馆长。1995年去世
6	汪子瞻	男	讲师		1953—1986	从云南大学并入，主讲混凝土结构设计原理，后来从结构组并入桥结水组
7	王承礼	男	教授	桥梁教研组组长	1953—1987	从湖南大学并入，1960年从湖南大学过来。2001年去世
8	万明坤	男	教授	原长沙铁道学院副院长	1953—1988	1960年从湖南大学过来，主讲钢桥，1988年后调到北方交通大学任校长

续表6.2.2

序号	姓名	性别	职称	曾任职务	工作年份	备注
9	徐铭枢	男	教授		1953—1992	从云南大学并入，1960年从湖南大学过来。2014年去世
10	曾庆元	男	院士、教授	教研室主任	1953—2016	2016年去世
11	苏思昊	男			1953—？	从广西大学并入，1960年从湖南大学过来
12	高武元	男	讲师		1953—？	从广西大学并入，1960年从湖南大学过来，主讲水力学，后来从基础课水力学并入桥结水组
13	罗玉衡	男			1953—？	1960年从湖南大学过来
14	袁祖荫	男	研究员		1953—？	从武汉大学并入，1960年从湖南大学过来，后来从结构组并入桥梁组，后调科研处处长
15	周　鹏	男			1955—1964	1960年从湖南大学过来，后调铁道兵
16	姜昭恒	男	副教授	教研室主任	1955—1992	1960年从湖南大学过来
17	熊振南	男	副教授		1957—1994	1960年从湖南大学过来，主讲混凝土结构设计原理
18	詹振炎	男	教授	土木工程系主任	1957—2002	主讲水力学，调到铁道工程系
19	裘伯永	男	教授		1958—2000	1960年从湖南大学过来
20	贾瑞珍	女	助教		1959—1964	1959到长沙铁道学院筹备处报到，1960年到桥梁教研组
21	常宗芳	男			1959—1964	主讲钢木结构
22	李爱蓉	男			1959—1964	主讲水力学
23	邓美瑁	女			1959—1965	

续表6.2.2

序号	姓 名	性别	职称	曾任职务	工作年份	备注
24	卢树圣	男	教授	教研室主任	1959—2000	1959 到长沙铁道学院筹备处报到，1960 年到桥梁教研组
25	田嘉猷	男	副教授	图书馆馆长	1959—?	主讲水力学
26	韦明辉	男	助教		1960—1965	
27	张碧月	女			1960—1978	主讲水力学
28	马声震	男	助教		1961—1965	
29	张龙祥	男	教授		1961—1976	主讲水文
30	林丕文	男	副教授	土木工程系主任	1961—1993	2019 年去世
31	王俭槐	女	副教授	教研室主任，支部书记	1961—1996	主讲钢桥
32	罗彦宣	男	讲师		1965—1989	
33	文雨松	男	教授	教研室主任	1969—2014	
34	危永强	男	讲师		1977—1986	
35	闫兴梅	女	讲师		1977—1988	主讲水力学
36	刘夏平	男	副教授		1981—1993	
37	周乐农	男	教授	土木工程系主任	1981—1998	出国
38	王艺民	男	讲师		1982—1985	
39	杨 毅	男	讲师		1982—1986	调外单位
40	杨 平	男	讲师		1982—1989	调外单位
41	朱汉华	男	讲师		1984—1994	调外单位
42	杨文武	男	讲师		1984—1990	调外单位
43	骆宁安	男	讲师		1984—1990	调外单位
44	胡阿金	女	讲师		1984—1990	调外单位
45	徐满堂	男	讲师		1985—1993	调外单位
46	陈淮	男	讲师		1986—1993	调外单位
47	陈政清	男	教授	土木建筑学院院长	1987—2002	调外单位
48	任伟新	男	教授		1987—2011	调外单位
49	颜全胜	男	讲师		1988—1995	调外单位
50	张 麒	女	讲师		1989—1999	调外单位

续表6.2.2

序号	姓 名	性别	职称	曾任职务	工作年份	备注
51	王荣辉	男	副教授		1992—1998	调外单位
52	贺国京	男	教授	土木建筑学院副院长	1993—2004	调外单位
53	申同生	男	讲师		1994—1999	调外单位
54	吴再新	男	讲师		2002—2007	调外单位
55	侯秀丽	女	讲师		2002—2013	调土木工程学院业务办
56	赵 湘	男	讲师			出国

第 3 节　隧道工程系

隧道工程系教师名录见表6.3.1、表6.3.2。

表 6.3.1　在职教职工

序号	姓 名	性别	职称	职务	工作年份	备注
1	王 薇	女	副教授		1994—	1994 年毕业留校
2	杨小礼	男	教授		1998—	1998 年毕业留校
3	施成华	男	教授	系主任	2000—	2000 年毕业留校
4	张运良	男	副教授		2002—	合校后 2002 年转入
5	阳军生	男	教授		2003—	2003 年长沙理工大学调入
6	杨秀竹	女	副教授		2005—	2005 年毕业留校
7	傅鹤林	男	教授		2006—	2006 年岩土工程系转入
8	周 中	男	副教授		2006—	2006 年毕业留校
9	张学民	男	教授	系副主任	2007—	2007 年毕业留校
10	彭文轩	男	讲师		2008—	2008 年重庆大学毕业
11	伍毅敏	男	副教授	系副主任	2008—	2008 年长安大学毕业
12	余 俊	男	副教授	支部纪检委员	2009—	2008 年同济大学毕业
13	杨 峰	男	副教授	支部组织委员	2010—	2010 年毕业留校
14	黄 娟	女	副教授		2010—	2010 年毕业留校

续表6.3.1

序号	姓名	性别	职称	职务	工作年份	备注
15	王树英	男	教授	支部书记	2012—	2010年美国密苏里科技大学毕业
16	雷明锋	男	教授	系副主任	2014—	2014年毕业留校
17	邓东平	男	副教授		2017—	2017年毕业留校
18	龚琛杰	男	副教授		2018—	2018年同济大学毕业
19	贾朝军	男	讲师	支部宣传委员	2018—	2018年河海大学毕业

表 6.3.2 　外调及退休的教职工

序号	姓名	性别	职称	曾任职务	工作年份	备注
1	洪文璧	男	教授		1953—1958	
2	桂铭敬	男	教授	系主任	1953—1960	
3	刘 骥	男	副教授	教研室主任	1953—1960	
4	裘晓浦	男	助教		1953—1961	
5	毛 儒	男	客座教授		1953—1977	
6	邝国能	男	教授	教研室主任	1953—1989	
7	韩玉华	男	副教授	教研室主任	1955—1996	
8	陶锡珩	男	副教授		1956—1982	
9	宋振熊	男	副教授	教研室主任	1957—1998	
10	卢树圣	男	副教授		1959—1962	
11	祝正海	男	副教授		1960—1984	
12	沈子钧	男	助教		1961—1962	
13	谢连城	女	副教授		1961—1994	
14	刘小兵	男	教授	系主任	1976—2010	
15	刘仰韶	男	讲师		1982—1985	
16	王少豪	男	讲师		1984—1990	
17	周铁牛	男	讲师		1986—1993	
18	彭立敏	男	教授	系主任、副院长	1986—2014	
19	张治平	男	讲师		1989—1993	
20	杜思村	男	讲师		1993—2001	

续表6.3.2

序号	姓名	性别	职称	曾任职务	工作年份	备注
21	王　英	女	副教授		1995—2002	
22	谢学斌	男	副教授		1999—2002	
23	邱业建	男	讲师		2002—2019	
24	傅金阳	男	副教授		2015—2020	

第 4 节　岩土工程系

岩土工程系教师名录见表 6.4.1、表 6.4.2。

表 6.4.1　在职教职工

序号	姓名	性别	职称	职务	工作年份	备注
1	魏丽敏	女	教授		1988—	
2	张佩知	男	工程师		1988—	
3	李政莲	女	讲师		1993—	
4	冷伍明	男	教授		1994—	
5	张国祥	男	教授		1994—	
6	肖武权	男	副教授		1995—	
7	何　群	男	讲师		1995—	
8	金亮星	男	副教授	支部纪检委员	1997—	
9	张向京	女	工程师		1997—	
10	阮　波	男	副教授	系副主任	1999—	
11	张家生	男	教授		1999—	2017 年调学院设计院
12	周生跃	男	工程师		2000—	
13	杨果林	男	教授		2001—	
14	乔世范	男	教授	土木工程学院副院长	2003—	
15	牛建东	男	讲师		2006—	
16	陈晓斌	男	教授	系主任	2008—	

续表6.4.1

序号	姓名	性别	职称	职务	工作年份	备注
17	赵春彦	男	副教授	支部书记、系副主任	2008—	
18	郑国勇	男	讲师		2008—	
19	聂如松	男	副教授		2009—	
20	张 升	男	教授	土木工程学院副院长	2011—	
21	杨 奇	男	副教授	支部组织委员	2011—	
22	林宇亮	男	教授		2011—	
23	盛岱超	男	教授		2013—	
24	肖源杰	男	副教授		2014—	
25	滕继东	男	副教授	系副主任	2015—	
26	叶新宇	男	讲师	支部宣传委员	2018—	
27	谢济仁	男	讲师		2019—	
28	童晨曦	男	讲师		2020—	
29	苏晶晶	男	讲师		2020—	

表 6.4.2　外调及退休的教职工

序号	姓名	性别	职称	曾任职务	工作年份	备注
1	熊 剑	男	副教授	教研室主任	1949—1985	离休(厅级待遇)
2	陈映南	男	教授		1952—1989	
3	华祖焜	男	教授		1953—2000	
4	殷之澜	男	教授		1953—?	
5	李家钰	男	讲师		1954—1993	
6	董学科	男	讲师		1954—1993	
7	宁实吾	女	讲师		1957—1988	
8	金宗斌	男	讲师		1959—1964	
9	张俊高	男	高级工程师		1960—1985	
10	张式深	男	教授		1960—1989	
11	曾阳生	男	教授		1960—1996	
12	陈昕源	男	讲师		1960—?	

续表6.4.2

序号	姓名	性别	职称	曾任职务	工作年份	备注
13	任满堂	男	工程师		1966—1985	
14	蒋崇仑	男	工程师		1966—2002	
15	王永和	男	教授	土木工程系主任	1969—2011	曾任原长沙铁道学院副院长，退休
16	顾 琦	男	副教授		1971—1993	
17	夏增明	男	副教授	教研室支书	1971—1997	
18	杨雅忱	女	副教授		1971—1995	
19	王立阳	男	高级工程师		1976—1982	曾任原长沙铁道学院办公室副主任
20	黄 铮	女	高级工程师		1977—1982	曾任原长沙铁道学院教务处党总支书记
21	孙渝文	女	副教授		1979—1997	
22	姜 前	男	副教授		1981—1992	
23	刘启风	男	副教授	土木工程系副主任	1981—1993	
24	李 亮	男	教授		1982 年至今	现任中南大学党委副书记
25	刘杰平	男	讲师		1982—1992	
26	徐林荣	男	教授	系党支部书记、岩土工程系副主任	1986—2008	现任高速铁路建造技术国家工程实验室副主任
27	陈维家	男	讲师		1988—1992	
28	李宁军	男	讲师		1988—1993	
29	陆海平	男	高级工程师		1988—1993	
30	谭菊香	女	高级工程师		1989—1996	
31	张旭芝	女	讲师		1996—2008	
32	张旭芝	女	讲师		1996—2012	调往高速铁路建造技术国家工程实验室
33	王星华	男	教授	长沙铁道学院国际对外合作处处长	1997—2017	退休
34	傅鹤林	男	教授	教研室副主任	1997—2006	调往隧道工程系
35	倪红革	男	副教授		1999—2003	

续表6.4.2

序号	姓名	性别	职称	曾任职务	工作年份	备注
36	刘宝琛	男	教授，院士	土木建筑学院院长	1999—2017	病故
37	周建普	男	教授		2000—2006	调往道路工程系
38	张新春	男	副教授		2000—2008	
39	方理刚	男	教授	土木建筑学院副院长	2000—2019	退休
40	雷金山	男	讲师		2002—2017	调往高速铁路建造技术国家工程实验室
41	彭意	女	高级工程师		2003—2005	病故
42	王晅	男	讲师		2006—2013	调往高速铁路建造技术国家工程实验室
43	杨广林	男	工人		2008—2016	退休
44	朱之基	男	教授			
45	周光农	男	教授			
46	李靖森	男				
47	杨庆斌	男				
48	谢庆道	男				
49	李毓瑞	男				
50	杨姁	女	技师			
51	罗国武	男	高级工程师			
52	向楚柱	男	工人			
53	王萍兰	女	工人			
54	何玉佩	女	工程师			
55	周文波	女	技师员			

第5节　建筑工程系

建筑工程系教师名录见表6.5.1、表6.5.2。

表 6.5.1　在职教职工

序号	姓名	性别	职称	职务	工作年份	备注
1	杨建军	男	副教授		1988—	
2	周朝阳	男	教授		1990—	
3	陆铁坚	男	副教授		1992—	
4	陈友兰	女	讲师		1992—	
5	罗小勇	男	教授	系主任	1995	
6	贺学军	男	副教授		1998—	
7	周凌宇	男	教授		1998—	
8	蒋丽忠	男	教授	中南大学研究生院院长	1999—	
9	刘澍	女	副教授		2000—	
10	阎奇武	男	副教授		2000—	
11	叶柏龙	男	教授		2000—	
12	郭风琪	男	副教授		2004—	
13	丁发兴	男	教授	系副主任	2006—	
14	匡亚川	男	副教授	支部纪检委员	2006—	
15	王海波	男	副教授		2006—	
16	喻泽红	女	教授		2006—	
17	周期石	男	教授		2006—	
18	龚永智	男	副教授	支部书记、系副主任	2007—	
19	蔡勇	男	副教授		2008—	
20	刘小洁	女	副教授		2008—	
21	邹建	男	工程师		2009—	
22	李常青	男	副教授		2010—	
23	卢朝辉	男	教授		2010—	
24	林松	女	高级工程师		2011—	
25	胡文	女	副教授		2011—	
26	戴伟	女	副教授		2011—	
27	王莉萍	女	副教授	支部宣传委员	2016—	
28	周旺保	男	副教授	支部组织委员	2016—	

续表6.5.1

序号	姓名	性别	职称	职务	工作年份	备注
29	向 平	男	教授		2017—	
30	余玉洁	女	教授		2018—	
31	王 琨	男	讲师		2019—	
32	江力强	男	特聘 副教授		2019—	
33	何 畅	男	讲师		2020—	
34	汪 毅	男	教授		2020—	

表 6.5.2　外调及退休的教职工

序号	姓名	性别	职称	曾任职务	工作年份	备注
1	杨承恕	男	教授	教研室主任	1953—2000	国务院特殊津贴专家
2	彭福英	女	讲师		1957—1991	制图
3	熊振南	男	副教授	教研室主任	1957—1992	
4	甄守仁	男	副教授		1960—1991	制图
5	袁秀金	女	副教授		1960—1996	制图
6	朱明达	男	教授级高工	教研室主任	1961—1983	国务院特殊津贴专家
7	詹肖兰	女	教授	教研室主任	1961—1989	
8	杨祖钰	男	讲师		1978—1989	
9	黄仕华	男	讲师		1979—1987	
10	江继军	男	高级工程师		1979—1993	
11	赖必勇	男	副教授		1980—1998	
12	邓荣飞	男	副教授		1982—2000	原长沙铁道学院副校长
13	欧阳炎	男	教授	土木建筑学院院长	1982—2002	国务院特殊津贴专家
14	袁锦根	男	教授		1982—2003	退休
15	李易豹	男	讲师		1983—1988	
16	王 芳	男	讲师		1983—1999	
17	魏 伟	男	高级工程师		1983—2007	校基建处副处长
18	孙新华	男	副教授		1983—2011	制图
19	余志武	男	教授		1985—2007	调入高速铁路建造筑技术国家工程实验室任主任

续表6.5.2

序号	姓名	性别	职称	曾任职务	工作年份	备注
20	肖佳	女	教授		1986—1999	
21	迟洪香	女	讲师		1991—1999	制图
22	袁媛	女	副教授		1992—2008	制图
23	李磊	男	讲师		1995—1996	校宣传部副部长
24	龙丽	女	讲师		1995—2004	制图
25	刘伟	男	助教		1999—2003	制图
26	杨光	女	讲师		1999—2013	调入高速铁路建造筑技术国家工程实验室
27	蒋青青	女	副教授		2000—2003	
28	王芳	女	讲师		2000—2003	
29	马驰峰	男	讲师		2000—2013	调入高速铁路建造筑技术国家工程实验室
30	龙建光	女	讲师		2000—2013	调往力学系
31	王小红	女	副教授		2000—2015	退休
32	吴鹏	男	副教授		2006—2010	
33	卫军	男	教授		2007—2019	退休
34	刘晓春	男	副教授		2008—2017	调入高速铁路建造技术国家工程实验室
35	王汉封	男	教授		2009—2009	调入高速铁路建造筑技术国家工程实验室
36	宋力	男	教授		2009—2013	调入高速铁路建造筑技术国家工程实验室
37	黄东梅	女	教授		2009—2013	调入高速铁路建造筑技术国家工程实验室
38	国巍	男	教授		2010—2013	调入高速铁路建造筑技术国家工程实验室
39	赵衍刚	男	教授		2011—2018	调离
40	柏宇	男	教授		2013—2019	调离
41	刘鹏	男	副教授		2016—2016	调入高速铁路建造筑技术国家工程实验室

第6节　道路工程系

道路工程系教师名录见表6.6.1、表6.6.2。

表 6.6.1　在职教职工

序号	姓名	性别	职称	职务	工作年份	备注
1	罗梦红	男	工程师		1984—	
2	曾习华	男	讲师		1985—	
3	高春华	女	高级实验师		1986—	
4	赵鸿杰	男	中级工程师		1990—	
5	吴湘晖	男	讲师		1993—	
6	李军	男	副教授	系副主任	1994—	
7	宋占峰	男	副教授		1995—	
8	彭仪普	男	副教授		1995—	
9	孙晓	女	讲师	支部组织委员	2003—	
10	蒋建国	男	副教授	实验室副主任	2003—	
11	魏红卫	男	教授		2004—	
12	聂志红	男	教授		2005—	
13	刘小明	男	副教授		2007—	
14	邹金锋	男	教授	土木工程学院副院长	2008—	
15	马昆林	男	教授	支部书记、系副主任	2009—	
16	赵炼恒	男	教授	系主任	2010—	
17	但汉成	男	副教授	支部宣传委员	2011—	
18	吴昊	男	教授		2012—	
19	陈嘉祺	男	副教授		2015—	
20	韩征	男	教授		2016—	
21	杜银飞	男	副教授	支部纪检委员	2017—	
22	宋卫民	男	副教授		2018—	
23	潘秋景	男	特聘教授		2018—	
24	曹玮	男	特聘教授		2019—	

表 6.6.2　外调及退休的教职工

序号	姓名	性别	职称	曾任职务	工作年份	备注
1	杨庆彬	男	副教授		1953—?	
2	谢庆道	男	副教授		1953—?	
3	谢楚英	男			20 世纪 50 至 70 年代	
4	杭逦兆	男			20 世纪 50 至 90 年代	
5	曾旺宣	男			20 世纪 50 年代—?	
6	罗灼金	男			20 世纪 50 年代—?	
7	范杏祺	男			1953—1960	
8	陈昌国	男			20 世纪 50 年代—?	
9	李健超	男			20 世纪 50 年代—?	广西大学党委书记
10	蔡 俊	男			1954—1982	
11	陈冠玉	男			1954—20 世纪 70 年代	
12	翟柏林	男			20 世纪 50 年代—?	
13	谢国瑢	男			1954—?	
14	郭之锟	男			1955—20 世纪 70 年代	
15	林世煦	男	副教授	室主任	1955—20 世纪 90 年代	
16	李 仁	男			20 世纪 50 年代—?	
17	张作容	男	教授	室主任	1956—1986	
18	李秀蓉	女			20 世纪 50 年代—?	
19	蒋琳琳	女		室主任	1956—20 世纪 70 年代	
20	方佩菊				20 世纪 50 年代—?	
21	肖修敢	男	副教授	室主任	1957—20 世纪 90 年代	
22	苏思光	男	副教授		1957—20 世纪 90 年代	
23	宁实吾	女	讲师		1957—1988	
24	韦荣禧	男			20 世纪 50 年代—?	
25	邹永廉	男			20 世纪 50 年代—?	
26	林则政	男			20 世纪 50 年代—?	
27	杨福和	男			20 世纪 50 年代—?	
28	王国桢	男			20 世纪 60 年代—?	
29	严昌汉	男			20 世纪 60 年代—?	

续表6.6.2

序号	姓名	性别	职称	曾任职务	工作年份	备注
30	窦烽和	男			20世纪60年代—?	
31	刘玉堂	男			20世纪60年代—?	
32	李家钰	男	讲师		1960—1993	
33	董学科	男	讲师		1960—1993	
34	张俊高	男	高级工程师		1960—1985	
36	陈昕源	男	讲师		1960—?	
36	周霞波	女	副教授		1961—1986	
37	许澄波	男			20世纪60至70年代	
38	刘冬初	男			20世纪60至80年代	
39	邵天仇	男			20世纪60年代—?	
40	王成祥	男			20世纪60至70年代	
41	沈宝玉	女			20世纪70至90年代	
42	许勇	男			1970—1983	
43	杨雅忱	女	副教授		1971—1995	
44	张新春	男	副教授		1975—2014	退休
45	谭建伟	男	高级工程师		1975—2017	退休
46	李嗣科	男		室主任	20世纪70年代—?	
47	丁冬初	男		土木工程系党总支书记	1981—1989	
48	刘道强	男			1981—1989	曾任中南大学资产处处长
49	李亮	男	教授		1982—1997	现任中南大学党委副书记
50	周建普	男	教授	院工会主席	1982—2014	退休
51	周殿铭	男	副教授	副主任	1982—2015	退休
52	张新兵	男	高级工程师	实验室主任	1983—1992	
53	吴斌	男	教授		1984—1995	现任中南大学继续教育学院院长
54	吕雅琴	女	中级工程师		1985—2007	退休
55	金向农	男	副教授		1986—1993	
56	周懿	男	高级工程师		1986—1993	
57	刘琳	男	高级工程师		1987—1988	

续表6.6.2

序号	姓名	性别	职称	曾任职务	工作年份	备注
58	陆海平	男	高级工程师	教研室主任	1988—1997	
59	李新平	男	讲师		1988—1998	
60	吴祖海	男	副教授		1988—2016	退休
61	肖珺心	女	工程师		1993—2020	曾用名肖益铭，退休
62	李海峰	男	副教授		2009—2015	2015年调往中南大学地球科学与信息物理学院
63	杨伟超	男	副教授		2009—2020	调入高速铁路建造技术国家工程实验室
64	刘维正	男	副教授		2011—2020	调入高速铁路建造技术国家工程实验室
65	李士俊	男				武汉空军

第7节 力学系

力学系教师名录见表6.7.1、表6.7.2。

表 6.7.1 在职教职工

序号	姓名	性别	职称	职务	工作年份	备注
1	林达华	男	高级技师		1979—	
2	王修琼	男	副教授		1983—	
3	刘长文	男	副教授		1985—	
4	王涛	男	副教授		1986—	
5	李东平	男	教授		1987—	
6	李学平	男	副教授		1990—	
7	周文伟	男	副教授		1994—	
8	龙建光	女	讲师		1995—	
9	唐松花	女	副教授	支部宣传委员	1997—	
10	宁明哲	男	讲师		1998—	
11	黄方林	男	教授		1999—	
12	肖柏军	男	讲师		1999—	

续表6.7.1

序号	姓名	性别	职称	职务	工作年份	备注
13	侯文崎	女	副教授	支部书记、系主任	2000—	
14	罗如登	男	副教授		2000—	
15	刘 静	女	副教授	系主任	2000—	
16	王 英	女	副教授		2000—	
17	邹春伟	男	教授		2000—	
18	喻爱南	女	副教授		2000—	
19	李海英	女	讲师		2000—	
20	谢晓晴	女	副教授		2000—	
21	罗建阳	男	副教授	系副主任	2000—	
22	刘志久	男	讲师		2000—	
23	鲁四平	男	讲师		2002—	
24	殷 勇	男	讲师		2002—	
25	李 铀	男	教授		2003—	
26	李显方	男	教授		2004—	
27	肖方红	男	副教授		2004—	
28	鲁立君	男	讲师		2006—	
29	杜金龙	男	讲师		2008—	
30	刘丽丽	女	讲师		2008—	
31	韩衍群	男	讲师		2008—	
32	杨焕军	男	技师		2009—	
33	周 德	男	讲师	支部纪检委员	2010—	
34	王曰国	男	高级实验师		2011—	
35	王宁波	男	副教授	系副主任	2013—	
36	徐 方	男	讲师	支部组织委员	2016—	
37	肖厦子	男	副教授	系副主任	2017—	
38	温伟斌	男	副教授		2018—	
39	夏晓东	男	副教授		2018—	
40	饶秋华	女	教授		2019—	
41	张雪阳	男	讲师		2019—	
42	陶 勇	男	特聘副教授		2020—	

表 6.7.2 外调及退休的教职工

序号	姓名	性别	职称	曾任职务	工作年份	备注
1	李廉锟	男	教授		1944—1987	去世
2	陈国雄	男	讲师		1949—1992	退休
3	言俊知	男	副教授		1950—1988	退休
4	曹亚云	男	副教授		1953—1990	退休
5	王崇和	男	副教授		1954—1994	退休
6	张炘宇	男	教授		1955—1988	退休
7	张近仁	男	副教授		1955—1991	退休
8	王 廉	男	副教授		1960—1997	退休
9	卢同立	男	副教授		1960—1998	退休
10	杨仕德	男	副教授		1960—2000	退休
11	程根梧	男	教授		1961—2001	退休
12	甘幼琛	男			1962—？	退休
13	王全玺	女	副教授		1962—1996	退休
14	黄国光	男	副教授		1962—1997	退休
15	卢楚芬	女	副教授		1963—1997	退休
16	周筑宝	男	教授		1963—2001	退休
17	倪国荣	男	副教授		1964—1996	退休
18	欧阳炎	男	教授		1964—2001	退休
19	夏时行	男	副教授		1964—2001	退休
20	刘庆潭	男	教授		1964—2012	退休
21	余官恒	女	副教授		1965—2001	退休
22	周一峰	男	教授		1968—2006	退休
23	叶梅新	女	教授		1970—2011	退休
24	王晓光	男	副教授		1972—2017	退休
25	陈永进	女	高级工程师		1975—2006	退休
26	李丰良	男	教授		1977—2014	退休
27	陈玉骥	男	教授		1982—2005	调往佛山大学
28	孙晓保	男	试验员		1997—2002	去世
29	张晔芝	男	副教授	工力所副主任	1999—2019	离职
30	李顺溶	男	工程师		2000—2014	去世
31	禹国文	男	工程师		2000—2015	去世

续表6.7.2

序号	姓名	性别	职称	曾任职务	工作年份	备注
32	郭少华	男	教授		2000—2020	退休
33	蒋树农	男	副教授		2005—2019	调往中南大学材料科学与工程学院
34	孟一	男	讲师		2013—2019	离职
35	邹佳琪	女	讲师		2014—2019	离职
36	余珏文	男				
37	沈兆基	男				
38	荣崇禄	男				
39	皮淡明	男				
40	梁晓行	男				
41	金玉澄	女				
42	王琼志	女				
43	余肖扬	男				
44	张萍初	男				
45	包于文	男				
46	禹奇才	男				
47	李志高	男				
48	肖万伸	男				
49	李亚芳	女				
50	邓启荣	男				
51	伍卓民	男				
52	王玮怡	女				
53	周群	女				
54	郑学军	男	副教授			2004年调到湘潭大学
55	李淑玲	女				
56	许建伟	男				
57	罗国华	女				
58	黄顺林	男				
59	程浩	男				
60	黄建生	男				

续表6.7.2

序号	姓名	性别	职称	曾任职务	工作年份	备注
61	谢世浩	男				
62	王光前	男				
63	谢柳辉	男				
64	王禹林	男				
65	何其元	男				
66	胡士琦	女				
67	裴钦元	男				
68	黄小林	男				
69	岳亚丁	男				
70	王 勇	男				
71	朱之恕	男				
72	潘乃丽	女				
73	郁维明	男				
74	刘承礼	男				
75	张中惠	女				
76	王朝伟	男				
77	缪加玉	男				
78	钟桂岳	男				
79	詹肖兰	女				
80	邓如鹄	男				

第8节　土木工程材料研究所

土木工程材料研究所教师名录见表6.8.1、表6.8.2。

表6.8.1　在职教职工

序号	姓名	性别	职称	职务	工作年份	备注
1	胡晓波	男	教授		1984—	
2	谢友均	男	教授		1987—	

续表6.8.1

序号	姓名	性别	职称	职务	工作年份	备注
3	李建	男	高级工程师		1987—	建筑材料试验室
4	张松洪	男	高级工程师		1988—	建筑材料试验室
5	刘宝举	男	副教授		1996—	
6	肖佳	女	教授	支部书记、副所长	2002—	
7	石明霞	女	高级工程师		2002—	建筑材料试验室
8	龙广成	男	教授	所长	2004—	
9	李益进	男	副教授	副所长、支部组织委员	2005—	
10	郑克仁	男	教授		2005—	
11	董荣珍	女	副教授	支部宣传委员	2007—	
12	刘赞群	男	教授	支部纪检委员	2010—	
13	曾晓辉	男	副教授	副所长	2018—	
14	周俊良	男	教授		2018—	
15	姚灏	男	讲师		2019—	

表 6.8.2 外调及退休的教职工

序号	姓名	性别	职称	曾任职务	工作年份	备注
1	李德贵	男	中级工人		1949—1989	
2	王浩	男	副教授	室主任	1960—1985	1985 年去逝
3	何庆键	男	工程师		1960—1997	
4	王采玉	男	高级工程师	试验室主任	1960—1998	1998 年退休
5	周士琼	女	教授	室主任	1960—2004	2004 年退休
6	张绍麟	男	副教授	室主任	1974—1986	1986 年调离
7	杜颖秀	女	工程师		1974—1994	1994 年退休
8	刘新整	女			1976—1977	
9	彭雅雅	女	副教授		1977—1987	1987 年调离
10	张丹阳	男	助教		1981—1988	1988 年调离
11	王云祖	男			1981—1986	1991 年调离
12	吴晓惠	女	助教		1982—1991	

续表6.8.2

序号	姓 名	性别	职称	曾任职务	工作年份	备注
13	尹　健	男	教 授		1996—2011	2011 年底调离
14	杨元霞	女	副教授		1996—2006	2006 年调入学院综合办公室
15	孙晓保	男	试验员		1997—2002	2002 年去世
16	邓德华	男	教 授		2000—2019	退休
17	史才军	男	教 授		2004—2009	2009 年离校
18	谌明辉	男	试验员		2008—2016	调离
19	元　强	男	教 授		2009—2017	调入高速铁路建造技术国家工程实验室
20	马　聪	男	副教授		2017—2020	调入深圳大学

第 9 节　工程管理系

工程管理系教师名录见表 6.9.1、表 6.9.2。

表 6.9.1　在职教职工

序号	姓 名	性别	职称	职位	工作时间	备注
1	黄若军	男	讲师		1986—	
2	廖群立	男	副教授		1986—	中大监理公司总经理
3	黄健陵	男	研究员		1987—	中南大学党委副书记
4	郭　峰	男	研究员	中南大学土木工程学院副院长（正处级）	1988—	
5	李昌友	男	副教授		1988—	中南大学科研部副部长
6	王孟钧	女	教授		1988—	
7	刘根强	男	讲师		1992—	
8	张飞涟	女	教授		1994—	
9	王　敏	女	讲师		1994—	
10	宇德明	男	教授		1997—	
11	傅　纯	男	副教授		1997—	
12	王　进	男	副教授		1999—	

续表6.9.1

序号	姓名	性别	职称	职位	工作时间	备注
13	刘 伟	男	讲师		1999—	
14	陈汉利	女	副教授		2000—	
15	郑勇强	男	讲师		2000—	
16	张彦春	女	教授	支部书记、系副主任	2001—	
17	范臻辉	男	讲师	支部纪检委员	2001—	
18	孙永福	男	院士、教授		2002—	原铁道部副部长
19	陈辉华	男	副教授	系主任	2004—	
20	王青娥	女	教授	系副主任	2005—	
21	何继善	男	院士、教授		2007—	原中南工业大学校长
22	李艳鸽	女	副教授	工会小组长	2014—	
23	单 智	男	讲师	支部宣传委员	2017—	
24	单 明	男	特聘教授	系副主任	2018—	
25	周 满	男	讲师	支部组织委员	2018—	
26	方 琦	女	讲师		2020—	

表 6.9.2　外调及退休的教职工

序号	姓名	性别	职称	曾任职务	工作年份	备注
1	洪文璧	男	教授		1953—？	铁道建筑，"文化大革命"期间回四川老家，后去世
2	耿毓秀	男	副教授		1953—1989	铁道建筑施工和工程机械，1989 年去世
3	汪子瞻	男	讲师		1953—1992	铁道建筑，1992 去世
4	张显华	男	副教授		1953—1997	铁道建筑，1997 年去世
5	杨承恁	男	教授		1953—2000	建筑施工和工程机械，2000 年退休
6	周继组	男	教授		1953—2000	铁道建筑、工程管理，2000 年退休，2020 年去世
7	宋治伦	男	副教授		1955—1993	铁道建筑，1993 年退休

续表6.9.2

序号	姓　名	性别	职称	曾任职务	工作年份	备注
8	刘邦兴	男	讲师		1955—1967	铁道建筑，1967 年调出
9	李增龄	男	助教		1955—1961	铁道建筑，1961 年调出
10	奚锡雄	男	副教授		1955—1977	铁道建筑施工和工程机械，1977 年调上海铁道学院
11	曹曾祝	男	副教授		1955—1989	铁道建筑施工和工程机械，1989 调湖南省政协任秘书长
12	周镜松	女	高级工程师		1958—1988	铁道建筑，1988 年退休
13	李嗣科	男	副教授		1960—1997	铁道建筑、工程管理，1997 年退休
14	谢　恒	男	副教授		1961—1994	工程管理、铁道建筑施工和工程机械，1994 年退休
15	郭浩然	男	高级工程师		1962—1983	铁道施工技术，1983 年退休
16	谭运华	男	教授级高工		1965—1990	1990 年调本校设计院
17	周庆柱	男	研究员		1970—2012	原中南大学党委副书记，退休
18	沈宝玉	女	工程师		1974—1989	信息技术，1989 年退休
19	潘蜀健	男	副教授		1977—1987	铁道建筑、工程管理，1987 年调广州大学
20	甘惠娥	女	副教授		1981—1995	铁道建筑、工程管理，1995 年退休
21	郭乃正	男	研究员		1982—2000	2000 年调任中南大学党委，任纪委书记、党委副书记，2020 年去世
22	周　栩	男	副教授		1982—2013	退休
23	凌　群	男	讲师		1985—1988	工程管理，1988 年调广州大学
24	严　俊	女	讲师		1985—1992	工程经济，1992 年调北京

续表6.9.2

序号	姓 名	性别	职称	曾任职务	工作年份	备注
25	粟 宇	女	讲师		1985—1993	工程经济，1993 年调深圳
26	戴菊英	女	讲师		1985—1988	工程经济，1988 年调校财务处
27	徐赤兵	男	副教授		1986—1992	工程管理，1993 年调离教研室
28	刘 军	男	讲师		1986—1989	工程管理 1989 年调出
29	廖群立	男	副教授		1986—2003	2003 年调任中大监理公司董事长
30	黄健陵	男	研究员、博导		1987—2014	2014 年调任中南大学本科生院院长
31	王玉西	男	高级工程师		1988—1990	工程管理，1990 年调校科技处
32	王 菁	男	讲师		1988—1993	工程管理，1993 年调广州大学
33	李昌友	男	副教授		1988—2006	2006 年调任中南大学科技处副处长
34	郭 峰	男	副教授		1988—2014	2014 年调任中南大学基建处处长，2020 年调任土木工程学院副院长(正处级)
35	罗会华	男	讲师		1990—1993	工程管理，1993 年调长沙市房地产公司
36	王 芳	男	讲师		1990—1998	建筑施工，1998 年出国
37	陈立新	男	讲师		1990—1994	工程管理，1994 年调出
38	曹升元	男	研究员		1990—2012	2012 年调山东大学
39	宋君亮	男	副教授		1991—1995	铁道建筑、工程管理，1995 年退休
41	余浩军	男	讲师		1992—2001	工程管理，2001 年出国
42	顾光辉	男	讲师		1993—2000	工程管理，2000 年调浙江中国计量学院
43	刘武成	男	讲师		1995—2014	2014 年调往中大监理公司

续表6.9.2

序号	姓　名	性别	职称	曾任职务	工作年份	备注
44	徐哲诣	男	讲师		1996—2004	工程管理，2004 年出国
45	晏胜波	男	讲师		1999—2004	工程管理，2004 年调重庆
46	丁加明	男	讲师		2001—2007	工程管理，2007 年调湖南省交通厅
47	李香花	女	讲师		2006—2018	2018 年调往中南大学商学院

第 10 节　消防工程系

消防工程系教师名录见表6.10.1、表6.10.2。

表 6.10.1　在职教职工

序号	姓名	性别	职称	职务	工作年份	备注
1	徐志胜	男	教授		1996—	
2	赵望达	男	教授		1998—	
3	裘志浩	男	工程师		1999—	
4	徐　彧	女	讲师		2000—	
5	李耀庄	男	教授		2002—	
6	张　焱	男	讲师		2004—	
7	陈长坤	男	教授	系主任、支部纪检委员	2005—	
8	易　亮	男	教授	土木工程学院副院长	2005—	
9	王飞跃	男	副教授	支部组织委员	2005—	
10	申永江	男	副教授	支部书记、系副主任	2009—	
11	熊　伟	男	副教授		2009—	
12	谢宝超	男	副教授	支部宣传委员	2012—	
13	周　洋	男	副教授		2014—	
14	范传刚	男	教授	系副主任	2018—	
15	蒋彬辉	男	讲师		2018—	

续表6.10.1

序号	姓名	性别	职称	职务	工作年份	备注
16	颜 龙	男	特聘副教授	系副主任	2019—	
17	王峥阳	男	讲师		2020—	

表6.10.2 外调及退休的教职工

序号	姓名	性别	职称	职务	工作年份	备注
1	宇德明	男	教授		1997—1999	调工程管理系
2	张向民	男	讲师		1998—2001	
3	姜学鹏	男	讲师		2004—2014	调出
4	徐 烨	女	中级工程师		2005—2019	退休

第 11 节　高速铁路建造技术国家工程实验室

高速铁路建造技术国家工程实验室（简称国家工程实验室），在筹备和建设阶段（2006—2012 年），所有教师均从各个系所借调，这些教师的组织关系、教学以及学术户口均在原系所。2013 年起，随着实验室正式验收投入运行，为稳定国家工程实验室教学、科研以及实验技术人员队伍，更好地支撑国家工程实验室发展，学院决定将国家工程实验室人员按二级系所模式开展教学、科研工作。遂将相关教师从原系所调入国家工程实验室，形成了国家工程实验室现在的教职工队伍（具体见表 6.11.1、表 6.11.2）。

表6.11.1　在职教职工

序号	姓名	性别	职称	职务	工作年份	备注
1	余志武	男	教授	主任	1985—	（1）2006 年负责高速铁路建造技术国家工程实验室筹建工作；（2）2013 年从建筑工程系调入高速铁路建造技术国家工程实验室
2	徐林荣	男	教授	副主任	1986—	2014 年调入高速铁路建造技术国家工程实验室
3	张旭芝	女	讲师		1996—	2013 年调入高速铁路建造技术国家工程实验室

续表6.11.1

序号	姓名	性别	职称	职务	工作年份	备注
4	杨光	女	讲师		1999—	2013 年调入高速铁路建造技术国家工程实验室
5	马驰峰	男	讲师		2000—	2013 年调入高速铁路建造技术国家工程实验室
6	雷金山	男	讲师	办公室主任	2002—	2017 年调入高速铁路建造技术国家工程实验室
7	李昀	男	工程师		2004—	2015 年调入高速铁路建造技术国家工程实验室
8	朱志辉	男	教授	副院长、副主任	2006—	(1) 2006 年入职即参与到高速铁路建造技术国家工程实验室; (2) 2013 年从建筑工程系调入高速铁路建造技术国家工程实验室
9	王旺	男	讲师		2006—	2013 年调入高速铁路建造技术国家工程实验室
10	刘晓春	男	副教授	分室主任	2008—	2017 年调入高速铁路建造技术国家工程实验室
11	冯俭	男	工程师		2008—	2008 年调入高速铁路建造技术国家工程实验室
12	王汉封	男	教授	分室主任	2009—	2009 年调入高速铁路建造技术国家工程实验室
13	黄东梅	女	教授		2009—	2013 年调入高速铁路建造技术国家工程实验室
14	宋力	男	教授	分室主任	2009—	2013 年调入高速铁路建造技术国家工程实验室
15	元强	男	教授	分室主任	2009—	2017 年调入高速铁路建造技术国家工程实验室
16	杨伟超	男	副教授		2009—	2020 年调入高速铁路建造技术国家工程实验室
17	国巍	男	教授	分室主任	2010—	2013 年调入高速铁路建造技术国家工程实验室

续表6.11.1

序号	姓名	性别	职称	职务	工作年份	备注
18	李玲瑶	女	副教授		2011—	2013年调入高速铁路建造技术国家工程实验室
19	刘维正	男	副教授	分室主任	2011—	2020年调入高速铁路建造技术国家工程实验室
20	傅金阳	男	副教授	分室主任	2015—	2020年调入高速铁路建造技术国家工程实验室
21	刘鹏	男	副教授		2016—	2016年调入高速铁路建造技术国家工程实验室
22	毛建锋	男	副教授	分室主任	2016—	2018年调入高速铁路建造技术国家工程实验室
23	梁国辉	男	工人		2018—	2018年调入高速铁路建造技术国家工程实验室
24	黄冬初	男	工人		2018—	2018年调入高速铁路建造技术国家工程实验室

表6.11.2 外调及退休的教职工

序号	姓名	性别	职称	职务	工作年份	备注
1	吴昊	男	教授	分室主任	2013—2020	调道路工程系
2	张向民	男	讲师	办公室主任	2008—2013	调铁道工程系
3	李社国	男	工程师		1981—2017	退休
4	陈昭平	男	高工、正科	副主任	2006—2017	退休

第12节 管理与教辅人员

管理与教辅人员名录见表6.12.1、表6.12.2。

表 6.12.1 在职教职工

序号	姓名	性别	职称	职级	岗位	工作年份	所在部门
1	谢礼群	男	工程师			1981—	土木工程检测中心
2	曹建安	男	高级工程师			1984—	土木工程检测中心
3	谭菊香	女	高级工程师			1984—	土木工程检测中心
4	李兴开	男	工程师			1987—	土木工程检测中心
5	杨青	女	高级工程师		教务办干事	1988—	教务办
6	潘用武	男	工程师			1989—	土木工程检测中心
7	苏斌	男	工程师			1991—	土木工程检测中心
8	林松	女	高级工程师			1991—	土木工程安全实验室
9	钟春莲	女	讲师	正科	院长助理兼业务办主任、支部组织委员	1993—	业务办
10	赵利峰	女	工程师			1993—	研究生培养办
11	张涛	女	中级工程师			1994—	行政办
12	许文英	女	工人			1996—	土木工程检测中心
13	杨鹰	男	讲师	副处	土木学院党委副书记	1999—	学办
14	严海燕	女	中级工程师		行政干事	2000—	业务办
15	刘沁	女				2002—	行政办
16	方秀	女	助理研究员	副科	行政办副主任	2002—	行政办
17	孟红宇	女	讲师	正科	正科组织干事、支部书记	2003—	行政办
18	李学梅	女	高级工程师			2003—	计算中心
19	丁佳	女	会计师			2004—	土木工程检测中心
20	杨彩芳	女	工程师		行政干事	2004—	业务办
21	李昀	男	工程师			2004—	土木工程安全实验室
22	李忠	男	工程师	正科	院长助理兼行政办主任、支部纪检委员	2006—	行政办
23	杨元霞	女	副教授		研办主任	2006—	业务办
24	胡立群	女	助教		支部宣传委员	2007—	

续表6.12.1

序号	姓名	性别	职称	职级	岗位	工作年份	所在部门
25	李奕	女	助理会计师	副科	业务办副主任	2008—	业务办
26	冯俭	男	工程师—			2008—	土木工程安全实验室
27	邹建	男	助理工程师			2009—	土木工程安全实验室
28	梁杨勇	男	高级工程师		行政干事	2011—	行政办
29	纪晓飞	女	讲师	正科	学办主任	2011—	学办
30	周铁明	男	讲师	副科	院团委书记	2011—	学办
31	候秀丽	女	讲师			2013—	业务办
32	蒋琦玮	男	副研究员	正处	土木学院党委书记	2014—	土木工程学院
33	杨涛	男	讲师	副科	辅导员	2015—	学办
34	杨倩	女	助教	副科	学办副主任	2016—	学办
35	周惠斌	女	助教		辅导员	2016—	学办
36	刘昕	女	助教		辅导员	2017—	学办
37	蒋军	男	助教		辅导员	2018—	学办
38	赖梓辰	男	助教		辅导员	2018—	学办
39	张元	男	助教		辅导员	2019—	学办
40	王帅	男	助教		辅导员	2019—	学办
41	李海鑫	男	助教		辅导员	2020—	学办
42	简润	女	助教		辅导员	2020—	学办

表6.12.2　外调及退休的教职工①

序号	姓名	性别	职务	工作年份	原所在部门
1	刘清和	女	人事秘书	1949—1987	综合办
2	高武珍	女	正科	1956—1991	综合办
3	曹蓉芳	女	工人	1958—1997	综合办
4	李顺海	男	工人	1960—1999	中心实验室
5	任满堂	男	工程师	1966—1985	设计所
6	韩雪泉	男	高级工程师	1966—2003	设计所
7	肖意生	女	工程师	？—2003	综合办

---

① 未包含已进入学科或列入第13节的人员。

续表6.12.2

序号	姓名	性别	职务	工作年份	原所在部门
8	王 术	女	副研究员	1970—2008	综合办
9	张良军	男	工人	1972—2012	土木工程检测中心
10	刘德强	男	工程师	1974—2006	设计所
11	曾云南	女	中级工程师	1977—2001	综合办
12	吕雅琴	女	工人	1977—2004	中心实验室
13	闫兴梅	女	讲师	1977—2008	综合办
14	何玉珮	女	工程师	1981—1992	综合办
15	王云祖	男	工程师	1981—2017	土木工程学院
16	李社国	男	工程师	1981—2017	土木工程学院
17	吕榕榕	女	高级工程师	1982—2015	土木工程学院
18	张 宁	男	辅导员	1985—1993	学办
19	李世英	女	工程师	1985—2009	设计所
20	贺志军	男	辅导员	1987—1991	学办
21	胡亚军	女	正科、辅导员	1987—1994	学办
22	王飞龙	男	院办主任	1987—2006	综合办
23	黄健陵	男	研究员正处	1987—2014	院党委书记
24	蒋树清	男	工程师	1988—1999	设计所
25	任文峰	男	高级工程师	1989—2011	设计所
26	林 缨	男	工程师	1989—2011	设计所
27	张 静	女	会计	1990—1993	设计所
28	李 佳	女	出纳	1990—2007	综合办
29	李 萍	女		1991—?	
30	韩汝才	男	工程师	1992—1993	学办
31	黄叶琦	男	司机	1992—1993	设计所
32	肖卫真	女	工人	1992—1993	
33	蔡木兰	女	工人	1992—2006	资料室
34	张宏图	男	工程师	1992—2008	学办、设计所
35	周明英	女	正科级工程师	1992—2019	教务办
36	杨艳萍	女	辅导员	1992—?	学办
37	刘新整	女	工程师	1993—1993	设计所
38	王成祥	男	工人	?—1993	设计所
39	刘冬初	男	工程师	?—1993	设计所
40	余君	男	辅导员	1994—1996	学办

续表6.12.2

序号	姓名	性别	职务	工作年份	原所在部门
41	吕邵斌	男	辅导员	1994—1999	学办
42	乔硕功	男	辅导员	1994—2002	学办
43	周 转	女	工人	1994—2005	设计所
44	李 磊	男	学办主任	1995—2011	学办
45	黄亮姿	女	辅导员	1995—2002	学办
46	安少波	男	辅导员	1995—2002	学办
47	路占海	男	工程师	1995—2007	设计所
48	谭 炜	男	院办司机	1996—1999	综合办
49	武朝光	男	辅导员	1996—1999	学办
50	刘秀英	女	会计	1996—2001	综合办
51	高晓波	男	工程师	1996—2007	设计所
52	肖亚萍	女	助理研究员	1996—2020	行政办
53	范文湘	女	工人	1997—1998	综合办
54	刘 奕	女	干部	1998—1998	综合办
55	吴 琼	女	工人	2000—2003	综合办
56	袁世平	男	讲师正科	2000—2014	院团委
57	骆中利	男	工程师	2001—2002	微机室
58	王 宇1	男	工程师	2002—2006	设计所
59	柯闻秀	女	辅导员	2002—2006	学办
60	苏 莉	女	工人	2002—2007	综合办
61	李红英	女	干部	2002—2011	微机室
62	李志强	男	转业军人	2003—2006	综合办
63	白玉堂	男	辅导员	2004—2005	学办
64	周 涛	男	辅导员	2004—2006	学办
65	李正旺	男	辅导员	2006—2008	学办
66	郭 峰	男	副教授、副处	2006—2014	土木工程学院
67	陈昭平	男	高工、正科	2006—2017	土木工程学院
68	刘庆贺	男	辅导员	2007—2009	学办
69	童卡娜	女	辅导员	2007—2011	学办
70	蔡海蛟	男	辅导员	2008—2010	学办
71	苏志凯	男	辅导员	2008—2010	学办
72	周明娟	女	副科、辅导员	2008—2015	土木工程学院
73	鲁友平	男	工人	2008—2017	土木工程学院

续表6.12.2

序号	姓名	性别	职务	工作年份	原所在部门
74	王　俊	女	辅导员	2009—2011	学办
75	张　崇	男	辅导员	2009—2011	学办
76	李小姣	女	辅导员	2010—2012	学办
77	蔡　铖	男	辅导员	2010—2012	学办
78	郭慧敏	女	辅导员	2010—2012	学办
79	邱　斐	女	辅导员	2010—2012	学办
80	刘　斐	女	辅导员	2010—2012	学办
81	胡　博	男		2011—2015	学办
82	杨　晨	女		2011—2015	学办
83	陈志强	男		2011—2015	学办
84	徐伟佳	男	辅导员	2012—2013	学办
85	秦思谋	男		2012—2016	学办
86	刘怡然	男		2012—2016	学办
87	贾庆宇	男		2012—2016	学办
88	沈青川	男	正科、辅导员	2012—2019	学办
89	龙建光	女	讲师	2013—?	土木工程学院
90	邱　斐	男		2013—2016	学办
91	王思远	男		2013—2016	学办
92	龚万莉	女		2014—2016	学办
93	马　俊	男		2014—2018	学办
94	柳　森	男		2015—2019	学办
95	陈　雷	男		2015—2019	学办
96	杨茂林	男	辅导员	2016—2020	学办
97	汪　震	男	辅导员	2016—2020	学办
98	陈层飞	女	辅导员	2016—2020	学办
99	张家辉	男	辅导员	2016—2020	学办
100	蒋承署	男			综合办
101	穆益轩	男			综合办
102	苏连英	女			综合办
103	李美芳	女			综合办
104	史祥鸾	男			综合办
105	高善亭	男			综合办
106	丁树滋	女			综合办

续表6.12.2

序号	姓名	性别	职务	工作年份	原所在部门
107	刘又成	男			综合办
108	李世杰	男			综合办
109	李允服	男	工人		综合办
110	陈幸福	男	工人		综合办
111	刘建维	男			综合办
112	谭成秀	女			综合办
113	蔡其凤	女			综合办
114	常爱莲	女	会计		综合办
115	邱克雯	女	资料员		综合办

第13节　土木工程学院历任党政工团负责人

学院历任党政工团负责人名单见表6.13.1~表6.13.4。

表6.13.1　历任党总支（党委）负责人

职别	姓名	职务	任职时间	系（院）名称
正职	穆益轩	总支书记	1957—1963年3月	桥梁与隧道系
	刘枫	总支书记	1957—1960年9月	铁道建筑系
	陈述贤	总支书记	1966年1月—（1966年2月工桥两系合署办公临时总支书记）	桥梁与隧道系
	范贵昌	总支书记	1970年11月—1977年11月（70.11~72.6实践队二大队教导员）	铁道工程系
	刘承礼	总支书记	1977年11月—1984年9月	铁道工程系
			1984年9月—1987年1月	土木工程系
	丁冬初	总支书记	1987年1月—1993年11月	土木工程系
	罗才洪	总支书记	1993年11月—1997年3月	土木工程系
		总支书记	1997年3月—2002年6月	土木工程系
		党委书记	2002年6月—2005年12月	土木建筑学院
	邓荣飞	总支书记	1994年2月—1997年3日	建筑工程系
	黄健陵	党委书记	2005年12月—2010年10月	土木建筑学院
			2010年10月—2014年6月	土木工程学院
	蒋琦玮	党委书记	2014年6月—2018年12月	土木工程学院
			2019年1月至今	土木工程学院

续表6.13.1

职别	姓名	职务	任职时间	系(院)名称
副职	蒋承署	总支副书记 （主持工作）	1960 年 9 月—1962 年 4 月	铁道建筑系
	徐凤霞	总支副书记 （主持工作）	1960 年 9 月—1964 年 4 月 1964 年 2 月—1968 年	铁道建筑系 铁道工程系
	高善亭	总支副书记 （主持工作）	1962 年 1 月—1965 年 6 月	桥梁与隧道系
	李向农	总支副书记	1972 年 6 月—1973 年 12 月	铁道工程系
	李洪权	总支副书记	1973 年 12—1974 年 10 月	铁道工程系
	李齐保	总支副书记	1974 年 10 月—1978 年 11 月	铁道工程系
	李充康	总支副书记	1974 年 3 月—1984 年 9 月 1984 年 9 月—1987 年 2 月	铁道工程系 土木工程系
	丁冬初	总支副书记	1983 年 11 月—1984 年 9 月 1984 年 9 月—1987 年 1 月	铁道工程系 土木工程系
	郭乃正	总支副书记	1987 年 2 月—1989 年 10 月	土木工程系
	江继军	总支副书记	1989 年 10 月—1992 年 6 月	土木工程系
	王一军	总支副书记	1994 年 2 月—1997 年 3 月	土木工程系
	黄健陵	总支副书记	1996 年 1 月—1997 年 3 月 1997 年 3 月—2005 年 12 月	建筑工程系 土木建筑学院
	郭　峰	党委副书记	2006 年 1 月—2010 年 10 月 2010 年 10 月—2014 年 6 月	土木建筑学院 土木工程学院
	杨　鹰	党委副书记	2014 年 7 月至今	土木工程学院

表 6.13.2　历任行政负责人

职别	姓名	职务	任职时间	系(院)名称
正职	桂铭敬	系主任	1953 年 8 月—1962 年 10 月 1962 年 10 月—1966 年 5 月	铁道建筑系 桥梁与隧道系
	王朝伟	系主任	1953 年 8 月—1958 年 2 月	桥梁与隧道系
	李廉锟	系主任	1958 年 2 月—1960 年 9 月	桥梁与隧道系
	李吟秋	系主任	1962 年 10 月—1964 年 2 月 1964 年 2 月—1977 年 10 月	铁道建筑系 铁道工程系
	蔡　俊	系主任	1977 年 11 月—1980 年 11 月	铁道工程系
	曾俊期	系主任	1980 年 11 月—1982 年 3 月	铁道工程系
	詹振炎	系主任	1982 年 6 月—1984 年 9 月 1984 年 9 月—1992 年 5 月	铁道工程系 土木工程系
	林丕文	系主任	1992 年 5 月—1993 年 11 月	土木工程系
	周乐农	系主任	1993 年 11 月—1994 年 9 月	土木工程系
	王永和	系主任	1994 年 9 月—1995 年 11 月	土木工程系
	欧阳炎	系主任	1994 年 2 月—1997 年 3 月	建筑工程系
		院　长	1997 年 3 月—1998 年 5 月	土木建筑学院
	陈政清	院　长	1998 年 5 月—2002 年 4 月	土木建筑学院
		副院长	2002 年 4 月—2006 年 1 月	
	刘宝琛	院　长	2002 年 4 月—2004 年 1 月	土木建筑学院
	余志武	院　长	2004 年 2 月—2010 年 10 月 2010 年 11 月—2012 年 12 月	土木建筑学院 土木工程学院
	谢友均	院　长	2013 年 1 月—2018 年 12 月	土木工程学院
	何旭辉	院　长	2019 年 1 月至今	土木工程学院
副职	李吟秋	系副主任	1953 年 9 月—1956 年	铁道建筑系
	谢绂忠	系副主任	1960 年 9 月—1970 年 9 月 1970 年 9 月~1979 年 4 月	桥梁与隧道系 铁道工程系
	任　洁	系副主任	(1962 年 3 月—代副主任) 1964 年 4 月—1964 年 6 月	桥梁与隧道系 铁道建筑系
	罗达晃	代系副主任	1962—1965 年 7 月	桥梁与隧道系

续表 6.13.2

职别	姓名	职务	任职时间	系(院)名称
副职	蔡 俊	系副主任	1964 年 6 月—1977 年 11 月 (1964 年 6—1970 年 11 月代理副主任, 1970 年 11 月—1977 年 11 月主持工作)	铁道工程系
	韩玉华	系副主任	1974—1981 年 6 月	铁道工程系
	韦荣禧	系副主任	1981 年 6 月—1983 年 9 月	铁道工程系
	万明坤	系副主任	1980 年 11 月—1983 年 9 月	铁道工程系
	谢 恒	系副主任	1982 年 4 月—1984 年 9 月 1984 年 9 月—1989 年 10 月	铁道工程系 土木工程系
	林丕文	系副主任	1983 年 8 月—1984 年 9 月 1984 年 9 月—1992 年 5 月	铁道工程系 土木工程系
	王硕安	系副主任	1983 年 8 月—1984 年 9 月 1984 年 9 月—1997 年 3 月 1997 年 3 月—1998 年 5 月	铁道工程系 土木工程系 土木建筑学院
	郭乃正	系副主任	1988 年 6 月—1989 年 10 月	土木工程系
	江继军	系副主任	1989 年 10 月—1992 年 6 月	土木工程系
	陈政清	系副主任	1989 年 10 月—1991 年 10 月 1993 年 2 月—1993 年 11 月	土木工程系
	邓荣飞	系副主任	1990 年 10 月—1994 年 2 月 1994 年 2 月—1995 年 9 月	土木工程系 建筑工程系
	刘启凤	系副主任	1991 年 10 月—1992 年 12 月	土木工程系
	王永和	系副主任	1993 年 11 月—1994 年 9 月	土木工程系
	王一军	系副主任	1994 年 2 月—1997 年 3 月	土木工程系
	余志武	系副主任 副院长	1994 年 2 月—1997 年 3 月 1997 年 3 月—1999 年	建筑工程系 土木建筑学院
	李 亮	系副主任 副院长	1994 年 4 月—1997 年 3 月 (1996 年 1 月—1997 年 3 月主持工作) 1997 年 3 月—1998 年 5 月	土木工程系 土木建筑学院
	袁 恒	系副主任	1994 年 2 月—1997 年 3 月	建筑工程系
	沈春红	系副主任 副院长	1995 年 9 月—1997 年 3 月 1997 年 3 月—1997 年 11 月	建筑工程系 土木建筑学院

续表 6.13.2

职别	姓名	职务	任职时间	系（院）名称
副职	黄健陵	系副主任	1996 年 1 月—1997 年 3 月	建筑工程系
		副 院 长	1997 年 3 月—1999 年	土木建筑学院
	周小林	系副主任	1996 年 1 月—1997 年 3 月	土木工程系
		副 院 长	1997 年 3 月—2002 年 4 月	土木建筑学院
	贺国京	副 院 长	1998 年 5 月—2002 年 4 月	土木建筑学院
	廖群立	副 院 长	1999 年 7 月—2002 年 4 月	土木建筑学院
	杨建军	系副主任	2000 年 4 月—2010 年 10 月	土木建筑学院
		副 院 长	2010 年 11 月—2014 年 6 月	土木工程学院
	徐志胜	副 院 长	2002 年 4 月—2006 年 1 月	土木建筑学院
	方理刚	副 院 长	2002 年 4 月—2010 年 7 月	土木建筑学院
	郭少华	副 院 长	2002 年 4 月—2010 年 7 月	土木建筑学院
	周建普	副 院 长	2002 年 6 月—2006 年 1 月	土木建筑学院
	陈焕新	副 院 长	2002 年 4 月—2006 年 1 月	土木建筑学院
	谢友均	院长助理	2004 年 9 月—2005 年 12 月	土木建筑学院
		副 院 长	2006 年 1 月—2010 年 10 月	土木建筑学院
		副 院 长	2010 年 11 月—2012 年 12 月	土木工程学院
	彭立敏	院长助理	2004 年 9 月—2005 年 12 月	土木建筑学院
		副 院 长	2006 年 1 月—2010 年 10 月	土木建筑学院
		副 院 长	2010 年 11 月—2014 年 5 月	土木工程学院
	张家生	副 院 长	2006 年 1 月—2010 年 10 月	土木建筑学院
			2010 年 11 月—2019 年 9 月	土木工程学院
	盛兴旺	副 院 长	2010 年 7 月—2010 年 10 月	土木建筑学院
			2010 年 11 月—2018 年 12 月	土木工程学院
	李耀庄	副 院 长	2010 年 7 月—2010 年 10 月	土木建筑学院
			2010 年 11 月—2018 年 12 月	土木工程学院
	何旭辉	副 院 长	2012 年 11 月—2018 年 12 月	土木工程学院
	蒋丽忠	副 院 长	2013 年 5 月—2018 年 12 月	土木工程学院
	郑伯红	院长助理	2006 年 1 月—2010 年 7 月	土木建筑学院
	李 忠	院长助理	2010 年 10 月至今	土木工程学院
	钟春莲	院长助理	2013 年 3 月至今	土木工程学院

续表 6. 13. 2

职别	姓名	职务	任职时间	系(院)名称
副职	王卫东	院长助理 副 院 长	2013 年 3 月—2014 年 5 月 2014 年 6 月至今	土木工程学院 土木工程学院
	乔世范	副院长	2017 年 10 月至今	土木工程学院
	邹金锋	副 院 长	2019 年 1 月至今	土木工程学院
	易 亮	副 院 长	2019 年 1 月至今	土木工程学院
	朱志辉	副 院 长	2019 年 1 月至今	土木工程学院
	张 升	副 院 长	2019 年 1 月至今	土木工程学院
	郭峰	副院长 (正处级)	2020 年 5 月至今	土木工程学院

表 6.13.3　1960 年以来历任工会主席

序号	姓名	任职时间	系(院)名称
1	韦荣禧		铁道建筑系
2	郭浩然		铁道建筑系
3	徐铭枢		桥梁与隧道系
4	宋振熊		桥梁与隧道系
5	毛 儒		桥梁与隧道系
6	曹曾祝		铁道工程系
7	张显华		铁道工程系
8	黎浩濂		土木工程系
9	段承慈	1987 年 3 月—1990 年 7 月	土木工程系
10	王采玉	1990 年 8 月—1992 年 3 月	土木工程系
11	谭运华	1992 年 4 月—1993 年 10 月	土木工程系
12	李齐保	1993 年 11 月—1997 年 3 月	土木工程系
13	贺国京	1997 年 3 日—1998 年 5 日	土木建筑学院
14	梅文成	1994 年 2 日—1997 年 3 日 1998 年 5 日—2002 年 5 日	建筑工程系 土木建筑学院
15	黄健陵	2002 年 5 月—2006 年 10 月	土木建筑学院
16	周建普	2006 年 11 月—2010 年 10 月 2010 年 10 月—2014 年 11 月	土木建筑学院 土木工程学院
17	钟春莲	2014 年 12 月—2019 年 3 月 2019 年 4 月至今	土木工程学院

表 6.13.4　历任团总支(分团委)书记

姓名	职务	任职时间	系(院)名称
韩玉华	团总支书记	1956 年 9 月—1957 年 9 月	铁道建筑、运输团总支
罗道明	团总支书记		桥梁与隧道系
谭成秀	团总支书记		桥梁与隧道系
陈月波	团总支书记		铁道建筑系
洪汉文	团总支书记	1957 年 10 月—1958 年	铁道建筑系
陈家耀	团总支书记	1960 年—1960 年 9 月	铁道建筑系
李齐保	团总支书记	1962 年—1963 年 8 月	铁道建筑系
李充康	团总支书记	1963 年 9 月—1974 年 3 月	铁道工程系
刘清和	团总支书记	1962 年 5 月—1963 年 9 月	桥梁与隧道系
李世杰	团总支书记	1963 年 9 月—1970 年 12 月	桥梁与隧道系
丁树滋	团总支书记	1972 年 11 月—1978 年 4 月	铁道工程系
黄立良	团总支书记	1978 年 4 月—1982 年 10 月	铁道工程系
郭乃正	团总支书记	1982 年 8 月—1983 年 8 月	铁道工程系
孙新华	团总支书记	1983 年 9 月—1984 年 8 月	铁道工程系
吴　斌	团总支书记	1984 年 8 月—1985 年 7 月	铁道工程系
王一军	团总支书记	1985 年 7 月—1985 年 10 月	土木工程系
	分团委书记	1985 年 11 月—1992 年 7 月	土木工程系
张宏图	分团委书记	1992 年 7 月—1995 年 3 月	土木工程系
吕绍斌	分团委书记	1994 年 10 月—1997 年 3 月	建筑工程系
余　君	分团委书记	1995 年 3 月—1996 年 4 月	土木工程系
乔硕功	分团委书记	1996 年 4 月—1997 年 3 月	土木工程系
	分团委书记	1997 年 3 月—2002 年 5 月	土木建筑学院
袁世平	分团委书记	2002 年 5 月—2010 年 10 月	土木建筑学院
	分团委书记	2010 年 10 月—2014 年 6 月	土木工程学院
纪晓飞	分团委书记	2014 年 7 月—2020 年 7 月	土木工程学院
周铁明	分团委书记	2020 年 7 月至今	土木工程学院

1953 年

5 月，根据高教部院校调整意见，在湖南省筹建中南土木建筑学院，由高教部和中南军政委员会高教局领导。当月，成立筹备委员会。

6 月，由湖南大学、武汉大学、南昌大学、广西大学、四川大学、云南大学、华南工学院 7 所高等院的土木工程系铁道建筑（管理）系（专业）和相关专业合并组建中南土木建筑学院。

10 月 16 日，中南土木建筑学院在原湖南大学大礼堂举行成立大会暨开学典礼，中南行政委员会高教局局长潘梓年参加。

12 月 12 日，中南土木建筑学院正式确定并命名各系及专业，共设营造建筑系、汽车干路与城市道路系、铁道建筑系、桥梁与隧道系 4 个系和工业与民用建筑、公路与城市道路、铁道建筑、桥梁与隧道 4 个本科专业（四年制）及工业与民用建筑、铁道选线设计、桥梁结构 3 个专修科及桥梁、隧道 2 个专门化专业（桥梁与隧道本科专业从第三年起划分为桥梁、隧道两个专业方向）。铁道建筑系由桂铭敬任系主任，李吟秋任系副主任，设铁道建筑专业，铁道建筑专修科、铁道勘测专修科和铁道选线设计专修科。桥梁与隧道系由王朝伟任系主任，设桥梁与隧道专业（分两个专门化）、桥梁结构专修科。

1954 年

3 月，铁道部苏联专家鲁达向铁道建筑系与桥梁与隧道系两系二年级学生及全体教师作有关桥梁施工和架设的报告。

1955 年

2 月，苏联专家萨多维奇和巴巴诺夫应邀来中南土木建筑学院讲学，并和教师座谈课程设计和毕业设计。

6 月，国务院任命柳士英为中南土木建筑学院院长；魏东明、余炽昌为副院长。

本科学制由四年制改为五年制，除本科外，另设有二年制专修科。

桂铭敬、洪文璧教授自编讲义，为 1955 届"铁道建筑班"首次开讲隧道课程。

1956 年

2 月，铁道建筑系教授吴融清和教学辅助员曾明煊当选中南土木建筑学院出席湖南省第二次先进生产者代表大会的代表。

铁道建筑专业招收 7 个班，桥梁与隧道专业招收 3 个班。

土力学教研室划归营造建筑系，由系副主任殷之澜兼任教研室主任。

12 月，铁道建筑系招收铁道选线与设计专业副博士研究生殷汝桓，导师为李吟秋教授。

1957 年

赵方民教授提出七次方缓和曲线方程，后纳入苏联和国内铁路教材。

1 月，邀请唐山铁道学院三位苏联专家——铁道选线专家雅科夫列夫、隧道及地下铁道设计与施工专家纳乌莫夫、桥梁建造专家包布列夫来院讲学。

王浩、皮心喜、王学业合译巴勃科夫等编写的教材《公路学》由交通出版社出版，皮心喜编写的教材《水工建筑物施工中连续浇灌混凝土的经验》由水利出版社出版。

1958 年

2 月，邀请苏联航测专家格拉果列夫和隧道专家纳乌莫夫作专题报告。

5 月，教育部会同城市建设部，将中南土木建筑学院划归湖南省领导。换成名号中共湖南省委决定，在中南土木建筑学院的基础上开办湖南工学院。

李廉锟、周泽西、俞集容、张忻宇、杨莆康编写的《结构力学》由高等教育出版社出版。

上半年，铁道建筑系 1954 级两个毕业班在南昌铁路局参与了浙赣线的改线设计，并于同年秋季参与了娄（底）邵（阳）铁路勘测等。

铁道建筑系 1955 级近百名师生奔赴海南岛进行铁路勘测设计。

铁道建筑系 1956 级两百多名师生前往湘黔铁路和铁道兵战士一起参加施工会战。

桥梁与隧道系 1956 级师生在京广复线的黄沙街、黄秀桥等地参加修建铁路桥，还参与了路口铺、长沙、岳阳三个隧道的施工。

铁道建筑系三百多名师生完成了娄邵线铁路施工测量和涟源钢铁厂专用线的勘测设计。

铁路选线设计教研室被评为"开门办学先进集体"。

6 月 10 日，以中南土木建筑学院为基础增设机电、化工类专业，改名为湖南工学院，中南土木建筑学院同时废名。

邝国能、毛儒、刘骥和裘晓浦等 4 人从唐山铁道学院进修完毕返校工作。6 月正式成立隧道及地下铁道教研组，刘骥任主任。

10 月 13 日，中共湖南省委和省人民政府指示，恢复湖南大学，并拟定于 1959 年 7 月 1 日正式开学。

詹振炎在《工程建设》期刊第三期上发表了《角图之误差》的学术论文。

邝国能等参与京广复线长沙隧道设计施工技术研究，邝国能后因此获得京广复线指挥部授予的"筑路功臣"称号。

1958—1959 年，测量教研组集体翻译《测量学》(HN 莫德林斯基)，由程昌国负责总校。

1959 年

1959 年初，高教部、铁道部与湖南省商定，在长沙以湖南大学的铁道建筑、桥梁与隧道、铁道运输三个系和部分公共课教师为基础筹建长沙铁道学院。

4 月 13 日中共湖南省委下文，指定湖南省工业交通办公室主任于明涛、省交通部副部长陈诚钜、湖南工学院副院长李文舫及杨国庆、徐天贵、黄滨、孔安明、王直哲 8 人组成筹建长沙铁道学院领导小组，下设筹备处负责长沙铁道学院的筹建工作，李文舫任主任，湖南工学院副总务长化炳山任副主任。

9 月，唐山铁道学院 1959 届(1955 级)铁道与桥隧两专业毕业生卢树圣、田嘉猷、金宗斌、贾瑞珍、王采玉、常宗芳、李爱蓉、陈月坡、邓美瑁、马保安、张根林共 11 人分配到长沙铁道学院筹备处工作。

詹振炎在《铁路工程》期刊第九期上发表了《关于线路纵断面相邻坡度连接问题的探讨》的学术论文。

隧道组参与国防部门大跨度、高净空洞室结构选型及内力分析研究，该项目由铁道部科学院主持，清华大学、唐山铁道学院和中南土木建筑学院参加。

11 月，筹建中的长沙铁道学院在长沙市南郊烂泥冲破土动工。

1960 年

9 月 15 日，长沙铁道学院正式成立，直属铁道部领导。设有铁道建筑系、桥梁与隧道系、铁道运输系、数理力学系、电信系共 5 个系，设置铁道建筑、桥梁与隧道、铁道运输、工业与民用建筑、应用力学、通讯、遥控 7 个专业。除工程力学专业学制为四年外，其他专业学制均为五年。桥梁与隧道专业从四年级起分为铁道桥梁专门化、隧道及地下铁道专门化。全校在校学生 1707 人，教职工 428 人，其中教师 221 人。教师中有教授 14 人，副教授 6 人。

同年，铁道建筑系、桥梁与隧道系和铁道运输系师生从湖南大学搬入长沙铁道学院。铁道建筑系、桥梁与隧道系组织了部分师生去贵阳等地搞技术革新，为企业提了不少合理化建议。

测量教研组先后编写《测量学》讲义、《隧道测量学》讲义。

9 月，在桥梁与隧道系设立"建筑材料结构教研室"，由王浩老师任教研室主任，曾庆元老师任教研室副主任。

第一届隧道专门化班学生毕业；隧道组教师及部分学生到北京铁道部专业设计院和天津铁道部第三设计院，参与北京地下铁道的设计工作。

1961 年

8 月 31 日，铁道建筑系桂铭敬调任桥梁与隧道系主任，铁道运输系主任李吟秋调任铁道建筑系主任。

8 月，长沙铁道学院借用湖南林校大礼堂为首届毕业生举行隆重毕业典礼，铁道建筑系 1956 级 223 人、桥梁与隧道系 1956 级 99 人参加了典礼。

9 月，湖南省教育厅核定长沙铁道学院发展规模为 2000 人，专业设置为铁道工程、桥梁与隧道、铁道运输、铁道车辆四个专业，学制均为五年。

10 月，开始贯彻中央"调整、巩固、充实、提高"的八字方针和《高等学校暂行工作条例》（即《高教 60 条》）。学校规模调整为 3000 人，保留了基础较好的三个系，即铁道建筑系，桥梁与隧道系和铁道运输系，撤消了电信系、铁道建筑系的师资班和桥梁与隧道系的工民建班，本科由 7 个专业调整为 4 个专业，附设的干部班由 3 个调整为 1 个。

王浩主编的第一部《建筑材料》教材由原人民铁道出版社出版。同年，由铁道部科教司和人民铁道出版社授权内部印刷发行《铁路经济组织与计划》教材，主编为张显华副教授。

1962 年

铁道建筑、桥梁与隧道、工程力学开始招收研究生。

铁道建筑系、桥梁与隧道系两个系开始招收函授生。

铁道建筑系委员会组成名单：桂铭敬、徐凤霞、赵方民、刘达仁、张显华、蔡俊、王远清、汪子瞻、袁国铎、詹振炎、陈冠玉、段承慈，另保留行政系副主任 1 人，共 13 人组成。

3 月 26 日，广东交通学院撤销，工程线路专业 116 人和车辆专业师生转入长沙铁道学院。

4 月，长沙铁道学院院务委员会调整，由 27 人构成，其中成员有铁道建筑系和桥梁与隧道系 9 人，他们是桂铭敬、谢绂忠、李吟秋、李镰锟、刘达仁、石琢、王浩、罗达晃、李秀蓉。

1963 年

3 月，桥梁与隧道系党总支书记穆益轩调离长沙铁道学院。

詹振炎在《铁道科学技术》第三期发表了《考虑洪峰塌缓计算大中桥设计流量的方法》。

1964 年

2 月，铁道建筑系更名为铁道工程系。

7 月，周继祖在《铁道科学技术》杂志上头版发表论文《利用土积图进行铁路正线路基土石方调配问题理论研究》。

詹振炎在《唐山铁道学院学报》第四期上发表论文《由静载试验估算单桩容许荷载的方法》。

湖南省委组织长沙有关高校参加湖南省试点地区春华山公社的地形图测量，长沙铁道学院组织测量教研组教师参加该试点项目。

1965 年

铁道建筑、桥梁与隧道两系应届毕业生在老师的带领下，全部到成昆铁路参加大会战。两系教师主持完成了世界上最大跨度(54 米)一线天空腹式石拱桥、旧庄河一号预应力悬臂拼装梁设计与施工。

铁道建筑、桥梁与隧道 1963 级两系师生数百人参加了湖南澧县、安乡县农村社会主义教育运动。

1966 年

1 月 31 日，工务工程干部班 41 名学员入学。

2 月 26 日，铁道工程系和桥梁与隧道系合署办公，两系党总支合并，成立临时党总支，由陈述贤同志任党总支书记。

"文化大革命"开始，普教生、研究生、函授生全部停止招生。

铁道建筑专业共有在校学生 383 人、桥梁与隧道专业共有在校学生 295 人(1961~1965 级)。

1961 级毕业生推迟一年分配工作。

11 月，长沙铁道学院纪念文化革命先驱鲁迅。

长沙铁道学院倡议修建长韶(长沙—韶山)铁路。经国务院批准，在湖南省政府的支持下，桥梁与隧道系、铁道工程系和铁道运输系等近 200 名师生参加勘测设计与施工，经过一年多实战，1967 年 12 月 26 日，长韶(长沙—韶山)铁路建成通车。

1967 年

1961 级毕业生推迟到 1967 年 8 月走上岗位。

1968 年

12 月，湖南省革命委员会作出全省"大中专院校师生下放湘西农村接受贫下中农再教育"决定，长沙铁道学院师生成建制地于 1968 年底至 1969 年 5 月赴湘西保靖县等山区农村接受贫中农"再教育"。

1962 级毕业生，推迟到 1968 年分配。

1963 级毕业生，推迟至 1968 年底分配。

经湖南省革命委员会批准，成立长沙铁道学院革命委员会，各系成立革命领导小组。

1969 年

1964 级各专业学生毕业分配推迟到 1970 年 8 月。

1970 年

长沙铁道学院由铁道部划归湖南省。

铁道工程专业招收工农兵学员 1 个试点班，学员 33 名，学制三年，进行教改试点。

8 月，1964 级、1965 级学生同时毕业。

10 月，铁道工程系和桥梁与隧道系合并为"铁道工程系"；铁道工程、铁路桥梁与隧道专业合并为铁道工程专业。

测量教研组与选线设计教研组合并，组建选线测设教研室。

1971 年

选线测设教研室编写教材《铁路勘测设计》，用于铁道工程系教学。

学校又暂停招生一年，铁道工程 1970 级试点班继续进行教改试点。

1972 年

长沙铁道学院恢复招生，面向全国招生工农兵学员，学制三年。

6 月，在铁道工程 1970 级试点班基础上作出《关于 1972 级各专业教学计划的几项规定》，安排 1972 级学生自 1972 年 5 月 2 日至 12 月 3 日补文化课，达到高中水平。

曾庆元与同济大学著名桥梁工程专家李国豪一道应邀参加铁道部大桥工程局组织的钢桥专题研究，开创了学院桥梁工程学科车桥振动研究方向。

受铁道部第四勘测设计院的邀请，詹振炎主持了"小流域暴雨洪水之研究"科研项目。

1973 年

铁道工程 1973 级招收 6 个班 180 名工农兵学员。

1974 年

铁道工程 1974 级招收 5 个班，其中铁道工程专业 1974 级 3、4 班组成教改实践队，作为全校教改试点。

1975 年

9 月 9 日，长沙铁道学院改为铁道部和湖南省双重领导，以铁道部为主的管理体制。

铁道工程 1973 级 6 个班分成三个实践队，分别赴河南洛阳参加陇海铁路铁门至石佛段的改线勘测设计、赴河南林县参加安阳钢铁厂铁路专线的勘测设计、赴湖南麻阳参加煤矿铁路专线的勘测设计。

1976 年

10 月，对铁道工程 1976 级、工业与民用建筑 1976 级的教学计划作了修改，工农兵学员入校后，先补习高中课程八个月，然后再上大学课程三年，学制仍为三年。

测量教研组教师编写教材《铁路测量》（主编林世煦），用于铁道工程系的测量教学。

1977 年

恢复全国统一高考制度，长沙铁道学院恢复招收普通高等教育本科生，学制为四年。铁道工程本科专业 1977 级招收两个班 85 人。铁道工程专业共有学生 366 人。

4 月 16 日至 20 日，铁道部"统一无缝线路稳定性计算公式"会议在长沙举行。会议一致同意由长沙铁道学院主持、铁道部科学研究院等单位参加的起草小组提出的"统一无缝线路稳定性计算公式的建议"。其后，1978 年由铁道部发文在全路试行。

1978 年

工业与民用建筑四年制本科专业开始招生，招收 1 个班 31 人。

铁道工程本科招收 3 个班 93 名学生。恢复研究生招生，土木工程学科招收了文雨松、李政华、李培元、宋仁、姜前 5 名研究生，另从哈尔滨力学所转入刘启凤 1 人。

铁道工程系詹振炎、赵方民、王承礼、邝国能、熊剑、张作荣、姜昭恒等共有 15 项科研项目分别获得了全国科学大会奖、铁道部科学大会奖和湖南省科学大会奖。

姜昭恒等的成昆铁路旧庄河一号桥预应力悬臂拼装梁、成昆铁路跨度 54 米空腹式铁路石拱桥 2 项目都获全国科学大会奖、湖南省科学大会奖。

邝国能、韩玉华等的喷锚支护在铁路隧道中受力特性与喷射混凝土加固隧道裂损衬砌研究项目获全国科学大会奖。詹振炎的"小流域暴雨洪水之研究"获全国科学大会奖。

1979 年

最后一届工农兵大学生，铁道工程 1976 级和工业与民用建筑 1976 级于 8 月毕业。

曾庆元招收研究生田志奇。

铁道部路内高校集体编写《铁道工程测量学》，长沙铁道学院参编教师有张作容、林世煦、苏思光，由人民铁道社出版。

1980 年

7 月 16 日，铁道工程系张绍麟、彭雅雅和杜颖秀等的研究成果"混凝土劈裂抗拉强度与轴心抗拉强度理论关系和试验对比研究"获得湖南省重大科技成果三等奖。

1981 年

桥梁与隧道工程、岩土工程获得全国首批硕士学位授予权。

1982 年

铁道工程系詹振炎"小流域暴雨洪水之研究"获全国自然科学奖四等奖。

长沙铁道学院评定委员会决定，首次授予 1983 届本科毕业生学士学位，授予 1981 届毕业研究生硕士学位。

建筑材料试验室被湖南省建委(质检站)认可为工程质量检测单位。

1983 年

成立铁道工程系勘察设计队，队长谭运华，对外承担勘察设计任务。

铁道工程系卢树圣等的"钢筋混凝土圆(环)形截面偏心受压构件裂缝的试验研究"，获得铁道部重大科技成果奖五等奖。

对铁道工程系选线测设教研室进行调整，成立工程测量教研室。

1984 年

应铁道部大桥局等单位的要求，接受委托培养桥梁专业四年制本科生。

1 月 13 日，"铁道工程"获得全国第二批硕士学位授予权。

9 月 20 日，铁道工程系更名为土木工程系。

11 月 10 日，段承慈、吴宏元参加的"桥上无缝线路设计及无缝线路防止胀轨道"科研项目，由铁道部科技局、工务局主持通过鉴定。

11 月 21 日，对土木工程系勘测设计队进行调整、充实、加强，成立长沙铁道学院土木工程勘察设计所，隶属土木工程系领导，詹振炎兼任所长。

12 月，周士琼、彭雅雅主持的"用干热——微压湿热养护法快速推定水泥强度"的研究成果通过湖南省教委主持的技术鉴定。

1985 年

增设铁道工程、建筑管理专科专业。

3 月，由铁科院主持，王采玉参加的科研项目"混凝土拌合物稠度试验——跳桌增实法"通过部级鉴定。

5 月 15 日，王承礼与铁二院合作研究的"在复杂地质、险峻山区修建成昆铁路新技术"获得国家科技进步奖特等奖。

段承慈与科研所胡津亚一同与铁科院合作研究的"无缝线路新技术的研究与推广应用"获得国家科技进步奖一等奖。

长沙铁道学院成为湖南省高等教育自学考试工业与民用建筑专业的主考院校。

1986 年

3 月 13 日，铁道部副部长孙永福指示学院要积极承担大瑶山隧道重点工程科研生产项目。3 月 28 日，曾俊期院长带领 10 名土木工程、电子工程、工程机械、施工管理方面的专业老师到大瑶山隧道工地，承担施工中急需解决的攻关课题。

5 月 23 日，欧阳炎与中国建筑科学院等合作研究的"建筑工程设计软件包"通过部级鉴定，获全国计算机应用展一等奖和建设部科技成果奖二等奖。

7 月 28 日，经国务院学位委员会批准，土木工程系"桥梁遂道及结构工程"获得博士学位授予权，曾庆元被批准为该学科博士生导师。

9 月 14 日，国际著名土力学与基础工程专家、加拿大科技大学教授梅耶霍夫应邀来长沙铁道学院讲学。

11 月 7 日，周士琼等的研究成果"用干热——微压湿热养护法快速推定水泥强度"，获湖南省科技进步奖四等奖。

11 月，詹振炎等研究的"铁路线路计算机辅助设计的应用研究"通过铁道部鉴定。

12 月，华祖焜等与铁科研合作研究的"旱桥锚定板桥台设计原则"获铁道部科技进步奖四等奖；王采玉等与铁科研等单位合作研究的"混凝土拌合物稠度试验——跳桌增定法"获得铁道部科技进步奖五等奖；陈秀方的"铁道建筑可靠性设计原理的研究"通过部级评审；韩玉华等的研究成果"铁路隧道复合衬砌和施工监测与信息化设计"通过部级鉴定。

欧阳炎获铁道部有突出贡献中青年专家称号。

1987 年

1 月，铁道工程专业被确定为铁道部重点专业。

7 月 6 日，桥梁隧道及结构工程学科被评为铁道部铁路高校重点学科。

8 月 15 日，长沙铁道学院系级教学与管理工作评估，土木工程系获得第二名。

8 月，土木工程系协作参加的"南京长江大桥建桥新技术"，获国家科技进步奖一等奖（荣誉奖）。

10 月 16 日，国家教委（〔87〕教高二字 021 号）批准土木工程系增设"建筑管理工程专业"本科。

1988 年

1 月 27 日，《人民铁道报》公布 1987 年铁道部科技进步奖项目，土木工程系有两项获二等奖，即"铁路隧道复合衬砌"和"全能测量仪采集数据建立数模、立体坐标量测仪采集数据建立数模、梯度投影法铁路线路纵断面优化设计"。

2 月 3 日，顾琦、曾阳生的"重载铁路路基技术条件的研究"，通过部级技术鉴定。27 日，李廉锟主编的《结构力学》教材，获国家教委 1976—1985 年度优秀教材二等奖。

11 月 30 日，中华全国铁路总工会授予詹振炎"火车头奖章"。

詹振炎参编的《铁路选线设计》教材获国家教委优秀教材奖。

建筑管理工程专业（本科）正式开始招生。

1989 年

5 月 5 日，徐铭枢等研究的"跨度 16 米先张法部分预应力混凝土梁"，通过铁道部鉴定。

9 月 4 日，铁道部电话会议表彰全路优秀教师和优秀教育工作者。土木工程系邝国能（追认）、曾庆元被评为全路优秀教师。20 日，全校大会上表彰了被评为全国优秀教师、湖南省教育系统劳动模范的田嘉猷。文雨松被评为湖南省优秀教师。

11 月 1 日，张俊高、韩玉华参加的"大瑶山长大铁路隧道修建的技术"项目获铁道部科技进步奖特等奖；陈映南等完成的"地基土几种原位测试技术研究"项目获铁道部科技进步奖一等奖；顾琦、曾阳生完成的"重载铁路几种基本技术条件"获铁道部科技进步奖三等奖。

25 日，詹振炎被评为全国铁路劳动模范。

12 月 26 日，曾庆元被国务院学位委员会聘为通讯评议专家组成员，参加全国第四批博士学位授权学科、专业和博士生指导教师的通讯评议工作。

原铁道工程系系主任、长沙铁道学院院长曾俊期和教务处钟桂岳、罗润泉等的研究成果获国家优秀教学成果奖，并获湖南省优秀教学成果奖一等奖。

桥梁工程专业（本科）正式恢复招生。

1990 年

1月12日国家教委、国家科委给王朝伟、曾庆元、李廉锟、谢世澂、赵方民、徐铭枢、桂铭敬、王承礼、郑君翘颁发"长期从事教育与科技工作,且有较大贡献的老教授"荣誉证书。授予詹振炎"全国高等学校先进科技工作者"称号。

5月3日,"微机在工程质量管理与控制中的应用"项目通过铁路工程总公司验收。7日,朱明达完成的阶梯教学楼设计获铁道部1989年设计三等奖。

8月30日,国际著名计算力学专家、美国国家工程院院士、学院名誉教授卞学璜博士来院讲学。

9月4日,华祖焜的"加筋土结构基本性状的研究"、曾庆元的"斜拉桥极限承载力分析"获国家自然科学基金项目。

9月14日,裘伯永主持的"铁路桥梁墩台扩大基础设计、优化和绘图软件系统"通过铁道部工程总公司组织的鉴定验收。

11月15日,曾俊期与许常凯合作完成的《坚持正确办学方向,重视教改的整体性与人才的自适应能力的培养》,获铁道部教育司1989年教育科学优秀成果二等奖。

12月7日,陈映南等的"原位测试机理研究"获国家科技进步奖三等奖。

12月20日,学校颁发1990年优秀教研室奖和重点课程建设奖,桥梁教研室和建筑结构教研室被评为"优秀教研室",桥梁教研室同时还被评为"湖南省高校优秀教研室"。

陈映南获得国家自然科学基金项目"勘探新技术——几种原位测试技术机理研究",是岩土工程学科获得的第一个国家自然科学基金项目。

曾庆元教授获评"全国优秀教师"。

1991 年

3月29日,黄健陵荣获"铁路高校育人优秀奖"。

4月5日,土木工程勘察设计所获得铁道部铁路勘测设计乙级资质。

5月,经铁道部批准,铁路监理工程师资格培训点(土建类)设立在土木工程系。

8月18日,徐铭枢等参加的"基桩可靠性的混凝土受弯构件疲劳验算方法的研究"课题,通过国家标准管理组主持的技术鉴定。

9月3日,国务院学位委员会下文批准桥梁隧道及结构工程、岩土工程、铁道工程学科可授予在职人员硕士学位。

28日,华祖焜等主持完成的项目"加筋土结构研究"通过湖南省科委组织的技术鉴定。

30日,詹振炎等申请的"铁路选线的智能辅助设计"获国家自然科学基金项目。

10月,湖南省建筑企业项目经理培训班在土木工程系开班。

12月,长沙铁道学院系级教学与管理工作评估,土木工程系获第二名。

国家人事部批准,曾庆元获政府国务院政府特殊津贴。

徐铭枢等研究的"跨度16米先张法预应力混凝土梁"成果获铁道部科技进步奖二

等奖。

铁道工程研究室获得"湖南省普通高校科技先进工作集体"称号。

铁道建筑 1953 级的毕业生重返校园，举行了学术活动暨联谊会。

詹振炎获全国五一劳动奖章。

曾庆元被评为"湖南省高校先进工作者"。

1992 年

曾庆元、王承礼、徐铭枢、赵方民、郑君翘、王朝伟、李廉锟、谢世激、桂铭敬等九位教师，荣获国家教委、国家科委联合授予的"全国高校先进科技工作者"称号。

4 月 3 日，陈秀方承担的"港口铁路车辆荷载概率模型及统计参数"项目，在武汉通过局级技术鉴定。

4 月 25 日，曾庆元承担的铁道部按照可靠度理论改革"桥规"的科研项目子课题"列车摇摆力、离心力计算原则和参数的制定"；文雨松研究的"铁路桥梁列车荷载标准图式和数值的制定"和"铁路桥梁结构恒载的统计分析及标准值"项目，在天津通过局级技术鉴定。

5 月 4 日，土木工程系分团委受到铁道部全国铁道团委的表彰，授予"先进团委"荣誉称号。

6 月 5 日，华祖焜等人主持完成的"加筋土挡墙设计及研究"获衡阳市基本建设委员会科技进步奖一等奖。16 日，周士琼主持的"磁化水混凝土"项目，通过省建委技术鉴定。

7 月 17 日，结构实验室被国家教委评为全国高等学校实验室工作先进集体。

8 月 20 日，《中国青年报》报道学院土木工程系詹振炎等人与铁道部第二设计院、第三设计院共同开发的"人机交互优化设计系统"在北京通过部级鉴定。

9 月，常新生获"铁道部优秀教师"称号。

11 月，长沙铁道学院首次开展实验室工作评估，土木工程系结构实验室获第一名。

11 月，长沙铁道学院建设监理公司成立，其主要成员全为土木工程系在册教职工。

12 月 9 日，长沙铁道学院优秀教学成果奖评出，一等奖 6 个，二等奖 12 个。其中，土木工程系一等奖 2 个，二等奖 1 个。建筑管理专业建设和结构力学试题库建设获一等奖，微机室建设获二等奖。

谭运华参编《全国地方志》，获国家地方志领导小组奖一等奖。

结构力学教研室从长沙铁道学院基础课部并入土木工程系。

1993 年

铁道部路内部分高校集体编写《测量学》教材，主审为长沙铁道学院土木工程系教师苏思光，林世煦参编，由中国铁道出版社出版。

2 月，经铁道部批准，欧阳炎被评为铁道部有突出贡献的中青年科学技术管理专家。

3 月 25 日，周士琼主持的"蒸压灰砂空心砖的推广应用"，通过湖南省科委组织的技术鉴定。曾庆元主持的"铁路钢桁梁横向刚度研究"、叶梅新主持的"铁路钢板梁极限承载力的研究"项目，在武汉通过铁道部科技司、建设司主持的技术鉴定。

6月14日，詹振炎等人主持完成的"铁路线路计算机辅助设计软件系统"和"人机交互铁路线路平纵面整体优化设计系统"科研成果，分获全国第三届工程设计计算机优秀软件一等奖和二等奖。

7月，常新生、詹振炎等人主持的"新建单线铁路施工设计纵断面优化CAD系统""微机数模地形图成图系统"项目，在北京通过铁道部科技司主持的技术鉴定。

9月20日，华祖焜等人主持的"加筋土结构研究"获湖南省科技进步奖二等奖。

10月12日，詹振炎等人主持的"人机交互铁路线路平纵断面整体优化设计系统"，获铁道部科技进步奖二等奖。华祖焜、熊剑参加的"单排埋式抗滑桩计算方法及设计原则"项目，获铁道部科技进步奖三等奖。

10月，长沙铁道学院建设监理公司、长沙铁道学院土木工程勘察设计研究院从土木工程系分离出去，各自成为校产实体，部分教职工亦随之离开土木工程系，由长沙铁道学院校办产业处管理。

12月，陈映南等人主持的科研项目"成层土原位测试技术机理与应用研究"、胡晓波等人主持的"高效复合外加剂研究与应用"通过湖南省建委主持的技术鉴定；彭立敏的"软岩浅埋隧道地表砂浆锚杆预加固效果研究"，获铁道部科技进步奖四等奖。赵望达研究的"SLDC—1型充填仪表微机监控系统"，获中国有色金属总公司科技进步奖三等奖。

谢恒等获湖南省优秀教学成果二等奖。

杨承惢主持的项目"建筑工程招标投标软件系统研究"通过湖南省建委鉴定。

1994年

3月，工业与民用建筑专业（后改称建筑工程专业）师生及相关教研室从土木工程系分出，成立建筑工程系。

3月7日，铁道工程1991-1班被评为湖南省高校先进班集体。

4月23日，华祖焜等主持的"加筋土地基研究"，通过湖南省建委组织的鉴定。

5月4日，陈映南等主持的"成层土原位测试技术机理与应用研究"，获省科委科技进步奖二等奖。

5月11—14日，国际斜拉桥学术研讨会在上海召开。土木工程系陈政清、周乐农出席了会议，并作了题为"大跨度桥梁三维颤振分析与机理研究"的学术报告。

9月24日，中国工程院院士、铁科院院长、博士生导师、学院兼职教授程庆国应邀来学院讲学，作了题为"高速铁路与铁路现代化"的学术报告。

10月1日，铁道部授予常新生1994年度有突出贡献的中青年专家。

12月3日，长沙铁道学院系级教学与管理工作评估，土木工程系为第一名。

12月14日，桥梁与隧道工程、铁道工程被确定长沙铁道学院校级重点学科，曾庆元、詹振炎分别为学科带头人。

傅鹤林的"块石砂浆胶结充填技术研究"科研成果，获中国有色金属总公司科技进步奖一等奖。

王永和被批准享受国务院特殊津贴。

1995 年

按照国家新的专业目录要求，"铁道工程""桥梁工程"专业合并更名为"交通土建工程"专业，"建筑管理工程"专业更名为"管理工程"专业，"工业与民用建筑"专业改称为"建筑工程"专业。建筑工程系增设建筑学专业（五年制），并招收新生 1 个班。建筑材料学科获得硕士学位授予权。

3 月 15 日，波兰科学院外籍院士、中国工程院院士、长沙矿冶研究院教授、学院兼职教授刘宝琛来土木工程系讲学。

3 月 17 日，陈政清等人主持的"斜拉桥、悬索桥空间柔性结构静动力非线性分析NACS 程序及应用"课题，通过铁道部级鉴定，该成果在国内处于领先水平。

4 月 19 日，长沙铁道学院系级学生工作评估，土木工程系获第一名。

4 月 26 日，詹振炎荣获铁道部第二届詹天佑科技奖。

交通土建专业被确定为湖南省首批重点专业。

5 月 2 日，詹振炎、常新生、张怡等人完成的"人机交互铁路线路平纵面整体优化设计"及常新生、詹振炎、张怡等人完成的"新建单线铁路施工设计纵断面优化 CAD 系统"课题，均获铁道部铁路工程勘察设计计算机优秀软件一等奖；华祖焜等人完成的"加筋土地基研究"课题获湖南省教委科技进步奖一等奖。

6 月，土木工程系徐铭枢被铁道部聘为南昆铁路四座特大桥专家组成员。

在"爱我中华"湖南省研究生英语演讲比赛中，刘丹同学获非英语专业一等奖。

10 月，常新生、张怡、詹振炎等同志完成的"新建单双线铁路线路机助设计系统"通过铁道部级鉴定，该成果处于国内领先水平。

10 月 16 日，常新生获"铁道部先进工作者"称号。

10 月 22 日，陈秀方的"连续焊接长钢轨轨道稳定性可靠度分析"、贺国京的"结构动态分析的理论与新方法研究"获得国家自然科学基金项目。

10 月 23 日，詹振炎、常新生获全路"八五"科技工作先进个人称号。

建筑工程系周士琼主持的磁化水混凝土科研项目获湖南省工程总公司科技进步奖二等奖。

12 月，长沙铁道学院系级教学与管理工作评估，土木工程系获得第二名。

1996 年

1 月 17 日，中国工程院王梦恕院士应邀来土木工程系讲学，并聘为兼职教授。

5 月 18 日，长沙铁道学院系级学生工作评估，土木工程系获第一名。

5 月 19—20 日，美国宾夕法尼亚州立大学土木工程教授王绵昌博士应邀来学校讲学。

5月，建筑工程系余志武主持的"无粘结预应力混凝土框架、结构抗震性能研究"，获湖南省建委科技进步奖一等奖、湖南省科委科技进步奖二等奖；胡晓波主持"高效复合外加剂的研究与应用"，获湖南省教委科技进步奖一等奖、省科委科技进步奖三等奖。

5月，铁道工程1993-2班获"湖南省先进班集体"称号。

6月24—27日，湖南省建委和学院联合举办"高强高性能混凝土研究及其应用学术研讨会"。

6月，在铁道部教卫司公布的《面向21世纪铁路高等教育教学内容和课程体系改革计划》第一批立项项目中，长沙铁道学院主持1项，参加14项，其中土木工程系有6项。

7月8日，长沙铁道学院公布优秀教研室评奖结果：一等奖3个，二等奖5个。其中，土木工程系、建筑工程系一等奖各1个，二等奖2个。

7月，"高速铁路线桥隧设计参数的选择的研究"课题，通过铁道部科技司组织召开的"八五"国家重点课题评审；铁道部批准长沙铁道学院新增6名博士生导师，其中土木工程系有詹振炎、陈政清、王永和、任伟新4名教授当选。

8月1—6日，在全国高校工科结构力学及弹性力学青年教师讲课竞赛中，建工系陆铁坚、陈玉骥分获国家教委高等学校工科本科力学课程教学指导委员会颁发的一等奖和三等奖。陈玉骥还获得单毓华奖教金。

9月，长沙铁道学院召开优秀教学成果奖评审会，评出一等奖9项，二等奖10项。其中，土木工程系、建筑工工系二等奖2项。

9月，詹振炎等主持的四个项目列入铁道部工程建设"九五"科技发展规划。

10月31日，桥梁工程教研室被评为省级优秀教研室。

12月30日，长沙铁道学院学院组织系级教学与管理工作评估，土木工程系获第二名。

曾庆元等研究成果"主跨72 m部分预应力混凝土连续梁"获铁道部科技进步奖二等奖（主持）。

周继祖的"应用层次分析法进行施工组织设计优选"课题、陈秀方的"减轻重载列车轮轨磨耗技术"课题、戴公连等的"单拱面预应力混凝土系杆空间受力研究"课题、建筑工程系杨仕德的"全国普通高等学校结构力学试题库"均进行了成果鉴定和验收。

1997 年

2月，铁道工程和岩土工程通过湖南省教委学位点合格评估。

3月9日，长沙铁道学院院党委决定：土木工程系和建筑工程系合并组建土木建筑学院，由欧阳炎任院长，罗才洪任党总支书记。当时专业设置为土木工程（交通土建专业和建筑工程专业合并为土木工程，含桥梁工程、建筑工程、道路与铁道工程、隧道及地下结构工程4个专业方向）、工程管理、建筑学3个本科专业。

4月3日，建筑工程专业被确定为湖南省第二批重点专业。

4月，长沙铁道学院开展系级学生工作评估，土木建筑学院第一名。

6 月 14 日，全国高等院校建筑工程专业教育评估委员会正式批准建筑工程专业评估通过。

6 月 18 日，长沙铁道学院决定成立"防灾科学与安全技术研究所"，徐志胜任所长。

9 月，陈政清被评为湖南省师德先进个人。

长沙铁道学院全面实施按大类招生，土建类和机械类专业试点班、全校性因材施教班共三项教改方案启动。

11 月 9 日，常新生获得第三届詹天佑人才奖。

12 月 2 日，詹振炎获铁道部火车头奖章。

陈秀方等研究的"减轻重载列车轮轨磨耗技术"课题获铁道部科技进步奖二等奖；曾庆元等研究的"主跨 72 米部分预应力混凝土连续梁"获国家科技进步奖三等奖；戴公连等主持的"单拱面预应力混凝土系杆拱桥空间受力研究"课题获广东省建委科技进步奖一等奖；余志武等研究的科研成果"预应力混凝土结构设计基本问题"获建设部科技进步奖一等奖。

王永和获湖南省优秀教学成果三等奖。

林丕文被铁道部授予南昆铁路建设立功奖章。

1998 年

道路与铁道工程学科获得博士学位授予权，管理科学与工程、防灾减灾及防护工程学科获得硕士学位授予权。

余志武等人参加的研究成果"预应力混凝土结构设计基本问题"获国家科技进步奖二等奖，"钢—混凝土组合梁基本性能及设计方法的研究"获国家教委科技进步奖二等奖。曾庆元、郭向荣、郭文华等人主持的研究项目"列车桥梁时变系统横向振动分析理论与应用"通过铁道部科技司鉴定并获铁道部科技进步奖二等奖。赵望达参加的"深部铜矿尾砂胶结充填工艺技术试验研究"获中国有色金属总公司科技进步奖三等奖。

陈政清、戴公连、裴伯永等的"铁路双薄壁横联高墩预应力连续刚构桥设计研究"通过铁道部科技司鉴定；彭立敏、刘小兵等的"隧道衬砌结构火灾损伤评定和修复加固措施"通过铁道部科技司鉴定；周继祖、李昌友等的"应用层次分析法进行施工组织设计优选"通过铁道部科技司鉴定；夏增明、陆海平、蒋崇伦参加的"水泥土加固处理软土地基应用技术及试验研究"通过广州铁路(集团)公司鉴定；周士琼、谢友均等主持的"粉煤灰高性能混凝土应用研究"通过湖南省科委组织的鉴定。

湖南省教委授予桥梁教研室"科技工作先进单位"称号。

铁道部团委授予土木建筑学院学院分团委先进团委称号。

余志武被湖南省教委授予"普通高校科技工作先进工作者"。

长沙铁道学院开展科研工作评估，土木建筑学院获第一名。

曾庆元获铁道部第三届詹天佑奖成就奖，常新生获詹天佑奖人才奖。

陈玉骥在国家教委工程力学课程指导委员会组织的全国第二届高校工科结构力学及弹性力学青年教师讲课比赛中获一等奖。

10 月，铁道工程专业和工业与民用建筑专业 1978 级校友回母校举行"相识二十年"联谊活动，并为母校捐建詹天佑塑像，同时举行揭幕仪式。

宋振熊、田嘉猷参加的"双线铁路隧道洞口集中式运营射流通风技术"项目获铁道部科技进步奖二等奖。

周小林参加的"新龙门隧道爆破和伊河大桥运营振动对龙门石窟影响试验研究"项目，获中铁工程总公司一等奖。

谢友均获湖南省科委"科技成果转化与推广先进个人"，并获铁道部青年科技拔尖人才称号。

防灾减灾工程及防护工程硕士点顺利通过授权。

1999 年

曾庆元、郭向荣、郭文华等的研究成果"列车-桥梁时变系统横向振动分析理论与应用"获国家科技进步奖三等奖；陈政清等人的研究成果"大跨桥梁静动力非线性分析 NACS 程序及应用"获湖南省科技进步奖一等奖和湖南省教委科技进步奖一等奖。

4 月 27 日，蒋红斐、张怡、詹振炎同四川省交通厅公路规划勘察设计研究院共同研究的"公路数字地形图机助设计系统"项目，通过湖南省科委委托湖南省教委主持的鉴定。

5 月 12 日，蒋红斐、张怡等人完成的"新建单、双线铁路线路技术设计 CAD 系统"，通过铁道部科技司委托铁道部建设司主持的鉴定。

6 月 3 日，余志武、冷伍明等主持的"长沙市挡土墙及基坑支护工程设计、施工与验收规程"项目和余志武、魏丽敏等老师的"长沙市地基基础设计与施工规定"项目通过湖南省建委主持的鉴定。

6 月 14 日，铁道部批准长沙铁道学院新增五名博士生导师中有陈秀方、叶梅新、周士琼三位教授。

6 月，波兰科学院外籍院士、中国工程院院士刘宝琛调入长沙铁道学院土木建筑学院工作，并任长沙铁道学院学位委员会主席。

8 月，根据国家扩大招生的精神，学校扩大招生规模，共招收本、专科生 2140 人，其中，土木建筑学院招收 635 人，（本科 16 个班，564 人，专科 2 个班 71 人），是历年来招收新生最多的一年。

9 月，经全国工程硕士教育指导委员会评审和国务院学位办审定，长沙铁道学院被批准为工程硕士指导培养单位，新增建筑与土木工程和交通运输工程领域工程硕士授予点。

王星华的"振动注浆技术机理的应用研究"获国家自然科学基金项目。

陈政清等人参加的"复杂地质艰险山区修建大能力南昆铁路干线成套技术"项目，荣获 1999 年铁道部科技进步奖特等奖。由胡晓波、周士琼等人完成的"100 MPa 混凝土的研究与应用"通过铁道部科技司鉴定,成果达到国内领先水平。周继祖、张飞涟、王孟钧、余浩军等完成科研项目"铁路建设项目后评价理论与应用研究",通过铁道部科教司组织鉴定。

1999 年 12 月,曾庆元当选中国工程院院士。

12 月 13—17 日,教育部组织专家来长沙铁道学院开展本科教学工作随机性水平评价。全校上下齐心协力,通过近 3 年"以评促改、以评促建、评建结合、重在建设",土木建筑学院全体师生积极配合学校开展工作,狠抓落实,教学及各项工作都有长足的进步,获得的评价结论为"优秀"。

12 月 28 日,叶梅新、冷伍明、廖群立被评为学校 1997—1999 年度优秀教师,黄健陵被评为优秀教育工作者,徐志胜被评为"三育人"先进个人。

余志武获铁道部"有突出贡献中青年专家"称号。

徐志胜获"湖南省跨世纪学术带头人""铁道部青年科技类人才"称号。

曾庆元、郭向荣、郭文华等的"列车–桥梁时变系统横向振动分析理论与应用"项目获国家科技进步奖三等奖。

2000 年

1 月,郭向荣被批准为湖南省青年骨干教师培养对象。

4 月 29 日,长沙铁道学院与中南工业大学、湖南医科大学合并组建中南大学,土木建筑学院为中南大学二级学院之一。

9 月 20 日,道路与铁道工程学科列入湖南省教育厅重点学科。

获得土木工程一级学科博士学位授予权;增设工程力学本科专业。

周朝阳被批准享受国务院特殊津贴。

10 月,铁道工程、桥梁与隧道工程量专业的 1964 级、1965 级 9 个班毕业校友回母校举行联谊活动,并举行"长沙铁道学院原址纪念碑"揭牌仪式,铁道部副部长孙永福等众多往届校友参加。

陈政清、周朝阳获铁道部"有突出贡献中青年专家"称号。

从 2000 年起,开始招收建筑与土木工程领域工程硕士研究生。

2001 年

1 月 5 日,"铁路选线三维可视化系统"通过铁道部科技教育司组织的科学技术成果鉴定。

邓德华主持的"轻质夹层复合实心墙板的研制与应用"成果通过湖南省建委主持的鉴定。

3 月,郭向荣的"高速铁路大跨度悬索桥车桥振动分析"获国家博士后基金资助。

11 月,叶梅新获第五届詹天佑铁道科学技术奖人才奖,郭向荣获第五届詹天佑铁道科学技术奖青年奖。

邓荣飞、王永和、吴斌的教学成果"普通高校一般院校创办一流教育的研究与实践"获得湖南省优秀教学成果三等奖。

蒲浩被批准为湖南省普通高校青年骨干教师培养对象。

启动"十五""211工程"子项目"铁道工程安全科学技术"的建设。

2002年

1月，桥梁与隧道工程、道路与铁道工程被批准为国家重点学科。

5月23日，原长沙铁道学院机电工程学院建筑环境与设备工程系、数理力学系基础力学教研室与原中南工业大学资源环境与建筑工程学院土木所及力学中心并入土木建筑学院。由刘宝琛院士任院长，陈政清、杨建军、郭少华、方理刚、徐志胜、陈焕新任副院长，罗才洪任党总支书记，黄健陵任党总支副书记。同时，原中南工业大学土木工程、城市规划专业和原长沙铁道学院建筑与设备工程3个本科专业并入土木建筑学院。

10月13日，蒲浩负责的"高速公路地面数字模型与航测遥感技术研究"项目通过了湖南省交通厅在长沙组织的科技成果鉴定会，认为"该研究成果整体处于国内领先水平，在数字地面建模方面达到了国际先进水平"。

获得"消防工程"博士学位授权点和硕士学位授权点，成为全国第一家拥有"消防工程"博士、硕士点的单位。

叶梅新参加的"大跨度低塔斜拉桥板桁组合结构建造技术"科研成果获国家科技进步奖一等奖。

申报的"211工程""铁道工程安全科学与技术"建设项目论证获得通过；完成了"985工程"道路与铁道工程国家重点学科项目建设。

陈政清的"多塔斜拉桥新技术研究"获湖南省科技进步奖一等奖。

王永和的"普通高校(一般院校)创办一流教育的研究与实践"获国家优秀教学成果二等奖。

2003年

获得土木工程一级学科博士后流动站、交通运输工程一级学科博士后流动站(与交通运输工程学院共建)。

完成了国家重点学科"道路与铁道工程"的中期检查；新增自主设置博士、硕士点"城市轨道交通工程"。

根据《中南大学教授委员会章程》，成立了土木建筑学院教授委员会，由刘宝琛任主任委员，曾庆元、陈秀方任副主任委员。

力学实验教学中心通过湖南省普通高校基础课示范实验室中期评估。

10月，原长沙铁道学院举行建校50周年校庆活动。

曾中林同学被授予茅以升铁道教育学生奖。

陈政清参加的"岳阳洞庭湖大桥多塔斜拉桥"成果获2003年国家科技进步奖二等奖。

11月，余志武主持的"预应力钢筋混凝土组合结构的受力性能与设计方法的研究"成果获2003年湖南省科技进步奖一等奖。周士琼主持的"粉煤灰复合超细粉开发及高性能混凝土应用技术"成果获2003年湖南省科技进步奖二等奖。

成功举办全国"2003建筑的转生与汇聚"学术会议。

在学校第二届青年教师"三十佳"比赛中，李东平获得课件比赛第一名，魏丽敏获得讲课比赛十佳。

刘庆潭被评为"中南大学首届教学名师"。

郭文华获得教育部"优秀青年建设资助计划"资助。

戴公连获第七届詹天佑铁道科学技术奖青年奖。

刘庆潭、李东平、魏丽敏被评为中南大学"师德先进个人"。

在2003年度中南大学二级单位综合考核工作中，土木建筑学院被评为"先进单位"。

聂建国、余志武等的"钢-混凝土组合结构关键技术的研究及应用"成果获湖南省科技进步奖一等奖。

2004 年

2月，郭向荣参加的课题"铁路大跨度钢管混凝土拱桥新技术研究"获得贵州省科技进步奖一等奖。郭文华参加的课题"铁路大跨度预应力混凝土刚构—连续梁桥技术"获得中国铁道学会科学技术奖一等奖。

3月，国家自然科学基金委员会材料与工程学科主任茹继平来土木建筑学院作学术报告。

增设消防工程专业，并招收了第一届本科生。该专业每年招收2个班，60人左右。

4月4日，桥梁与隧道1959级校友、国家工商总局局长王众孚在湖南省人民政府徐宪平副省长、长沙市委和中南大学等领导的陪同下来到中南大学铁道校区(原长沙铁道学院)参观，并看望了老教师。

5月，哈尔滨工业大学副校长欧进萍、美国宾夕法尼亚州立大学王绵昌来土木建筑学院进行学术交流；铁道部发展计划司杨忠民副司长来土木建筑学院考察，并作了"我国铁路网中长期规划"的学术报告。

完成了路基路面实验室的筹建和原中南工业大学资源环境与建筑工程学院路基路面实验室向铁道校区的整体搬迁。

6月，通过全国高等教育土木工程专业评估。曾中林获"湖南省三好学生标兵"称号，周涛等17人被评为湖南省优秀毕业生。

召开了学院首届研究生工作会议，制订了《中南大学土木建筑学院研究生培养与管理手册》，重新修订了培养方案、教学大纲，规范了研究生培养与管理程序，并制订了《中南大学土木建筑学院研究生教育创新工程基金奖励管理办法》。

7月，学院党委被评为湖南普通高校先进基层党组织。

10 月，刘庆潭主持的"工程力学训练型多媒体课件的研制与实践"课题获中南大学教学成果一等奖和省级教学成果二等奖。

10 月，刘宝琛指导的博士研究生杨小礼的学位论文《线性与非线性破坏准则下岩土极限分析方法及其应用》被评为湖南省优秀博士论文。陈焕新指导的硕士研究生张登春、王孟钧指导的硕士研究生朱高明所写论文被评为湖南省优秀硕士论文。

11 月，余志武主持（第一主持单位）完成的课题"钢-混凝土组合结构关键技术的研究及应用"获得国家科技进步奖二等奖。

12 月 26 日，由湖南省科技厅会同铁道部建设司主持召开了蒲浩负责的"铁路新线实时三维可视化 CAD 系统"成果鉴定会。鉴定认为："该系统是利用现代信息技术完善铁路设计手段新成果，整体达到国际先进水平。"该项目获得 2005 年湖南省科技进步奖二等奖。

向俊撰写的论文 *Theory of Random Energy Analysis for Train Derailment* 获湖南省第十届自然科学优秀学术论文一等奖。

由测量教研室及岩土工程系部分老师组建中南大学土木建筑学院学院道路工程系。

学院新增土木工程规划与管理、土木工程材料 2 个博士点和土木工程规划与管理、土木工程材料硕士点 2 个。

司学通、祝志恒、刘南三位同学组成的团队喜获"2004 年度国际数学建模竞赛"二等奖。肖祥等 2 人获湖南省大学生力学竞赛一等奖、周旺宝等 4 人获得二等奖。袁航等 3 人获数学建模竞赛国家一等奖、钱淼等 3 人获得二等奖。

任伟新当选为湖南省 2004 年度"芙蓉学者"特聘教授，入选"首批新世纪百千万人才工程国家入选"和教育部"新世纪优秀人才支持计划"。

土木工程安全科学实验室被列为湖南省普通高校重点建设实验室。

土木建筑学院与北京理工大学等单位合作，在上海大学成功主办了第四届国际安全学术大会。

土木类教学科研平台基地建设 8000 m² 基建项目启动。

学校工会以土木建筑学院为试点单位之一，举办了以力学系为主的实验技术岗位知识技能竞赛，肖柏军获一等奖。

王星华被评为湖南省优秀博士后。

郭向荣的"铁路大跨度钢管混凝土拱桥新技术研究"项目获贵州省科技进步奖一等奖。

郭向荣的"列车过桥动力相互作用理论、安全评估技术及工程应用"项目获贵州省科技进步奖一等奖。

谢友均主持的"西部高海拔、高寒地区抗盐渍侵蚀建筑材料研究"项目获批"国家 863 计划"。

2005 年

3 月，张飞涟、袁媛、龙明东被评为中南大学 2004—2005 年度师德先进个人。

4 月，消防工程系成立，徐志胜任系主任，赵望达、李耀庄任副主任。

4 月 10 日，首届教代会、工代会第一次会议在铁道学院国际报告厅成功召开。

4 月 15 日，曾庆元的"列车脱轨分析理论与应用研究"课题通过铁道部鉴定。

4 月 26—28 日，在铁道学院国际报告厅成功主办自密实混凝土技术国际会议。

6 月 7 日，张飞涟的"城镇市政设施投资项目后评价方法与参数研究"获得国家社科基金项目。

力学实验教学中心顺利通过了湖南省普通高校基础课示范性实验室验收评估。

9 月，建筑环境与设备工程系划归中南大学能源与环境学院。

申俊等 6 位同学获数学建模湖南省一等奖；闫卫锋同学获"宇通杯"全国大学生力学邀请赛二等奖，戴恩彬同学获三等奖。

10 月，杨小礼的博士论文《线性与非线性破坏准则下岩土极限分析方法及其应用》获全国百篇优秀博士论文，指导老师为刘宝琛院士。

土木建筑学院部门工会被授予校"模范职工小家"称号。

袁世平被评为"湖南省社会实践优秀指导老师"。

学校隆重举办曾庆元院士 80 寿辰庆典活动。

10 月 15—16 日，与湖南大学合作举办了"2005 中国当代建筑创作"论坛。

11 月，郭向荣参加的"铁路大跨度钢管混凝土拱桥新技术研究"项目获国家科技进步奖二等奖。

"土木工程安全科学实验大楼"竣工。

12 月，曾庆元荣获 2005 年詹天佑铁道科学技术奖大奖；戴公连获詹天佑铁道科学技术奖青年奖。

学校对土木建筑学院 2005 年本科教学及管理工作进行评估，结论为"优秀"。

在校"三十佳"教学竞赛中，童淑媛、彭仪普获"十佳"课件奖，谢晓晴获"十佳"讲课比赛奖，罗建阳获教案比赛、扶国获讲课比赛优胜奖。

张飞涟成功申报湖南省级教改项目"21 世纪工程管理专业人才培养模式和课程体系优化的研究与实践"。

蒲浩被批准为湖南省"121 人才工程"第三层次人选。

利用"十五""211 工程"中央专项经费投资建设的"五通道拟动力结构实验系统"等大型设备安装调试完成并通过验收，为土木建筑学院科研工作与学科发展打下了坚实的基础。

湖南省重点学科"岩土工程"经湖南省教育厅验收，验收结论为"优秀"。

"十五""211 工程"建设子项目"铁道工程安全科学与技术"通过学校组织的验收，获得一致好评。

参与了 1 项国家教改课题"理工科本科学生实践与创新能力培养模式的探讨与实践"。

土木工程学科成立特色教育本科班"天佑班"（"以升班"）。

2006 年

"工程管理""城市规划"两个专业被评为中南大学重点专业。

4 月，土木建筑学院部门工会被授予"湖南省模范职工小家"称号。

5 月，工程管理专业顺利通过全国专业教育评估。

"土力学与基础工程"被评为湖南省精品课程，"土木工程材料"被评为校级精品课程。

"十五""211 工程"子项目"铁道工程安全科学与技术"通过教育部验收。

6 月，娄底地质实习基地被评为湖南省优秀实习基地。

固体力学硕士点顺利完成湖南省学位点评估。

第一届消防工程博士研究生赵望达、冯凯毕业。

7 月，姚成钊等 3 人获得湖南省大学生结构模型竞赛一等奖。

组织博士研究生参加由大连理工大学组织的全国博士研究生学术论坛力学分论坛活动，并有 10 位博士研究生到会宣读论文。

9 月，刘庆潭、吴小萍、阎奇武的教改项目获校级教学成果一等奖；王永和、蒋烨、王小红的教改项目获校级教学成果二等奖；周朝阳、邓德华、肖佳等的教改项目获校级教学成果三等奖。

与湖南建工集团联合成功申报了首届湖南省研究生培养创新基地"中南大学湖南建工集团基地"。

"结构工程"被评为湖南省重点学科，同时，"岩土工程"被再次认定为湖南省重点学科。

刘庆潭被评为中南大学师德标兵，王永和被评为中南大学教学名师。

10 月，获省部级奖励共 9 项。其中，曾庆元及其团队完成的科技成果"列车脱轨分析理论与应用研究"、黄方林等参与的科研成果"斜拉桥拉索风雨振机理与振动控制技术研究"获湖南省科技进步奖一等奖，杨果林、王永和等教师参与的科研成果"湖南膨胀土地区公路路基修筑技术研究"获中国公路学会科学技术奖一等奖。

杨鹰被评为全国大学生职业规划设计大赛先进个人。

蒋丽忠入选教育部新世纪优秀人才资助计划。

11 月，任伟新当选 2006 年度"长江学者"特聘教授。

魏晓军等 6 位同学获得数学建模竞赛国家二等奖。

肖佳获茅以升教学奖。

刘庆潭等的"材料力学课程教学体系与人才培养的综合改革与实践"获省级二等奖。

吴小萍等的"铁道道路规划与设计教学体系的研究与实践"获省级三等奖。

12 月，杨小礼当选 2006 年中南大学升华学者特聘教授。

学校公布 2005 年各学院论文三大检索收录情况，土木建筑学院 SCI、EI、ISTP 收录数量分别为 21、86、47 篇，三大检索收录总量居全校第三位，EI 与 ISTP 收录均居全校第一位。

曾庆元等出版专著《列车脱轨分析理论与应用》(中南大学出版社)。

郭向荣的"铁路大跨度钢管混凝土拱桥新技术研究"项目获国家科技进步奖二等奖。

杨孟刚、何旭辉的"柔性桥梁非线性设计和风致振动与控制的关键技术"成果获湖南省省科技进步奖一等奖。

王星华主持的"地下工程承压地下水的控制与防治技术研究"获批"国家 863 计划"。

2007 年

1 月，工程力学博士研究生开始招生。

曾庆元专著《列车脱轨分析理论与应用》获首届中国出版政府奖(图书奖提名奖)。

4 月，学院成立研究生培养专家委员会。

5 月，余志武的"土建类创新型本科专业人才培养模式的研究与实践"获省级教改项目。"工程力学"(双语)、"混凝土结构设计原理""结构力学"被评为校级精品课程。举行了首届研究生学位授予仪式。举办了研究生首届学术论坛。桥梁与隧道工程、道路与铁道工程 2 个国家重点学科通过教育部评估。

李东平被评为中南大学第三届教学名师。

6 月 30 日召开土木建筑学院第二届教代会、工代会。

6 月，建筑学专业通过建设部专业评估，批准授予建筑学专业学士学位。

顺利完成湖南省学位办对中南大学-湖南建工集团研究生培养创新基地的评估工作。

7 月，刘庆潭被评为湖南省教学名师。

土木建筑学院党委被评为湖南省高校 2005—2007 年度先进基层党组织和中南大学先进基层党组织，钟春莲被评为湖南省高校优秀党务工作者。

8 月，"岩土学科"增补为国家重点学科，随后，"土木工程""交通运输工程"被认定为一级学科国家重点学科，并制订了一级学科发展规划(2007—2010 年)。

8 月 10 日至 11 日，土木建筑学院承办中国钢结构协会钢-混凝土组合结构分会第十一次学术会议。

9 月，学校开始在新一届学生中全面实施按大类培养方案，即第 1 学年按土建类(分土木类和建筑类)培养，第 2 年起再分专业培养。

9 月 5 日，国家发改委办公厅发布发改办高技〔2007〕2138 号文件，原则同意启动"高速铁路建造技术"等 6 个国家工程实验室建设工作。其中，"高速铁路建造技术"的组建单位是中国铁路工程集团和中南大学，参建单位有铁科院、铁三院。

获铁道学会科学技术奖 3 项：孙永福的青藏铁路多年冻土工程技术获特等奖；王星华的"青藏铁路多年冻土隧道关键技术"获二等奖；谢友均的"青藏铁路低温早强耐腐蚀高性能混凝土应用技术"获二等奖。

　　杨孟刚、何旭辉参加的"柔性桥梁非线性设计和风致振动与控制的关键技术"获国家科技进步奖二等奖。

　　土木建筑学院获国家自然基金资助项目14项，合同经费359万元。

　　10月8日，湖南省科技厅发布湘科技字〔2007〕143号文件，中南大学和湖南省建工集团提出的"湖南省先进建材与结构工程技术研究中心"列入建设计划。

　　获湖南省部科技进步奖7项：余志武、谢友均、蒋丽忠"自密实高性能混凝土技术的研究与应用"获一等奖；叶梅新、杨孟刚"大跨度自锚式悬索桥设计理论与关键技术研究"获一等奖；戴公连"斜塔竖琴式斜拉桥的设计与施工"获一等奖；朱志辉"新型PK预应力双向配筋叠合楼盖体系关键技术研发及产业化"一等奖。

　　蒋丽忠获得湖南省自然基金杰出青年科学基金项目，资助经费30万元。

　　11月16日，国家发改委办公厅发布发改办高技〔2007〕2818号给铁道部复函，明确高速铁路建造技术实验室建设经费9950万元，其中国家发改委2000万元，铁道部3150万元，建设单位出资4800万元。复函明确实验室建设地点为长沙。

　　19日至21日，第二届结构评定、监测和修复国际会议在中南大学召开，土木建筑学院为该次会议承办单位。28日至30日，GEO-07长沙（岩土工程与环境新进展国际会议）在中南大学召开，土木建筑学院为该次会议承办单位。

　　12月，土木工程专业被批准为教育部"第一类特色专业建设点"。

　　曾庆元的《结构振动分析》、吴小萍的《铁路规划与设计》、邓德华的《土木工程材料》、李廉锟的《结构力学》列入"十一五"国家级教材规划。

　　学校对土木建筑学院2006-2007年度本科教学及管理工作进行评估，结论为"优秀"。

　　12月4日至5日：第十四届全国混凝土及预应力混凝土学术会议在中南大学召开，土木建筑学院为该次会议承办单位。

　　科技部发文（国科发财字〔2007〕709号），王星华申报的"地下工程承压地下水的控制与防治技术研究"获国家863计划资助，资助经费77万元，这是土木建筑学院主持的首个863计划项目。

　　余志武入选湖南省首批科技领军人才。

　　向俊列入2007教育部"新世纪优秀人才"建设计划。

　　土木建筑学院教师在2006年发表的论文中被SCI收录39篇，EI收录108篇，ISTP收录13篇。

　　陈辉华、罗建阳获学校第四届青年教师"三十佳"教学竞赛"十佳教案"奖、孙晓获"十佳讲课"奖；土木建筑学院获"三十佳"教学竞赛组织奖。

　　黄林冲、王丽、刘勇术3位同学的论文被评为湖南省优秀硕士学位论文，赵望达获校级优秀博士学位论文。

2008 年

2 月，朱力等 6 人获国际大学生数学建模竞赛二等奖。

4 月，"隧道工程""基础力学实验""施工组织学"获校级精品课。

5 月，"隧道工程""材料力学"获省级精品课程。

土木工程教学团队被评为省级教学团队。

"土木工程实验教学中心"被评为湖南省高等学校实践教学示范中心。

7 月，谢晓晴被评为湖南省"青年教师教学能手"。获省级教改立项 2 项。刘静获中南大学首届青年教师"双语"教学竞赛优秀奖。曹龙飞等 4 人获湖南省力学竞赛一等奖，二、三等奖获奖人数共计 19 人。

8 月，"隧道工程"获国家级精品课程。

9 月，全国第一届"3+1"土木工程高级工程人才（卓越工程师）实验班获批，为全校首批 7 个专业之一。

获校级教学成果 7 项。

获得国家自然科学基金项目 13 项，合同经费 382 万元。

谢友均参加的"青藏铁路"获得国家科技进步奖特等奖。

10 月，"211 工程"三期建设项目"高速铁路建造应用基础理论及关键共性技术"，获批中央专项经费 880 万元，建设期为 2008—2011 年。

10 月，张华帅等 3 位同学获第二届全国大学生结构设计竞赛三等奖。

12 月，郭峰被评为湖南省高校优秀大学生思想政治教育工作者。

李磊被评为湖南省普通高等学校优秀辅导员。

阳军生列入教育部 2008 年度"新世纪优秀人才支持计划"。

教育部学位中心根据各学校填报的 2005—2007 年学科建设客观数据，发布了 2009 年学科评估结果：中南大学土木工程学科列全国第九名，交通运输工程学科列全国第七名。

全面完成"985"二期建设项目"轨道交通与土木工程安全"（2004—2008 年）。

杨孟刚、何旭辉的"柔性桥梁非线性设计和风致振动与控制的关键技术"成果获国家科技进步奖二等奖。

余志武主持的"重载铁路桥梁和路基检测与强化技术研究"获批国家 863 计划。

2009 年

3 月，制订并启动了土木建筑学院青年教师课堂教学质量提高行动计划。

4 月，余志武、彭立敏获省级教学成果二等奖（土建类创新型本科专业人才培养体系的研究与实践、适应国际化要求，提升工科人才工程素质的拓展性培养）。招收第一届"3+1"土木工程实验班。

刘庆潭的《材料力学教程（CCMM 软件包）》、彭立敏、刘小兵的《交通隧道工程》、蒋烨的《高等学校美术与设计专业教学丛书》三部教材获 2009 年中南大学优秀教材。

彭立敏获中南大学教学名师称号。

5月，组织校级、省级研究生教育创新工程立项申报工作，土木建筑学院有1个教改项目获湖南省重点项目立项资助、2门课程分获省级和校级精品课程立项、3名博士生获学校优博扶植基金资助，并有4名博士生的创新选题获湖南省研究生科研创新基金资助。另有11名硕士生的学位论文创新选题获学校立项资助。

6月，土木工程专业、城市规划两个专业通过建设部专业评估委员会的评估。

邹金锋、钟献词2人获得湖南省优秀博士学位论文奖，雷明锋、刘竞、李准3人获得省级优秀硕士学位论文奖。

7月，土木建筑学院党委被评为中南大学校2007—2009年度先进党委。

孙晓获湖南省青年教师"教学能手"称号。

刘庆潭、李铌分别获省级教学改革研究立项1项。

8月，陈鑫等31位同学获全国周培源大学生力学竞赛三等奖。

余志武主持863计划"重载铁路桥梁和路基检测与强化技术研究"项目，中南大学是该项目技术依托单位，分配科研经费2207.8万元，这是土木建筑学院承担的单项经费最高的科研项目。

获得国家自然科学基金项目10项，合同经费411万元。

余志武申请的"高速铁路客站'房桥合一'混合结构体系研究"获得国家自然科学基金重点项目计划资助，这是土木建筑学院首次主持国家自然科学基金重点项目。

成立了土木建筑学院教师课程教学考核领导小组，并制订了考核实施细则。

成功承办了由国务院学位委员会办公室和教育部学位管理与研究生教育司共同主办的全国土木工程博士生学术论坛。

刘静获校师德先进个人称号。

10月，"混凝土结构与砌体结构设计"获国家级精品课程，"混凝土结构与砌体结构设计"获省级精品课程，"铁路选线设计""理论力学""混凝土结构与砌体结构设计"获校级精品课程。获湖南省大学生力学竞赛优秀组织奖。

12月，李军、罗建阳、胡华、陈汉利、丁发兴、周中获校第五届青年教师教学竞赛"三十佳"称号。

获由中国教育工会中南大学委员会颁发的"第五届青年教师'三十佳'教学竞赛组织奖"。

蒲浩获湖南省第七届青年科技奖。

建筑设计及其理论专业硕士研究生刘子建同学义务捐献造血干细胞救助白血病患者，受到国内各新闻媒体关注。

土木建筑学院获省部级及以上科技奖励14项，其中郭向荣参与的"列车过桥动力相互作用理论、安全评估技术及工程应用"获国家科技进步奖二等奖。

科研经费持续增长，全院进学校财务的科研经费 6299 万元，加上检测中心和科星公司承担的科研项目，全年科研经费首次突破亿元大关。

郭向荣的"列车过桥动力相互作用理论、安全评估技术及工程应用"项目获国家科技进步奖二等奖。

叶梅新的"大跨度低塔斜拉桥板桁组合结构建造技术"成果获国家科技进步奖一等奖。

2010 年

3 月，刘庆潭、徐林荣、周建普的"实验力学""土木工程地质""路基路面工程（网络教育）"三门课程被评为校级精品课程。

4 月，组织省级研究生教育创新工程项目申报，方淑君获省级研究生教育创新工程立项资助；林宇亮、刘鹏、雷明锋、池漪、马骁 5 名博士生获湖南省博士生科研创新基金资助；1 名博士生（黄阜）获校级博士学位论文创新选题资助。

5 月，郭峰被评为"湖南省大学生社会实践优秀指导者"。

吴小萍被评为中南大学第六届教学名师。

成功申报了工程管理全日制专业学位硕士点。

邹金锋的博士论文《扩孔问题的线性与非线性解析及其工程应用》获全国优秀博士学位论文提名奖；杨增涛、陈锐林、马昆林 3 人获省级优秀博士学位论文奖；王金明、周旺保、马国存 3 人获省级优秀硕士学位论文奖。

博士生刘鹏获得教育部学术新人奖。

8 月，获国家自然科学基金资助课题 18 项，资助经费 522 万元，立项数与获资助经费总额均创历史记录。

9 月 26 日，建筑与城市规划系与艺术学院合并组建中南大学建筑与艺术学院，建筑学和城市规划专业并入建筑与艺术学院。

10 月，学院党委被确定为湖南省高校学习型党组织建设示范点。

10 月 19 日，中南大学土木建筑学院更名为中南大学土木工程学院。

罗建阳、周智辉获"湖南省青年教师教学能手"称号。

10 月，制订"985 工程"（2010—2020 年）"高速铁路建造科学技术创新平台"规划报告。

建筑工程系被评为中南大学 2010 年优秀教研室。彭立敏获省级教学成果一等奖（参加）、郭乃正、张飞涟、余志武获省级教学成果二等奖。

11 月，刘庆潭的"实验力学虚拟实验室"获湖南省高等学校第十届"中南杯"多媒体教育软件大赛一等奖。

"重载铁路工程结构实验室"列入教育部重点实验室建设计划，这是学院作为第一单位承建的首个教育部重点实验室。

获湖南省科技奖励 8 项。其中，由土木工程学院李亮主持完成的"山区复杂地段公路边坡关键技术及推广应用研究"及王孟钧主持完成的"重大建设项目执行控制体系及技术创新管理平台研究"获湖南省科技进步奖一等奖，这是土木工程学院作为第一完成单位首次在一年中获得2项湖南省科技进步奖一等奖。

12月，土木工程学院被评为2009—2010学年二级学院本科教学工作水平优秀单位。

成功举办"土木工程与低碳城市建设"为主题的第三届研究生学术论坛。

"岩土工程""结构工程"通过湖南省教育厅组组织的"十一五"省级重点学科验收。

方理刚主持的"重大工程灾变滑坡演化与控制的基础研究——重大工程灾变滑坡区地质过程及孕灾模式"获批"国家973计划"。

2011年

3月，王孟钧主编教材《建筑企业战略管理》入选高等教育土建学科专业"十二五"规划教材选题。

3月11日，中南大学党委将"中共中南大学土木建筑学院委员会"更名为"中共中南大学土木工程学院委员会"。

4月，余志武、王孟钧2名教师获湖南省研究生教育创新工程立项。

余志武的"区域内高校土木工程专业实践教学一体化改革与实践"获住房和城乡建设部教改立项。

陈汉利的《建筑项目评价》作品在"2011年湖南省普通高校多媒体教育软件大赛"中荣获二等奖。

《重载铁路工程结构教育部重点实验室建设计划任务书》通过教育部组织的专家评审。

余志武的"区域内高校土木工程专业实践教学资源共享模式研究与实践"获省级教改立项。

7月，博士生周旺保获得教育部学术新人奖。

学院党委被评为中南大学2009—2011年度先进党委。

8月，刘庆潭等5位教师获校级实验技术成果一等奖。

9月，获得国家自然科学基金项目22项，合同经费1259万元。

10月，学院荣获全国大学生结构设计大赛三等奖。

11月，彭立敏的《隧道工程》荣获2009—2010年度中南地区大学出版社教材一等奖。

11月，罗建阳获中南大学青年教师"教学能手"；陈长坤获第六届"三十佳"教学竞赛"十佳教案"、赵春彦获"十佳课件"奖；学院获中南大学青年教师"教学能手"暨第六届"三十佳"教学竞赛组织奖。

11月12日，成立中南大学工程管理研究中心。

11月19日，湖南省科学技术厅在长沙组织召开由蒲浩主持，中南大学、中铁第一勘察设计院、中铁二院工程集团有限责任公司和中铁第四勘察设计院集团有限公司共同完成的"铁路数字选线关键技术研究与应用"项目科技成果鉴定会。

蒋丽忠入选湖南省第二批科技领军人才，丁发兴入选教育部"新世纪优秀人才支持计划"。

张飞涟被评为中南大学第七届教学名师。

余志武、蒋丽忠参与完成的科研成果"混凝土桥梁服役性能与剩余寿命评估方法及应用"获国家科技进步奖二等奖。

蒋丽忠等完成的成果"钢混凝土组合结构抗震及稳定性研究与应用"获湖南省科技进步奖一等奖。

引进的"高层次海外学者"赵衍刚申报的"基于全寿命可靠度的高速铁路工程结构设计理论与方法"获国家自然科学基金高铁联合基金重点项目资助。

工程管理专业通过了住建部工程管理教育评估委员会组织的专业复评。同年，土木工程专业被教育部和财政部联合批准为全国专业综合改革试点专业。

余志武的"混凝土桥梁服役性能与剩余寿命评估方法及应用"成果获国家科技进步奖二等奖。

获得国家自然基金资助 18 项，资助金额 915 万元。

余志武主持的"钢-混凝土组合结构城市桥梁关键技术研究"获批"国家科技支撑计划"。

彭立敏主持的"城市轨道交通地下结构性能演化与感控基础理论——地下结构性能与环境耦合作用机制"获批"国家 973 计划"。

2012 年

2012 年美国大学生数学建模竞赛（MCM/ICM）成绩揭晓，由刘佳琪、马罡、赵育杰三位同学组成的参赛队获得特等奖提名。

3 月 18 日，湖北省科学技术厅在武汉组织召开由蒲浩主持，中交第二勘察设计院、中南大学共同完成的"高速公路建设管理 WebGIS 与 Web3D 集成式可视化信息平台"项目科技成果鉴定会。鉴定认为"该项目研究成果整体达到国际先进水平，其中网络三维可视化理论与方法居国际领先水平"，获得了 2012 年中国公路学会科学技术奖二等奖。

6 月，学院党委被评为"湖南省教育系统创先争优先进基层党组织"。

武井祥、邓东平、刘运思、徐汉勇、周苏华、黄志、刘严萍、王亮亮 8 名博士生获湖南省博士生科研创新基金资助。

宋占峰、李军任指导教师的 2 支非专业队分别获得湖南省第三届高等学校大学生测绘技能大赛特等奖和一等奖。

由湖南省教育厅主办，湖南省力学学会协办的第八届湖南省大学生力学竞赛成绩揭晓，本次竞赛学院获奖同学共 36 名（全校共 46 名），占全校获奖总数的 78.26%。

7 月，傅纯副教授的"大类招生人才培养模式下的人性化教学管理研究"获省级立项。

8 月，中南大学土木工程实验教学中心被评为"十二五"国家级实验教学示范中心。

9 月，获得国家自然科学基金项目 21 项，合同经费 1035 万元。

10 月，余志武等 14 位教师获校级教学成果一等奖。

11 月，邓东平、武井祥 2 位博士生获得教育部学术新人奖。

余志武的"区域内高校土木工程专业实践教学资源共享模式研究与实践"获湖南省教改立项。

土木工程学院"科技活动月"启动仪式暨茅以升公益桥设计大赛在铁道学院国际报告厅隆重举行。

12 月，土木工程学院党委被评为中南大学 2012 年度基层党组织建设年先进二级党委。发起成立湖南省工程管理学会。

中南大学党委同意余志武同志辞去土木工程学院院长职务，由谢友均同志接任土木工程学院院长。

王永和主持的"高速铁路过渡路基关键技术研究与应用"获得湖南省科技进步奖一等奖（何群、范臻辉、杨果林、冷伍明、魏丽敏等为骨干成员）。由蒲浩主持"铁路数字选线关键技术研究与应用"项目获得了 2012 年湖南省科技进步奖二等奖。

何旭辉获得教育部新世纪优秀人才支持计划。

2012 年，教育部学位与研究生教育发展中心发布 2009—2012 年学科评估结果，中南大学土木工程一级学科排名第 7。

获得国家自然基金资助 22 项，资助金额 1060 万元。

谢友均主持的"高速铁路基础结构动态性能演变及服役安全基础研——高速铁路基础结构关键材料动态性能劣化行为"获批"国家 973 计划"。

杨小礼主持的"深长隧道突水突泥重大灾害致灾机理预测预警与控制理论/深长隧道突水突泥多元信息特征与综合预测理论"获批"国家 973 计划"。

2013 年

2 月 23 日，"高速铁路建造技术国家工程实验室"通过国家发改委主持铁道部组织的验收。

3 月，"隧道工程"被评为国家首批精品课程资源共享课程。

4 月 18 日，高速铁路工程结构服役安全教育部创新团队建设计划通过教育部科技司组织的专家论证。

5 月 4 日，高速铁路建造技术国家工程实验室第 10 次理事会召开，确定了实验室进入了运行初期的管理实施办法。

换届产生土木工程学院第三届教授委员会。余志武为主任委员，徐志胜、冷伍明为副主任委员。

轨道交通服役安全协调创新 2011 计划项目获教育部批准。

学院获中南大学"2011—2012 年本科教学状态质量"优秀奖。

6 月，学院党委被评为湖南教育系统创先争优先进基层党组织。

7 月，学院党委被评为中南大学 2011—2013 年度先进党委，并在校七一表彰大会上做先进典型发言，介绍经验。

7 月，学院承办第五届全国高校以升班夏令营活动。

11 月，余志武的"土木工程专业特色人才多元化培养模式研究与实践"获教育指导委员会立项。

11 月，王卫东的"土木工程专业课程体系优化研究"获教育指导委员会立项。

12 月，余志武、彭立敏、王卫东、李耀庄、杨鹰的"土木工程专业特色人才多元化培养模式研究与实践"获湖南省教学成果三等奖。

获得国家自然基金资助 23 项，资助金额 1869 万元。

何旭辉主持的"高速铁路风-车-桥耦合振动"项目获批国家自然科学基金国家优秀青年科学基金项目。

娄平主持的"高速铁路无缝线路状态演变机理及规律研究"获批"国家自然科学基金高铁联合基金"。

彭立敏主持的"30 吨及以上轴重条件铁路基础设施动力学特征及适应性"项目获批国家自然科学基金煤炭联合基金。

盛岱超主持的"山区支线机场高填方变形和稳定控制关键基础问题研究——不良级配土石混合料及特殊土的本构关系"获批"国家 973 计划"。

李亮、但汉成、陈嘉祺参加的"海南省沥青路面质量控制关键技术研究"成果获海南省科技进步奖一等奖。

何旭辉参加的"长大跨桥梁结构状态评估关键技术及应用"项目获国家科技进步奖二等奖（单位排名第 4、个人排名第 7）。

彭立敏、施成华的"浅埋跨海越江隧道暗挖法设计施工与风险控制技术"成果获河南省科技进步奖一等奖。

余志武、谢友均、龙广成的"新型自密实混凝土设计与制备技术及应用成果"获国家技术发明二等奖。

彭立敏的"隧道工程"、罗小勇的"混凝土结构及砌体结构设计"获国家精品资源共享课立项（高教司函〔2013〕26 号）

余志武"混凝土结构与砌体结构"获省级精品课程和省级精品资源共享课。

2014 年

1 月，盛岱超受聘担任 *Canadian Geotechnical Engineering*（《加拿大岩土工程学报》）主编。*Canadian Geotechnical Engineering* 是世界上发行量最大、历史最久的三大知名 SCI 岩土工程学术期刊之一。盛岱超是三大岩土工程期刊创刊 200 年以来第一位华人主编。

3 月，2014 年度国际可靠性工程与风险管理高层次论坛在铁道校区高速铁路建造技术国家工程实验室隆重举行。

中国工程院院士、清华大学博士生导师聂建国受聘为学校名誉教授。

袁世平获第三届全国高校辅导员职业能力大赛第五赛区复赛一等奖，晋级全国总决赛。

与中铁五局联合申报的高速铁路建造技术省级研究生培养创新基地完成年度检查工作。

与肯塔基大学共同合作组建了 International Institute For Structural Preservation（国际结构养护研究所，IISP），聘请该校的 Dr. Harik 为研究所所长。

住房与城乡建设部高等教育土木工程专业教育评估委员会派遣视察小组，于5月26日至28日上午对学校土木工程专业进行了实地评估视察。土木工程专业通过了评估。

6月，"混凝土结构与砌体结构设计"获批国家精品资源共享课。

湖南铁院-土木工程学院试验平台创新团队（2014—2019年）建设正式启动，首批6个团队获得资助。

学院班子换届，蒋琦玮任土木工程学院党委书记，谢友均续任院长，张家生、盛兴旺、李耀庄、何旭辉续任副院长，蒋丽忠、王卫东新任副院长。

7月，李常青、刘维正、郑国勇三位教师获中南大学第七届"三十佳"，熊伟获校课件优秀奖。

9月，高速铁路建造技术国家工程实验室在中南大学铁道校区召开第十一次理事会常务会议。

土木工程专业中外合作办学项目获教育部批准。

10月，闫斌、周旺保、章敏、姚辉4名博士生获校优秀博士学位论文奖，袁维、王富伟、康立鹏、李智4名硕士生获校优秀硕士学位论文奖。

宁明哲、蒋树农两位教师获2014年湖南省普通高校教师课堂教学竞赛工程力学组二等奖。

邹春伟的"基础力学课程开放式课堂教学模式研究与实践"获湖南省教改立项。

李军获2014年度"茅以升铁路教育专项奖"。

土木工程学院被评为本科教学状态评估优秀单位（2013—2014学年）。

由中南大学主持，蒋丽忠参加（排名第2）的"重载铁路桥梁和路基检测、评估与强化技术"成果获湖南省科技进步奖一等奖。

获得国家自然基金资助21项，资助金额1608万元。

卢朝辉主持的"工程结构可靠度"项目获批"国家自然科学基金优秀青年科学基金"。

余志武主持的"高速铁路无砟轨道-桥梁结构体系经时行为研究"获批"国家自然科学基金科学高铁联合基金"。

来学院作学术报告、访学的知名学者有：美国伊利诺伊大学香槟分校（UIUC）Tsungchung Kao 教授、哈尔滨工业大学周裕教授、中国人民解放军后勤工程学院郑颖人院士、美国科罗拉多州立大学 Suren Chen 副教授、新西兰奥克兰多大学 Nawawi Chouw 教授、美国密歇根州州立大学王昌逸教授、蒙纳士大学杰弗瑞·沃克教授和王焕庭教授、台湾淡江大学郑启明教授等。

2015 年

1 月，原铁道部副部长蔡庆华和原铁道部副总工宋凤书受聘为学校兼职教授。

高速铁路建造技术国家工程实验室与梅溪湖投资（长沙）有限公司签订了合作协议。

6 月，学院党委被评为中南大学 2013—2015 年度先进基层党组织。

与中国中铁股份有限公司合作开办中国中铁"国际工程班"，开启了双方订单式培养国际工程方向人才的新模式。

2013 级硕士研究生朱俊樸被授予"湖南省普通高校百佳大学生党员"称号。

土木工程专业中外合作办学项目开始招生。

铁道工程本科专业恢复单独招生。

刘静的"力学课程综合素质能力考核和学习效果评价体系研究"获省级教改立项。

李耀庄、王卫东、王晓光、王汉封、国巍的《对接国家科研平台，提升学生创新能力——大学生创新实验平台建设与实践》和彭立敏、王薇、伍毅敏、周中、张运良的《创新驱动背景下隧道与地下工程专业系列教学资源建设》获校教学成果一等奖。陈长坤、徐志胜、赵望达、谢晓晴、张焱的《高等学校消防工程专业核心课程体系优化研究与实践》获校教学成果二等奖。

2015 年度国际工程力学高层次论坛在铁道校区举行。

1991 级的两百多名校友齐聚铁道校区，举行了"情系长院，我们在一起"校友聚会活动，并捐赠 20 万元设立土木发展基金。

绿色生态隧道建设与管理论坛暨中国土木工程学会隧道及地下工程分会建设管理与青年工作专业委员会首次年会在铁道校区召开。

第四届岩土本构关系高层论坛于 2015 年 10 月 21—23 日在学校召开。

成功申报省级土木工程虚拟仿真实验教学中心。

11 月，学院工会被中华全国总工会授予"全国模范职工小家"称号。

罗建阳以 2015 年湖南省普通高校教师课堂教学竞赛决赛工科组第一名的成绩获得一等奖，并获湖南省普通高校教学能手称号。

11 月 7 日，留学生、港澳台学生、中铁国际班学生近 50 人在学院老师的带领下，到长沙磁浮轨道施工现场进行实地观摩、学习与体验。

道路实验室的地质实验分室并入岩土实验室。

11 月 26 日晚，学院 2014 级的景青绿同学与机电工程学院 2015 级的蔡志东同学，在校本部观云池救起了一位落水男子，感人的事迹传遍了校园。

12 月 20 日上午,由土木工程学院学生工作研究所策划举办的"土木工程学院第九届学生工作论坛"在铁道校区国际报告厅举行。

由学校主办的国家重点基础研究发展计划(973 计划)"城市轨道交通地下结构性能演化与感控基础理论"项目研讨会在长沙召开。

中南大学第五届本科生辅导员职业能力竞赛决赛在新校区数理楼举行。学院辅导员纪晓飞以总分第 1 名的成绩荣获比赛一等奖,杨涛以总分第 8 名的成绩荣获二等奖。学院获优秀组织奖。

2015 年度实验室工作综合检查,学院被评为优秀。

获得国家自然科学基金资助 20 项,直接经费资助金额 1285 万元。

何旭辉主持的"风雨作用下高速铁路车-轨-桥时变系统横向稳定性基础理论研究"项目获批"国家自然科学基金高铁联合基金"。

谢友均主持的"高速铁路蒸养混凝土预制构建热伤损及其控制机理研究"项目获批"国家自然科学基金高铁联合基金"。

来学院作学术报告、访学的知名学者有:江西理工大学伊文斌教授和彭频教授、加拿大英属哥伦比亚大学 Carlos E. Ventura 教授、英国卡斯特大学(Lancaster)姜羲教授、英国南安普顿大学谢正桐教授、中国铁道科学研究院史永吉研究员、美国伊利诺伊大学厄巴纳-香槟分校(UIUC)Erol Tutumluer 教授、中国建筑科学研究院邱仓虎带领 8 人的访问团队、荷兰代尔夫特理工大学 Valéri Markine 博士、爱荷华州立大学王科进教授、北京新机场建设指挥部李强总工程师、美国加州大学伯克利分校 Shaofan Li 教授、重庆大学周绪红院士、中冶建筑研究总院岳清瑞教授、美国铁路联盟李定清博士、美国北拉斯维加斯市政府首席执行官刘琼湘博士、中国建筑材料研究总院张文生教授、挪威工程技术科学院院士李春林教授、日本东京大学石原孟教授等。

2016 年

1 月 9 日,学院召开第四届教职工代表、工会会员代表大会第二次会议,会议表决通过了《土木工程学院"十三五"改革和发展规划》《土木工程学院高级职称教师考核办法》《土木工程学院讲师考核办法(不含"2+6 计划"青年教师)》等 11 项议题及《中南大学土木工程学院院徽设计方案》。

土木工程国家级虚拟仿真实验教学中心(中南大学)获教育部批准。

2 月 18 日,国际风工程协会主席、美国工程院院士、Notre Dame 大学土木环境工程和地质科学系 Ahsan Kareem 教授受聘为学校名誉教授。

2 月 25 日,2016 年度国际可靠性工程与风险管理高层次论坛(IFRM2016)在学校举行。

2 月 26 日,中国建筑学会建筑防火综合技术分会向学院防灾科学与安全技术研究所授予了结构与建材防火专业委员会的牌匾。

5 月 5 日，2012 级本科生汪震被授予"湖南省普通高校百佳大学生党员"称号。

5 月 6 日，学院工程管理专业接受住建部工程管理专业教育指导委员会复评估。

5 月 13 日，学院景青绿、吕金阳、谭道猛、李良宇四位同学在中南大学第三届大学生道德模范人物颁奖典礼上被评为"见义勇为"道德模范人物。

6 月 11 日，"铁道工程和交通岩土工程国际研讨会"在学校举行。

7 月 2 日，学院举办第四届土木工程学院青年教师发展论坛。

7 月 14 日，2013 级赵宸君、林汉旗、胡琼尹 3 名同学在上海交通大学举办的第九届国际大学校际土木工程邀请赛上获加载得分第一名，综合排名第二名的优异成绩。

在校第八届"三十佳"教学竞赛中，孙晓获"十佳讲课"，范臻辉获"十佳教案"，陈宪麦获"十佳课件"，刘小洁、熊伟获优秀奖，学院获优秀组织奖。

8 月 13 日，第十五届海峡两岸隧道与地下工程学术与技术研讨会暨中国土木工程学会隧道及地下工程分会建设管理与青年工作专业委员会 2016 年会在学校召开。

8 月 25 日，中国工程建设标准化协会混凝土结构专业委员会标准《混凝土结构耐久性室内环境模拟试验方法》研讨会在学校举行。

谢友均的"土木工程专业国际化人才培养模式研究"获湖南省教改立项。

金亮星的"国内外岩土工程核心课程教学方法的比较研究与实践"获湖南省教改立项。

9 月 2 日，中南大学土木工程学院校友基金会网站上线，校友办公室同步成立。

9 月 4—7 日，国际土力学和岩土工程协会（ISSMGE）交通岩土分会（TC202）主席、美国伊利诺伊大学（UIUC）Erol Tutumluer 教授（中南大学长江讲座教授）及个别师生参加了在葡萄牙举行的第三届交通岩土国际会议。

9 月 12 日，青藏线开通十年之际，中国铁路总公司向学校发来贺电，对学院在青藏线换铺无缝线路建设中所做的贡献表示感谢。

9 月 12—15 日，盛岱超、张升、滕继东等师生参加了由法国国立路桥大学（ENPC）承办的 E-UNSAT2016 国际学术会议。

10 月，孙晓获湖南省高校教师课堂教学竞赛一等奖并获得"湖南省普通高校教学能手"荣誉称号。

10 月 14 日，2016 级中澳合作办学项目开学典礼在学校举行。

11 月 8—10 日，中德高速铁路桥梁发展与挑战研讨会（China-Germany Forum on Development and Challenge of High-speed Railway Bridge）在学校举行。

11 月 19—20 日，由中国工程院土木、水利与建筑工程学部主办，学校承办的"高速铁路工程结构动力学"高层论坛在长沙召开。

11 月 21—25 日，英国赫瑞瓦特大学 Peter Woodward 教授为学院研究生们开设了"高铁轨道-路基动力学分析及数值模拟"专题短期课程。

11 月 25 日，2016 年度全国结构工程与防灾减灾优秀青年学者论坛报告会在学校举行。

12月1日，土木工程博士、硕士学位授权点合格评估同行专家评审会在学院举行。

12月3日，学院援建的"新疆生产建设兵团BIM产学研一体化创新研究中心"国家级项目（建设资金500万）正式启动。

12月10日，由1995级刘森峰校友夫妇捐资100万元设立的"鹏天教育基金"签约仪式在学院举行，校党委常务副书记陶立坚出席。

12月10日，由澳大利亚Monash大学、武汉理工大学、中南大学三校联合举办的三校先进工程科研会议在学院举行。

12月20日，"重载铁路工程结构"教育部重点实验室建设项目通过验收。

12月28日，学院举行"土木工程学院第十届学生工作论坛"。

获得国家自然基金资助21项，直接经费资助金额739万元。

赵炼恒、邹金锋、但汉成等的"路基边坡滑塌沉陷快速评估与处治关键技术"获得湖南省科技进步奖一等奖。

彭立敏、施成华的"浅埋跨海越江隧道暗挖法设计施工与风险控制技术成果"获国家科技进步奖二等奖。

来学院作学术报告、访学的知名学者有：中铁隧道集团郭卫社总工（1月）、同济大学李杰教授（2月）、浙江大学金伟良教授（2月）、武汉大学徐礼华教授（2月）、北京工业大学杜修力教授（2月）、日本国立名古屋工业大学小野撤郎教授（2月）、同济大学土木工程黄宏伟教授（3月）、上海交通大学何军副教授、美国爱荷华州立大学胡晖教授（5月）、美国宾夕法尼亚州立大学陈幼佳教授（6月）、清华大学土木水利学院院长张建民教授（7月）、中冶建筑研究总院岳清瑞院长（8月）、比利时根特大学教授Luc Taerwe（9月）、英国格林威治大学陈华鹏教授（9月）、英属哥伦比亚大学（UBC）Tony. T. Y. Yang教授（9月）、中国铁路总公司吴克俭教授（9月）、石家庄铁道大学杜彦良院士（11月）、蒙纳士大学Frieder Seible教授，中国铁道科学研究院王继军研究员（12月）等。

2017年

3月12—15日，"长江学者"特聘讲座教授Erol Tutumluer、"引智计划"学者邱统教授和岩土工程系陈晓斌副教授在美国佛罗里达州奥兰多市召开岩土工程专业国际前沿盛会（ASCE Geotechnical Frontiers 2017）。

2017届本科毕业生吴步晨携母读书事迹引起广泛热议。吴步晨获评"中南大学生自强之星标兵""湖南省道德模范"。

5月18日，湖南省科技奖励暨创新奖励大会在人民会堂召开，学院共有5个项目荣获"湖南省科技进步奖"。

5月26—29日，举办2017年中南大学国际青年学者湘江论坛土木工程分论坛暨第五届土木工程学院青年教师论坛。

6 月，学院党委获中南大学 2015—2017 年度先进基层党组织。

6 月 21 日，学院选举产生第三届教授委员会。

7 月 3 日，学院召开中央巡视整改工作推进部署会。

8 月 7 日，学院教师赴哈尔滨工业大学参加中南大学–哈尔滨工业大学关于吴步晨同学的帮扶交接座谈会。

19—24 日，由加拿大英属哥伦比亚大学、中南大学、同济大学、广州大学联合举办的中加结构与地震工程国际会议在加拿大举行。蒋丽忠等 9 位教授全程参加了会议，并做了系列学术报告。

26—31 日，第二届中日高速铁路岩土工程研讨会于日本北海道大学召开，学院岩土工程系青年教师肖源杰作为青年学者代表和会议组委会成员，受邀前往札幌作发言交流类学术报告。

9 月 14—16 日，第七届"桥梁与隧道工程"学科建设工作研讨会在东南大学召开。学院副院长何旭辉等出席。

9 月 14—15 日，由中南大学承办的第一届全国交通岩土工程学术论坛在长沙举行。

9 月 21 日，由中南大学承办的第二十六届全国结构工程学术会议在长沙举行。

9 月 19—23 日，第 15 届国际岩土力学计算方法与进展协会会议（The 15th International Conference of the International Association for Computer Methods and Advances in Geomechanics）在武汉召开。学院盛岱超、张升、滕继东等多名师生参加了此次学术会议。张升荣获最佳论文奖（Excellent paper Award），滕继东荣获约翰卡特奖（John Carter Award）。

11 月 10 日，学院启动网络文化精品项目"师说"。

11 月 23 日，泰国驻昆明总领事馆总领事鹏普·汪披塔亚，领事祝丹佩，工作人员陈文丽、江金龙一行来学校交流访问，考察学校轨道交通安全教育部重点实验室、高速铁路建造技术国家工程实验室。

11 月 27 日，中南大学（建筑与土木工程领域）工程硕士学位授权点合格评估同行专家评审会议召开。

罗建阳的"国内外基础力学课程教材的比较研究"获湖南省教改立项。

王微的"开放式课堂教学与高校教育生态适应性建设研究"获湖南省教改立项；王汉封负责的"自适应风屏障抗风特性与机理"获湖南省创新创业创新平台开放基金项目立项。

12 月 8—10 日，土木工程国家级实验教学示范中心（中南大学）教学指导委员会会议在学院召开。

12 月 17—18 日，由中南大学、詹天佑科学技术发展基金会、中国铁道科学研究院等单位联合主办的 2017 高速铁路国际研讨会在长沙中建万怡酒店召开。

12 月 23 日，湖南省技术产权交易所在长沙主持召开了由中南大学、北京交通大学等单位所共同完成的"多动力作用下新型高速铁路客站结构体系动力学研究及应用"项目科技成果评价会。

12 月 24 日，"湖南省装配式建筑工程技术研究中心""湖南省装配式建筑产业基地"揭牌仪式暨技术委员会会议在学院召开。

12 月 23 日，由湖南省工程管理学会主办、中南大学土木工程学院和湖南中大设计院有限公司协办的湖南省工程管理学会 2017 年年会暨"营改增"及总承包管理学术交流会在学院召开。

获得国家自然基金资助 21 项，直接经费资助金额 1325 万元，其中：

张升主持的"非饱和土与土的本构关系"项目获得"国家自然科学基金优秀青年科学基金项目"。

王卫东主持的"基于机器视觉的高速铁路基础设施服役状态智能检测理论及方法研究"项目获得"国家自然科学基金高铁联合基金"。

徐志胜参与的"高速铁路特长水下盾构隧道工程成套技术及应用"成果获国家科技进步奖二等奖。

何旭辉主持的"强风作用下桥上行车安全保障关键技术及工程应用"获得湖南省科技进步奖一等奖。

乔世范主持的"复杂地层城市地铁土压平衡盾构渣土改良与掘进安全控制技术"获得湖南省科技进步奖二等奖。

余志武主持的"多动力作用下高速铁路轨道/桥梁结构随机动力学研究与应用"获得中国铁道学会科技进步奖特等奖。

傅鹤林主持的"长株潭城际铁路湘江隧道大直径盾构施工关键技术"获得中国铁道学会科技奖二等奖。

来学院作学术报告、访学的知名学者有：杨永斌院士、美国交通技术研究中心（TTIC）总裁 Lisa Stabler、副总裁 Firdausi Iran、商务部主任孙键、英国赫瑞·瓦特大学 Woodward 和 Peter Keith 教授、中国铁路总公司科吴克俭教授、中铁第四勘察设计院集团有限公司邓振林教授级高工、美国宾州州立大学黄海副教授、华南理工大学王仕统教授、美国纽约州立大学布法罗分校 Negar Elhami-Khorasani 博士、荷兰代尔夫特理工大学（TU Delft）Zili Li（李自力）教授、交通运输部公路科学研究院王华牢教授等。

2018 年

1 月 14 日，中国工程院王浩院士、郑健龙院士受聘中南大学名誉教授。

5 月 3 日，学院团委荣获校 2017—2018 年度"五四红旗团委"。

5 月 29 日，蒋丽忠当选 2017 年度"长江学者奖励计划"特聘教授。

6 月 23 日，中南大学第九届"三十佳"教学竞赛落下帷幕，学院雷明锋获"十佳讲课"、李伟、杜金在获"十佳课件"、牛建东获"十佳教案"。

7 月 1 日至 4 日，泰国清迈大学工学院院长 Nat Vorayos 一行到访中南大学，双方签署了合作办学备忘录，并组建联合工作小组，着力推进"1+2"联合硕士培养项目，切实增强开展科研合作。

7 月，符云集同学荣获铁道教育希望之星奖。

7 月 10 日，学院党委副书记杨鹰主持的"师说师道，子曰子美"获得湖南省网络文化精品课题。

8 月 29 日，刘静"材料力学"课程获湖南省高等学校省级精品在线开放课程立项。

9 月 25 日，中南大学-达姆施塔特工业大学工程结构研讨会在学校成功举行，"中南大学-达姆施塔特工业大学"工程结构研讨会顺利召开。

9 月 29 日，孙晓"基于能力培养的土木类工程测量教学摆式及策略研究"获湖南省教改立项。

10 月 2 日，防灾所举行 2004 级消防工程毕业生校友会暨"中南消防奖学金"捐赠仪式。

11 月 6 日，首届由中南大学主办，学院承办的国际大学生高速铁路建造技术模拟邀请赛(International College Student Invitational Competition of Technology Simulation for High-speed Railway Construction)在铁道校区举行。

11 月 8 日，中国铁道学会工程管理分会成立大会暨学术研讨会在北京召开，郭峰任分会副秘书长，张飞涟任工程经济管理学组长。

11 月 11—14 日，中南大学重载铁路工程结构教育部重点实验室骨干成员赴大秦线茶坞工务段调研大秦线"集中修"。

11 月 23—24 日，中南大学风工程国际研讨会在中南大学铁道校区胜利召开。

11 月 24 日，第十一届全国高强与高性能混凝土学术交流会在长沙现代凯莱大酒店顺利召开。

11 月 26 日，由中南大学和重载铁路工程结构教育部重点实验室联合主办，学院承办的第二届交通岩土工程国际青年论坛成功召开。

11 月 26—27 日，中南大学重载铁路工程结构教育部重点实验室参加"中国重载铁路技术交流暨大秦重载铁路运营三十周年"论坛。

11 月 26—28 日，由中南大学和重载铁路工程结构教育部重点实验室共同主办的第 8 届环境振动与交通土动力学国际研讨会成功召开。

11 月 28 日，湖南省工程管理学会第二届会员大会暨学术报告会在长沙召开。

12 月 12 日，学院网络思政项目"'师说'师道，'子曰'子美"获 2018 年湖南省大学生思想道德素质提升工程网络文化精品项目立项。

12 月 29 日，土木工程国家级实验教学示范中心(中南大学)教学指导委员会 2018 年年度会议在中南大学铁道校区土木工程学院会议室召开。

娄平被评为 2018 年湖南省普通高校教师党支部书记"双带头人"标兵，纪晓飞获评

2018 年度湖南省普通高校青年教工党员示范岗。

谢友均、龙广成、元强参与的"高速铁路结构混凝土高性能化技术创新与工程应用"成果获 2018 年度中国铁道学会科学技术奖特等奖。

何旭辉、邹云峰等的"高速铁路车-桥系统抗风设计关建参数深化研究及应用"成果获 2018 年度中国铁道学会科学技术奖一等奖。

盛兴旺参与的"铁路工程高强钢筋试验研究与应用"成果获 2018 年度中国铁道学会科学技术奖一等奖。

郭向荣、何旭辉参与的"高速铁路大跨度钢箱拱桥关键技术"成果获 2018 年度中国铁道学会科学技术奖一等奖。

赵春彦、聂如松等参与的"铁路路基边坡水害水钉法治理技术研究"成果获 2018 年度中国铁道学会科学技术奖三等奖。

谢友均、邓德华、龙广成主持的"高速铁路板式无砟轨道结构关键水泥基材料制备与应用成套技术"获 2018 年度湖南省科技进步奖一等奖。

获得国家自然科学基金资助 24 项,直接经费资助金额 1512 万元。

卢朝辉主持的"高速铁路无砟轨道/桥梁结构体系全寿命服役可靠性研究"项目获批"国家自然基金国际(地区)合作与交流项目"。

盛岱超主持的"寒区高速铁路非饱和土路基水气迁移冻融机理及服役性能演化规律研"项目获批"国家自然科学基金高铁联合基金"。

来学院作学术报告、访学的知名学者有:中国铁路总公司胡华锋处长、美国加州大学伯克利分校李少凡博士、德国汉诺威莱布尼兹大学 Steffen Marx 教授、东南大学邓小鹏教授、新加坡国立大学黄本刚教授、荷兰代尔夫特大学李自力教授、任伟新教授、周允基(Chow Wan-Ki)教授等、泰国兰实大学副校长 Dr. Nares Pantaratorn、英国利兹大学代表团等。

2019 年

1 月 5 日,学院党委立项中南大学"党建工作标杆二级党组织",教工道路党支部、教工岩土党支部、学生工试党支部立项"党建工作样板党支部",教工铁道党支部书记工作室娄平立项"双带头人"教师党支部书记工作室。

2 月,何旭辉、蒋丽忠入选第四批国家"万人计划"名单。

2 月 27 日,谢友均主持的"高速铁路板式无砟轨道结构关键水泥基材料制备与应用成套技术"获得湖南省科技进步奖一等奖。陈长坤主持的"隧道狭长空间火灾燃烧模型理论与应用技术"获得湖南省科技进步奖三等奖。

3 月 6 日,学院召开土木工程一流学科建设推进会。

3 月,何旭辉获"二〇一八年度茅以升科学技术奖——铁道科学技术奖"。

4 月,何旭辉获"第十四届詹天佑铁道科学技术奖——贡献奖"。

4月8日，由国务院国资委新闻中心和北京广播电视台联合启动的"天涯共此时"——"一带一路"大型新闻采访组来到中南大学铁道校区，对中国土木工程集团有限公司为亚吉铁路项目委托培养的8名非洲留学生进行了采访。

4月12日，中南大学副校长陈春阳于4月12日率团赴成都参加"一带一路"铁路国际人才教育联盟第一届校长（院长）论坛。

4月15日，由詹天佑科学技术发展基金会、中国铁道博物馆主办，中南大学承办的"逐梦京张，追思百年——纪念詹天佑先生逝世100周年巡展仪式"在中南大学铁道校区举行。

5月6日，重载铁路工程结构教育部重点实验室2018年度学术委员会会议在学校召开。

5月24日，中南大学第三届国际青年学者湘江论坛土木工程分论坛暨第七届土木工程学院青年教师论坛成功举行。

6月7日，由李益进和魏晓军指导土木学子在国际大学生混凝土龙舟邀请赛获得银奖和铜奖。

6月，学院党委获中南大学2017—2019年度先进基层党组织。

6月18日，何旭辉入选教育部"创新人才推进计划中青年科技创新领军人才"。

8月23日，王卫东主持的"以工程能力培养为核心的土木工程专业综合改革"获评湖南省教学成果一等奖。

9月，王卫东主持的"新工科视角下中美课程体系比较及学生自主学习教育模式改革研究与实践"、饶秋华主持的"基于新工科和工程教育认证双背景下的力学类课程改革研究"获湖南省教改立项。

学院研究成果被选入2019年全国高考语文题。

余志武主持的"高速列车-轨道-桥梁系统随机动力模拟技术及应用"获得国家技术发明奖二等奖。

何旭辉主持的"强风作用下高速铁路桥上行车安全保障关键技术及应用"获得国家科技进步奖二等奖。

周期石参与的"高层钢-混凝土混合结构的理论、技术与工程应用"获得国家科技进步奖一等奖。

谢友均参与的"高速铁路高性能混凝土成套技术与工程应用"获得国家科技进步奖二等奖。

王树英主持的"城市敏感环境下盾构隧道施工地层响应分析理论及灾变防控技术"获得教育部科技进步奖二等奖。

蒋丽忠主持的"地震作用下高速铁路轨道-桥梁系统安全防控关键技术及应用"获得湖南省科技进步奖一等奖。

傅鹤林主持的"穿越湘江复杂岩溶地层泥水盾构隧道关键建造技术"获得湖南省科技进步奖二等奖。

孙永福主持的"铁路工程项目管理理论研究及应用"获得铁道学会科技进步奖一等奖。

获得国家自然基金资助25项，直接经费资助金额1303万元。

元强主持的"高铁轨道结构水泥基材料高性能化"项目获批国家自然科学基金优秀青年科学基金项目。

余志武主持的"高速铁路Ⅲ型板式无砟轨道–桥梁结构体系服役性能智能评定与预测理论研究"获得国家自然科学基金高铁联合基金。

蒋丽忠主持的"跨断层近场地震下高速铁路桥梁结构安全理论研究"获得国家自然科学基金高铁联合基金。

何旭辉主持的"高速铁路桥梁智能运维基础理论与关键技术"获得国家自然科学基金高铁联合基金。

阳军生主持的"缓倾层状软弱围岩高速铁路隧道底部变形机理及防控技术研究"获得国家自然科学基金高铁联合基金。

来学院作学术报告、访学的知名学者有：中国铁道学会卢春房院士、郑州大学王复明院士、原铁道部副部长孙永福院士、中冶建筑研究院董事长岳清瑞院士、奥地利维也纳科技大学Herbert A. Mang院士、田纳西大学教授John Ma教授、蒙纳士大学系主任Jayantha Kodikara教授、日本山口大学Takafumi Mihara教授、香港城市大学建筑学及土木工程学系主任袁国杰教授、东京大学王林教授、香港理工大学土木与环境工程系首席讲座教授殷建华、清华大学张伟教授、同济大学余安东教授、哈尔滨工业大学土木工程学院王玉银副院长、哈尔滨工业大学(深圳)理学院院长仲政教授、沪昆铁路客运专线湖南公司党委书记孔文亚、广州珠江黄埔大桥建设有限公司总经理张少锦、湖南交通厅蒋响元处长、河海大学土木余交通学院院长高玉峰教授等。

2020年

1月9日，土木工程专业和工程管理专业入选国家一流本科专业，消防工程、铁道工程入选省级一流本科专业建设点名单；学生天佑国际党支部入选全国党建样板党支部。

1月10日，余志武、何旭辉、谢友均等在人民大会堂出席国家科学技术奖颁奖仪式。

1月17日，中铁大桥勘测设计院集团有限公司副总工程师易伦雄被授予全国勘测设计大师称号。

3月1日，博士生陈琛获2020年美国土木工程学会岩土工程分会竞赛一等奖。

5月21日，学院获评2019年度学生思想政治工作先进单位。

7月2日，蒋琦玮主持的"坚持立德树人，创建土木工程专业课程思政育人体系"、罗建阳主持的"'以学生为中心，能力培养为目标'土木学科教育课程课堂教学改革研究与实践"获湖南省教改立项。

8 月 14 日，杨鹰获评湖南省高校辅导员年度人物。

8 月 16 日，罗建阳主持的"工程力学"、杜金龙主持的"材料力学"课程思政教学改革与实践获湖南省课程思政建设研究项目立项。

9 月，学院部门工会被评为 2019 年度"校先进部门工会"。

9 月 5 日，"现代轨道交通建造与运维科普教育基地"认定为"全国铁路科普教育基地"。

10 月 12 日-15 日，住房和城乡建设部高等教育土木工程专业评估(认证)专家组来学院进行现场考察。

10 月 19 日，黄健陵主持的"面向智能建造的工程管理专业改造升级探索与实践"获国家级新工科研究与实践项目立项；何旭辉获 2020 年湖南省"最美科技工作者"称号。

10 月 31 日，陈嘉祺获 2020 年湖南省普通高校教师课堂教学竞赛工科组一等奖并获得湖南省普通高校教学能手荣誉称号。

11 月 5 日，土木工程创新创业教育中心获湖南省创新创业教育中心立项，中南大学-中国中铁校企合作创新创业教育基地获湖南省校企合作创新创业教育基地立项。

11 月 9 日，蒋丽忠团队获评湖南省首届"优秀研究生导师团队"。

11 月 24 日，施成华负责的"地下铁道"、刘静负责的"材料力学"课程获首批国家级线上一流课程，王薇负责的"隧道工程"获得首批国家级线上线下混合式一流课程。

11 月 26 日，余志武获评湖南省先进工作者。

11 月 27 日，盛岱超当选澳大利亚工程院院士。

12 月，何旭辉获"第十五届詹天佑铁道科学技术奖——成就奖"、邹云峰获此奖项青年奖；敬海泉获第十届茅以升铁道科学技术奖。

12 月 4 日，阳军生团队作为科研攻关主要参与成员的工程项目——"成贵高铁玉京山隧道跨越巨型溶厅暗河工程(Tunnel Crossing Giant Karst Cave)"荣获 2020ITA(国际隧道与地下空间协会)"攻坚克难"奖，摘得国际隧道行业最高殊荣。张学民、王薇参与科研攻关的"深圳车公庙综合交通枢纽工程""川藏铁路拉林段桑珠岭隧道 89.3℃超高地温处理"两项工程项目分别入围本年度 ITA"地下空间创新贡献奖"和"攻坚克难"奖提名。

12 月 12 日，"2020 新时代力学教学改革与创新研讨会"在长沙召开。

中南大学-中国中铁大学生校外实践教育基地入选 2020 年中国高等教育博览会"校企合作，双百计划"。

12 月 30 日，轨道交通工程结构防灾减灾实验室被认定为湖南省重点实验室。

新增国家自然科学基金主持项目 34 项(其中青年科学基金项目 10 项、面上项目 22 项，国家优青 2 项)，获资助经费 1765 万元。王树英、国巍获国家优青项目。

余志武主持的"中南大学铁路轨道-桥梁结构服役安全创新团队"获得湖南省科学技术创新团队奖。

张升主持的"机场综合交通枢纽填方体变形控制关键技术"获得湖南省技术发明奖一等奖。

曾晓辉主持的"高品质机制砂制备及其在铁路工程中应用的成套技术"获得湖南省科学技术进步二等奖。

施成华主持的"浅埋软土隧道管棚–土体–支护结构协同分析方法及施工控制技术"获得湖南省科学技术进步二等奖。

来学院作学术报告、访学的知名学者有：哈尔滨工业大学欧进萍院士、武汉大学邹维列教授、上海交通大学徐永福教授、大连理工大学伊廷华教授、华中科技大学与水利工程学院院长朱宏平教授、同济大学孙利民教授、中国矿业大学力学与建筑工程学院院长左建平教授、北京东方雨虹防水技术股份有限公司首席技术专家田凤兰、中铁第四勘察设计院集团有限公司副总建筑师盛晖教授、深圳市综合交通设计研究院有限公司总经理谢勇利、中国土木工程集团有限公司原党委书记与董事长袁立、西南交通大学李亚东教授、清华大学张辉教授、日本山口大学工学部李柱国教授、伦敦大学学院张明中教授、湖南大学黄靓教授、中国科学院水利部成都山地灾害与环境研究所何思明研究员等。

本次收录了 2020 年 12 月 31 日前的在职教师，同类职称按姓氏拼音排序。

一、教授名录

曹　玮

陈晓斌

陈长坤

戴公连

丁发兴

范传刚

傅鹤林

郭　峰

郭文华

郭向荣

| 国 巍 | 韩 征 | 何旭辉 | 侯文崎 | 胡晓波 |

| 黄健陵 | 黄东梅 | 黄方林 | 黄天立 | 蒋丽忠 |

| 蒋琦玮 | 雷明锋 | 冷伍明 | 李 铀 | 李德建 |

李东平　　　　李显方　　　　李耀庄　　　　林宇亮　　　　刘宝举

刘赞群　　　　龙广成　　　　娄　平　　　　罗小勇　　　　马昆林

聂志红　　　　欧阳震宇　　　潘秋景　　　　蒲　浩　　　　乔世范

邱 实　　　饶秋华　　　单 明　　　盛兴旺　　　施成华

宋 力　　　王汉封　　　王孟钧　　　王青娥　　　王树英

王卫东　　　魏 标　　　魏红卫　　　魏丽敏　　　魏晓军

吴 昊

吴小萍

向 俊

向 平

肖 佳

谢友均

徐林荣

徐庆元

徐志胜

阳军生

杨果林

杨孟刚

杨小礼

叶柏龙

易 亮

余玉洁   余志武   宇德明   喻泽红   元　强

曾志平   张　升   张飞涟   张国祥   张家生

张学民   张彦春   赵炼恒   赵望达   郑克仁

周朝阳

周凌宇

周期石

朱志辉

邹春伟

邹金锋

二、副教授名录

蔡勇

蔡陈之

陈 伟

陈汉利

陈辉华

陈嘉祺	陈宪麦	戴 伟	但汉成	邓东平
董荣珍	杜银飞	方淑君	傅 纯	傅金阳
龚琛杰	龚永智	郭凤琪	贺学军	胡 狄

胡　文	黄　娟	江力强	蒋红斐	蒋建国
金亮星	敬海泉	匡亚川	李　军	李　伟
李常青	李昌友	李玲瑶	李学平	李艳鸽

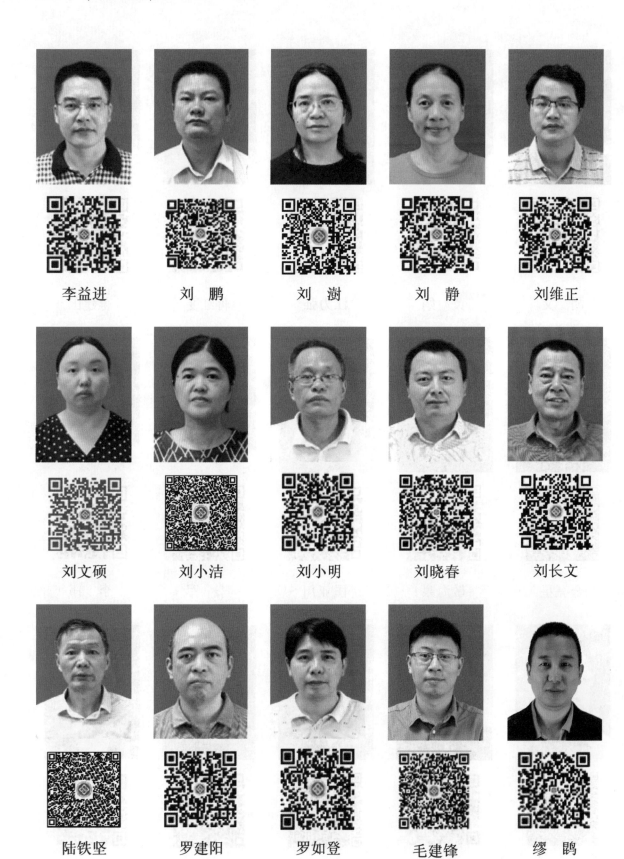

李益进	刘 鹏	刘 澍	刘 静	刘维正
刘文硕	刘小洁	刘小明	刘晓春	刘长文
陆铁坚	罗建阳	罗如登	毛建锋	缪 鹍

聂如松	彭仪普	乔建东	阮 波	单 智
申永江	史 俊	宋卫民	宋旭明	宋占峰
唐 冕	唐进锋	唐松花	陶 勇	滕继东

汪 优	王 进	王 涛	王 薇	王 英
王飞跃	王海波	王莉萍	王宁波	王修琼
温伟斌	文 颖	伍毅敏	夏晓东	肖方红

肖厦子	肖武权	肖源杰	谢宝超	谢晓晴
熊 伟	徐 方	徐 磊	闫 斌	阎奇武
严 磊	颜 龙	杨 剑	杨 峰	杨 奇

杨建军	杨伟超	杨秀竹	于向东	余 俊
喻爱南	曾晓辉	张运良	赵春彦	周 洋
周 中	周旺保	周小林	周智辉	邹云峰

三、讲师名录

陈友兰　　　　杜金龙　　　　范臻辉　　　　方　琦　　　　韩衍群

何　群　　　　何　畅　　　　黄若军　　　　贾朝军　　　　蒋彬辉

雷金山　　　　李　超　　　　李　欢　　　　李海英　　　　李政莲

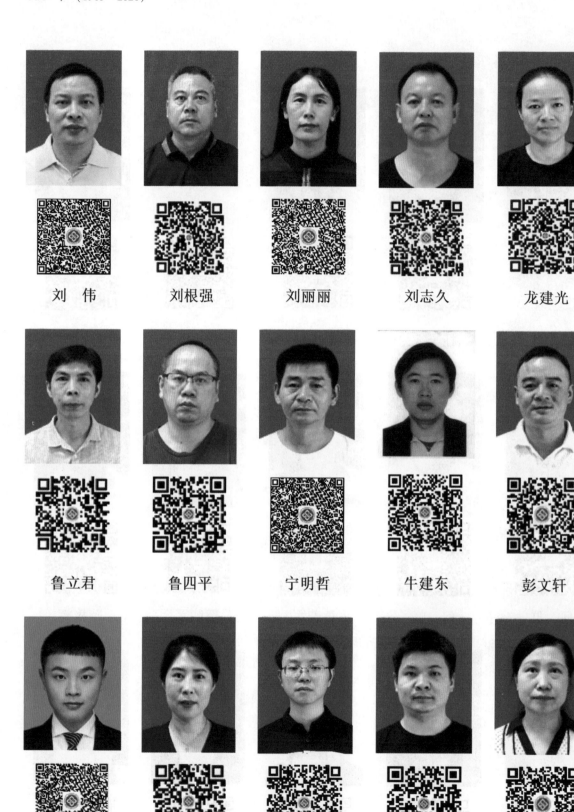

刘 伟	刘根强	刘丽丽	刘志久	龙建光
鲁立君	鲁四平	宁明哲	牛建东	彭文轩
苏晶晶	孙 晓	童晨曦	王 琨	王 敏

王 旺	王峥阳	吴湘晖	谢济仁	徐 彧
姚 灏	叶新宇	殷 勇	张 焱	张向民
张雪阳	郑国勇	郑勇强	周 德	周 浩

周　满

后记

  继 2013 年中南大学土木工程学科历经六十载辉煌历程编撰出版了《中南大学土木工程学科发展史(1953—2013)》后,在 2020 年这个特殊的年份重新编撰《中南大学土木工程学科发展史(1903—2020)》有着重大意义,完成此项工作责任重大、使命光荣。责任重大是因为重新完善需要更加严谨的态度,更加全面地还原历史;使命光荣在于历史结点的特殊赋予了编撰更为重要的使命,沉积历程,承前启后。

  1903 年是中南大学土木工程学科重新回顾历史、追根溯源,而界定的学科起点,1903 年是土木工程学科燎原的星火种源。此次修撰查证了土木工程学科起源、演进,展示了土木工程学科的发展伴随着国家和民族进步和振兴的发展历史,以燃起莘莘学子的报国情怀。

  2020 年注定是一个在人类历史上非常特别的年份,疫情的爆发使 2020 年成为改变人类历史的一年,其对人类生存和经济发展都将产生深刻的影响。对土木工程行业而言,其既带来了挑战,也充满着机遇,"新基建""交通强国""一带一路""新型城镇化"等国家战略和重大需求都为土木工程学科的创新发展提供了更加广阔的前景。2020 年是中华民族实现"两个一百年"奋斗目标的历史交汇点,是国家"十三五"规划发展的圆满收官的一年,即将迎来"十四五"规划发展的新开局,中南大学"双一流"建设也将进入新的发展阶段。在这个历史结点编撰《中南大学土木工程学科发展史(1903—2020)》具有承先启后、继往开来的历史意义,是中南大学土木工程学科发展的又一个里程碑。

  《中南大学土木工程学科发展史(1903—2020)》编撰的关键时段恰逢学院按中南大学的总体部署开展"双一流"学科评估、学院"十四五"规划制订、土木工程学科认证等重要工作全面认真准备和进行的阶段,学院党政领导、各系所负责同志以及全院教职员工牺牲了暑假和休息时间给予了认真对待和大力支持。在成稿的过程中,全体编撰人员本着认真负责、精益求精的态度,几易其稿,追寻补充了大量的历史,为土木工程学科发展留下了许多珍贵的史料,为土木工程学院将来设立院史馆奠定了难以追寻的良好基础。《中南大学土木工程学科发展史(1903—2020)》较《中南大学土木工程学科发展史(1953—2013)》

内容更加丰厚、完整，使学科发展史的记载既得到了延续，又得到了追溯，还得到了进一步的充实。

一如 2013 版学科发展史一样，2020 版学科发展史能够以此面世得到了学校相关领导、土木工程学科离退休老教师和广大热心校友对土木工程学院学科发展的厚爱和关注，得到了中南大学有关部门和同志们的支持和帮助；更得益于全体中南土木人励精图治、发愤图强、矢志不渝、不懈奋斗的精神和作为。在此一并致以深深的谢意和崇高的敬意。

《中南大学土木工程学科发展史（1903—2020）》虽然编撰告一段落，但对土木工程学科发展的记录和还原工作并没有结束，还将在今后伴随着学科的发展不断完善和持续记载。由于学科发展时空跨度大，涉及人员和事实多，虽然全体参编人员倾注了大量时间和心血，疏漏不当之处在所难免，敬请广大师生和校友多加理解，多提宝贵意见，以使此史在今后修订中更加严谨，更加完整。

雄关漫道真如铁，而今迈步从头越。祝土木工程学科乘风破浪，在中国教育的快速发展和"双一流"学科的持续建设中开启学科发展新的历史篇章！

《中南大学土木工程学科发展史（1903—2020）》编委会

2020 年 12 月

图书在版编目(CIP)数据

中南大学土木工程学科发展史(1903—2020)/ 何旭辉,
蒋琦玮主编. —长沙:中南大学出版社,2021.8
(中南大学"双一流"学科发展史)
ISBN 978-7-5487-4416-0

Ⅰ. ①中… Ⅱ. ①何… ②蒋… Ⅲ. ①中南大学－土
木工程－学科发展－概况 Ⅳ. ①TU-12

中国版本图书馆 CIP 数据核字(2021)第 074188 号

中南大学土木工程学科发展史(1903—2020)
ZHONGNAN DAXUE TUMU GONGCHENG XUEKE FAZHANSHI (1903—2020)

主编 何旭辉 蒋琦玮

□责任编辑	谢金伶	
□责任印制	唐 曦	
□出版发行	中南大学出版社	
	社址:长沙市麓山南路	邮编:410083
	发行科电话:0731-88876770	传真:0731-88710482
□印 装	湖南省众鑫印务有限公司	

□开 本	889 mm×1194 mm 1/16	□印张 34	□字数 737 千字
□版 次	2021 年 8 月第 1 版	□2021 年 8 月第 1 次印刷	
□书 号	ISBN 978-7-5487-4416-0		
□定 价	208.00 元